KB144298

우주의 풍경

THE COSMIC LANDSCAPE
BY LEONARD SUSSKIND

사이언스 클래식 18

우주의 풍경

끈 이론이 밝혀낸 우주와 생명 탄생의 비밀

레너드 서스킨드

김낙우 옮김

THE COSMIC LANDSCAPE

사이언스 SCIENCE BOOKS 북스

폐하, 저는 그 가설이 필요하지 않습니다.

— 피에르 시몽 마르키스 드 라플라스

나폴레옹이 그의 천체 역학에
신에 대한 언급이 없는 이유를 물었을 때 한 대답

책을 시작하며

물리학을 설명한다는 것은 언제나 즐거운 일이다. 사실 그것은 단순한 즐거움 이상을 나에게 준다. 나는 물리학을 설명해야만 한다. 내 연구 시간의 많은 부분은 나에게 탄복하는 가상의 일반 청중에게 어려운 과학 개념을 어떻게 하면 좀 더 잘 이해시킬 수 있는지 상상하는 것으로 채워진다. 조금 속물적일지도 모르지만, 사실은 그 이상이다. 그것은 내가 생각하는 방식의 하나이며, 내 아이디어들을 조직화하고 문제들을 새롭게 생각할 수 있게 해 주는 정신적 도구이다. 따라서 어떤 시점에 내가 일반 독자들을 위해 책을 쓰기로 결정한 것은 자연스러운 일이었다. 몇 년 전에 나는 결단을 내려, 블랙홀에 떨어진 정보의 운명을 놓고 나와 스티븐 호킹(Stephen Hawking, 1942년~) 사이에 벌어졌던 20년간의 논쟁을 주제로 책을 쓰기로 마음먹었다.

하지만 바로 그 무렵 나는 과학계를 휩쓴 거대한 태풍 한가운데에 놓이게 되었다. 그 태풍이 던져 놓고 간 논제들은 우주의 근원뿐만 아니라 그것을 지배하는 법칙들의 근원과도 관련이 있다. 나는 「끈 이론의 인간 원리적 풍경(The Anthropic Landscape of String Theory)」이라는 논문에서 내가 **풍경(landscape)**이라고 이름 붙였던 새롭게 떠오르는 개념에 주의를 돌렸다. 그 논문은 물리학과 우주론 학계에 엄청난 소동을 불러일으켰고 철학자, 심지어 신학자까지 논쟁에 끌어들였다. '풍경'은 물리학과 우주론의 패러다임(paradigm)의 이동과 관련되었을 뿐만 아니라, 경계를 뛰어넘어 우리의 사회적, 정치적 지평을 뒤흔드는 심오한 문화적 질문들과도 연관되었다. 그 질문은 우주가 신비스럽게도, 아니 눈부실 정도로 인류의 존재를 위해 잘 설계된 것처럼 보인다는 범상치 않은 사실을 과학이 설명할 수 있는가 하는 것이었다. 나는 블랙홀에 대한 책을 일단 뒤로 미루고 이 놀라운 이야기에 대한 대중적인 책을 쓰기로 결심했다. 이것이 이 책, 『우주의 풍경(*The Cosmic Landscape*)』이 태어난 배경이다.

이 책을 읽는 독자 중 일부는 최근 몇 년간 발행된 신문의 과학 면에서 우주론 연구자들이 두 가지 놀라운 '암흑'의 발견에 당혹해하고 있다는 기사를 보았을 것이다. 첫 번째는 우주를 이루는 물질의 90퍼센트가 **암흑 물질(dark matter)**이라는 신비로운 물질로 이루어져 있다는 것이다. 다른 하나는 우주 에너지의 70퍼센트가 **암흑 에너지(dark energy)**라는 더 알쏭달쏭하고 신비로운 것으로 이루어져 있다는 것이다. **신비, 신비스러움, 당혹스러움** 같은 단어들은 이 문제를 다룬 기사들에 아주 많이 등장한다.

먼저 나는 이 발견들을 내가 그리 신비스럽게 여기지 않는다는 것을 이야기해야겠다. 나에게 **신비**라는 말은 이성적으로 완전하게 설명할 수 없는 어떤 것을 말한다. 암흑 물질과 암흑 에너지의 발견은 놀랍기는 하지만 신비는 아니다. 입자 물리학자들(나도 그들 중 하나이다.)은 자신의 이론이 불완전하며 앞으로 더 많은 입자들이 발견될 것임을 알고 있다. 검출하기 어려운 새로운 입자들의 존재를 가정하는 전통은 볼프강 파울리(Wolfgang Pauli, 1900~1958년)가 방사능의 한 종류가, 중성미자(neutrino)라는 거의 보이지 않는 입자와 관련되어 있음을 정확히 추론하면서 시작되었다. 물론 암흑 물질은 중성미자로 이루어져 있지는 않지만, 지금까지 물리학자들은 보이지 않는 것을 이루고 있을 입자가 무엇인지 여러 가지 가설을 내놓았다. 여기에는 그런 입자들을 알아내고 검출하는 어려움은 있을지언정, 신비는 없다.

암흑 에너지가 암흑 물질보다 더 신비스럽다고 말할 이유가 몇 가지 더 있지만, 수수께끼는 그것이 존재한다는 것보다 오히려 그것이 없다는 데에 있다. 공간이 암흑 에너지로 채워져 있어야 하는 수많은 이유들에 대해서 물리학자들이 알게 된 것은 75년이 넘었다. 이때 신비란 왜 암흑 에너지가 존재하는가가 아니라, 그것이 왜 그렇게 조금만 있는가이다. 하지만 한 가지는 분명하다. 암흑 에너지가 조금만 더 있었어도 우리 인류는 존재할 수 없었을 것이다.

현대 우주론이 제기한 진정한 수수께끼는 물리학자들을 매우 당혹스럽게 만들었고 그들은 그것을 오히려 금기시하고 있다. 그 질문은 바로 이것이다. '우주는 왜 우리와 같은 형태의 생명이 존재할 수 있도록 특별히 설계된 것처럼 보이는 것일까?' 이 수수께끼는 과학자들을 곤혹스럽게 했을 뿐만 아니라, 동시에 창조론적 신화라는 그릇된 위안을 선호하는 이들을 부추기기도 했다. 지금 상황은 많은 면에서 찰스 로버트 다윈(Charles Robert Darwin, 1809~1882년) 이전의 생물학과 닮아 있다. 당시에는 사려 깊은 이들도 신적 존재의 관여 없이 인간의 눈처럼 복잡한 것이 물리학과 화학의 자연스러운 과정만으로 어떻게 만들어질 수 있었는지 이해할 수 없었다. 눈과 마찬가지로, 물리학적 우주의 특별한 성질들은 놀라울 정도로 미세하게 조정되어 있어 그것에 대한 설명이 필요하다.

나는 여기에서 내가 가진 편견을 솔직히 말하려고 한다. 나는 진정한 과학은 초자연적 존재를 끌어들이지 않고도 현상을 설명할 수 있어야 한다고 믿는다. 나는 눈이 다윈주의적 메커니즘에 따라 진화했다고 믿는다. 나는 또한 물리학자들과 우주론 학자들이, 우리 자신의 존재를 가능하게 한 놀랍고도 운 좋은 사건들을 포함해서, 우리 우주에 대한 자연스러운 설명을 찾아내야만 한다고 믿는다. 나는 사람들이 마법으로 합리적 설명을 대신할 때면, 그들이 아무리 자신들의 주장을 소리 높여 외치더라도 그들은 과학을 하는 것이 아니라고 믿는다.

과거에는 나를 포함한 대부분의 물리학자들은 그 수수께끼를 못 본 척하고 무시했다. 심지어 그것의 존재까지도 부인했다. 그들은 자연의 법칙이 어떤 우아한 수학 원리에서 나올 것이며 겉보기에 우주가 설계된 것처럼 보이는 것은 단순한 우연이라고 생각하는 쪽을 택했다. 하지만 천문학, 우주론, 그리고 무엇보다도 끈 이론의 최근 발견들은 이론 물리학자들로 하여금 이 수수께끼에 대해 생각해 볼 수밖에 없게 만들었다. 놀랍게도 우리는 이런(지적 생명체를 낳은 — 옮긴이) 여러 가지 우연의 일치가 일어난 이유를 이해하기 시작한 것일지도 모른다. 현재 '지적 설계(intelligent design)라는 환상'을 낳은 현상을 과학적으로 해명하는 증거들이 계속 축적되고 있다. 그 증거들은 오로지 물리학, 수학, 그리고 큰 수의 법칙(통계학 — 옮긴이)에만 기초를 두고 있다. 이 책은 이 증거들과 발견들을 바탕으로 물리학과 우주론의 기적들에 대한 과학적인 설명과 그 철학적 함의를 다룰 것이다.

내가 이 책의 독자로 염두에 둔 것은 어떤 이들인가? 과학에 적극적인 관심이 있고, 우주가 어떻게 지금처럼 되었는지에 호기심을 가진 모든 사람들이다. 일반 독자를 대상으로 썼지만, 그렇다고 자신의 지식을 힘껏 확대하기를 원치 않는 사람들을 대상으로 한 것도 아니다. 나는 이 책에서 방정식과 전문 용어는 배제했지만 어려운 개념들은 종종 포함시켰다. 나는 수학 공식은 거의 사용하지 않았지만, 새롭게 떠오르는 패러다임을 뒷받침하는 원리와 메커니즘에 대한 정확하고 명쾌한 설명을 제공하려고 애썼다. 이 패러다임을 이해하는 것은 '큰 문제'에 대한 보다 발전된 대답을 따라가고 싶은 사람들에게는 꼭 필요하다.

나는 많은 이들에게 빚졌지만, 그들 중 어떤 이들은 그들이 내가 이 책을 쓰는 데 도움을 주었다는 사실조차 모를 것이다. 그들 중에는 내가 그 아이디어에 의존했던 모든 물리학자들, 스티븐 와인버그(Steven Weinberg, 1933년~), 헤라르뒤스 토프트(Gerardus 'tHooft, 1946년~), 마틴 존 리스(Martin John Rees, 1942년~), 조지프 폴친스키(Joseph Polchinski, 1954년~), 라파엘 부소(Raphael Bousso), 앨런 하비 구스(Alan Harvey Guth, 1947년~), 알렉스 빌렌킨(Alex Vilenkin), 샤미트 카치루(Shamit Kachru, 1970년~), 레나타 캘로시(Renata Kallosh, 1943년~), 그리고 그 누구보다도 관대하게 여러 해 동안 그의 아이디어들을 나와 공유해 준 안드레이 드미트리예비치 린데(Andrei Dmitriyevich Linde, 1948년~)가 있다.

실제로 이 책을 쓰는 일은 나의 저작권 대리인인 존 브록만(John Brockman), 그리고 뒤죽박죽의 초고를 읽고 비평해 주고 나에게 어떻게 "여러 개의 공을 저글링하는지"(일관성 있는 책을 쓰는 어려움을 설명하는 말콤의 표현이다.) 알려 주었던 친구 말콤 그리피스(Malcolm Ciriffith)가 없었다면 가능하지 않았을 것이다. 리틀, 브라운(Little, Brown) 출판사의 모든 이들, 스티브 라몬트(Steve Lamont), 캐럴린 오키프(Carolyn O'keefe), 그리고 특히 나의 편집자이자 이제는 나의 친구인 리즈 네이글(Liz Nagle)에게 이 책을 쓸 때 받은 엄청난 도움에 크게 감사한다. 리즈의 끈기 있는 안내는 의무의 범위를 넘어선 것이었다.

그리고 마지막으로 나의 아내인 앤(Ann)에게, 그리고 그녀의 끊임없는 지지와 도움에 대해서 헤아릴 수 없을 정도로 무한한 감사의 마음을 전한다.

차 례

프롤로그

공기는 매우 차갑고 고요하다. 내 숨소리 말고는 완벽한 정적이다. 건조한 눈가루가 부츠에 닿아 부서진다. 별들이 검은 천구를 가로질러서 흐르는 빛줄기 속으로 희미해지는 동안 완벽할 정도로 새하얀 대지가 별빛을 반사해 오싹한 광채를 더한다. 황량한 이 행성의 밤은 나의 고향에서보다 더 밝다. 아름답지만 춥고 생기가 없다. 여기야말로 형이상학적 명상에 더없이 어울리는 곳이리라.

나는 낮에 있었던 일을 되새겨 보고 유성우를 관찰하기 위해 홀로 안전한 기지를 떠났다. 하지만 우주의 광대함과 비개인적인 본질 말고 다른 것을 생각한다는 것은 불가능했다. 바람개비처럼 돌아가는 은하들, 끝없이 팽창하는 우주, 무한히 차가운 공간, 줄지어 태어나는 별들, 그리고 적색 거성으로 생을 마감하는 별의 마지막 단말마. 분명 이것이 존재의 의의일 것이다. 인간, 나아가 온갖 생명도 우주 규모에서 보면 극히 미미한 존재이다. 특별히 중요하지 않은 별 주위를 도는 아주 작은 행성에 있는 약간의 물, 기름, 그리고 탄소 얼룩 정도에 불과하니까.

이전에, 짧고 인색한 햇살이 비치는 동안, 커트, 킵, 그리고 나는 1.5킬로미터 정도 떨어진 러시아 인 구역으로 걸어가 러시아 인들과 이야기하려 한 적이 있다. 스티븐도 우리와 함께 가고 싶어 했지만 그의 휠체어는 눈을 헤치고 갈 수 없었다. 골진 금속판으로 만든 녹슨 건물 몇 채가 서 있는 그 버려진 땅은 황량해 보였다. 우리는 문을 두드렸지만 살아 있는 것의 기척은 없었다. 나는 철컥 소리를 내며 문을 열고 마치 귀신이 나올 것만 같은 내부를 들여다보았다. 그러고 나서 용감하게 밀고 들어가 한번 둘러보기로 결심했다. 내부도 바깥만큼이나 추웠으며, 완전히 버려진 상태였다. 100개 남짓한 시설의 방들은 잠겨 있지 않았지만 역시 버려져 있었다. 어떻게 100명의 사람들이 완전히 사라질 수 있을까? 정적 속에서 우리는 기지로 되돌아왔다.

우리는 기지 술집에서 러시아 인 친구 빅터가 웃고 떠들며 술을 마시는 것을 발견했다. 빅터는 이 기지에 남겨진 마지막 세 명의 러시아 인 중 하나였다. 러시아로부터의 보급은 1년도 더 전에 끊겼다. 우리가 아니었다면 그들은 굶어 죽었을 것이다. 우리는 다른 두 명의 러시아 인은 보지 못했지만, 빅터는 그들이 살아 있다고 확인해 주었다.

빅터는 굳이 나에게 술을 한 잔 사겠다고 우겼다. "추우니까."라며. 그리고 "이곳이 마음에 들어요?"라고 물었다. 나는 그에게 내가 여행해 본 곳 중에 밤하늘의 아름다움을 이곳과 비교라도 할 수 있는 곳은 단 한 곳뿐이었다고 말했다. 지금 이 차가운 행성과는 달리, 그 행성은 너무 뜨거워서 그곳에 있는 모든 암석들은 닿는 모든 것을 태워 버리고 말 기세였다.

물론 빅터와 내가 정말로 다른 행성에 있었던 것은 아니었다. 그저 꼭 그런 것처럼 생각되었을 뿐이다. 남극 지방은 진정 색다르다. 스티븐 호킹, 커트 캘란(Curt Callan, 1942년~), 킵 스티븐 손(Kip Stephen Thorne, 1940년~), 스탠리 데저(Stan Deser, 1931년~), 클라우디오 테이텔보임(Claudio Teitelboim, 1948년~), 그리고 나는 부부 동반으로, 칠레에서 열린 블랙홀에 대한 학술 회의에 참석했다가 관광 삼아 남극 대륙을 다녀왔다. 그것은 칠레까지 와 준 것에 대한 주최측의 보상이었다. 클라우디오는 칠레의 저명한 물리학자인데, 칠레 공군을 통해 거대한 허큘리스 화물기를 타고 남극 기지에 며칠 다녀올 수 있게 조처해 주었다.

그것은 1997년 8월의 일이었다. 8월이면 남반구는 겨울이었으므로 우리는 최악의 상황을 예상하고 있었다. 내가 그때까지 경험한 가장 심한 추위는 섭씨 -29도였는데, 한겨울에 섭씨 -50도 이하로 내려간다는 곳에서 어떻게 견딜 수 있을지 걱정이 되었다. 비행기가 착륙했을 때 우리는 무서운 추위를 피하라고 군에서 지급해 준 무거운 방한복의 지퍼를 근심스럽게 올렸다.

그때 수송기의 문이 열리자 커트의 아내인 챈탈(Chantal)이 비행기에서 뛰어 나가 두 팔을 들고 즐겁게 돌아보며 외쳤다. "뉴저지의 겨울 날씨 정도에요!" 정말 그랬다. 우리가 눈 장난을 하며 하루 종일 노는 동안 그 기온을 유지했다.

그러나 밤이 되자 야수가 깨어났다. 남극 대륙은 아침까지 그 분노를 마음껏 발산했다. 나는 어니스트 섀클턴(Ernest Shackleton, 1874~1922년)과 그의 선원들이 견뎌야만 했던 추위를 맛보기 위해 밖으로 나가 몇 분 동안 머물렀다. 그들은 어떻게 죽지 않았을까? 그의 선원들 중 누구도 목숨을 잃지 않았다. 얼어붙을 정도의 추위 속에서 흠뻑 젖은 채 1년 넘게 있었는데, 어떻게 단 한 사람도 폐렴에 걸려 죽지 않았던 것일까? 격렬한 폭풍 한가운데 있자니, 나는 그 대답을 알 수 있을 것 같았다. 이런 추위 속에서는 어떤 것도, 심지어 사람에게 감기를 유발하는 병원균조차 살아남을 수 없을 것이다.

내가 빅터에게 이야기했던 다른 '행성'은 데스 밸리(Death Valley, 미국 캘리포니아 남동부에 있는 건조한 구조곡. — 옮긴이)라는, 또 다른 생명 없는 땅이었다. 아니, 생명이 전혀 없지는 않다. 하지만 나는 그곳에서 얼마나 뜨겁기에 세포의 원형질조차 타 버리는 것일까 궁금했다. 남극 지방과 데스 밸리의 공통점은 극히 건조하다는 것이다. 너무 춥기 때문에 수증기가 공기 중에 남아 있을 수 없다. 그 때문에 광공해(光公害, 빛 공해라고도 한다. 인간이 만든 필요 이상의 빛이 만드는 공해를 가리킨다. — 옮긴이)가 전혀 없다. 덕분에 우리는 이 극단적 상태의 지역에서 현대인은 거의 볼 수 없는 별빛을 볼 수 있다. 남극의 별빛 속에 서 있으려니, 인류가 얼마나 운이 좋았는가 하는 생각이 들었다. 생명은 연약해서, 어는점과 끓는점 사이의 좁은 온도 영역에서만 번성할 수 있다. 우리가 태어난 행성이 태양으로부터 딱 적당한 거리만큼 떨어져 있다는 것은 얼마나 행운인가. 조금만 멀어도, 영원히 계속되는 남극의 겨울, 또는 그것보다 더 심한 죽음이 지배할 것이다. 조금만 가까워도 표면은 그것과 접촉하는 모든 것을 태워 버리고 말 것이다. 빅터는 러시아 인답게 그 문제에 대해 종교적으로 답했다. 그는 "하느님의 무한한 호의와 사랑이 우리의 존재를 허락한 것 아닌가요?"라고 물었다. 그러나 나는 그렇게 생각하지 않는다. 나의 설명은 종교적인 이들에게는 '어리석고', '모자란' 것으로 보이겠지만, 곧 분명해질 것이다.

사실 우리는 지구의 평균 기온 외에도 감사해야 할 것이 아주 많다. 적절한 양의 탄소, 수소, 질소, 기타 원소들이 없었다면, 온화한 기후도 쓸모없이 되고 말았을 것이다. 만약 우리 태양계 중심에 태양이 아니라 우주에 훨씬 더 흔한 쌍성계[1]가 있었다면, 행성의 궤도가 혼란스럽고 불안정해져서 생명이 진화할 수 없었을 것이다. 이런 종류의 위험은 한없이 많다. 하지만 이것들 중 가장 중요한 것은 바로 자연 법칙들 자체이다. 뉴턴의 법칙, 또는 원자 물리학의 규칙들이 조금만 변화하면, 생명은 훅하고 순간적으로 절멸되거나 처음부터 만들어지지도 않았을 것이다. 우리의 수호 천사는 우리에게 매우 온화한 행성을 제공했을 뿐만 아니라, 물리학과 우주론의 법칙 같은 존재의 규칙들을 우리에게 딱 맞게 조절한 것처럼 보인다. 이것은 자연의 가장 큰 신비 중 하나이다. 그것은 행운의 결과일까, 아니면 지적이고 자비로운 계획의 결과일까? 이것은 과연 과학의 문제일까, 아니면 형이상학이나 종교의 문제일까?

이 책은 물리학자들과 우주론 학자들의 열정을 불러일으키는 논쟁에 관한 것이기도 하고, 또한 특히 미국에서 당파적이고 정치적인 담론의 영역이 되어 버린 더 넓은 논의의 일부분을 다루기도 한다. 한편에는 세상은 자비로운 목적을 가진 지적 행위자가 창조하거나 설계한 것이 분명하다고 확신하는 사람들이 있다. 다른 편에는 우주는 비인격적이고 냉담한 물리학, 수학, 그리고 확률 법칙들의 산물이라고 확신하는 고집 센 과학자 유형의 사람들이 있다. 내가 이야기하는 전자의 그룹은 우주가 6,000년 전에 창조되었다고 믿고 그것에 대해서 언제든 싸울 준비가 되어 있는, 성경을 곧이곧대로 믿는 사람들이 아니다. 그들은 우주를 찬

1. 쌍성계는 2개의 별이 그 질량 중심 주위로 궤도 운동하는 성계를 뜻한다.

찬히 뜯어보고 나서 그것이 인간에게 그토록 호의적으로 되어 있는 것이 단순히 엄청난 행운 때문만이라는 것을 믿기 어려워하는 사려 깊고 지적인 사람들이다. 나는 그들을 어리석다고 생각하지 않는다. 그들의 생각은 일리가 있다.

소위 지적 설계론을 옹호하는 이들은 일반적으로 인간의 눈처럼 복잡한 어떤 것이 순수하게 무작위적인 과정을 통해서 진화했다는 것은 믿기 어렵다고 주장한다. 그것은 놀라운 일이다! 하지만 생물학자들은 **자연 선택**의 원리라는 매우 강력한 도구를 가지고 있다. 그것의 설명 능력은 정말 굉장하다. 이제 거의 모든 생물학자들은 자연에서 발견된 증거에 근거해 확실히 다윈이 옳다고 믿고 있다. 눈의 기적은 겉보기에만 기적일 뿐이다.

나는 지적 설계론의 열성 팬들은 물리학과 우주론에서 더 유리한 고지를 찾을 수 있다고 생각한다. 생물학은 창조론의 일부분일 뿐이다. 창조론에는 물리학의 법칙들과 우주의 기원도 포함되어 있으며, 여기에도 놀라운 기적들이 많이 있는 것처럼 보인다. 자연 선택 같은 특정한 규칙들이 우연히 지적 생명체라는 기적을 낳는 것은 거의 불가능해 보인다. 그럼에도 불구하고, 이것이 바로 정확히 대부분의 물리학자들이 믿는 것이다. 지적 생명체는 우리의 존재와는 아무 상관이 없는 단순한 물리 법칙들에 따른 우연의 산물일 뿐이다. 이 부분에서 나는 지적 설계론 지지자들의 회의론에 공감한다. 나는 말도 안 되는 행운에는 설명이 필요하다고 생각한다. 하지만 현대 물리학이 제시하는 설명은 마치 다윈의 설명이 '미끈미끈한' 새뮤얼 윌버포스(Samuel Wilberforce, 1805~1873년)의 설명과 달랐던 것만큼이나 지적 설계론과 다르다.[2]

---

2. 영국 국교회의 주교였던 새뮤얼 윌버포스는 종교적 논쟁에서 그가 보여 준 기회주의적 태

이 책이 다루는 논쟁은 과학과 창조론 사이의 격렬한 정치 논란이 아니다. '다윈의 불도그'였던 토머스 헨리 헉슬리(Thomas Henry Huxley, 1825~1895년)와 윌버포스 사이의 논쟁과는 달리, 지금의 논쟁은 종교와 과학 사이가 아니라, 과학계의 대립하는 두 분파 사이에서 일어나고 있다. 즉 한쪽은 자연 법칙들은 수학적인 관계식에 따라 결정되며 단순한 우연이 생명을 만들었다고 믿는다. 그리고 다른 한쪽은 물리 법칙들이 지적 생명체를 존재할 수 있게 해야 한다는 요건을 충족시키는 모종의 방식으로 결정되었다고 믿는다. 격렬한 논란과 증오가 **'인간 원리(Anthropic Principle, '인류 원리'라고도 한다. — 옮긴이)'**라는 하나의 단어 주위에 뭉쳐 있다. 인간 원리는 우리가 바로 지금 여기에서 우주를 관찰할 수 있도록 세계가 미세 조정되어 있다는 가설적 원리이다. 이 자체만으로는 어리석고 설익은 개념이라고 할 수밖에 없다. 그것은 마치 눈이 진화한 것은 누군가 이 책을 읽을 수 있도록 하기 위해서였다고 주장하는 것만큼이나 말이 안 되는 것이다. 하지만 그것은 사실 내가 이 책에서 분명히 살펴볼 여러 개념들에 대한 요약이라고 할 수 있다.

그러나 과학자들 사이의 논란은 대중적 논쟁이라는 더 큰 반향을 일으켰다. 이 문제가 학술 발표장과 과학 학술지의 영역을 벗어나 지적 설계론과 창조론이 얽힌 정치 논쟁에까지 확장된 것은 그리 놀라운 일이 아니다. 먼저 기독교 인터넷 사이트들이 전투에 뛰어들었다.

도 때문에 비누처럼 미끈거린다는 조롱을 당했다. 다윈의 최고 추종자였던 토머스 헉슬리는 '다윈의 불도그'라고 불렸다. 두 사람은 1860년에 다윈의 '자연 선택을 통한 종의 기원'을 둘러싸고 논쟁을 벌였다. 윌버포스는 득의양양하게 헉슬리에게 원숭이었던 것이 할머니였는지 할아버지였는지 물어보았다. 헉슬리는 "진리를 팔아먹는 인간의 자손이 되느니 차라리 원숭이의 자손이 되는 쪽이 낫겠다."라고 응수했다.

성경은 이렇게 말한다.

"창세로부터 그의 보이지 아니하는 것들 곧 그의 영원하신 능력과 신성이 그가 만드신 만물에 분명히 보여 알려졌나니 그러므로 그들이 핑계하지 못할지니라."(「로마서」 1장 20절)

이것은 과거 그 어느 때보다 오늘날 진실이다. 어떤 의미로는, 인간 원리의 발견으로 인해서, 그 어느 때보다도 지금 더 분명하다. 따라서 우리가 가진 첫 번째의 증거는 창조 그 자체, 즉 우리가 살기에 '딱 맞는' 우주라는 것이다.

그리고 또 다른 종교 사이트에서는 이런 글도 볼 수 있다.

『우주의 청사진(*The Cosmic Blueprint*)』이라는 책에서, 천문학 교수 폴 찰스 윌리엄 데이비스(Paul Charles William Davies, 1946년~)는 설계에 대한 증거는 압도적이라고 결론지었다.

교수이기도 한 프레드 호일(Fred Hoyle, 1915~2001년) 경은 기독교의 지지자도 아니면서 마치 초월적 지성이 화학과 생물학뿐만 아니라 물리학을 가지고 장난친 것처럼 보인다고 이야기했다.

그리고 천문학자 조지 그린슈타인(George Greenstein)은 이렇게 이야기했다.

"모든 증거를 조사해 보면, 어떤 초자연적 행위자가 연관되어 있음에 틀림없다는 생각이 계속 든다. 아무 의도 없이 갑자기 최고 존재의 과학적 증명을 얻게 되는 일이 가능할까? 우리를 위한 우주를 창조한 것이 하느님일까?"[3]

3. 나는 데이비스나 그린슈타인의 종교적 신념에 대해서는 모르지만, 이 인용문의 저자들은 그들의 이야기를 문자 그대로 해석한 것만 같다. 물리학자들은 종종 '설계', '행위자', 그리고

이런 면에서 보면, 인간 원리가 많은 물리학자들을 불편하게 한 것은 그리 놀랄 일이 아니다.

데이비스와 그린슈타인은 진지한 학자들이며, 호일은 20세기의 가장 위대한 학자 중 한 사람이다. 그들이 주장했던 대로, 지적 설계의 결과물처럼 보이는 것들이 있다는 것을 부인할 수는 없다.[4] 생명이 탄생하고 존속하기 위해서는 놀라운 우연의 축적이 분명히 필요하다. 우리 우주에는 그 존재를 눈치채지 않을 수 없는 커다란 수수께끼가 분명 존재한다. 수많은 물리학자들이 금기시해 왔고 지금도 그러고 있는 바로 그 수수께끼가 무엇인지 이 책의 몇 장을 읽고 나면 이해할 수 있겠지만, 여기서는 맛보기로 몇 가지만 소개하기로 하자.

우리가 알고 있는 우주는 매우 불안정하다. 물리학자들은 그 불안정성에 큰 흥미를 갖고 있다. 우주가 잘못 되어 우리가 알고 있는 형태의 생명이 존재하지 못하게 될 가능성은 굉장히 많다. 우주가 통상적인 생명체가 살고 있는 우리 우주와 비슷해지는 데 필요한 요건은 크게 세 가지이다. 첫 번째 요건은 생명의 원재료들인 화합물들이다. 생명이란 물론 화학적 과정이다. 원자를 구성하는 데 관계되는 어떤 원리가 원자들을 아주 기묘한 조합으로 결합한다. 이 조합에서 DNA, RNA, 수백 가지의 단백질 등 엄청나게 다양한 생화학적 분자들을 만든다. 이 분자들

심지어 '신'과 같은 용어들을 알려지지 않은 것에 대한 은유로 사용한다. 나는 '행위자(agent)'라는 용어를 책에 쓴 것을 계속 유감스럽게 생각해 왔다. 아인슈타인은 가끔 신에 대해서 이야기했다. "신은 교묘하지만 악의적이지는 않다." "신은 주사위를 던지지 않는다." "나는 신이 어떻게 우주를 창조했는지 알고 싶다." 대부분의 해설자들은 아인슈타인이 '신'이라는 말을 자연 법칙들에 대한 은유로 사용했다고 믿고 있다.

4. 이 문장 역시 문맥이 무시된 채로 종교적 인터넷 사이트에서 인용될까? 그렇게 되지 않기를 바란다.

이 장난감 블록처럼 결합해 생명체를 이룬다. 화학은 사실 물리학의 한 분야이다. 그것은 최외각 전자들, 즉 원자의 가장 바깥에서 원자핵 주위를 돌고 있는 전자들의 물리학이라고 할 수 있다. 원자들 사이에서 왔다 갔다 하거나 공유되는 최외각 전자가 원자들의 놀라운 성질을 결정한다.

물리학의 법칙들은 각각 질량과 전하량 같은 특정 성질들을 가진 전자, 쿼크, 광자 등 기본 입자들의 목록에서 출발한다. 다른 모든 것들은 바로 이 기본 입자로부터 만들어진다. 기본 입자의 목록이 왜 그렇게 생겼는지, 또 입자들이 왜 그런 성질을 가지는지는 아무도 모른다. 무한히 많은 수의 다른 목록도 똑같이 가능하다. 하지만 생명으로 가득 찬 우주는 일반적으로 예측할 수 있는 것이 전혀 아니다. 이 입자들(전자, 쿼크, 광자 등) 중 어떤 것을 제거하거나, 또는 그것들의 성질을 약간만 변화시켜도, 통상적인 화학은 무너져 버린다. 이것은 전자, 그리고 양성자와 중성자를 만드는 쿼크들에서는 분명히 그렇다. 이것들이 없다면 원자들도 없을 것이다. 하지만 광자의 중요성은 그렇게 명백하지 않다. 다음 장들에서 우리는 전기력, 중력 등과 같은 힘들의 근원에 대해서 살펴보겠지만, 지금은 원자를 지탱하는 전기력이 광자와 그 특별한 성질들의 결과라는 것을 아는 정도로 충분하다.

만약 자연 법칙이 화학에 맞춰 선택된 것이라면, 두 번째의 요건(우주를 생명체가 살 수 있는 우리 우주와 비슷한 것으로 만드는 요건 중 — 옮긴이), 즉 우주에 생명체의 서식처가 없어서는 안 된다는 요건에 맞춰 선택된 것이라고도 할 수 있다. 다시 말해 자연 법칙이 우주의 진화에 맞춰 선택되어야 한다는 것이다. 우주의 거시적 성질들, 즉 크기, 팽창 속도, 은하들, 별들, 그리고 행성들의 존재 등은 주로 중력이 결정한다. 우주가 어떻게 초기의 뜨거운 대폭발로부터 현재의 거대한 크기까지 팽창했는지를 설명하는 것은 알베르트 아인슈타인(Albert Einstein, 1879~1955년)의 중력 이론,

즉 일반 상대성 이론이다. 우주의 진화 과정에서 중력의 성질들, 특히 그 세기가 달라졌을 수 있다. 사실 중력이 지금처럼 약한 것은 설명할 수 없는 기적이다.[5] 전자와 원자핵 사이의 중력은 전기적 인력에 비해 10억의 10억의 10억의 10억의 1만분의 1보다 더 약하다. 중력이 약간만 더 강했어도 우주는 너무 빨리 진화했을 것이고, 지적 생명체가 나타날 시간이 없었을 것이다.

중력은 우주의 진화에서 매우 극적인 역할을 한다. 중력은 수소, 헬륨, 그리고 암흑 물질 같은 우주의 물질들을 별들, 그리고 결국은 행성들로 뭉친다. 하지만 이런 일이 일어나려면, 매우 이른 시기의 우주는 약간은 불균일해야 한다. 만약 우주의 초기 물질 분포가 처음부터 매끈하게 균일했다면, 그 상태는 계속 그렇게 유지되었을 것이다. 실제로 약 140억 년 전에 우주의 밀도는 적당하게 불균일했는데, 약간만 더, 또는 덜 그랬다면, 은하들, 별들, 또는 생명이 진화할 수 있을 만한 행성들은 생길 수 없었을 것이다.

마지막 요건은 우주의 실제 화학 조성이다. 처음에는 수소와 헬륨뿐이었다. 생명이 형성되기에 이것만으로는 충분하지 않다는 것은 분명하다. 탄소, 산소, 그리고 다른 모든 원소들은 나중에 나타났다. 그것들은 별 내부에 있는 핵융합로에서 만들어졌다. 그런데 수소와 헬륨을 생명 현상에서 가장 중요한 탄소 원자핵으로 변환시키는 별의 능력은 매우 미묘한 문제이다. 전기 그리고 핵물리학의 법칙이 조금 바뀌었다면 탄소

---

5. 물리학자들이 볼 때 중력이 약하다는 것은 보통의 기본 입자들이 가볍다는 것과 같은 이야기이다. 입자 질량들이 작은 것을 '게이지 계층성 문제'라고 부른다. 이 문제를 해결하기 위해 흥미로운 아이디어가 여럿 제안되었지만, 그 해답에 대해서는 아직 합의가 이루어지지 않았다.

는 만들어질 수 없었다.

별의 내부에서 만들어진 탄소, 산소, 그리고 생물학적으로 중요한 다른 원소들이 행성과 생명의 재료로 공급되기 위해서는 별의 핵융합로 밖으로 나와야 한다. 우리가 원소가 만들어진 뜨거운 별의 내부에서 살 수 없다는 것은 분명하다. 그렇다면 그 물질들은 어떻게 별의 내부에서 탈출할 수 있었을까? 그 답은 초신성 폭발이다. 원소들은 초신성 폭발이라는 대변혁을 통해서 우주 공간으로 격렬하게 분출되었다.

초신성 폭발은 그 자체로 놀라운 현상이다. 이 현상을 설명하려면, 양성자, 중성자, 전자, 광자, 그리고 중력자에 덧붙여, 다른 입자가 필요하다. 바로 앞에서 언급한 유령 같은 중성미자가 그것이다. 중성미자는 중력 붕괴하는 별에서 빠져나오면서 압력을 발생시켜 그 앞에 있는 원소들을 밖으로 밀어 낸다. 그리고 운 좋게도, 우리가 가진 기본 입자들의 목록에는 딱 적당한 성질을 가진 중성미자가 포함되어 있다.

앞에서 말했던 대로, 생명 현상으로 가득 찬 우주는 일반적으로 예측할 수 있는 것이 절대 아니다. 기본 입자들의 목록과 힘들의 세기를 선택한다는 관점에서 보자면, 그것은 매우 희귀한 예외라고 할 수 있다. 하지만 얼마나 예외적이기에 인간 원리를 포함하는 급진적이고 새로운 패러다임을 정당화하는 것일까? 만약 내가 지금까지 설명했던 것만을 토대로 판단한다면, 인간 원리에 열린 자세를 가진 사람들도 의견이 엇갈릴 것이다. 생명의 탄생과 존속에 필요한 미세 조정은 운 좋은 우연만으로는 절대로 만들어질 수 없을 정도로 엄밀한 것은 아니기 때문이다. 어쩌면 물리학자들이 믿어 왔던 대로, 입자들의 목록과 자연 상수들을 설명하는 수학 원리가 발견되고, 많은 행운의 사건들은 그저 많은 행운이 겹친 것으로 판명될 수도 있을 것이다. 하지만 내가 2장에서 설명하게 될, 지극히 그럴 법하지 않은 미세 조정이 자연에는 하나 있다. 그것은 반

세기 이상이나 물리학자들을 곤혹스럽게 만든 놀라운 수수께끼였다. 그 놀라운 수수께끼를 설명할 수 있는 유일한 원리는, 그렇게 받아들일 수 있다면, 인간 원리이다.

그렇다면 여기에서 역설이 생긴다. 초자연적 지성에 호소하지 않고서 생명의 탄생과 존속에 호의적인 물리 법칙과 우리 우주의 성질들을 어떻게 설명할 수 있을까? 우리 우주에 대한 인간 원리적 설명의 한가운데에 지적 생명체가 있다. 이것은 초자연적인 누군가, 또는 어떤 행위자가 인류를 보살피고 있음을 시사하는 것처럼 보일 것이다. 그러나 나는 그렇게 생각하지 않는다. 이 책은 인간 원리를 사용하기는 하지만 우주의 명백한 호의를 완전히 과학적으로 설명하는, 새로 떠오르는 물리학 패러다임에 대한 것이다. 나는 그것을 물리학자의 다원주의로 간주한다.

내가 말하는 물리 법칙이란 무엇인가? 그것들은 어떻게 만들어지는가? 리처드 필립스 파인만(Richard Phillips Feynman, 1918~1988년)이 등장하기 전까지, 물리 법칙들을 표현할 때 물리학자들이 쓴 도구는 양자장 이론의 괴상망칙하고 난해한 방정식들이었다. 그 주제는 수학자들조차 이해하기 어려울 정도로 아주 난해하다. 하지만 물리학적 현상을 시각화하는 재능이 뛰어났던 파인만은 그 모든 것을 바꾸어 놓았다. 그는 몇 개의 간단한 그림들을 그림으로써 기본 입자들의 법칙들을 요약했다. 파인만 도형들과 입자 물리학의 법칙들을 물리학자들은 **표준 모형(Standard Model)**이라고 부르며, 1장에서 다루게 될 것이다.

우주와 그 법칙들이 절묘한 균형을 이루고 있다는 것이 사실일까? 2장 「모든 물리 문제 중의 문제」는 '모든 균형 잡기 중의 균형 잡기'라고 부를 수도 있을 것이다. 기본 입자들의 법칙이 중력 법칙을 만나면, 그 결과는 대재앙을 낳는다. 천체들뿐만 아니라 기본 입자들도 파괴적인 힘에 의해 산산이 부서지는 무시무시한 세상이 될 것이다. 유일한 해결책은 특별한 자연 상수(아인슈타인의 **우주 상수**)가 어느 누구도 우연이라고 생각할 수 없을 정도로 엄청나게 미세하게 조정되어 있다는 것이다. 자신의 중력 이론을 완성한 직후에 아인슈타인이 처음 도입한 우주 상수는 거의 90년 동안 이론 물리학의 가장 큰 수수께끼 중 하나였다. 그것은 우주 만물에 작용하는 보편적 척력이자 일종의 반(反)중력인데, 만약 그것이 놀라울 정도로 작지 않다면 순식간에 우주를 파괴해 버릴 것이다. 문제는 모든 현대 이론들이 우주 상수가 작을 리가 없음을 보여 주고 있다는 사실이다. 현대 물리학의 원리는 두 가지 토대에 기초하고 있다. 그것은 상대성 이론과 양자 역학이다. 이 두 원리에 기초해 우주를 연구했을 때 가장 일반적으로 나오는 결과는 매우 빨리 스스로 붕괴하는 우주이다. 하지만 전혀 이해할 수 없는 이유로, 우주 상수는 놀라울 정도로 미세하게 조정되어 있다. 우주 상수의 놀라운 미세 조정은 다른 어떤 운 좋은 '우연' 또는 '행운'보다도 사람들로 하여금 우주가 설계의 결과라고 결론짓도록 한다.

입자 물리학의 표준 모형은 '영구불변한' 것일까? 다른 법칙들도 가능할까? 3장에서 나는 우리의 물리 법칙들이 유일무이한 것이 아니며, 장소에 따라, 또는 시간에 따라 바뀔 수 있는 것임을 설명할 것이다. 물리 법칙들은 날씨와 상당히 비슷하다. 눈에 보이지 않는 영향들이 온도, 습도, 기압, 그리고 풍속이 비와 눈과 우박이 만들어지는 과정을 통제하는 것처럼 물리 법칙을 통제한다. 그 눈에 보이지 않는 영향들을 **장(場, field)**이라고 한다. 그중 어떤 것은 자기장처럼 꽤 친숙하다. 다른 많은 것들은 물리학자들에게조차 생소하다. 하지만 그것들은 정말로 존재하며, 공간을 채우고 기본 입자들의 행동을 통제하고 있다. **풍경(landscape)**은 이런 이론적 환경들의 전체 범위를 기술하기 위해서 내가 만든 용어이다. 풍경은 가능성의 공간이자, 이론이 허용하는, 가능한 환경들 전체를 나타내기 위해 사용한 표현이다. 지난 몇 년간, 다양한 가능성을 가진 풍경의 존재는 끈 이론의 중심적인 연구 주제가 되었다.

인간 원리를 둘러싼 논쟁은 과학적인 것만은 아니다. 4장에서 우리는 그 논쟁의 미학적 측면에 대해서 이야기할 것이다. 물리학자들, 특히 이론 물리학자들은 아름다움, 우아함, 그리고 유일성에 매우 예민한 감각을 가지고 있다. 그들은 언제나 자연 법칙들은 어떤 우아한 수학 원리의 유일하고 필연적인 결과일 것이라고 믿어 왔다. 그 믿음은 물리학자들의 마음속에 너무나 깊이 각인되어 있기 때문에, 내 동료들 대부분은 만약 이런 유일성과 우아함이 존재하지 않는 것으로 판명된다면, 다시 말해 만약 물리 법칙들이 '추하다면' 엄청난 상실감과 실망을 느낄 것이다. 하지만 물리학자는 정말로 물리 법칙들이 우아하다고 느끼고 있을까? 만약 우주가 작동하는 유일한 기준이 생명을 존속하게 하는 것이라면, 그 전체 구조가 흉하고 보기 사나운 '루브 골드버그 기계(Rube Goldberg machine)'가 되는 것도 무리가 아니다.[6] 물리학자들은 기본 입자들의 법칙은 우아하다고 항의하겠지만, 경험적 증거(실제 관측 결과)가 훨씬 더 설득력 있게 가리키는 것은 반대의 결론이다. 우주는 수학적 대칭성의 유일한 귀결보다도 루브 골드버그 기계와 공통점이 더 많다. 물리학에서의 아름다움과 우아함의 의미, 그것이 어떤 근원을 가지고 있는지, 그리고 그것이 실제 세계와 어떻게 대응되는지 이해하지 않고서는 인간 원리를 둘러싼 논쟁과 패러다임의 이동을 완전히 이해할 수 없다.

이 책은 개념적인 '지진'에 대한 것이지만 이 지진을 일으킨 것은 이론가들의 작업만은 아니다. 우리가 아는 것 대부분은 실험적 우주론과 현대 천문학에서 온 것이다. 패러다임의 전환을 주도하는 것은 두 가

6. 루브 골드버그 기계의 정의에 대해서는 3장을 보라.

지 주요한 발견, 즉 급팽창 우주론의 성공과 작은 우주 상수의 존재이다. **급팽창**(Inflation)이란 대폭발 후의 빠른 지수 함수적 팽창이 잠시 지속된 시기를 말한다. 그것이 없었다면 우주의 팽창은 기본 입자에 비해서 그다지 크지 않은 수준에서 퐁 하는 정도로 끝났을 것이다. 급팽창으로 인해서 우주는 가장 강력한 망원경으로 관측할 수 있는 거리보다도 훨씬 더 크게 자라났다. 앨런 구스가 처음으로 급팽창을 제안했던 것은 1980년이었는데, 당시만 해도 천문학 관측이 그것을 검증할 가능성은 거의 없었다. 하지만 1980년 이후 천문학은 엄청나게 발전해서, 당시에는 생각할 수 없었던 일이 오늘날에는 기정사실이 되었다.

천문학의 엄청난 발전은 물리학자들에게 청천벽력과도 같은 두 번째 발견을 가져왔다. 그것은 너무나 충격적이어서 물리학자들은 아직도 그 영향에서 헤어나오지 못하고 있다. 거의 모든 이들이 정확히 0일 것으로 확신했던 악명 높은 우주 상수가 실은 그렇지 않은 것이다.[7] 우주 상수는 생명의 탄생을 방해하지 않는 선에서 적당한 값을 가지도록 자연 법칙이 미세 조정된 것처럼 보인다. 5장은 이런 발견을 다루고 있다. 5장에서는 또한 독자들에게 필요한 천문학의 기초와 우주론적 배경 지식에 대해서 설명할 것이다.

우주 상수는 '모든 균형 잡기 중의 균형 잡기'일지도 모르지만, 우주 상수 말고도 엄청나게 운 좋은 우연처럼 보이는 미묘한 조건들이 많이 있다. 6장은 바로 이런 더 작은 균형 잡기에 대한 것이다. 이러한 소규모 균형 잡기는 우주론적인 것에서부터 미시 세계에 이르기까지, 우주의 팽창 방식에서 양성자와 중성자 같은 기본 입자들의 질량에 이르기까지 다양한 영역에서 영향을 미치고 있다. 다시 한번 강조하지만, 우주는

---

7. 우주 상수를 '암흑 에너지'라고도 한다.

단순하지 않으며 놀랍고 설명할 수 없는 행운으로 가득 차 있다.

아주 최근까지도 거의 모든 물리학자들이 인간 원리는 비과학적이고 종교적이며 일반적으로 얼빠지고 잘못된 아이디어라고 생각했다. 물리학자들에 따르면, 그것은 그들 자신의 신비로운 생각에 도취한 우주론자들이 만들어 낸 것에 불과하다. 끈 이론과 같은 실제 이론은 우리 자신의 존재와는 상관없이 유일한 방식으로 자연의 모든 성질들을 설명할 수 있을 터이다. 하지만 운명은 놀랍게 뒤집혀 끈 이론가들은 난처한 입장에 처하고 말았다. 그들이 그토록 소중하게 여겨 온 이론이 그들을 적의 손아귀에 밀어 넣었기 때문이다. 끈 이론은 적의 가장 강한 무기로 판명되었다. 단 하나의 유일하고 우아한 구조물을 만드는 대신, 그것은 루브 골드버그 기계의 거대한 풍경을 낳았다. 그 반전의 결과로 많은 끈 이론가들이 입장을 바꾸었다. 7장, 8장, 9장, 그리고 10장에서는 끈 이론이 어떤 것인가와 끈 이론이 어떻게 과학의 패러다임을 바꾸고 있는가를 살펴볼 것이다.

11장과 12장은 천문학자, 우주론 학자, 그리고 이론 물리학자들의 공동 연구에서 나타난 우주에 대한 놀랍고 새로운 관점에 대한 것이다. 안드레이 린데, 알렉산더 빌렌킨, 그리고 앨런 구스와 같은 우주론 학자들에 따르면 우주는 거의 무한하고, 엄청나게 다양한 **호주머니 우주**(pocket universe)로 이루어져 있다. 각각의 호주머니 우주는 그 자신의 '날씨'를 가지고 있다. 다시 말해 기본 입자들, 힘들, 그리고 물리 상수들에 대한 자신만의 목록이 있다는 것이다. 우주론에 다양성이라는 관점을 도입한 것은 물리학과 우주론에 심오한 결과를 낳았다. "우주는 왜 그렇게 생겼는가?"라는 질문은 "이런 엄청난 다양성 중 우리의 조건과 일치하는 호주머니 우주가 어디 있는가?"로 대치될 수 있다. **영구 급팽창**(Eternal Inflation)이라고 불리는 메커니즘이 어떻게 태초의 혼돈에서 이런 다양성으로의 진화를 이끌었는지, 그리고 그것이 어떻게 인간 원리와 설계에 대한 논쟁들을 혁신시키는지가 11장의 주제이다.

물리학에서 우주론에 대한 이런 패러다임 전환만 일어나는 것은 아니다. 12장은 또 다른 거대한 전투를 다루는데, 그것은 내가 **블랙홀 전쟁**(Black Hole War)이라고 부르는 것이다. 블랙홀 전쟁은 지난 30년간 벌어졌고 이론 물리학자들이 중력과 블랙홀에 대해서 생각하는 방식을 근본적으로 변화시켰다. 그 격렬한 전투는 블랙홀의 지평선 너머로 떨어지는 정보의 운명에 대한 것이었다. 블랙홀에 떨어지는 정보는 외부의 관찰자는 전혀 알 수 없도록 영원히 사라지는가, 아니면 그것의 세세한 부분이 블랙홀이 증발하는 동안 다시 밖으로 전달될 수 있는 미묘한 방법이 있는 것일까? 호킹은 지평선 뒤로 넘어간 모든 정보는 회복되지 못하고 사라진다고 주장했다. 지평선 너머의 아주 작은 정보 조각도 절대 재생될 수 없다. 하지만 그것은 틀린 것으로 판명되었다. 양자 역학의 법칙들은 1비트의 정보라도 사라지는 것을 금지한다. 정보가 블랙홀이라는 감옥을 어떻게 탈출하는지 알려면, 공간에 대한 우리의 개념을 완전히 새로 구성해야 한다.

블랙홀 전쟁은 이 책의 주제와 어떤 연관성이 있는가? 우주가 우주 상수의 영향을 받으며 팽창하고 있으므로, 우주에도 우주론적 지평선이 있다. 우리의 우주론적 지평선은 150억 광년 정도 떨어져 있는데, 그곳의 물체들은 우리에게서 너무나 빨리 멀어지고 있어서 그곳에서 나오는 빛 또는 다른 어떤 신호도 우리에게 절대 닿을 수 없다. 그것은 블랙홀의 지평선과 정확히 같은 귀환 불능점이다. 유일한 차이는 우주론적 지평선은 우리를 둘러싸고 있고, 블랙홀의 지평선은 우리가 둘러싸고 있다는 것이다. 어떤 경우든 지평선 너머의 어떤 것도 우리에게 영향을 미칠 수 없다고 생각되었다. 게다가 다른 호주머니 우주들(다양성의 거대한 바다)은 모두 지평선 너머 우리가 닿을 수 없는 곳에 있다! 고전 물리학에 따르면, 그 다른 우주들은 우리 우주와 완전히, 그리고 영원토록 단절되어 있다. 하지만 블랙홀 전쟁에서 승리를 가져온 똑같은 논증이 우주론적 지평선에도 적용될 수 있다. 우주 복사의 미묘한 특징들을 수학적으로 분석하면, 다른 호주머니 우주들의 존재와 그 세세한 성질에 대해서도 알 수 있다. 12장은 블랙홀 전쟁에 대한 소개로서, 그것의 결말은 어떠했는지, 그리고 그것의 우주론적 함의는 무엇인지를 다룰 것이다.

『우주의 풍경』이 자세하게 다루고 있는 논쟁은 현실적인 것이다. 물리학자들과 우주론 학자들은 무엇이 되었건 그들 자신의 관점에 대해서 열정적이다. 13장에서는 세계의 선도적 이론 물리학자들과 우주론 학자들이 현재 가지고 있는 의견들과 그들이 이 논란을 어떻게 바라보는지를 알아본다. 나는 또한 실험과 관측이 우리를 어떻게 여러 가지 방식으로 합의에 이르게 하는지 논의할 것이다.

빅터의 질문인 "하느님의 무한한 호의와 사랑이 우리의 존재를 허락한 것 아닌가요?"에 대해서, 나는 나폴레옹에게 피에르 시몽 마르키스 드 라플라스(Pierre Simon Marquis de Laplace, 1749~1827년)가 했던 대답을 인용하고자 한다. "저는 그 가설이 필요하지 않습니다." 『우주의 풍경』은 생명과 인류에 호의적인 우주가 주는 수수께끼에 대한 나의 대답이자, 점점 더 많은 물리학자들과 우주론 학자들의 대답이 되어 가고 있다.

1장

파인만이 그린 우주

“이 모든 것은 과연 무엇일까? 어떻게 이곳에 존재하게 되었을까? 나는 왜 여기 있는 것일까?” 최초로 하늘을 올려다보며 이런 질문들을 던졌던 첫 번째 우주론자의 이름은 알 수 없다. 하지만 우리는 그 또는 그녀가 아주 오래전 선사 시대에, 아마도 아프리카에 살았으리라는 것은 알고 있다. 창조 신화와 같은 최초의 우주론은 현재의 과학적 우주론과는 전혀 달랐지만 그것도 인간의 호기심에서 출발한 것은 마찬가지이다. 이 신화들이 지구와 바다와 하늘과 생명들에 대한 것이라는 사실은 전혀 놀라운 일이 아니다. 그리고 그것들은 초자연적인 창조주를 주인공으로 하고 있다. 그렇지 않고서야 어떻게 비, 태양, 먹을 수 있는 동식물은 물론이고, 인간처럼 복잡하고 난해한 피조물의 존재를 설명할 수 있었겠는가?

엄밀한 자연 법칙이 천상과 지상의 세계를 지배한다는 생각은 아이작 뉴턴(Isaac Newton, 1642~1727년)으로 거슬러 올라간다. 뉴턴 이전에는 보편 법칙이 행성과 같은 천체와 떨어지는 비, 날아가는 화살과 같은 지상의 물건들에 공통적으로 작용한다는 개념이 없었다. 뉴턴의 운동 법칙은 그러한 보편 법칙의 첫 번째 예라고 할 수 있다. 하지만 그토록 위대한 뉴턴마저도 동일한 법칙이 인류의 탄생에까지 관여했다는 것은 받아들이지 못했다. 그는 물리학보다 오히려 신학 연구에 더 많은 시간을 할애했다.

나는 역사가는 아니지만 감히 의견을 하나 제시하려고 한다. 현대 우주론은 사실 찰스 로버트 다윈(Charles Robert Darwin, 1809~1882년)과 앨프리드 러셀 윌리스(Alfred Russel Wallace, 1823~1913년)에게서 시작되었다.[1] 그들 이전의 사람들과 달리, 다윈과 윌리스는 초자연적인 행위자를 완전히 배제한 상태에서 우리의 존재를 설명해 냈다. 다윈의 진화론은 두 가지 자연 법칙에 기초하고 있다. 첫 번째는 정보의 복사는 절대로 완벽할 수 없다는 것이다. 가장 우수한 재생 메커니즘이라고 하더라도 가끔은 작은 실수를 범할 수 있다. DNA의 복사도 예외는 아니다. 프랜시스 해리 컴프턴 크릭(Francis Harry Compton Crick, 1916~2004년)과 제임스 듀이 왓슨(James Dewey Watson, 1928년~)이 이중 나선을 밝혀내는 데 그로부터 100년 정도가 걸렸지만, 다윈은 무작위적인 돌연변이의 축적이 진화의 원동력임을 직관적으로 이해했다. 대부분의 돌연변이는 해로운 쪽이지만 다윈은 확률적으로 가끔은 우연히 유익한 돌연변이가 생길 수 있다는 것을

1. 앨프리드 러셀 윌리스는 다윈의 동시대 사람으로 자연 선택이 종의 진화를 일으키는 메커니즘임을 발견했다. 윌리스의 짧은 글을 읽고 나서 다윈은 자신의 저작을 출판하기로 결정했다.

이해했다.

다윈의 직관적인 이론을 뒷받침하는 두 번째 기둥은 경쟁의 원리이다. 승자가 번식할 수 있는 기회를 얻는다. 우수한 유전자는 번성하고, 열등한 유전자는 사라진다. 이 두 가지 간단한 아이디어가, 어떻게 지능을 가진 복잡한 생명이 초자연적인 존재의 개입 없이도 생겨날 수 있는지를 설명한다. 오늘날 컴퓨터 바이러스와 인터넷 웜을 생각하면 비슷한 원리가 무생물에도 적용될 수 있음을 쉽게 상상할 수 있을 것이다. 생명의 기원에서 일단 마법이 걷히고 나면 창조와 그 피조물을 과학적으로 설명하는 길이 열리게 된다.

다윈과 월리스가 보여 준 모범은 생명 과학뿐만 아니라 우주론에도 기여했다. 우주의 탄생과 진화를 지배하는 법칙은 돌멩이가 떨어지는 것과 화학, 핵물리학, 그리고 입자 물리학의 법칙과 같을 것이다. 그들은 복잡하고 지적이기까지 한 생명체가 우연과 경쟁과 자연적인 원인으로부터 생겨날 수 있음을 보임으로써 초자연적인 존재로부터 우리를 해방시켰다. 우주론 학자들도 같은 것을 원한다. 우주론의 기초는 전 우주를 통해 동일하고 우리 자신의 존재와는 특별한 관계가 없는, 비인격적인 법칙이어야 한다. 우주론 학자들에게 허용되는 신이란 오로지 클린턴 리처드 도킨스(Clinton Richard Dawkins, 1941년~)의 "눈먼 시계공"뿐이다.[2]

현대 우주론의 패러다임은 그리 오래된 것이 아니다. 내가 코넬 대학교의 젊은 대학원생이었던 1960년대 초에 우주의 대폭발 이론은 다른

---

2. Richard Dawkins, *The Blind Watchmaker: Why the Evidence of Evolution Reveals a Universe Without Design* (New York: Norton, 1996). (한국어판 『눈먼 시계공』(이용철 옮김, 사이언스북스, 2004년) — 옮긴이) 도킨스는 '눈먼 시계공'이라는 비유를 통해 진화가 어떻게 맹목적으로 생물학의 세계를 창조해 낼 수 있는지 설명한다. 그 비유는 우주의 탄생에도 적용될 수 있다.

쟁쟁한 라이벌과 경쟁하는 중이었다. 정상 우주론(定常宇宙論, The Steady State Theory)이 대폭발 이론의 논리적 대척점에 해당했다. 대폭발 이론이 우주가 어떤 시점에 시작했다고 주장하는 반면, 정상 우주론은 우주가 영원히 존재했었다고 이야기한다. 세상에서 가장 유명했던 세 명의 우주론 학자, 프레드 호일, 허먼 본디(Herman Bondi, 1919~2005년), 그리고 토머스 골드(Thomas Gold, 1920~2004년)가 정상 우주론을 이끌었으며, 그들은 고작 100억 년 전의 폭발로 우주가 생겨날 가능성은 너무나도 낮다고 생각했다. 코넬 대학교의 교수였던 골드의 연구실은 내 연구실에서 불과 몇 칸 떨어져 있었다. 당시 그는 정력적으로 우주가 무한히 오래되고 무한히 크다는 이론의 장점을 설파하고 있었다. 나는 허물없는 인사를 나눌 정도로 그를 잘 알지는 못했다. 그러던 어느 날 그답지 않게 몇몇 대학원생들과 커피를 마시던 골드에게 한동안 나를 괴롭히던 문제를 질문할 수 있었다. "만약 우주가 영원히 변화하지 않는다면, 어떻게 모든 은하들이 우리에게서 멀어져 갈 수 있는 거죠? 그것이 바로 과거에는 은하들이 더 빽빽하게 차 있었다는 뜻이 아닐까요?" 골드의 답변은 간단했다. "은하들이 점점 멀어지는 것은 사실이지만 그러는 동안 새로운 물질이 생겨나서 그 사이의 공간을 채우는 것이라네." 그것은 그럴듯한 답변이었지만, 수학적으로는 그다지 앞뒤가 맞지 않는 것이었다. 한두 해 후에 정상 우주론은 대폭발 이론에 밀려났고 곧 완전히 잊혀졌다. 대폭발 이론은 팽창하는 우주가 단지 100억 년 정도 되었을 뿐이며 100억 광년[3] 정도의 크기를 가진다고 주장했다. 하지만 두 이론은 우주가 균질하다는 것, 즉 우주는 어디나 같으며, 동일한 물리 법칙의 지배를 받는다는 믿음을 공유했다. 게다가 그 물리 법칙은 지상의 실험실에서 알아

---

3. 1광년은 빛이 1년 동안 진행하는 거리로, 약 10조 킬로미터에 해당한다.

낼 수 있는 법칙과 같은 것이다.

지난 40년간은 우주론이 조악한 정성적인 연구에서 극도로 정밀한 정량 과학으로 성숙하는 것을 목격하는 매우 흥미로운 시기였다. 하지만 최근 들어 조지 가모브(George Gamow, 1904~1968년)의 대폭발 이론이 더 강력한 아이디어에 밀려나려 하고 있다. 새로운 세기가 도래할 무렵 우리는 우주에 대한 이해를 영원히 바꿔 놓을 분수령에 서 있음을 자각하게 되었다. 단지 새로운 사실이나 새로운 방정식을 발견한 것보다 훨씬 더 중요한 어떤 일이 일어났다. 우리의 모든 전망과 사고의 틀이, 그리고 물리학과 우주론에 대한 인식 전체가 급격한 변화를 겪고 있는 것이다. 유일한 물리 법칙을 가졌고, 약 100억 년의 나이와 100억 광년의 크기를 가진 유일한 우주라는 협소한 20세기의 패러다임은 훨씬 크고 새로운 가능성들로 충만한 무엇인가에 자리를 내주고 있다. 우주론 학자들과 나를 비롯한 물리학자들은 우리의 100억 살배기 우주는 엄청나게 큰 **메가버스**(megaverse)의 아주 작은 일부분이라는 사실을 점차 인식하게 되었다.[4] 그것과 동시에 이론 물리학자들은 우리의 보통 자연 법칙을, 수학적 가능성들로 이루어진 광대한 **풍경**의 작은 구석에만 적용되는 것으로 강등시키는 이론을 제안하고 있다.

현재 맥락에서 **풍경**이라는 말이 쓰인 것은 3년 정도에 불과하다. 2003년에 내가 그것을 제안한 이후 우주론 학자들의 사전에서 한 항목을 차지하게 되었다. 그것은 이론적으로 가능한 세계들 모두를 나타내는 수학적인 공간을 의미한다. 각각의 세계는 그 자신의 물리 법칙과 기

4. 메가버스 대신 멀티버스(multiverse)라는 용어도 널리 쓰인다. 개인적으로 나는 메가버스라는 단어의 음감을 더 좋아한다. 멀티버스라는 말을 더 좋아하는 이들에게는 사과의 말을 전한다.

본 입자들을 가지고 있으며 자연 상수들도 다르다. 우리 우주와 아주 비슷하지만 약간은 다른 세계도 있을 수 있다. 예를 들어 어떤 우주는 우리 우주와 같은 전자, 쿼크와 기타 보통 입자 들을 가지고 있지만 중력은 우리보다 10억 배나 강할 수 있다. 또 다른 세계는 중력은 우리와 비슷하지만 원자핵만큼이나 무거운 전자를 포함할 수도 있다.[5] 또 다른 것들은 우주 상수라고 하는, 은하와 분자와 심지어 원자마저도 찢어 버리는 격렬한 척력을 제외하고는 우리 우주와 아주 비슷할지도 모른다. 3차원 공간도 신성불가침한 성역은 아니다. 풍경의 어떤 영역은 4차원, 5차원, 6차원, 심지어 더 많은 차원을 가지고 있을 수도 있다.

현대 우주론에 따르면 풍경의 다양성은 통상적 공간의 다양성과 맞먹는다. 우주에 대한 가장 우수한 이론인 급팽창 우주론은 내키지는 않지만 엄청나게 많은 수의, 앨런 구스가 제안한 이른바 '호주머니 우주'들로 가득 찬 메가버스라는 개념으로 우리를 이끈다. 어떤 호주머니 우주는 아주 작고 절대로 커지지 않는다. 다른 우주는 우리 우주만큼이나 크지만 완전히 비었다. 각각의 호주머니 우주는 풍경에서 작은 계곡을 차지하고 있다. 20세기의 오래된 질문인 '우주에 무엇이 있는가?'는 이제 '우주에서 찾을 수 없는 것이란 무엇인가?'로 바뀌어야 한다.

우주에서의 인류의 위치도 다시 살펴보아야 할 것이다. 그토록 다양한 우주로 이루어진 메가버스에서 지적 생명체가 생기는 것은 아주 사소한 일에 불과해 보인다. 이 관점에 따르면 '자연 상수는 왜 다른 값이 아니라 이 값을 가지는가?' 같은 질문은 물리학자들이 희망했던 것과는 완전히 다른 종류의 해답을 줄 것이다. 풍경이 엄청나게 다양한 종류의 가능한 값들을 허용하기 때문에 수학적 정합성에 따라 유일한 값을

5. 우리 우주에서는 원자핵이 전자보다 수천 배 더 무겁다.

선택하는 것은 불가능해진다. 대신에 그 답은 다음과 같을 것이다. "메가버스의 어디에선가 그 상수는 이 값을 가지고 다른 곳에서는 저 값을 가질 것이다. 우리는 자연 상수가 우리 같은 생명체에 적합하게 조정된 호주머니 우주에 살고 있는 것이다. 그것이 진실이며, 그 질문에 다른 답은 있을 수 없다."

자연 법칙들과 자연 상수들에는 '만약 다른 식이었다면 지적 생명체는 존재하지 않았을 것이다.'라는 것 말고는 설명할 수 없는 우연의 일치가 많이 있다. 어떤 이들은 이것을 보고 물리 법칙, 적어도 물리 법칙의 일부는 인류라는 존재를 허용하기 위해서 선택된 것이라고 여길 것이다. **인간 원리**라고 부르는 이 아이디어를 대부분의 물리학자들이 혐오한다는 것은 내가 앞에서 이야기한 대로이다. 어떤 이들은 이것에서 창조 신화, 종교, 또는 지적 설계론의 냄새를 맡는다. 어떤 이들은 이것이 합리적인 답을 찾으려는 숭고한 탐구를 포기하는 항복의 표시라고 생각한다. 하지만 물리학, 천문학, 그리고 우주론에서의 유례없는 새로운 발전 덕분에 물리학자들은 어쩔 수 없이 그들의 편견을 되돌아보게 되었다. 이 현저한 변화를 촉발한 네 가지 주요 발전이 있다. 두 가지는 이론 물리학에서 왔고, 다른 두 가지는 관측 천문학에서 왔다. 이론적인 측면에서, 급팽창 이론의 부산물인 **영구 급팽창 이론**은 우주가 메가버스라고 주장한다. 그들의 메가버스는 마치 마개를 딴 샴페인 병에서 나오는 거품처럼 급팽창하는 공간에서 생성된 호주머니 우주로 가득 차 있다. 동시에 **끈 이론**(String Theory)은 엄청난 다양성을 보이는 풍경을 만들어 내고 있다. 최선의 추정치는 10^{500}개의 다른 환경이 가능하다는 것이다. 이 숫자는 1 다음에 500개의 0이 오는 것으로, 이것은 '상상할 수 없을 만큼 크다.'는 정도마저 훨씬 넘어서지만, 이 숫자도 가능성을 모두 세기에는 충분히 크지 않을지도 모른다.

최근의 천문학 발견은 이론적 발전에 정확히 대응한다. 우주의 크기와 모양에 대한 가장 새로운 천문학적 데이터는 우주가 지수 함수적으로 '급팽창'해서 보통 이야기하는 100억 광년 또는 150억 광년보다 훨씬 큰 어마어마한 크기에 이르렀음을 확증하고 있다. 우리가 훨씬 더 광대한 메가버스 안에 들어 있다는 것은 의심의 여지가 없다. 하지만 가장 대단한 뉴스는 우리의 호주머니 우주에서 아인슈타인이 그의 방정식에 도입했지만 나중에 후회하며 제거해 버렸던 악명 높은 우주 상수의 값이 예상과는 달리 정확히 0이 아니라는 것이다. 이 발견은 다른 어떤 것보다 큰 평지풍파를 일으켰다. 우주 상수는 여분의 밀치는 중력, 즉 현실 세계에는 전혀 없다고 믿어지는 일종의 반중력을 의미한다. 그것이 존재한다는 사실은 물리학자들에게는 대격변을 의미하며 그것을 합리화하는 유일한 방법은 욕을 먹고 경멸당하던 인간 원리뿐이다.

이 광대한 풍경 속을 탐험하는 동안 우리의 우주관이 어떤 기괴하고 상상할 수 없는 반전들을 경험할지 나는 알지 못한다. 하지만 나는 21세기 말에 이르면 철학자와 물리학자 들이 현재를 돌아보고, 20세기의 우주 개념이 깜짝 놀랄 만큼 풍부한 풍경을 채운 메가버스에 자리를 내준 시대로 기억하게 될 것이라고 확신한다.

자연은 항상 요동친다

양자론에 충격을 받지 않았다면 그것을 제대로 이해하지 못한 것이다.

— 닐스 보어

물리 법칙이 장소에 따라 변할 수 있다는 생각은 여러 개의 우주가 가능하다는 생각만큼이나 무의미한 것이다. 우주란 존재하는 모든 것이다. 우주(universe)는 영어에서 복수형이 없는 명사 중 하나이다. 우주를 지배하는 법칙들은 전체적으로 봤을 때에는 변화할 수 없다. 변한다면 그 변화를 결정하는 법칙이 있을 것이고, 그것 역시 물리 법칙의 일부일 것이기 때문이다.

하지만 내가 이 책에서 이야기하고자 하는 물리 법칙이란, 메가버스의 모든 측면을 아우르고 모든 양상에 적용되는 거창한 것이 아니라, 아주 소규모적인 것이다. 나는 평범한 20세기 물리학자, 즉 우주 공간보다는 실험실에서 일어나는 일에 더 흥미를 가진 사람이 의도했을 법한 것에 대해 말하고자 한다. 바로 보통 물질의 기초적 요소들을 지배하는 법칙 말이다.

이 책은 물리 법칙에 대한 것이며, 그것들이 무엇인가보다는 왜 그렇게 되었는지에 관심이 있다. 하지만 왜 그런지를 논하기 전에 우리는 물리 법칙이 무엇인지부터 알아야 한다. 물리 법칙이란 정확히 무엇인가? 그것들은 무엇을 이야기하며, 또한 어떻게 표현되는가? 1장의 목적은 2000년경까지의 물리 법칙을 독자들에게 재빨리 이해시키는 것이다.

아이작 뉴턴과 이후의 사람들에게 물리적 세계는 '낮이 지나면 밤이 오듯', 그 과거가 미래를 정확히 결정하는 기계와 같은 것이었다. 자연 법칙은 이 결정론을 정확한 수학 언어로 표현하는 규칙(방정식)들이었다. 예를 들어, 출발점과 속도를 알면 물체가 정확히 어떤 경로를 통해서 운동하는지 결정할 수 있다. 18세기의 위대한 물리학자이자 수학자였던 라플라스는 다음과 같이 말했다.

우리는 우주의 현재 상태를 과거의 결과이자 미래의 원인으로 볼 수 있다. 지적 능력이 있는 존재가 어떤 순간에 자연을 움직이는 모든 힘을 알고, 우주를 이루는 모든 사물들의 위치를 알고, 또 만약 이 데이터를 분석할 수 있을 만큼 위대하다면, 하나의 방정식 안에 우주에서 가장 큰 물체부터 가장 작은 원자에 이르기까지 모든 것의 운동을 포함할 수 있을 것이다. 그러한 지적 존재에게 불확실한 것은 아무것도 없으며 미래란 마치 지나간 일들처럼 선명하게 보일 것이다.

프랑스 어 번역이 불충분할 경우를 생각해서 다시 설명하자면, 라플라스는 만약 어떤 순간에 당신 또는 엄청난 지적 능력을 지닌 어떤 존재가 우주에 있는 모든 입자의 위치와 속도를 알 수 있다면, 당신 또는 그 존재는 그 후로 영원히 세상의 미래를 정확히 예측할 수 있다고 이야기하고 있다. 우주에 대한 이러한 극단적인 결정론적 관점은 20세기 초 전복적인 사상을 가진 알베르트 아인슈타인이 나타나 모든 것을 바꿀 때까지 주도적인 패러다임이었다. 아인슈타인이 상대성 이론으로 유명하기는 하지만, 그의 가장 대담하고 급진적인 행보, 즉 그의 가장 전복적인 행보는 상대성 이론이 아니라 양자 역학의 이상한 세계에 대한 것이었다. 그 후로 물리학자들은 물리 법칙이 양자 법칙이라는 것을 이해하게 되었다. 이제 나는 이 책의 1장에서 '양자 역학적으로 생각하는 법'에 대해서 간단히 설명하려고 한다.

당신은 이제 막 이상한 나라의 앨리스처럼 현대 물리학의 기묘한 세계로 들어가는 참이다. 그곳은 어떤 것도 겉보기와는 다르며 모든 것은 떨리고 요동치며 불확정성은 가장 높은 위치에서 군림하고 있다. 뉴턴 물리학의 시계 장치 같은 예측 가능한 세계는 잊기 바란다. 양자 역학의 세계는 절대로 예측 가능하지 않다. 20세기 초 물리학계에 일어난 혁명은 '벨벳 혁명(1989년 체코슬로바키아에서 일어났던 평화적 혁명. — 옮긴이)'이 아니었다. 그것은 물리학의 방정식과 법칙을 바꾸어 놓았을 뿐만 아니라 고전적 과학과 철학의 인식론적 기반마저 파괴했다. 많은 물리학자들이 새로운 방식에 대응하지 못하고 뒤처졌다. 하지만 더 젊고 유연한 세대는 기묘한 현대적 아이디어를 향유했고 새로운 직관과 강력한 시각화를 발전시켰다. 그 변화는 너무나도 철저해서 우리 세대의 많은 이론 물리학자들은 오래된 고전적 방법보다도 양자 역학적, 또는 상대론적으로 생각하는 것을 더 쉽게 느낄 정도이다.

양자 역학은 가장 큰 충격을 불러왔다. 양자 수준에서는 우주란 확률과 불확정성이 지배하는 유동적인 공간이다. 하지만 전자가 단지 술 취한 뱃사람처럼 엉거주춤 서 있는 것은 아니다. 무작위성에는 난해하고 추상적인 수학 기호로 더 잘 기술되는 미묘한 패턴이 있다. 그러나 글쓴이의 약간의 노력, 그리고 읽는 이의 약간의 인내심이 있다면 양자 역학의 핵심을 일상 언어로 옮길 수 있다.

19세기 이후 물리학자들은 상호 작용의 세계, 즉 충돌하는 입자들을 설명할 때 당구대 비유를 써 왔다. 제임스 클러크 맥스웰(James Clerk Maxwell, 1831~1879년)이 그 비유를 사용했고, 루트비히 에두아르트 볼츠만(Ludwig Eduard Boltzmann, 1844~1906년)도 그랬다. 지금까지 수십 명의 물리학자들이 그것을 사용해서 양자 세계를 설명했다. 내가 그것을 처음 들은 것은 리처드 파인만으로부터였다. 그의 설명은 다음과 같다.

> 완벽하게 만들어져 마찰이 전혀 없는 당구대를 생각해 보자. 공과 쿠션은 탄성이 너무나 높아서 충돌이 일어나도 공들은 전혀 운동 에너지를 잃지 않는다. 당구대에서 포켓들을 제거하면, 한번 움직이기 시작한 공들은 충돌하고 쿠션에서 튕겨져 나오며 영원히 움직일 것이다. 게임은 15개의 공들을 삼

각형으로 배열하는 데서 시작한다. 초구를 치면 공 무더기는 흩어진다.

그다음에 일어나는 일은 너무나 복잡하므로 예측하기 어렵다. 그것이 그토록 예측하기 어려운 이유는 무엇일까? 그것은 각각의 충돌이 공들의 시작 위치와 속도의 미세한 차이를 확대해서, 극히 미세한 차이도 결국은 완전히 다른 결과를 낳기 때문이다. (초기 조건에 대해서 이렇게 극단적으로 민감한 경우를 '혼돈(chaos)'이라고 하며, 이것은 자연에 널리 존재하는 특징이다.) 당구 경기를 재구성하는 것은 체스 경기를 재구성하는 것과는 다르다. 거의 무한대의 정확도가 필요할 것이다. 그럼에도 불구하고 고전 물리학에서 공들은 완벽하게 정확한 궤도를 따라 움직이며, 우리가 공들의 초기 위치와 속도를 무한대의 정확도로 알기만 한다면, 운동은 완벽하게 예측할 수 있다. 물론 우리가 더 오랫동안 운동을 예측하려고 하면 할수록 더 정확한 초기 데이터가 필요할 것이다. 하지만 데이터의 정확도에는 한계가 없으며 과거로부터 미래를 예측하는 우리의 능력에도 한계는 없다.

이것과는 대조적으로 양자 역학적 당구 경기는 선수들이 정확성을 유지하려고 아무리 노력해도 불확실하다. 정확도를 아무리 높여도 결과는 통계적으로밖에 예측할 수 없다. 고전적인 당구 선수가 통계에 의존하는 것은 초기의 데이터가 불완전하게 알려졌거나 아니면 방정식을 푸는 것이 너무 어려워서이다. 하지만 양자 역학적 경기의 선수는 선택의 여지가 없다. 양자 역학의 법칙은 무작위성을 내재하고 있으며 그것은 절대로 제거될 수 없다. 초기 위치와 속도로부터 미래를 예측할 수 없는 이유는 무엇인가? 그 답은 바로 베르너 카를 하이젠베르크(Werner Karl Heisenberg, 1901~1976년)의 불확정성 원리이다.

불확정성 원리는 아무리 정확하게 위치와 속도를 동시에 확정하려고 해도 그것에는 언제나 근본적인 한계가 있다고 말한다. 그것은 궁극적인 '캐치-22'라고 할 수 있다. ('캐치-22'는 미국 작가 조지프 헬러(Joseph Heller, 1923~1999년)의 소설 제목이자, 극 중에 등장하는 자기 반복적이고 모순적인 규칙이다. 흔히 꼼짝할 수 없는 곤란한 상황을 뜻한다. — 옮긴이) 예측을 개선하기 위해서 공의 위치에 대한 정보를 개선하면 불가피하게 공이 그다음 순간 어디에 있을지를 정확하게 예측할 수 없게 된다. 불확정성 원리는 물체가 어떻게 행동하는가에 대한 그저 정성적인 사실을 말해 주는 것이 아니다. 불확정성 원리에는 매우 정확하고 정량적인 공식이 있다. 물체의 위치의 불확정성과 그 운동량[6]의 불확정성의 곱은 언제나 플랑크 상수라는 매우 작은 수보다 커야 한다.[7] 하이젠베르크와 그의 후계자들은 불확정성 원리를 극복할 수 있는 방법을 생각해 내려고 애썼다. 하이젠베르크는 전자를 예로 들었지만 당구공 비유가 더 나았을지도 모른다. 양자 역학적 당구공에 빛을 비춘다. 공에 반사된 빛을 그 초점이 카메라 필름에 오게 모으면, 필름에 맺힌 상으로부터 공의 위치를 알아낼 수 있다. 하지만 공의 속도는 어떨까? 그것은 어떻게 측정할 수 있을까? 가장 간단하고 직접적인 방법은 위치를 잠시 후에 다시 재는 것이다. 두 연속된 순간의 공의 위치를 안다면 속도를 결정하는 것은 쉬운 일이다.

그러나 이런 종류의 실험은 불가능하다. 그것은 어째서인가? 그 답은 아인슈타인의 가장 위대한 발견 중 하나로 거슬러 올라간다. 뉴턴은 빛이 알갱이들로 이루어져 있다고 믿었지만 20세기 초 물리학자들은 더 이상 빛의 입자설을 믿지 않았다. 간섭 같은 많은 광학 현상들은 빛이 수면 위의 물결과 같은 파동 현상이라고 가정할 경우에만 잘 설명되

---

6. 물체의 운동량은 '속도×질량'으로 정의된다.

7. 플랑크 상수는 문자 h로 나타내며 그 값은 $6.626068 \times 10^{-34} m^2 kg/s$이다. 여기에서 m, kg, s는 각각 미터, 킬로그램, 그리고 초를 나타낸다.

었기 때문이다. 19세기 중반 맥스웰은 빛을 마치 공기 중에 퍼져 나가는 소리처럼 공간에서 퍼져 나가는 전자기파로 보는 아주 성공적인 이론을 만들었다. 그렇기 때문에 1905년에 아인슈타인이 빛, 그리고 다른 모든 전자기 복사가 양자, 또는 광자라는 작은 탄환과 같은 것으로 만들어졌다고 제안했을 때 그것은 큰 충격이었다.[8] 아인슈타인은 빛이란 파장, 진동수 등의 파동의 성질을 가지면서도 무엇인가 이상한 새로운 방식으로 불연속적인 단위들로 이루어진 알갱이 같은 성질도 가지고 있다고 제안했다. 이 양자들은 나눌 수 없는 에너지 덩어리이며 이 사실이 조그만 물체의 정확한 상을 만들 때에 걸림돌로 작용하게 된다.

위치의 결정부터 시작해 보자. 설명한 상을 얻으려면 빛의 파장이 너무 길어서는 안 된다. 규칙은 간단하다. 물체의 위치를 주어진 정확도로 특정하고자 한다면 파장이 허용 오차보다 짧은 파동을 사용해야 한다. 모든 사진은 어느 정도는 흐릿하며 흐릿함을 막으려면 짧은 파장을 사용해야 한다. 고전 물리학에서는 빛의 에너지를 임의로 작게 만들 수 있으므로 이것이 문제가 되지 않는다. 그러나 아인슈타인이 주장한 대로 빛은 광자로 이루어져 있다. 게다가 앞으로 보게 되겠지만 광선의 파장이 짧을수록 광자의 에너지가 더 커진다.

다시 말해 위치를 정확하게 추정할 수 있게 선명한 상을 얻으려면 높은 에너지를 가진 광자로 물체를 때려야 한다는 것이다. 하지만 이것은 그 후의 속도 측정에 심각한 제한을 주게 된다. 문제는 고에너지 광자가 당구공과 충돌해 순간적인 충격을 주면, 우리가 측정하려고 했던 속도

---

8. 양자(量子, quanta)라는 용어는 광자(光子, photon)보다 더 일반적으로 쓰인다. 양자는 불연속적인 에너지 덩어리를 말하며 광자는 전자기 에너지에 적용되는 더 구체적인 용어이다. 그래서 "광자는 전자기 복사의 양자이다."라고 이야기할 수 있다.

가 바뀐다는 것이다. 이것은 위치와 속도를 무한대의 정확도로 측정하려고 할 때 생기는 문제의 사례 중 하나이다.

전자기 복사의 파장과 광자의 에너지 사이의 관계, 즉 파장이 짧을수록 에너지가 더 높다는 것은 아인슈타인이 1905년에 세운 중요한 업적 중 하나였다. 전자기파 스펙트럼은 파장이 짧은 것부터 순서대로 감마선, 엑스선, 자외선, 가시광선, 적외선, 마이크로파, 전파 등으로 이루어진다. 전파가 파장이 가장 긴데, 몇 미터에서 우주적 크기까지 이른다. 상은 파장보다 더 세밀할 수 없기 때문에 전파는 보통 물체의 상을 정확히 잡기에는 매우 부적절한 수단이다. 전파를 이용한 상에서는 사람과 빨래 주머니를 구분할 수 없다. 사실 한 사람을 여러 사람과 구분하는 것도 그들 사이의 거리가 전파의 파장보다 크지 않다면 불가능할 것이다. 모든 상은 보풀이 난 공처럼 흐릿할 것이다. 그렇다고 해서 전파가 상을 얻는 데 절대 쓰이지 않는다는 것은 아니다. 단지 작은 물체를 다룰 때 부적절할 뿐이다. 전파 천문학은 거대한 천체를 연구할 때 매우 강력한 도구이다. 그것에 비하면 감마선은 원자핵처럼 매우 작은 것에 관한 정보를 얻을 때 가장 좋다. 감마선은 원자 1개보다 훨씬 작은, 가장 짧은 파장을 갖기 때문이다.

반면에 광자 하나의 에너지는 파장이 줄어들수록 늘어난다. 전파의 광자 1개는 너무 약해서 검출하기 어렵다. 가시광선의 광자는 그것보다는 에너지가 높다. 그 광자 하나로 분자를 쪼갤 수 있다. 어둠에 익숙해진 눈에는 가시광선 영역에 속하는 광자 하나가 망막의 간상 세포를 활성화할 수도 있다. 자외선과 엑스선 광자는 원자에서 전자를 쉽게 뗄 수 있을 만큼 충분한 에너지를 가지고 있으며, 감마선은 원자핵뿐만 아니라 양성자와 중성자마저도 붕괴시킬 수 있다.

파장과 에너지 사이의 이런 반비례 관계가 20세기 물리학을 지배해

온 한 가지 경향을 설명한다. 더욱더 거대한 가속기를 추구해 온 것 말이다. 물질을 이루는 가장 작은 요소(분자, 원자, 원자핵, 쿼크 등)를 밝히려는 물리학자들은 자연스럽게 이 입자들의 분명한 상을 얻기 위해 점점 더 짧은 파장을 찾았다. 하지만 더 짧은 파장은 불가피하게 더 높은 에너지를 가진 양자를 의미한다. 그러한 고에너지 양자를 만들려면 입자들을 엄청나게 높은 운동 에너지를 가지도록 가속해야만 한다. 예를 들어, 전자를 엄청난 에너지로 가속하려면 크기와 소비 전력이 엄청나게 큰 기계를 써야 한다. 내가 사는 곳 근처에 있는 스탠퍼드 선형 가속기 연구소(Stanford Linear Accelerator Center, SLAC)는 전자를 그 질량의 20만 배의 에너지를 가질 때까지 가속할 수 있다. 하지만 그러기 위해서는 3,000미터 정도의 길이를 가진 기계가 필요하다. 스탠퍼드 선형 가속기 연구소는 단적으로 말해서 양성자보다 1,000배나 작은 물체를 구분할 수 있는 3,000미터짜리 현미경인 셈이다.

20세기 물리학자들은 점점 더 작은 세계를 탐구하면서 예상하지도 못했던 것들을 수없이 발견했다. 가장 극적인 것들 중 하나는 양성자와 중성자가 기본 입자가 아니라는 사실이다. 물리학자들은 양성자와 중성자를 고에너지 입자로 때려 핵자를 이루는 쿼크라는 매우 작은 요소를 찾아낼 수 있었다. 하지만 가장 높은 에너지(가장 짧은 파장)를 낼 수 있는 탐지 장치를 사용하더라도 전자, 광자, 그리고 쿼크는 우리가 아는 한, 점과 같은 물체일 것이다. 이것은 그 입자들의 구조, 크기, 또는 내부 요소를 검출하는 것이 불가능하다는 것을 의미한다. 그 입자들은 무한히 작은 점들일 것이다.

하이젠베르크의 불확정성 원리로 다시 돌아가 보자. 당구대 위에 공 하나가 있다. 그 공의 위치가 벽으로 둘러싸인 당구대 위로 제한되어 있기 때문에 우리는 자동적으로 공간에서의 그 위치에 대해서 어느 정도 알게 된다. 그 위치의 불확정성은 당구대의 넓이보다는 크지 않다. 당구대가 작을수록 우리는 공의 위치를 더 정확하게 알게 되고, 따라서 운동량에 대해서는 더 불확실하게 알게 된다. 따라서 만약 우리가 당구대 위에 있는 공의 속도를 재려고 한다면 그 속도는 어느 정도 무작위적으로 요동치는 값을 가지게 될 것이다. 심지어 우리가 가능한 한 운동 에너지를 제거하려고 해도 남아 있는 요동은 없앨 수 없다. 브라이언 그린(Brian Greene, 1963년~)은 '양자 떨림(quantum jitter)'이라는 용어로 이 요동을 설명했는데, 나도 그 선례를 따르려고 한다. 양자 떨림에 따르는 운동 에너지는 **영점 에너지(zero-point energy)**라고 하며, 그것은 제거할 수 없다.[9]

불확정성 원리에 따라 생기는 양자 떨림은 보통의 물질을 절대 영도로 냉각시킬 경우 흥미로운 결과를 야기한다. 열은 말할 것도 없이 분자의 무작위적인 운동에서 생기는 에너지이다. 고전 물리학에서 어떤 계를 냉각시키면 분자는 최종적으로 절대 영도에서 정지한다. 그 결과 절대 영도에서 분자의 운동 에너지는 모두 제거된다.

하지만 고체 속에 있는 분자의 위치는 어느 정도 고정되어 있다. 그것은 당구대의 쿠션이 아니라 다른 분자들에 의해서 공간에 고정되어 있는 것이다. 그 결과 분자들의 속도에는 반드시 떨림이 생기게 된다. 양자역학 법칙의 지배를 받는 실제 물체에서 분자의 운동 에너지는 절대 영도에서도 절대 완전히 제거될 수 없다.

위치와 속도가 불확정성 원리의 유일한 예는 아니다. 위치와 속도 말고도 동시에 결정될 수 없는 짝들이 많이 있다. 그러한 짝을 켤레

9. Brian Greene, *The Elegant Universe: Superstrings, Hidden Dimensions, and the Quest for the Ultimate Theory* (New York: Norton, 2003). (한국어판 『엘러건트 유니버스』(박병철 옮김, 승산, 2002년) — 옮긴이)

(conjugate)라고 한다. 한쪽 양을 정확하게 알수록 다른 쪽은 격렬하게 요동친다. '에너지-시간 불확정성 원리'는 매우 중요한 예이다. 한 사건이 발생한 시간과 그 사건에 연관된 물체들의 에너지를 모두 정확히 결정하는 것은 불가능하다. 어떤 실험 물리학자가 특정한 순간에 두 입자를 충돌시키려 한다고 가정해 보자. 에너지-시간 불확정성 원리는 물리학자가 통제할 수 있는 입자들의 에너지와 그 입자들이 서로 부딪히는 순간의 정확성을 제한한다. 에너지를 더 정확하게 통제하려고 하면 할수록 불가피하게 충돌 시간이 더 무작위해진다. 그 역도 마찬가지이다.

2장에서 나오게 될 다른 중요한 예는 한 점에서의 전기장과 자기장이다. 이 장들은 앞으로 중요한 역할을 하게 될 텐데, 눈에 보이지 않게 공간을 채우며 영향을 미치고 전하를 띤 입자들에 작용하는 힘을 결정한다. 전기장과 자기장은 위치와 속도의 켤레와 마찬가지로 동시에 결정될 수 없다. 만약 하나를 알게 되면 다른 쪽은 필연적으로 불확실해진다. 이런 이유로 장들은 제거할 수 없는 떨림의 상태에 계속 있게 된다. 그리고 아마도 예상할 수 있겠지만 이것은 완전히 빈 공간도 어떤 양의 에너지를 갖게 만든다. 이 **진공 에너지**는 현대 물리학과 우주론에서 가장 큰 역설 중 하나를 낳았다. 우리는 다음 장부터 시작해서 이것을 여러 번 다루게 될 것이다.

불확정성과 요동이 이야기의 끝이 아니다. 양자 역학은 그 다른 면, 즉 양자적 측면을 가지고 있다. '양자'라는 말은 자연에 있는 어느 정도의 불연속성과 알갱이 같은 성질을 의미한다. 광파를 구성하는 에너지 덩어리인 광자는 양자의 한 예일 뿐이다. 전자기 복사는 진동 현상, 다른 말로 하면 요동이다. 그네를 타는 어린아이, 진동하는 용수철, 튕겨진 바이올린 줄, 음파, 이 모든 것 또한 진동 현상의 예이다. 이것들 모두 불연속성을 가진다. 모두 다 그것들이 가진 에너지를 더 이상 나눌 수 없는 불연속적인 양자 단위로 나타낼 수 있다. 용수철과 그네 같은 거시 세계에서는 에너지의 양자 단위가 너무 작기 때문에 에너지는 실질적으로 어느 값이나 가질 수 있는 것으로 여겨진다. 하지만 사실 진동의 에너지는 진동의 진동수(매초당 진동하는 횟수)에 매우 작은 플랑크 상수를 곱한 것에 해당하는 더 이상 나눌 수 없는 단위들로 이루어져 있다.

원자 내부의 전자들 역시 원자핵 주위를 도는 동안 진동한다. 이 경우 에너지의 양자화는 불연속적인 궤도를 상상하면 이해할 수 있다. 양자화된 원자를 처음 생각해 낸 것은 닐스 헨리크 다비드 보어(Niels Henrik David Bohr, 1885~1962년)였다. 그는 전자의 궤도가 육상 트랙처럼 분리되어 있다고 생각했다. 전자는 이 분리된 길을 따라서만 움직일 수 있다. 전자의 에너지는 어떤 트랙을 선택했는가에 따라 결정된다.

요동치는 것과 불연속성도 이상하기는 하지만 정말로 기묘한 것은 양자 세계의 '간섭' 현상이다. 유명한 '이중 슬릿 실험'은 이 놀라운 현상을 보여 준다. 어두운 방 안에 있는 작은 광원, 매우 강하지만 작은 전구를 생각해 보자. 레이저 빔도 괜찮다. 광원에서 어느 정도 떨어진 곳에 필름을 놓는다. 광원에서 나온 빛이 필름에 닿으면 그것은 보통의 사진 원판이 만들어지는 방식대로 검게 변한다. 이때 광원과 필름 사이에 금속판과 같은 불투명한 장애물을 놓으면 분명 필름은 보호받고 검게 변하지 않을 것이다. 이제 수직으로 갈라진 2개의 틈을 가진 금속판을 광원과 필름 사이에 놓고, 빛이 틈을 통과하게 해 보자. 첫 번째 실험은 매우 간단하다. 틈 하나를, 예를 들면 왼쪽 것을 막고 광원을 켠다.

적당한 시간이 지나면 필름이 검게 변하면서 수평으로 넓은 띠가 생길 것이다. 이것은 오른쪽 틈의 흐릿한 상이다. 그다음으로는 오른쪽 틈을 막고 왼쪽을 연다. 두 번째 넓은 띠가 첫 번째 것과 부분적으로 겹치면서 생길 것이다.

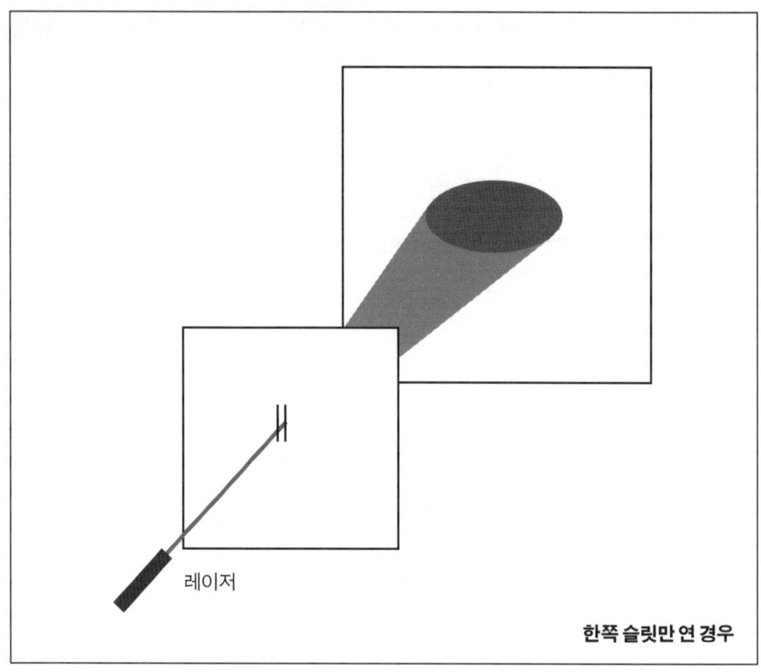
레이저
한쪽 슬릿만 연 경우

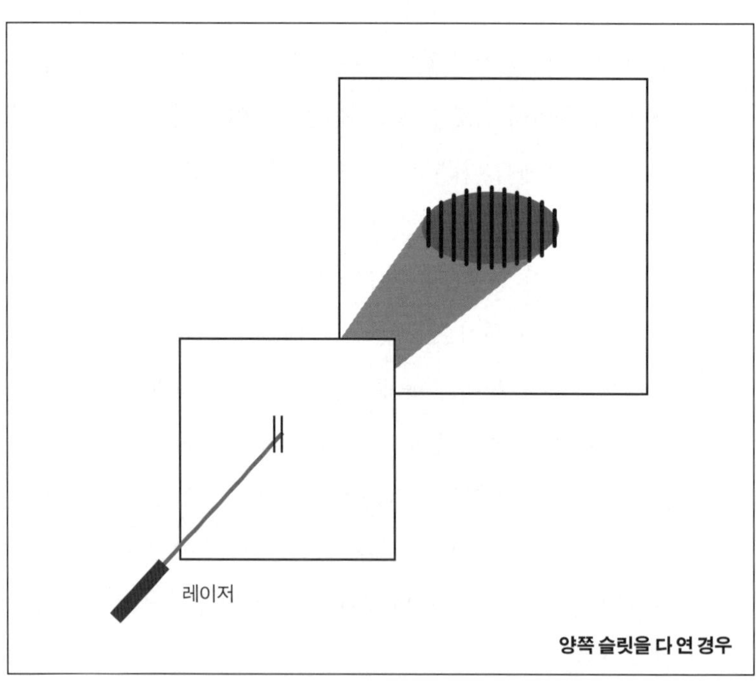
레이저
양쪽 슬릿을 다 연 경우

이제 감광되지 않은 새로운 필름을 가져다 놓고 슬릿의 양쪽 틈을 모두 열고 실험을 새로 해 보자. 사전 정보가 없는 사람이 본다면 깜짝 놀랄 것이다. 필름에 나타난 형태는 검게 변한 흐릿한 띠 2개가 단순하게 겹쳐져 있는 것이 아니다. 흐릿한 띠 대신 우리는 얼룩말의 무늬처럼 어두운 띠와 밝은 띠가 교대로 나타나는 것을 보게 된다. 앞의 실험에서 검게 변한 띠 2개가 겹쳐 있던 부분에 검게 변하지 않은 몇 개의 띠가 생겼다. 어떤 이유에선가 왼쪽과 오른쪽 틈에서 나오는 빛들이 서로 상쇄되어 밝은 부분을 만든 것이다. 이것은 파동에서 잘 알려진 현상이며 전문 용어로는 **상쇄 간섭**(destructive interference)이라고 한다. 다른 예는 '맥놀이'라고 해서 거의 같은 높이의 두 음을 동시에 들을 때 생기는 현상이다.

만약 당신이 실제로 이 실험을 집에서 해 본다면 말한 것처럼 쉽지만은 않다는 것을 알게 될 것이다. 그것이 어려운 것은 두 가지 이유 때문이다. 첫째, 간섭 무늬는 슬릿, 즉 틈이 매우 가늘고 서로 가까이 있어야만 볼 수 있다. 깡통 따개 같은 것으로 구멍을 내놓고 성공하기를 기대해서는 안 된다. 둘째, 광원도 매우 작아야 한다. 작은 광원을 만드는 간단하고 오래된 방법은 슬릿에 닿기 전에 빛을 매우 작은 바늘구멍에 통과시키는 것이다. 훨씬 좋은 방법은 첨단의 레이저를 사용하는 것이다. 레이저 포인터 정도면 이상적이다. 정성 들여 낸 이중 슬릿을 통과한 레이저 광선은 멋진 얼룩말 무늬를 만들어 낸다. 이 실험의 어려운 점이라면 모든 것을 튼튼하게 고정시키는 정도이다.

이번에는 광자가 한 번에 하나 겨우 통과할 정도로 광원의 세기를 아주 약하게 해서 이 광학 실험을 반복해 보자. 만약 필름을 짧은 시간 동안 노출시키면 광자가 떨어진 곳에 검게 변한 점들이 몇 개 나타날 것이다. 같은 방식으로 다시 노출시키면 점들이 더 조밀해질 것이다. 결국 우리는 첫 번째 실험의 패턴이 다시 나타나는 것을 보게 될 것이다. 무엇보다도 이 실험은 빛이 불연속적인 광자로 되어 있다는 아인슈타인의 아이디어를 확증한다. 게다가 입자들이 무작위적으로 와 닿으며 충분히 축적되었을 때에만 간섭 무늬가 나타나는 것을 볼 수 있다.

하지만 입자의 성질을 가진 광자는 상쇄 간섭에서 아주 예측 불가능한 방식으로 행동한다. 양쪽 슬릿이 모두 열렸을 때에는 어떤 입자도 상쇄 간섭이 일어나는 위치에 도착하지 않는다. 슬릿이 하나만 열렸을 때에는 그 위치에 분명히 도착하는데도 그렇다. 왼쪽 슬릿을 여는 것이 광자가 오른쪽 슬릿을 통과하는 것을 막는 것으로 보이며, 그 역도 마찬가지이다.

쉽게 생각해 보자. X라는 지점이 필름에서 상쇄 간섭이 일어나는 곳이라고 가정해 보자. 광자는 왼쪽 슬릿이 열려 있을 때 X에 도달할 수 있다. 만약 오른쪽 슬릿이 열려 있어도 X에 도달할 수 있다. 사리 분별이 있는 사람이라면 둘 다 열려 있다면 광자가 X에 도달하기가 더 쉬울 것이라고 생각할 것이다. 하지만 그렇지 않다. 아무리 오래 기다려도, 단 1개의 광자도 X에 나타나지 않는다. 왼쪽을 막 통과하려는 광자가 어떻게 오른쪽 슬릿이 열렸다는 것을 알 수 있을까? 물리학자들은 종종 이 특이한 효과를 설명할 때 광자는 둘 중 하나를 통과하는 것이 아니며, 그 대신에 양쪽 경로를 모두 '느끼며' 어느 시점에서인가 양쪽 경로의 기여가 상쇄한다고 이야기한다. 이것이 당신의 이해를 돕건 그렇지 않건 간에, 간섭이란 매우 이상한 현상이다. 양자 역학을 40년 이상 공부하면 그 기묘함에 익숙해진다. 하지만 다시 한번 심사숙고해 보아도, 그것이 기묘하기는 마찬가지이다.

기본 입자

자연은 계층 구조로 이루어져 있다고 생각된다. 큰 물체는 작은 것들로 이루어져 있고 그것들은 다시 더 작은 것들로 이루어져 있다. 이것은 우리가 밝혀낼 수 있는 가장 작은 것들에 이르기까지 계속된다. 우리 우주는 그러한 계층 구조들로 가득 차 있다. 자동차는 그저 그런 부품들의 합일 뿐이며, 그 이상도 그 이하도 아니다. 부품들에는 바퀴, 엔진, 카뷰레터 등이 있으며, 카뷰레터는 나사못, 공기 조절판, 분출구, 용수철 등으로 이루어진다. 내가 알기로, 작은 것들의 성질이 큰 것들의 기능을 결정한다. 전체는 부분의 총합이며 그 성질은 가장 간단하고 작은 요소들로 단순화해서 이해할 수 있다. 이러한 관점을 **환원주의**라고 한다.

환원주의는 많은 학문 분야에서 금기시되는 용어이기도 하다. 그것은 진화가 특정 종교계에 일으키는 정도의 강력한 분노를 일으킨다. 존재하는 모든 것이 생명이 없는 입자들에 불과하다는 개념은, 인간이 단지 이기적인 유전자의 운반 수단에 불과하다는 생각만큼이나 불안감을 불러일으킨다. 그러나 좋든 싫든 환원주의는 효율적으로 기능한다. 모든 자동차 수리공은 그가 일을 하는 동안만큼은 환원주의자라고 할 수 있다. 과학에서 환원주의의 위력은 놀라울 정도이다.[10] 생물학의 기본 법칙은 DNA, RNA, 그리고 단백질과 같은 유기 분자들의 화학에 따라 결정된다. 화학자들은 분자의 복잡한 성질들을 원자의 성질들로 환

10. 환원주의가 인간의 마음을 연구하는 데에도 효력이 있는가는 논쟁의 여지가 있다. 내 관점은 생물도 무생물과 마찬가지로 물리 법칙을 따른다는 것이다. 내가 아는 한 이 명제에 대한 반증 사례는 없다. 하지만 마음이라는 현상은 환원주의적 과학으로 아직 완전히 설명되지 않았다.

원시키며 그다음에는 물리학자들이 그 일을 이어받는다. 원자는 특별한 것이 아니라 원자핵과 그 주위를 도는 전자들의 집합이다. 우리가 과학의 기초 과정에서 배우게 되듯이, 원자핵은 양성자와 중성자의 혼합물이다. 양성자와 중성자는 쿼크로 이루어져 있다. 자연에 대한 이러한 '러시아 인형' 같은 관점은 어디까지 갈 수 있을까? 아무도 모른다. 하지만 20세기 물리학은 환원주의를 이른바 기본 입자들의 단계까지 적용하는 데 성공했다. 앞으로 나는 물리 법칙을 지금까지 알려진 가장 작은 구성 단위인 기본 요소들의 법칙이라는 의미로 사용할 것이다. 왜 그것들이 바로 그 법칙인지 질문하기 전에 그것들이 무엇인지 확실히 알아두는 것이 중요하다.

이론 물리학의 언어는 수학 방정식이다. 물리학자들은 방정식이 없는 이론을 상상하는 것이 사실 어렵다. 뉴턴 방정식, 맥스웰 방정식, 아인슈타인 방정식, 에어빈 슈뢰딩거(Erwin Schrödinger, 1887~1961년)의 슈뢰딩거 방정식 등이 가장 중요한 예라고 할 수 있다. 입자 물리학의 수학적 틀은 **양자장 이론(quantum field theory)**이다. 그것은 매우 추상적인 방정식들을 잔뜩 포함한 매우 어려운 수학적 연구 분야이다. 양자장 이론의 방정식들은 너무나 복잡해서 이론을 표현하는 적절한 방법이 아니라고 느껴질 정도이다. 다행히도 위대한 리처드 파인만이 이것을 정확하게 포착했다. 그는 도형을 써서 방정식을 시각화하는 방법을 개발했다. 파인만의 사고 방식은 너무나 직관적이어서 그 주요한 아이디어는 방정식을 하나도 쓰지 않고 요약할 수 있다.

리처드 파인만은 시각화의 천재였다. (그렇다고 그가 방정식을 푸는 데 소질이 없었던 것도 아니다.) 그는 무엇을 연구하든 그 대상을 머릿속에서 그림으로 그릴 수 있었다. 다른 이들이 입자 물리학의 법칙을 나타내기 위해서 칠판 가득 방정식을 쓰고 있을 때, 파인만은 그저 그림을 그려서 답을 알아냈다. 그는 마술사였고 남 앞에 나서기 좋아하고 자기 자랑하기 좋아하는 사람이었지만, 그의 마법은 물리 법칙을 공식화하는 데 가장 간단하고 가장 직관적인 방법을 제공했다. **파인만 도형**(67쪽 참조)들은 말 그대로 기본 입자들이 공간을 움직이면서 충돌하고 상호 작용하며 일어나는 사건들을 그린 것이다. 파인만 도형은 충돌하는 한 쌍의 전자들을 기술하는 몇 개의 선일 때도 있고, 아니면 선들이 가지를 치고 고리를 만들어 이루는 아주 복잡하고 광대한 네트워크일 때도 있다. 다이아몬드 결정, 생명체, 심지어 별이라고 하더라도 상관없다. 파인만 도형은 거기에서 나타나는 입자를 기술할 수 있다. 이 그림들은 기본 입자들에 대해서 알려진 모든 것들을 몇 가지 기본적인 요소들로 요약해 낸다. 물론 파인만 도형에는 단순한 그림 이상의, 정확한 계산을 어떻게 수행할 수 있는지에 대한 기술적인 세부 사항이 있지만, 그것은 일단은 그리 중요하지 않다. 우리의 목적을 위해서는 도형 하나가 1,000개의 방정식만큼이나 가치가 있다.

양자 전기 역학

양자장 이론은 등장 인물, 다시 말하면 기본 입자들의 목록에서 출발한다. 이상적으로 그 목록은 모든 기본 입자들을 포함해야 하겠지만, 그것은 그리 현실적인 생각이 아니다. 우리가 아직 완전한 목록을 만들지 못했다는 것은 거의 확실하다. 하지만 부분적인 목록만 가지고 있다고 해도 그리 큰 문제는 아니다. 그것은 마치 연극 공연과도 같다. 실제로 모든 이야기는 과거와 현재를 통틀어 지구에 살았던 모든 사람과 연관되어야 하지만 작가가 미치지 않고서야 등장 인물이 수십억 명인 극본을 쓰려고 하지는 않을 것이다. 어떤 이야기든지 몇몇 인물이 다른 이들보다 더 중요하고, 이것은 입자 물리학에서도 마찬가지이다.

파인만이 원래 설명하고자 했던 이야기는 **양자 전기 역학**(Quantum Electrodynamics), 줄여서 **QED**라는 것으로 등장 인물은 단 둘, 전자와 광자뿐이다. 이제 그들을 만나 보자.

전자

1897년에 조지프 존 톰슨(Joseph John Thomson, 1856~1940년)이라는 영국 물리학자가 최초로 전자라는 기본 입자를 발견했다. 전기는 그 전부터 잘 알려져 있었지만 톰슨의 실험은 전류를 전하를 띤 입자들의 운동으로 환원할 수 있음을 처음으로 확인해 주었다. 토스터, 전구, 컴퓨터 등을 작동시키는 움직이는 입자가 바로 전자들이다.

극적인 효과로 치면 그 무엇도 전자를 능가하기 어렵다. 거대한 벼락이 하늘을 찢을 때, 전자들은 전기를 띤 한쪽 구름에서 다른 쪽으로 흐른다. 천둥은 급격하게 가속된 전자들이 길을 가로막는 공기 분자들과 충돌할 때 생기는 충격파 때문에 생긴다. 번갯불은 움직이는 전자들이 내놓는 전자기 복사로 이루어져 있다. 건조한 날 생기는 미세한 불꽃들과 따닥거리는 소리는 정전기로 인한 것으로, 기본적으로 번개나 천둥과 똑같은 물리 현상이 작은 규모로 일어나는 것이다. 보통 가정에서 쓰는 전기도 똑같이 전자의 흐름이지만 구리선을 통해서 흐르도록 통제한 것이다.

모든 전자는 다른 전자와 정확히 같은 양의 전하를 가지고 있다. 전자의 전하는 믿을 수 없을 정도로 작다. 따라서 약 1초당 10^{19}개라는 엄청난 숫자가 모여야 통상적 단위인 1암페어의 전류를 만들어 낼 수 있다. 게다가 전자의 전하량은 기묘하다. 이 기묘함은 여러 세대에 걸쳐 물리학을 전공하는 대학생들을 곤혹스럽게 만들었다. 그것은 전자의 전하량이 **음수**라는 것이다. 왜 그럴까? 전자에 무엇인가 부정적인 측면이 내재하고 있는 것일까? 사실 전자의 전하량이 음수라는 것은 전자의 기본적인 성질이라기보다 단지 정의에 불과하다. 이 문제는 전기가 전하의 흐름이라는 것을 처음으로 밝혀낸 물리학자 벤저민 프랭클린(Benjamin Franklin, 1706~1790년)으로 거슬러 올라간다.[11] 프랭클린은 전자에 대해서는 아무것도 몰랐으므로, 그가 **양의 전류**라고 불렀던 것이 사실은 전자가 반대 방향으로 흐르는 것임을 알 수 없었다. 이런 이유로 우리는 전자의 전하가 음수라는 혼란스러운 규약을 물려받게 되었다. 그 결과 물리학과 교수들은 계속해서 학생들에게 전류가 왼쪽으로 흐른다는 것은 사실 전자가 오른쪽으로 움직이는 것임을 일러 주어야 한다. 이것 때문에 좀 불편하게 느껴진다면, 프랭클린 탓이라고 생각하고 그만 무시하기 바란다.

만약 모든 전자들이 갑자기 사라진다면 토스터, 전구, 컴퓨터 말고도 엄청나게 많은 문제가 일어난다. 전자는 자연에서 매우 중요한 심오한 역할을 맡고 있기 때문이다. 보통의 물질은 모두 원자로 되어 있고 다시 원자는 원자핵과 그 주위를 도는 전자로 이루어져 있다. 전자는 마치 줄에 매달린 공처럼 원자핵 주위를 돌고 있다. 원자에 있는 전자들이 주기율표에 있는 원소들의 화학적 성질을 결정한다. 따라서 양자 전기 역학은 전자들의 이론 이상의 역할을 하게 된다. 그것은 모든 물질에 대한 이론의 기초가 되는 것이다.

---

11. 『가난한 리처드의 연감(*Poor Richards Almanac*)』을 저술하고 독립 선언서에 서명하기도 했지만, 벤저민 프랭클린은 18세기의 저명한 과학자들 중 한 사람이기도 했다.

광자

만약 전자가 양자 전기 역학의 주인공이라면 광자는 그 영웅의 위업을 도와주는 조수 정도로 이해할 수 있다. 번갯불에서 나오는 빛은 각각의 전자가 가속될 때 광자를 내놓는 미시적 사건들로 더듬어 올라갈 수 있다. 양자 전기 역학의 전체 구성은 결국 하나의 근본 과정으로 귀결된다. 그것은 전자 하나가 광자 하나를 방출하는 것이다.

광자는 원자에서도 아주 중요한 역할을 수행한다. 곧 분명히 이야기하겠지만 광자는 전자를 원자핵에 붙잡아 매는 밧줄에 해당한다. 만약 광자가 기본 입자들의 목록에서 갑자기 사라진다면 모든 원자는 순간적으로 분해, 즉 붕괴될 것이다.

원자핵

양자 전기 역학의 주된 목적 중 하나는 간단한 원자, 특히 수소 원자의 성질을 자세히 이해하는 것이다. 왜 수소인가? 수소는 전자를 하나만 가지고 있으므로 아주 간단해서 우리는 수소의 양자 역학 방정식을 풀 수 있다. 전자가 여러 개인 좀 더 복잡한 원자들은 성능 좋은 컴퓨터를 써야만 연구할 수 있는데, 양자 전기 역학이 처음 정식화되었을 때에는 아직 그런 컴퓨터가 없었다. 하지만 어떤 원자를 연구하든 더 중요한 재료인 원자핵이 더해져야 한다. 원자핵은 양전하를 띠는 양성자와 전기적으로 중성인 중성자로 이루어져 있다. 이 두 입자는 중성자가 전하를 띠고 있지 않다는 것을 제외하면 매우 흡사하다. 물리학자들은 이 두 입자를 통틀어 **핵자**(nucleon)라고 부른다. 원자핵은 간단히 이야기해서 끈적끈적한 핵자들이 뭉친 덩어리라고 할 수 있다. 원자핵의 내부 구조는 수소를 포함해서 어떤 것이건 매우 복잡하기 때문에 파인만 같은 물리학자들은 그것을 무시하기로 했다. 대신에 그들은 훨씬 더 간단한 전자와 광자의 물리학에 전념하기로 했다. 하지만 그들은 원자핵을 완전히 없앨 수는 없었다. 따라서 그들은 원자핵을 배우가 아니라 무대 소품으로 등장시켰다. 두 가지 사실이 이것을 가능하게 한다.

첫째, 원자핵은 전자보다 훨씬 무겁다. 너무 무겁기 때문에 움직이지 않는다고 보아도 상관없으며, 따라서 원자핵을 양전하를 띤 움직이지 않는 점으로 대치해도 큰 문제가 없다.

둘째, 원자핵은 원자와 비교할 때 무척이나 작다. 전자가 원자핵 주위를 도는 궤도는 원자핵 지름의 10만 배 정도로, 전자가 원자핵의 복잡한 내부 구조로부터 영향을 받을 만큼 가까이 가는 일은 절대로 없다.

입자 물리학의 환원주의적 관점에 따르면 대자연의 모든 현상, 고체, 액체, 기체, 무생물, 생물 모두 결국은 전자, 광자, 그리고 핵자의 지속적인 상호 작용과 충돌로 환원할 수 있다. 이것이 양자 전기 역학에 등장하는 배우들의 연기이자 시나리오의 전부이다. 배우들이 서로 충돌하고 튕겨져 나오면서 여기저기에서 충돌한 결과로 새로운 배우들이 태어난다. 파인만 도형은 이렇게 입자가 다른 입자와 부딪치는 것을 기술하는 것이다.

파인만 도형

길을 가다가 갈림길과 마주치면, 그냥 가라.

— 요기 베라

배우가 있고 각본도 있으니 이제 무대가 필요하다. 셰익스피어는 "이 세상 모두가 무대이다."라고 말했으며, 대시인의 말은 옳다. 우리의 희극

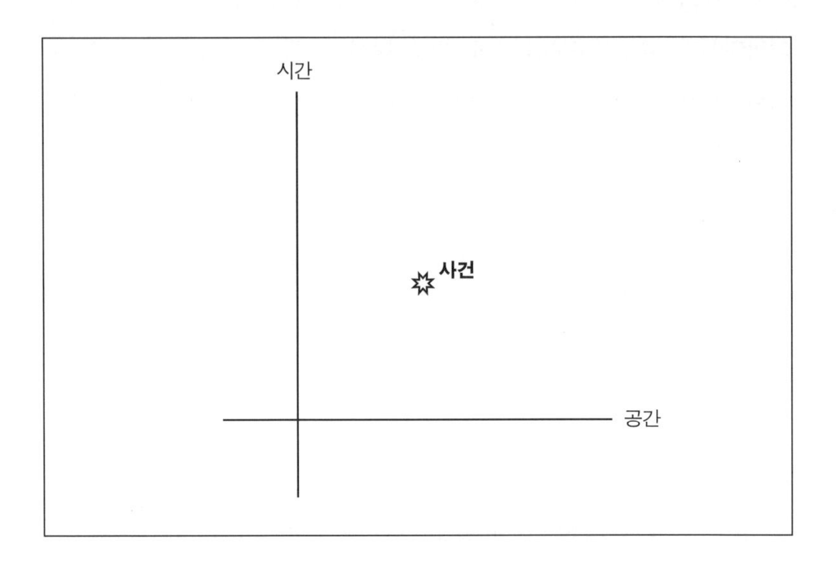

을 위한 무대는 우주 전체이다. 물리학자에게 그것은 보통의 3차원 공간 전체를 의미한다. 위-아래, 동-서, 그리고 남-북이 지구 표면 근처에서의 세 방향이다. 하지만 무대의 방향은 **어디에서** 사건이 일어나는가뿐만 아니라 **언제** 그것이 일어났는가와도 상관이 있다. 따라서 **시공간**에는 과거-미래라는 네 번째 방향이 있다. 아인슈타인이 특수 상대성 이론을 발견한 이래로 물리학자들은 **현재**뿐만 아니라 미래와 과거마저도 아우르는 4차원의 시공간으로서 세계를 그렸다. 시공간의 한 점, 즉 어디에서와 언제를 합쳐 우리는 **사건**이라고 한다.

종이나 칠판을 시공간을 표시하는 데 사용할 수 있다. 종이 또는 칠판이 단지 두 방향을 가지고 있기 때문에 약간 속임수를 쓸 필요가 있다. 종이의 수평 방향은 공간의 세 방향 모두를 맡는다. 우리는 상상력을 발휘해서 수평축이 사실은 3개의 직교축인 것처럼 생각해야 한다. 그러면 우리는 수직축을 시간을 표시하는 데 쓸 수 있다. 미래는 보통 위, 과거는 아래로 표시한다. 물론 이것은 보통 지도에서 북반구를 남반구

위에 놓는 것처럼 그저 임의적인 선택일 뿐이다. 종이 위의 한 점은 사건, 즉 **어디**와 **언제**를 표시한다. 바로 시공간의 한 점이다. 이것이 파인만의 출발점이다. 입자와 사건과 시공간이 있다.

우리가 처음으로 다룰 파인만 도형은 무대 지시 사항 중 가장 간단한 것이다. "전자가 a 점에서 b 점까지 갈 것." 이것을 그림으로 나타내기 위해서는 종이 위에 a 사건과 b 사건을 잇는 직선을 그린다. 파인만은 선 위에 화살표를 표시했는데 그 이유는 곧 분명해질 것이다. a와 b를 잇는 직선을 **전파 인자**(propagator)라고 한다.

광자 또한 시공간의 한 점에서 다른 점으로 움직일 수 있다. 광자의

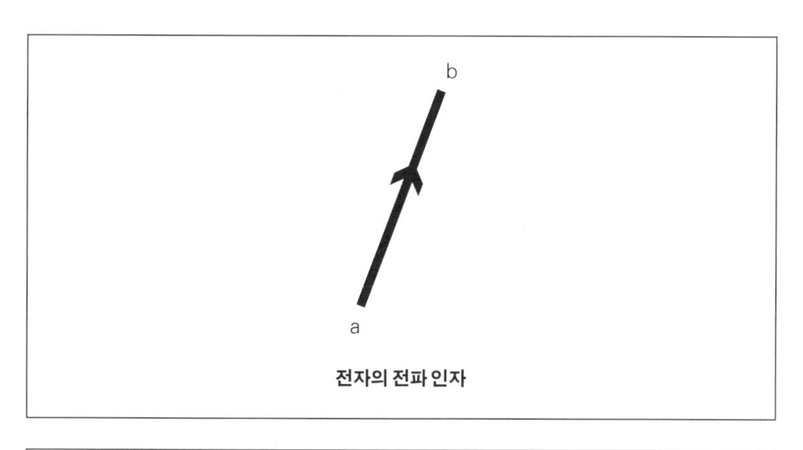

전자의 전파 인자

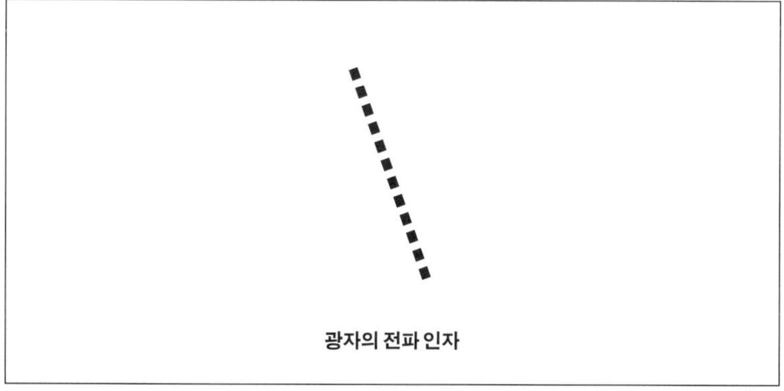
광자의 전파 인자

움직임을 나타내기 위해서 파인만은 다른 선, 즉 다른 전파 인자를 그렸다. 빛의 전파 인자는 물결치는 선으로 그리기도 하고 점선으로 그리기도 한다. 나는 점선을 사용하겠다.

전파 인자는 단순한 그림 이상을 나타낸다. 그것은 한 입자가 a 점에서 출발해서 b 점에 나타날 확률을 계산하기 위한 양자 역학적 방편이다. 파인만은 입자가 단순히 특정한 경로를 따라서 움직이는 것이 아니라는 혁신적인 생각을 했다. 이상한 방식으로 직선뿐만 아니라 임의의 꾸불꾸불한 경로를 포함해서 모든 경로를 느낀다. 우리는 양자 역학의 이러한 기묘함을 이중 슬릿 실험에서 이미 약간 맛보았다. 광자는 왼쪽 슬릿 또는 오른쪽 슬릿 하나만을 통과하는 것이 아니다. 그들은 어떻게 하는지는 몰라도 양쪽 경로 모두를 시험해 보고 그 결과로 놀라운 간섭 무늬를 나타낸다. 파인만의 이론에 따르면 가능한 모든 경로는 a에서 b로 가는 확률에 기여하게 된다. 결국 두 점 사이의 가능한 모든 경로를 나타내는 특정한 수학적 표현이 a에서 b로 갈 확률을 주게 된다. 이 모든 것이 전파 인자라는 개념에 함축되어 있다.

모든 사건이 단지 전자와 광자의 자유로운 운동뿐이라면 흥미로운 일은 절대로 생기지 않을 것이다. 하지만 전자와 광자는 서로 상호 작용을 한다. 그것이 바로 자연에서 일어나는 모든 흥미로운 일들의 원인이 된다. 번개가 칠 때 전자가 한쪽 구름에서 다른 쪽 구름으로 옮겨 가면 어떤 일이 생기는지 기억해 보자. 밤이 갑자기 낮으로 바뀐다. 갑자기 생긴 격렬한 전류가 내놓는 빛은 하늘을 일순간 극적으로 밝힌다. 그 빛은 어디서 오는가? 그 답은 1개의 전자로 귀결된다. 전자의 운동이 갑자기 교란되는 경우 그것은 광자를 떨구는 식으로 반응한다. **광자 방출**이라는 이 과정이 양자 전기 역학의 기본 사건이다. 모든 물질이 입자들로 구성되어 있듯이 모든 과정은 방출과 흡수라는 기본 사건들로 이루어져 있다. 그리하여 전자가 시공간을 통해 움직이는 동안 갑자기 하나의 광자를 방출할 수 있다. 우리가 보는 모든 가시광선은 전파, 적외선, 엑스선과 마찬가지로 태양, 전구의 필라멘트, 라디오 안테나, 또는 엑스선 기기에 있는 전자가 내놓은 광자로 이루어져 있다. 그리하여 파인만은 입자들의 목록에 더해 다른 목록을 내놓았다. 기본 사건들의 목록이다. 이것이 두 번째 종류의 파인만 도형들을 생각할 수 있게 한다.

광자 방출 사건을 나타내는 파인만 도형은 **정점**(vertex) **도형**이라고 한다. 정점 도형은 알파벳 Y, 또는 삼거리와 비슷하게 생겼다. 원래의 전자가 갈림길로 와서 광자를 방출한다. 그 결과로 전자는 한쪽 길을 가고 광자는 다른 쪽 길로 간다. 세 직선이 만나는 곳, 즉 광자를 내놓는 사건이 일어나는 점이 바로 정점이다.

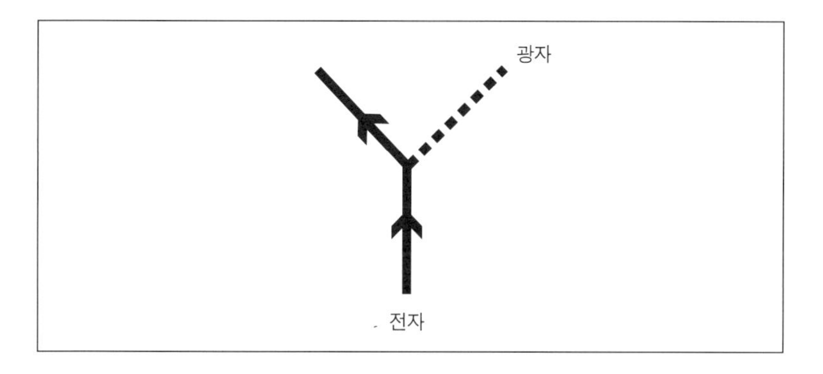

파인만 도형을 짧은 '영화'처럼 생각할 수 있다. 사방이 10센티미터쯤 되는 사각형의 두꺼운 종이를 준비해서 거기에 폭 약 0.5센티미터의 긴 틈을 낸다. 이제 이 사각형을 파인만 도형 위에 놓고 틈을 수평 방향으로 맞춘다. 틈을 통해서 보이는 짧은 선들이 입자를 나타낸다. 틈을 그림의 아래쪽에 놓고 시작해서 점점 올리면 당신은 입자가 움직이며 빛을 내거나 다른 입자를 흡수하는 등 실제 입자들이 하는 일을 볼 수 있다.

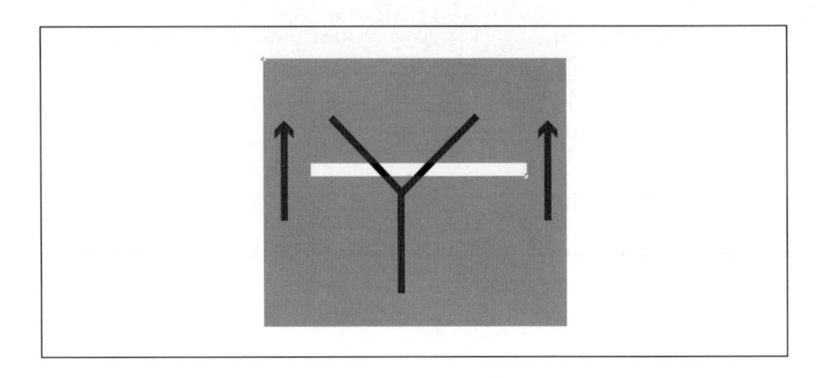

아래쪽은 과거를 나타내고 위쪽은 미래를 나타내므로 정점 도형의 위아래를 바꾸면 반대로 전자와 광자가 서로 다가오는 것을 나타낼 수도 있다. 이 경우 광자가 흡수되어 전자 하나만 남게 된다.

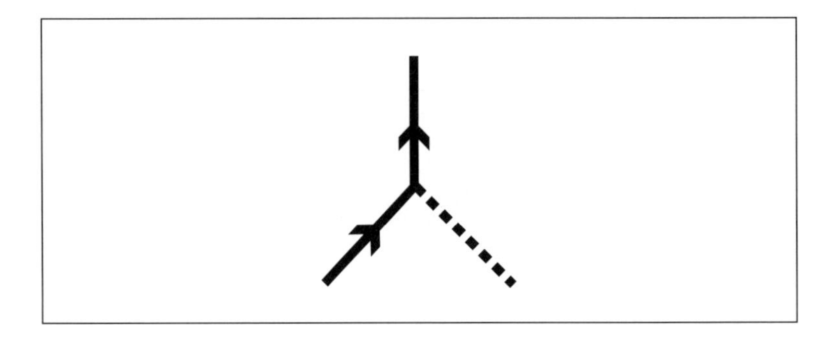

반물질

전자를 나타내는 직선에 화살표를 그리면서 파인만은 생각해 둔 것이 있었다. 전자나 양성자처럼 전하를 띤 입자들은 모두 그 쌍둥이 형제, 즉 반입자를 가지고 있다. 반입자는 그 쌍둥이 입자와 전하량이 반대라는 한 가지만 다르고 다른 모든 면에서 동일하다. 물질과 반물질이 만나는 경우 전하량이 반대라는 차이점에 유의해야 한다. 입자와 반입자는 결합해서 사라지고 꼭 그 에너지를 광자의 형태로 전환시킨다.

전자의 반입자 쌍둥이는 양전자(positron)라고 한다. 입자 목록의 새 항목이라고 생각할 수 있겠지만, 파인만에 따르면 양전자는 진정으로 새로운 대상이 아니다. 그는 양전자를 **시간을 거슬러 가는** 전자로 이해했다. 양전자의 전파 인자는 전자의 전파 인자와 조그만 화살표가 위쪽(미래)을 향하는 대신 아래쪽(과거)을 향해 그려졌다는 것을 제외하면 정확히 동일하다.

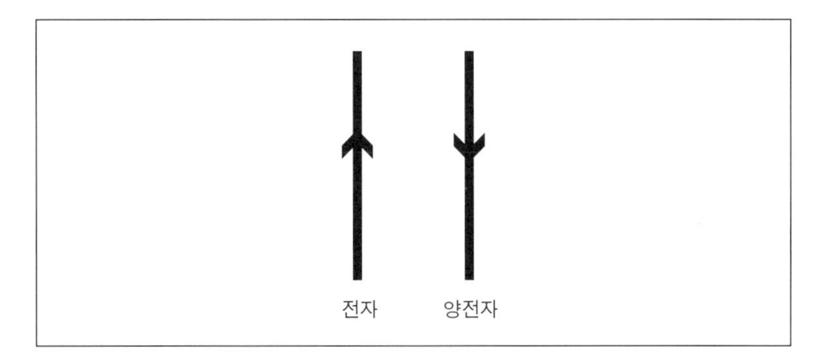

양전자를 시간을 거슬러 가는 전자로 생각하든, 전자를 시간을 거슬러 가는 양전자로 생각하든 당신 마음이다. 그것은 임의의 약속이다. 하지만 이러한 생각을 통해서 당신은 정점 도형을 새로운 방식으로 뒤집을 수 있다. 예를 들어 당신은 그것을 돌려 양전자가 광자를 내놓는 것으로 바꿀 수 있다.

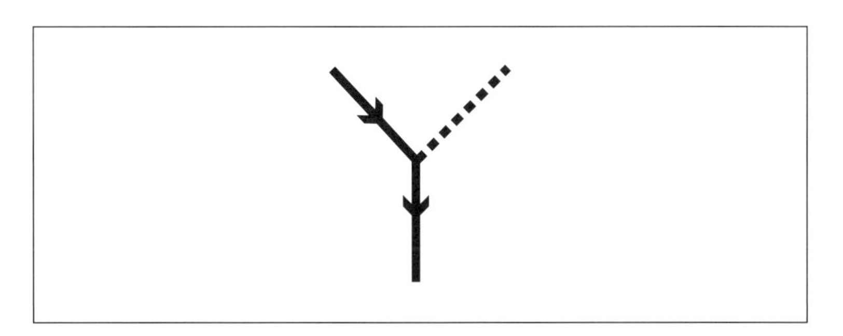

당신은 또한 옆으로 돌려서 전자와 양전자가 쌍소멸해서 광자 하나만 남는 것을 보일 수도 있다.

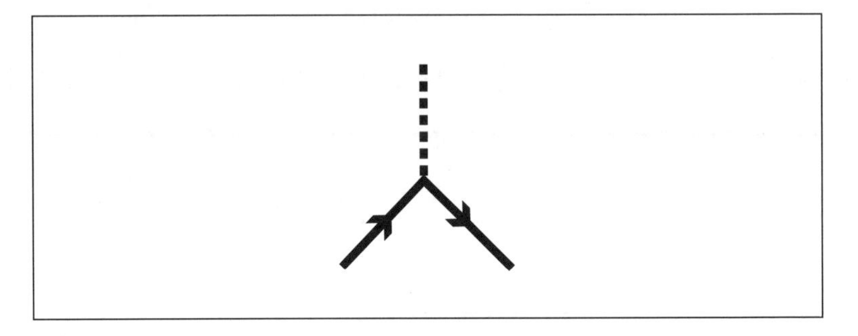

또는 광자가 사라지면서 전자와 양전자가 되는 것을 나타낼 수도 있다.

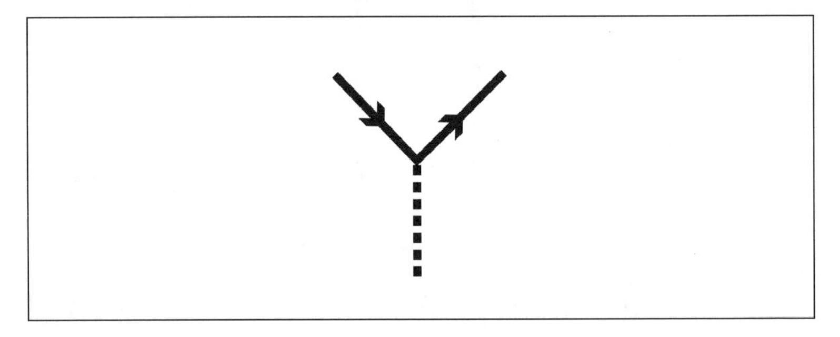

파인만은 전파 인자, 정점 도형 같은 기본 요소들을 조합해서 더 복잡한 과정들을 만들었다. 흥미로운 예가 하나 있다.

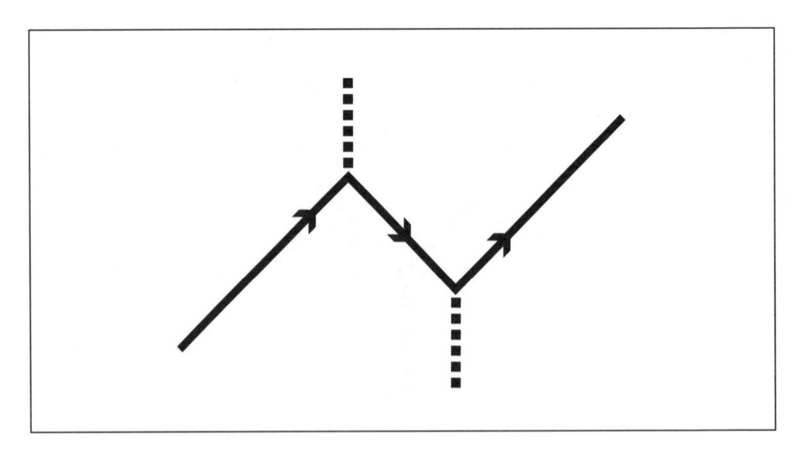

이 그림이 무엇을 나타내는지 알 수 있겠는가? 만약 당신이 틈을 낸 마분지로 이 그림을 본다면 다음과 같은 것을 알 수 있을 것이다. 초기에 그림의 아래쪽에는 전자 하나와 광자 하나가 있다. 갑자기 광자는 저절로 전자-양전자 쌍이 된다. 그다음에 양전자는 전자 쪽으로 움직이며 그곳에서 쌍둥이 형제와 만나 함께 쌍소멸하고 광자를 남긴다. 결국에는 광자 하나와 전자 하나가 남는다.

파인만은 그런 도형들을 또 다르게 생각할 수 있는 방법도 가지고 있었다. 그는 들어오는 전자를 '시간에 대해서 방향을 바꾸어' 과거로 움직이게도 하고 다시 미래로 움직이게도 했다. 두 가지로 생각하는 방식, 즉 양전자와 전자로 생각하는 것이나 전자가 시간을 따라 제대로 움직이는 경우와 거슬러 움직이는 경우로 생각하는 것은 완전히 동일하다. 세상에는 결국 전파 인자와 정점만 있을 뿐이다. 하지만 이러한 기본 요소들은 무한히 많은 다른 방식으로 결합되어 자연을 기술할 수 있다.

하지만 우리가 무엇인가를 잊은 것은 아닐까? 자연에 있는 물체들은 서로 힘을 주고받는다. 힘이라는 개념은 직관적이다. 그것은 물리학의 개념 중 우리가 교과서를 보지 않더라도 이해할 수 있는 자연스러운 것들 중 하나이다. 바위를 밀고 있는 사람은 바위에 힘을 가하고 있다. 바위는 되밀침으로써 저항한다. 우리를 날아가지 않게 하는 힘은 지구의 중력이다. 자석은 쇳조각에 힘을 미친다. 정전기는 종이에 힘을 가한다. 짓궂은 아이는 겁 많은 아이를 밀친다. 힘이라는 개념은 우리 생활에서 너무 기본적이어서, 진화를 통해 우리는 우리의 신경망에 힘이라는 개념을 확실히 탑재하게 되었다. 하지만 모든 힘이 기본 입자들의 인력과 척력에서 유래한다는 사실은 그리 직관적이지 않다.

파인만은 그의 비결에 입자들 사이의 특정한 규칙과 같은 다른 요소를 추가해야만 했을까? 그럴 필요는 없었다.

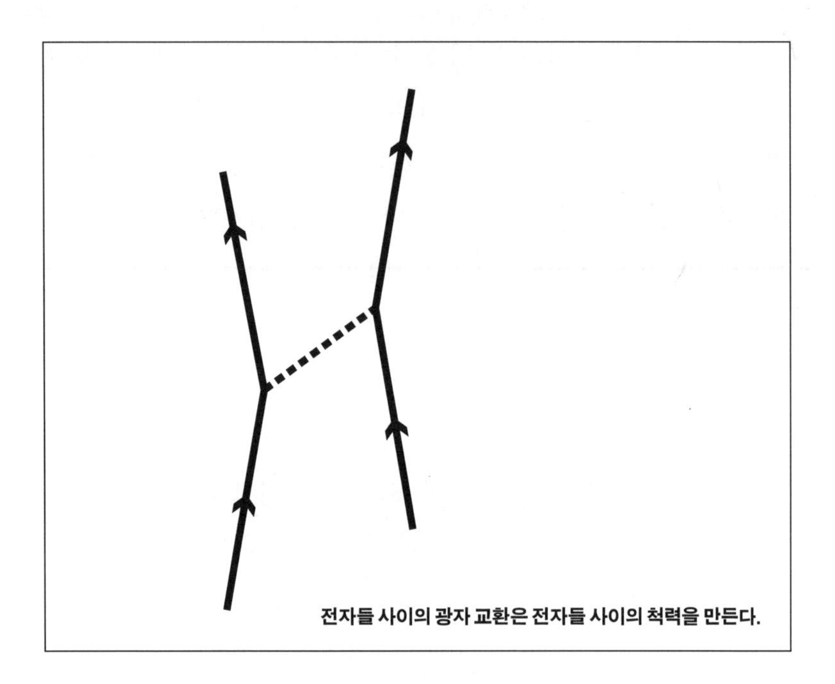
전자들 사이의 광자 교환은 전자들 사이의 척력을 만든다.

자연의 모든 힘은 광자와 같은 입자가 한 입자로부터 나오고 그것이 다시 다른 입자에 흡수되는, 특별한 종류의 **교환 도형**으로부터 유도할 수 있다. 예를 들어, 전자 사이의 전기력은 전자 하나가 광자를 내놓고 그것이 다른 전자에 흡수되는 파인만 도형으로부터 나온다.

전자들 사이를 오가는 광자는 그 사이에 생기는 전기적, 자기적 힘의 원천이 된다. 만약 전자들이 정지해 있다면 그 힘은 정전기력으로 잘 알려진 것처럼 전하들 사이의 거리의 제곱에 반비례해서 약해진다.[12] 만약 전자들이 움직이고 있었다면 자기력이 추가된다. 전기력과 자기력의 근원은 모두 똑같은 파인만 도형이다.

전자만 광자를 방출할 수 있는 것은 아니다. 양성자를 포함해서 전하

12. 정전기력은 쿨롱의 힘이라고도 한다.

를 띤 입자라면 어떤 입자든 광자를 방출할 수 있다. 이것은 광자들이 두 양성자 사이, 심지어는 양성자와 전자 사이를 뛰어다닐 수도 있음을 의미한다. 이 사실은 모든 과학과 생명에 일반적으로 엄청난 중요성을 가지고 있다. 원자핵과 전자 사이에서 지속적으로 교환되는 광자들이 원자를 붙들어 놓는 힘을 제공한다. 뛰어다니는 이 광자들이 없다면 원자는 산산이 부서질 것이고 물질들도 더 이상 존재하지 않을 것이다.

정점과 전파 인자 들의 네트워크인 엄청나게 복잡한 파인만 도형들은 임의의 수의 입자들로 이루어진 복잡한 과정을 기술할 수 있다. 이러한 방식으로 파인만의 이론은 가장 간단한 것부터 가장 복잡한 대상에 이르기까지 모든 물질을 기술할 수 있다.

아래 그림에 마음껏 화살표를 더해서 실선을 전자 또는 양전자로 바꾸어 보기 바란다.

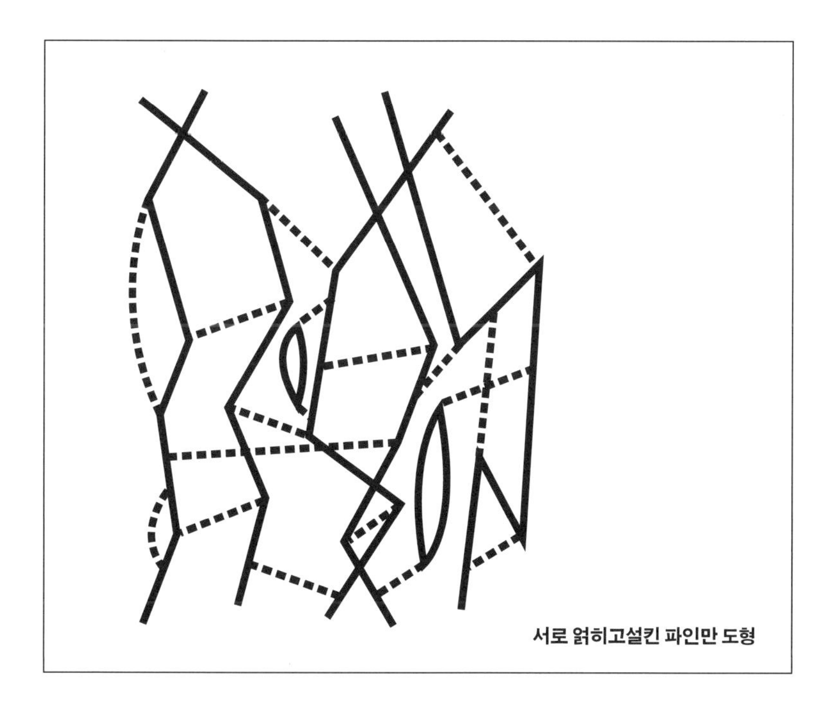
서로 얽히고설킨 파인만 도형

미세 구조 상수

물리학의 다양한 방정식과 공식은 여러 상수들을 포함하고 있다. 그것들 중 어떤 것은 순수하게 수학으로부터 유도된다. 한 예가 3.14159…로, 보통 그리스 문자 π(파이)로 나타내는 원주율이다. 우리는 π의 값을 소수점 아래 수십억 자리까지 알고 있는데, 그것은 측정해서 알게 된 것이 아니라 순수하게 그 수학적 정의에서 유도해 낸 것이다. π는 원의 둘레와 지름의 비율로 정의된다. 다른 수학적 숫자들, 예를 들어 2의 제곱근이라든가 e(오일러의 수. — 옮긴이)로 나타내는 숫자도 마음만 먹는다면 무한한 정확도로 계산할 수 있다.

하지만 물리학의 방정식에 나타나는 다른 숫자들은 특별한 수학적 의미가 없다. 우리는 그것들을 경험을 통해 알아낸다. 핵물리학에서 중요한 한 가지 예는 양성자의 질량과 중성자 질량의 비율이다. 그 값은 소수점 아래 일곱 자리까지 알려져 있으며, 1.001378이다. 그다음 자릿수는 수학만으로 알 수 없다. 실험실에서 측정해야만 한다. 이러한 경험적 숫자들 중 가장 중요한 것에는 '자연 상수'라는 왕관이 씌워진다. **미세 구조 상수**(fine structure constant)는 가장 중요한 자연 상수 중 하나이다.[13] π와 마찬가지로 미세 구조 상수도 그리스 문자로 된 이름을 가지고 있는데, 그것은 α(알파)이다. 흔히 근삿값으로 분수인 1/137이 사용된다. 그 정확한 값은 몇 자리 정도만 알려져 있으며 0.007297351 정도이다. 하지만 이것은 가장 정확하게 알려진 물리 상수 중 하나이다.

미세 구조 상수는 물리학자들이 **결합 상수**(coupling constant)라고 부

13. '미세 구조'라는 말은 수소 원자의 스펙트럼선과 관련이 있다. 미세 구조 상수는 수소 원자 스펙트럼의 이론에서 처음 등장했다.

르는 양의 한 예이다. 각각의 결합 상수는 양자장 이론에서의 기초적인 사건, 즉 정점과 관련이 있다. 결합 상수는 그 정점 도형으로 나타낼 수 있는 사건의 **강도**, 또는 **상호 작용의 세기**의 측정값이다. 양자 전기 역학에서 유일한 정점은 전자가 광자를 방출하는 것이다. 광자가 방출될 때 어떤 일이 생기는지 좀 더 자세히 생각해 보자.

우선 시공간을 통해 움직이던 전자가 정확히 어느 지점에서 광자를 방출할지를 결정하는 것은 무엇인지 물어볼 수 있다. 그 답은 아무것도 그런 역할을 하지 않는다는 것이다. 미시 단계에서의 물리학은 매우 변덕스럽다. 자연은 말년의 아인슈타인을 무척이나 괴롭혔던 무작위성을 가지고 있다. 그는 "신은 주사위 놀이를 하지 않는다."라고 항의했다.[14] 하지만 아인슈타인이 좋아했든 아니든, 자연은 결정론적이지 않다. 자연은 물리 법칙과 깊이 연관된 무작위성의 요소를 가진다. 아인슈타인조차도 그것을 바꿀 수 없었다. 하지만 자연이 결정론적이지는 않지만 그렇다고 완전히 혼돈스러운 것도 아니다. 바로 여기가 양자 역학의 원리가 필요한 지점이다. 뉴턴 물리학과는 달리 양자 역학은 과거를 통해서 미래를 예측하지 않는다. 대신에 양자 역학은 한 실험에서 여러 가지 대안적인 결과가 나올 확률을 계산할 수 있는 매우 정확한 규칙을 제공한다. 슬릿 하나를 통과한 광자의 최종 도착 지점을 절대 예상할 수 없는 것과 마찬가지로 전자의 경로를 따라 정확히 어디에서 빛이 방출될지, 또는 어디에서 다른 전자가 그 빛을 흡수할지를 예측할 방법 또한 없다. 하지만 이런 사건들에 대한 확률은 결정할 수 있다.

텔레비전 화면은 이런 확률의 좋은 예이다. 텔레비전 화면에서 나오는 빛은 전자들이 화면에 부딪힐 때 나오는 빛들로 이루어져 있다. 전자

14. 보어는 여기에 "아인슈타인이여, 신이 무엇을 하든 상관하지 마시라."라고 답했다.

들은 텔레비전 뒤에 있는 전극으로부터 방출되며 전기장과 자기장에 따라서 스크린까지 유도된다. 하지만 스크린을 때리는 모든 전자가 빛을 내는 것은 아니다. 그중 일부만 그럴 뿐, 대부분은 그렇지 않다. 대략적으로 이야기해서 특정한 전자 하나가 광자를 하나 내놓을 확률이 미세 구조 상수 α로 주어진다. 다른 말로 하면 137개 중 오로지 1개의 운 좋은 전자가 광자를 하나 내놓는 것이다. 이것이 미세 구조 상수 α의 의미이며, 그것은 하나의 전자가 경로를 따라가면서 변덕스럽게 광자를 하나 내놓을 확률이다.

파인만이 그저 그림만 그렸던 것은 아니다. 그는 그림 속에 나타난 복잡한 과정들의 확률을 계산할 수 있는 일련의 규칙들을 발명했다. 다시 말해 그는 가장 간단한 과정들을 기반으로 해서 전파 인자와 정점 도형으로 표현할 수 있는 임의의 과정이 나타날 확률을 예측하는 정확한 미적분법을 발견해 냈던 것이다. 자연의 모든 과정에 대한 확률은 궁극적으로 α와 같은 결합 상수들로 귀결된다.

또한 결합 상수는 교환 도형의 강도도 결정하고 그것은 다시 전하를 띤 입자들의 전기력의 세기를 결정한다. 그것은 원자핵이 얼마나 단단하게 전자들을 당기는지를 결정한다. 그 결과로 원자의 크기가 결정되고, 전자가 그 궤도를 따라 얼마나 빨리 움직이는지가 결정되며, 궁극적으로는 분자를 이루는 원자들 사이의 힘이 결정된다. 그런데 그것이 그토록 중요한데도, 우리는 왜 그 값이 하필 0.007297351이며 다른 값이 아닌지는 알지 못하고 있다. 20세기에 발견된 물리 법칙은 매우 정확하고 유용하지만, 그 법칙들의 기반은 아직도 미스터리로 가득하다.

세계를 전자, 광자, 그리고 점입자로 간주된 원자핵으로 이루어져 있다고 단순화한 이 이론이 바로 양자 전기 역학이다. 이 이론에 대한 파인만의 독창적인 해석은 믿기 어려울 정도로 성공적이었다. 그의 방법을 사용하면 전자, 양전자, 그리고 양성자의 성질을 깜짝 놀랄 정도로 정확하게 이해할 수 있다. 게다가 원자핵을 점으로 간주하는 경우 가장 간단한 원자인 수소의 성질은 믿기 어려울 정도로 정확하게 계산할 수 있다. 1965년에 파인만, 줄리언 시모어 슈윙거(Julian Seymor Schwinger, 1918~1994년), 그리고 일본의 물리학자 도모나가 신이치로(朝永振一郎, 1906~1979년)는 양자 전기 역학에 대한 그들의 연구로 노벨상을 받았다. 여기까지가 1막이다.

1막이 작은 극장에서 오로지 두 명의 등장 인물만 가지고 상연된 작은 연극이었다면, 2막은 수백 명의 배우가 등장하는 대서사극이다. 1950년대와 1960년대에는 새로운 입자들이 수없이 발견되었다. 결국 입자 물리학은 전자, 중성미자, 뮤온, 타우 입자, 업 쿼크, 다운 쿼크, 스트레인지 쿼크, 참 쿼크, 보텀 쿼크, 톱 쿼크, 광자, 글루온, W 보손, Z 보손, 힉스 입자, 그리고 더 많은 입자들 같은 대규모 출연진이 나오는 대작이 되었다. 누군가 입자 물리학이 우아하다고 이야기하면 절대 믿지 말기 바란다. 이름만 뒤죽박죽인 것이 아니라 질량, 전하량, 스핀, 기타 다른 성질들도 마찬가지로 뒤죽박죽이다. 아주 지저분하기는 하지만 우리는 그것을 어떻게 해야 굉장한 정확도로 기술할 수 있는지 알고 있다. **표준 모형**(standard model)이 그 수학 구조를 일컫는 이름이다. 표준 모형은 특수한 양자장 이론으로서 기본 입자에 대한 가장 현대적인 이론이다. 그것이 양자 전기 역학보다 훨씬 더 복잡하기는 하지만, 파인만의 방법은 아주 강력해서, 표준 모형에서도 파인만 도형을 이용해 모든 것을 간단한 그림들로 나타낼 수 있다. 원리는 정확히 양자 전기 역학과 같다. 모든 것은 전파 인자, 정점, 그리고 결합 상수에서 만들어진다. 하지만 여기에는 **양자 색역학**(Quantum Chromodynamics, QCD)을 비롯한 새로운 배우가 등장해 새로운 이야기를 만들어 나간다.

양자 색역학

오래전에 나는 유명 대학교에서 당시 새로운 주제였던 양자 색역학에 대한 강연을 요청받은 일이 있다. 첫 강연을 위해서 물리학과 강의실로 들어가고 있을 때, 나는 두 대학원생이 강연의 제목에 대해서 이야기하는 것을 듣게 되었다. 한쪽이 게시판에 걸린 강연 공고를 보고 "이게 도대체 뭐에 대한 이야기지? 양자 색역학이 뭐야?"라고 물었다. 옆에 있던 친구는 잠시 생각하더니 올려다보며 이야기했다. "흐음, 내 생각에는 양자 역학을 이용해서 사진을 현상하는 새로운 방법에 대한 것이 틀림없을 것 같아."라고 대답했다.

양자 색역학은 사진술은커녕 빛과도 전혀 관련이 없다. 양자 색역학은 핵물리학의 현대적 해석이다. 통상적인 핵물리학은 양성자와 중성자, 즉 핵자에서 출발하는데 양자 색역학은 한 단계 더 나아간다. 핵자들이 기본 입자가 아니라는 것이 알려진 지는 40년 정도 되었다. 그것들은 훨씬 작은 규모에서이기는 하지만 원자나 분자에 더 가깝다. 만약 양성자를 해상도가 충분히 높은 현미경으로 관찰할 수 있다면 3개의 **쿼크**(quark)가 **글루온**(gluon, 접착자)이라는 끈과 같은 입자들로 묶여 있는 것을 보게 될 것이다. 양자 색역학은 쿼크와 글루온의 이론으로서 양자 전기역학보다 훨씬 더 복잡하다. 따라서 그것을 단 몇 쪽으로 제대로 설명하는 것은 불가능하다. 하지만 기본 사실들은 그리 어렵지 않다. 우선 등장 인물부터 알아보자.

여섯 가지 쿼크들

우선 여섯 가지 다른 종류의 쿼크들이 있다. 그것들을 구분하기 위해서, 물리학자들은 별 의미 없는 이름을 붙였다. 업(up, 위) 쿼크, 다운

(down, 아래) 쿼크, 스트레인지(strange, 야릇) 쿼크, 참(charm, 맵시) 쿼크, 보텀(bottom, 바닥) 쿼크, 톱(top, 꼭대기) 쿼크, 또는 좀 더 간단히 u, d, s, c, b, t 쿼크라고 한다. 물론 스트레인지 쿼크라고 해서 더 이상하다든가, 참 쿼크라고 해서 더 예쁘지는 않다. 단지 이런 소박한 이름들이 좀 더 개성을 살릴 뿐이다.

왜 넷이나 둘이 아닌, 여섯 가지의 쿼크가 있는 것일까? 아무도 모른다. 네 가지나 두 가지 쿼크를 가진 이론도 모든 면에서 여섯 가지의 쿼크를 가진 이론만큼 정합적이다. 표준 모형에서 쿼크들이 일대일로 짝을 이루어야 한다는 것은 알려져 있다. 업과 다운, 참과 스트레인지, 그리고 톱과 보텀. 하지만 가장 간단한 이론(업 쿼크와 다운 쿼크의 이론)이 입자만 바꿔 세 번 반복된다는 것은 완전한 수수께끼이다. 설상가상으로 보통의 원자핵에서는 업과 다운 쿼크만이 중요한 역할을 한다.[15] 만약 양자색역학이 공학 프로젝트였다면, 나머지 쿼크들은 그저 자원을 낭비하는 사치품으로 간주되었을 것이다.

쿼크는 좀 더 무겁기는 하지만 어떤 의미로는 전자와 유사한데, 이상한 전하량을 가지고 있다. 비교를 위해서 양성자의 전하량은 전통적으로 1로 간주한다. 전자의 전하량은 같은 크기이지만 부호가 반대여서 −1이다. 반면 쿼크는 양성자 전하량의 일정 비율을 가지고 있다. 구체적으로 업, 참, 톱 쿼크의 전하량은 양성자처럼 양수이지만 양성자의 3분의 2에 불과하다. 다운, 스트레인지, 보텀 쿼크는 음의 전하량을 갖지만 전자의 3분의 1, 즉 −1/3의 전하량을 가지고 있다.

양성자와 중성자 모두 3개의 쿼크를 가지고 있다. 양성자의 경우 2개의 업 쿼크와 1개의 다운 쿼크를 가지고 있다. 이 세 쿼크의 전하량을 합

15. 스트레인지 쿼크는 핵자의 성질에 다소 영향을 주지만 다른 쿼크는 아무런 중요성도 없다.

치면 그 결과는 양성자의 전하량이 된다.

$$\frac{2}{3}+\frac{2}{3}-\frac{1}{3}=1$$

중성자는 양성자와 매우 흡사하지만 그 차이는 업 쿼크와 다운 쿼크가 뒤바뀐다는 것이다. 그리하여 중성자는 2개의 다운 쿼크와 1개의 업 쿼크를 포함하고 있다. 다시 세 전하량을 더하면 예상대로 전하량이 0이 된다.

$$\frac{2}{3}-\frac{1}{3}-\frac{1}{3}=0$$

만약 우리가 다운 쿼크 대신에 스트레인지 쿼크로 양성자 비슷한 것을 만든다면 어떻게 될까? 그런 입자는 실제로 존재하며, **기묘 입자**(strange particle)라고 부른다. 하지만 그것들은 물리학 실험실 밖에서는 존재하지 않는다. 실험실에서도 기묘 입자들은 아주 짧은 시간 동안만 존재하고 일종의 방사성 반응을 통해서 재빨리 붕괴된다. 참, 보텀, 톱 쿼크를 포함하는 입자들도 마찬가지이다. 오로지 업과 다운 쿼크만이 안정되고 오래가는 입자를 만들 수 있다. 이미 이야기했던 대로 만약 스트레인지, 참, 보텀, 톱 쿼크들이 기본 입자의 목록에서 갑자기 사라진다고 해도 그 차이를 느끼기는 분명 어려울 것이다.

쿼크가 시간을 거슬러 가는 것은 어떨까? 전자들과 마찬가지로 각 종류의 쿼크는 그 반입자를 가지고 있다. 그것들이 모여 반양성자, 반중성자를 만들 수 있다. 우주의 역사에서 매우 이른 시기, 그 온도가 수십억 도였을 때에는 반핵자들도 보통의 핵자만큼이나 많이 있었다. 하지만 우주가 식어 가면서 반입자는 거의 완전히 사라지고 보통의 양성자와 중성자만이 남아 원자핵을 구성하게 되었다.

글루온

핵자는 쿼크들로 이루어진 작은 원자와 같다. 하지만 쿼크들만으로는 결합되어 핵자를 만들 수 없다. 원자와 마찬가지로 그 입자들도 그 입자들을 '아교풀'처럼 붙여 줄 인력이 필요하고, 그 인력을 만들어 줄 다른 요소가 필요하다. 원자의 경우 우리는 그 아교풀이 정확히 무엇인지 알고 있다. 원자가 날아가지 않도록 붙들어 주는 것은 전자와 원자핵 사이를 뛰어다니는 광자들이다. 하지만 광자의 교환에서 발생하는 힘은 쿼크를 단단히 붙들어 매서 핵자를 만들기에는 너무 약하다. (핵자가 원자보다 10만 배나 작다는 것을 기억해야 한다.) 쿼크들을 그렇게 단단히 붙들어 맬 수 있는 더 큰 잠재력을 가진 입자가 필요하다. 그것을 글루온이라고 부르는 것은 적절하다. (글루온이라는 말은 풀을 뜻하는 glue와 입자를 뜻하는 접미어인 -on을 결합해서 만든 단어이다. — 옮긴이)

어느 양자장 이론이건 기본 사건은 언제나 같으며 그것은 한 입자가 다른 입자로 인해서 방출되는 것이다. 이러한 사건들을 기술하는 파인만 도형은 언제나 같은 형태를 띠고 있다. Y자와 같은 정점 도형이다. 양자 색역학의 기본적인 정점 도형은 쿼크가 전자를 대신하고 글루온이 광자를 대신한 것을 빼면 정확히 빛을 방출하는 정점 도형처럼 생겼다.

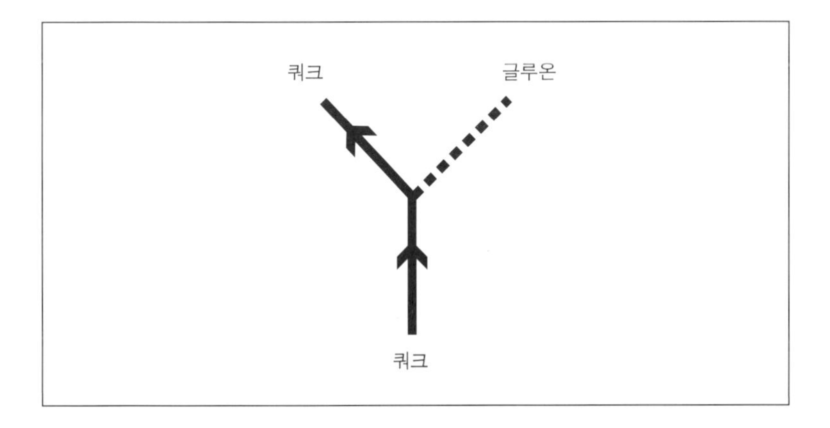

쿼크를 속박해 양성자와 중성자를 만드는 힘의 근원이 글루온의 교환이라는 것은 그리 놀라운 일이 아닐 것이다. 하지만 양자 전기 역학과 양자 색역학 사이에는 두 가지 큰 차이점이 있다. 첫 번째는 정량적 차이이다. 글루온의 방출을 지배하는 수는 미세 구조 상수처럼 작지 않다. 그것은 α_{QCD}(알파QCD)라고 부르는데 미세 구조 상수보다 약 100배 크다. 이것이 바로 쿼크들 사이의 힘이 원자에 작용하는 전기력보다 훨씬 강한 이유다. 그래서 양자 색역학을 **강력** 이론이라고 부르기도 한다.

두 번째 차이점은 정성적인 것이다. 그것은 글루온이 끈적끈적한 물질이 되도록 하는 것으로, 이 부분에서 나는 항상 미국 남부에 전해 내려오는 「타르 아기의 이야기」가 생각난다. 옛날에 브레어 토끼(Brer Rabbit)가 길에 앉아 무엇인가 하고 있는 타르 아기를 발견했다.[16] 브레어 토끼가 "안녕!"이라고 말했다. 타르 아기는 아무 말도 하지 않았다. 브레어 토끼는 기분이 나빠졌다. 곧 말다툼이 시작되었다. 화가 난 브레어 토끼가 타르 아기를 주먹으로 때렸는데, 그것은 큰 실수였다. 브레어 토끼의 주먹이 타르에 빠져서 아무리 잡아당겨도 타르가 늘어나기만 할 뿐 주먹을 뗄 수 없었다. 브레어 토끼는 용을 썼지만, 타르 아기는 놓아주지 않았다.

왜 「타르 아기 이야기」가 생각났을까? 그것은 쿼크가 다른 쿼크를 타르 아기처럼 절대로 놓아주지 않기 때문이다. 쿼크들은 글루온으로 이루어진 타르 같은 끈적끈적한 물질로 영원히 접착되어 있다. 이 이상한 경향의 근원은 양자 전기 역학에는 없는 독특한 정점 도형이다. 전하를 띤 입자는 무엇이든 빛을 방출할 수 있다. 하지만 빛 자체는 전하를 가

16. 미국 남부 지방의 방언으로 'Brer'는 '형제'를 뜻하고 타르(Tar)는 목재나 석탄 등을 건류 또는 증류할 때 생기는 갈색 또는 검은색의 끈끈한 액체이다.

지지 않는다. 광자는 전기적으로 중성이며 다른 광자를 방출하지 않는다. 이 점에서 글루온은 광자와 매우 다르다. 양자 색역학의 법칙에서는 1개의 글루온이 2개의 글루온으로 갈라져서 각자 다른 길을 따라 가는 정점 도형이 필요하다.

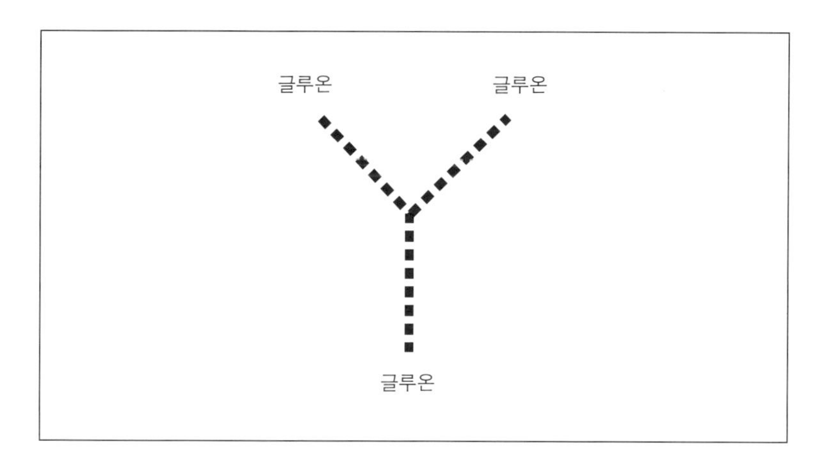

이것이 양자 전기 역학과 양자 색역학의 큰 차이로, 양자 색역학을 그 전기적 대응물(QED)에 비해서 훨씬 복잡하게 만드는 요인이다. 무엇보다도 그것은 글루온이 글루온을 교환하면서 글루볼(glueball, 접착구)이라는 입자로 묶이는 것이 가능함을 의미한다. 글루온은 둘만 서로 달라붙는 것도 아니다. 그것들은 끈적끈적한 접착제의 긴 사슬을 형성할 수도 있다. 나는 앞에서 원자 속에 있는 전자를 밧줄에 묶인 공에 비유했다. 그 경우 밧줄은 완전히 비유적인 것이었다. 하지만 쿼크의 경우에는 그것들을 한데 붙들고 있는 줄이 실제로 있다. 그것은 글루온의 끈이다. 사실 쿼크가 핵자에서 강제로 방출되려고 하면 글루온의 긴 끈이 형성되어 결국은 쿼크가 달아나는 것을 막는다.

약력

당신이 입자 물리학을 공부하느라 지쳐 버렸다고 해도 나는 당신을 비난하지 않겠다. 그것은 외울 것이 너무 많고 너무 복잡하다. 알아야 할 입자들이 너무 많으며 그것들이 있어야만 할 필연적인 이유도 우리가 아는 한은 없다. 양자 색역학과 양자 전기 역학이 표준 모형을 만드는 조각들의 전부는 아니다. 그 전체는 '모든 것들의 바탕'으로서 물리학자들이 발견하고 싶어 했던 우아하고 간단한 이론과는 큰 차이가 있다. 그것은 동물학이나 식물학과 훨씬 더 비슷하다. 하지만 그것이 사실이며 진실을 바꿀 수는 없다.

나는 이제부터 표준 모형을 이루는 또 하나의 조각인 **약력**(**약한 상호 작용**)을 소개하려고 한다. 양자 전기 역학이나 양자 색역학과 같이, 비록 그 이유는 더 미묘하지만, 약력도 우리 자신의 존재를 설명하는 데 중요한 역할을 한다.

약력의 역사는 프랑스의 물리학자 앙투안 앙리 베크렐(Antoine Henri Becquerel, 1852~1908년)이 방사성을 발견한 19세기 말로 거슬러 올라간다. 베크렐의 발견은 톰슨이 전자를 발견한 것보다 1년 먼저 이루어졌다.

방사선에는 알파선, 베타선, 감마선이라는 세 종류가 있다. 그것들은 세 가지 매우 다른 현상에 해당하는데, 그중 한 가지인 베타선이 약력과 관련이 있다. 오늘날 우리는 베크렐의 우라늄 시료에서 나왔던 **베타선**이 실제로는 우라늄 원자핵에 있는 중성자에서 방출된 전자임을 알고 있다. 중성자는 전자를 방출하면 즉시 양성자로 바뀐다.

양자 전기 역학도, 양자 색역학도 어떻게 중성자가 전자를 방출하고 양성자가 되는지 설명할 수 없다. 가장 간단한 설명은, 독자도 이미 생각했을지도 모르지만, 기본 사건의 목록에 추가할 새로운 정점이 존재한다는 것이다. 그 정점은 중성자로 시작해서 도중에 갈림길을 만나고, 거기서부터 한 길로는 양성자가 가고 다른 길로는 전자가 가게 될 것이다. 하지만 이것은 정확한 설명이 아니다. 사실은 새로운 등장 인물이 필요하다. 그것은 중성미자이다. 베크렐이 알지 못했던 것은 중성자가 붕괴할 때 다른 한 입자도 날아가 버린다는 것인데, 그것은 유령과도 같은 중성미자의 반입자이다.

중성미자

중성미자는 전하량을 제외하면 전자와 비슷하다. 그것은 전기적 성질을 잃어버린 전자로 생각할 수 있다. 어떤 의미에서 전자와 중성미자의 관계는 양성자와 중성자의 관계와 비슷하다.

그렇다면 중성미자에는 무엇이 남아 있을까? 중성미자는 아주 작은 질량만 가지고 있고, 그밖에는 별다른 것이 없다. 중성미자는 광자를 내놓지도 않고, 글루온도 방출하지 못한다. 이것은 중성미자에는 전하를 띤 입자나 쿼크가 체험하는 어떤 힘도 작용하지 못한다는 것을 뜻한다. 중성미자는 다른 입자와 결합해서 더 복잡한 것을 만들 수도 없다. 중성미자는 하는 일이 거의 없다. 사실 중성미자는 대단한 외톨이로, 수광년의 두께에 해당하는 납을 궤도가 휘는 일도 없이 통과할 수 있다. 하지만 그렇다고 완전한 무(無)는 아니다. 중성미자가 어떻게 연극에 참여하는지 알려면 또 하나의 배우를 소개해야 한다. 그것은 **W 보손**이다.

W 보손

일단은 **보손**(boson)이라는 단어에 너무 신경쓰지 말기 바란다. 지금으로서는 그것은 단순히 다른 입자로서 광자나 글루온과 성질이 비슷하지만 전하를 가지고 있다는 정도만 알면 된다. 보손에는 양의 전하를 띠는 W 보손과 음의 전하를 띠는 W 보손 두 종류가 있다. 그것들은 물론 서로의 반입자이다.

W 보손은 중성미자의 행동에 대한 열쇠가 된다. 전자와 쿼크뿐만 아니라 중성미자도 W 보손을 방출할 수 있다. 다음은 W 보손의 반응에 대한 부분적인 목록이다.

- 전자가 W 보손을 내놓고 중성미자로 바뀐다.
- 업 쿼크가 W 보손을 내놓고 다운 쿼크가 된다.
- 업 쿼크가 W 보손을 내놓고 스트레인지 쿼크가 된다.
- 참 쿼크가 W 보손을 내놓고 스트레인지 쿼크가 된다.
- 톱 쿼크가 W 보손을 내놓고 보텀 쿼크가 된다.
- 힉스 입자가 Z 보손을 내놓는다.

더 있지만 그것들은 다음 장에서 소개하게 될 입자들과 관련이 있다.

이미 설명했던 대로 더 간단한 쿼크들로 이루어진 양성자와 중성자는 기본 입자의 목록에 속하지 않는다. 하지만 어떤 경우에는 쿼크를 잊고 핵자들을 기본 입자로 생각하는 것이 유용할 수 있다. 그러려면 몇몇 정점을 더하는 것이 필요하다. 예를 들어, 양성자는 광자를 방출할 수 있다. (실제로는 숨겨진 쿼크 중 하나가 빛을 내는 것이지만 최종적으로는 양성자가 그렇게 하는 것처럼 보인다.) 비슷한 방식으로 중성자 내부의 다운 쿼크들 중 하나가 W 보손을 내고 업 쿼크가 될 수 있으며, 그것에 따라 중성자가 양성자로 변환할 수 있다. 실질적으로 중성자가 양성자로 변하면서 W 보손을 내놓는 정점 도형이 있는 것과 마찬가지이다.

이제 우리는 베크렐이 그의 우라늄에서 나오는 것을 발견했던 베타선을 설명할 파인만 도형을 그릴 준비가 되었다. 다음 그림은 W 보손이 광자 대신 교환된다는 것을 제외하면 양자 전기 역학의 도형과 상당히 흡사하다. 실제로 약력은 광자에 의한 전기력과 매우 밀접한 관계를 가지고 있다.

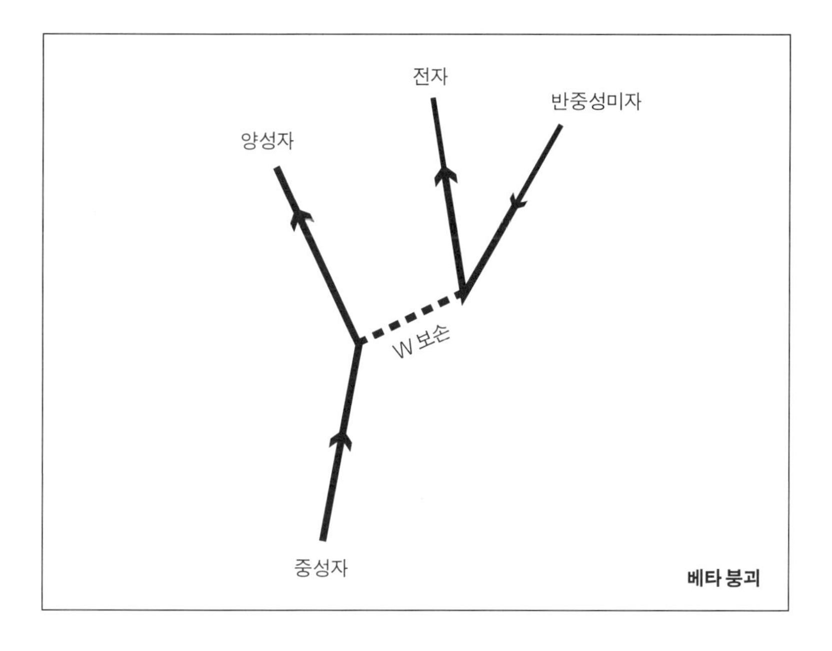

슬릿이 있는 마분지를 아래쪽부터 대 보고 슬슬 위로 밀어 보자. 중성자(아마도 원자핵 내부에 있을 것이다.)는 음전하를 가진 W 보손을 내놓고 양성자가 된다. W 보손은 짧은 거리(약 10^{-16}센티미터)를 이동한 후 두 입자로 갈라진다. 그것은 전자와 '시간을 거슬러 움직이는' 중성미자, 또는 단순히 말해서 반중성미자이다. 그것이 바로 해상력이 충분히 좋은 현미경이 있었다면 베크렐이 1896년에 발견했을 바로 그 입자이다. 나중에 우리는 우리를 이루는 화학 원소들을 창조하는 데 이러한 종류의 과정들이 중요하다는 것을 배우게 될 것이다.

물리 법칙

당신은 이제 물리 법칙이라고 할 때 내가 무엇을 의미하는지 분명히 알게 되었을 것이다. 나는 어떤 물리학자들이 주장하듯 당신에게 그것들이 우아하다고 말할 수 있으면 좋겠다. 하지만 꾸미지 않은 진실은 그렇지 않다는 것이다. 너무 많은 입자들이 있고 너무 많은 정점 도형들이 있으며 너무 많은 결합 상수들이 있다. 더구나 입자들의 특징인 무작위의 질량값에 대해서는 이야기를 꺼내지도 않았다. 이 전체는 한 가지를 제외하면 매우 매력 없는 혼합물에 불과할 것이다. 그 한 가지는 물리 법칙들이 기본 입자, 원자핵, 원자, 그리고 분자의 성질들을 놀라운 정확도로 기술한다는 것이다.

하지만 여기에는 대가가 있다. 그것을 달성하기 위해서는 약 30개의 '자연 상수'들(질량값들과 결합 상수들)을 도입해야만 하는데, 그 값들은 실제 세계에 들어맞는다는 것을 제외하면 정당한 근거가 단 하나도 없다.[17] 그 숫자들은 어디서 오는 것일까? 물리학자들이 그 숫자들을 아무렇게나 정하는 것도 아니며, 그렇다고 최상급의 이론에서 수학적인 계산을 통해서 나오는 것도 아니다. 그것들은 수년에 걸쳐 여러 나라에 있는 가속기 연구소에서 행해진 입자 물리학 실험의 결과이다. 그것들 중 많은 것은 미세 구조 상수처럼 엄청난 정밀도로 측정되었다. 그러나 요점은 이미 이야기했던 대로 그것들이 왜 그 값을 가진지 우리가 이해하지 못하고 있다는 것이다.

표준 모형은 50년 넘게 행해진 입자 물리학 연구의 완성이자 정수라

---

17. 30개는 우주론 또는 표준 모형의 여러 가지 확장에 필요한 인수들을 제외한 최솟값이다. 이것들을 추가하면 그 수는 100개를 쉽게 넘어선다.

고 할 수 있다. 파인만 도형의 규칙과 함께, 그것은 입자들이 결합해서 원자핵, 원자, 분자, 기체, 액체, 고체를 이루는 방식들을 포함해 기본 입자와 관련된 모든 현상을 정확히 기술할 수 있다. 하지만 그것은 너무 복잡하기에 우리가 진정한 근본 이론, 즉 자연의 최종 이론이 가진 특징일 것으로 희망하는 단순성의 모범은 될 수 없다.

인간의 법칙들과는 달리 물리 법칙은 정말로 법칙이다. 우리는 법률을 따르거나 무시하거나 선택할 수 있지만, 물리 법칙에는 그런 선택권이 없다. 물리 법칙은 나라마다 다르고 해마다 변하는 교통 법규나 세법 등과는 다르다. 아마도 가장 중요한 실험적 사실, 물리학 전체를 가능하게 하는 하나의 사실은 자연 상수들이 실제로 상수라는 것이다. 다른 시대, 다른 장소에서 행해진 실험은 정확히 같은 파인만 도형을 요구하며 각 결합 상수와 질량에 대해서 정확히 같은 값을 준다. 1990년에 일본에서 측정된 미세 구조 상수는 롱아일랜드의 브룩헤이븐에서 1960년에 측정된 값이나 스탠퍼드에서 1970년대에 측정된 값과 정확히 같았다.

실제로 물리학자들은 우주론을 연구할 때 자연 법칙들이 우주 어디에서나 같다는 것을 아주 당연하게 받아들이는 경향이 있다. 하지만 그럴 필요는 없다. 미세 구조 상수가 시간에 따라 변화하거나 위치에 따라 변화하는 우주를 생각하는 것은 분명 가능하다. 종종 물리학자들은 상수들이 절대적으로 변하지 않는다는 것에 의문을 품기도 했지만, 지금까지는 그것들이 **관측 가능한 우주**의 어디에서나 같다는 매우 강력한 증거가 있다. 광대한 메가버스 전체는 아닐지 몰라도, 적어도 우리가 쓸 수 있는 여러 종류의 망원경으로 관측할 수 있는 영역 안에서는 그렇다.

언젠가 우리는 머나먼 은하에 가서 그곳에서 자연 상수들을 직접 측정할 수 있을지도 모른다. 그러나 지금도 우리는 우주의 먼 영역에서 오는 메시지를 지속적으로 받고 있다. 천문학자들은 늘 멀리 있는 광원으로부터의 빛을 연구하고 멀리 있는 원자가 방출하거나 흡수한 스펙트럼 선들을 분석한다.[18] 각각의 스펙트럼선들 사이의 관계는 난해하지만 그것들은 언제 어디에서 생겼든 항상 같다. 물리 법칙의 어떤 국소적 변화도 스펙트럼선의 세부 사항을 변화시킬 것이기 때문에 우리는 관측 가능한 우주의 모든 부분에서 물리 법칙들이 동일하다는 훌륭한 증거를 가지고 있다고 할 수 있다.

내가 물리 법칙이라고 하는 이 규칙들, 즉 입자들의 목록, 질량값들과 결합 상수들의 목록, 그리고 파인만의 방법들은 아주 강력하다. 그것들은 물리학, 화학, 그리고 궁극적으로 생물학의 거의 모든 측면을 지배한다. 하지만 그 규칙들은 자기 자신을 설명하지는 못한다. 우리는 다른 것이 아니라 바로 그 표준 모형이 올바른 것인지 설명할 이론을 가지고 있지 않다. 물리 법칙은 다른 것이 될 수 있었을까? 우리가 관측할 수 없는 우주의 영역에서는 기본 입자, 질량, 그리고 결합 상수의 목록이 다르지 않을까? 매우 먼 시간과 공간에서는 물리 법칙이 달라지지 않을까? 만약 그렇다면 그것들이 변화하는 방식을 지배하는 것은 무엇일까? 어떤 법칙이 가능하며 어떤 것이 가능하지 않은지 알려 줄 더 심오한 법칙들이 혹시 있을까? 이것들은 21세기 들어 물리학자들이 제기하기 시작한 질문들이다. 이 책의 주제가 바로 이 질문들이다.

1장을 읽고 한 가지 혼란이 생겼을지도 모르겠다. 나는 우주에서 가장 중요한 힘, 곧 중력에 대해서는 아직 한번도 언급하지 않았다. 뉴턴은 그의 이름이 붙은, 중력에 대한 기본 이론을 발견했다. 아인슈타인 역시 일반 상대성 이론에서 중력의 의미를 더 깊이 탐구했다. 중력의 법칙이 우주의 운명을 결정하는 데 다른 힘들보다 훨씬 더 중요하기는 하지만

---

18. 스펙트럼선에 대해서는 4장에서 논의할 것이다.

중력은 표준 모형의 일부로서 고려되지는 않는다. 그 이유는 중력이 중요하지 않기 때문이 아니다. 이 책에서 중력은 자연의 모든 힘들 중 가장 중요한 역할을 할 것이다. 내가 그것을 다른 법칙과 분리한 이유는 기본 입자들의 양자 역학적 미시 세계와 중력 사이의 관계가 아직 명확히 밝혀지지 않았기 때문이다. 파인만도 그의 방법들을 중력에 적용하려고 했지만 정나미가 떨어져 포기하고 말았다. 사실 그는 나에게 절대 그 주제에 발을 들여놓지 말라고 조언한 적도 있다. 그것은 마치 어린아이에게 과자 상자에 손을 대지 말라고 하는 것과 같았다.

다음 장에서 나는 '모든 물리 문제 중의 문제'이자 물리학의 문제들 중 가장 어려운 문제에 대해서 이야기하려고 한다. 그것은 물리 법칙에 중력이 결합될 때 도대체 무엇이 잘못되는지에 대한 음울한 이야기이다. 그것은 또한 굉장히 격렬한 이야기이기도 하다. 우리가 이해하는 바에 따르면, 물리 법칙이 예언하는 우주는 단 하나의 생명도 허락하지 않는 유별나게 잔인한 우주이다. 왜 그럴까? 우리는 분명 무엇인가를 놓치고 있다.

2장

모든 물리 문제 중의 문제

뉴욕 시, 1967년

내가 처음 '모든 물리 문제 중의 문제'이자 물리학의 난제 중의 난제에 대해서 알게 된 것은 어느 상쾌한 가을날, 뉴욕에서도 전혀 그럴 법하지 않은 곳, 워싱턴 하이츠에서였다. 컬럼비아 대학교에서 북쪽으로 5킬로미터 떨어진 그곳은 맨해튼에 속해 있지만 여러 면에서 내가 자란 사우스 브롱크스와 더 비슷하다. 한때 그곳은 중산층 유대인들이 모여 살던 곳이었지만 지금은 대부분의 유대인들은 떠나고 그 빈 곳을 라틴계 미국인들, 특히 쿠바 출신의 노동 계급이 채우고 있다. 저렴한 쿠바 식당을 찾기에는 아주 좋은 곳이다. 내가 가장 좋아하는 식당은 쿠바와 중국 음식을 혼합한 곳이다.

그 지역에 익숙한 이들은 암스테르담 가 187번지쯤에 범상치 않은 비잔틴풍의 건물들이 있다는 것을 알고 있다. 건물들 사이의 거리는 젊은 유대교 정통파 학생들과 랍비들로 가득 차 있다. 그 지역의 학생들이 당시 자주 모이던 곳은 맥도비드라는 팔라펠(falafel, 콩으로 만든, 크로켓처럼 생긴 중동식 튀김 요리. — 옮긴이) 가게였다. 오래된 건물들은 미국에서 가장 오래된 유대인 고등 교육 기관인 예시바(Yeshiva) 대학교의 캠퍼스였다. 그 대학은 랍비와 탈무드 학자 배출을 전문으로 하고 있었지만 1967년에는 벨퍼(Belfer) 과학 대학원이라는 물리학과와 수학과의 대학원도 운영하고 있었다.

나는 캘리포니아 대학교 버클리 캠퍼스에서 1년 동안 박사 후 연구원 과정을 마치고 막 벨퍼 대학원에 조교수로 부임한 참이었다. 예시바 대학교의 이국적인 건물들은 버클리나 하버드 대학교 건물들은 물론 다른 어떤 대학의 건물과도 전혀 달랐다. 물리학과 건물을 찾는 것은 상당히 어려운 일이었다. 거리에서 만난 턱수염이 난 사내가 한 건물의 꼭대기 층으로 가 보라고 했는데, 그곳에는 작은 탑이랄까, 양파처럼 생긴 둥근 지붕 같은 것이 있었다. 물리학과가 있는 것처럼 보이지 않았지만 달리 방법도 없었으므로 나는 건물로 들어가 나선형의 계단을 올라갔다. 꼭대기에는 문이 하나 열려 있었는데, 안쪽으로는 아주 작고 어두운 사무실이 있었고, 육중한 책장에는 제목이 모두 히브리 어로 씌어진, 가죽으로 제본된 큰 책들이 가득 차 있었다. 사무실 안에는 랍비처럼 보이는 회색의 턱수염을 기른 남자가 무엇인가 엄청나게 오래된 책을 읽고 있었다. 명패에는 다음과 같이 씌어 있었다.

"물리학과 교수 포스너."

"여기가 물리학과인가요?" 나는 반신반의한 채로 물었다.

"네, 그렇습니다, 그리고 제가 물리학 교수입니다. 누구시죠?" 그가 말했다.

"저는 신임 조교수인 서스킨드입니다." 친절하지만 상당히 혼란스러워 보이는 표정이 그의 얼굴에 나타났다.

"허 참, 나한테는 항상 아무 말도 안 해 준다니까. 신임 누구라고요?"

"학과장님 계세요?" 나는 흥분해서 내뱉었다.

"내가 학과장이오. 실은 내가 유일한 물리학 교수인데, 나는 신임 교수에 대해서는 아무것도 듣지 못했소!" 당시 나는 26세였고 아내와 두 아이가 있었는데 실업자가 되어 버린 것 같았다.

당황한 나는 조용히 그 건물에서 빠져나왔다. 길을 건너려는 참에 대학 시절부터 알고 지내던 개리 그루버(Gary Gruber)라는 친구를 만났다. "어이 그루버, 도대체 어떻게 된 거지? 나는 지금 막 물리학과에서 오는 길이야. 물리학자들이 많을 줄 알았더니 포스너라는 늙은 랍비 한 사람뿐이었어."

그루버는 나보다는 이 사건을 더 즐겁게 받아들였다. 그는 웃더니 나에게 말했다. "내 생각에 자네가 가야 하는 곳은 아마 학부가 아니라 대학원일 거야. 이 모퉁이를 돌아서 184번지야. 내가 지금 거기 대학원생이거든." 다행이었다. 나는 184번지까지 걸어가서 그루버가 가르쳐 준 쪽을 바라보았다. 하지만 내 눈에는 과학 대학원처럼 보이는 것은 아무것도 없었다. 그 길에는 그저 초라해 보이는 매대들이 늘어서 있을 뿐이었다. 그중 한 매대의 광고판에는 "아보가도 보석 보증인(Abogado-Bail Bonds)"이라고 씌어 있었다. 다른 하나는 비어 있었다. 제일 큰 가게는 유대교의 성인식이나 결혼식에 음식을 대는 곳이었다. 그곳은 더 이상 영업하지 않는 것처럼 보였지만 코셔 음식(kosher food, 유대인의 율법을 따르는 정결한 음식. — 옮긴이)을 만드는 작은 가게는 아직 지하실에 있었다. 나는 그곳을 한 번 지나쳤는데, 두 번째 지나칠 때는 좀 더 자세히 들여다보았다. 분명히 그 음식점 옆에 작은 팻말이 있었다.

벨퍼 대학원

그리고 그것은 널찍한 계단 위를 가리키고 있었다. 그 계단들은 오래되어 해지고 얼룩이 묻어 있었는데, 아래층에서 음식 냄새가 스멀스멀 올라오고 있었다. 나는 이곳이 방금 전에 들렀던 포스너 교수의 연구실보다 더 나은지 확신할 수 없었다. 나는 예전에 결혼식과 성인식 때 무도장으로 썼을 큰 방으로 올라갔다. 소파와 안락 의자, 그리고 기쁘게도 칠판이 놓여 있었다. 칠판은 물리학자가 있다는 증거였다.

그곳을 둘러싸고 약 20개의 사무실이 있었다. 대학원은 한때 무도장이었던 바로 그곳에 자리 잡고 있었다. 몇 명이 칠판 앞에서 물리학 토론을 하고 있지 않았다면 매우 실망스러웠을 것이다. 더 기쁜 것은 몇몇은 내가 아는 사람이었다는 것이다. 나는 데이비드 리츠 핑켈스타인(David Ritz Finkelstein, 1929년~)을 보았는데 그가 바로 내 새 일자리를 주선한 사람이었다. 핑켈스타인은 카리스마 넘치는 훌륭한 이론 물리학자로서 이제 막, 앞으로 이론 물리학의 고전이 될, 양자장 이론에서 위상 수학이 어떻게 사용되는지에 대한 논문을 쓴 참이었다. 나는 폴 에이드리언 모리스 디랙(Paul Adrien Maurice Dirac, 1902~1984년)도 보았는데 그는 아인슈타인 이후 20세기의 가장 위대한 이론 물리학자라고 할 만한 사람이었다. 핑켈스타인은 나를 야키르 아하로노프(Yakir Aharonov, 1932년~)에게 소개했다. 그는 아하로노프-봄 효과의 발견으로 이미 유명해진 사람이었다. (아하로노프-봄 효과란, 전하를 띤 입자가 전기, 자기장은 0이지만 전자기 포텐셜 값이 0이 아닌 영역에서 영향을 받는 양자 역학적 현상을 말한다. 양자 역학이 옳다는 것을 확증하는 실험 중 하나이다. — 옮긴이) 그는 이제는 로저 경이 된, 로저 펜로즈(Roger

Penrose, 1931년~)와 이야기하고 있었다. 펜로즈와 핑켈스타인은 블랙홀 이론의 가장 중요한 선구자였다. 나는 조엘 레보위츠(Joel Lebowitz, 1930년~)라고 적힌 명패가 달린 방을 들여다보았다. 매우 유명한 수리 물리학자인 조엘 레보위츠는 역시 잘 알려진 수리 물리학자인 엘리엇 리브(Elliot Lieb, 1932년~)와 논쟁하고 있었다. 나는 그때까지 그렇게 훌륭한 물리학자들이 한곳에 모인 것을 본 적이 없었다.

그들은 진공 에너지에 대해서 이야기하고 있었다. 핑켈스타인은 진공은 영점 에너지로 가득 차 있으며 이 에너지가 중력장에 영향을 미칠 수밖에 없다고 주장했다. 디랙은 계산에서 항상 무한대의 값이 나오는 진공 에너지를 좋아하지 않았다. 그는 만약 그것이 무한대라면 수학이 잘못되었다는 것이며, 정답은 진공 에너지란 존재하지 않는 것이라고 생각했다. 핑켈스타인은 나를 그 대화로 끌고 들어가면서 설명해 주었다. 나에게 이 대화는 나를 거의 40년 동안 괴롭히고 결국 **우주의 풍경**에까지 이끈 문제를 접하게 한, 운명적인 전환점이었다.

사상 최악의 예측

인간의 마음에는 옳다고 인정받았을 때 즐거움을 느끼는 부분이 있다. (이것을 자아라고 할지도 모르겠다.) 특히 이론 물리학자들은 이 부분이 잘 발달되어 있다. 어떤 현상에 대한 이론을 세우고 절묘한 계산을 한 다음 그 결과를 실험에서 확인하는 것은 엄청난 만족감의 근원이 된다. 어떤 경우에는 실험이 계산보다 먼저 진행되기도 하는데, 그 경우 그것은 예측이 아니라 결과를 설명하는 것이겠지만, 그것도 마찬가지로 아주 훌륭한 일이다. 매우 우수한 물리학자들조차도 가끔은 잘못된 예측을 한다. 우리는 그것에 대해서 잊어버리는 경향이 있지만, 잘못된 예측 중 하나는 사라지지 않고 있다. 그것은 지금까지 물리학자가 행한 수치 계산의 결과를 통틀어 최악의 것이었다. 그것은 어떤 한 사람의 연구가 아니었으며, 너무나 잘못되었기에 그릇됨을 증명하는 데 실험이 전혀 필요하지 않았다. 문제는 그 오류가 자연을 설명하는 데 우리가 가지고 있는 최고의 이론인 양자장 이론의 필연적인 결과라고 생각된다는 것이다.

그 예측값이 무엇인지 이야기하기 전에 그 예측이 얼마나 잘못되었는지 살펴보자. 계산의 결과가 실험의 결과보다 10배 크거나 작으면, 우리는 그것이 자릿수 하나만큼 어긋난다고 표현한다. 100배 차이가 나면 두 자릿수, 1,000배는 세 자릿수 어긋난 것이다. 한 자릿수만큼 틀린 것은 심하다. 두 자릿수라면 재앙이다. 셋은 치욕이다. 그런데 글쎄, 가장 훌륭한 물리학자들이 우리의 가장 우수한 이론으로 가장 열심히 노력한 결과, 아인슈타인의 우주 상수를 120자릿수나 틀리게 예측한 것이다. 그것은 우스울 정도로 너무나 터무니없다.

아인슈타인은 우주 상수 때문에 골머리를 앓은 첫 번째 사람이었다. 일반 상대성 이론을 완성하고 나서 1년 후인 1917년, 아인슈타인은 그가 나중에 최악의 실수였다고 후회하게 되는 논문을 발표한다. 「일반 상대성 이론에 대한 우주론적 고찰(Cosmological Considerations on the General Theory of Relativity)」이라는 제목의 이 논문은 천문학자들이 성운이라고 부르는 희미한 빛의 얼룩들이 사실은 머나먼 은하라는 것을 발견하기 몇 년 전에 씌어졌다. 미국의 천문학자 에드윈 파월 허블(Edwin Powell Hubble, 1889~1953년)이 모든 은하들이 거리에 따라 증가하는 속도로 우리로부터 멀어지고 있다는 것을 증명해 천문학과 우주론에 혁명을 일으키기까지는 12년이 남아 있었다. 아인슈타인은 1917년에 우주가 팽창한다는 것을 알지 못했다. 그는 물론이고 다른 모든 사람들도 은하들은 정지해 있으며 영원히 같은 위치에 있는 것으로 알고 있었다.

아인슈타인의 이론에 따르면 우주는 **닫혀 있고 제한되어 있다.** 그것은 무엇보다도 공간의 범위가 유한하다는 것을 의미한다. 하지만 그것은 공간에 가장자리가 있다는 뜻은 아니다. 지구의 표면은 닫히고 제한된 공간의 좋은 예이다. 지구 위의 어떤 점도 다른 어떤 점에서 1만 9000킬로미터 이상 떨어져 있지 않다. 그러나 지표면에는 가장자리가 없다. 세계의 끝을 나타내는 지점이 없는 것이다. 종잇장은 유한하지만 가장자리가 있다. 어떤 이들은 가장자리가 넷 있다고 표현할 것이다. 하지만 지표면에서는, 만약 당신이 어떤 방향으로든 계속 걸어가도 공간의 끝에 다나르는 일은 없다. 마젤란처럼 당신은 결국 같은 지점으로 돌아오게 된다.[1]

우리는 종종 지구가 구면(sphere)이라고 이야기하는데, 정확히 말하자면, **구면**이라는 말은 그 표면만을 나타낸다. 속까지 포함한 지구에 대한 정확한 수학적 표현은 구(ball, 구체)이다. 지구 표면과 아인슈타인의 우주 사이의 유사점을 이해하려면, 당신은 먼저 구체가 아니라 표면'만' 생각하는 법을 알 필요가 있다. 구면에 살고 있는 평평한 생물을 상상해 보자. (납작벌레라고 해도 좋을 것이다.) 그들이 절대로 구면을 떠날 수 없다고 가정해 보자. 그들은 날 수도, 땅을 파고 들어갈 수도 없다. 그들이 받거나 송출할 수 있는 신호도 오로지 표면을 따라서만 나아갈 수 있다고 가정하자. 예를 들어, 그들은 일종의 표면파를 방출하고 검출함으로써 그들의 환경과 의사 소통할 수 있다. 이들은 세 번째 차원에 대한 개념도 없고 그것을 사용할 필요도 없을 것이다. 그들은 진정으로 2차원의 닫히고 제한된 세상에 살고 있다. 수학자는 그것이 2차원적이므로 그것을 **2**

1. 사실 페르디난드 마젤란(Ferdinand Magellan, 1480~1521년)은 유럽으로 돌아오지 못했다. 그는 필리핀에서 피살되었다. 하지만 그의 선원 중 몇몇은 지구를 일주했고, 지구가 둥글다는 것을 증명했다.

차원 구면이라고 부른다.

우리는 2차원 세계에 살고 있는 벌레가 아니다. 하지만 아인슈타인의 이론에 따르면, 우리는 구면의 3차원적 유사물에 살고 있다. 3차원의 닫히고 제한된 공간은 상상하기가 더 어렵지만, 말이 안 될 이유는 전혀 없다. 그러한 공간에 대한 수학 용어는 **3차원 구면**이다. 납작벌레와 마찬가지로 우리가 어떤 방향으로 여행하든 결국 출발점으로 돌아오게 된다면, 우리가 3차원 구면에 살고 있다는 사실을 확인할 수 있다. 아인슈타인의 이론에 따르면, 공간은 3차원 구면이다.

사실은 여러 차원의 구면이 있을 수 있다. 보통의 원은 가장 간단한 예이다. 원은 직선처럼 1차원적이다. 만약 당신이 그 위에 살고 있다면, 당신은 한 방향으로만 움직일 수 있다. 원의 다른 이름은 **1차원 구면**이다. 원을 따라 움직이는 것은 얼마 뒤에 제자리로 돌아온다는 것만 제외하면 직선 위를 움직이는 것과 매우 비슷하다. 원을 정의하려면 2차원 평면에서 닫힌 곡선을 그려 보면 된다. 만약 그 곡선의 모든 점이 중앙의 한 점에서 같은 거리만큼 떨어져 있다면, 그 곡선은 원이다. 1차원 구면을 정의하기 위해 2차원 평면에서 시작했다는 것에 주목하기 바란다.

2차원 구면은 3차원 공간에서 시작해야 한다는 것을 제외하면 원과 비슷하다. 곡면의 모든 점이 중심에서 같은 거리에 있다면 2차원 구면이 된다. 이제 3차원 구면으로, 또는 임의의 차원의 구면으로 일반화하는 방법을 이해했을 것이다. 3차원 구면은 4차원 공간에서 시작해야 한다. 4차원 공간은 4개의 좌표로 기술되는 공간이라고 생각하면 된다. 이제 원점에서 같은 거리에 있는 점들을 선택해 보자. 이 점들은 모두 3차원 구면 위에 놓여 있다.

2차원 구면 위에 살고 있는 납작벌레들이 구면 말고는 관심이 없는 것과 마찬가지로, 3차원 구면을 연구하는 기하학자도 그것이 들어 있는

4차원 공간에는 관심이 없다. 4차원 공간을 무시하고 3차원 구면만 고려할 수 있다.

아인슈타인의 우주론은 3차원 구면처럼 생긴 가진 공간과 관련이 있지만, 그 공간은 지구의 표면과 마찬가지로 완벽한 구면은 아니다. 일반 상대성 이론에서 공간의 성질은 고정된 것이 아니다. 공간은 딱딱한 강철공이라기보다 변형시킬 수 있는 풍선과 더 흡사하다. 우주를 변형이 가능한 그런 거대한 풍선의 표면으로 생각해 보자. 납작벌레들은 풍선 표면 위에 살고 있으며, 표면을 따라 전파되는 신호를 주고받는다. 그들은 공간의 다른 차원에 대해서는 아무것도 알지 못한다. 그런데 그들이 사는 공간은 유연하며, 점들 사이의 거리는 풍선이 늘어나면서 시간에 따라 변화할 수 있다.

풍선 위에는 은하를 나타내는 표시들이 있는데, 그것들은 풍선을 대체로 균일하게 덮고 있다. 풍선이 팽창하면 은하들은 멀어질 것이다. 풍선이 줄어들면 은하들은 가까워진다. 이 모든 것은 꽤나 이해하기 쉽다. 아인슈타인의 이론은 유연하고 늘어나지만 전체적인 모양은 3차원 구면인 공간을 기술한다.

이제 모든 것을 끌어당기는 중력이라는 요소를 추가해 보자. 뉴턴 또는 아인슈타인의 중력 이론에 따르면, 우주의 모든 물체는 모든 다른 물체를 그 질량의 곱에 비례하고 그 사이의 거리의 제곱에 반비례하는 힘으로 끌어당긴다. 때로는 끌어당기고 때로는 밀치는 전기력과는 달리, 중력은 **언제나** 끌어당긴다. 중력의 효과는 은하들을 서로 잡아당겨 우주를 수축시킨다. 비슷한 효과가 현실의 풍선에도 존재하는데, 고무의 장력이 풍선을 수축시키려고 한다는 것이다. 장력의 효과를 보고 싶다면 핀으로 풍선을 한 번 찔러 보기 바란다.

어떤 다른 힘이 중력과 반대되는 작용을 하지 않는다면, 은하들은 서로를 향해 가속되기 시작해서, 우주를 마치 구멍 난 풍선처럼 붕괴시킬 것이다. 하지만 1917년에 우주는 정적인 것으로, 즉 변화하지 않는 것으로 여겨졌다. 지구 자체의 움직임을 제외한다면, 보통 사람들과 마찬가지로 천문학자들도 하늘에서 멀리 있는 별들의 어떤 움직임도 볼 수 없었다. 아인슈타인은 중력이 만유인력이라면 정적인 우주란 불가능하다는 것을 알고 있었다. 정적인 우주는 지구 표면 위에 있는 돌멩이처럼 움직임이 전혀 없는 것이다. 그 돌을 수직으로 위를 향해 던진 후 잠시 후에 보면 그것은 올라가거나 내려오고 있을 것이다. 그것이 언제 방향을 바꿀지 그 정확한 순간을 알아낼 수도 있을 것이다. 그 돌이 할 수 없는 일은 고정된 높이에 영원히 떠 있는 것이다. 즉 무엇인가 다른 힘이 지구의 중력에 반대로 그 돌에 작용하지 않는 한 그렇다. 정확히 같은 방식으로 정적인 우주는 일반적인 중력 법칙을 거스른다.

아인슈타인이 필요로 했던 것은 중력에 반대로 작용하는 힘을 제공할 수 있도록 그의 이론을 변형하는 것이었다. 풍선의 경우, 안쪽으로부터의 공기압이 고무의 장력에 반대로 작용하는 힘이다. 하지만 실제 우주 안에는 공기 같은 것이 없다. 표면만 있을 뿐이다. 그래서 아인슈타인은 중력에 반대로 작용할 수 있는 일종의 척력을 생각해 냈다. 일반 상대성 이론에는 밀치는 힘, 즉 만유척력(萬有斥力)이 숨어 있는 것일까?

자신의 방정식을 탐구하던 아인슈타인은 방정식 안에서 애매함을 발견했다. 그 방정식은 수학적 정합성을 파괴하지 않고도 하나의 항을 더해서 변형시킬 수 있었다. 추가된 항의 의미는 놀라운 것이었다. 그것은 보통의 중력 법칙에 거리가 멀어짐에 따라 더 강해지는 척력이 추가되는 것을 의미했다. 이 새로운 힘의 세기는 새로운 자연 상수에 비례하며 아인슈타인은 그것을 그리스 문자 λ(람다)로 나타냈다. 그 후 그 새로운 상수는 **우주 상수(cosmological constant)**라고 부르게 되었으며, 지금도 λ

로 나타내고 있다.

특별히 아인슈타인의 주의를 끈 것은 만약 λ가 양수이면, 그 새로운 항은 거리에 따라 증가하는 만유척력에 해당한다는 것이었다. 아인슈타인은 이 새로운 만유척력이 보통의 중력과 상쇄되면 이론의 앞뒤가 맞게 됨을 깨달았다. 은하들은 떨어진 채로 평형을 유지할 것이고 그 거리는 새로운 상수인 λ의 크기를 선택함으로써 조절할 수 있을 것이다. 그것이 작동하는 방식은 단순했다. 만약 은하들 사이의 간격이 작다면 그 인력은 강할 것이다. 따라서 그것들이 평형 상태에 있게 하려면 그만큼의 강한 척력이 요구된다. 반면 은하들 사이의 거리가 아주 크다면 그것들은 서로의 중력장을 거의 느낄 수 없을 것이고 따라서 약한 척력이 필요하다. 그리하여 아인슈타인은 우주 상수의 크기는 은하들 사이의 평균 거리와 긴밀하게 연관되어 있다고 주장했다. 비록 수학적인 관점에서 우주 상수는 어떤 값이든 가질 수 있지만, 은하들이 떨어져 있는 평균 거리를 알고 있다면 더 쉽게 결정할 수 있다. 실제로 당시 허블은 은하들 사이의 거리를 열심히 측정하고 있었다. 아인슈타인은 그가 우주의 비밀을 알게 되었다고 믿었다. 그것은 인력과 척력이 서로 경합해 균형을 이룬 우주였다.

이 이론에는 잘못된 것이 몇 가지 있다. 이론적 관점에서 보면, 아인슈타인의 우주는 불안정하다. 그것은 평형을 이루고 있지만 **불안정한 평형**이다. 평형이 안정한 경우와 불안정한 경우의 차이를 이해하는 것은 어렵지 않다. 진자를 생각해 보자. 추가 수직으로 있으며 가장 낮은 점에 있는 경우, 그 추는 안정한 평형에 있다. 이것은 예를 들어 살짝 민다든지 해서 추를 약간만 흔들어도, 추가 제자리로 돌아올 것임을 의미한다.

이제 그 추를 뒤집어서 똑바로 서 있도록 정밀하게 균형을 맞추었다고 상상해 보자. 이러한 상태에서는 추가 아주 조금만 흔들려도, 그것이 나비의 날개에서 불어오는 약한 바람 때문이라고 해도, 그 요동은 점점 커져서 추는 결국 쓰러지고 만다. 게다가 그것이 쓰러지는 방향은 예측하기 매우 어렵다. 아인슈타인의 정적인 우주는 마치 거꾸로 서 불안정한 시계추와도 같다. 아주 약한 요동이라도 우주를 폭발적으로 커지게 하거나, 구멍 난 풍선처럼 터뜨릴 것이다. 나는 아인슈타인이 이 기본적인 사항을 놓쳤는지 아니면 무시한 것인지 알지 못한다.

하지만 그 이론이 가진 가장 심각한 문제는 그것이 진실이 아닌 것을 설명하려고 했다는 점이다. 얄궂게도 캘리포니아 남부 윌슨 산에 있는 2.5미터짜리 망원경으로 하늘을 관측하던 허블은 우주가 가만히 서 있지 않다는 것을 발견했다.[2] 은하들은 서로에게서 멀리 달아나고 있었으

2. 2.5미터 망원경이라고 하면 그리 크지 않을 것 같지만, 그 숫자는 기구 전체의 크기가 아니

며, 우주는 마치 공기를 불어넣는 풍선처럼 팽창하고 있었다. 중력들은 상쇄될 필요가 없었으며, 방정식을 전혀 더 아름답게 만들지 않는 우주 상수 항은 그것을 0이라고 놓음으로써 폐기할 수 있었다.

하지만 한번 열린 판도라의 상자는 그리 쉽게 닫히지 않았다.

우주 상수는 좀 더 이해하기 쉬운 다른 항, 즉 **진공 에너지**[3]와 동일하다. 당신은 내가 벨퍼 대학원에서 처음 마주쳤던 논쟁에서 등장했던 이 항을 기억할 것이다. 진공 에너지란 그 자체로 모순처럼 들린다. 진공이란 빈 공간이다. 정의상 그것은 텅 비었는데, 어떻게 에너지를 가질 수 있겠는가? 그 해답은 양자 역학이 일으키는 기묘함, 즉 그 이상한 불확정성, 기묘한 입자성, 그리고 멈추지 않는 떨림에 바탕을 두고 있다. 빈 공간조차도 '양자 떨림'을 가지고 있는 것이다. 이론 물리학자들은 진공이 너무도 빨리 명멸하며, 정상 환경에서는 검출할 수 없는 입자들로 가득 차 있다고 생각하는 데 익숙해져 있다. 이런 진공 떨림들은 인간의 귀로는 들을 수 없는 매우 높은 진동수의 소음과도 비슷하다. 하지만 진공 떨림은 원자에는 영향을 미치는데, 원자는 개처럼 더 높은 진동수의 진공 떨림을 더 잘 들을 수 있기 때문이다. 현재 우리는 수소 원자의 에너지 준위들을 매우 정밀하게 측정할 수 있는데, 실험 결과는 진공이라는 바다에서 생겼다 사라지는 전자와 양전자 들의 요동에 그 에너지 준위의 값들이 매우 민감하게 반응한다는 것이다.

이렇게 이상하고 격렬한 진공의 요동은 양자장 이론의 결과이며 파인만의 직관적인 도형들을 사용해서 그려 볼 수 있다. 처음에는 단 하나

라 빛을 모으는 거울 지름만을 나타낸다. 윌슨 산 망원경은 1949년 팔로마 산에 5미터의 망원경이 완성될 때까지 세상에서 가장 큰 것이었다.

3. 언론 매체가 선호하는 용어는 '암흑 에너지'이다.

의 입자도 없는 완전히 빈 시공간을 상상해 보자. 양자 떨림은 짧은 시간 동안 입자들을 다음 그림에서 볼 수 있는 것처럼 만들어 낸다.

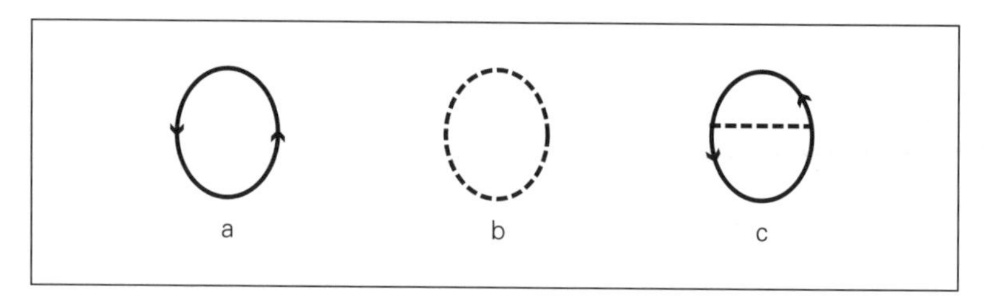

첫 번째 그림(a)은 무에서 전자와 양전자가 순간적으로 만들어지고 다시 만나 소멸하는 것을 보여 준다. 당신은 그것을 전자가 시공간의 닫힌 고리를 따라 돌고 있는 것으로 생각할 수도 있는데, 양전자는 전자가 시간에 대해 후진하는 것으로 보면 된다. 두 번째 그림(b)은 두 광자가 순간적으로 만들어지고 소멸하는 것을 보여 준다. 마지막 그림(c)은 처음 그림과 같지만 광자가 전자와 양전자 사이에서 그 입자들이 사라지기 전에 뛰어 이동하는 것을 보여 준다. 다른 형태의 '진공 도형'이 무한정 가능하지만 이 세 가지 그림이 거의 대표적이라고 할 수 있다.

이 전자들과 양전자들은 얼마나 오랫동안 존재할까? 대략 1조분의 1초의 다시 10억분의 1초이다. 자, 그럼 이 도형들이 시공간 곳곳에서 나타나는 것을 그려 보자. 그럼 진공은 기본 입자들의 급격한 요동들로 가득 찬 것으로 보이게 될 것이다. 진공을 채우는 생명이 짧은 이 양자역학적 입자를 **가상 입자**(virtual particle)라고 하는데, 그것들의 영향은 전적으로 현실적이다. 특히 그것들은 진공이 에너지를 가지도록 만든다. 진공은 에너지가 0인 상태가 아니다. 그것은 단지 **최소 에너지**를 가진 상태일 뿐이다.

우주 상수로 돌아가서

이제 명석한 독자라면 다음과 같이 질문할 것이다. "진공이 에너지를 가져도 상관없지 않은가? 만약 그 에너지가 언제나 존재하는 것이라면, 우리는 그저 그것을 빼 버림으로써 에너지에 대한 우리의 정의를 조정하면 되지 않은가?" 그러나 그럴 수 없다. 그럴 수 없는 이유는 **에너지가 중력 작용을 하기 때문이다.** 이 문구의 의미를 이해하기 위해서는 간단한 물리학 지식 두 가지가 필요하다. 첫 번째 지식은 $E=mc^2$이다. (나는 이 책에서 방정식을 쓰지 않겠다고 약속했지만, 이것만은 용납할 수 있으리라 생각한다.) 어린아이들도 질량과 에너지의 등가성을 나타내는 이 유명한 공식을 알고 있다. 질량과 에너지는 사실은 같은 것이다. 그것들은 단순히 다른 단위로 표현되어 있는 것일 뿐이다. 질량을 에너지로 변환하려면 빛의 속도의 제곱을 곱하면 된다.

마찬가지로 간단한 두 번째 지식은 뉴턴의 중력 법칙으로, 다음과 같이 다시 표현된 것이다. '질량은 중력장의 근원이다.' 이것은 태양처럼 무거운 물체가 근처에 있는 물체의 운동에 영향을 준다는 것과 같은 말이다. 우리는 태양이 지구의 운동에 영향을 주거나, 더 멋지게 표현하면, 태양이 중력장을 만들고 그것이 다시 행성 같은 물체들의 운동에 영향을 준다고 말할 수 있다.

정량적으로 말하면, 뉴턴의 법칙은 태양이 만드는 장의 크기가 태양 질량에 비례하는 것이라고 할 수 있다. 만약 태양이 100배 더 무거웠다면, 태양의 중력장은 100배 더 커졌을 것이고, 지구에 미치는 힘도 100배 강해졌을 것이다. 이것이 '질량은 중력장의 근원이다.'라는 말의 의미이다.

그러나 만약 에너지와 질량이 같은 것이라면, 이 문장은 또한 다음과 같이 읽을 수도 있다. '에너지는 중력장의 근원이다.' 다시 말해 모든 형태의 에너지는 중력장에 영향을 주고, 따라서 근처에 있는 질량들의 운동에 영향을 준다. 양자장 이론의 진공 에너지도 예외는 아니다. 만약 진공 에너지 밀도가 0이 아니라면 빈 공간조차도 중력장을 가질 것이다. 물체들은 진공을 가로질러 운동할 때 마치 어떤 힘이라도 받는 것처럼 행동할 것이다. 만약 진공 에너지가 양수라면 그 영향은 일반적인 척력일 것이고, 은하들을 멀리 떼어 놓는 경향이 있는 일종의 반중력으로 작용할 것이다. 이 흥미로운 결과가 정확히 우리가 앞에서 우주 상수에 대해서 이야기할 때 나왔던 문제임을 상기하기 바란다.

이 문제는 너무 중요하기 때문에 일단 여기에서 멈추고 나중에 다시 한번 설명하려 한다. 만약 실제로 텅 빈 공간이 진공 에너지 또는 진공 질량으로 가득 차 있다면 그것은 아인슈타인의 우주 상수가 주는 영향과 분간할 수 없는 영향을 물체에 미칠 것이다. 아인슈타인의 불명예스러운 자식은 다름 아닌 요동하는 양자 진공의 에너지였던 것이다. 그의 방정식에서 우주 상수를 제거하기로 결정했을 때 아인슈타인은 실질적으로 진공 에너지가 없다고 선언했다. 그러나 현대적 관점에서 보면, 양자 요동이 불가피하게 텅 빈 공간에 에너지를 생성시킨다고 믿을 만한 이유가 충분히 있다.

우주 상수 또는 진공 에너지가 정말 있다면, 그 크기는 엄격하게 제한되어야 한다. 만약 그것이 너무 크다면, 천체들의 궤도에 측정 가능한 왜곡을 가져올 것이다. 따라서 우주 상수는 0이거나 아니면 아주 작아야 한다. 그런데 일단 우리가 우주 상수를 진공 에너지와 동일한 것으로 생각하게 되면, 왜 그것이 0이거나 아주 작아야 하는지 알 수 있는 사람이 아무도 없다는 문제가 생긴다. 분명 기본 입자들의 이론과 아인슈타인의 중력 이론을 조합하는 것은 매우 위험한 일이다. 그것은 많은 자릿수 차이로 너무 큰 우주 상수를 가진 그다지 가망 없는 우주를 낳는다.

진공이라고 부르는, 가상 입자들이 격렬하게 요동치는 바다에는 모든 종류의 기본 입자가 존재한다. 이 바다에는 전자, 양전자, 광자, 쿼크, 중성미자, 중력자, 기타 많은 것들이 있다. 진공의 에너지는 이 모든 가상 입자들이 가진 에너지의 총합이다. 모든 종류의 입자가 이 에너지에 기여한다. 가상 입자들 중 일부는 천천히 움직이며 작은 에너지를 가지고 있지만, 다른 것들은 더 빨리 움직이고 에너지도 높다. 이 입자 바다에 있는 에너지를 양자장 이론의 수학적 기교를 이용해서 더하면, 재난을 만나게 된다. 고에너지를 가진 가상 입자가 너무 많기 때문에 전체 에너지는 무한대가 된다. 무한대란 의미 없는 답이다. 디랙이 진공 에너지에 회의적이었던 것도 바로 이것 때문이다. 하지만 디랙과 동시대인이었던 볼프강 파울리는 "어떤 것이 무한대라고 해서 그것이 0임을 의미하지는 않는다."라고 말했다.

문제는 에너지가 높은 가상 입자들의 효과를 과대평가했다는 것이다. 수학적 표현을 좀 더 의미 있는 것으로 만들려면 그 효과를 좀 더 잘 설명해야 한다. 하지만 우리는 에너지가 어떤 단계를 넘어섰을 때 입자의 행동이 어떻게 되는지 그다지 잘 이해하지 못하고 있다. 물리학자들은 매우 높은 에너지를 가진 입자들의 성질을 연구하기 위해 거대한 가속기를 사용하지만, 가속기에는 한계가 있다. 이론적 아이디어조차도 어느 시점에는 효력이 다하게 된다. 가속기의 에너지를 무제한 높이다 보면 입자들이 충돌해 블랙홀이 만들어질 정도로 높은 에너지 값에 다다르게 된다. 이 상태는 현재 우리가 가진 도구로 이해할 수 있는 한계를 한참 벗어난 것이다. 끈 이론조차도 충분하지 않다. 따라서 우리는 어떤 양해를 하지 않으면 안 된다. 우리는 충돌하면 블랙홀이 만들어질 정도로 높은 에너지를 가진 가상 입자들이 진공 에너지에 미치는 영향을 모두 무시해야 한다. 우리는 그것을 발산을 잘라내는 일, 또는 그 이론을

규격화(regulating)한다고 한다. (규격화는 어떤 양이 한없이 커지는 것을 중간에서 수학적으로 차단해 마치 유한한 양인 것처럼 다루는 문제풀이 요령을 뜻한다. — 옮긴이) 하지만 우리가 어떤 단어를 쓰든 그 의미는 같다. 아직 제대로 이해하지 못한 매우 높은 에너지를 가진 가상 입자들의 효과를 무시하기로 합의하는 것이다.

이것은 매우 납득하기 힘든 상황이지만 일단 받아들이고 나면, 전자, 광자, 중력자, 그리고 다른 모든 알려진 입자들에서 오는 진공 에너지 값을 추정할 수 있게 된다. 그 결과는 더 이상 무한대가 아니지만 작지도 않다. 줄(J)이란 에너지의 보통 단위이다. 1리터의 물을 섭씨 1도만큼 데우는 데에는 약 4,000줄이 필요하다. 부피의 보통 단위는 세제곱센티미터(cm^3)이다. 그것은 당신 새끼손가락 끝 정도 크기이다. 보통 세상에서 세제곱센티미터당 줄(J/cm^3)은 에너지 밀도를 재는 데 편리한 단위이다. 자, 그렇다면 당신의 작은 손가락 끝만큼의 공간에 가상 광자라는 형태로 들어 있는 진공 에너지는 몇 줄이나 될까? 양자장 이론으로 얻은 추정값은 너무 커서 1 다음에 0이 116개나 나온다. 그것은 10의 116제곱(10^{116})이다! 그렇게 큰 진공 에너지가 가상 광자의 형태로 당신의 작은 손가락에 들어 있는 것이다. 그것은 우주에 있는 모든 물을 끓이는 데 드는 것보다도 훨씬 높은 에너지이다. 그것은 태양이 100만 년 또는 10억 년 동안 방출하는 에너지보다도 훨씬 많다. 그것은 관측 가능한 우주에 있는 모든 별들이 그들의 전 생애 동안 방출할 에너지보다도 훨씬 많다.

그렇게 높은 진공 에너지에서 만들어지는 만유척력은 비참한 결과를 낳을 것이다. 그것은 은하들뿐만 아니라 그 재료가 되는 원자, 원자핵, 그리고 심지어 양성자와 중성자마저도 찢어 놓을 것이다. 우주 상수는, 그것이 존재한다고 해도, 우리가 물리학과 천문학에 대해서 알고 있는 사실들과의 모순을 피하기 위해서는 훨씬 작아야 한다.

그런데 이것은 단지 광자라는 한 종류의 입자로 인해 만들어지는 진공 에너지였다. 전자, 쿼크, 그리고 다른 것들은 어떨까? 그것들도 요동치며 진공 에너지를 만든다. 각 종류의 입자에서 나오는 에너지의 정확한 양은 그 입자의 질량이나 여러 가지 결합 상수에 따라 민감하게 변한다. 만약 전자에서 오는 기여를 좀 늘리면, 에너지가 더 높아질 것이라고 예상할 수 있다. 하지만 그것은 꼭 옳은 것은 아니다. 광자와 다른 광자 비슷한 입자들은 진공에 양의 에너지를 준다. 그런데 진공에 생겼다 사라지는 가상 전자들은 음의 에너지를 가진다. 이것은 양자론의 수수께끼 중 하나이다. 광자와 전자는 진공에 서로 반대되는 에너지를 만드는 입자 부류에 속한다.

이 두 종류의 입자가 **보손**(boson, 보스 입자)와 **페르미온**(fermion, 페르미 입자)이다. 이 두 입자 사이의 자세한 차이점을 아는 것이 이 책에서는 그리 중요하지 않지만, 한두 문단 정도를 할애해서 설명하겠다. 페르미온은 전자와 비슷한 입자이다. 당신이 화학에 대해서 안다면, 파울리의 배타 원리를 기억할 것이다. 그것에 따르면 원자에 있는 어떤 두 전자도 정확히 동일한 양자 상태에 있을 수 없다. 그것이 주기율표가 그러한 구조를 이루는 이유이다. 전자들이 원자에 더해지면서, 그것들은 점점 더 높은 에너지 준위의 원자 껍질을 채우게 된다. 이것은 모든 페르미온들의 성질이다. 같은 종류의 어떤 두 페르미온도 동일한 양자 상태를 차지할 수 없다. 그것들은 서로 떨어져 있으려고 하는 은둔형 외톨이들이다.

보손은 그것과 반대로 사교적인 입자이다. 광자는 보손이다. 보손을 같은 상태에 놓는 것은 아주 쉽다. 사실 레이저 광선은 모두 같은 양자 상태에 있는 광자들의 강렬한 모임이다. 이런 두 입자의 서로 다른 성질 때문에 페르미온으로는 레이저 빔을 만들 수 없다. 반면에 보손으로는 원자를 만들 수 없는데, 적어도 주기율표에 있는 원자들은 그렇다.

이 모든 것이 진공 에너지와 어떤 관계가 있는 것일까? 그 답은 진공에 있는 가상의 보손들은 양의 에너지를 갖지만, 가상의 페르미온들은 음의 에너지를 가진다는 것이다. 그 이유는 전문적인 문제이므로 여기서는 그냥 그렇다고 알고 넘어가기로 하자. 페르미온의 진공 에너지와 보손의 진공 에너지는 반대 부호를 가지고 있기 때문에 상쇄된다.

따라서 만약 우리가 자연에 있는 모든 종류의 페르미온과 보손을 고려한다면, 즉 광자, 중력자, 글루온, W 보손, Z 보손, 그리고 힉스 입자들은 보손 쪽에, 중성미자, 전자, 뮤온, 쿼크는 페르미온 쪽에 놓는다면 그것들은 상쇄될까? 근사적으로도 전혀 그렇지 않다! 사실은 진공 에너지가 왜 거대하지 않은지, 왜 그것이 원자, 광자, 그리고 중성자 등과 다른 모든 알려진 입자들을 찢어 놓을 정도로 높지 않은지 전혀 알 수 없다.

그럼에도 불구하고, 물리학자들은 보손의 양의 진공 에너지가 페르미온의 음의 진공 에너지를 상쇄하는 수학적인 상상의 세계를 만들어 냈다. 그것은 간단하다. 당신이 할 일은 입자들을 짝지어 주기만 하면 된다. 각 보손에는 페르미온을, 각 페르미온에는 보손을, 정확하게 동일한 질량을 갖도록 짝짓는 것이다. 다시 말해 전자는 그것과 정확히 같은 질량과 전하량을 가진 쌍둥이 보손을 가지고 있을 것이다. 광자도 질량이 없는 쌍둥이 페르미온을 가지고 있을 것이다. 이론 물리학의 전문 용어로 한쪽과 다른 쪽의 이런 조화를 **대칭성(symmetry)**이라고 한다. 사물과 그것이 거울에 비친 상 사이의 조화를 '반사 대칭성'이라고 하듯이 입자들과 그 반입자들 사이의 조화는 '전하 켤레 대칭성'이라고 한다. (이 가상 우주에서) 페르미온과 보손 사이에 생기는 어떤 조화를 대칭성이라고 하는 것도 전통에 맞는 일이다. 물리학자들의 사전에서 가장 과도하게 사용되는 단어는 '초(super)'이다. 초전도체, 초유체, 초거대 가속기, 초포화, 초끈 이론 등이 그 사례이다. 물리학자들이 단어와 관련해서 어려움을 겪는 경우는 별로 없지만, 페르미온과 보손 사이에 이루어지는 짝짓기에 대해서 생각해 낼 수 있는 용어는 **초대칭성**(supersymmetry)밖에 없었다. 초대칭 이론에서는 페르미온과 보손이 정확히 상쇄하기 때문에 진공 에너지가 없다.

하지만 초대칭성이든 아니든, 페르미온-보손 대칭성은 실제 우주의 특징이 아니다. 전자 또는 어떤 다른 기본 입자에도 초대칭짝은 없다. 페르미온과 보손의 진공 에너지는 상쇄되지 않는다. 중요한 것은 우리가 가진 최상의 입자 이론이 진공 에너지의 중력적 효과가 너무나도 클 것이라고 예측한다는 것이다. 우리는 그것을 어떻게 다루어야 하는지 알 수 없다. 그 문제의 크기를 큰 안목에서 보도록 하자. 1세제곱센티미터당 10^{116}줄을 기본 단위로 하자. 그러면 입자 각 종류는 기본 단위 하나 정도의 진공 에너지를 준다. 정확한 값은 입자의 질량과 다른 성질에 따라 결정된다. 어떤 입자들은 양수의 값, 그리고 어떤 것은 음수의 값을 준다. 그것들은 더해져서 이 단위로 볼 때 믿을 수 없을 만큼 작은 숫자가 되어야 한다. 현실은 진공 에너지 밀도가 0.0000000000000000000000000000000000000000000000000000000000000000000000000000000000000000000000000000000000000000000000000001 단위보다 크면 천문학적 데이터와 모순된다. 여러 개의 숫자가, 그중 어떤 것도 특별히 작지 않은데, 이러한 정확도로 정확히 상쇄된다는 것은 너무나도 믿기 힘들 정도로 말이 안 되는 수치적 우연이다. 따라서 거기에는 무엇인가 다른 해답이 있을 것임에 틀림없다.

이론 물리학자들과 관측 우주론 학자들은 이 문제를 다르게 인식했다. 전통적인 우주론 학자들은 일반적으로 아주 작은 우주 상수가 있을 가능성에 대해서 열린 태도를 가졌다. 실험 과학자들의 정신에서, 그들은 그것을 측정해야 할 인수로 여겨 왔다. 나를 포함해서 물리학자들은 필요한 우연의 일치가 어처구니없는 것을 보고 우주 상수가 **정확히** 0이어야 할 무엇인가 심오하고 숨겨진 수학적인 이유가 있다고 이야기했다. 이것이 119자릿수의 수치적 상쇄가 아무 이유 없이 일어났다는 것보다는 그럴듯해 보였다. 우리는 거의 50년 동안이나 그러한 설명을 추구해 왔지만 그다지 운이 따르지 않았다. 끈 이론가들은 이 문제에 매우 강한 의견을 가진 특별한 부류의 이론 물리학자들이다. 그들이 연구하는 이론은 종종 예기치 않은 수학적인 기적을 만들어 냈는데, 그것은 심오하고 신비로운 이유로 완벽한 상쇄가 일어나는 것이었다. 그들의 관점은(그리고 그것은 얼마 전까지 나의 관점이기도 했다.) 끈 이론은 너무나 특별하기 때문에 자연에 대한 유일무이하고 참된 이론임에 틀림없다는 것이다. 그리고 참이라면, 그것은 진공 에너지가 정확히 0이라는 가정에 대한 어떤 심오한 수학적 이유를 제공할 것임에 틀림없다. 그 이유를 찾는 것은 현대 물리학의 가장 크고, 중요하고, 어려운 문제라고 인식되어 왔다. 이 문제처럼 물리학자들을 오랫동안 곤혹스럽게 한 문제는 없었다. 양자장 이론에서건 끈 이론에서건 모든 시도는 실패했다. 그것은 진실로 '모든 물리 문제 중의 문제'라고 할 수 있다.

와인버그가 금기를 깨다!

1980년대 중반까지 물리학자들은 수십 년에 걸쳐 우주 상수로 골치를 앓아 왔지만 항상 빈손으로 돌아갔다. 절박한 상황은 절망적인 수단을 필요로 한다. 1987년 세계에서 가장 유명한 과학자 중 한 사람인 스티븐 와인버그(Steven Weinberg, 1933년~)는 자포자기로 행동했다. 와인버그는 생각할 수 없는 것을 제안했다. 무모하다면 무모하다고 할 수 있을 것이다. 그는 어쩌면 우주 상수가 아주 작은 것은 끈 이론이나 다른 어떤 수학 이론의 특별한 성질과 아무 관련이 없을지도 모른다고 생각했다. 만약 λ가 조금이라도 더 크면, 우리의 존재 자체가 위험에 빠지기 때문이다. 이런 종류의 논리를 인간 원리라고 한다. 이 인간 원리에 따르면 우주 또는 물리 법칙의 어떤 성질은, 만약 그렇지 않다면 우리가 존재할 수 없었기 때문에 진실이다. 인간 원리적 설명에 대한 많은 후보들이 있다.

Q: 우주는 왜 큰가?

A: 지구와 유사한 행성이 태양과 같은 별에 의해서 따뜻해질 수 있으려면 우주는 적어도 태양계만큼의 크기는 되어야 한다.

Q: 전자는 왜 존재하는가?

A: 전자가 없다면 원자도 없고 유기 화학도 없을 것이다.

Q: 공간은 왜 3차원인가?

A: 다른 차원에서는 일어나지 않으며 오로지 3차원에서만 발생하는 많은 특별한 일들이 있다. 한 가지 예는 태양계의 안정성이 다른 차원에서는 손상된다는 것이다. 넷 또는 그 이상의 방향을 가진 우주의 태양계는 매우 혼돈스러워서 생물학적 진화가 작동하기 위해 필요한 수십억 년의 안정된 환경을 제공할 수 없다. 더 심각한 것은 전자들과 원자핵 사이의 힘들이 전자들을 원자핵으로 빨아들여, 화학을 망친다는 것이다.

작은 우주, 전자가 없는 우주, 또는 다른 차원을 가진 우주는 이런 질문을 할 지적 생명체를 유지할 수 없는 불모의 우주가 될 것이다.

인간 원리적 논증이 어떤 경우에는 이치에 맞는 것으로 정당화될 수 있음에는 의심의 여지가 없다. 우리는 행성의 표면에 살고 있지 별의 표면에 살고 있지 않은데, 그것은 생명이 1만 도의 환경에서는 존속할 수 없기 때문이다. 하지만 인간 원리를 물리학의 기본 상수를 설명하는 데 사용한다면 어떨까? 기본 상수가 우리 자신의 존재를 위해서 결정되었다는 생각은 대부분의 물리학자들에게는 질색할 만한 것이다. 어떤 메커니즘이 인류가 존재할 수 있도록 자연의 법칙을 조절한다는 것인가? 그런 메커니즘 중에 초자연적 힘의 도움을 빌리지 않아도 되는 것이 있을까? 물리학자들은 종종 인간 원리를 종교 또는 미신 또는 'A 단어'라고 하고, 그것을 '과학의 포기'라고 주장한다.

스티븐 와인버그는 내가 기억할 수 있는 것보다 훨씬 오래전부터 나의 친구였다. 내가 그의 바리톤 목소리를 처음 들은 것은 1965년 버클리에 있는 한 멕시칸 카페에서였다. 마리오 사비오(Mario Savio, 1942~1996년)의 표현의 자유 운동, 존 제퍼슨 폴랜드(John Jefferson Poland, 1942년~)와 성적 자유 운동, LSD, 베트남 평화 시위가 절정에 이른 때였다. 당시 나는 그 네 가지는 물론 몇 가지 다른 것들도 시도해 보았다. 나는 머리를 길렀고 청바지와 딱 달라붙는 검은 티셔츠를 입었다. 25세의 나는 막 뉴욕 주 북부에 있는 코넬 대학교에서 새로 박사 학위를 받고 그곳에 도착한 참이었다. 와인버그는 30대 초반이었다. 우리는 모두 브롱크스에서 자랐고 같은 고등학교에 다녔지만 닮은 것은 거기까지였다. 내가 와인버그를 만났을 때, 그는 이미 유명한 학자로서 버클리 교수의 모범과도 같았다. 그는 심지어 옷도 마치 영국 케임브리지 대학교의 학감처럼 입었다.

그날 카페에서 그는 시선을 한몸에 받으며 프랑스와 역사에 대해 거드름 피우며 이야기하고 있었다. 말할 것도 없이 나는 그를 싫어할 준비가 되어 있었다. 하지만 일단 그를 알게 되자, 나는 와인버그에게 가장 매력적인 요소, 즉 스스로를 비웃을 능력이 있음을 알게 되었다. 그는 자신이 중요한 사람이 되었음을 즐겼지만, 동시에 자신의 거만함이 우스꽝스럽다는 것도 알고 있었다. 당신도 알 수 있겠지만, 성격이 다름에도 불구하고 나는 와인버그를 매우 좋아한다.

나는 언제나 스티븐 와인버그 물리학의 명료함과 깊이에 탄복해 왔다. 나는 그가 그 누구보다도 표준 모형의 탄생에 공헌한 진정한 표준 모형의 아버지라고 생각한다. 최근에 나는 그의 용기와 지적 진실성을 다시 한번 확인할 수 있었고, 그를 더욱 존경하게 되었다. 그는 창조론, 그리고 온갖 형태의 반과학적 사고에 반대하는 과학계의 대표적인 대변자 중 한 사람이다. 하지만 그는 용감하게도 그의 동료들이 가진 과학적인 편견에 반대하는 의견을 표시했다. 인간 원리를 지지하는 것처럼 보이는 의견을 내놓은 것이다. 사실 그의 글들을 보면 그가 인간 원리를 아주 싫어한다는 것을 분명히 알 수 있다. 나는 인간 원리가 요즘 어떤 사람들이 지적 설계라고 부르는 것과 너무 비슷하게 들리는 탓이라고 생각한다. 그럼에도 불구하고 와인버그는 우주 상수에 대한 기존의 설명이 가망이 없는 상황에 처해 있음을 생각할 때 인간 원리적 설명의 가능성을 무시할 수 없다고 생각했다. 그는 실용적인 태도를 취했고, 만약 우주 상수가 10^{-120} 단위보다 커졌을 때 생명의 탄생과 진화에 파멸적 영향을 미칠 것인지 물었다. 만약 λ 값이 커졌는데도 생명이 탄생하고 진화한다면, 우주의 역사에서 생명의 존재 문제는 그리 중요한 문제가 아니게 될 것이다. 또 끈 이론가들은 우주 상수 문제에 대한 우아한 수학적 해결책을 계속 찾아볼 수 있으리라. 하지만 우주 상수가 조금이라도 더 커지는 것이 생명의 탄생과 존속을 방해하는 이유를 찾을 수 있다면, 우리는 인간 원리를 매우 진지하게 받아들여야 할 것이다. 나는 와인버그가 어떤 결과를 원했을지가 항상 궁금했다.

공정하게 이야기하면, 많은 우주론 학자들은 인간 원리에 대해 열린 태도를 가졌을 뿐만 아니라 심지어 옹호하기까지 했다. 우주 상수가 작다는 것이 인간 원리와 관계있다는 추측은 이미 두 명의 우주론 학자인 존 데이비드 배로(John David Barrow, 1952년~)와 프랭크 제닝스 티플러

(Frank Jennings Tipler, 1947년~)가 쓴 선구적인 책에 나와 있다.[4] 다른 누구보다 적어도 열린 마음으로 옹호한 사람은 영국의 '왕립 천문대 대장' 마틴 리스, 그리고 안드레이 린데와 알렉스 빌렌킨이다. 린데와 빌렌킨은 모두 미국에 살고 있는 유명한 러시아 출신 우주론 학자들이다. 우주론 학자들이 물리학자들보다 그 아이디어를 더 잘 받아들였던 것은 아마도, 추상적 방정식들이 아니라 현실의 우주를 보게 되면, 무작위적이고 임의적인 숫자들의 우연한 일치가 단순함과 우아함보다 더 중요해 보이기 때문일 것이다.

어쨌든 와인버그는 우주 상수가 10^{-120} 단위보다 훨씬 커지면 생명의 존속이 불가능해지는 이유를 찾을 수 있을지 알아보기 시작했다. 그가 대면한 문제에 대해 생각해 보기 위해서, 우리는 그러한 우주 상수의 영향이 통상적인 천체 현상에서 얼마나 중요한지 물어볼 수 있다. 우주 상수가 만유척력으로 나타난다는 것을 기억하기 바란다. 전자와 원자핵 사이의 척력은 원자들의 성질을 변화시킬 것이다. 하지만 당신이 여기에 우주 상수를 집어넣으면, 그 작은 우주 상수가 만드는 척력은 원자나 분자의 성질로부터 검증할 수 있는 어떤 것보다도 훨씬 약할 것이다. 10^{-120} 단위보다 여러 자릿수 더 큰 우주 상수도 분자 사이의 화학에 영향을 미치기에는 너무 작다. 그렇다면 작은 우주 상수가 태양계의 안정성에 영향을 미칠까? 그것 역시 많은 자릿수 차이로 불가능하다. 작은 우주 상수는 생명에 영향을 미칠 수 없는 것처럼 보인다.

그럼에도 불구하고 와인버그는 그가 목표로 했던 것을 찾아냈다. 그것은 오늘날의 물리학, 화학, 천문학과 관련된 것이 아니라 초기 우주의

4. John D. Barrow and Frank J. Tipler, *The Anthropic Cosmological Principle* (Oxford: Oxford University Press, 1986).

원시적 재료에서 은하들이 형성되기 시작할 때와 관련된 것이다. 그때 우주의 질량을 구성하는 수소와 헬륨은 거의 완벽하게 균질하게 퍼져 있었다. 한 점과 다른 점 사이의 밀도 차이는 거의 없었다.

오늘날 우주는 작은 행성과 소행성에서 거대한 초은하단에 이르기까지 여러 가지 다른 크기의 덩어리로 가득 차 있다. 만약 과거의 조건들이 완벽하게 균질적이었다면, 덩어리는 절대로 만들어지지 않았을 것이다. 다시 말해 정확히 구형인 우주의 완벽한 대칭성이 언제나 유지되었을 것이다. 하지만 우주는 정확히 균질적이지 않았다. 우리가 볼 수 있는 가장 초기의 시점에, 밀도와 압력의 차이는 10만분의 몇 정도였다. 즉 밀도의 차이는 밀도 그 자체에 비해 10만 배 정도 더 작았다. 중력이 덩어리지는 것을 유발하는 경향은 물질의 전체 밀도가 아니라 이런 작은 차이로부터 측정된다.

그런 미세한 불규칙성들조차도 은하 형성의 과정을 시작하기에 충분했다. 시간이 흐르면서 밀도가 약간 높은 영역은 밀도가 약간 더 낮은 덜 조밀한 영역으로부터 물질을 끌어들였다. 이것은 미세한 밀도 차이를 확대하는 효과를 낳았다. 결국 그 과정은 속도를 더해 갔고, 은하들이 형성되었다.

그러나 이런 밀도 차이가 처음에는 너무 작았기 때문에 아주 약한 척력도 덩어리가 생기는 경향을 뒤집을 수 있었다. 와인버그는 만약 우주 상수가 측정값에 비해 하나 혹은 두 자릿수만 더 컸어도, 은하, 별, 또는 행성은 절대로 형성되지 않았을 것임을 발견했다.

우주 상수가 음수였다면?

지금까지 나는 양의 진공 에너지에 따른 척력 효과에 대해 이야기했다. 하지만 페르미온들의 기여가 보손들의 기여보다 더 크다고 가정해 보자. 그렇다면 진공 에너지의 알짜값은 음수가 될 것이다. 이것은 가능한가? 만약 그렇다면 그것은 와인버그의 논증에 어떤 영향을 줄까?

첫 번째 질문에 대한 답은 '그렇다.'이며, 그것은 매우 쉽게 발생할 수 있다. 단지 보손보다 페르미온이 몇 개만 더 많기만 해도 우주 상수는 음수가 된다. 두 번째 질문에는 더 간단하게 대답할 수 있다. λ의 부호를 바꾸면 우주 상수의 척력이 만유인력으로 바뀐다. 이때 인력은 중력처럼 거리의 제곱에 반비례하는 힘이 아니라 거리에 따라 증가하는 힘이다. 큰 우주 상수가 우주를 살 수 없는 곳으로 만든다는 것을 설득력 있게 주장하려면, 우주 상수가 크고 음수라면 생명이 만들어질 수 없었음을 보일 필요가 있다.

만약 우주 상수가 음수라는 것을 제외하고는 아무것도 변하지 않았다면 우주는 어떻게 될까? 그 답은 λ가 양수인 경우보다도 쉽게 할 수 있다. 추가된 인력은 결국 허블 팽창의 밖으로 향하는 운동을 압도할 것이다. 우주는 팽창 운동을 되돌려 마치 구멍 난 풍선처럼 쪼그라들기 시작한다. 은하, 별, 행성, 그리고 모든 생명은 궁극적인 '대충돌(big crunch)'로 뭉개질 것이다. 만약 음의 우주 상수가 너무 크다면, 대충돌은 우리와 같은 생명이 진화하는 데 필요한 수십억 년의 세월을 허용하지 않을 것이다. 그리하여 음수의 λ에는 와인버그의 양수 한계와 짝을 이루는 인간 원리적 한계가 생긴다. 만약 우주 상수가 음수라고 해도, 생명이 진화할 가능성이 있으려면 그것은 분명히 10^{-120} 단위보다 그다지 크지 않아야 하는 것이다.

내가 이제껏 한 이야기는, 우리가 살고 있는 호주머니 우주에서 멀리 떨어진 곳에 큰 양수, 또는 큰 음수의 우주 상수를 가진 호주머니 우주가 있음을 부정하지 않는다. 하지만 그곳에서 생명은 가능하지 않다. 큰 양수의 λ 값을 가진 우주에서는 모든 것은 너무나 빨리 멀어지기 때문에 물질이 뭉쳐 은하, 별, 행성, 원자, 심지어 원자핵을 이룰 기회조차 없다. 큰 음수의 λ 값을 가진 우주에서는 팽창하는 우주는 재빨리 수축해 생명에 대한 작은 희망마저 짓이긴다.

인간 원리는 첫 번째 시험을 통과했다. 그럼에도 불구하고, 이론 물리학자들은 와인버그의 연구를 계속 무시했다. 전통적인 이론 물리학자들은 인간 원리에 연루되는 것을 전혀 원하지 않았다. 이런 부정적인 태도는 그 원리가 무엇을 의미하는가에 대한 동의가 없었던 데에 일부 분 기인한다. 어떤 이들에게 인간 원리는 창조론의 낌새를 풍기는 생각이다. 인간을 위해 자연의 법칙을 미세 조정하는 초자연적 존재를 필요로 하는, 위협적이고 반과학적인 생각인 것이다. 하지만 이론가들이 그 아이디어를 불편하게 여기는 것은, 무엇보다도 그들이 어떤 우아한 수학 원리로부터 우주 상수를 포함한 모든 자연 상수들을 예측할 수 있는 유일하고 모순 없는 물리 법칙 체계를 원하는 것과 관련이 있다.

그러나 와인버그는 실용적인 노선에서 좀 더 나아갔다. 그는 인간 원리의 의미와 그것을 실행하는 메커니즘이 무엇이든간에, 한 가지는 분명하다고 말했다. 인간 원리는 λ가 우리를 죽이지 않기 위해 충분히 작다고 말해 주지만, 그것이 정확히 0이어야 할 이유는 말해 주지 않는다. 사실은 우주 상수가 생명을 보장하는 데 필요한 것보다 훨씬 더 작지 않으면 안 될 이유도 전혀 없다. 그 원리의 깊은 의미에 대해서 걱정할 필요 없이, 와인버그는 실질적으로 예측을 하고 있었던 것이다. 만약 인간 원리가 올바르다면, 천문학자들은 진공 에너지는 0이 아니며 아마도 10^{-120}에 비해서 그리 작지 않다는 것을 발견하게 될 것이다.

플랑크 길이

발견의 과정은 언제나 나를 매혹시킨다. 나는 정신적 과정, 즉 논증의 과정이나 '유레카'의 순간에 이르게 하는 직관에 대해 이야기하고 있다. 내가 가장 좋아하는 망상 중 하나는 위대한 과학자의 마음속에 들어가 어떻게 결정적인 발견을 이루어 냈을까 상상하는 것이다. 예를 들어 막스 플랑크의 마음을 상상해 보자.

나, 막스 플랑크는 내가 어떻게 중력의 양자 이론에 최초의 위대한 기여를 하게 되었는지 그 이야기를 하려고 한다. 그것은 젊은 아인슈타인이 현대 중력 이론을 만들기 16년 전이며 벼락출세한 하이젠베르크와 슈뢰딩거가 현대 양자 역학을 만들기 26년 전의 일이었다. 당연히 나는 그것을 인식하지도 못했다.

1900년 베를린 카이저 빌헬름 연구소

최근 나는 완전히 새로운 자연 상수에 대한 놀라운 발견을 했다. 사람들은 그것을 나의 상수, **플랑크 상수**라고 부른다. 나는 내 연구실에 앉아 다음과 같은 생각을 하고 있었다. 빛의 속도, 뉴턴의 중력 상수, 그리고 나의 새로운 상수는 왜 그런 이상한 값을 가지는 것일까? 빛의 속도는 초당 2.99×10^{8}미터이다. 뉴턴 상수는 6.7×10^{11}제곱미터/초·킬로그램이다. 그리고 플랑크 상수는 더 심해서 6.626×10^{-34}킬로그램·제곱미터/초이다. 그것들은 왜 언제나 매우 크거나 매우 작은 것일까? 만약 그것들이 보통 크기의 숫자들이라면 훨씬 더 편할 텐데 말이다.

그때 어떤 생각이 번뜩 떠올랐다. 길이, 질량, 그리고 시간을 기술하는 3개의 기본 단위가 있다. 그리고 3개의 기본 상수들이 있다. 만약 단위를 센티미터, 그램, 그리고 시간으로 바꾸면, 세 상수의 값도 모두 변화할 것이다. 예를 들어, 광속은 더 나빠질 것이다. 그것은 시속 1.08×10^{14}센티미터가 될 것이다. 하지만 만약 내가 시간 단위로 '년'을 쓰고 거리 단위로 '광년'을 쓴다면, 빛의 속도는 빛이 1년에 1광년을 여행하므로 정확히 1이 될 것이다. 그렇다면 새로운 단위를 만들어 세 기본 상수들을 내가 원하는 임의의 값으로 만드는 것이 가능하지 않을까? 물리학의 세 기본 상수 모두 1이 되는 단위를 찾을 수도 있을 것이다. 그것은 많은 공식들을 간단하게 만들 것이다. 그것이 자연 상수에 기초하고 있으므로 나는 그것을 '자연 단위'라고 부르겠다. 또 운이 좋다면, 사람들은 그것들을 '플랑크 단위'라고 부를 것이다.

계산, 계산, 계산……

아, 이것이 내 결과이다. 길이의 자연 단위는 약 10^{-33}센티미터이다. 신성한 베르누이여! 그것은 내가 생각했던 어떤 것보다도 훨씬 작다. 원자에 대해서 생각하는 어떤 이들은 그것들의 지름이 약 10^{-8}센티미터일 것이라고 이야기한다. 그렇다면 나의 새로운 자연 단위는 원자가 은하에 비해서 작은 만큼 원자에 비해서 작은 것이다![5]

시간의 자연 단위는 어떨까? 그것은 약 10^{-42}초이다. 그것은 상상할 수 없을 정도로 짧다. 높은 진동수를 가진 광파 진동의 주기도 자연 시간 단위보다는 훨씬 더 길다.

그리고 이제 질량을 생각해 보자. 아, 질량의 단위는 그리 이상하지 않

5. 시대착오에 대해서는 유감이다. 은하라는 개념은 1900년에 아직 존재하지 않았다.

다. 질량의 자연스러운 단위는 작지만 극히 작지는 않다. 그것은 10^{-5}그램이며, 티끌 하나 정도의 무게에 해당한다. 이 단위들은 어떤 특별한 의미를 가지고 있다. 물리학의 모든 공식들은 자연 단위계로 표시하면 훨씬 더 간단해진다. 그것은 도대체 무엇을 의미할까?

이렇게 플랑크는 자신도 알지 못하는 사이에 양자 중력과 관련된 위대한 발견을 하게 되었다.

플랑크는 89세까지, 1900년 이후 47년을 더 살았다. 그러나 나는 그가 발견한 플랑크 단위가 후세의 물리학자들에게 얼마나 심오한 영향을 미칠지 그가 상상하지 못했으리라고 생각한다. 1947년에 이르면 일반 상대성 이론과 양자 역학은 물리학의 기본 토대가 되었지만, 그 누구도 그 두 가지의 통합, 즉 **양자 중력**(quantum gravity)에 대해서는 생각해 보지 않았다. 길이, 질량, 그리고 시간의 세 플랑크 단위들은 그 분야의 발전에 결정적으로 중요한데, 심지어 지금도 우리는 그것들의 중요성을 겨우 이해하기 시작했을 뿐이다. 그 중요성의 몇 가지 예를 들어 보겠다.

앞에서 우리는 아인슈타인의 이론에서 공간이 마치 풍선의 표면처럼 늘어나거나 변형될 수 있다는 사실을 살펴보았다. 그것은 평평하게 늘어날 수도 있고, 주름과 기복이 생길 수도 있다. 이 아이디어를 양자 역학과 결합하면, 공간은 매우 낯선 성질을 가지게 된다. 양자 역학의 원리들에 따르면, 요동할 수 있는 모든 것은 실제로 요동한다. 만약 공간이 변형될 수 있다면, 그것조차도 '양자 떨림'을 가질 수 있다. 만약 우리가 분해능이 매우 좋은 현미경으로 들여다볼 수 있다면, 우리는 공간이 요동치고 흔들리며 들끓고 매듭이 불끈거리고 도넛 구멍들이 생기는 것을 보게 될 것이다. 그것은 마치 천이나 종이 조각 같을 것이다. 전체적으로 그것은 평평하고 매끄러워 보이지만, 미시적으로 들여다보면, 그 표면은 웅덩이, 혹, 섬유 다발, 그리고 구멍 들로 가득 차 있을 것이다. 공간은 그것과 비슷하지만 더 심하다. 그것은 섬유질로 가득 차 있을 뿐만 아니라, 섬유질이 믿을 수 없을 정도로 빠르게 요동치고 있는 것으로 보일 것이다.

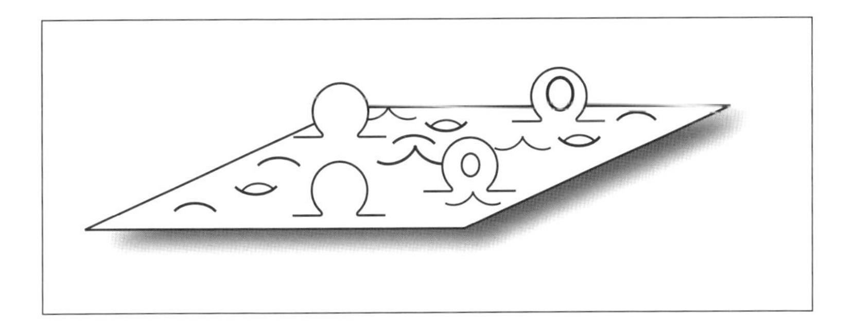

공간의 요동하는 섬유질을 보려면 현미경의 분해능은 어느 정도가 되어야 할까? 당신은 그것을 짐작했을 것이다. 그 현미경은 플랑크 길이 정도의 크기, 즉 10^{-33} 센티미터를 구분할 수 있어야 할 것이다. 그것이 바로 공간의 양자적 섬유의 크기이다.

그리고 그것이 무엇인가 새로운 것으로 요동칠 때까지 얼마나 유지될 것인가? 다시 당신은 그 답을 짐작할 수 있다. 이런 요동의 시간 규모는 플랑크 시간, 즉 10^{-42}초이다! 많은 물리학자들은 플랑크 길이가 분해될 수 있는 가장 작은 거리라는 것이 일리가 있다고 생각한다. 마찬가지로 플랑크 시간은 아마 시간의 가장 짧은 간격일 것이다.

플랑크 질량도 빼놓아서는 안 된다. 그 중요성을 이해하기 위해서, 충돌 지점에서 블랙홀을 만들 정도로 강렬하게 충돌하는 두 입자를 생각해 보자. 그것은 정말로 있을 수 있는 일이다. 충돌하는 두 입자가 만약 충분한 에너지를 가지고 있다면, 그것들은 사라지고 그 뒤에 블랙홀, 즉

이 책 12장의 주인공이 될 신비로운 물체가 될 것이다. 그러한 블랙홀을 형성하는 데 필요한 에너지는 진공 에너지에 대한 앞에서의 논의에서 중요한 역할을 했다. 그 에너지는 얼마나 클 것인가? (에너지와 질량이 동등하다는 것을 기억한다면) 그 답은 물론 플랑크 질량이다. 플랑크 질량은 가능한 가장 작은 질량도, 가장 큰 질량도 아니다. 그것은 블랙홀의 가능한 가장 작은 질량이다. 플랑크 질량의 블랙홀은 그 크기가 플랑크 길이 정도이며, 광자와 다른 파편들로 폭발하기 전에 플랑크 시간만큼 유지될 것이다.

플랑크가 발견했던 대로 플랑크 질량은 약 10만분의 1그램이다. 보통의 기준으로는 그것은 얼마 되지 않는데, 그것에 빛의 속도의 제곱을 곱해도, 그다지 큰 에너지가 되지 않는다. 그것은 대략 승용차 연료통에 한 번 채울 수 있는 휘발유의 에너지 정도이다. 하지만 그 정도의 에너지를 충돌하는 두 입자에 집중하는 것은 상당히 어려운 일이다. 그 일을 하기 위해서는 몇 광년의 크기를 가진 가속기가 필요할 것이다.

우리가 가상 입자에서 생기는 진공 에너지 밀도를 어림 계산했었음을 기억하자. 그 답이 약 1세제곱플랑크 길이당 1플랑크 질량인 것은 그리 놀라운 일이 아니다. 다시 말해 내가 기본 단위로 정의했던 에너지 단위는 다른 것이 아니라 에너지 밀도의 자연스러운 플랑크 단위였다.

플랑크 규모의 우주는 매우 낯선 곳으로, 그 기하학적 성질은 계속 변화하고 공간과 시간은 거의 인지할 수 없다. 또한 고에너지의 가상 입자들이 끊임없이 충돌해 플랑크 시간만큼만 유지되는 블랙홀을 만든다. 하지만 그것이 바로 끈 이론가들이 그들의 업무 시간을 소비하는 세상이다.

약간의 공간과 시간을 들여 당신이 이미 지나온 두 어려운 장들과 그것들이 낳은 딜레마에 대해서 요약하려고 한다. 표준 모형의 형태로 주어진 기본 입자들의 미시 법칙은 입자들뿐만 아니라 원자핵, 원자, 그리고 간단한 분자의 성질을 계산할 수 있는 놀랍도록 성공적인 과학의 기초가 된 토대이다. 아마도 충분히 큰 컴퓨터와 충분한 시간이 있다면, 우리는 모든 분자들을 계산하고 더 복잡한 물체들로 넘어갈 수 있을 것이다. 그러나 표준 모형은 엄청나게 복잡하고 자의적이다. 표준 모형은 자신에 대해서는 아무것도 설명하지 않는다. 우리는 자연에서 발견된 입자들로 이루어진 입자 목록 말고도 모든 면에서 수학적으로 논리적 정합성을 가진, 상상 가능한 입자들의 목록과 결합 상수의 목록을 생각해 낼 수 있다. 표준 모형은 이것을 금지하지 못한다.

그러나 상황은 더 나빠진다. 기본 입자들의 이론을 중력 이론과 결합하면, 은하, 별, 그리고 행성뿐만 아니라, 원자, 그리고 심지어 양성자와 중성자까지 파괴해 버리고 마는, 너무나 크고 끔찍한 우주 상수의 문제와 만나게 된다. 만약 아주 일어나지 않을 법한 일이 일어나지 않으면 말이다. 무엇이 아주 일어나지 않을 법한 일이란 말인가? 계산에 들어가는 여러 가지 보손, 페르미온, 질량, 그리고 결합 상수 들이 우연히 겹쳐서 소수점 아래 119번째 자리까지 상쇄하지 않는 한 말이다. 하지만 어떤 자연적인 메커니즘이 그토록 일어나지 않을 것 같은 일을 설명할 수 있을까? 물리 법칙들이 믿을 수 없을 만큼 날카로운 칼날 위에서 절묘하게 균형을 잡고 있는 것처럼 보인다. 그렇다면 그것은 무엇 때문일까? 그것들이 가장 중요한 질문들이다.

다음 장에서 우리는 무엇이 물리 법칙들을 결정하는지 그리고 그것들이 유일한지 아닌지 논의할 것이다. 그리고 이 법칙들이 전혀 유일하지 않다는 것을 알게 될 것이다. 메가버스에서 물리 법칙은 장소에 따라 달라질 수 있다. 메가버스에는 드물지만 특별한 장소들이 있어서 상수들이 특별히 딱 맞는 방식으로 주어져 진공 에너지가 생명이 존재할 수 있을 정도의 정확도로 상쇄되는 곳이 있을지도 모른다. 그러한 변화를 허용하는 가능성의 풍경에 대한 기본 아이디어가 3장의 주제이다.

3장

풍경 속의 우주

"항법사, 그것이 우리를 따라잡고 있나?" 벗겨진 머리에서 땀방울이 흘러내려 뺨을 타고 흐르는 동안 선장의 얼굴이 험악해졌다. 그가 조정간을 움켜쥐자 팔뚝의 핏줄이 더욱 불거졌다.

"그렇습니다, 선장님. 유감이지만 우리가 그것을 따돌리는 것은 불가능합니다. 그 거품은 계속 커지고 있는데 제 계산이 틀리지 않았다면 우리를 삼켜 버릴 것입니다."

선장은 움찔 하고는 앞에 있는 책상을 주먹으로 내리쳤다. "그럼 끝인가. 다른 진공의 거품에 삼켜질 수밖에 없는 건가. 그 안쪽의 물리 법칙이 어떤지 알고 있나? 우리가 살아남을 가능성은?"

"적습니다. 우리가 살아남을 가능성은 약 10^{100}분의 1, 즉 1구골(googol)

분의 1입니다. 제 추측으로는 거품 속의 진공에서 전자와 쿼크는 버틸 수 있지만, 미세 구조 상수는 너무 큰 것 같습니다. 우리의 원자핵은 완전히 터져 버릴 것입니다." 항법사는 그의 방정식에서 눈을 떼고 애처로운 웃음을 지었다. "미세 구조 상수는 괜찮다고 해도, 큰 CC 값이 있을 가능성이 지배적입니다."

"CC라고?"

"예, 아시겠지만, 우주 상수 말입니다. 그것이 아마도 음수일 것이고 우리의 분자들은 그것 때문에 으깨질 수밖에 없습니다." 항법사가 손가락으로 저쪽을 가리켰다. "이제 다가옵니다. 오, 맙소사, 초대칭입니다.[1] 가망이 없어……." 정적이 흐른다.

이것은 내가 쓰려고 했던 매우 형편없는 공상 과학 소설의 첫 부분이다. 몇 문단을 더 쓰고 나서 나는 아쉽게도 공상 과학 소설에는 재능이 없음을 깨달았고 포기했다. 하지만 과학 쪽 재능은 픽션보다는 훨씬 더 양호할 것이다.

물리 법칙이 변화할 수 있을 뿐만 아니라, 또한 언제나 파괴적이라는 것을 받아들이는 이론 물리학자들은 점차 늘어나고 있다. 어떤 의미에서 자연 법칙은 미국 동부의 날씨와 흡사하다. 너무나 변화무쌍하고, 거의 언제나 지독하게 나쁜데, 아주 드물게는 완벽하게 화창하다. 치명적인 폭풍우처럼 지극히 적대적인 환경의 거품들이 지나간 자리를 파괴하며 우주 공간을 이동하고 있을 것이다. 하지만 아주 드문 일이지만 우리

1. 항법사가 초대칭성을 두려워하는 것에 대한 설명은 8장에 있다.

는 물리 법칙이 우리의 존재와 완벽하게 조화를 이루는 경우를 발견할 수 있다. 그러한 예외적 장소에 우리가 있게 된 이유를 따지기 전에, 우리는 물리 법칙의 가변성이란 무엇인지, 또는 가능성의 영역이 얼마나 큰지, 그리고 공간의 한 영역의 특성이 어떻게 갑자기 적대적인 것에서 호의적인 것으로 변화할 수 있는지 이해해야만 한다. 이것이 우리를 이 책의 중심 주제인 **풍경**의 개념으로 인도할 것이다.

내가 이야기했던 대로 풍경은 가능성들의 공간이다. 그것은 언덕, 계곡, 평원, 깊은 도랑, 산과 산맥이 있는 지리학과 지형학이다. 하지만 보통의 풍경과는 달리 그것은 3차원이 아니다. 우주론의 풍경은 수백, 어쩌면 수천 개의 차원을 가지고 있을 것이다. 거의 모든 풍경이 생명에 치명적인 환경이지만, 낮은 계곡 중 몇 개는 우리가 살기에 알맞다. 이 풍경은 실제 공간이 **아니다**. 그것은 지구 위든 어디든 실제 위치로서 존재하지 않는다. 그것은 공간과 시간에 존재하는 것이 아니다. 그것은 수학적인 구조물로서 각 점이 가능한 환경, 또는 물리학자들의 용어로 하면 가능한 **진공**을 나타낸다.

진공이라는 단어는 통상적으로 빈 공간, 즉 모든 공기, 수증기, 그리고 기타 물질들을 뽑아낸 공간을 의미한다. 진공관, 진공실, 그리고 진공 펌프 같은 것들을 다루는 실험 물리학자에게도 그것은 마찬가지이다. 하지만 이론 물리학자에게 **진공**이라는 용어는 그 이상의 의미를 가진다. 그것은 물리 현상이 발생하는 일종의 배경을 의미한다. 진공은 그 배경에서 실현될 수 있는 잠재적 가능성 전체를 뜻한다. 그것은 그 진공에서 행하는 실험에서 밝혀지게 될, 모든 기본 입자들과 자연 상수들의 목록을 의미한다. 즉 그것은 물리 법칙이 특정한 형태를 갖추게 되는 환경을 뜻한다. 우리는 우리의 진공에 대해서, 그것이 전자, 양전자, 광자, 그리고 그 외 모든 기본 입자들을 포함하고 있다고 이야기한다. 우리의 진공에서 전자의 질량은 0.51메가전자볼트[2]이며, 광자의 질량은 0이고, 미세 구조 상수는 0.007297351이다. 몇몇 다른 진공에서는 전자의 질량이 없을 수도 있고, 광자의 질량이 10메가전자볼트일 수도 있으며, 쿼크는 없고 마흔 가지 다른 종류의 중성미자가 있으면서 미세 구조 상수가 15.003571일 수도 있다. 다른 진공이란 물리 법칙이 다르다는 것을 의미한다. **풍경**의 각 점은, 거의 확실히 우리의 법칙과는 다르지만, 그럼에도 불구하고 아무런 모순 없는 가능성을 나타낸다. 표준 모형은 가능성의 풍경에서 한 점에 불과하다.

그리고 만약 물리 법칙이 진공마다 달라진다면, 모든 과학 역시 그럴 것이다. 전자는 가볍지만 광자는 무거운 세계에서는 원자가 생길 수 없을 것이다. 원자가 없다는 것은 화학이 없다는 뜻이다. 그 세계에는 주기율표도 없고, 분자도, 산이나 염기도, 유기 화합물도 없으며, 생물학도 물론 없다.

우리와는 다른 자연 법칙을 가진 우주가 있다는 아이디어는 공상 과학처럼 들린다. 하지만 사실 그것은 아주 현실적이다. 현대 의학에서 사용되는 MRI 기계가 늘상 대체 우주를 만들기 때문이다. MRI라는 약자는 이 기술의 원래 이름이 아니었다. 원래는 NMR, 즉 핵자기 공명(Nuclear Magnetic Resonance)이었다. 그러나 원자핵보다 자기장을 사용한다는 사실을 더 강조하기 위해서 자기 공명 영상(Magnetic Resonance Imaging)으로 바뀌었다. 사실 NMR의 원자핵은 핵탄두에 쓰이는 우라늄이나 플루토늄 같은 종류가 아니라 환자의 몸에 있는 원자핵이며, NMR 또는 MRI 기기는 그 원자들을 자기장으로 살살 간질인다고 생각하면 된다.

---

2. 메가전자볼트(MeV)란 입자 물리학자들이 작은 질량을 나타내기 위해서 사용하는 단위이다. 약 5×10^{29}메가전자볼트가 1킬로그램에 해당한다.

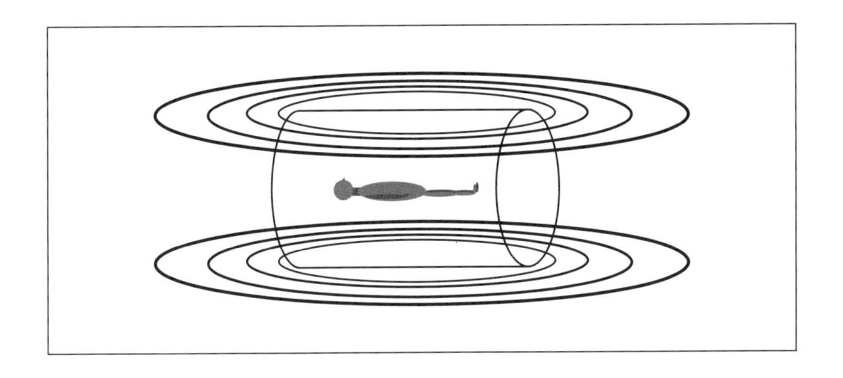

MRI 기기는 기본적으로 원통형의 텅 빈 공간 둘레에 전선을 감은 것이다. 코일을 따라 흐르는 전류는 원통 안에 강력한 자기장을 만든다. MRI 기기는 단적으로 말해 매우 강한 자석이라고 할 수 있다. 기기 안으로 들어간 환자는 그만의 작은 우주에 들어간 것이라고 할 수 있다. 그곳에서는 진공의 성질이 바깥과는 약간 다르기 때문이다. 어느 날 아침 당신이 기계 안에서 깨어나 아직 어디인지 깨닫지 못하는 상황을 상상해 보자. 당신은 철로 된 물체들이 위험할 정도로 매우 이상하게 돌아다니는 것을 알아챌 수 있을 것이다. 만약 당신이 나침반을 가지고 있다면, 그것은 어떤 특정 방향을 가리킨 채 움직이지 않을 것이다.

MRI 내부에서 텔레비전을 본다는 것은 그리 좋은 생각이 아니지만, 본다고 가정해 보자. 화면은 이상한 방식으로 찌그러질 것이다. 만약 텔레비전의 작동 원리를 알고 있다면 당신은 그 이상한 뒤틀림을 전자의 운동 탓으로 해석할 수 있을 것이다. 원통 내부의 강력한 자기장은 전자들에 힘을 미쳐서 그 궤도가 직선이 아니라 나선형이 되도록 만든다. 파인만 도형에 대해서 알고 있는 이론 물리학자라면 전자의 전파 인자가 무엇인가 달라졌다고 할 것이다. 전파 인자는 단순히 전자가 한 점에서 다른 점으로 이동하는 것을 그린 것뿐만 아니라, 그 운동을 기술하는 수학적인 표현식이기도 하다.

자연 상수들 역시 조금 이상한 값을 갖게 될 것이다. 강한 자기장은 전자의 스핀과 상호 작용하고, 심지어 전자의 질량마저도 바꾸어 놓는다. 강한 자기장 안에서는 원자에 이상한 일이 생길 수 있다. 원자의 전자에 미치는 자기력은 원자를 자기장에 수직 방향으로 약간 찌그러뜨린다. 실제 MRI 기기가 만들 수 있는 효과는 매우 작지만, 만약 자기장이 훨씬 강하다면, 원자는 강하게 눌려 자기장의 방향을 따라 스파게티 모양으로 늘어날 것이다.

자기장의 효과는 원자 에너지 준위가 미세하게 바뀔 때 방출되는 빛의 스펙트럼 변화로도 검출할 수 있다. 전자, 양전자, 그리고 광자 들이 서로 상호 작용하는 정확한 방식이 달라진다. 만약 자기장이 충분히 강하다면 정점 도형도 영향을 받을 것이다. 미세 구조 상수 역시 약간 달라지고 전자가 어떤 경로로 움직이는가에 따라 다른 값을 갖게 된다.

물론 MRI 기기 내부의 자기장은 매우 약하기 때문에 전하를 띤 입자를 지배하는 법칙에 미치는 효과는 미미하다. 만약 자기장이 훨씬 더 세다면 환자는 이상한 기분을 느낄 것이다. 물리 법칙에 중대한 영향을 미칠 만큼 충분히 강한 자기장은 당연히 치명적일 수 있다. 충분히 강한 자기장이 원자에 미치는 영향은 화학적, 생물학적 과정에 끔찍한 결과를 일으킬 수 있다.

이것을 바라보는 데에는 올바르지만 서로 다른 두 가지의 관점이 가능하다. 하나는 통상적인 것이다. 그것은 물리 법칙은 정확히 언제나 그대로이지만 자기장의 존재에 따라서 환경이 바뀌었다고 보는 것이다. 또 하나의 관점은 파인만 도형의 규칙이 바뀌었고, 따라서 물리 법칙에도 무엇인가 변화가 생겼다고 보는 것이다. 아마도 가장 정확한 진술은 다음과 같을 것이다.

물리 법칙은 환경에 따라서 변한다.

양자장

앞에서 알게 된 대로, 장이란 운동하는 물체들에 영향을 미치는, 공간의 비가시적 성질이다. 누구에게나 익숙한 예로 자기장을 들 수 있다. 자석을 가지고 놀아 본 적이 있다면 누구나 그것이 클립이나, 핀, 쇠못 등에 신비로운 원격 작용을 한다는 사실을 알고 있을 것이다. 학교에서 과학 수업을 들었다면 자기장이 자석 주위에 흩뿌려진 쇳가루에 어떤 영향을 미치는지 본 적이 있을 것이다. 자기장은 쇳가루를 실 뭉치 같은 긴 섬유로 만들어 장의 방향에 따라서 정렬하도록 한다. 그 줄은 **자기력선**이라고 불리는 수학적인 선을 따른다. 자기장은 모든 점에서 각각 특정한 방향을 가리키며, 또한 철 조각을 얼마나 강하게 밀 것인지를 결정하는 세기도 가지고 있다. MRI 기기 내부의 자기장은 지구 자기장과 비교하면 1만 배 이상 강하다.

전기장은 자기장의 친척뻘이지만 덜 익숙할 것이다. 정전기를 만드는 전기장은 쇳가루에는 눈에 보이는 영향을 미치지 못하지만, 몇 장 정도의 작은 종이 조각은 움직일 수 있다. 전기장은 전류 때문에 생기는 것이 아니라 정지해 있는 전하의 누적 효과 때문에 생긴다. 예를 들어 구두의 고무 밑창과 카펫처럼 한 물질이 다른 물질을 문지를 때 전자들이 이동한다. 그 결과로 전하를 띠게 된 물체들은 그 주위에 전기장을 형성하는데, 이것은 자기장과 마찬가지로 방향과 크기를 가지고 있다.

궁극적으로 물리 법칙들은 장에 따라서 결정된다. 장은 변화할 수 있으므로 물리 법칙들 역시 가변적이다. 자기장과 전기장을 발생시키는 것은 법칙들을 바꾸는 한 가지 방법으로서, 진공을 변경시키는 유일한 방법도 아니며 가장 흥미로운 방법도 아니다. 20세기 후반은 새로운 기본 입자들, 새로운 힘들, 그리고 무엇보다도 새로운 장들을 발견한 시기였다. 아인슈타인의 중력장도 그중 하나였으며 장들은 그밖에도 많다. 공간은 보통의 물질에 온갖 종류의 영향을 미치는, 눈에 보이지 않는 다양한 존재들로 가득 차 있다. 새롭게 발견된 수많은 장들 가운데 우리에게 풍경에 대해서 가장 많이 가르쳐 줄 수 있는 것은 **힉스장(Higgs field)**이다.

힉스장은 통상적인 의미의 실험을 통해서 발견된 것이 아니다.[3] 이론 물리학자들이 힉스장 없이 발견했던 표준 모형은 원래 수학적으로 정합적이지 않았다. 힉스장이 없는 경우 파인만의 규칙들은 무한대 또는 심지어 음숫값의 확률 같은 무의미한 결과들을 주었다. 하지만 1960년대와 1970년대 초기의 이론가들은 하나의 기본 입자, 즉 힉스 입자(Higgs particle)를 추가해서 모든 문제를 해결하는 방법을 알아냈다.

힉스 입자와 힉스장처럼 같은 이름으로 불리는 입자와 장 사이에는 어떤 관계가 있을까? 장이라는 개념은 19세기 중반에 전자기장의 형태로 처음 등장했다. 마이클 패러데이는 장을 전하를 띤 입자들의 운동에 영향을 미치는 공간의 부드러운 요동이라고 생각했다. 그러나 장 그 자체가 입자들로 이루어져 있다고는 생각하지 않았다. 패러데이와 맥스웰은 세계가 입자와 장으로 이루어져 있으며, 둘은 완전히 다른 것이라고 생각했다. 하지만 아인슈타인이 1905년에 열복사에 대한 플랑크의 공

3. 힉스장의 이론적 발견에는 많은 사람들이 관련되어 있다. 영국의 피터 힉스(Peter Higgs, 1929년~) 외에, 힉스장의 필요성을 가장 처음 인지한 사람들 중에는 벨기에의 로베르 브루(Robert Brout)와 프랑수아 엥글러트(Françoise Englert)가 있다.

식을 설명하기 위해서 색다른 이론을 제안했다. 아인슈타인은 전자기장이 사실은 매우 많은 수의 눈에 보이지 않는 입자들로 구성되어 있다고 주장했다. 그는 그 입자들을 '광자'라고 불렀다. 수가 적을 때 광자는 입자처럼 행동하지만, 많은 수가 조직적으로 움직일 때에는 마치 장처럼 행동한다. 그것을 **양자장**(量子場, quantum field)이라고 한다. 입자와 장 사이의 이런 관계는 매우 일반적인 것이다. 자연에 있는 모든 유형의 입자에 대해서 장이 존재하며, 각 유형의 장에 대해서도 입자가 존재한다. 그리하여 장과 입자는 종종 같은 이름을 사용한다. 전자기장, 즉 전기장과 자기장의 통합적인 장은 **광자장**이라고 부를 수도 있다. 전자도 장을 가지고 있다. 쿼크, 글루온, 그리고 표준 모형의 모든 등장 인물들도 각각 장을 가지고 있으며, 힉스 입자도 마찬가지이다.

힉스장이 없으면 표준 모형이 수학적으로 무의미해진다고 했던 앞의 진술을 명확히 할 필요가 있을 것이다. 힉스장이 없는 이론은 모든 입자들이 마치 광자처럼 광속으로 운동할 때에만 수학적으로 모순이 없다. 빛의 속도로 이동하는 입자들은 질량을 가질 수 없으며, 따라서 물리학자들은 힉스장이 '기본 입자들에게 질량을 부여하기 위해서' 필요하다고 이야기한다. 내 의견으로는 이것은 그다지 훌륭한 어휘 선택은 아니지만, 그렇다고 더 좋은 것을 생각해 내기도 어렵다. 어쨌든 이것은 장의 값이 어떻게 자연의 상수들에 영향을 미칠 수 있는가에 대한 중요한 예이다.

실험 물리학자들이 입자를 '보기' 위해 사용하는 간접적인 방법을 포함하더라도, 힉스 입자를 본 사람은 아무도 없다. 힉스 입자를 검출하기 어려운 것이 아니라, 애초에 그것을 만들어 내지 못하고 있다. 그러나 이것은 그리 근본적인 문제는 아니다. 힉스 입자처럼 무거운 입자를 만들기 위해서는 그저 더 큰 가속기만 있으면 된다. 하지만 힉스 입자와 힉스장은 모두 표준 모형의 성공에 너무나 중요하기 때문에 그 존재를 진지하게 의심하는 사람 역시 아무도 없다.[4] 내가 이 책을 쓰는 동안, 유럽 입자 물리학 연구소(CERN)에서는 힉스 입자를 쉽게 생산해 낼 가속기를 만들고 있다.[5] 그리고 그 완성이 멀지 않았다. 이론가들이 힉스 입자를 처음 발견한 지 약 40년 만에 그것을 처음으로 검출할 가능성이 생긴 것이다.

만약 힉스장을 '켜는' 것이 자기장을 발생시키는 것만큼이나 쉬운 일이라면 우리는 전자의 질량을 마음대로 바꿀 수 있을 것이다. 질량을 증가시키는 것은 원자의 전자들이 원자핵에 더 가깝게 끌려간다는 것을 의미하며, 따라서 화학은 크게 달라질 것이다. 양성자와 중성자를 이루는 쿼크들의 질량이 늘어나 원자핵의 성질을 바꿀 것이며 어느 단계에서는 원자핵을 완전히 파괴할 수도 있다. 그것보다 더 파괴적인 것은 힉스장이 질량을 완전히 소거하는 쪽으로 변하는 경우이다. 전자는 너무나 가벼워져서 더 이상 원자 내부에 포함되어 있을 수 없게 된다. 이것 역시 우리가 사는 곳에서 일어나지 않았으면 하는 종류의 사건이다. 그 변화는 파멸적인 영향을 미칠 것이며 우주는 더 이상 인류가 살기에 적당하지 않을 것이다. 물리 법칙의 대폭적인 변화는 대부분 치명적이며 이것이 바로 우리가 반복해서 논의하게 될 주제이다.

힉스장을 변화시킴으로써 우리는 우주에 다양성을 더할 수 있다. 핵물리학과 원자 물리학의 법칙들 역시 변화할 수 있다. 어떤 물리학자가

4. 그 중요성 때문에 물리학자 리언 맥스 레이더먼(Leon Max Lederman, 1922년~)은 그것에 대한 책을 썼는데, 좀 지나칠 정도로 열광적이었던 나머지 그는 책의 제목을 『신의 입자(*The God Particle*)』라고 붙였다. (레이더먼은 그의 책을 『신의 장』이라고 했어도 무방했을 것이다. 『신의 입자』 쪽이 느낌이 더 좋은 것 같기는 하다.)

5. CERN이라는 이름은 Counseil Européen pour la Recherche Nucléaire의 줄임말이다.

한 영역의 물리 법칙을 안다고 해서 다른 영역의 물리 법칙을 완전히 알 수는 없다. 하지만 힉스장의 변화가 야기하는 다양성 변화는 매우 소규모적이다. 만약 변하는 장이 단 하나가 아니라 수백 개라면 어떻게 될까? 이것은 너무 다양해서 어떤 것이든 거의 다 발견할 수 있는 다차원의 풍경을 의미한다. 그렇다면 우리는 무엇이 가능한가를 묻는 대신에 무엇이 불가능한가를 물어 보아야 할 것이다. 앞으로 살펴보겠지만 이것은 그리 헛된 생각은 아니다.

수학사들 또는 물리학자들이 여러 개의 변수와 관련된 문제를 접하게 되면, 그들은 그 가능성들을 나타낼 수 있는 공간을 상정한다. 간단한 예로 기온을 들 수 있다. 하나의 직선에 화씨 0도를 나타내는 눈금, 그다음에 화씨 1도를 나타내는 눈금, 그다음에 2도를 나타내는 눈금을 그렸다고 해 보자. 그 직선은 온도의 가능한 값을 나타내는 1차원의 공간이다. 화씨 70도(섭씨 21도)에 있는 점은 따뜻한 날씨를 나타낼 것이다. 화씨 32도(섭씨 0도)의 점은 몹시 추운 겨울날이다. 가정에서 흔히 쓰는 온도계에 있는 눈금은 바로 이 추상적인 공간을 구체화한 것이다.

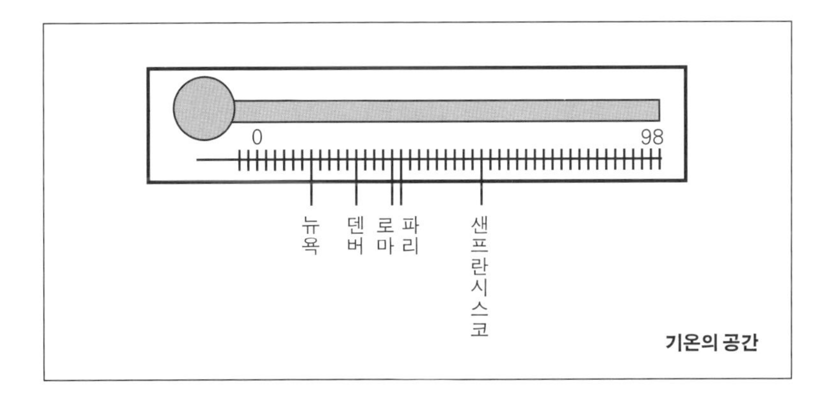

기온의 공간

부엌 창문 밖에 있는 온도계 옆에 기압을 측정할 수 있는 기압계도 있다고 가정해 보자. 그렇다면 우리는 2개의 축을 그려, 하나로는 기온을 나타내고 다른 하나로는 대기압을 표시할 수 있다. 다시 이제 2차원 공간의 각 점은 가능한 날씨를 나타낸다. 만약 공기가 수증기를 얼마나 포함하고 있는가 같은, 추가 정보를 원한다면 우리는 습도의 가능성에 관련된 공간을 추가해서 3차원을 고려하면 된다.

기온, 기압, 그리고 습도 세 가지의 조합은 우리에게 단순히 기온, 기압, 습도만을 알려 주는 것이 아니다. 그것들은 우리에게 존재 가능한 입자들의 종류에 대해 알려 준다. 이 경우 물론 그 입자는 기본 입자가 아니라 물방울이다. 조건에 따라서 물방울이라는 입자는 눈송이, 액체 물방울, 또는 진눈깨비의 형태로 대기 중에 존재하게 된다.

기온, 기압, 습도 대신에 장들의 값에 의해 결정된다는 점만 빼면, 물리 법칙들은 마치 '진공의 날씨'와 비슷하다. 그리고 날씨가 대기 중에 존재하는 물방울의 종류를 결정하듯이, 진공의 환경이 기본 입자의 목록과 그 성질을 결정한다. 장들은 몇 개나 있고, 그것들은 어떻게 기본 입자의 목록, 그 질량값, 그리고 결합 상수 들을 결정하는가? 전기장, 자기장, 그리고 힉스장은 이미 알고 있다. 나머지는 우리가 표준 모형 이상의, 모든 것에 우선하는 자연 법칙에 대해서 더 많은 것을 발견했을 때 알게 될 것이다. 현재 우리가 가진 것 중 가장 수준 높은 법칙은 아마도 **끈 이론**일 것이다. 사실 현재로서는 끈 이론이 유일한 희망이다. 7장과 8장에서 우리는 국소적인 진공의 날씨를 결정하는 장이 몇 개인지에 대해서 끈 이론이 예상을 뒤엎는 답을 준다는 것을 살펴볼 것이다. 현재까지 알려진 바로는 그 수는 수백, 심지어 수천에 이를 것으로 생각된다.

장의 수가 얼마이든 원리는 모두 같다. 각각의 장마다 그 장을 수학적으로 표현할 수 있는 방향을 가진 수학적인 공간을 상상해 보자. 만약 10개의 장이 있다면 그 공간은 10차원이 된다. 만약 1,000개의 장이 있다면, 공간은 1,000차원이다. 이 공간 전체가 바로 풍경이다. 풍경의 한 점은 각 장에 대해서 하나의 특정한 값을 나타내는데, 그것이 진공의 날씨를 결정하는 조건이다. 그것은 또한 특정한 기본 입자와 그 질량과 상호 작용 법칙 들을 정의해 준다. 만약 우주를 풍경의 한 점에서 다른 점으로 옮길 수 있다면 모든 것들이 점진적으로 변화할 것이다. 이 변화에 따라 원자와 분자의 성질들 또한 변할 것이다.

언덕과 계곡으로 이루어진 풍경

실제 지형을 나타내는 지형도는 각 지점의 고도를 표시해 주지 않으면 완전하다고 할 수 없다. 그것이 바로 구불구불한 등고선으로 높낮이를 나타내는 지형도를 그리는 목적이다. 지형도보다도 3차원의 석고 모형으로 능선, 계곡, 그리고 평원을 축소물로 보여 줄 수 있다면 더 좋을 것이다. 우리 앞에 그런 모형이 있고, 작은 쇠구슬을 하나 놓아 그 풍경 위를 굴러가도록 한다고 상상해 보자. 쇠구슬을 아무 곳에나 놓고 살짝 밀면, 언덕 아래로 굴러가기 시작해서 결국은 어딘가 계곡의 바닥에서 멈추게 될 것이다. 왜 그렇게 되는가? 이 질문에 사람들은 여러 가지 대답을 생각해 냈다. 고대의 그리스 인들은 모든 물체, 다시 말해 모든 물질에게는 그 자신의 자리가 있으며 언제나 정확한 고도를 찾아간다고 믿었다. 당신이 무엇이라고 할지는 잘 모르겠지만, 나는 물리학 교수이니만큼 쇠구슬이 그 고도에 해당하는 위치 에너지를 가진다고 설명하겠다. 고도가 높으면, 그것에 따라서 위치 에너지도 커진다. 쇠구슬은 가장 낮은 계곡으로 굴러갈 것이다. 그 계곡은 그 계곡을 둘러싼 언덕을 넘지 않는 한 에너지가 가장은 낮은 지점일 것이다. 쇠구슬이 굴러가는 것을 연구하는 물리학자에게 등고선이 있는 지형도와 모형 풍경은 쇠구슬이 풍경에서 굴러다니는 동안 위치 에너지가 어떻게 변화하는지를 알려 준다.

이 책에서 말하는 풍경에도 고지대, 저지대, 산맥, 그리고 계곡 들이 있다. 그 위를 굴러다니는 것은 작은 쇠구슬이 아니다. 풍경 위를 굴러다니는 것은 호주머니 우주 전체이다! 호주머니 우주가 풍경에서 한 지점에 있다는 것은 무엇을 의미하는가? 그것은 덴버의 겨울 날씨에 대해서 "그 도시는 온도계에서 화씨 25도에 있다."라고 이야기하는 것과 어느 정도 비슷하다.

이상하게 들리겠지만, 지구상의 주요 도시들이 온도계의 특정 위치를 차지하고 날짜, 심지어는 매 순간의 흐름에 따라 그 위를 느릿느릿 지나다니고 있다고 이야기하는 것은 완벽하게 사리에 맞는 표현이다.

하지만 풍경 위의 한 지점에서 고도가 의미하는 것은 무엇일까? 그것이 해발 고도와 상관없다는 것은 분명하다. 그것은 위치 에너지와 관련이 있는데, 쇠구슬의 에너지가 아니라 바로 (호주머니) 우주의 에너지와 관련이 있다.[6] 그리고 쇠구슬의 경우와 마찬가지로, 계곡의 바닥을 향해 굴러 내려가는 것은 우주가 더 낮은 위치 에너지를 향해 나아가는 경향을 나타낸다. 이 점에 대해서는 다시 이야기하게 될 것이다.

이것을 명심하고 이제 다시 MRI 기기 내부의 물리 법칙에 대해서 생각해 보자. 만약 자기장이 유일한 장이라면, 풍경은 마치 온도계의 눈금처럼 1차원 풍경으로서 자기장의 세기가 새겨진 하나의 축만 가질 것이다.

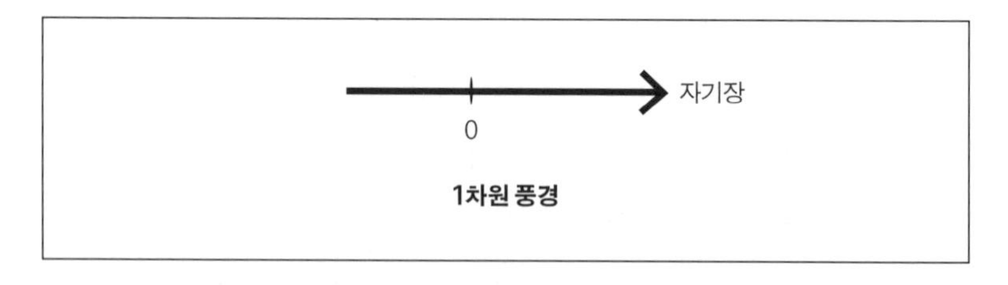

1차원 풍경

6. 날씨의 경우에도 에너지와 관련이 있다. 1세제곱미터 안에 있는 모든 분자의 에너지는 온도와 기압에 따라 결정된다. 그리하여 우리는 날씨의 풍경에 고도라는 개념을 추가할 수 있다. 그것은 물론 보통의 고도와는 아무 상관이 없는 것이다.

자기장을 공짜로 만들 수는 없다. 그 장을 만드는 데에는 에너지가 필요하다. 마이클 패러데이가 장의 개념을 도입하기 전 초기 전자기 이론에서 에너지는 전기 회로의 전선을 따라 흐르는 전류에 있다고 생각되었다. 하지만 패러데이는 공간을 채우며 전하를 띤 물체의 행동에 영향을 미치는 장들을 고려했고, 에너지를 생각할 때 전선, 변압기, 저항, 그리고 다른 전기 회로 부품에서 눈을 돌려 장들에 초점을 맞췄다. 장이 있는 곳에는 늘 에너지가 있다. 광선의 전자기장에 있는 에너지는 그것이 비추는 차가운 물체를 따뜻하게 만들 것이다.

MRI 기기의 자기장에도 에너지가 있다. 나중에 우리는 MRI 기기의 자기장보다 훨씬 더 많은 에너지를 가지는 장들을 접하게 될 것이다. MRI 기기 안에 있는 에너지는 약 100그램의 물을 끓일 수 있는 정도이다.

1차원의 풍경에 수직축을 추가하면 우리는 각 점에서의 에너지를 표시할 수 있다. 자기장에 포함된 에너지는 장의 세기의 제곱에 비례하는데, 그것은 풍경이 포물선 모양의 깊은 계곡이며 양쪽에는 급격한 경사가 있음을 의미한다.

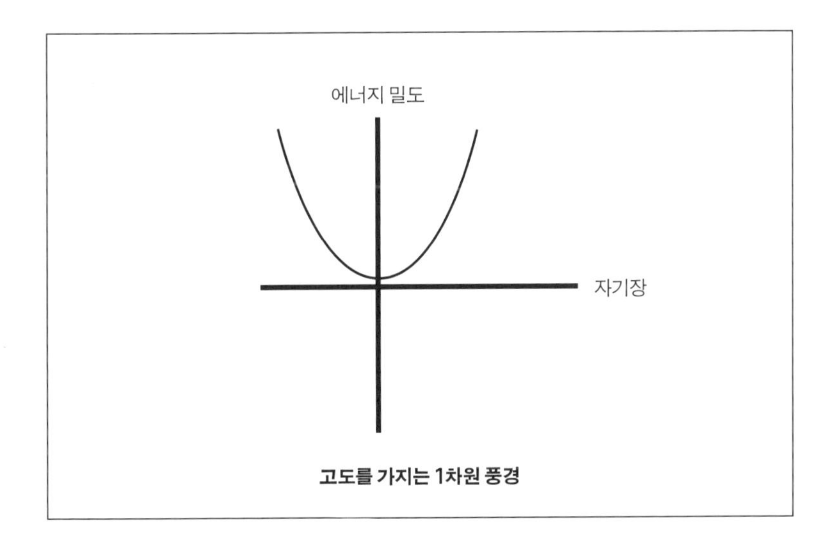

고도를 가지는 1차원 풍경

패러데이는 자기장 외에 전기장도 도입했다. 전기장은 자기장과는 달리 나침반에는 영향을 주지 않지만 머리카락을 바짝 서게 만들 수는 있다. 강력한 전기장은 음전하를 띠는 전자를 한 방향으로, 그리고 양전하를 띠는 원자핵을 반대 방향으로 밀어 원자를 변형시킨다. 길쭉하게 변형된 원자들은 사슬을 이루고 양전하를 띤 원자핵과 전자 구름(원자핵에 속박된 전자의 집단) 역시 그 사슬을 따라 길게 옆으로 배열될 것이다. 만약 전기장이 충분히 강하다면 원자는 쪼개질 것이다. 풍경의 그런 영역에서는 원자란 존재할 수 없다. 물론 생명도 존재할 수 없다.

전기장과 자기장이 모두 있다면 풍경이 더 다양해질 수 있다. 풍경은 이제 2차원이다. 전기장도 에너지를 가지고 있으므로, '고도'는 이제 2개의 수평축 방향을 따라 변화할 수 있다. 이 풍경은 마치 높고 가파른 벼랑으로 둘러싸인 깊은 사발처럼 보인다.

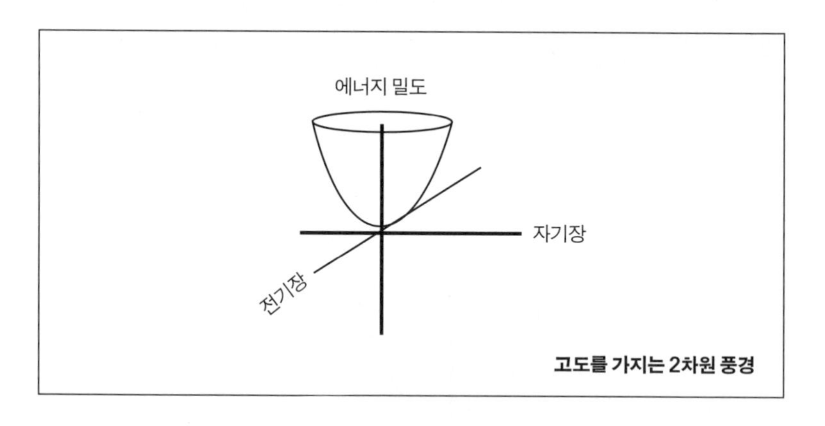

고도를 가지는 2차원 풍경

전기장과 자기장이 전자의 성질에 서로 다른 방식으로 영향을 미치기 때문에, 물리 법칙은 아주 다양한 방식으로 변할 수 있다. 전기장과 자기장이 조합된 장에서 전자는 자기장만 있는 경우보다 더 복잡한 궤도를 따라 움직인다. 원자의 에너지 준위는 더 복잡한 양상을 보이며, 풍경은 변화가 더 심해진다. 만약 모든 공간이 전기장과 자기장으로 균일하게 채워져 있다면, 우리는 2차원 풍경의 어떤 지점에 우주가 '위치해' 있는지에 따라 물리 법칙이 결정된다고 말할 수 있을 것이다. 자연에는 전기장과 자기장 외에도 다른 장들이 많이 있지만, 일반적인 원리는 모두 같다. 풍경의 모든 점, 다시 말해 장들의 모든 값은 해당하는 에너지 밀도의 값을 가지고 있다. 만약 장들을 풍경의 수평 방향처럼 생각할 수 있다면, 하나 또는 그 이상의 수직축을 추가해서 에너지를 나타낼 수 있다. 만약 수직축을 고도라고 부른다면, 풍경에는 평원, 언덕, 고산 지대, 그리고 계곡이 있을 수 있다.

전기장과 자기장은 **벡터장**(vector field)이며, 그것은 그 장들이 공간의 각 점에서 크기뿐만 아니라 방향도 가지고 있음을 의미한다. 자석 근처에 있는 나침반은 자기장의 방향을 가리킨다. 이상적인 세계에서라면, 자기장은 지구상의 어디에서나 정확히 남북 방향을 가리킬 것이다. 그러나 현실 세계에서는 이상적인 상황과 어긋나는 온갖 종류의 변화가 가능하다. 거대한 철광은 지구 자기장에 복잡한 영향을 줄 것이다. 자기 현상을 장이라고 부를 수 있는 것은 바로 그것이 점마다 변할 수 있는 성질을 가졌기 때문이다.

풍경을 이루는 장들은 대부분 전기장이나 자기장보다 간단한 **스칼라장**(scalar field)이다. '스칼라'란 크기는 있지만 방향은 없는 양이다. 예를 들어 온도는 스칼라 양이다. 일기 예보관이 온도에 대해 "북북서로 75도입니다."라고 말하는 것은 들어보지 못했을 것이다. 온도는 크기는 있지만 방향은 없다. 기압과 습도 역시 스칼라 양들이다. 하지만 일기 예보관은 벡터장에 대해서 보도하기도 한다. 그것은 바람(풍향과 풍속)이다. 바람은 크기와 방향을 가지고 있는 벡터장의 완벽한 예다. 온도, 압력, 습도, 그리고 바람의 속도는 모두 장소에 따라 변화하는 양이라는 성질을 공유한다. 이것이 그것들을 장이라고 부르는 이유이다. 물론 그것들은 그저 비유일 뿐이며, 풍경을 구성하는 장들과는 아무 관련이 없다.

힉스장은 스칼라장이라는 것을 제외하면 자기장과 아주 비슷하지만 조작하기는 훨씬 더 어렵다. 힉스장을 조금이라도 변화시키려면 엄청난 에너지가 필요하다. 하지만 만약 그렇게 할 수 있다면, 광자를 제외한 모든 기본 입자의 질량이 바뀔 것이다.

자동차, 대포알, 그리고 기본 입자는 모두 질량을 가지고 있다. 질량이란 관성이다. 물체의 질량이 클수록, 움직이거나 멈추는 것이 더 힘들어진다. 물체의 질량을 결정하려면, 당신은 그것에 알고 있는 힘을 가하고 그 가속도를 측정하면 된다. 힘을 가속도로 나눈 것이 바로 질량이다. 실험을 시작할 때 만약 물체가 멈추어 있었다면, 측정된 질량은 정지 질량이다. 과거에는 질량과 정지 질량을 구분했지만, 오늘날에는 **질량**이라고 하면 항상 **정지 질량**을 뜻한다.

모든 전자가 같은 질량을 가진다는 것은 실험적인 사실이다. 양성자든 다른 유형의 입자든 그것은 모두 마찬가지이다. 모든 전자가 같은 질량을 가지기 때문에 우리는 **전자의 질량**에 대해서 이야기할 수 있다. 그러나 서로 다른 유형에 속한 입자들은 질량이 다르다. 예를 들어 양성자의 질량은 전자 질량보다 1,800배 정도 크다.

광자는 질량이라는 측면에서 보면 괴팍한 존재라고 할 수 있다. 광자는 항상 같은 속도로 운동하기 때문에, **정지** 상태에서 가속시켜 그 질량을 정의하는 것이 불가능하다. 광자는 빛의 입자들이며, 아인슈타인이 설명했던 대로 빛은 항상 광속으로 운동한다. 광자는 절대로 멈추지 않는다. 광자는 느려지는 대신 그저 사라질 뿐이다. 그리하여 광자의 질량은 0이다. 빛의 속도로 운동하는 입자는 모두 **질량이 없다.**

실험적으로 관찰된 모든 입자들 중에서 오로지 광자만이 질량이 없다. 하지만 질량이 없는 입자가 적어도 하나 더 있다는 데에는 의심의 여지가 거의 없다. 원자의 바깥쪽 궤도를 도는 전자가 전자기파를 방출하듯이, 태양 주위를 도는 행성은 중력장을 교란시켜 중력파를 방출한다. 이러한 중력파는 너무 약해서 지구에서 검출하기는 어렵지만, 우주 공간에서는 매우 강한 중력파를 내놓을 수 있는 엄청나게 격렬한 사건이 아주 가끔 일어날 수 있다. 두 블랙홀의 충돌은 놀랄 만큼 많은 에너지를 중력파의 형태로 방출할 것이며, 현재 그것을 검출하기 위한 실험 장치가 건설 중에 있다. 이론 물리학자들이 엄청난 실수를 범한 것이 아니라면, 중력파는 빛의 속도로 진행할 것이다. 중력파가 질량이 없는 양자, 즉 **중력자**(graviton)로 이루어져 있다는 것은 합리적인 추정이다.

모든 전자가 같은 질량을 가진다고 이미 말했는데, 짐작한 사람도 있겠지만 여기에는 필요 조건이 있다. 전자의 질량은 전자가 위치한 지점에서 힉스장이 가진 값에 따라 달라진다. 만약 우리가 힉스장을 변화시키는 기술을 갖추게 된다면, 전자의 질량은 그 위치에 따라 달라질 것이다. 다른 모든 기본 입자 역시 그 질량이 달라질 것이다. 단, 광자와 중력자만은 예외이다.

우리의 통상적인 진공 상태에서 알려진 대부분의 장은 0의 값을 가진다. 그것들은 양자 역학적으로 요동할 수 있지만, 양으로 잠깐, 그 다음에는 음으로 진동한다. 이러한 빠른 흔들림을 무시한다면, 장들은 평균적으로 0이다. 장을 0에서 변화시키는 데에는 에너지가 소모된다.

그러나 힉스장은 약간 다르다. 텅 빈 공간에서 그것의 평균값은 0이 아니다. 그것은 마치 공간을 가득 채우고 요동치는 가상 입자의 바다에 힉스 입자들로 이루어진 끊임없는 흐름이 더해진 것과도 같다. 우리가 그 흐름을 인식하지 못하는 것은 어째서일까? 어떤 의미에서 나는 우리가 그것에 익숙해졌기 때문이라고 생각한다. 하지만 만약 그것이 제거된다면 우리는 그것의 부재를 알아채게 될 것이다! 더 정확히 말하면, 우리는 알아채고 말고 할 것도 없이 존재할 수조차 없을 것이다!

'힉스장이 입자들에게 질량을 부여한다.' 도대체 이것이 의미하는 것은 무엇인가? 그 해답은 표준 모형의 수학 깊숙이 숨겨져 있지만, 이 책을 읽는 데 도움이 될 수 있도록 간단하게 설명해 보겠다. 앞에서 이미 이야기했던 대로, 만약 힉스장 또는 힉스 입자가 등장 인물에서 빠진다면 표준 모형을 기술하는 양자장 이론의 수학은 모든 입자들이 마치 광자처럼 질량이 없을 때에만 정합적이 된다. 전자, 쿼크, W 보손, 그리고 Z 보손과 같은 입자들의 실제 질량은 힉스 입자들의 흐름을 통과할 때 그것들이 어떻게 운동하는가에 따라 결정된다. 잘못된 비유로 독자들을 오도하고 싶지는 않지만, 힉스의 흐름인 힉스 유체가 입자들의 운동에 저항한다는 것이다. 그러나 그 저항은 운동하는 입자들을 느리게 해서 결국은 멈추게 하는 마찰력과는 다르다. 대신 그것은 속도의 변화에 대한 저항, 즉 관성 또는 질량을 의미한다. 다시 한번 파인만 도형이 천마디 말보다 낫다.

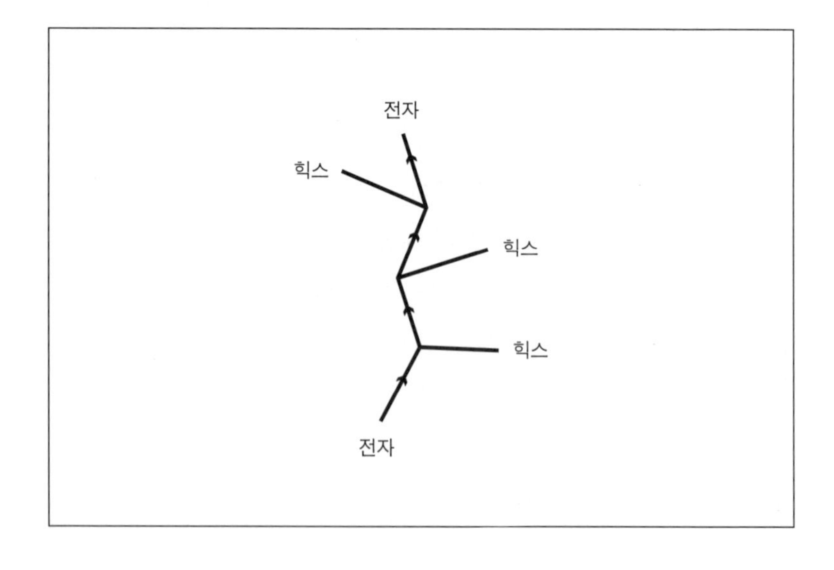

만약 우리가 힉스장이 0인 영역을 만들 수 있다면(그러고도 우리가 살아 남는다고 믿는다면), 우리가 인지할 수 있는 가장 특이한 것은 전자의 질량이 0이라는 것이다. 전자의 질량이 0이라는 사실이 원자들에 미치는 영향은 아주 파괴적이다. 전자는 너무나 가벼워져서 원자 내부에 들어 있을 수 없게 된다. 원자도 분자도 존재할 수 없다. 그러한 영역에서는 우리와 같은 생명체가 존재하지 않을 것은 거의 확실하다.

우리가 자기장에서 물리학을 검증하듯이 이러한 예측들을 검증할 수 있다면 매우 흥미로울 것이다. 하지만 힉스장을 조작하는 것은 자기장을 조작하는 것보다 훨씬 더 어렵다. 힉스장이 0인 영역을 만드는 것은 엄청난 에너지가 필요한 일이다. 힉스장이 없는 영역을 단지 1세제곱센티미터 만드는 데 약 10^{40}줄의 에너지가 든다. 그것은 태양이 100만 년 동안 내놓는 전체 에너지에 맞먹는 양이다. 이 실험은 앞으로 적어도 상당 기간은 불가능할 것이다.

힉스장이 자기장과 그토록 다른 이유는 무엇일까? 그 해답은 풍경에 있다. 전기장과 자기장은 제외하고 힉스장만 고려해서 풍경을 1차원으로 단순화시켜 보자. 그 결과로 얻는 '힉스 풍경(Higgs-scape)'은 자기장 풍경을 나타내는 단순한 포물선보다 더 흥미로울 것이다. 그것은 매우 높은 산으로 분리된 깊은 계곡 2개를 가지고 있다.

힉스 풍경이 왜 다른지 이해하지 못하겠다고 걱정할 필요는 없다. 그것을 완전히 이해하는 사람은 아무도 없다. 지금으로서는 그저 받아들여야 하는 경험적 사실 중 하나이다. 언덕의 꼭대기가 풍경에서 힉스장이 0인 지점이다. 엄청나게 강력한 우주의 진공 청소기가 진공에서 힉스장을 빨아냈다고 상상해 보자. 이것이 표준 모형의 모든 입자들이 질량이 없고 빛의 속도로 운동하게 되는 힉스 풍경의 특정 지점이다. 그림에서 산의 꼭대기가 큰 에너지를 가진 환경을 나타낸다는 것을 알 수 있을 것이

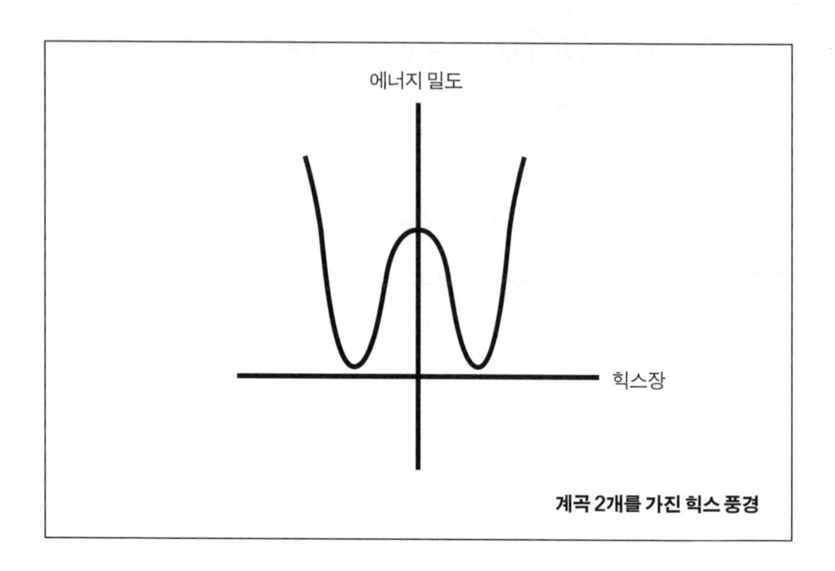

계곡 2개를 가진 힉스 풍경

다. 그것은 또한 치명적인 환경이기도 하다.

그것과는 대조적으로, 우리는 우주에서 에너지가 가장 낮은 지점 중 하나에 안전하게 둥지를 틀고 있다. 이 계곡들에서 힉스장은 0이 아니며 진공은 힉스 유체로 가득 차 있고, 입자들은 질량을 가지고 있다. 원자들은 원자처럼 행동하며, 생명은 가능하다. 끈 이론의 전체 풍경은 이러한 예들과 비슷하지만 훨씬 더 다양하며, 대부분은 그리 쾌적하지 않은 가능성들로 차 있다. 생명에 호의적이고 거주 가능한 계곡은 매우 드문 예외들이다. 하지만 그것은 뒤에 할 이야기이다.

각 예에서 우리가 계곡 아래에 살고 있는 이유는 무엇일까? 그것은 일반적인 원리일까? 그것은 정말로 그렇다.

풍경을 따라 구르는 우주

헤르만 민코프스키(Hermann Minkowski, 1864~1909년)는 말을 명확하게

하는 물리학자였다. 그가 공간과 시간에 대해서 했던 말은 다음과 같다. "그리하여 공간 그 자체로서의 공간, 그리고 시간 그 자체로서의 시간은 그림자 속으로 사라질 운명이며, 그 둘의 일종의 결합만이 독립적 정체성을 유지하게 될 것이다." 이것은 아인슈타인이 2년 전에 내놓은 특수상대성 이론에 대해서 논한 것이다. 공간과 시간이 결합되어 단일한 4차원의 시공간이 되어야 한다고 세상에 공포한 사람이 바로 민코프스키였다. 물리 법칙이 위치에 따라 변화할 수 있다면 시간에 대해서도 그래야만 할 것이라는 것은 이러한 4차원적 시간에 따른 것이다. 모든 법칙들, 심지어 중력 법칙마저도 급격히, 또는 점진적으로 변할 수 있다. 그 사례가 있다.

파장이 매우 긴 전파가 물리학 실험실을 지나간다고 생각해 보자. 전파는 진동하는 전기장과 자기장으로 이루어진 전자기적 교란이다. 만약 파장이 충분히 길다면 하나의 진동이 실험실을 통과하는 데 오랜 시간이 걸릴 것이다. 논의를 위해서 파장이 2광년이라고 해 보자. 연구실의 장이 0에서 시작해 최댓값이 되었다가 다시 0이 되는 데에는 1년이 걸릴 것이다.[7] 우리의 실험실에서 12월에 0이었다면, 6월에 최댓값을 가질 것이다.

천천히 변화하는 장이란 전자의 성질이 시간에 따라 천천히 변화한다는 것을 의미한다. 겨울에는 장의 크기가 가장 작기 때문에 전자, 원자, 그리고 분자 들이 정상적으로 행동할 것이다. 여름에는 장들이 최댓값을 갖게 되어 전자들은 이상한 궤도를 그리고 원자들은 자기장에 수직인 방향으로 찌그러질 것이다. 전기장은 전자와 원자핵을 반대 방향

7. 하나의 완전한 순환은 0에서 시작해서 증가하다가 감소해서 0을 지나 음숫값을 가졌다가 다시 0으로 돌아가는 것이다. 전기장과 자기장은 한 파장에서 0을 두 번 지나간다.

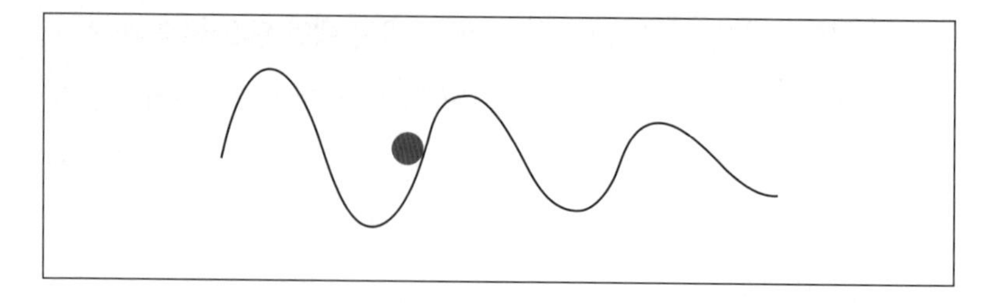

으로 잡아당겨 변형시킬 것이다. 물리 법칙은 계절에 따라 변화하는 것처럼 보이게 된다!

힉스장은 어떨까? 그것도 시간에 따라 변화할 수 있을까? 보통의 텅 빈 공간은 힉스장으로 가득 차 있다는 것을 기억하자. 어떤 나쁜 물리학자가 힉스장을 쓸어 낼 '진공 청소기'를 발명했다고 상상해 보자. 그 기계는 너무나 강력해서 우주, 또는 그 일부분을 힉스 풍경의 한가운데 있는 산꼭대기로 밀어 올릴 수 있다. 나쁜 일들이 생길 것이다. 원자들은 산산조각 나고, 모든 생명이 끝장날 것이다. 그다음에 일어날 일은 놀랍게도 간단하다. 힉스 풍경이 정말로 두 계곡을 가르고 있는 산처럼 생겼다고 해 보자. 우주는 왼쪽으로 떨어지는 것과 오른쪽으로 떨어지는 것 사이에서 아슬아슬하게 균형을 잡고 있는 쇠구슬과도 같다. 불안정한 상황이라는 것은 분명하다. 한쪽 또는 다른 쪽에서 살짝 건드리기만 해도 쇠구슬은 계곡으로 곤두박질칠 것이다.

만약 풍경의 표면이 마찰 없이 완벽하게 매끄럽다면 쇠구슬은 계곡을 지나쳐 다른 쪽으로 굴러 올라갔다가 다시 내려와서 계곡을 지나 언덕을 올라가는 일을 반복할 것이다. 하지만 만약 마찰이 약간이라도 있다면 쇠구슬은 결국 계곡의 가장 낮은 지점에서 멈출 것이다.[8]

---

8. 우주가 산의 꼭대기에 있기는 하지만, 진공 에너지는 우주가 마치 우주 상수가 있는 것처럼 팽창하게 만든다. 팽창은 '우주 마찰'이라는 일종의 마찰력의 원인이 된다.

힉스장이 어떻게 행동하는가는 이와 같다. 우주는 풍경 위에서 '굴러 다니다가' 결국 보통의 진공을 나타내는 계곡 위의 한 점에서 멈춘다.

상상의 공은 계곡의 바닥에서만 멈출 수 있다. 경사면 위에 놓이면, 그것은 구르기 시작한다. 언덕 꼭대기에 놓였다면 불안정할 것이다. 마찬가지로 안정하고 변화하지 않는 물리 법칙을 가질 유일한 가능성은 풍경의 계곡 밑바닥뿐이다.

계곡이 풍경에서 절대적으로 가장 낮은 점이어야 할 필요는 없다. 각각 봉우리로 둘러싸인, 많은 계곡들이 있는 산악 지대에서 어떤 계곡은 다른 봉우리의 꼭대기보다도 높을 수 있다. 하지만 굴러 가던 우주가 계곡의 바닥에 다다르면 그것은 거기 계속 머무른다. 계곡에서 가장 낮은 점을 일컫는 수학적 용어는 **국소적 최솟값**이다. 국소적 최솟값에서는 어떤 방향이든 오르막길이 된다. 그리하여 우리는 근본적인 사실을 알게 되었다. 가능한 안정된 진공, 또는 가능한 안정된 물리 법칙은 풍경의 국소적 최솟값에 해당한다.

어떤 미친 과학자도 힉스장을 쓸어 버리지는 못할 것이다. 앞에서 말한 것처럼 1세제곱센티미터의 공간에서 그것을 없애는 데에만 태양이 100만 년 동안 내놓는 에너지가 필요하다. 하지만 약 140억 년 전에는 우주의 온도가 너무 높아서 우주 전체에서 힉스장을 제거할 수 있었다. 나는 온도와 압력이 엄청나게 높았던, 대폭발 직후의 아주 초기의 우주에 대해서 이야기하고 있다. 물리학자들은 우주가 힉스장이 0이었던 곳, 즉 언덕 위에서 출발했다고 믿고 있다. 우주는 식으면서 경사면을 굴러 내려와 우리가 지금 '살고' 있는 계곡에 도착했다. 풍경 위에서 굴러다니는 것은 현대 우주론에서 중심 역할을 한다.

힉스 풍경에는 적은 수의 국소적 최솟값들이 있다. 그 최솟값 중 하나가 10^{-120}만큼이나 작은 진공 에너지를 가진다는 것은 지극히 믿기 힘든,

일어나기 어려운 일이다. 그러나 10장에서 알게 되듯이, 끈 이론의 실제 풍경은 훨씬 더 복잡하고, 다양하며 흥미롭다. 500개의 차원이 있고, 각각 나름대로의 물리 법칙과 자연 상수를 가진 10^{500}개의 국소적 최솟값을 포함하는 지형을 상상할 수 있겠는가? 못해도 상관없다. 당신의 뇌가 내 뇌와 엄청나게 다르지 않다면, 10^{500}이란 우리의 상상력을 훨씬 넘어서는 숫자이다. 하지만 한 가지는 분명해 보인다. 선택할 수 있는 가능성이 그토록 많다면, 와인버그의 인간 원리에서 요구하는 정확도, 말하자면 소수점 아래 119번째 자리까지 에너지가 상쇄되는 진공이 많이 있을 가능성이 압도적으로 높다.

다음 장에서 나는 물리학의 기술적인 면에 대한 설명은 잠시 쉬고 물리학자들의 희망과 꿈과 관련된 주제에 대해서 이야기하려고 한다. 우리는 다음 5장에서 다시 '딱딱한 과학', 즉 자연 과학으로 돌아오겠지만, 패러다임의 이동은 사실과 숫자 이상의 것에 대한 것이다. 폐기되어야 할지도 모르는 패러다임에 대한 집착은 미학적이고 정서적인 문제이다. 물리 법칙이 날씨처럼 지엽적인 환경에 따라 결정된다는 것은, 대자연이란 어떤 특별한 수학적인 의미로 '아름다워야' 한다는, 신앙에 가까운 믿음을 가진 많은 물리학자들에게 무시무시한 충격을 줄 절망을 의미한다.

4장

유일성과 우아함의 신화

신은 세계를 창조하는 데 아름다운 수학을 사용했다.

— 폴 디랙

만약 당신이 진실을 규명하고자 한다면, 우아함은 재단사에게 맡겨 두어라.

— 알베르트 아인슈타인

아름다움이 포도주보다 나쁜 것은, 그것이 취한 이와 바라보는 이 모두를 흥분시키기 때문이다.

— 올더스 헉슬리

물리학자들이 아름답다고 하는 것

인간 원리를 둘러싼 논쟁은 과학적 사실과 철학적 원리에 관한 것을 넘어선다. 그것은 과학적 취향에 관한 것이다. 그리고 취향에 대한 모든 논쟁들과 마찬가지로, 그것은 사람들의 미학적 감수성과 연관이 있다. 뉴턴, 아인슈타인, 디랙, 파인만 등 역사적으로 많은 학자들에게 공통적으로 영향을 주었던 미학적 기준이 '인간 원리'에 대한 반감의 근원을 이루고 있다. 인간 원리에 대한 강한 반감을 이해하기 위해서는, 먼저 위험하고 새로운 생각들로부터 도전받고 위협받고 있는 미학적 패러다임이 무엇인지를 이해해야 한다.

나는 생애의 상당 부분을 이론 물리학자로서 살아온 사람으로서 이론 물리학이 모든 과학 중에 가장 아름답고 우아하다고 확신하고 있다. 나의 물리학자 친구들도 모두 같은 생각일 것이라고 확신한다. 하지만 우리 대부분은 물리학에서 아름다움이란 어떤 것인가에 대해 분명한 개념을 가지고 있지는 않다. 과거에 내가 그 질문을 던졌을 때, 그 대답은 다양했다. 가장 흔한 답은 방정식들이 우아하다는 것이었다. 몇몇은 실제 물리 현상이 아름답다고 대답했다.

물리학자들은 분명 이론을 판단할 때 사용하는 미학적 기준을 가지고 있다. 그들의 대화에서 양념 역할을 하는 것은 **우아하다, 아름답다, 단순하다, 강력하다, 유일하다** 등의 단어들이다. 이러한 단어들의 의미가 사람마다 다를 수도 있지만, 나는 물리학자들이 대체로 동의할 대략적인 정의를 내릴 수 있다고 생각한다.

우아함과 **단순함**은 다르다. 그러나 나는 그 둘이 그렇게 다르지 않다고 생각한다. 수학자들과 엔지니어들도 이 단어들을 대체로 교환 가능한 것으로 사용하며, 그 의미는 물리학자들이 뜻하는 것과 별반 다르지 않다. 공학 문제에서 우아한 해법은 당면한 과제를 달성하기 위해 최소한의 기술을 쓴다는 것을 의미한다. 하나의 부품이 두 가지 목적을 수행하는 것은 우아한 일이다. 가장 단순한 해가 가장 우아하다.

1940년대의 만화가였던 루브 골드버그(Rube Goldberg, 1883~1970년)는 공학 문제에 대한 재미있지만 어리석은 해결 방법인 '루브 골드버그 기계'를 전문적으로 고안했다. 루브 골드버그 자명종은 공이 롤러코스터를 굴러 내려오거나, 망치가 현악기를 연주하는 새를 내리치고, 마지막에는 잠자는 사람에게 양동이의 물을 쏟아붓도록 하는 것이었다. 루브 골드버그 기계는 분명히 우아하지 않은 해결 방법이다.

수학 문제에 대한 풀이도 유사하게 그 우아함을 평가할 수 있다. 정리의 증명은 가능한 한 간결해야 하는데, 그것은 가정의 수, 단계의 수 등이 최소한으로 유지되어야 함을 의미한다. 유클리드 기하학 같은 수학적 체계는 가장 적은 수의 공리에 기반해야 한다. 수학자들은 그들의 논증을 이해하기 불가능할 정도로 간소하게 만드는 것을 좋아한다.

이론 물리학자들이 생각하는 우아함은 근본적으로 엔지니어나 수학자들의 것과 다르지 않다. 일반 상대성 이론은 그토록 적은 것에서 그토록 많은 사실이 흘러나오기 때문에 우아하다. 물리학자들도 공리가 간단하고 그 수가 적은 것을 좋아한다. 필요한 것보다 많은 것은 그 어떤

루브 골드버그의 사진 찍는 기계

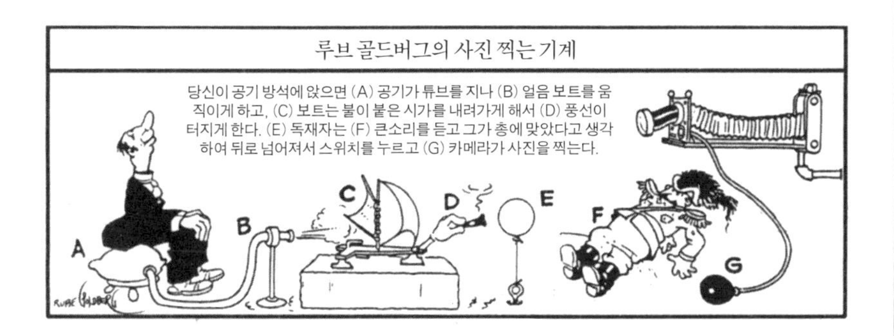

당신이 공기 방석에 앉으면 (A) 공기가 튜브를 지나 (B) 얼음 보트를 움직이게 하고, (C) 보트는 불이 붙은 시가를 내려가게 해서 (D) 풍선이 터지게 한다. (E) 독재자는 (F) 큰소리를 듣고 그가 총에 맞았다고 생각하여 뒤로 넘어져서 스위치를 누르고 (G) 카메라가 사진을 찍는다.
A
B
C
D
E
F
G

것도 절대로 우아할 수 없다. 우아한 이론이란 적은 수의 방정식으로 표현할 수 있어야 하며, 그 각각은 간결하게 쓸 수 있어야 한다. 너무 많은 문자로 이루어진 혼잡한 긴 방정식은 세련되지 못한 이론의 표지이거나 이론이 서투르게 표현되었음을 나타낸다.

단순함에 대한 이런 미학적 취향은 어디서 온 것일까?[1] 어떤 문제에 대한 깔끔한 해법으로부터 만족감을 얻는 것은 엔지니어, 수학자, 물리학자만이 아니다. 내 아버지는 초등학교밖에 다니지 못한 배관공이었다. 하지만 당신은 잘 배치된 배관의 대칭성과 기하학에서 즐거움을 얻었다. 당신은 병행, 수직, 그리고 대칭성 같은 미학 법칙을 위배하지 않고, 수도관을 한 곳에서 다른 곳으로 연결하는 데 필요한 파이프를 최소화하는 절묘한 방법을 찾아내는 것에 깊은 직업적 자부심을 느꼈다. 그것은 자재를 절약해서 얻는 금전적 이득 때문이 아니었다. 그것은 사소한 것이었다. 정교한 단순화와 우아한 기하에 대한 아버지의 기쁨은 내가 방정식을 쓰는 깔끔한 방법을 찾아냈을 때 느끼는 기쁨과 그리 다르지 않다.

유일성은 이론 물리학자들이 특별히 높은 가치를 매기는 성질이다. 최상의 이론은 두 가지 의미로 유일하다. 우선, 그 결과에 대한 불확정성이 전혀 없어야 한다. 그 이론은 예측할 수 있는 모든 것을, 그리고 그것들만을 예측해야 한다. 하지만 스티븐 와인버그는 최종 이론(the final theory)이라면 또 다른 유일성을 가져야 한다고 주장했다. 그것은 일종의 불가피성, 즉 다른 이론은 있을 수 없다는 느낌이다. 최상의 이론은 모

1. 내 생각에 단순한 것이 아름답다는 주장은 엔지니어, 수학자, 물리학자 들이 말하는 부류의 단순성에만 적용되어야 한다. 내가 말하는 단순성과 복잡성은 음악이나 시 같은 다른 예술 형식에 대한 것이 아니기 때문이다.

든 것의 이론일 뿐만 아니라, 모든 것에 대한 **유일하게** 가능한 이론이어야만 한다.

우아함, 유일성, 그리고 답이 있는 모든 문제에 대답할 수 있는 능력이 이론을 아름답게 만든다. 하지만 지금까지 고안된 어떤 이론도 이런 기준을 완전히 충족시키지는 못한다. 이 생각에는 다른 물리학자들도 일반적으로 동의할 것이라고 믿는다. 자연을 설명하는 진정한 최종 이론이 아니라면 그것이 완벽하게 아름다울 이유는 없다.

만약 이론 물리학자들에게 미학적인 가치에 따라 이론들의 순위를 매겨 달라고 한다면, 우승자는 분명 일반 상대성 이론일 것이다. 아인슈타인은 아이들은 물론이고 누구나 이해할 수 있는 기본적인 사실에서 중력에 대한 아이디어를 얻었다. 그것은 중력이 만드는 힘은 가속도가 만드는 힘과 같은 방식으로 느껴진다는 것이다. 아인슈타인은 가상의 엘리베이터로 사고 실험을 수행했다. 그의 출발점은 엘리베이터 안에서는 중력장의 효과와 위로 향하는 가속의 효과를 구분하는 것이 불가능하다는 사실이었다. 고속 엘리베이터를 타 본 사람은 누구나 알듯이 위로 가속되는 짧은 시간 동안에는 무게가 더 나가는 것처럼 느껴진다. 당신의 발바닥에 가해지는 압력, 팔과 어깨를 잡아당기는 힘은 중력 때문이건 엘리베이터의 가속 때문이건 똑같이 느껴진다. 그리고 감속하는 동안에는 더 가벼워진다고 느낀다. 아인슈타인은 이 분명한 관찰을 가장 광범위한 영향력을 가진 물리학 원리 중 하나로 전환시켰다. 그것은 중력과 가속도의 동일성에 대한 원리, 또는 더 간단히 말해서 **등가 원리(equivalance principle)**이다. 그것으로부터 그는 중력장 안에서 일어나는 모든 현상을 지배하는 규칙들뿐만 아니라 시공간의 비유클리드 기하학에 대한 방정식도 유도했다. 그것은 모두 보편적으로 유효한 몇 개의 방정식, 즉 아인슈타인의 방정식으로 요약된다. 나는 그것을 아름답다고 생각한다.

이것은 몇몇 물리학자들이 생각하는 아름다움의 의미와 관련된 또 하나의 사실을 보여 준다. 내가 매력적이라고 느끼는 것은, 중력에 대한 아인슈타인의 연구 결과물만이 아니다. 내가 느끼는 아름다움의 상당 부분은 아인슈타인이 그 발견을 이루어 낸 방식에 있다. 즉 그것이 어떻게 어린아이도 이해할 수 있는 하나의 사고 실험에서 발전되었는가 하는 것 말이다. 가끔 아인슈타인이 일반 상대성 이론을 발견하지 않았더라도 다른 누군가가 곧 그것을 좀 더 현대적이고 기술적인 방법으로 발견했을 것이라고 주장하는 사람들이 있지만, 내 생각에 그 방법과 과정은 전혀 아름답지 않았을 것이다. 아인슈타인 방정식으로 가는 두 가지 길을 비교하는 것은 흥미로운 일이다. 이 일을 하는 대체 우주 역사가들에 따르면, 일반 상대성 이론이 맥스웰 전기 역학의 연장선상에 세워졌을 것이라고 한다. 맥스웰의 이론은 8개의 방정식으로 이루어져 있으며 그 해들은 전자기장의 파동을 설명한다. 이 방정식들에는 자석과 전하들 사이에 생기는 힘도 포함되어 있다. 현대 이론가들에게 영감을 줄 수 있는 것은 그 현상이 아니라 방정식의 형태일 것이다. 대체 역사에서 일반 상대성 이론의 출발점은 빛 또는 음파를 기술하는 방정식과 형태가 유사한 중력파에 대한 방정식일 것이다.[2]

진동하는 전하에서 빛이 방출되거나, 떨고 있는 소리굽쇠가 소리를 내는 것처럼 빠르게 운동하는 질량에서는 중력의 파동이 방출된다. 파동을 기술하는 방정식은 수학적으로 모순이 없지만, 그 파동이 질량이

2. 매우 유사한 방정식들이 빛과 같은 전자기적 교란, 음파라고 부르는 기압의 교란, 그리고 긴 밧줄 위를 오르락내리락하는 파동을 기술한다. 이러한 유형의 현상에 대한 방정식들을 통틀어 '파동 방정식'이라고 부른다.

있는 물체와 상호 작용할 때에는 문제가 생긴다. 맥스웰 방정식에서는 나타나지 않는 모순이 생기는 것이다. 그것에 굴하지 않고 이론가들은 방정식에 다른 항들을 추가해서 모순을 제거하려고 했다. 시행착오를 거쳐서 그들은 각각 방정식이 그 직전의 방정식보다 조금씩 우수해지는, 일련의 근사식들을 얻게 되었다. 그러나 어떤 단계에서든 그 방정식들은 모순을 가지고 있다.

이 모순은 무한히 많은 항들을 더할 때에만 사라진다. 모든 항들을 합하면 그 결과는 아인슈타인 방정식과 정확히 일치한다! 연속된 일련의 근사를 통해서 일반 상대성 이론과 동등한, 유일한 이론으로 가는 길을 발견할 수 있는 것이다. 추락하는 엘리베이터에 대해서 생각해 볼 필요는 이제 없다. 정합성이라는 수학적 필요성과 근사의 연쇄만 있으면 충분하다. 어떤 이들에게 이것은 아름다운 것이다. 단순하다고 이야기하기는 어렵지만.

방정식의 우아함에 대해서 말하기 위해, 나는 그것을 아인슈타인이 유도한, 놀랍도록 단순한 형태로 나타내 보겠다.

$$R_{mn} - 1/2\, g_{mn} R = T_{mn}$$

몇 개의 단순한 기호들이 있는 이 작은 상자는 떨어지는 돌, 달과 지구의 운동, 은하의 형성, 우주의 팽창과 같은 모든 중력 현상을 포함하고 있다.

현대적 수정주의자들이 지지하는 접근법은 분명 같은 내용을 포함하고 있지만 무한한 근사의 연속을 낳는 데 그친다. 그 과정에서 유도된 방정식들은 분명 세련됨과는 거리가 멀다.

'현대적 유도'가 아인슈타인 방정식이 가진 우아함을 제공해 주지 못하지만, 한 가지 장점이 있다는 것은 인정해야겠다. 그것은 이론의 유일성을 보여 준다는 것이다. 근사의 각 단계에서 정합성을 유지하는 데 필요한 추가항들은 유일하게 결정되므로, 이론은 애매해지지 않는다. 그것은 중력이 어떻게 작용하는지 기술할 뿐만 아니라, 중력이 다른 방식으로 작용하는 것은 불가능함을 보여 준다.

아무튼 일반 상대성 이론은 매우 강력하다. 그것은 지구의 표면에 붙잡혀 있는 우리 인류와 온갖 생물에서 퀘이사의 중심에 있는 블랙홀, 그리고 그런 블랙홀들의 격렬한 충돌에서 발생하는 중력파에 이르기까지 다양한 종류의 중력 현상을 엄청난 정확도로 기술할 수 있다. 그 우아한 방정식, 유일성이라는 요소, 그리고 많은 현상들을 기술할 수 있는 능력 등으로 인해 일반 상대성 이론은 지금까지 고안된 것들 중에서 가장 아름다운 물리학 이론이라고 할 수 있다. 하지만 우리가 앞에서 살펴본 것처럼 어떤 이론을 아름답게 만드는 것은 그 이론의 내용, 즉 그것이 세상에 대해서 무엇을 이야기하는가만이 아니다. 그 방정식이 씌어진 형식과 그 발견에 이르기까지 전개된 논리가 그 이론을 아름답게 만들기도 한다.

물리학 미인 대회의 우승자가 일반 상대성 이론이라면, 추남상은 핵물리학에 주어져야 할 것이다. 핵물리학의 문제는 그것이 불안한 원자로를 만들거나 무시무시한 버섯구름을 만든다는 것이 아니다. 그것은 기술이지, 물리학이 아니다. 문제는 핵물리학의 법칙들이 명확하거나 간결하지 않다는 것이다. 핵물리학의 법칙들을 우아한 방정식 하나로 요약한다거나, 단순하고 필연적인 논증을 통해 그 법칙을 발견하는 것은 불가능하다. 만약 핵물리학의 규칙들을, 단순히 양성자와 중성자 사이에 작용하는 힘을 기술하는 매우 간단한 어떤 법칙으로 설명할 수 있다면, 핵물리학 이론도 원자 물리학만큼이나 우아해질 것이다. 하지만 마치 수정주의자의 일반 상대성 이론처럼 진실에 대한 근사란 무엇이든 언제나 불완전하다. 게다가 핵물리학의 법칙들을 개선하는 데에는 수학적 정합성의 도움을 받을 수도 없다. 대신 이론을 원자핵의 성질과 일치하도록 하기 위해 여러 가지 임시변통의 경험 규칙을 도입해야만 한다. 게다가 한 원자핵에는 적용되는 경험 규칙이 다른 원자핵에는 유효하지 않다. 엄청나게 많은 근사 방법들과 시행착오 전략들이 있지만, 일반 상대성 이론의 경우와는 달리, 단순하고, 유일하고, 보편적으로 유효한 이론을 얻을 수는 없는 것이다. 대부분의 이론 물리학자들은 핵물리학의 방정식이 전혀 우아하지 않으며, 그 논리도 특별히 설득력이 있다고 보지 않는다.

어떤 물리학자들은 화학이 추하다고 주장하기도 한다. 화학도 보편적인 정당성이 없는 임시변통의 방법들로 가득 차 있다. 주기율표의 처음 몇 줄은 꽤나 간결하지만 아랫줄로 내려가면, 점점 더 많은 가정들이 추가되어야만 한다. 분자 결합에 대한 규칙들은 근사적이며 많은 예외가 있다. 어떤 경우는 정확하게 예측하지만 어떤 경우는 그렇지 않다. 물리학자들은 어떤 연구를 그리 하고 싶지 않거나 지나치게 복잡하다고 폄하하려고 할 때, 그것을 흔히 '화학'이라고, 또는 심지어 '화학 요리'라고 깎아 내리고는 한다.

하지만 화학자는 물리학이야말로 따분하고 빈약하다고 할 것이다. 화학은 대자연의 아름다움과 다양성을 기술하고 설명하는 학문이다. 꽃도 결국은 화학 반응을 거치는 화합물들의 모임일 뿐이다. 과학적인 정신을 가진 사람에게 이런 과정을 이해하는 것은 미학적 가치를 가진다.[3] 많은 물리학자와 화학자가 원자 같은 매우 간단한 구조물들이 서로 결합해서 거시적 물질계를 만드는 방식에서 아름다움을 찾는다. 원자들이 많이 모여 있을 때만 나타나는 이러한 현상들을 **집합적(collective)** 또는 **창발적(emergent)** 현상이라고 한다. 수많은 기본 요소들의 집합적 행동에서 기인하는 현상은 원자처럼 간단한 요소들에 관한 법칙에서 **창발**된다. 눈송이가 만들어지는 것이나 원자가 차례로 배열되어 다이아몬드처럼 예쁜 결정을 만드는 것이 그렇다. 초전도 물질에서 많은 원자들이 마찰 없이 움직이는 것도 집단적 행동이 낳은 결과이다.

누가 감히 이런 종류의 아름다움이 입자 물리학자들의 환원주의적인 설명보다 가치가 적다고 할 수 있을 것인가? 나는 아니다. 하지만 내가 말하려는 아름다움은 그런 종류의 아름다움이 아니다. 기본 입자를 연구하는 물리학자들은 바탕이 되는 법칙과 방정식에서 아름다움을 찾는다. 그들 대부분은 유일성과 단순함의 신들에게 종교적이기까지 한 믿음을 가지고 있다. 내가 알기로, 그들은 '그 모든 것의 바탕'에는 아름다운 이론, 즉 하나의 유일하고 강력하며 설득력 있는 방정식이 있어서, 그 방정식의 풀이가 너무 어려울지는 몰라도, 적어도 원칙적으로는 모든 것을 설명할 수 있다고 믿는다. 이 최상의 방정식은 단순하고 대칭

3. 누구나 동의하지는 않는다는 것은 분명하다. 월트 휘트먼(Walt Whitman, 1819~1892년)은 다음과 같이 적었다. "내가 그 박식한 천문학자의 말을 들었을 때 / 증거와 숫자 들이 내 앞에 줄지어 나열되었을 때 / 더하고, 나누고, 계량할 도표와 도형 들이 내 앞에 제시되었을 때 / 그 천문학자가 강당에서 큰 박수를 받으며 강의하는 걸 앉아 들었을 때 / 나는 알 수 없게도 금방 따분하고 지루해져서 / 자리에서 일어나 밖으로 빠져 나온 뒤 나 홀로 거닐면서 / 촉촉하게 젖은 신비로운 밤공기 속에서 이따금 / 말없이 하늘의 별들을 올려다보았다."(「내가 그 박식한 천문학자의 말을 들었을 때」) 개인적으로는 알렉산더 포프(Alexander Pope, 1688~1744년)의 감정을 더 선호한다. "대자연과 대자연의 법칙은 밤에 가려져 있었는데, / 신이 '뉴턴이 있으라.' 하시니 모든 것이 훤히 드러났다."(「아이작 뉴턴의 묘비명」)

적이어야 한다. 단순함이란 그 방정식을 대략 이 정도 크기의 상자 안에 쓸 수 있어야 한다는 것을 뜻한다.

하지만 무엇보다도 그 방정식은 지난 수세기 동안에 발견된 물리 법칙들을 예측할 수 있어야 한다. 유일성의 원칙에 따라, 다른 것이 아니라 바로 그 물리 법칙들을 말이다. 그중에는 기본 입자들의 목록, 질량, 결합 상수, 그리고 그것들 사이의 힘들을 설명하는 입자 물리학의 표준 모형도 포함되어 있어야 한다. 다른 규칙은 가능하지 않아야 한다.

신화의 기원

유일성과 우아함의 신화는 아마도 그리스의 지적 전통에서 유래했을 것이다. 피타고라스(Pythagoras, 기원전 569?~497?년)와 에우클레이데스(Eucleides, 기원전 365?~275?년)는 우주가 신비로운 수학적 조화를 이루고 있다고 믿었다. 피타고라스는 음악을 지배하는 수학 원리가 있듯이 자연도 수학 원리에 따라 작동한다고 믿었다. 음악과 물리학 사이의 연관성은 순박하고 심지어 어리석게도 보이지만, 피타고라스의 교의에서 현대 물리학에 영감을 불어넣는 대칭성과 단순함의 열망을 발견하는 것은 그리 어려운 일이 아니다.

에우클레이데스의 유클리드 기하학 역시 강한 미학적 취향이 녹아 있다. 증명이란 가능한 한 간단하고 우아해야 하며, 증명되지 않은 공리의 수는 되도록 적어야 한다. 5개 이상은 필요하지 않다. 유클리드 기하학은 보통 수학의 한 분야로 간주된다. 하지만 그리스 인들은 수학과 물리학 사이에 구분을 두지 않았다. 그들에게 유클리드 기하학은 실제 물리 공간이 어떤 것인가에 대한 이론이었다. 우리는 정리들을 증명할 수 있을 뿐만 아니라 밖에 나가서 실제 공간의 성질을 측정할 수도 있다. 그리스 인들에 따르면 그 결과는 정리와 일치할 것이다. 예를 들어, 자와 연필로 삼각형을 그린 후 각도기로 세 내각을 잴 수 있다. 유클리드 기하학의 정리들 중 하나에 따르면 이 각도들의 합은 정확히 180도이다. 그리스 인들은 실제 공간에 그려진 실제 삼각형은 어떤 것이든 정리와 일치할 것이라고 믿었다. 그리하여 그들은 물리 세계에 대한 진술들을 얻었으며, 그것들은 진실일 뿐만 아니라 유일한 것이었다. 그들의 믿음에 따르면 공간이란 에우클레이데스의 공리를 따르며, 그것에 어긋나는 것은 불가능하다. 적어도 그들은 그렇게 믿었다.

플라톤(Platon, 기원전 427~347년)과 아리스토텔레스(Aristoteles, 기원전 384~322년)는 여기에서 더 나아가 특히 천문학의 법칙에 미학적 요소를 첨가했다. 그들에게 원이란 완벽한 도형이었다. 모든 점이 중심에서 같은 거리만큼 떨어져 있으므로, 원이란 완벽한 대칭성을 가지고 있으며 어떤 다른 도형도 그만큼 대칭적일 수 없다. 따라서 플라톤, 아리스토텔레스, 그리고 그들의 추종자들은 원 말고는 다른 어떤 도형으로도 행성의 운동을 규정할 수 없다고 믿었다. 그들은 천공은 완벽하게 투명하고 완벽하게 둥글며 완벽한 정확성으로 운동하는 우아한 수정구들로 이루어져 있다고 믿었다. 그들은 다른 방식은 상상조차 할 수 없었다.

그리스 인들은 천문 현상에 대해서도 똑같이 우아한 이론을 가지고 있었는데, 그것은 현대의 물리학자들이 통일 이론을 희구하는 것과 유사하다. 그들은 지상의 모든 물질은 흙, 공기, 물, 불의 4원소로 이루어져 있다고 믿었다. 그 각각은 적절한 위치가 있으며 그 위치로 이동하려는 경향을 가지고 있다. 불은 가장 가벼우며, 따라서 위로 올라가려고 한다. 흙은 가장 무거우므로 가장 낮은 곳으로 가라앉으려고 한다. 물과 공기는 그 중간이다. 네 가지 원소와 하나의 동역학 원리. 그리스 인들이 그것으로 얼마나 많은 것을 설명할 수 있었는지 알면 놀랄 것이다. 부족한 것은 유일성뿐이다. 나는 흙, 공기, 불, 물, 이외에 포도주, 치즈, 마늘 같은 다른 원소들이 있으면 안 되는 이유를 알 수 없다.

어쨌든 천문학자, 연금술사, 그리고 화학자 들은 그리스적 체계에 문제를 제기했다. 요하네스 케플러(Johannes Kepler, 1571~1630년)는 원을 왕좌에서 끌어내리고 더 다양하며 덜 대칭적인 타원 궤도로 대체했다. 하지만 케플러도 피타고라스처럼 수학적 조화를 믿었다. 당시에는 오로지 금성, 화성, 목성, 토성, 지구의 5개 행성만 알려져 있었다. 케플러는 정확히 다섯 종류의 정다면체가 존재한다는 사실에 깊은 인상을 받았다. 플라톤의 입체라고도 부르는 정다면체는 정사면체, 정육면체, 정팔면체, 정십이면체, 정이십면체의 다섯 가지이다.[4] 케플러는 그가 보기에 필연적이고 아름다웠던, 행성들과 정다면체들 사이의 일치에 마음을 빼앗겼다. 그래서 그는 행성 궤도의 반지름을 설명하기 위해 우주를 다면체들이 포개진 것으로 보는 수학 모형을 만들었다. 이것을 우아하다고 해야 할지는 잘 모르겠지만, 그는 그렇게 생각했으며 그것이 중요한 것이다. 우아하든 아니든, 5개의 정다면체는 유일한 것들이다. 물론 케플러의 이론은 완전히 터무니없는 것이었다.

---

4. 모든 면이 같은 다각형으로 이루어진 다면체를 정다면체라고 한다. 정사면체, 정팔면체, 정십이면체는 모두 정삼각형으로 만들어진다. 정육면체는 정사각형, 정이십면체는 정오각형으로 이루어진다.

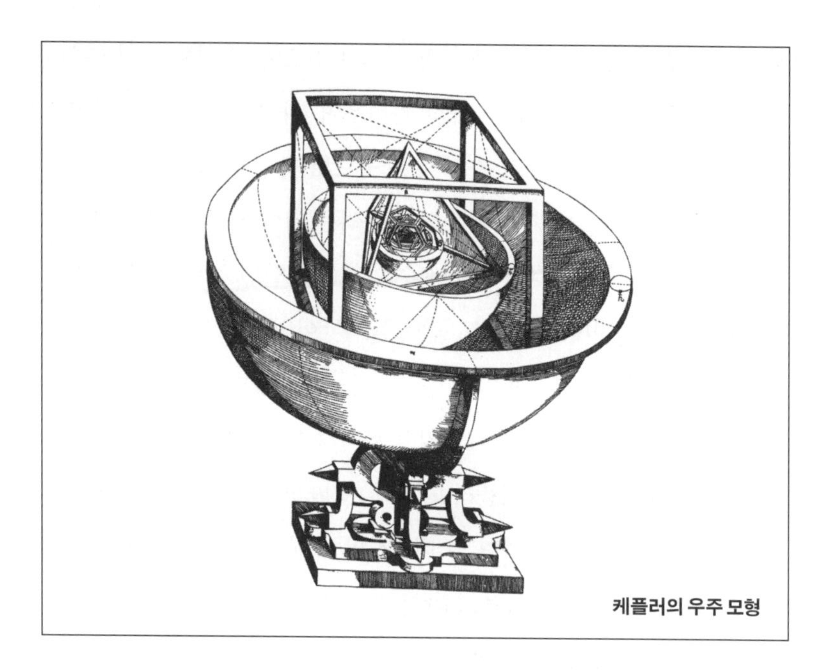

케플러의 우주 모형

그것과 동시에 연금술사들도 4원소 이상의 것이 필요하다는 것을 인식하게 되었다. 19세기 말에 이르면, 그들은 거의 100가지 원소를 찾아냈다. 자연은 이제 그 단순함을 상당 부분 잃어버렸다. 주기율표는 화학에 어느 정도의 규칙성을 부여했지만, 그것은 그리스 인들이 요구했던 단순함, 유일성과는 큰 차이가 있었다.

그 후 20세기 초에 보어, 하이젠베르크, 그리고 슈뢰딩거가 양자 역학과 원자 물리학의 원리들을 발견했으며, 그리하여 화학의 엄밀한 토대를 세우게 되었다. 원소의 수는 다시 4개로 되돌아갔다. 그리스 인들이 말했던 4원소가 아니라, 광자, 전자, 양성자, 그리고 중성자이지만 말이다. 화학의 모든 것은 (단지 원리상으로이지만) 이 네 가지 기본 입자들의 양자 역학으로부터 모호함 없이 유도할 수 있다. 상대성 이론과 양자 역학의 기본 원리, 그리고 네 가지 기본 입자들의 존재만 가지면, 우리가 방정식들을 풀 수 있는 한, 모든 화학적 성질들을 유도할 수 있을 것처럼 보였다. 이것은 물리학자들의 이상에 매우 가까운 것이었다.

하지만 아쉽게도 그렇게 되지 않았다. 기본 입자라는 것들이 대량으로 발견되었기 때문이다. 중성미자, 뮤온, 이른바 기묘 입자, 메손, 그리고 하이페론 등등. 그중 어떤 것도 사물의 단순한 체계에 들어맞는 자리가 없었다. 그것들은 물질을 기술하는 데 중요한 역할을 하나도 하지 않으면서도 존재해 상황을 혼란스럽게 했다. 1960년대의 입자 물리학은 기본 입자라고 추측되는 수백 개의 입자를 나타내는 그리스, 라틴 문자들이 가망 없이 뒤섞인 그런 것이었다. 나는 자연 법칙에서 아름다움과 우아함을 찾고자 했던 젊은 물리학자로서 그 모든 혼란에 맥이 빠졌다.

그러나 1970년대에는 작은 희망이 보였다. 쿼크들이 핵자의 구성 요소로 등장해 양성자, 중성자, 그리고 메손을 대체했고, 1장에서 논의했던 대로 양자 색역학(QCD)이라는 단일한 양자장 이론이 양성자, 중성자, 메손, 그리고 원자핵과 덜 친숙한 기묘 입자들(스트레인지 쿼크로 이루어진 입자들)의 모든 것을 설명해 주었다. 원소의 개수는 어느 정도 줄어들었다. 그것과 동시에 전자와 중성미자들은 심오하고 근본적인 대칭성으로 연결된 쌍둥이들이라는 것이 밝혀졌다. 줄다리기에서 다시 단순성이 우세해졌다. 결국 1970년대 중반에는 30여 개의 임의의 변수를 이용해서 알려진 모든 현상을 완벽하게 설명할 수 있다는 표준 모형이 완성되기에 이르렀다. 그러나 우아함과 조야함 사이의 투쟁은 여전히 진행 중이며 최후의 승자가 나와 문제가 해결될 기미는 아직 없다.

신화의 붕괴와 끈 이론

이제 끈 이론에 대해서 이야기해 보자. 그것은 끈 이론가들이 이야기하는 대로 아름다운가, 아니면 비판자들의 주장대로 흉측할 정도로 복잡한가? 미학을 논하기 전에 끈 이론이 필요한 이유에 대해서 먼저 설명하겠다. 내가 앞에서 이야기했던 대로 표준 모형이 알려진 모든 현상을 기술한다면, 왜 이론 물리학자들은 더 깊은 수학적 구조를 찾으려는 것일까? 그것은 표준 모형이 알려진 모든 현상을 설명하지 못하기 때문이다. 적어도 한 가지 예외가 있다는 것은 분명한데, 그것은 바로 중력이다. 중력은 일상 생활에서 가장 익숙한 힘이며, 아마도 가장 근본적인 것이겠지만, 표준 모형에는 포함되어 있지 않다. 중력자(중력장의 양자)는 표준 모형의 기본 입자 목록에 없다. 또한 어쩌면 가장 흥미로운 대상인 블랙홀도 그 이론에는 없다. 가장 아름다운 이론으로 평가받는 아인슈타인의 고전적인 중력 이론이 양자 세계와는 부합하지 않는 것처럼 보이는 것이다.

대부분의 경우에 중력은 입자 물리학에서는 전혀 중요하지 않다. 뒤에서 살펴보겠지만, 기본 입자들, 예를 들어 양성자 내부에 있는 쿼크들 사이의 중력은 다른 힘들보다 아주 약하다. 중력은 너무나 미약하기에 기본 입자 실험에서 어떤 역할도 하지 못하며, 그것은 예상할 수 있는 미래에도 마찬가지이다. 그런 이유로 통상 입자 물리학자들은 중력의 영향을 완전히 무시하는 것으로 만족했다.

그러나 중력과 미시적인 양자 세계 사이의 연관성을 더 깊이 이해해야 하는 실용적인 이유가 두 가지 있다. 첫 번째 이유는 기본 입자의 구조와 관련이 있다. 비록 원자 내부에 있는 전자(또는 양성자 내부의 쿼크)에 대해서는 중력을 무시할 수 있다고 해도, 입자들 사이의 거리가 줄어들면 중력은 더 분명히 드러난다. 모든 힘들은 떨어져 있는 거리가 줄어들수록 더 강해지는데, 중력은 다른 어떤 것보다도 더 빨리 강해진다. 두 입자들이 서로 플랑크 길이만큼 접근하면, 중력은 전기력 또는 심지어 쿼크들을 묶는 힘보다도 훨씬 강력해진다. 만약 '러시아 인형' 패러다임(물체들이 더 작은 것들로 만들어져 있다는 생각)이 계속 지배한다면, 보통의 기본 입자들은 아마도 더 작은 어떤 것들이 중력을 통해서 결합된 것으로 판명될지도 모른다.

중력과 양자 이론의 연관성을 이해해야 하는 두 번째 실용적 이유는 우주론과 관련이 있다. 다음 장에서 우리는 중력이 우주의 성장을 지배하는 힘이라는 것을 알게 될 것이다. 우주가 매우 젊었을 때 그것은 굉장한 속도로 팽창했으며, 중력과 양자 역학은 같은 정도로 중요했다. 이 두 위대한 이론 사이의 연관성을 이해하지 못한다면, 대폭발의 기저에 도달하려는 우리의 노력은 결국 수포로 돌아갈 수밖에 없다.

그러나 이것이 전부가 아니다. 물리학자들이 양자 이론을 일반 상대성 이론과 결합시키려는 세 번째 이유가 있다. 그것은 미학적 이유이다. 시인들과는 달리 물리학자에게 가장 큰 미학적 범죄는 모순이다. 추한 이론보다 더 나쁜 것은 모순으로, 그것은 우리가 소중하게 여기는 기본 가치에 대한 공격이다. 그리고 20세기 대부분의 기간 동안 중력과 양자 역학은 서로 모순이었다.

이 상황에서 등장한 것이 바로 끈 이론이다. 7장까지는 끈 이론을 자세히 다루지 않겠지만, 지금은 단순히 끈 이론은 중력과 양자 역학을 일관성 있게 통합하는 수학 이론이라고 해 두겠다. 나를 포함해서 많은 이론 물리학자들은 위대하지만 충돌하는 이 두 가지 현대 과학의 기둥을 융합할 수 있는 최선의 희망이 바로 끈 이론이라는 느낌을 가지고 있다. 끈 이론의 어떤 것이 우리에게 그런 느낌을 주는 것일까? 우리는 다른 접근법들을 여럿 시도해 보았지만, 모두 다 시작부터 실패했다. 한 예는 일반 상대성 이론에 기초한 양자장 이론을 구축하는 것이었다. 그 수학은 곧 모순을 드러냈다. 그 방정식들이 의미가 통한다고 해도, 미학적으로 보면 실망스러운 것이었다. 그러한 모든 시도에서 중력이란 선택적인 '부가물'이었다. 그것은 양자 전기 역학처럼 이미 존재하는 어떤 이론에 중력을 더했다는 의미이다. 그 시도들에 필연성이란 전혀 없었다. 하지만 끈 이론은 다르다. 중력과 양자 역학은 끈 이론이 수학적으로 정합성을 갖추는 데 절대적으로 필요하다. 끈 이론은 **양자 중력**(quantum gravity)의 이론으로서만 의미가 있다. 그것은 중력과 양자 역학이라는 두 거대한 구조물이 20세기 대부분의 기간 동안 적대적이었다는 것을 생각할 때 사소한 일이 아니다. 나는 이러한 필연성을 아름답다고 말하고 싶다.

중력과의 긴밀한 연관성과 더불어, 끈 이론은 통상적인 입자 물리학과도 연관되어 있는 것으로 보인다. 표준 모형을 어떻게 끈 이론에 포함시킬 수 있는지 정확히 알지는 못하지만, 끈 이론은 분명 현대 입자 이론에 사용되는 모든 요소들을 두루 가지고 있다. 그것은 페르미온과 보손을 포함해 전자, 쿼크, 광자, 글루온, 그리고 다른 모든 것들과 닮은 입자들을 가지고 있다. 중력뿐만 아니라, 전하를 띤 입자 사이에서 작용하는 전자기력과 유사한 힘도 있으며, 쿼크를 결합해 양성자와 중성자를 만드는 힘과 유사한 것도 존재한다. 이것들 중 어떤 것도 억지로 집어넣은 것이 없다. 중력과 마찬가지로, 그것들 또한 그 이론의 필연적인 수학적 결과이다.

흥미롭게도 끈 이론의 모든 결과는 수학적으로 일관된 방법에 따라 유도되었다. 끈 이론은 매우 복잡한 수학 이론으로서 실패할 가능성이 아주 높았다. 실패는 내재적 모순을 의미한다. 그것은 마치 수천 개의 부품으로 이루어진 거대한 초정밀 기계와도 같다. 그것들이 정확히 올바른 방식으로 완벽하게 짜맞추어지지 않으면 삐걱 소리를 내고 멈추고 말 것이다. 끈 이론은 자연에 대한 물리학적인 이론만이 아니다. 그것은 또한 순수 수학자들에게도 아주 많은 영감을 제공한 아주 복잡한 수학적 구조물이기도 하다.

하지만 끈 이론은 아름다운가? 끈 이론은 물리학자들이 요구했던 우아함과 유일성이라는 기준에 부합하는가? 그것은 몇 개 안 되는 아름다운 방정식으로 이루어져 있는가? 그리고 가장 중요한 사항으로서, 끈 이론이 함축하고 있는 물리 법칙은 유일무이한가?

우아함은 정의하는 방정식의 수가 적을 것을 요구한다. 다섯은 열보다 낫고, 하나가 다섯보다 낫다. 방정식의 수만 가지고 말하자면, 끈 이론이야말로 우아함의 궁극적인 화신이라고 익살맞게 이야기할 수 있을 것이다. 끈 이론이 여러 해 동안 연구되어 왔지만, 그것을 정의하는 방정식을 하나라도 찾은 사람은 아무도 없으니 말이다! 현재 끈 이론 방정식의 수는 0이다. 우리는 끈 이론의 기본 방정식이 무엇인지 모를 뿐만 아니라 도대체 그런 것이 있는지조차도 모른다. 그 이론을 정의하는 방정식의 집합이 없다니, 그 이론의 정체는 더더욱 알 수 없다. 우리는 정말 모른다.

두 번째 질문은 '끈 이론이 정의하는 물리 법칙은 유일한가?' 하는 것이다. 이 질문에 대해서 우리는 좀 더 확정적으로 말할 수 있다. 그 누구도 끈 이론의 방정식을 확정하지 못했지만, 이론의 방법론은 매우 엄밀하니까 말이다. 많은 수의 수학적인 정합성 검증 중 어느 것에라도 걸려 실패할 수 있었지만, 끈 이론은 실패하지 않았다. 끈 이론은 그 엄밀한 수학적 제한 때문에 완전하고 유일한 이론, 아니면 기껏해야 소수의 가능성만을 허용하는 이론이 될 것이라고 여겨졌다. 1980년대 중반에는 성공의 분위기가 충만했다. 끈 이론가들은 단일하고 유일한 이론으로서 왜 우주가 그렇게 생겼는지 설명할 수 있는 최후의 해답에 다가가고 있다고 생각했다. 또한 그 이론의 심오하고 기적적이기까지 한 수학적 성질이 우주 상수가 정확히 0임을 보증할 것이라고 믿었다.

프린스턴 고등 연구소(한때 아인슈타인과 오펜하이머의 거점이었다.)의 매우 지적이고 고상한 분위기는 이러한 흥분의 구심점이었다. 그리고 그 구심점의 한가운데에는 세계에서 가장 뛰어난 수리 물리학자들 중 몇몇이 있다. 에드워드 위튼(Edward Witten, 1951년~)과 그 주위의 인물들은 유일무이한 해답을 향해 성큼성큼 나아가고 있는 것으로 보였다. 그때는 그랬다.

오늘날 우리는 '바로 저 너머'에 있는 성공이 신기루였다는 것을 알고 있다. 우리가 끈 이론에 대해서 더 알게 되면서, 세 가지 불행을 만났다. 첫 번째는 새로운 가능성들, 즉 유일하다고 여겼던 것의, 수학적으로 모순이 없는 새로운 형식이 계속 나타났다는 것이다. 1990년대에는 가능성의 수가 기하 급수적으로 늘어났다. 끈 이론가들은 수많은 계곡을 가지고 있어 어떤 것이든 어디에선가 찾아낼 수 있을 만큼 엄청나게 큰 풍경이 열리는 것을 공포에 사로잡혀 바라보았다.

두 번째는 그 이론이 루브 골드버그 기계를 만드는 나쁜 경향을 보이기 시작했다는 것이다. 표준 모형을 찾아 풍경을 탐험하려고 할 때마다 그 이론의 구조는 불쾌할 정도로 복잡해졌다. 더 많은 '가동 부품'을 그 모든 요건을 만족시키기 위해 도입해야 했다. 지금으로서는 현실적인 어떤 모형도 우아함에 있어서는 절대로 미국 공업 협회의 심사를 통과하지 못할 것처럼 보인다.

마지막으로, 엎친 데 덮친 격으로 우리가 살고 있는 진공의 잠재적 후보들은 모두 우주 상수가 0이 아니다. 끈 이론의 우아한 수학적 마법이 우주 상수가 0임을 보장할 것이라는 희망은 빠르게 사라졌다.

유일성과 우아함에 대한 일반적인 기준으로 판단하자면, 끈 이론은 미녀에서 야수가 되어 버렸다. 그럼에도 불구하고, 이 불행한 역사에 대해서 생각하면 할수록, 나는 끈 이론이 바로 그 해답이라고 믿게 된다. 그렇게 믿을 이유가 바로 이 역사 속에 숨겨져 있기 때문이다.

자연은 우아한가?

과학의 큰 비극은 아름다운 가설이 추한 사실에 의해 살해당한다는 것이다.

— 토머스 헨리 헉슬리

끈 이론은 그것을 괴이한 억지 이론이라고 이야기하는 반대자들을 많이 갖고 있다. 그들 중에는 올바른 이론이란 발현, 또는 창발하는 것이라고 생각하는 응집 물질 물리학 이론가들이 있다. 응집 물질 물리학은 고체, 액체, 기체 형태를 띤 보통 물질의 성질을 연구하는 학문이다. 이 분야 연구자들에 따르면, 결정 구조나 초전도체가 수많은 원자들의 집단 행동에서 발현되듯이, 공간과 시간도 무엇인가 특이하지 않은 미시적 대상에서 나온다. 많은 경우 발현되는 행동은 미시적인 세부 사항이나 특성과는 거의 상관이 없다. 응집 물질 물리학자들의 관점에 따르면, 우주는 아주 다양한 미시적 출발점에서 발현될 수 있기 때문에 미시적 세부 사항을 알아내려는 것은 의미가 없다. 대신에 물리학자들은 창발 자체의 규칙과 기제를 이해하기 위해 노력해야 한다고 주장한다. 다시 말해 물리학자들은 응집 물질 물리학을 연구해야만 한다.

이 관점의 문제점은 보통의 응집 물질계는 절대로 양자 역학과 아인슈타인의 중력 법칙의 규제를 받는 우주처럼 행동할 수 없다는 것이다. 나중에 10장에서 **홀로그래피 원리**(holographic principle)에 대해서 살펴보면, 여기에 심오한 이유가 있다는 것을 알게 될 것이다. 중력을 포함한 우주에 이를 수 있는 많은 미시적 출발점이 있다는 생각은 옳을지도 모르지만, 그것들 중 어떤 것도 응집 물질 물리학자들이 연구하는 보통의 물질과 비슷하지 않다.

다른 비판은 몇몇 고에너지 실험 물리학자들이 제기한 것이다. 그들은 끈 이론이 함축하는 새로운 현상들과 실험이 너무 동떨어져 있는 것이 마치 이론가들의 잘못인 양 짜증을 내고는 한다. 고에너지 실험 물리학자들은 그들의 실험으로 끈 이론가들이 알고자 하는 질문을 어떻게 다룰 수 있을지 전혀 알 수 없기 때문에 괴로워한다. 그들은 이론가들이 가까운 미래에 실험 일정을 잡을 수 있는 문제에만 전념해야 한다고 주장한다. 이것은 지극히 근시안적인 관점이다. 현재의 고에너지 물리학 실험은 너무나 거대하고 복잡해 완수하는 데 수십 년이 걸린다. 그러나 젊고 명석한 이론 물리학자들은 가만히 있지 못하는 탐험가들과도 같다. 그들은 우주에 대한 그들의 호기심이 이끄는 곳이라면 어디든지 가고 싶어 한다. 그것이 미지의 대양 속에 있는 깊은 해연이라고 해도, 할 수 없다.

대부분의 정말 우수한 실험 물리학자들은 이론가들이 어떻게 생각하는지 크게 신경 쓰지 않는다. 그들은 그들이 만들 수 있는 기계를 만들고 그들이 할 수 있는 실험을 한다. 대부분의 정말 우수한 이론 물리학자들은 실험가들이 어떤 생각을 하는지 크게 신경 쓰지 않는다. 그들은 그들 자신의 본능에 따라 이론을 구성하고 직관이 이끄는 곳으로 간다. 이 두 길이 어디에선가 만나기를 누구나 희망하지만 언제 어떻게 만날지는 아무도 모른다.

마지막으로 다른 이론들의 옹호자들이 있다. 그것은 그럴 수밖에 없다. 다른 길들도 탐구되어야 하지만 적어도 내 의견으로는, 그 이론들 중 어떤 이론도 충분히 잘 개발되지 않았다. 현재로서는 말할 수 있는 것이 거의 없다.

나는 아직 끈 이론이 불행히도 우아하지 않고 유일하지 않다는 것에 근거를 둔 비판을 들어본 적이 없다. 끈 이론이 가진 이러한 경향은 끈 이론가들이 자신들의 이론에 대해서 가진 희망이 잘못임을 보여 주는 증거로서 끈 이론가들의 뒤통수를 때릴지도 모른다. 끈 이론의 적들이 아직 덤벼들지 않은 이유는, 부분적으로는 끈 이론가들이 그들의 아킬레스건을 최근까지 잘 덮어 두었기 때문일 것이다. 그러나 다른 누구도 아닌 바로 나의 저술과 강연을 통해서 이 문제가 조금씩 알려지고 있기 때문에 옆에서 구경하던 이들이 이죽거리며 "하하, 다 알고 있었지. 끈 이론은 이제 죽었어!"라고 큰소리로 비판해 올 날이 그리 멀지 않을 것이다.[5]

그러나 나는 우아함과 유일성의 결여가 결국 끈 이론의 강점으로 바뀔 것이라고 생각한다. 실제 세계를 정밀하고 성실하게 관찰해 봐도 수학적 규칙성 따위는 찾아볼 수 없기 때문이다. 다음 목록은 표준 모형에 있는 기본 입자들의 질량을 전자의 질량으로 나타낸 것이다. 숫자들은 근사적이다.

입자	**질량**
광자	0
글루온	0
중성미자	10^{-8} 미만이지만 0은 아님
전자	1
업 쿼크	8
다운 쿼크	16
스트레인지 쿼크	293
뮤온	207

5. 이 의견을 내가 표명한 것은 1994년 봄이다. 그러나 이 책의 집필을 마친 2004년에는 이미 탐욕스러운 독수리들, 즉 끈 이론의 비판자들이 끈 이론을 공격하기 위해 몰려든 상태였다.

타우 입자	3447
참 쿼크	2,900
보텀 쿼크	9,200
W 보손	157,000
Z 보손	178,000
톱 쿼크	344,000

여기에는 목록을 따라 내려가면서 뚜렷이 증가한다는 것 말고는 패턴이라고 할 만한 것이 없다.

이 숫자들은 π라든가 2의 제곱근이라든가 하는 특별한 수학적 양과는 아무런 연관이 없어 보인다. 패턴이 있는 것처럼 보이는 것은 내가 의도적으로 입자들을 질량에 따라 배열했기 때문이다.

이 12개의 숫자들은 빙산의 일각에 불과하다. 표준 모형에는 광범위한 영역에서 작용하는 다양한 힘을 지배하는 독립적인 결합 상수가 적어도 20개는 포함되어 있다. 이것은 단순함이라는 기준과는 모순된다. 20개 이상의 결합 상수가 아마도 전부는 아닐 것이다. 세계에는 입자 물리학의 표준 모형이 다루지 못하는 존재들이 아직 많이 있다. 중력과 우주론은 암흑 물질 입자의 질량 같은 새로운 상수들을 많이 도입한다.[6] 입자 물리학자들, 특히 초대칭성이 자연의 특성이라고 믿는 이들의 일치된 의견은 100개가 훨씬 넘는 자연 상수들이 전혀 연결되지 않은 채로 존재한다는 것이다. 이것은 물리학자들이 제안하고자 하는 단순하거나 우아한 구조와는 거리가 멀어 보인다. 오히려 자연은 루브 골드버그가 고안했을 법한 것처럼 보인다. 아예 '루브 골드버그 이론'이라는 이름이 알

6. 암흑 물질에 대해서는 5장을 보라.

맞을지도 모른다.

표준 모형이 기본 입자들을 기술하는 데 큰 진전을 가져오기는 했지만 자신을 설명하지는 않는다. 그것은 전혀 유일하지 않고 복잡한 편이며 분명히 불완전하다. 그렇다면 우리의 소중한 표준 모형이 특별한 점은 무엇일까? 전혀 없다. 모순이 없는 것으로 치자면 표준 모형 말고도 10^{500}개나 더 있다. 표준 모형은 생명의 존재를 허용하거나, 심지어 촉진한다는 것 말고는 특별한 점이 하나도 없다.

우주론 학자들은 보통 끈 이론가들만큼 우아함과 유일성의 문제에 집착하지 않는데, 그것은 아마도 그들이 수학보다는 자연 자체를 더 자세히 들여다보기 때문일 것이다. 그들이 발견한 것은 다음과 같은 일련의 놀라운 우연들이다.

- 우주는 미세하게 조정되어 있다. 그것은 이상적인 속도로 팽창했다. 만약 팽창이 너무 빨랐다면 우주의 모든 물질들은 은하, 별, 그리고 행성으로 응축될 기회를 갖기 전에 확산되고 분리되었을 것이다. 반면에 만약 초기 팽창이 충분한 추진력을 갖지 못했다면, 우주는 마치 구멍난 풍선처럼 곧바로 쪼그라들었을 것이다.
- 초기 우주는 너무 덩어리지지도, 너무 매끄럽지도 않았다. 마치 아기 곰의 죽처럼 그것은 딱 적당했다. (영국의 유명한 동화인 「골디락스와 세 마리 곰」 이야기에서 주인공 골디락스에게 아빠 곰의 죽은 너무 뜨겁고, 엄마 곰의 죽은 너무 차고, 아기 곰의 죽은 딱 적당했었다는 부분을 인용한 것이다. — 옮긴이) 만약 우주가 실제보다 너무 덩어리졌었다면 수소와 헬륨이 은하로 응집하기 전에 블랙홀이 되었을 것이다. 모든 물질은 이 블랙홀로 빨려 들어가 블랙홀 내부 깊은 곳에서 나오는 어마어마하게 강력한 힘으로 으깨지고 말았을 것이다. 반면 초기 우주가 너무 고르게 분포했다면, 덩어리가 전혀 생기지

않았을 것이다. 은하, 별, 그리고 행성으로 이루어진 우주는 초기 우주의 물리학적 과정에서 일반적으로 나올 수 있는 생성물이 아니며, 그것은 희귀하고 우리에게는 큰 행운인 예외이다.

- 중력은 우리를 지구 표면에 붙잡아 놓을 정도로 강하지만, 다윈의 진화 과정이 지적 생명체를 만들기 위해서 필요한 수십억 년 대신 수백만 년 안에 별을 완전히 태울 정도로 별의 내부 압력을 높일 만큼 강하지는 않다.
- 물리학의 미시 법칙이 조립식 장난감 블록 같은 생명의 분자들을 만드는 원자핵과 원자의 존재를 허용한 것은 그저 우연이다. 게다가 그 법칙들은 탄소, 산소, 기타 필요한 원소들이 1세대의 별들에서 '조리'되고 초신성을 통해서 퍼뜨려지기에 딱 적절했다.

우리 우주의 기본 설정은 사실이라고 믿기 어려울 정도로 생명에 호의적이다. 자연 법칙은 수학적인 단순함이나 우아함을 따르기보다, 우리 자신의 존재를 위해 특별히 맞추어진 것처럼 보인다. 반복해서 이야기했듯이, 물리학자들은 이런 생각을 싫어한다. 뒤에서 보게 되겠지만, 끈 이론은 왜 우주가 이런 형태인지 설명하는 이상적인 틀로 생각된다.

이제 엄밀한 과학적 주제로 돌아가 보자. 다음 장에서 나는 놀라운, 또는 경이롭다고 해도 과언이 아닌 우주론의 발전에 대해서 설명할 것이다. 그것은 물리학과 우주론을 새로운 패러다임으로 밀어붙이고 있다. 가장 중요한 것으로서 나는 우주의 초기 역사에 대해서 우리가 무엇을 알게 되었는지(그것이 어떻게 현재의 위태로운 상황에 이르게 되었는지), 그리고 우주 상수의 소수점 아래 120번째 자리에 올 숫자와 관련된 충격적인 사실에 대해서 설명할 것이다.

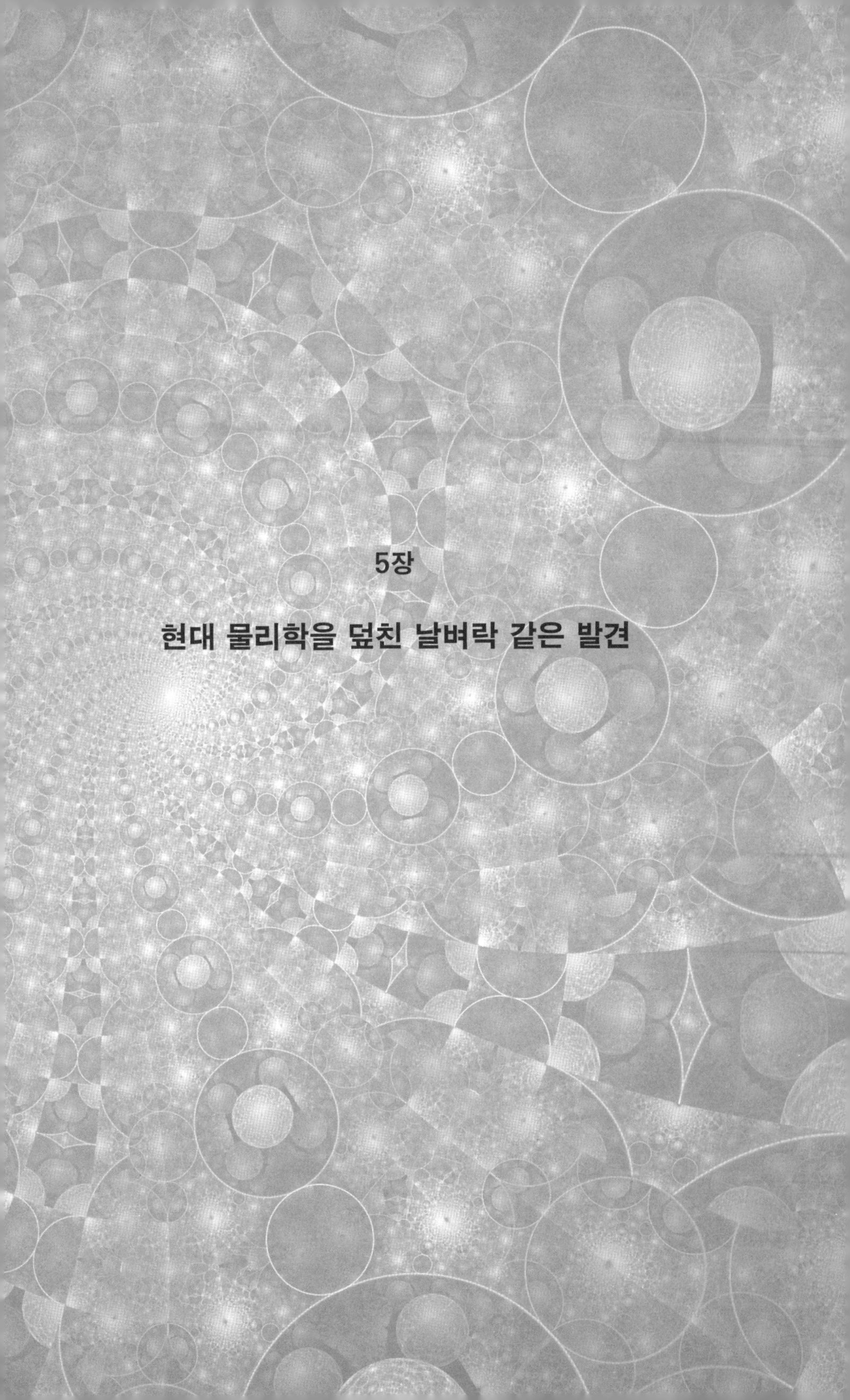

5장

현대 물리학을 덮친 날벼락 같은 발견

차이나타운에서도 길을 제대로 찾기 어려운데 우주를 이해하겠다는 사람들을 보면 나는 깜짝 놀란다.

— 우디 앨런

프리드만의 우주

1929년을 기억할 만큼 나이든 사람이라면 누구나 예금을 찾기 위해 은행에 몰려드는 사람들, 월 스트리트에서의 자살, 주택 융자금의 조기 상환, 실업 등의 기억으로 몸서리칠 것이다. 바로 대공황이 시작된 해였다. 그러나 모든 것이 나쁘기만 했던 것은 아니었다. 월 스트리트의 주식 시장은 확실히 풍선이 터지듯 무너져 내렸지만, 같은 해 햇살이 가득한 캘리포니아에서 에드윈 허블은 우리 우주가 대폭발이라는 폭발로부터 태어났음을 알아냈다. 이미 이야기한 것처럼 1917년에 아인슈타인이 생각했던 것과 달리, 우주는 변화하며 시간이 흐름에 따라 점점 커진다. 허블의 관측에 따르면, 먼 곳에 있는 은하들은 모두, 마치 큰 대포에서 동시에 모든 방향으로 발사된 것처럼, 우리로부터 급격하게 멀어지고 있다. 허블은 우주가 변화하고 있다는 것뿐만 아니라 마치 팽창하는 풍선처럼 점점 자라난다는 것을 발견했던 것이다.

허블이 은하의 움직임을 측정했던 기법은 잘 알려진 것이었다. 허블은 은하에서 온 빛을 분광기로 보내 그 파장에 따라 분리했다. 17세기에 아이작 뉴턴이 햇빛을 삼각 프리즘에 통과시킨 것과 마찬가지이다. 프리즘은 간단한 분광기로서 햇빛을 무지개의 일곱 가지 빛깔로 분리한다. 뉴턴은 햇빛이 빨강, 주황, 노랑, 초록, 파랑, 그리고 보라의 혼합이라는 정확한 결론에 도달했다. 오늘날 우리는 스펙트럼의 각 빛깔이 특정한 길이(파장)에 해당한다는 사실을 알고 있다.

별빛의 스펙트럼을 아주 자세히 살펴보면, 아주 가늘고 어두운 스펙트럼선이 무지개 위에 겹쳐 나타나는 것을 알 수 있다.

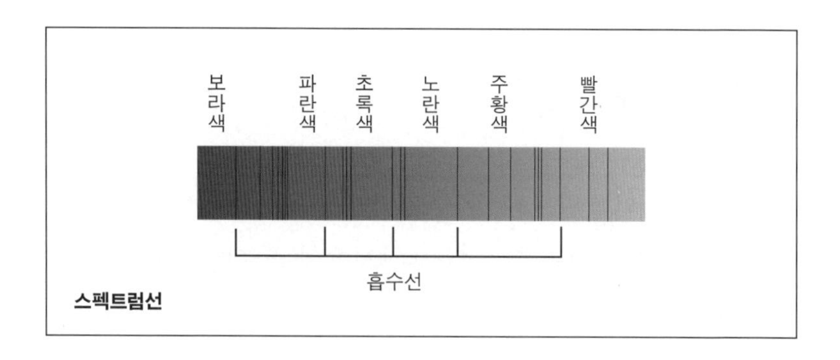

스펙트럼선

신비로워 보이는 이 없어진 빛들을 **흡수선**이라고 부른다. 그것은 빛의 이동 경로에 있는 어떤 것들이 다른 빛은 건들이지 않고 특정 파장, 즉 특정 빛깔의 빛들을 흡수했음을 의미한다. 이 별난 현상은 무엇 때문에 생기는 것일까? 이 현상은 바로 전자의 양자 역학적 행동 때문에 일어난다.

닐스 보어가 내놓은 최초의 양자론에 따르면, 원자 내부의 전자는 양자화된 궤도를 따라 움직인다. 뉴턴 역학에서라면 전자는 원자핵 주변에 그 거리가 어떻든 궤도를 형성할 수 있다. 그러나 양자 역학에서 전자는 마치 법적으로 특정한 길로만 다니게 되어 있는 차량처럼 움직인다. 길 사이에 있는 것이 교통 법규 위반인 것과 마찬가지로, 양자화된 궤도 사이에 있다는 것은 양자 역학의 법칙을 위배하는 것이다. 각 궤도는 고유한 에너지를 가지고 있어서 전자가 한 궤도에서 다른 궤도로 옮겨 가면 전자의 에너지는 달라진다. 전자가 바깥쪽 궤도에서 안쪽 궤도로 옮겨 가면, 여분의 에너지를 떨구기 위해 광자를 하나 내놓아야 한다. 반대로 안쪽에 있던 전자가 바깥쪽 궤도로 뛰쳐나가려면 광자를 하나 흡수하는 식으로 에너지를 얻어야 한다.

전자는 보통 다른 전자로 가로막혀 있지 않는 한(파울리의 배타 원리에 따르면 두 전자가 같은 양자 상태에 있는 것이 불가능하다는 것을 기억해야 한다.) 가장 안쪽에 있는 궤도를 따라 움직인다. 그러나 전자가 다른 물체와 충돌하면, 전자는 에너지를 흡수하고 원자핵에서 멀어진 새로운 궤도로 **양자 도약**(quantum jump)을 한다. 원자는 잠시 **들뜬상태**가 되는데, 결국은 전자가 광자를 하나 내놓고 원래 궤도로 돌아오게 된다. 이런 방식으로 방출된 빛은 원자의 종류에 따라 그 특징을 나타내는 특정한 파장을 가지게 된다. 각각의 원소들은 고유한 서명처럼 이 양자 도약에 해당하는 스펙트럼선을 보인다.

적당한 빛깔의 광자가 **바닥상태**의 원자를 때리면, 반대 현상이 일어난다. 광자가 흡수되면서 전자가 더 높은 에너지를 가진 궤도로 뛰어오르는 것이다. 이것은 별을 둘러싼 수소 기체를 통과하는 별빛에 흥미로운 효과를 준다. 수소는 별빛에서 정확히 수소의 스펙트럼에 해당하는 부분을 빼앗아 갈 것이다. 헬륨, 탄소 또는 다른 원소가 있다면, 그것들 역시 별빛에 특정한 흔적을 남길 것이다. 그 덕분에 우리는 별빛의 스펙트럼을 조사함으로써 그 별의 화학 조성을 알 수 있다. 중요한 점은 지구에서 관찰하게 되는 각 별의 개별 흡수 스펙트럼은 지구와 그 별 사이의 상대 속도에 따라 달라진다는 것이다. 그 열쇠는 도플러 효과이다.

속도를 내며 지나가는 경찰차의 사이렌 소리를 들어본 적이 있는가? 있다면 도플러 효과를 경험한 것이다. 높은 음의 '삐' 하는 소리는 차가 지나가면서 낮은 음의 '뽀' 하는 소리로 바뀐다. 접근하는 동안 당신을 향해 오는 음파는 한데 모이고, 반대로 차가 멀어질 때에는 잡아당겨지고 펼쳐진다. 파장과 진동수가 밀접하게 관련되어 있기에, '삐뽀' 소리를 듣게 되는 것이다. 진동수의 차이를 재서 자동차의 속도를 추측하는 것도 흥미로운 일이다.

그러나 도플러 효과는 보행자의 단순한 흥미거리 이상이다. 천문학자들에게 그것은 우주의 구조와 역사를 알아낼 수 있는 열쇠가 되기 때문이다. 도플러 효과는 음파, 결정의 진동에서 생기는 파동, 수면파 등 모든 종류의 파동에 적용된다. 천천히 움직이는 보트에 앉아 손가락을 물에 넣고 흔들어 보라.[1] 보트가 이동하는 방향으로 나아가는 물결은 묶이듯이 한데 모이고, 반대 방향으로 가는 물결은 잡아당긴 것처럼 늘어난다.

---

1. 보트는 수면파의 속도보다 느리게 움직여야 한다.

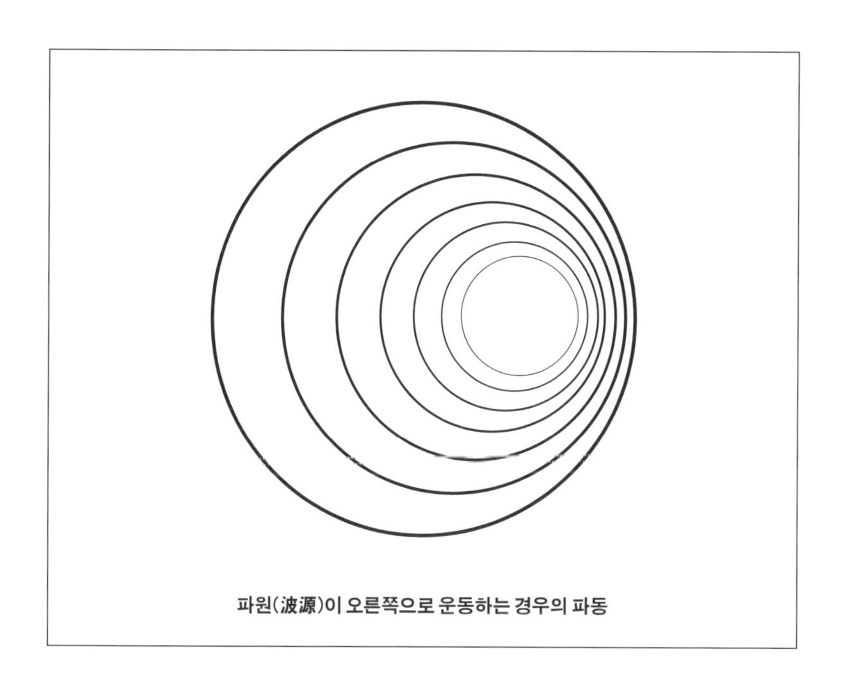

파원(波源)이 오른쪽으로 운동하는 경우의 파동

천문학자들에게는 다행스럽게도, 움직이는 물체에서 발사된 빛도 똑같이 행동한다. 로켓 추진으로 움직이는 레몬이 있어서 당신에게서 충분히 빠른 속도로 멀어진다면, 그것은 오렌지, 심지어는 토마토처럼 보일 것이다.[2] 그것이 당신에게 다가온다면, 당신은 그것을 라임이나 심지어 큰 블루베리라고 잘못 알아볼 수도 있다. 이것은 관찰자로부터 멀어지는 광원에서 나오는 빛은 **적색 이동**을 보이며, 다가오는 광원에서 나오는 빛은 **청색 이동**을 보이기 때문이다. 이것은 레몬에서 나오는 빛뿐만 아니라 은하에서 나오는 빛에도 적용된다. 게다가 이동의 정도는 지구에 대한 은하의 속도를 재는 척도가 된다.

허블은 이 현상을 이용해 많은 수의 은하의 속도를 결정했다. 그는 각

---

2. 눈으로 분명히 확인할 수 있을 정도로 레몬의 색깔이 바뀌려면 광속에 가까운 속도로 운동해야 한다.

은하로부터 오는 빛의 매우 정확한 스펙트럼을, 실험실에서 취한 비슷한 스펙트럼과 비교해 보았다. 만약 우주가 아인슈타인이 생각했던 대로 정적(靜的)이라면, 은하의 스펙트럼은 지상의 실험실에서 얻은 값과 동일해야 한다. 허블의 발견은 그 자신과 다른 모든 이들을 놀라게 했다. 멀리 떨어진 모든 은하에서 오는 빛은 분명히 붉은색 쪽에 치우쳐 있었다. 의심의 여지없이 허블은 그 은하들이 모두 우리에게서 멀어지고 있음을 발견한 것이다. 어떤 은하는 천천히 움직이고 어떤 것은 질주하듯 빨리 멀어지는데, 매우 가까운 몇 개의 은하를 제외하면, 은하들은 모두 멀어지고 있었다. 이것은 분명히 허블을 당혹스럽게 만들었다. 그것은 미래에는 은하들이 훨씬 더 멀리 떨어져 흩어져 버릴 것을 의미했다. 더욱 이상한 것은 과거에는 은하가 우리와 더 가깝게 있었다는 것이었다. 심지어 어떤 시점에는 우리와 같은 곳에 있었다!

허블은 또한 은하들까지의 거리를 대략적으로 결정할 수 있는 어떤 규칙성을 발견했다. 은하가 더 멀리 있을수록, 그것이 멀어지는 속도도 더 빨라졌다. 가까운 은하들은 거의 움직이지 않았지만, 멀리 떨어진 은하는 엄청난 속도로 멀어지고 있었다. 허블은 그래프 용지에 2개의 축을 그렸다. 수평축은 은하까지의 거리를 나타내고, 수직축은 은하의 속도를 나타낸다. 그래프 위의 각 점은 각 은하를 나타낸다. 그는 여기에서 아주 놀라운 것을 발견했다. 대부분의 점들이 한 직선 위 또는 그 가까이에 있었던 것이다.

이것은 후퇴 속도가 거리에 따라 증가할 뿐만 아니라 비례한다는 것을 의미한다. 2배 더 멀리 떨어진 은하는 2배 더 빨리 멀어지고 있었다. 이것은 새롭고, 전혀 예상하지 못했던, 새로운 우주 규칙이었다. 새로운 우주 법칙, 즉 허블의 법칙이다. 은하는 거리에 비례하는 속도로 우리에게서 멀어진다. 더 정확한 진술은 다음과 같다. 은하가 우리에게서 멀어

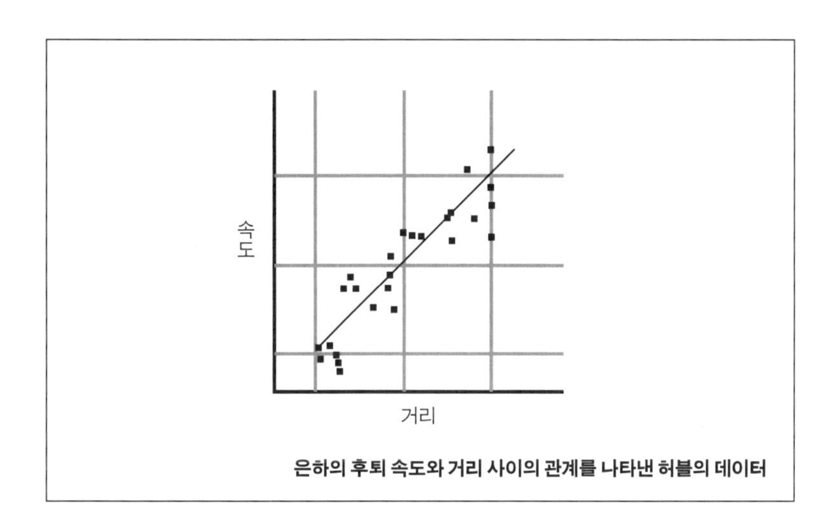

은하의 후퇴 속도와 거리 사이의 관계를 나타낸 허블의 데이터

지는 속도는 그 거리와 허블 상수라는 수의 곱으로 주어진다.[3]

사실 이것은 예상하지 못했던 것은 아니다. 러시아의 수학자 알렉산더 프리드만(Alexander Friedmann, 1888~1925년)은 우주에 관한 아인슈타인의 이론을 연구해 아인슈타인 1917년 논문이 잘못되었을 수도 있다는 논문을 1922년에 발표했다. 그는 우주가 정적이지 않고 시간에 따라 변화한다면, 우주 상수는 불필요하다는 주장을 폈다. 프리드만의 우주는 아인슈타인의 우주처럼 닫히고 유한한 3차원의 구이다. 그러나 아인슈타인과는 다르게, 프리드만의 우주는 시간에 따라 점점 커진다. 아인슈타인의 우주가 변화하지 않는 풍선이라면, 프리드만의 우주는 팽창하는 풍선의 표면과 비슷하다. 풍선을 하나 구해서 그 표면에 은하를 나타내는 점을 찍어 보자. 점들은 되도록 균일하게 찍는다. 그리고 천천히 풍선을 불어 보자. 풍선이 팽창하면서, 각 점은 다른 모든 점들로부터 점

3. '허블 상수'라는 용어는 오해의 여지가 있는데, 그것은 허블 상수가 시간에 따라 변화하는 값이기 때문이다. 과거에는 허블 상수의 값이 현재보다 더 컸다.

점 멀어진다. 특별한 점은 없지만 각각의 점들은 모두 다른 점들이 자신에게서 멀어지는 것을 보게 된다. 이것이 프리드만의 수학적 우주의 본질이다.

점들을 자세히 관찰하면 또 다른 사실을 알 수 있다. 그것은 더 멀리 떨어진 점들일수록 더 빨리 멀어진다는 것이다. 점들이 허블의 은하와 똑같이 행동하는 것이다. 허블의 법칙은 팽창하는 풍선 표면에 그려진 점들의 법칙이다. 프리드만은 불행히도 그의 업적이 미래의 우주론에 토대를 마련했다는 사실을 알지 못하고 1925년에 사망했다. 이제 프리드만의 우주론을 살펴보자.

우주 원리와 세 가지 기하

> 무한한 것은 두 가지밖에 없는데, 하나는 우주요, 다른 하나는 인간의 어리석음이다. 전자의 경우는 사실인지 분명하지 않다.
>
> — 알베르트 아인슈타인

몇 년 전에 나는 운 좋게도 남아프리카공화국의 초청을 받아 한 대학에서 강연할 기회가 있었다. 그곳에 있던 동안 우리 부부는 크뤼거(Krueger) 국립 공원을 여행했다. 그 공원은 남아프리카의 광활한 초원 지대로서 아프리카 대륙에 사는 많은 대형 포유류의 서식지였다. 그것은 굉장한 체험이었다. 아침저녁으로 우리는 랜드로버를 타고 밖으로 나가 야생 동물들의 사진을 찍었다. 우리는 하마, 코뿔소, 아프리카물소, 그리고 영양을 뜯어먹는 사자들을 보았는데, 무엇보다도 인상적이었던 것은 험악한 수컷 코끼리였다. 하지만 나는 달도 없는 어두운 남반구의 밤하늘에서 가장 큰 경외감을 느꼈다. 남반구의 밤하늘은 익숙한 북반구의 밤하늘보다 훨씬 더 별이 많았으며, 크뤼거의 밤은 인공의 빛 때문에 생긴 광공해가 전혀 없었다. 은하수가 하늘을 가로질러 뻗어 나가는 광경은 참으로 장엄했다. 그러나 사람을 이렇게 겸손하게 만드는 광대함도 실은 그리 대단한 것이 못 된다. 우리가 눈으로 볼 수 있는 은하수와 그것을 따라 흐르는 별들은 사실 훨씬 광대한 공간의 아주 작은 조각에 불과하며, 그 광대한 공간에는 수천억 개의 은하가 균질하게 채워져 있고, 그 은하들은 오로지 초대형 망원경을 통해서만 관찰할 수 있다. 게다가 이 공간조차 훨씬 더 큰 우주의 아주 작은 일부분에 불과하다.

나의 사전에서 **균질함**(homogeneity)이란 '구조와 조성에서 처음부터 끝까지 일정함'을 뜻한다. 말하자면 씹히는 덩어리 없이 부드럽고 맛있는 오트밀 죽을 연상하면 된다. 물론 돋보기로 오트밀 죽을 자세히 들여다보면, 그것은 그다지 균질해 보이지 않을 것이다. 균질하다고 할 때 중요한 것은 '특정 치수보다 큰 규모에서'라는 단서를 다는 것이다. 잘 섞인 오트밀 죽은 3밀리미터보다 큰 단위에서 균질적이다. 캔자스 주 한가운데 있는 브라운 씨의 밀밭은 1미터 단위 이상에서 균질적이다.

그런데 꼭 그런 것만도 아니다. 오트밀 죽은 3밀리미터에서 죽 그릇의 크기 정도까지의 규모에서 균질적이다. 브라운 씨의 밭은 3미터보다는 크고 1킬로미터보다는 작은 규모에서 균질적이다. 1킬로미터를 넘어서게 되면, 시골은 사각형 밭들을 얼기설기 기워 만든 누비이불처럼 보인다. 정확하게 말하자면 브라운 씨의 밭은 3미터부터 1킬로미터의 몇분의 1 정도의 규모에서 균질적이다.

육안으로 보면, 아프리카의 밤하늘은 매우 불균질하다. 밝고 좁은 빛의 띠인 은하수는 훨씬 더 어두운 배경을 둘로 나눈다. 그러나 큰 망원경으로 보면 수십억 개의 은하가 관측 가능한 우주에 대체로 균질하게 퍼져 있음을 볼 수 있다. 천문학자들에 따르면, 우주는 1억 광년부터 시작해 적어도 150억 광년까지의 규모에서는 균질적이며 **등방적**(isotropic)인 것으로 보인다. 150억 광년이라는 한계는 우리가 관측할 수 있는 한계일 뿐이다. 만약 이것을 우주 전체의 크기라고 한다면 상당한 과소 평가라는 비판을 받을 것이다.

내가 가진 사전에서 **등방적**이라는 말은 "모든 방향에 대해 동일함. 방향에 대해 불변"이라고 정의된다. 등방성은 균질성과 다르다. 예를 하나 들어 보자. 나는 홍해에서 산호초 가까이 잠수해 들어간 적이 있는데, 작고 깡마른 물고기가 큰 무리를 이루고 서로 바싹 붙어 아주 큰 영역을 균질하게 채운 광경을 보았다. 이유는 알 수 없었지만, 아주 가까이 가기 전까지 그 물고기들은 모두 같은 방향을 보고 있었다. 어떤 규모 이상에서 보면 그 물고기 떼는 균질적으로 보였지만, 결코 등방적인 것은 아니었다. 물고기 떼 내부의 모든 장소는 다른 모든 곳과 같았지만, 모든 방향이 다른 모든 방향과 같을 수는 없었다. 물고기들이 특정한 방향을 보고 있었기 때문이다.

우주론 학자들과 천문학자들은 거의 언제나 우주가 균질적이고 등방적이라고 가정한다. 즉 당신이 우주의 어느 지점에 있든지, 그리고 어느 곳을 향하고 있든지, 당신은 똑같은 것을 목격한다는 것이다. 가까운 곳의 세부까지 같다는 것이 아니라, 큰 규모에서 그렇다는 것이다. 우주론 학자들은 이 가정을 **우주 원리**(cosmological principle)라고 부른다. 물론 그것을 '원리'라고 부른다고 해서 꼭 맞으리라는 법은 없다. 원래는 단지 추측일 뿐이었지만, 더 다양하고, 더 우수한 관측 결과를 얻으면서 천문학자들과 우주론 학자들은 우주가 수억 광년부터 적어도 수백억 광년의 규모에서는 진실로 균질적이며 등방적이라는 사실을 확신하게 되었다. 그 이상에 대해서 잘 알 수 없는 것은 관측에 한계가 있기 때문이다. 우리의 망원경이 아무리 커도 140억 광년보다 더 멀리 떨어진 물체는 관측할 수 없다. 그것은 우주의 나이가 140억 년 정도라는 간단한 사실 때문이다. 그동안 빛은 140억 광년 이상 여행할 수 없었다. 더 먼 곳에서 방출된 빛은 아직 우리에게 도달하지 못한 것이다. 우주가 관측 가능한 영역을 훨씬 넘어선 규모까지도 균질적이며 등방적이라는 것은 거의 사실일 것이다. 그러나 브라운 씨의 발과 마찬가지로 우주는 충분히 멀리 떨어져서 보면 호주머니 우주들을 연결해서 만든 복잡한 누비이불 같을 수도 있다.

당분간은 우주 원리가 가장 큰 규모까지 정확하다는 통상적인 관점을 우리도 받아들이기로 하자. 이것은 매우 흥미로운 질문을 제기하는데, 어떤 종류의 기하학적 공간이 우주 원리에 적합한가 하는 것이다. 공간의 기하란 공간의 모양을 뜻한다. 우선 2차원의 예부터 생각해 보자. 2차원 구면은 하나의 특수한 기하이다. 타원면도 그렇고, 배 모양 곡면이나, 바나나 모양 곡면도 2차원 기하의 특수한 예이다.[4]

이 2차원 기하들 중에서 오로지 구면만이 균질하고 등방적이다. 원과 마찬가지로, 구면도 완벽한 대칭성을 지니고 있다. 모든 점은 다른 모든 점과 완벽하게 동등하다. 타원면은 구면만큼 대칭적이지는 않지만 그래도 상당한 대칭성을 가지고 있다. 예를 들어, 그 거울상은 자신과 똑같다. 하지만 타원면의 각 점은 다른 점들과 동등하지 않다. 배나 바나나 모양의 곡면은 그것보다도 대칭성이 적다.

곡면의 성질을 기술하는 한 가지 방법은 그것의 곡률을 이용하는 것이다. 구면의 곡률은 완전히 균일하다. 수학적으로 이야기하면 구면은 균일한 크기의 곡률을 가진 공간이다. 타원면도 양의 곡률을 가진 공간이지만 어떤 점들은 다른 점들에 비해 덜 휘어 있다. 예를 들어 길쭉한

4. 모양이라 함은, 물론 표면 형상을 일컫는다.

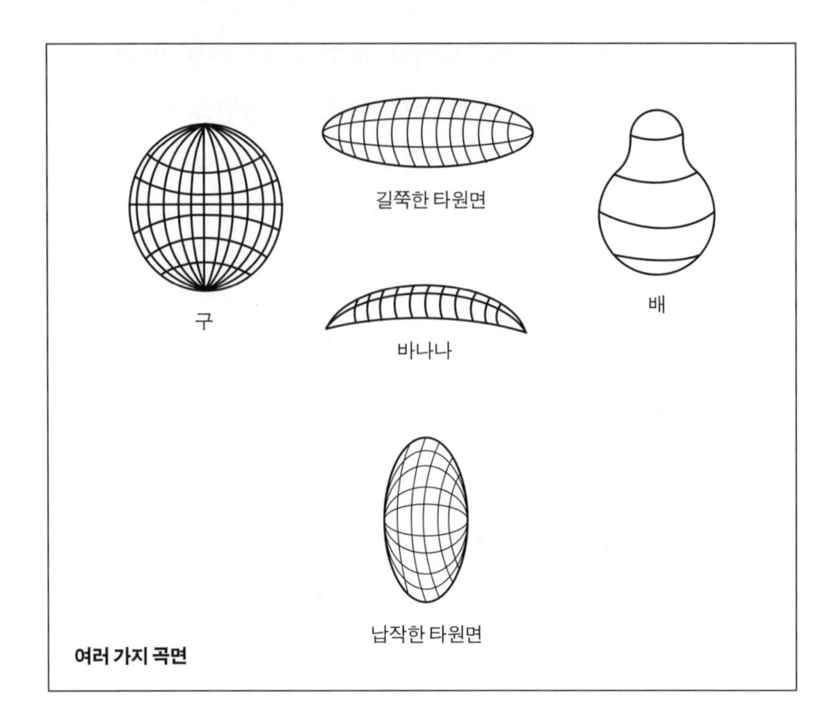

여러 가지 곡면

타원면은 흡사 잠수함처럼 생겼는데, 허리 부분보다는 양쪽 끝 부분들이 더 많이 휘었다. 이 모든 예에서 오로지 구면만이 균일한 곡률을 가지며 균질적이다.

구면, 타원체면, 그리고 과일의 곡면 모두 닫혀 있고 유한한 기하인데, 그것은 그 곡면들이 크기에 한도가 있으면서, 한 방향으로 아무리 나아가도 결국 제자리로 돌아온다는 의미에서 그 끝이 없음을 뜻한다. 그러나 사실은 우주가 유한한지 아무도 모른다. 우주는 아직 마젤란 같은 탐험가가 일주하지 못했다. 우주가 영원히 계속되며, 따라서 한계가 없고 무한한 것도 분명히 가능한 일이다.

만약 우리가 우주가 무한하다는 가능성을 허용한다면, 균질적이고 등방적인 기하를 두 가지 더 생각할 수 있다. 첫 번째는 알기 쉽다. 무한한 평면이다. 그것은 무한히 계속되는 종이에 비유할 수 있다. 무한한 평면에는 어떤 경계도 없어서 당신이 어디에 있는지, 또는 어디를 향하고 있는지 알 수 없다. 그리고 구면과는 다르게 평면은 휘지 않았다. 수학적으로는 0의 곡률을 가진다. 구면은 양의 곡률, 평면은 0의 곡률을 가진다. 그리고 무한하면서 균질적이고 등방적인 공간의 두 번째 예는 음의 곡률을 가진 '쌍곡면 기하'이다. 90도로 휜 수도관을 생각해 보자. '팔꿈치'처럼 생긴 바깥쪽에서 금속판은 구면처럼 양의 곡률을 가지고 휘어 있다. 안쪽의 곡면에서는 음의 곡률을 갖는다.

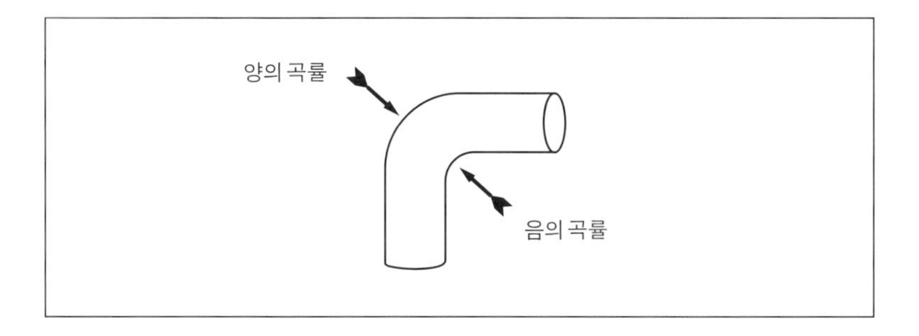

그러나 물론 수도관처럼 생긴 곡면은 균질적이지 않다. 안쪽의 휜 영역은 바깥쪽의 양의 곡률을 가진 부분과 전혀 같지 않다. 더 좋은 예는 말안장의 표면이다. 안장 모양을 한없이 확장해 곡률이 음수인 무한한 공간을 상상해 보자. 머릿속으로 그리는 것이 쉽지만은 않지만, 가능한 일이라는 것은 알 수 있다.

이 세 종류의 곡면, 즉 구면, 평면, 쌍곡면 모두 균질적이다. 게다가 이 세 곡면들 모두 3차원 유사체가 존재한다. 3차원 구면, 통상적인 3차원 유클리드 공간, 그리고 가장 시각화하기 어려운 것으로서 3차원 쌍곡면이 있다.

이번에는 각 곡면에 따른 세 가지 표준적인 우주론을 상상해 보자. 각 곡면을 고무판이나 풍선으로 간주하고, 그 위에 찍힌 점이 은하라고

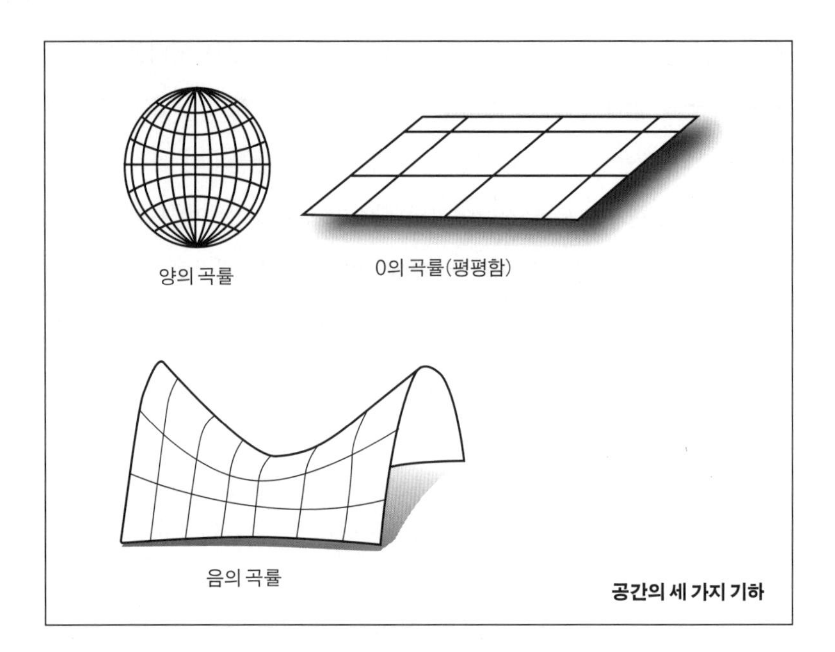

공간의 세 가지 기하

해 보자. 그리고 곡면을 잡아당겨 점들이 떨어져 나가 그 사이의 거리가 시간에 따라 점점 증가하도록 해 보자. 이것이 전부이다. 당신은 이제 균질적이고 등방적인 우주에 대한 세 가지 모형을 얻은 것이다. 우주론 학자들은 이 세 경우를 k=1, k=0, k=-1이라고 한다. 그것은 단지 양의 곡률(구면)을 가진 우주, 0의 곡률(평평한 공간, 또는 평면)을 가진 우주, 그리고 음의 곡률(쌍곡면)을 가진 우주를 간단하게 표시하는 방법들이다.

우주란 아인슈타인이 생각했던 것처럼 유한할까? 아니면 한없이 많은 별들과 은하들로 차 있을까? 이 질문은 20세기 내내 우주론 학자들을 매혹시켜 왔지만 그 대답을 얻기는 어려웠다. 이 장의 나머지 부분에서 나는 최근 발견된 것이 무엇인지, 그리고 그것이 앞의 질문과 어떻게 관련되어 있는지 이야기할 것이다.

우주의 세 가지 운명

한 달 전쯤에 누군가 우리 집 현관문을 두드렸을 때, 나는 이 책 원고를 쓰던 중이었다. 문을 열었더니 아주 말쑥하게 차려 입은 세 명의 젊은이가 나에게 작은 인쇄물을 하나 건넸다. 나도 보통은 전도하러 다니는 사람들과 굳이 논쟁하지 않지만, 그 소책자의 제목이 「당신은 우주의 종말을 맞을 준비가 되어 있습니까?」인 것을 보니, 그들에게 질문을 던지지 않고는 배길 수 없었다. 나는 그들에게 우주의 끝에 대해서 도대체 어떻게 알 수 있냐고 물었다. 그들은 현대 과학자들은 성경의 아마겟돈 이야기를 이미 확증했으며 우주의 종말은 과학적 사실이라고 대답했다.

그들이 맞을지도 모른다. 현대 과학자들이 우주가, 적어도 우리가 아는 한, 결국은 종말을 맞게 될 것이라고 예측하는 것은 사실이다. 합리적인 생각을 가진 모든 우주론 학자들은 그렇게 이야기한다. 그 일이 언제, 그리고 어떤 방식으로 일어날지는 어떤 가정을 하는가에 따라 달라지지만, 수백억 년 안에는 일어나지 않을 일이라는 데에는 모든 사람이 동의하고 있다.

대강 이야기하자면 '우주의 종말'에는 두 가지 시나리오가 있다. 그것들을 이해하기 위해서 허공에 수직으로 던진 돌을 생각해 보자. 이때 공기에 관해서는 잊어 버리자. 대기가 없는 소행성에서 돌을 던진다고 가정해도 좋다. 결과는 둘 중 하나이다. 소행성의 중력이 충분할 경우 그 인력에 끌려 돌이 되돌아오거나, 중력이 충분하지 않을 경우 그렇게 되지 않는다. 첫 번째 경우에 돌의 운동은 그 방향이 바뀌어 소행성으로 되돌아와 부딪힐 것이지만, 두 번째 경우에는 돌이 중력을 이기고 영원히 날아가 버린다. 이것은 돌의 초기 속도가 **탈출 속도**보다 큰지 아닌지에 달려 있다. 탈출 속도는 소행성의 질량에 따라 달라진다. 소행성의 질량이 커지면, 탈출 속도도 따라서 커진다.

일반 상대성 이론에 따르면, 우주의 운명은 이 돌의 운명과 비슷하다.[5] 은하들과 다른 물질들은 대폭발에서 발사되어 현재 서로에게서 멀어지고 있다. 그동안 중력은 그들을 다시 잡아당기는 쪽으로 작용하고 있다. 다르게 표현하면, 우주는 풍선처럼 점점 커지고 있지만, 중력 상호 작용을 하는 물질들이 그 팽창을 감속시키는 형국이다. 우주는 팽창을 계속할 것인가, 아니면 중력이 그것을 뒤집어 결국 수축하기 시작할 것인가? 그 대답은 소행성과 돌의 경우와 매우 비슷하다. 우주에 충분한 물질이 있다면, 방향이 뒤바뀌어 결국은 끔찍하게 뜨거운 거대한 대충돌에 이를 것이다. 반면에 만약 충분한 물질이 없다면, 우주는 한없이 계속 팽창할 것이다. 무한히 팽창하는 경우 종말은 좀 덜 급격할 수 있을지 몰라도 결국 우주는 텅텅 비어 차가운 죽음을 맞이할 것이다.

돌과 우주의 경우 모두 제3의 가능성이 존재한다. 돌이 정확히 탈출 속도의 값을 가질 수도 있기 때문이다. 여기에는 중력과 밖으로 향하는 속도 사이의 정확한 균형이 필요하다. 이 경우에 대해 계산해 보면, 돌은 점점 느려지면서 계속 밖으로 날아간다. 우주에서도 마찬가지이다. 질량의 밀도와 팽창 속도 사이에 정확한 균형이 이루어진다면, 우주는, 팽창 속도는 점점 줄어들겠지만, 영원히 팽창할 것이다.

기하학이 우주의 운명을 결정한다!

앞에서 설명한 세 가지 가능한 기하와 세 가지 가능한 운명 사이에

5. 나는 당분간 우주 상수의 존재를 완전히 무시할 것이다. 앞으로 보게 되겠지만 우주 상수는 결론을 완전히 바꿀 수 있다.

어번 관계가 있을까? 있다. 우주 상수가 없는 경우 아인슈타인의 중력 이론은 기하와 질량 사이의 관계를 결정한다. 즉 질량이 기하에 영향을 미친다. "질량은 중력장의 근원"이라는 뉴턴의 명제는 "질량은 공간을 뒤틀고 구부린다."라는 것으로 바뀐다. 이것이 세 가지 기하를 세 가지 운명과 연결하는 고리이다. 자세한 것은 텐서 미적분학과 리만 기하학이라는, 일반 상대성 이론의 난해한 수학에 들어 있지만, 그 결과는 우주 상수가 없는 경우 쉽게 이해할 수 있다.

1. 만약 우주의 질량 밀도가 팽창을 되돌릴 수 있을 만큼 충분히 크다면, 그것은 공간을 비틀어 3차원 구면이 되도록 만들 것이다. 이것이 닫히고 유한한 우주의 경우이다. 그리고 그 운명은 최후의 붕괴, 또는 전문 용어로 **특이점**이다. 이 경우 **닫힌 우주**라고 하며, $k=1$인 경우이다.
2. 만약 닫힌 우주가 되기 위한 값보다 밀도가 작다면, 운동을 되돌리기에는 불충분하다. 이 경우 공간은 뒤틀려 쌍곡면이 된다. 쌍곡면의 우주는 영원히 팽창한다. 이것은 **열린 우주**라고 부르며, $k=-1$에 해당한다.
3. 만약 우주가 정확히 열린 우주와 닫힌 우주 사이에 경곗값에 있다면, 공간의 기하는 평평하고, 휘어지지 않은 유클리드 공간이며, 우주는 팽창 속도는 계속 감소하지만 끝없이 팽창한다. 이것은 **평평한 우주**라고 부르며, $k=0$이라고도 한다.

우리 우주는 어떤 경우에 해당할까?

어떤 이는 세계가 화염 속에서 종말을 맞을 것이라고 하고,
어떤 이는 얼음 속에서라고 한다.
내가 맛보았던 욕망에 비춰 보면

불로 멸망한다는 사람들 편을 들고 싶다.
하지만 세계가 두 번 멸망한다면,
증오에 대해 나도 충분히 아는 만큼
얼음도 훌륭하며
또한 충분하다.

— 로버트 프로스트, 「불과 얼음」

내가 그 세 선교사들에게 뜨거운 죽음인지 차가운 죽음인지 물었을 때, 그들은 그것은 모두 나 하기에 달렸다고 대답했다. 분명 그 뜻은 내가 개종하지 않는 한 뜨거운 죽음을 맞을 것이라는 뜻이리라.

물리학자들과 우주론 학자들은 최후의 심판에 관해 그 선교사들만큼 확신하지 못한다. 수십 년 동안 그들은 세 가지 운명 중 어떤 것이 최후의 날을 지배할지 알아내려고 애써 왔다. 첫 번째 방법은 매우 직접적이다. 망원경으로 먼 곳을 바라보고 눈에 보이는 모든 무거운 것들, 별, 은하, 거대한 먼지 구름, 기타 추측할 수 있는 모든 것들을 관측하는 것이다. 그 모든 것들이 만드는 중력이 우주 팽창을 되돌릴 수 있을까?

우리는 현재 우주가 얼마나 빠르게 팽창하고 있는지 알고 있다. 허블은 먼 은하의 후퇴 속도가 그 거리에 비례한다는 것을 발견했으며 그 비례 상수가 바로 허블 상수이다. 이 양은 팽창 속도에 대한 가장 좋은 척도이다. 허블 상수가 크면 클수록, 은하가 더 빠르게 우리에게서 멀어진다는 것을 뜻한다. 허블 상수의 단위는 단위 거리당 속도이다. 천문학자들은 보통 '(킬로미터/초)/메가파섹((km/s)/Mp)'이라는 단위를 쓴다. 초속 몇 킬로미터(km/s)가 속도의 단위라는 것은 누구나 알 수 있다. 초속 1킬로미터는 음속의 약 3배, 즉 마하 3에 해당한다. 메가파섹(Mp)은 그것보다 덜 익숙할 것이다. 그것은 길이의 단위로서 우주론을 연구할 때 편리하다. 1메가파섹은 약 300만 광년, 또는 3000경 킬로미터(1경(京)은 1억의 1억 배, 또는 1조의 1만 배에 해당한다. — 옮긴이)로서, 우리와 가까운 안드로메다 은하까지의 거리보다 좀 더 멀다.

허블 상수의 값은 오랜 세월에 걸쳐 반복적으로 측정되어 왔으며 활발한 논쟁의 주제가 되어 왔다. 천문학자들은 그것이 1메가파섹당 초속 50~100킬로미터일 것으로 생각했는데, 최근에야 그 값이 앞의 단위로 75 정도라고 결정했다. 그것은 1메가파섹 떨어진 은하들이 초속 75킬로미터의 속도로 우리에게서 멀어지고 있음을 의미한다. 2메가파섹 떨어진 은하들은 초속 150킬로미터로 멀어진다.

지상에서 일어나는 현상을 기준으로 하면 초속 75킬로미터란 엄청나게 빠르다고 할 수 있다. 그 속도라면 지구를 한 바퀴 도는 데 약 10분밖에 안 걸린다. 하지만 물리학자나 천문학자의 관점에서는 전혀 빠른 것이 아니다. 예를 들어, 팔랑개비처럼 도는 우리 은하는 지구를 그것보다 10배나 빠르게 움직인다. 그리고 빛의 속도와 비교한다면 달팽이처럼 느리다고 해야 할 것이다.

허블의 법칙에 따르면, 안드로메다 은하는 우리로부터 약 초속 50킬로미터의 속도로 멀어지고 있어야 하지만, 실제로 그것은 우리 쪽으로 다가오고 있다. 너무 가까이 있어서 우리 은하가 가진 중력의 영향을 받아 허블 팽창이 상쇄되는 탓이다. 그러나 허블의 법칙은 안드로메다 은하처럼 가까이 있는 은하에 대해서 정확성을 주장하는 것이 아니다. 충분히 멀리 떨어져 있어서 서로의 중력을 무시할 수 있는 은하들에 허블의 법칙은 매우 정확하게 적용된다.

그럼에도 불구하고, 팽창 속도는 느리며, 아주 적은 질량만 있어도 되돌려질 수 있다.

팽창 속도를 알면, 질량 밀도가 어떤 값 이상이어야 우주의 영원한 팽창을 막을 수 있을지 계산하는 것은 아인슈타인 방정식의 간단한 응용 문제이다. 1세제곱미터당 10^{-25}킬로그램이 그 경곗값, 즉 아슬아슬하게 은하의 팽창을 되돌릴 수 있는 값이다. 이것은 그리 큰 값이 아니며, 대략 1세제곱미터당 50개의 양성자가 있는 정도이다. 질량이 조금만 더 있어도 우주는 3차원 구면으로 휘어져서 대폭발을 비극적인 대충돌로 전환시킨다. 우주의 질량 밀도가 정확히 이 임곗값을 가지면 우주는 평평해질 것이다. (즉 k=0이다.)

천문학자들은 별, 기체, 먼지 구름 등의 형태로 된 물질, 즉 우주에서 빛을 내거나 산란시키는 모든 것들을 찾아 하늘을 검색한다. 우주가 균질적이라고 가정하면, 우리 은하 근처에서 빛을 내는 모든 질량을 합해 질량 밀도의 우주적 평균값을 잴 수 있다. 그 숫자는 놀라울 정도로 작아서 1세제곱미터당 1개의 양성자를 포함하는 정도이다. 닫힌 우주를 만들 수 있는 값에 비해서 50분의 1밖에 안 된다. 그 의미란 명백하게 우리가 음의 우주 상수를 가진 무한한 열린 우주(k=-1)에 살고 있다는 것이며, 우리 우주는 앞으로도 영원히 팽창한다는 것이다.

그러나 천문학자들과 우주론 학자들은 항상 이런 결론을 서둘러 내리는 것을 경계해 왔다. 물리학에서는 50배의 오차란 큰 망신거리이지만, 천문학은 그것과 달리 최근까지도 조야한 면이 있었다. 천문학적 어림셈은 흔히 10배나 100배까지도 벗어날 수 있었다. 오히려 우주론 학자들은 질량 밀도란 어떤 값이라도 가질 수 있으므로, 그 결과가 임곗값에 아주 가깝게 나왔다는 것에 의심을 품었다. 그리고 그것은 올바른 생각이었다.

은하의 질량을 재기 위해 그 빛을 관측하는 것 말고도 훨씬 더 직접적이고 믿을 만한 방법이 있다. 그것은 뉴턴의 법칙을 이용하는 것이다. 소행성과 돌멩이를 다시 생각해 보자. 이번에 돌멩이는 수직으로 움직이는 대신에 소행성 주위에서 원 궤도를 따라 움직인다. 소행성의 중력이 돌멩이를 궤도에 잡아 두고 있다. 뉴턴의 가장 중요한 가르침은 돌멩이의 속도와 궤도의 반지름을 재면 소행성의 질량을 결정할 수 있다는 것이다. 비슷한 방식으로 회전하는 은하의 가장 바깥쪽에 있는 별들의 속도를 측량함으로써, 천문학자들은 은하의 질량을 결정할 수 있다. 자, 그들은 무엇을 발견했을까?

모든 은하들은 천문학자들이 생각했던 것보다 무거웠다. 간단히 이야기하면, 모든 은하는 그것이 포함하는, 눈에 보이는 모든 별과 성간 기체의 질량을 합친 것보다 10배 정도 더 무거웠다. 나머지 90퍼센트의 질량은 정체불명이었다. 그것이 보통의 물질처럼 양성자, 중성자, 전자 들로 만들어지지 않았다는 것은 거의 확실하다. 우주론 학자들은 그것을 '암흑 물질(dark matter)'이라고 부르는데, 그것들이 빛을 내지 않기 때문이다.[6] 유령 같은 이 물질은 중력을 가졌다는 사실을 제외하면 빛을 산란시키지도, 또는 어떤 다른 형태로도 자신을 노출시키지 않는다. 현대 과학이란 참으로 기묘하다. 존 돌턴(John Dalton, 1766~1844년)의 시대 이후로 그 오랜 세월 동안 모든 물질은 통상적인 물성을 가진다고 여겨져 왔다. 그러나 이제는 우주의 모든 물질 중 90퍼센트는 우리가 전혀 알지 못하는 것이라고 생각된다.

천문학자들이 암흑 물질이 존재한다는 확신을 서서히 굳혀 가는 동안, 이론 물리학자들은 온갖 종류의 새로운 기본 입자들을 가지고 가설을 세우느라 바빴다. 초기에는 중성미자가 암흑 물질의 후보로 떠올랐고, 초대칭 짝 입자들도 후보로 거론되었지만, 분명한 것은 이 입자들만

---

6. 암흑 물질과 암흑 에너지를 혼동하면 안 된다. 암흑 에너지는 진공 에너지를 나타내는 다른 용어이다.

으로는 암흑 물질의 질량을 채우기에는 모자라다는 것이다. 암흑 물질이 무엇인지는 아무도 모르지만, 가장 가능성이 높은 답은 그것이 우리가 아직 발견하지 못한 새롭고 무거운 기본 입자라는 것이다. 아마도 그것들은 보통 입자들의 초대칭 쌍둥이, 예를 들어 중성미자의 보손 짝이거나 광자의 페르미온 짝일지도 모른다. 어쩌면 그것들은 어떤 이론가도 상상해 본 적 없는, 모든 예상을 완전히 뒤엎는 부류의 기본 입자일지도 모른다.

무엇이든 간에 그것들은 무거우며 중력 상호 작용을 한다. 하지만 그것들은 전하가 없어서 빛을 산란시키거나 방출할 수 없다. 그것이 우리가 아는 전부이다. 그것들은 분명히 우리 주위 어디에나 있고, 지구, 심지어 우리의 몸을 쉬지 않고 통과하고 있지만 우리는 그것들을 보거나 느끼거나 냄새 맡을 수 없다. 전하가 없다면 우리의 감각 기관은 그것을 포착할 수 없기 때문이다. 이러한 신비한 대상에 대해서 더 자세히 알기 위해 극히 민감한 입자 가속기가 건설되고 있지만, 지금으로서는 암흑 물질이 은하를 우리의 예상보다 10배나 무겁게 만든다는 것을 기억하는 것으로 충분하다.

우주가 열려 있으며 무한한지, 또는 닫혀 있으며 유한한지는 천문학이 생긴 이래로 천문학자들을 항상 괴롭혀 온 문제이다. 유한한 개수의 은하, 별, 행성을 가진 닫힌 우주는 직관적으로 이해하기 쉽지만, 한계가 없는 열린 우주는 이해할 수 없다. 우리는 우주를 닫혀 있게 하는 데에 필요한 물질의 양을 이론적으로 거의 정확히 알아냈는데, 지금까지 관측으로 발견한 물질의 양은 '실험 오차로 약간 차이가 나는 것으로 생각될 만큼' 그 양과 거의 같다. 원래는 임계 밀도의 50분의 1 정도밖에 안 되었다. 지금은 고작 5분의 1 수준까지 이르렀다. 우주 공간에 있는 물질의 총량을 정확히 알고 있다는 우리의 확신은 그만큼 강해지고 있다.

허블 상수가 부정확하게 측정된 것일까? 만약 허블 상수가 현재의 2분의 1이나 3분의 1 정도밖에 안 된다면, 현재의 질량 밀도는 우리 우주를 닫힌 우주로 만드는 데 매우 가까운 값일 것이다. 허블 상수를 정확히 측정하는 것에 많은 것들이 달려 있기 때문에 우리는 이 추론에서 가능한 어떤 허점도 남기지 않으려고 한다.

천문학자들은 거의 80년 동안이나 점점 더 정교해지는 기구들을 사용해서 허블 상수의 정확한 값에 더 가까이 다가가고 있다. 이제는 그 값이 우주가 닫혀 있을 만큼 충분히 작다는 것은 거의 불가능한 일로 여겨지고 있다. 만약 그것이 옳은 결론이라면, 우리는 우주의 질량 밀도가 닫힌 우주를 만들기에는 부족하다고 결론내려야 할 것이다. 그러나 이야기는 아직 끝나지 않았다.

우주가 닫혔는지, 열렸는지, 아니면 평평한지를 결정할 수 있는 매우 직접적인 방법이 하나 더 있다. 우주 공간에 거대한 삼각형을 그리면 된다. 빛이 지나가는 경로를 각 변으로 삼으면 각 변이 직선인 삼각형을 그릴 수 있다. 우주의 관찰자는 이 거대한 삼각형의 세 내각을 잴 수 있는데, 에우클레이데스의 기하학을 성실히 배웠다면 세 내각의 합은 180도, 즉 직각의 2배가 되어야 한다는 것을 알고 있을 것이다. 고대의 그리스인들은 이 사실을 확신했으며, 이것이 성립하지 않는 공간을 생각할 수 없었다.

그러나 현대의 기하학자들은 그 답이 공간의 기하에 따라서 달라진다는 것을 알고 있다. 만약 공간이 에우클레이데스가 생각했던 것처럼 평평하다면, 세 각의 합은 180도가 될 것이다. 반면 공간이 구면이라면, 내각의 합은 180도가 넘을 것이다. 그리기 좀 힘들지만, 음의 곡률을 가진 공간에서는 삼각형 내각의 합은 언제나 180도보다 작다.

우주 탐험대를 수십억 광년 너머에 있는 다른 꼭짓점으로 보낸다는

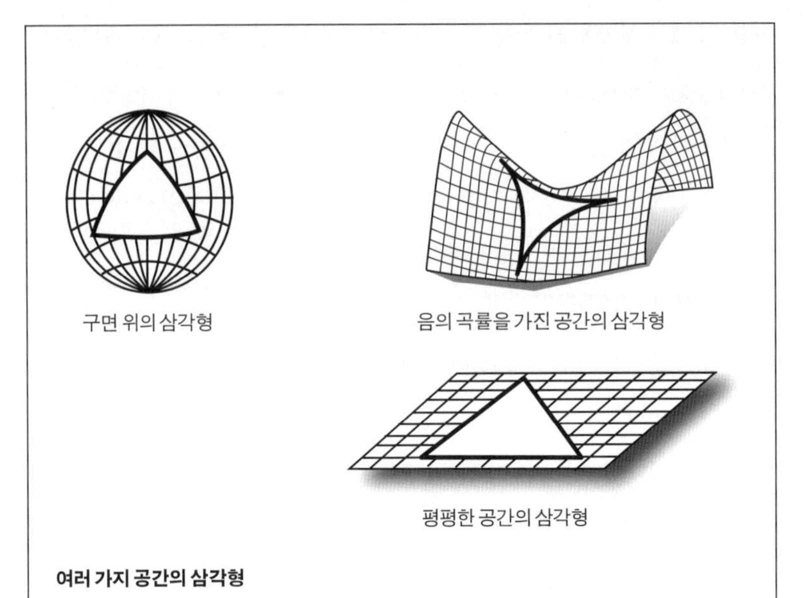

여러 가지 공간의 삼각형

것은 현실성이 없지만 그것이 가능하다고 하더라도 그곳에 도착하는 데 수십억 년이 걸릴 것이고 그 결과를 지구로 전달하는 데 다시 수십억 년이 걸릴 것이다. 그러나 무한한 발명 재주를 가진 천문학자들은, 믿거나 말거나, 지구를 떠나지 않고도 같은 작업을 수행할 수 있는 방법을 고안해 냈다. 나는 마이크로파 우주 배경 복사(cosmic microwave background radiation, CMBR)를 설명한 다음에 천문학자들이 어떻게 그 일을 하는지 이야기하겠다. 하지만 그 결과는 간단히 이야기할 수 있다. 우주 공간은 평평한 것으로 판명되었다! 정확히 에우클레이데스가 가정한 대로, 또는 더 정확하게 말하면 실험의 정확도 내에서 삼각형의 세 내각의 합은 180도이다.

당신은 지금쯤 무엇인가 심각하게 잘못되었다는 것을 알아챘을 것이다. 우주가 열려 있는지, 닫혀 있는지, 또는 평평한지 결정하는 방법은 두 가지인데, 두 답은 서로 양립할 수 없다. 우주에 있는 물질의 전체 질량을 관측해 보면, 전체 질량이 닫힌 우주를 만드는 것은 물론 우주를 평평하게 만들기에도 모자란 것으로 보인다. (필요 질량의 5분의 1밖에 안 된다.) 그러나 우주의 삼각형을 조사하면 우주의 기하는 분명 의심의 여지 없이 평평해 보인다.

우주의 나이보다 오래된 별들?

우주의 역사를 찍은 영화, 즉 뜨거운 탄생부터 성숙한 현재까지 그린 영화가 있다고 상상해 보자. 하지만 그 영화를 정상적인 방법(탄생에서 현재까지)으로 보는 대신, 우리는 그것을 거꾸로 돌려 보자. 우리는 우주의 팽창 대신 수축을 목격하게 된다. 은하들이 허블의 법칙이 요구하는 것과는 정반대로(그 속도가 거리에 비례하지만 멀어지는 대신 우리에게 다가오는 쪽으로) 움직이는 것처럼 보일 것이다. 멀리 있는 은하 중 하나를 골라 그것이 우리에게 다가오는 것을 추적해 보자. 허블의 법칙을 사용하면 그 속도를 결정할 수 있다. 그 은하가 1메가파섹만큼 떨어져 있다고 해 보자. 허블의 법칙은 그 은하가 초속 75킬로미터의 속도로 다가오고 있다고 말해준다. 얼마나 멀리 있는지, 그리고 얼마나 빨리 움직이는지 안다면 그 은하가 우리에게 도달하는 데 얼마나 걸릴지 알아보는 것은 쉬운 일이다. 답을 이야기해 주겠다. 그 답은 약 150억 년이다. 이것은 은하가 동일한 속도로 운동한다고 가정했을 때의 답이다.

2메가파섹만큼 떨어진 은하는 어떻게 될까? 허블의 법칙에 따르면 그 은하는 앞에서 고려했던 은하에 비해서 2배 빨리 움직일 것이다. 2배 멀지만 2배 빨리 다가온다. 그 은하 역시 150억 년이면 바로 우리 앞에 도착할 것이다. 이것은 모든 은하에서 다 똑같다. 이 계산에 따르면 우주의 역사를 거꾸로 돌리는 영화에서 모든 은하들은 150억 년이면 분화되지 않은 하나의 덩어리로 뭉칠 것이다.

하지만 은하들은 일정한 속도로 다가오지 않는다. 영화가 제대로 돌아갈 때 중력은 은하들이 서로 멀어지는 것을 점점 느리게 만든다. 따라서 영화를 거꾸로 돌리면, 중력은 은하를 더 빨리 접근하게 만든다. 이것은 은하들이 충돌하는 데 더 짧은 시간이 걸린다는 뜻이다. 정확하게 계산하면, 은하들이 고밀도의 덩어리 안에 빽빽하게 차 있었던 것은 약 100억 년 전임을 알 수 있다. 이것은 수소와 헬륨 기체가 결국 은하를 이루게 된 덩어리로 응집하기 시작한 것이 고작 100억 년 전임을 의미한다. 간단히 말해 앞의 계산에 따르면 우주의 나이는 100억 살인 것이다.

우주의 나이를 결정하는 일에는 우여곡절이 많았다. 허블은 원래 은하들까지의 거리를 10배 정도 작게 어림했다. 이것은 허블로 하여금 우주가 고작 10억 년 전에 팽창하기 시작했다고 결론짓도록 했다. 하지만 허블의 시대에는 이미 방사성 동위 원소 측정법으로 20억 년 된 암석이 발견된 터였다. 오류는 명백했으며 그것은 곧 발견되었다. 하지만 비슷한 문제가 지금도 존재한다. 우리 은하에 있는 별들의 자세한 성질들을 연구하는 천문학자나 천체 물리학자는 가장 오래된 별들은 우주보다도 더 나이가 많다는 것을 발견했다. 그런 별들은 나이가 130억 년 정도 된다. 아이가 부모보다도 나이가 많은 격이다.

단적으로 말해서, 현재 우리가 가진 우주관은 3개의 큰 문제들을 안고 있다. 첫째, 공간의 기하, 즉 그것이 열렸는지, 닫혔는지, 아니면 평평한지에 대한 증거들 사이에 모순이 있다. 이것은 어떻게 해야 해소할 수 있을까? 둘째, 우주는 정말로 가장 오래된 별들보다 어린 것일까? 그리고 셋째, 이것이 가장 중요한 문제인데, 아인슈타인이 처음 생각했던 대로 우주 상수란 존재하는 것일까? 그렇지 않다면, 이유는 무엇일까? 이 문제들은 연결되어 있는 것일까? 물론 그렇다.

해결책

간단히 중력의 이론, 즉 일반 상대성 이론이 틀렸다고 하면 이 모순이 해결될지도 모른다. 몇몇 물리학자들이 그렇게 속단한 것도 사실이다. 그런 물리학자들이 보통 시도했던 것은 중력 이론을 변형시키되 매우 큰 거리에서만 기존 이론과 차이가 나도록 하는 것이었다. 나는 이런 방법들을 그리 좋아하지 않는다. 그것들은 보통 매우 부자연스럽고, 대개 기본 원리에 위배되며, 사실 불필요하기 때문이다.

다른 해법은 천문학자들이 데이터의 정확성을 실제보다 너무 심각하게 받아들이고 있다고 보는 것이다. 일반적인 예상에 어긋나는 실험 결과가 있을 때 그것이 틀렸다는 쪽에 돈을 건다면 대개의 경우 당신은 부자가 될 것이다. 그런 데이터는 거의 언제나 잘못된 것이며, 실험을 계속하면 보통 확인할 수 있다. 이번 경우에도 나는 이론이 아니라 천문학 데이터를 부정하는 쪽에 돈을 걸었을 것이다. 그러나 그랬다면 나는 돈을 잃었을 것이다. 지난 몇 년간 데이터가 개선되었지만, 관측과 이론이 서로 어긋난다는 사실은 더 확실해졌다. 정말로 무엇인가 잘못된 것이 틀림없다.

그러나 간단히 배제하기 어려운 가능성이 이면에 잠복해 있다. 작은 우주 상수가 있다면 결국 어떻게 될까? 아인슈타인의 인생 최대의 실수가 사실은 그의 가장 위대한 발견 중 하나였다면? 그것이 이 모순과 충돌을 해소할 수 있을까?

우주의 관측 가능한 총질량이 우주를 평평하게 만들거나 닫히게 만들 수 있는지를 고려할 때, 우리는 진공 에너지의 가능성을 완전히 무시했다. 우주 상수가 있다면 그것은 잘못이다. 아인슈타인의 방정식은 모든 형태의 에너지가 공간의 곡률에 영향을 준다고 이야기한다. 에너지와 질량은 같은 것이므로 진공 에너지도 우주의 질량 밀도의 일부분으로 고려되어야 한다. 통상적인 물질과 암흑 물질을 합하면 우주가 평평하거나 닫히는 데 필요한 질량의 약 30퍼센트가 된다. 이 모순을 해결하는 가장 좋은 방법은 행방불명인 70퍼센트를 우주 상수라는 형태로서 구성하는 것이다. 이것은 진공 에너지의 밀도가 보통 물질과 암흑 물질 질량의 2배 이상이라는 것으로, 1세제곱미터당 약 30개의 양성자가 있는 것에 해당한다.

우주 상수는 척력을 나타내므로, 그것은 우주가 팽창하는 방식에 영향을 미칠 것이다. 팽창 초기에는 그리 큰 영향을 주지 않지만, 은하 사이의 거리가 커지면 척력도 따라서 강해진다. 우주 상수는 결국 바깥을 향하는 은하의 운동을 가속시켜 허블 팽창을 가속한다.

영화를 다시 거꾸로 돌려 보자. 은하들은 안쪽으로 수축하는데, 여분의 척력이 그 운동을 늦춘다. 이것을 고려하면 앞에서 계산한 은하가 안쪽으로 모이는 속도(현재 우주론의 계산값)는 과대 평가된 것임을 알 수 있다. 진공 에너지를 고려하지 않으면, 은하들이 모두 겹쳐지는 데 걸리는 시간을 실제보다 적게 계산하게 된다. 다시 말해 우주 상수가 있는데 우리가 그 존재를 모른다면, 우리는 우주를 실제보다 더 젊은 것으로 생각하게 된다. 실제로 만약 우리가 1세제곱미터당 양성자 30개의 질량에 해당하는 진공 에너지의 영향을 계산에 포함시킨다면, 100억 년이라는 우주의 나이는 140억 년으로 늘어나게 된다. 이렇게 되면 우주가 가장 오래된 별들보다 약간 더 나이가 든 셈이 되므로 자식이 부모보다 나이가 많은 문제는 완벽하게 해결된다.

우주 상수의 존재에 관한 이런 결론은 너무나 중요하므로 다시 반복하도록 하겠다. 우주에 있는 에너지의 70퍼센트에 해당하는 우주 상수의 존재는 우주론의 가장 큰 두 가지 수수께끼를 풀어 준다. 첫 번째, 추가된 에너지는 우주를 평평하게 만들기에 딱 충분하다. 이 사실이, 우주 공간이 평평하다는 관측 결과와 우주에 있는 질량이 우주를 평평하게 만들기에 불충분하다는 계산 결과 사이의 난처한 모순을 해결한다.

우주 상수가 해결한 두 번째 모순은 가장 오래된 별들이 우주보다도 나이가 많은 것처럼 보인다는 것이다. 실제로 우주 전체의 70퍼센트를 차지하는 진공 에너지의 양은 놀랍게도 우주의 나이를 가장 오래된 별들보다 약간 더 많게 하는 데 필요한 양과 정확하게 일치한다.

I형 초신성

지난 10년간 우주의 일대기에 대한 역사적 연구의 정밀도는 크게 개선되었다. 우리는 이제 팽창의 역사에 대해 훨씬 더 자세히 알고 있다. 그 수단은 **I형 초신성**이라는 멀리서 일어나는 사건들과 관련이 있다. 초신성은 죽어 가는 별이 그 자신의 무게로 무너져 내려 중성자별이 되는 격동적인 사건이다. 초신성은 상상할 수 없을 정도로 격렬한 현상이어서 한번 생기면 그것이 속한 은하에 있는 수십억 개의 별들보다도 밝게 빛난다. 초신성은 아주 멀리 떨어진 은하에서도 쉽게 알아볼 수 있다.

초신성들은 무엇이든 흥미롭지만, I형 초신성에는 특히 더 특별한 점이 있다. I형 초신성은 보통의 별과 백색 왜성이 짝지어 돌고 있는 쌍성계에서 발생한다. 백색 왜성은 질량이 모자라 중성자별이 되지 못한 죽은 별이다.

두 별이 상대방 주위를 도는 동안, 백색 왜성은 중력으로 보통 별에서 물질을 빨아들여 자신의 질량을 점차 늘려 간다. 질량이 딱 적당한 값이 되는 어떤 특정한 시점이 되면, 백색 왜성은 더 이상 자신의 무게를 지탱하지 못하고 폭발해 I형 초신성이 된다. 최후의 붕괴가 어떤 양상으로 나타나는가는 백색 왜성의 원래 질량과도, 그 짝인 보통 별의 질량과도 상관이 없다. 실제로 이런 사건들은 아주 독특한 방식으로 일어나며 항상 똑같은 양의 빛을 낸다. 천문학자들은 모든 I형 초신성은 같은 광도를 가진다고 이야기한다.[7] 천문학자들은 상당한 정확도로, 그것들이 얼마나 밝은가로 그것들이 얼마나 멀리 있는지 알아낼 수 있다.

초신성이 속한 은하의 속도는 도플러 효과를 이용해서 쉽게 결정할 수 있다. 그리고 우리가 일단 멀리 떨어진 은하까지의 거리와 속도를 알게 되면, 허블 상수를 쉽게 결정할 수 있다. 그러나 멀리 떨어진 은하에서 주의할 것은 그 빛이 오래전에 방출된 것이라는 사실이다. 50억 광년 떨어진 은하는 우리가 지금 보는 빛을 50억 년 전에 방출한 것이다. 우리가 지금 지구에서 허블 상수를 측정하는 것은 사실 50억 년 전의 값을 재는 것이다.

다른 거리에 있는 여러 은하를 조사하면 우리는 실질적으로 허블 상수의 역사를 추적할 수 있다. 다시 말해 I형 초신성은 우주 진화의 여러 단계마다 그 역사에 대해서 자세히 알 수 있도록 해 준다. 그리고 가장 중요한 것은, 그것들이 우리의 실제 우주를 우주 상수가 있는 경우와 없는 경우의 수학 모형들과 비교할 수 있게 해 준다는 것이다. 그 결과는 명확하다. 우주의 팽창은 우주 상수나 그것과 매우 흡사한 어떤 것의 영향으로 가속되고 있다. 나와 같은 이론 물리학자에게 이것은 우리의 모든 전망을 바꾸어 놓을 수밖에 없는 깜짝 놀랄 만한 반전이다. 그토록 오랫동안 우리는 진공 에너지가 왜 정확히 0인지 설명하려고 노력해 왔

7. 광도란 물체가 빛의 형태로 에너지를 방출하는 비율을 재는 단위이다. 전구의 광도는 와트(W)로 잰다. 두 물체가 같은 광도를 가진다면, 가까운 쪽이 더 밝게 보일 것이다. I형 초신성의 사진에서 겉보기 광도를 재면, 그것이 우리로부터 얼마나 떨어졌는지를 알 수 있다.

다. 그런데 우주 상수의 처음 119번째 자리까지는 상쇄되지만, 120번째 자리에는 놀랍게도 0이 아닌 값이 나타난다. 더욱 흥미로운 사실은 그 값이 바로 와인버그가 인간 원리에 바탕을 두고 예측했던 것에 가깝다는 것이다.

천지 창조의 빛

빛도 유한한 속도로 여행하기 때문에 엄청나게 먼 곳을 관측하는 거대한 망원경들은 아주 먼 옛날을 보고 있는 것이다. 우리가 보는 태양은 8분 전의 모습이며, 가장 가까운 별은 4년 전의 모습이다. 인류의 조상이 처음으로 똑바로 서서 걸었던 것은 가장 가까운 은하인 안드로메다 은하에서 빛이 200만 년 동안의 여행을 처음 시작했을 때였다.

우리를 향해 오는 가장 오래된 빛은 약 140억 년 전의 것이다. 이 빛은 지구는 물론 가장 오래된 별들이 생기기 전에 출발했다. 실제로 그때는 수소와 헬륨이 은하를 만들기도 전이었다. 그 기체는 너무나 뜨겁고 밀도가 높았기 때문에 원자들은 모두 이온화되어 있었다. 신호의 전달자를 전자기파로 국한한다면, 이 빛이 우리가 볼 수 있는 우주의 탄생에 가장 가까운 장면에 해당한다.

우주를 많은 껍질들이 모인 것으로 생각해 보자. 그 껍질들의 공통 중심은 우리이다. 물론 우주 공간에 정말 껍질 같은 것이 있는 것은 아니지만, 공간을 그런 식으로 나누어 생각하는 것은 아무 문제가 없다. 연속된 각각의 껍질은 그 전 껍질보다 중심에서 더 멀리 떨어져 있다. 더 깊숙이 바라보는 것은 실제로 우주 역사 영화를 거꾸로 돌리는 것에 해당한다.

더 깊이 바라볼수록, 우주는 더 조밀하게 구성되어 있는 것처럼 보일 것이다. 거꾸로 돌린 영화에서 물질은 마치 거대한 피스톤이 세게 누르고 있는 것처럼 점점 더 조밀해진다. 그 피스톤이란 다름 아닌 중력이다. 게다가 물질은 일반적으로 압축되면서 밀도가 높아짐에 따라 더 뜨거워진다. 오늘날 우주의 평균 온도는 고작 절대 온도 3도(3켈빈(K)), 즉 섭씨 -270도이다. 그러나 우주의 역사를 거슬러 올라가면 온도는 올라간다. 처음에는 실온이 되고, 다음에는 끓는점이 되며, 결국은 태양 표면의 온도에까지 도달한다.

태양은 너무나 뜨겁기 때문에 그것을 구성하는 원자들은 그 격렬한 열운동으로 인해 찢겨져 있다. 원자핵은 부서지지 않았지만, 원자에 좀 느슨하게 묶여 있던 전자들은 떨어져 나가 자유로이 돌아다니며 전도성의 전리 기체, 즉 **플라스마** 상태를 이루고 있다.[8]

전도체는 일반적으로 가장 불투명한 물질에 속한다. 자유롭게 움직이는 전자들이 쉽게 빛을 흡수하거나 산란시킬 수 있기 때문이다. 이런 빛의 산란 때문에 태양이 불투명한 것이다. 그러나 태양의 표면 쪽으로 움직여 보면, 온도와 밀도가 낮아져 투명해진다. 그것이 바로 우리가 보는 태양의 표면이다.

이제 시간을 거슬러 올라가서 우리가 볼 수 있는 마지막 껍질까지 가 보자. 그곳은 태양의 표면과 흡사하다. 이 거대한 플라스마 껍질은 아주 멀리에서 우리를 완전히 둘러싸고 있으며 모든 방향에서 우리 쪽으로 태양 표면처럼 빛을 방출한다. 천문학자들은 그것을 **최후 산란면**(suface of last scattering, '최종 산란 표면'이라고도 한다. —옮긴이)이라고 부른다. 불행히도 태양의 내부를 들여다보는 것이 불가능한 것처럼 플라스마 껍질 너머

---

8. '플라스마(plasma)'란 원자들이 이온화된 기체를 일컫는다. 즉 전자들의 일부가 더 이상 원자에 붙어 있지 않고 원자핵으로부터 자유로워져 기체 속을 돌아다니는 경우를 말한다.

더 오래되고 더 먼 껍질을 관찰하는 것은 불가능하다.

대폭발 직후, 최후 산란면에서 나온 빛은 마치 태양의 표면만큼이나 밝았다. 이것은 흥미로운 의문을 제기하는데, 우리가 지금 하늘을 볼 때 왜 뜨겁고 이온화된, 최초의 플라스마의 섬광을 볼 수 없는가 하는 것이다. 다르게 질문하자면, 하늘은 왜 우리가 태양을 똑바로 쳐다볼 때와 같은 밝기로 균일하게 빛나지 않는 것일까? 다행히도 도플러 효과가 우리를 이런 끔찍한 예상에서 구원해 준다. 허블 팽창 때문에, 태초의 빛을 내놓은 플라스마는 우리로부터 아주 빠른 속도로 멀어지고 있다. 허블 법칙을 사용하면, 이 플라스마의 후퇴 속도를 계산할 수 있는데, 그 결과는 빛의 속도에 거의 근접해 있다. 이것은 방출된 빛이 도플러 효과로 인해 가시광선이나 적외선 영역을 지나 마이크로파 영역까지 이동했음을 의미한다. 여기에서 양자 역학의 가장 오래된 발견 중 하나가 중요한 역할을 하게 된다. 광자의 에너지는 파장에 따라 결정되며 마이크로파 광자 1개의 에너지는 가시광선 영역의 광자 1개의 에너지보다 1,000배나 낮다. 이런 이유로, 최후 산란면에서 나와서 결국 우리에게 도달하는 빛은 그리 에너지가 높지 않다. 그것들은 우리를 항상 둘러싸고 있는 전파와 비교해도 우리의 망막에 더 큰 영향을 주지 못한다.

우주의 복사파가 우리에게 닿았을 때 그 힘이 얼마나 줄어드는지 이해할 수 있는 다른 방법이 있다. 최후 산란면에서 나오는 광자는 처음에는 태양의 표면처럼 매우 뜨거웠다. 그것들은 공간을 채워 일종의 광자 기체를 형성했는데, 모든 기체가 그렇듯이 팽창하면서 차가워진다. 대폭발 이후의 우주 팽창은 광자 기체를 그것이 거의 모든 에너지를 잃어버릴 때까지 냉각시켰다. 오늘날 우주 배경 복사는 매우 차가우며, 절대 온도 3도가 채 안 된다. 우주 배경 복사가 힘을 잃은 것에 대한 두 가지 설명은 수학적으로 완전히 동일한 것이다.

조지 가모브는 대폭발의 아이디어를 처음 생각해 낸 사람이다. 그 후 얼마 지나지 않아 그의 젊은 동료 두 사람, 랠프 애셔 앨퍼(Ralph Ascher Alpher, 1921~2007년)와 로버트 허먼(Robert Herman, 1914~1997년)은 우주 배경 복사를 대폭발의 섬광이 남은 것으로 해석하자는 아이디어를 내놓았다. 그들은 오늘날 우주 배경 복사의 온도를 계산해 절대 온도 5도(5켈빈)라는 결과를 얻었다. 정답과는 2도 차이가 난다. 그러나 당시의 물리학자들은 그렇게 약한 복사파는 절대로 검출될 수 없을 것이라고 생각했다. 그들은 결국 틀렸지만, 그것이 확인되려면 우주 배경 복사가 우연히 발견된 1964년까지 기다려야 했다.

그때 프린스턴의 우주론 학자 로버트 디키(Robert Dicke, 1916~1997년)는 뜨거운 대폭발이 남긴 복사파를 측정함으로써 우주 배경 복사라는 아이디어를 검증하고자 했다. 그가 검출기를 만드는 동안, 벨 연구소에 있던 두 명의 젊은 과학자 역시 정확히 디키가 목표로 했던 종류의 실험을 수행하고 있었다. 아노 앨런 펜지어스(Arno Allan Penzias, 1933년~)와 로버트 우드로 윌슨(Robert Woodrow Wilson, 1936년~)은 마이크로파 신호를 찾아서 하늘을 자세히 살피고 있었는데, 그것은 우주의 탄생을 밝히려는 것이 아니라, 통신 기술을 개발하기 위해서였다. 그들은 그들이 목표하는 것을 방해하던 정체불명의 배경 잡음을 발견했다. 전설에 따르면 그들은 그 잡음이 검출기에 묻은 새들의 배설물 때문에 생기는 것이 아닐까 생각했다고 한다.

프린스턴 대학교와 벨 연구소는 뉴저지 중심부에 서로 가까이 위치해 있다. 운명이었다고 해야 할까, 디키는 펜지어스와 윌슨의 '잡음'에 대해서 알게 되었고, 그것이 바로 대폭발이 남긴 우주 배경 복사일 것이라고 생각했다. 디키는 벨 연구소의 과학자들과 연락을 취했고 그들에게 그의 생각을 들려 주었다. 결과적으로 펜지어스와 윌슨은 그 발견으로 노벨상을 받게 된다. 만약 프린스턴과 벨 연구소가 멀리 떨어져 있었다면, 디키는 실험에 성공했을 것이고, 결국 그 발견을 자신의 것으로 할 수 있었을 것이다. 이것 역시 운명의 장난이리라.

펜지어스와 윌슨의 검출기는 벨 연구소의 지붕 위에 설치된 조악한 기계였다. 그것에 비하면 최신 우주 배경 복사 검출기는 지극히 정교하며, 대기권을 벗어나 우주 공간에 설치되어 있다. 검출기들은 하늘의 모든 지점에서 방출되는 우주 배경 복사를 측정하기 위해 여러 방향을 조사할 수 있다. 그리고 그 결과로 일종의 전천(全天) 지도를 만들 수 있다.

우주 배경 복사의 가장 놀라운 특징 중 하나는 그 지도가 무척이나 단조롭다는 것이다. 매우 높은 정확도까지, 마이크로파로 보는 우주는 특색이 없고 균질하며 광활한 공간이다. 초기의 우주는 거의 완벽하게 균질적이고 등방적이었던 것으로 보인다. 최후 산란면에서 오는 마이크로파 복사는 우주의 모든 방향에 걸쳐 거의 동일하다. 이 엄청난 정도의 균질성은 좀 당혹스러운 일이며 설명을 필요로 한다.

초기의 우주가 아주 매끄럽기는 했지만, 완벽하게 그랬을 수는 없다. 태초부터 존재했던 작은 덩어리들이 은하 형성의 씨가 되었다. 만약 그 씨들이 너무 약했다면, 은하는 만들어질 수 없었을 것이다. 만약 너무 강했다면, 덩어리들은 너무 빨리 자라나서 블랙홀이 되었을 것이다. 우주론 학자들은 이렇게 단조롭고 균질한 배경에서, 나중에 은하가 되는 씨들을 정말로 찾을 수 있을지 강하게 의심했다. 그런데 마침 이론적인 연구자들이 우리가 지금 보는 것과 같은 은하들이 만들어지기 위해서 불균질함, 즉 밀도 차이가 어느 정도 되었어야 하는지 꽤나 정확하게 추정하는 데 성공했다. 그들의 추정에 따르면 서로 다른 방향에서 방출되는 마이크로파의 세기 차이는 우주 전체 평균 세기의 10만분의 1보다 작아야 한다.

그토록 엄청나게 작은 밀도 차이를 검출하는 것은 과연 가능할까? 그것을 검출하는 실험은 지상에서는 할 수 없다. 이 행성의 오염 물질들 훨씬 위로 올라가야 한다. 마이크로파 복사의 작은 편차를 보기 위한 최초의 실험은 풍선에 매달아 남극 상공에 띄운 검출기를 통해 이루어졌다. 남극은 여러 이유에서 좋은 실험 장소인데, 가장 중요한 것 중 하나는 풍선을 공중에 띄워도 출발점에서 그리 멀리 가지 않는다는 것이다. 하늘에 띄운 풍선은 보통 탁월풍을 타고 그 위도에서 세계 일주를 하게 되는데, 남극 상공에서는 세계 일주도 그다지 오래 걸리지 않는다. (북극이나 남극에서는 경도가 정의되지 않아, 북극점에 서서 제자리를 한 바퀴 돌면 어떤 의미로 세계 일주임을 나타내는 표현이다. — 옮긴이) 그 실험에는 '부메랑(Boomerang)'이라는 이름이 붙었다.

남극 상공에서 마이크로파 검출기들은 몇몇 장소에서 방출된 복사의 세기를 비교해서 자동으로 그 차이를 측정했다. 이론가들은 예상값을 가지고 있었지만, 어느 누구도 흥미로운 결과를 얻을 것이라고 확신할 수 없었다. 아마도 하늘은 아무런 특징 없는 회색 배경의 연속일지도 몰랐다. 그랬다면 그들은 처음으로 돌아가 은하 형성에 대한 이론을 다시 만들어야 했을 것이다. 우주론에 대해서 조금이라도 관심이 있는 사람이라면 누구나 긴장했고, 실험의 판결을 기다렸다. 돌아온 판결은 변호사가 바랄 수 있는 모든 것을 담고 있었다. 이론가들이 말한 것은 참이었다. 우주의 오트밀 죽에는 덩어리들이 있었으며 10만분의 1이라는 정확히 딱 맞는 크기를 가지고 있었다.

우주 공간은 우주의 마이크로파를 측정하기에 더 좋은 장소이다. 윌킨슨 마이크로파 비등방성 탐사기(Wiklinson Microwave Anisotropy Probe, WMAP)라는 위성이 검출하는 데이터는 너무나 정확해서 10^{-5}의 덩어리뿐만 아니라 우주 배경 복사를 내놓은 뜨겁고 거대한 플라스마 덩어리들이 진동하는 것도 검출해 냈다.

모여서 운동하는 플라스마의 큰 덩어리들은 예상하지 못했던 것은 아니었다. 이론가들은 우주의 팽창이 플라스마 속의 덩어리들을 울리는 종처럼 진동시킬 것이라고 예상했다. 처음에는 작은 덩어리들이 수축하고 팽창하기 시작할 것이다. 나중에는 더 작은 진동수로 떨리는 더 큰 덩어리들이 참가해 완벽하게 예상 가능한 화음을 이룬다. 자세한 계산을 통해 우리가 관측할 수 있는 것들 중 가장 크게 진동하는 덩어리들은 어떤 특정 크기를 가진다는 것을 알게 되었다. 그리하여 WMAP가 그렇게 진동하는 덩어리들을 발견했을 때, 우주론 학자들은 이미 가장 큰 덩어리들의 크기에 대해서 자세히 알고 있었다.

진동하는 가장 큰 덩어리들의 크기를 알아낸 것은 예상하지 못한 부가 수익을 가져다주었다. 덩어리의 크기를 알면 우주의 삼각형을 조사해서 공간의 곡률을 측정할 수 있다. 그 방법은 다음과 같다.

당신이 어떤 물체의 크기를 알고, 또 그것이 얼마나 떨어져 있는지 안다고 가정해 보자. 그렇다면 당신은 그것이 하늘에서 얼마나 크게 보일지 예상할 수 있다. 달을 생각해 보라. 달은 지름이 약 3,000킬로미터이며, 지구에서 약 38만 킬로미터 떨어져 있다. 이 정보만으로 나는 달이 하늘에서 0.5도 정도의 각도를 차지할 것이라고 예측할 수 있다. 완전히 우연이지만 태양은 달보다 400배 더 크고 400배 더 멀리 떨어져 있다. 그 결과 태양과 달은 하늘에서 같은 크기, 즉 0.5도 정도의 각도를 차지한다. 만약 우리가 달에서 지름 1만 3000킬로미터의 지구를 바라본다면, 그것은 지구에서 바라보는 달보다 약 4배가 커서 하늘에서 차지하는 각도는 2도 정도가 된다.

실제로 앞에서 나는 공간이 평평하다는 것을 암묵적으로 가정했다. 달의 지름을 삼각형의 세 번째 변이라고 생각해 보자. 나머지 두 변은 지구상에 있는 우리와, 달의 지름 양끝에 있는 마주보는 두 점들을 잇는 선분이다.

달과 지구 사이의 공간이 평평하다면 내 주장은 정확하다. 하지만 공간이 느낄 수 있을 만큼 휘어졌다면, 상황은 달라진다. 예를 들어, 만약 공간이 양의 곡률을 가진다면, 달은 0.5도보다 더 커 보일 것이다. 곡률이 음수라면 그 반대이다.

이제 우리가 달의 지름이 3,000킬로미터이고 38만 킬로미터 떨어져 있다는 것을 다른 방법으로 알게 되었다고 하자. 우리는 달의 겉보기 크기를 써서 공간의 곡률을 알아낼 수 있다. 매우 높은 정확도로, 우리와 달 사이의 우주 공간은 평평하다.

이제 다시 우주에 대해서 알아보자. 우리가 아는 바로는 우주 배경 복사가 방출되었을 당시 왕성하게 진동하던 가장 큰 덩어리는 지름이 20만 광년 정도였다. 그것보다 더 큰 덩어리는 아직 진동하지 않았다.

오늘날 우주 배경 복사의 방출원은 약 100억 광년 떨어져 있는데, 우주 배경 복사가 시작되었을 때 우리는 최후 산란면에서 그것의 1,000분의 1, 즉 1000만 광년 정도 떨어져 있었다. 그러면 우리는 가장 큰 우주 배경 복사 덩어리가 공간이 평평한 경우 WMAP에 어떻게 보일지 계산할 수 있다. 그것은 하늘에서 2도 정도의 크기로 보일 것이며, 달에서 바라본 지구의 크기와 비슷하다. 공간이 평평하지 않다면, 덩어리의 겉보기 크기는 그것이 얼마나 구부러졌는지 우리에게 알려 줄 것이다.

WMAP은 무엇을 발견했을까? 그것은 에우클레이데스가 옳다는 것을 발견했다. 우주는 평평하다.

그것이 정확히 무엇을 의미하는지 살펴보자. 지구 표면에 있는 삼각형을 측정하면, 지구가 휘어진 구면임을 알 수 있다. 하지만 현실적으로 매우 큰 삼각형을 측정하지 않으면 지구는 평평한 줄로 알 것이다. 그리

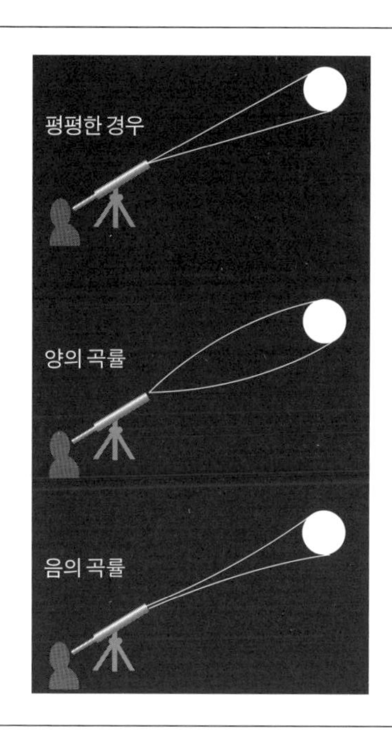

스토퍼 콜럼버스(Christopher Columbus, 1451~1506년)가 스페인 왕궁 근처에 삼각형 몇 개를 그려서 지구가 둥글다는 것을 납득시킨 것은 분명 아니니까 말이다. 그는 한 변의 길이가 적어도 수백 킬로미터는 되는 삼각형을, 그것도 엄청난 정확도로 재야만 했을 것이다. 콜럼버스가 작은 삼각형을 조사해서 얻을 수 있는 결론이란 지구가 매우 크다는 것뿐이다.

우주 규모의 조사에서도 마찬가지이다. 100억 광년 또는 200억 광년의 단위에서 우주를 재 보아도 우주는 여전히 평평해 보인다. 우주가 유한하다고 해도, 그것은 우리가 볼 수 있는 부분보다 훨씬 더 크다.

따라서 우리가 자신 있게 이야기할 수 있는 것은 다음과 같다. 첫째, 우주에 있는 통상적인 무거운 것들, 별, 기체 구름, 먼지 등은 우주를 평평하게 만드는 데 충분하지 않다. 고작 50분의 1밖에 되지 않는다. 그러나 과거의 기준으로 봤을 때 그것은 그리 큰 차이가 아니었다. 하지만 우주론도 더 이상은 조야한 정성적 과학이 아니다. 오늘날의 기준으로 보면 그것은 허용될 수 없는 차이이다. 다른 숨겨진 물질이 없다면, 우주는 열려 있으며 음의 곡률을 가져야 한다. 하지만 우주에는 그 존재를 그 중력 효과를 통해서만 알 수 있는 물질이 보통 물질의 약 10배 이상 더 있다. 그것들은 보통 입자들과는 상호 작용을 거의 하지 않는 새로운 기본 입자들로 만들어졌을 수도 있다. 그것이 정말로 암흑 물질 입자들이라면 은하를 채우고 태양, 지구, 그리고 심지어 우리도 지나쳐 가고 있을 것이다. 하지만 그것들로도 우주를 평평한 닫힌 우주로 만들기에는 불충분하다. 만약 우주가 평평하다면, 다른 종류의 질량이나 에너지가 공간에 퍼져 있어야 한다.

둘째로, 우주의 나이는 그 팽창의 역사가 예상과 다르지 않다면 너무 어리다. 이 문제에 대한 유일한 설명은 팽창을 가속하는 우주 상수가 있다는 것이다. 예상을 완전히 뛰어넘는 것이기는 하지만, 그것은 우주 진화를 다룬 영화를 거꾸로 돌려 볼 수 있게 해 주는 I형 초신성 데이터를 통해 증명되었다. 우주의 나이 문제에 대한 최선의 설명은 우주 상수가 존재하며 그것이 정확히 와인버그가 인간 원리를 이용해서 예측한 값과 같다는 것이다.

셋째로, 우주 배경 복사 데이터는 초기에 우주가 지극히 균질했음을 보여 준다. 게다가 우주는 매우 크며 우주의 관찰자에게 평평하게 보이기에 충분하다. 요점은 우주는 우리가 볼 수 있는 부분보다 훨씬 크다는 것이며, 그 팽창이 작은 우주 상수의 영향으로 가속되고 있다는 것이다.

급팽창

미국인들은 과거, 소련의 공산주의 이데올로그들이 어떤 식으로든 모든 것이 러시아에서 최초로 발명되었다고 주장한다고 놀리고는 했다. 소련인들이 라디오, 텔레비전, 전구, 비행기, 추상화, 그리고 야구가 소련에서 발명되었다고 주장한다는 것이다. 그러나 내 전문 분야인 물리학에서는 정말로 소련인들이 처음 발명한 것이 여럿 있다. 소련 물리학자들은 너무나 심하게 고립되어 있었기에 많은 수의 아주 중요한 발견들이 서방에 알려지지 않았다. 그중 하나가 우주가 어떻게 시작되었는지에 관한 놀라운 추측이다. 25년 전에 젊은 우주론 학자였던 알렉시 스타로빈스키(Alexy Starobinsky)는 우주가 생성 초기에 엄청난 규모의 지수함수적인 팽창 시기를 짧게 거쳤다고 생각했다. 그가 그렇게 생각한 동기가 무엇인지는 알 수 없지만, 어쨌든 얼마 후 우리 대학의 젊은 물리학자 한 사람인 앨런 구스가 그 아이디어를 재발견할 때까지 스타로빈스키의 생각을 제대로 인정한 것은 오로지 몇 안 되는 다른 러시아 인들뿐이었다. 구스는 스탠퍼드 선형 가속기 연구소(Stanford Linear Accelerator Center, SLAC)에서 고에너지 이론 물리학을 연구하던 젊은 박사 후 연구원이었다.

1980년에 구스를 처음 만났을 때 나는 그가 입자 물리학의 평범한 문제들을 연구하고 있을 것이라고 여겼다. 당시 우주론에 대해서 많이 알고 있는 입자 물리학자들은 별로 없었다. 나는 그 2년 전에 사바스 디모풀로스(Savas Dimopoulos, 1952년~)와 왜 자연이 반입자들보다 입자들을 훨씬 더 많이 만들었는가에 대해 연구한 적이 있었으므로 예외적인 경우였다. 나의 친구이자 동료인 로버트 버넌 왜거너(Robert Vernon Wagoner)는 우주론의 초기 개척자 중 한 사람이었는데, 물질이 반물질에 비해서 압도적 다수를 차지하는 데 대해서 입자 물리학이 어떤 설명을 할 수 있는지 연구했다. 디모풀로스와 나는 올바른 아이디어를 가지고 있었지만 우주론의 기초에 너무나 무지했기에 지평선의 크기와 규모 변수를 혼동하고 말았다. 그것은 마치 자동차 수리공이 운전대와 소음기를 구분하지 못하는 격이었다. 하지만 왜거너의 지도 아래 우리는 빨리 학습했고 결국 소련이 아닌 곳에서 최초로 '중입자(barion) 합성'을 주제로 논문을 쓰게 되었다. 중입자 합성 역시 그 12년 전에 위대한 물리학자 안드레이 사하로프(Andrei Sakharov, 1921~1989년)에 의해서 소련에서 처음 발명된 또 다른 연구 주제이다.

어쨌든 내가 그 주제에 관심이 있었음에도 불구하고, 나는 구스가 우주론에 관심이 있다는 사실을 알지 못했다. 다시 말해 나는 구스가 **급팽창 우주론**(inflation cosmology)이라고 이름 붙인 무엇인가를 그가 세미나를 열기 전까지는 전혀 몰랐다. 나는 그 세미나에 참석한 사람들 중에서 구스의 이론에 깊은 인상을 받을 만큼의 지식을 가진 두세 명 중 하나였을 것이다.

앨런 구스는 큰, 아니 가장 큰 사냥감을 쫓고 있었다. 우주는 왜 그토록 거대하고, 평평하며, 균일한 것일까? 이것이 왜 그렇게 어려운 수수께끼인지 이해하기 위해 우주 배경 복사로 돌아가 하늘의 두 점을 고려해 보자. 우주 배경 복사가 뜨거운 플라스마에서 만들어졌을 때, 그 두 점들은 일정한 거리만큼 떨어져 있었다. 만약 그것들이 단지 몇 도 이상만 더 떨어져 있었어도, 빛 또는 다른 어떤 신호도 한 점에서 나와 다른 점에 도달할 수 없었을 것이다. 우주의 나이는 아직 50만 년 정도였으므로, 만약 그 점들이 50만 광년 이상 떨어져 있었다면, 그것들은 절대로 서로 영향을 주고받을 수 없다. 그것들이 만약 서로 영향을 주고받을 수 없다면 어떻게 그 두 곳은 서로 비슷해졌을까? 바꿔 말해 우주는 왜 그렇게 균질하게 되어 우주 배경 복사가 어느 방향을 보아도 정확히 같은 것일까?

논점을 명확히 하기 위해서 우주 풍선 이론을 다시 생각해 보자. 풍선이, 처음에는 많이 시들어 마치 말린 자두처럼 주름이 많은 수축 상태에 있었다고 해 보자. 풍선이 팽창하면 주름들이 펴져 매끄러워지기 시작할 것이다. 처음에는 작은 주름들이, 그리고 나중에는 더 큰 주름들이 없어질 것이다. 주름들이 펴지는 데에는 규칙이 있다. 어떤 크기의 주름은 하나의 파동이 그 주름을 가로질러 퍼져 갈 수 있을 만큼의 시간이 흐른 뒤에야 펴진다. 우주의 경우, 이것은 빛이 그 거리 전체를 지나가기에 충분한 시간을 의미한다.

만약 우주 배경 복사가 시작되었을 때 큰 주름이 펴질 만큼 충분한 시간이 없었다면, 우리는 그것들이 하늘의 지도 위에 남긴 주름을 볼 수 있을 것이다. 하지만 우리는 그런 주름을 볼 수 없다. 우주는 왜 그렇게 매끄러운 것일까? 우주에는 불투명한 플라스마 때문에 볼 수 없는 시대가 있다. 그 시대에 어떤 메커니즘을 통해 주름들이 펴진 것일지도 모른다. 주름들이 제거되었던 선사 시대, 그것이 바로 급팽창 이론의 주제이다.

앨런 구스는 스타로빈스키의 지수 함수적 팽창이 수수께끼를 해결하는 열쇠가 될 수도 있음을 바로 간파했다. 구스에 따르면 우주는 풍선처럼 팽창했는데, 그것은 아주 특별한 풍선이었다. 실제의 풍선은 어느 정도 팽창하면 터져 버리고 말기 때문이다. 앨런 구스의 우주는 **지수 함수적으로** 팽창하는데, 단기간에 거대하게 팽창한다. 급팽창은 보통의 우주론이 시작되기 전에 발생한 것으로 생각할 수 있다. **기존의** 대폭발이 시작하기 전에 우주는 이미 엄청난 크기로 자라나 있었던 것이다. 이 성장 과정에서 모든 주름과 불균일성은 모두 펴져 우주는 아주 매끄러워졌다.

나는 이것이 아주 좋은 아이디어라는 것은 알았지만, 얼마나 좋은지는 몰랐다. 앨런 구스 자신도 그것이 얼마나 훌륭한 것인지는 몰랐을 것이다. 확실히 25년 후에 급팽창 이론이 우주론의 새로운 표준 모형에서 중심적인 존재가 될 것이라고는 아무도 짐작하지 못했다.

급팽창 이론의 배후에 있는 메커니즘을 이해하려면, 양의 우주 상수를 가진 우주가 어떻게 행동하는지 이해해야 한다. 양의 우주 상수가 거리에 비례하는 보편적인 척력을 야기한다는 것을 기억하자. 그 효과는 은하 사이의 거리를 증가시키는 것이다. 이것은 은하를 그려 넣은 풍선 그 자체(공간 그 자체)가 팽창할 때에만 발생한다.

진공 에너지(즉 진공 질량)는 독특한 성질을 가지고 있다. 보통 질량 밀도는 은하가 만드는 질량의 밀도나 암흑 물질의 질량이 만드는 밀도나 우주가 커지면 줄어든다. 보통 물질의 질량 밀도는 1세제곱미터당 양성자 1개 정도이다. 수십억 년간 우주의 반지름이 2배가 되었지만 우주에 있는 양성자의 개수는 그대로라고 가정해 보자. 그러면 질량 밀도가 줄어들 것은 분명하다. 실제로 그것은 8분의 1이 된다. 반지름을 다시 2배 늘리면, 1세제곱미터당 양성자의 수는 현재의 64분의 1이 된다. 이것은 암흑 물질의 경우에도 마찬가지이다.

그러나 진공 에너지는 매우 다르다. 그것은 빈 공간의 성질이다. 빈 공간이 팽창해 봐야 역시 빈 공간이다. 따라서 에너지 밀도는 조금도 변하지 않는다. 아무리 여러 번 우주의 크기를 늘려도, 진공 에너지 밀도는 그대로이며, 척력은 절대 약해지지 않는다! 반대로 보통 물질의 질량 밀도는 줄어들고 결국 보통 물질은 팽창을 늦추는 데 그리 영향력을 발휘하지 못하게 된다. 충분히 큰 팽창을 거치면, 진공 에너지를 제외한 모든 형태의 에너지는 희석되어 사라진다. 일단 이렇게 되면 진공 에너지의 척력에 대항할 것이 없어져 우주는 지수 함수적으로 팽창하게 된다. 만약 우주 상수가 매초마다 우주의 크기를 2배로 만들 만큼 크다면(사실은 그렇지 않다.), 2초 후에는 4배, 3초 후에는 8배, 그다음에는 16배, 32배 하는 식으로 우주는 급격히 팽창할 것이다. 지금 우리 근처에 있는 것들은 곧 빛보다 빠른 속도로 우리에게서 멀어질 것이다.

실제 우주는 이런 종류의 지수 함수적 팽창의 초기 단계에 있다. 우주 상수의 크기는 우주가 100억 년 지나야 2배가 되도록 만드는 정도이므로 우리가 크게 신경 쓸 정도는 아니다. 하지만 무엇인가 알 수 없는 이유로, 초기의 우주에서 우주 상수의 자릿수 100개 정도 차이가 날 정도로 엄청나게 더 컸다고 상상해 보자. 이것은 괴상한 사고 실험같이 들리겠지만, 오늘날의 우주 상수가 왜 말도 안 되게 작은지 이해하기 정말 어렵다는 사실을 상기하도록 하자. 자릿수를 100개 늘리면, 적어도 이론 물리학자들의 관점에서는 정상적인 값이 된다.

만약 우주 상수가 처음부터 그렇게 컸다면, 그것으로 인해서 우주는 1초보다 훨씬 짧은 시간 안에 2배가 될 것이다. 1초만 지나도 우주는 양성자 크기에서 지금 우리가 알고 있는 우주보다 훨씬 더 큰 어떤 것이 될 것이다. 이것이 스타로빈스키와 구스가 생각한 진짜 급팽창이다.

초기와 후기의 우주, 다시 말해서 급팽창 도중과 지금의 우주 상수가 다르다는 주장은 문제를 앞뒤가 안 맞는 말로 얼버무리려는 것처럼 들릴 수도 있을 것이다. 상수는 변하지 않는 것 아닌가? 이제 잠시 **풍경**을 생각해 보자. 풍경에서 우주 상수란 별것이 아니라 호주머니 우주가 위치해 있는 영역의 고도이다. 풍경의 일부를 그려 보는 것이 천 마디 말보다 낫다.[9] 다음 그림은 우리가 살고 있는 곳 근방과 비슷한 풍경을 매우 단순화한 것이다. 작은 공은 진공 에너지가 최소가 되는 계곡을 찾아 굴러 내려가는 우주를 나타낸다.

어떤 미지의 역사에서 고도가 거의 0인 깊은 계곡(여기에서 구스의 급팽

9. 그림에서 풍경은 1차원이지만, 실제로는 다차원이다. 이 그림을 훨씬 더 복잡한 다차원의 풍경을 자른 1차원의 단면이라고 생각하면 된다. 비유하자면 2차원 풍경의 언덕과 계곡을 지나가는 1차원의 길이라고 생각하면 좋다.

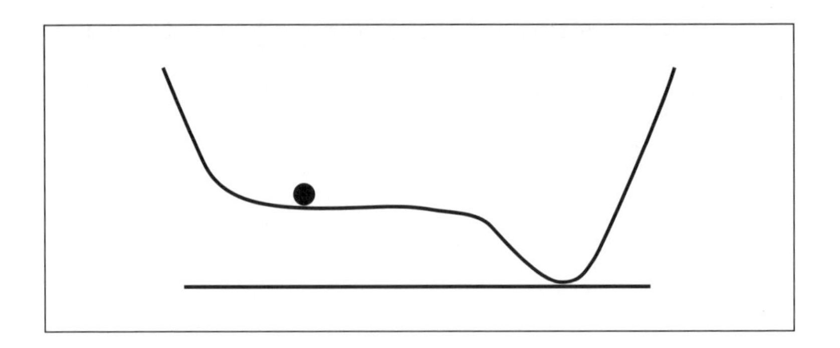

창이 시작된다.)을 내려다볼 수 있는 비교적 넓고 높은 선반 같은 고원 위에 우주가 있었다고 해 보자. 어떻게 우주가 그 고원 위에 있게 되었는지는 나중에 생각할 일이다. 고원이 아주 평평하기 때문에 우주는 처음에는 매우 천천히 구르기 시작한다. 그것이 고원 위에 있는 동안, 풍경에서의 고도, 즉 진공 에너지는 실질적으로 변화하지 않는다. 다시 말해 고원의 고도는 우주가 고원 위에 있는 동안 우주 상수의 역할을 한다.

그리고 짐작했겠지만, 우주가 천천히 구르는 동안은 진공 에너지가 크기 때문에 우주는 급격하게 팽창한다. 만약 고원이 충분히 평평하고 구르는 것이 충분히 느렸다면, 우주는 계곡으로 내려가는 급격한 경사에 이르기 전에 여러 번 갑절로 커졌을 것이다. 이것이 스타로빈스키와 구스가 제안한 것보다 좀 더 현대적인 형식으로 설명한 급팽창 시기이다. 만약 우주가 이 시기에 100번 갑절로 커졌다면(2^{100}배), 우주는 우주 배경 복사 관측 결과가 요구하는 것만큼 평평하고 균질해지기에 충분할 정도로 커졌을 것이다.

결국 우주는 굴러가 고원의 가장자리에 이르고 계곡 바닥으로 내려가 멈추게 된다. 그 지점의 고도가 정확히 0이 아니라면, 우주는 그 후 오랫동안 작은 우주 상수를 갖게 될 것이다. 만약 우연히 계곡 바닥의 우주 상수가 충분히 작고 다른 조건들이 적당하다면, 은하, 별, 행성, 그리고 생명이 형성될 수 있을 것이다. 그렇지 않다면 그 특정한 호주머니 우주는 불모지가 된다. 우리가 알고 있는 우주론은 모두 우주 상수가 한 값에서 훨씬 작은 값으로 굴러가는 동안 일어난 일을 기술한 것이다. 우주 탄생의 수수께끼를 설명하는 데 이렇게 간단명료한 에피소드와 호주머니 우주 외에 다른 것이 더 있다고 의심할 사람이 누가 있겠는가?

하지만 잠깐! 이 설명에는 무엇인가 잘못된 것이 있다. 만약 우주가 그렇게 엄청난 속도로 팽창한다면, 믿을 수 없을 정도로 균질해진다고 예상할 수 있다. 모든 주름들은 완전히 펴져서 우주 배경 복사에는 아무런 변동도 남아 있지 않을 것이다. 그러나 약간의 작은 주름들이 은하의 씨가 되지 못했다면, 우주는 한없이 매끄러운 채로 남아 있어야 한다. 너무 심하게 균질화된 것은 아닐까?

이 수수께끼에 대한 해답은 너무 급진적이고 놀라운 아이디어라서 처음 듣는다면 당신은 아마 헛소리라고 치부해 버릴지도 모른다. 그러나 그것은 세월을 거쳐 검증을 통과했으며 지금은 현대 우주론의 토대 중 하나가 되었다. 이것 역시 슬라바 무카노프(Slava Mukhanov)라는, 스타로빈스키의 저술을 공부하던 젊은 우주론 학자에 의해서 러시아에서 처음으로 발견되었다. 역사는 반복되는 것일까? 무카노프의 연구는 미국의 몇몇 연구 그룹이 독립적으로 그것을 재발견하기까지 소련 바깥에는 알려지지 않았다.

양자 역학과 양자 떨림은 보통 매우 작은 것들의 세계에 적용되는 것으로 은하들이나 다른 우주론적 현상에는 적용되지 않는다고 생각하는 것이 보통이었다. 하지만 현재는 은하들과 다른 대규모 거시 구조들은 원래 아주아주 작은 양자 떨림이 중력의 확고한 효과를 통해서 확대되고 증폭된 결과라는 것이 거의 확실시되고 있다.

우주가 풍경에서 정확히 한 점에 있었다는 것은 약간 너무 단순하다.

다른 모든 것과 마찬가지로, 힉스장과 같은 양자장은 요동을 가지고 있다. 양자 역학은 장이 공간의 각 점에서 변동한다는 것을 보장하기에 충분하다. 아무리 급격한 팽창이라고 하더라도 모든 장이 가지고 있을 무작위적인 양자 떨림을 완전히 제거할 수는 없다. 이것은 우리의 진공에서 사실이며, 급팽창으로 우리의 진공이 빠르게 커지던 시기에도 마찬가지였다. 하지만 빠른 급팽창은 이런 요동과 관련해서, 매우 느리게 팽창하는 우리 우주에서는 알아챌 정도로 일어나지 않는 어떤 일이 일어나도록 한다. 오래된 주름은 펴져 사라지지만 계속 새로운 주름이 생겨 그 자리를 메운다. 오래된 주름 위에 새로운 주름이 만들어지고 그 주름은 우주의 팽창과 함께 늘어난다. 급팽창이 종료되어 우주가 고원의 가장자리에 걸리게 될 때쯤이면, 양자 주름은 나중에 은하로 자라게 될 씨앗인 밀도 차이, 즉 불균일함을 이루기에 충분할 정도로 축적되게 된다.

이 양자 주름은 최후 산란면 위에도 그 흔적을 남기게 된다. 우리는 그것을 마이크로파 우주 배경 복사의 미묘한 밝기 차이를 통해 볼 수 있다. 미시 세계에 대한 양자 이론과 천문학적, 우주론적 세계의 거시 구조 사이의 관계가 밝혀진 것이다. 이것은 현대 우주론의 가장 위대한 성취 중 하나이다.

지난 10년 동안 우리가 우주론적 관측에서 알게 된 두 가지 가장 중요한 것들에 대해서 요약하면서 이 장을 마치기로 하겠다. 첫째, 우리는 대단히 충격적인 사실을 발견했다. 우주 상수는 정말 존재한다. 처음의 119번째 자리까지는 상쇄되지만, 놀랍게도, 120번째는 0이 아니다!

둘째, 급팽창 이론이 우주 배경 복사의 연구 결과를 강하게 뒷받침한다는 것이다. 우주가 어떤 시기에 지수 함수적으로 자라났다는 것은 분명하다. 전체 우주가 우리가 볼 수 있는 부분보다 아주아주 많은 자릿수 차이로 더 크다는 것은 거의 확실하다.

이것은 모두 위대한 발견이지만, 골치 아픈 문제이기도 하다. 임의의 숫자가 무작위적으로 들어 있는 자루에 손을 넣어 자연 상수들의 목록을 이룰 숫자들을 꺼낸다고 해 보자. 그렇다면 우리가 현재 보고 있는 우주를 낳은, 적절하게 작은 우주 상수와 적당하게 긴 급팽창 기간의 값을 정확하게 골라내는 일은 거의 불가능할 것이다. 둘 다 아주 정밀한 미세 조정이 필요하다. 우리가 앞에서 살펴보았던 것처럼, 우주는 특별하게 설계된 것처럼 보인다. 다음 장에서 이 특별함에 대해서 더 이야기하겠다.

6장

얼린 물고기와 삶은 물고기

비전문가에게 물리학을 설명할 때 비유는 분명 매우 값진 역할을 한다. 나에게도 비유는 사고의 도구이며, 나는 이 도구를 나만의 방식으로 사용하고 있다. 나는 종종 어떤 어려운 문제의 답을 스스로에게 납득시키려고 할 때 비슷한 문제를 보다 일반적인 상황에 적용한 비유를 상상하고는 한다.

꽤 오랫동안 인간 원리는 과학사에 등장한 다른 어떤 것보다도 더 많은 혼란과 무의미하고 부질없는 철학적 담론들을 생산해 냈다. 그 의미가 무엇인지, 그것은 어떻게 설명되고 예측되어야 하는지, 그것이 언제 합당한지, 언제 부당한지, 그것이 사리에 맞는 것은 어떤 경우인지, 그리고 어떤 경우에 허튼소리가 되는지에 관한 논쟁이 끊임없이 이어졌다.

나의 가장 확실한 길잡이는, 건전한 상식이 불확정성을 없애 주는 좀 더 친숙한 세상과 관련된 비유를 만드는 것이다. 10년도 더 전에 나는 인간 원리가 어느 정도 사리에 맞는다는 것을 납득시켜 주는 우화를 하나 만들었다.

티니를 위한 생일 선물

저명한 물리학자들의 60번째 생일에 파티를 열어 축하하는 것이 오래된 전통이다. 하지만 이 생일 파티는, 보통 이틀 정도 하루 종일 계속되는 물리학 세미나로 채워진다. 게다가 음악도 없다. 나는 오래된 친구인 마르티뉘스 펠트만(Martinus Veltman, 1931년~)을 위한 그런 파티에서 강연한 적이 있다. 티니(Tini, 마르티뉘스 펠트만의 애칭. — 옮긴이)는 턱수염을 덥수룩하게 기른 생기 있는 전형적인 네덜란드 인으로, 맥베스를 연기하던 오선 웰스(Orson Welles, 1915~1985년)와 은신처에서 막 나온 사담 후세인의 중간처럼 보인다. 티니는 최근 헤라르뒤스 토프트와 함께 표준 모형의 수학을 개발한 업적으로 노벨상을 받았다.

티니가 진공 에너지의 문제점을 인지한 최초의 물리학자들 중 한 사람이었기에, 나는 '티니와 우주 상수'라는 제목으로 생일 축하 연설을 하기로 마음먹었다. 나는 인간 원리와 스티븐 와인버그의 은하 생성 비율 계산에 관해 이야기하려고 했다. 하지만 나는 인간 원리가 어떻게 과학적으로 이치에 닿을 수 있는지도 설명하고 싶었다. 따라서 여느 때처럼 나는 비유를 만들어 냈다.

우주 상수가 왜 그토록 정확히 미세 조정되어 있는지 질문하는 대신에, 나는 비슷한 질문으로 대체했다. 지구의 온도가 물이 액체 상태로 존재할 수 있는 좁은 영역에 미세 조정되어 있는 이유는 무엇인가? 두 질문은 모두, 우리가 어떻게 우리 자신의 존재에 안성맞춤인, 매우 가능성이 낮은 환경에 살게 되었는지 묻는다. 나의 질문에 답하기 위해 나는 다음과 같은, 지적인 물고기들에 관한 우화를 내놓았다.[1]

옛날 옛적에 물로 완전히 덮인 행성에 큰 뇌를 가진 물고기 종이 살고 있었다. 이 물고기들은 특정 수심에서만 생존할 수 있었으며, 어떤 물고기도 위에 있는 수면이나 아래의 해저를 본 적이 없었다. 그러나 그들은 큰 뇌 덕분에 매우 총명했으며 또한 매우 호기심이 많았다. 곧 물과 다른 사물들의 본성에 관한 그들의 질문은 매우 정교해졌다. 그들 중 가장 영리한 부류를 '피시시스트(fyshicist)'라고 불렀다. (저자는 원문에서 영어의 '물리학자(physicist)'와 발음이 비슷한 'fyshicist'라는 말로 말장난을 하고 있다. — 옮긴이) 피시시스트들은 놀랄 만큼 영리해서, 몇 세대가 지나지 않아 그들은 유체역학, 화학, 원자 물리학, 그리고 심지어 원자핵에 이르기까지 자세히 이해하게 되었다.

결국 몇몇 피시시스트들은 자연 법칙이 왜 지금과 같은 형태를 갖게 되었는지 묻게 되었다. 그들은 발달된 기술을 사용해서 물의 모든 형태, 즉 얼음, 수증기와 액체 상태를 연구할 수 있었다. 그러나 그들의 모든 노력에도 불구하고 아직 한 가지 사항이 그들을 난처하게 했다. 배경이 되는 온도(T)가 0부터 무한대까지의 모든 값 중에서 왜 하필이면 H_2O가 액체로 존재할 수 있는 매우 좁은 영역에 미세 조정되어 있을까? 그들은 여러 종류의 대칭성, 동적 이완의 기제 같은 많은 아이디어들을 시도해

1. 이 이야기는 《뉴 사이언티스트(*The New Scientist*)》 2003년 11월호에 발표되었다.

보았지만, 그 어떤 것도 이 사실을 설명할 수 없었다.

피시시스트와 긴밀하게 관련된 부류가 있었으니, 그들은 바로 수중 세계를 연구하는 '코드몰로지스트(codmologist)'였다. (저자는 영어의 우주론 학자(cosmologist)와 발음이 비슷한 'codmologist'라는 단어를 만들어 말장난을 하고 있다. — 옮긴이) 코드몰로지스트들은 큰 뇌를 가진 물고기가 살고 있는 통상적인 수심의 세계보다는, 그들이 사는 수중 세계에 상부 경계가 존재하는지를 알아내는 데에 더 관심이 있었다. 코드몰로지스트들은 대부분의 수중 세계는 그 수압이 그들의 큰 머리에 알맞지 않기 때문에 거주하기에 적당하지 않다는 것을 알고 있었다. 그곳을 조사하기 위해 지느러미를 이용해서 위쪽까지 헤엄쳐 간다는 것은 불가능한 일이었다. 그런 영역의 매우 낮은 수압에 노출되면 그들의 큰 머리는 터져 버리고 말 것이다. 따라서 그들은 추측하는 쪽을 택했다.

어떤 이들은 터무니없다고 했지만, 일군의 코드몰로지스트들은 배경 온도 T의 미세 조정에 관한 매우 급진적인 사상을 가지고 있었다. 그리고 그들은 그 사상을 '어류 원리(Ickthropic Principle, 어류를 뜻하는 접두어 'Ickth-'를 붙여 만든 새로운 단어이다. — 옮긴이)'라고 불렀다. 그 원리에 따르면 온도가 액체 상태의 물에 적당하게 된 것은 오로지 그래야만 관측할 만한 물고기 종이 존재할 수 있기 때문이다.

"터무니없어!" 피시시스트들은 말했다. "그것은 과학이 아니야, 종교지. 그것은 그저 포기를 선포하는 것일 뿐. 게다가 우리가 만약 그것에 동의한다면, 모든 이들에게 비웃음을 살 것이고 연구비도 끊길 것임에 틀림없어."

그런데 사실은 모든 코드몰로지스트들이 어류 원리에 같은 의견을 가지고 있는 것은 아니었다. 사실은 두 명이 동의하는 것도 힘든 일이었다. 어떤 이는 어류 원리란 큰 뇌를 가진 물고기를 사랑하는 대천사(大天

使) 물고기가 세상을 창조했음을 의미한다고 생각했다. 또 어떤 이는 수중 세계의 양자 파동 함수는 모든 T 값이 중첩된 것이며 그것을 관측함으로써 어떤 선조 물고기가 '파동 함수를 붕괴시켰다.'라고 생각했다.

'매우 큰 머리의 안드레'와 '깊이 헤엄치는 알렉산더'가 이끄는 소수의 코드몰로지스트들은 매우 놀라운 아이디어를 가지고 있었다. 그들은 굉장히 큰 공간이 물의 상부 경계면 너머에 존재한다고 믿었다. 이 매우 큰 공간에는 어떤 면에서는 그들의 수중 세계와 비슷하지만 어떤 면에서는 전혀 다른 세계가 존재할 수 있다. 어떤 세계는 상상할 수 없을 정도로 뜨거워서 수소 원자핵이 융합해 헬륨이 만들어지고, 아마도 점점 더 뜨거워질 것이다. 다른 어떤 세계는 메탄도 얼 정도로 차가울 것이다. 오로지 작은 비율의 세계만이 어류가 형성될 수 있을 정도의 온도를 가질 것이다. 그렇다면 T가 미세 조정된 데에는 어떤 신비도 없다. 낚시꾼이라면 누구나 알고 있듯이, 대부분의 장소에 물고기가 없지만, 조건이 딱 맞는 곳이 몇 군데 있어서, 그곳에 물고기가 살고 있다.

그러나 피시시스트들은 한숨을 쉬며 말했다. "맙소사, 저 녀석들 또 그 의심스러운 이야기를 떠들고 있군. 그냥 무시해야 해."

이 이야기는 완전한 실패였다. 세미나 도중 청중석에서 나오는 큰 한숨과 신음 소리를 들을 수 있었다. 그 후 사람들은 나를 피했다. 티니 자신도 그다지 좋은 인상을 받은 것 같지 않았다. 인간 원리가 이론 물리학자들에 미치는 영향이란 성난 수컷 코끼리가 아프리카의 오지를 방문한 트럭에 가득 탄 여행자들을 거들떠도 보지 않는 것처럼 하찮은 것이었다.

인간을 위한 풍경

천문학이 어떤 것인지 아는 사람이라면 그 누구도 코드몰로지스트들이 틀렸다고 의심하지 않을 것이다. 그 이야기는 인간 원리(또는 '어류 원리')적인 설명이 옳은 상황이 있음을 시사한다. 그러나 그 규칙은 무엇인가? 인간 원리적인 설명이 적절해지는 것은 언제인가? 그것이 부적절해지는 것은 언제인가? 무엇인가 길잡이가 될 원리가 필요하다.

우선, 확실한 것이 있다. 가설 X를 인간 원리로 설명하는 것이 정당화되는 것은, X가 참이 아닌 경우 지적 생명체의 존재가 불가능하다고 믿을 충분한 이유가 있을 때뿐이다. 큰 뇌를 가진 물고기에게 그것은 분명했다. 너무 뜨거우면 해물 잡탕이 될 것이다. 너무 차면 얼린 물고기가 된다. 우주 상수의 경우, 와인버그가 추론을 내놓았다.

생명이 존재하기 위해 필요한 것이 무엇인지 생각해 보면, 풍경은 끔찍한 지뢰밭이다. 큰 우주 상수가 어떻게 치명적일 수 있는지 이미 설명했는데, 다른 위험도 많다. 생명을 잉태하기 위해 우주가 갖춰야 하는 요건은 주로 세 가지 범주로 나눌 수 있다. 첫째, 물리 법칙이 유기 화학을 가능하게 해야 한다. 둘째, 생명에 필수적인 화학 물질이 풍부하게 존재해야 한다. 그리고 마지막으로, 우주는 크고, 매끄러우며, 긴 수명을 가져야 하고, 온화한 환경을 만들어야 한다.

생명이란 당연히 화학적인 과정이다. 원자를 만드는 어떤 메커니즘이 원자를 굉장히 기묘한 방식으로 조합해 생명의 블록이라고 할 만한 DNA, RNA, 그리고 수백 종의 단백질 등을 만든다. 화학은 대학에 독립적인 학과로 존재하고 별개의 학술지가 있는 등, 보통 다른 분야의 과학으로 간주되지만 사실은 물리학의 한 분야라고 할 수 있다. 화학에서는 원자의 최외각 전자를 주로 다룬다. 이 **원자가 전자**들이 원자 사이를 오가거나 여러 원자들 사이에 공유됨으로써 원자들이 서로 결합해 다양한 분자를 만들도록 해 준다.

물리 법칙은 어떤 메커니즘을 통해 부서지지도, 흩어지지도 않는, DNA와 같은 놀랍도록 복잡한 구조물을 허용하는 것일까? 어느 정도, 그것은 그저 행운이었다.

1장에서 본 것처럼 물리 법칙은 전자, 쿼크, 광자, 중성미자 등 각각 독특한 질량과 전하량을 가진 기본 입자들의 목록에서 시작된다. 그 목록이 왜 지금과 같이 되었는지, 왜 그 성질들이 정확히 그 값들을 갖게 되었는지는 아무도 모른다. 다른 목록들이 한없이 가능하다. 그러나 그 수많은 목록들 중에서 무작위로 하나를 골라 생명으로 차 있는 우주를 얻기는 거의 불가능하다. 전자, 쿼크, 광자 중 어떤 것을 없애거나, 또는 그 입자들의 성질을 살짝 바꾸기만 해도, 화학이라고 불리는 학문은 사라져 버릴 것이다. 전자와 쿼크는 원자와 원자핵을 이루기 때문에 이것이 없어지면, 화학이 없어질 것은 명백하다. 그러나 사람들 중에는 광자가 없어진다고 화학이 없어지겠냐고 의구심을 가지는 이도 분명 있을 것이다. 광자란 빛을 만드는 작은 '탄환'들이다. 광자가 없으면 우리는 아무것도 볼 수 없다. 그러나 듣고, 느끼고, 냄새 맡을 수는 있으므로 그다지 중요하지 않을 수도 있다. 하지만 그렇게 생각하는 것은 큰 잘못이다. 광자는 원자들을 한데 묶는 아교풀 같은 역할을 하기 때문이다.

원자핵을 중심으로 하는 궤도를 따라 최외각 전자들을 돌게 하는 것은 무엇인가? 최외각 전자들은 왜 양성자와 중성자에게 영원한 이별을 고하고 멀리 날아가지 않는가? 그것은 서로 반대 전하를 띠고 있는 전자들과 원자핵 사이의 전기적 인력 때문이다. 전기적 인력이란 파리와 파리잡이 끈끈이 사이의 끌어당기는 힘과는 다르다. 끈끈이는 매우 끈적거려서 파리를 단단히 붙잡을 수 있지만, 일단 조금이라도 떼어 내면 끈

끈이는 바로 분리된다. 파리가 어리석게 다시 돌아오지 않는 한 완전한 자유를 얻는다. 물리학 용어로 하면 끈끈이의 힘은 강하지만 **근거리**에서 작용하며 원거리까지 뻗어 나가지는 않는다.

끈끈이의 근거리 힘은 전자를 원자핵에 묶어 두는 데에는 쓸모가 없을 것이다. 원자는 소형의 태양계와 같으며, 가장 중요한 최외각 전자들은 가장 먼 행성, 즉 명왕성(2006년에 행성 자격을 박탈당해 미행성 중 하나가 되었다. — 옮긴이)이나 해왕성과 비슷하다. 원거리까지도 미치는 힘만이 그것들이 원자의 경계 너머의 '바깥 공간'으로 날아가 버리는 것을 막을 수 있다.

멀리에서 물체를 끌어당기거나 미는 **원거리 힘**은 흔치 않다. 자연에 있는 여러 종류의 힘들 중에, 오직 두 가지만이 원거리에서 작용한다. 둘 다 친숙한 힘이지만, 중력이 더 잘 알려져 있다. 땅을 박차고 뛰어 보자. 곧바로 중력이 우리를 도로 잡아당긴다. 그 힘은 수억 킬로미터 밖까지 영향을 미쳐 행성들이 그 궤도를 따라 그대로 돌게 하며 수만 광년까지도 영향을 미쳐서 별들을 은하 안에 붙잡아 둔다. 그것은 최외각 전자들을 원자 중심에 있는 원자핵에 묶어 두는 데 필요한 것과 같은 종류의 힘이기도 하다. 물론 원자들을 한데 묶는 것은 중력이 아니다. 중력은 그러기에는 너무 약하다.

잘 알려진 다른 원거리 힘은 자석과 철제 클립 사이에 작용하는 자기력이다. 자석은 클립과 접촉하고 있지 않아도 당기는 데 문제가 없다. 강력한 자석은 먼 곳에서도 클립을 잡아당길 수 있다. 원자와 연관이 있는 것은 자기력의 사촌인 전기력으로서, 전하를 띤 입자 사이에 작용하는 원거리 힘이다. 훨씬 강력하다는 것을 제외하면 전기력은 중력과 아주 흡사하며, 중력이 명왕성을 태양에 묶어 놓는 것과 같은 방식으로 최외각 전자들을 원자 안에 속박해 놓고 있다.

1장에서 설명했던 것처럼, 전하를 띤 입자들 사이의 전기력은 전하 사이에서 교환되는 광자들이 그 근원이다.[2] 엄청나게 가벼운 광자들은 (광자는 질량이 0임을 기억하기 바란다.) 원거리를 점프해서 멀리 있는 최외각 전자들을 원자핵에 묶어 놓는 원거리 힘을 만든다. 빛이 기본 입자 목록에서 사라지면 원자를 묶어 주는 힘도 사라진다.

광자는 매우 예외적이다. 그것은 중력자를 제외하면 질량이 없는 유일한 기본 입자이다. 만약 그것이 그다지 예외적이 아니어서 질량이 있다면 어떻게 될까? 파인만의 이론은 가상적으로 질량이 있는 광자가 원자핵과 전자 사이를 뛰어다닐 때 발생하는 힘을 계산하는 방법을 알려준다. 광자가 무거울수록, 그것은 멀리 점프하기 어렵다는 것이 그 결과이다. 광자의 질량이 전자의 질량에 비해서 아주 작다고 해도, 전기적 상호 작용은 원거리 힘이 아니라 근거리 힘밖에 없는 '끈끈이'처럼 되어, 멀리 있는 최외각 전자들을 더 이상 잡아 둘 수 없다. 원자, 분자, 그리고 생명의 존재는 광자가 질량이 없다는 묘한 사실에 전적으로 달려 있다.

원자들이 제대로 작동하는 데 근본적으로 중요한 것은 전기력의 작용 범위만이 아니다. 그 힘의 세기(얼마나 세게 전자들을 잡아당기는지)도 매우 중요하다. 전자를 원자핵에 붙들어 맨 힘은 사람의 일상적 경험을 기준으로 한다면 그리 세지 않다. 그것은 1킬로그램중의 수십억 분의 1 정도이다. 전하를 띤 입자 사이에 작용하는 전기력의 세기를 결정하는 것은 무엇인가? 또다시 파인만의 이론이 우리에게 답을 준다. 파인만 도형에는 입자 외에 정점 도형이라는 다른 재료가 필요하다. 모든 정점 도형은 결합 상수라고 하는 하나의 숫자를 가지고 있다는 것을 상기하자. 광자의 방출에 대한 결합 상수는 미세 구조 상수 α이며 그 값은 약 137분의

2. 이 주제는 7장에서 끈 이론과 관련해 다시 다룰 것이다.

1이다. 미세 구조 상수 α가 작다는 것이 바로 전기력이 핵력에 비해서 훨씬 약한 이유에 대한 궁극적으로 수학적인 설명이다.

미세 구조 상수가 예를 들어 1 정도로 커지면 어떻게 될까? 이것은 여러 가지 재난을 불러일으킬 것인데, 그중 하나는 원자핵이 위험에 빠진다는 것이다. 핵자들, 즉 양성자들과 중성자들을 한데 붙들어 놓는 핵력은 파리잡이 끈끈이 같은 힘이어서, 근거리 작용을 하지만 강하다. 원자핵 자체는 마치 끈끈이로 파리들을 뭉쳐 만든 공과 같다. 각각의 핵자는 가장 가까운 이웃에 접착되어 있지만, 다른 것들과 조금이라도 분리되면 자유롭게 날아간다.

양성자들 사이에는 핵력과 경쟁하며 서로를 밀쳐 내려는 힘이 작용하고 있다. 양성자들은 물론 전하를 띠고 있다. 반대의 전하는 서로 당기고 같은 전하는 서로 밀쳐 내므로, 양성자들은 음전하를 가진 전자들을 끌어당긴다. 중성자들은 전기적으로 중성이기 때문에 전기력의 균형을 맞추는 데 아무런 역할을 하지 않는다. 양성자는 중성자와 달리 양전하를 띠고 있어서 서로 밀쳐 낸다. 사실 원자핵에 양성자가 약 100개 이상 있다면, 멀리까지 작용하는 전기적 척력은 원자핵을 분해하기에 충분하다.

전기력이 핵력만큼 세다면 어떻게 될까? 그렇다면 조금만 복잡한 원자핵들은 모두 불안정해질 것이다. 전기력이 핵력보다 훨씬 약한 범위 안에서 조금만 변해도 탄소와 산소 같은 원자핵들의 존재 자체가 위험해진다. 미세 구조 상수는 왜 작은 것일까? 그 이유는 아무도 모르지만, 만약 그것이 크다면 그런 질문을 할 수 있는 존재는 분명 존재하지 않을 것이다.

양성자와 중성자는 더 이상 기본 입자로 간주되지 않는다. 각각은 3개의 쿼크로 구성되어 있다. 1장에서 논의했던 것과 같이, 쿼크에는 업, 다운, 스트레인지, 참, 보텀, 톱이라는 이름이 붙은 여러 종류가 있다. 이름은 별 뜻이 없지만, 쿼크 종류들 사이의 차이점은 중요하다. 3장에 있는 입자들의 질량 목록을 잠깐 보면 쿼크들의 질량이 업 쿼크, 다운 쿼크처럼 전자의 10배 정도에서 톱 쿼크의 경우인 34만 4000배에 이르기까지 광범위하게 변한다는 것을 알 수 있다. 물리학자들은 톱 쿼크가 왜 그렇게 무거운지에 대해서 당혹스러워했지만, 최근 들어 톱 쿼크가 비정상이 아니라는 것을 이해하게 되었다. 사실은 업 쿼크와 다운 쿼크가 터무니없이 가벼운 것이다. 업 쿼크와 다운 쿼크가 Z 보손 또는 W 보손 같은 입자들보다 약 2만 배나 가볍다는 것이 설명을 요구하는 사실이다. 표준 모형은 그것을 설명하지 못한다.

여기에서 업 쿼크와 다운 쿼크가 지금보다 훨씬 무거워지면 어떻게 될지 생각해 보자. 이번에도 그 결과는 재앙이다. 양성자와 중성자는 업 쿼크와 다운 쿼크로 이루어져 있다. 스트레인지, 참, 보텀, 톱 쿼크는 일상의 물리학과 화학에 아무런 영향을 미치지 않는다. 그것들은 주로 고에너지 물리학자들에게나 흥미로운 대상일 뿐이다. 양성자와 중성자에 대한 쿼크 이론에 따르면, 핵자들 사이의 힘은 그 사이에서 이리저리 뛰어다니며 교환되는 쿼크들에서 나온다.[3] 만약 쿼크들이 훨씬 더 무겁다면 그것들을 교환하기가 훨씬 더 어려워질 것이고, 핵력의 효과는 실질적으로 사라진다. 원자핵을 이루는 파리잡이 끈끈이 힘이 없다면, 화학도 있을 수 없다. 이러한 고찰 역시 우리가 행운아임을 가르쳐 준다.

풍경의 관점에서 이야기하자면, 우리 우주는 모든 행운이 한꺼번에

---

3. 더 정확한 설명은 쿼크와 반쿼크로 이루어진 입자인 파이온(pion)들이 핵자 사이의 힘을 전달한다는 것이다. 업 쿼크, 다운 쿼크의 질량이 더 크다면 파이온의 질량도 증가한다. 이것은 핵력이 급격히 약해지는 효과를 낳는다.

일어난 계곡에 머물고 있는 셈이다. 하지만 풍경의 일반적인 영역에서는 상황이 매우 다르다. 대부분의 영역에서 미세 구조 상수는 매우 크고, 광자는 질량을 가지며, 쿼크들은 더 무겁다. 또는 더 나쁜 일이지만 전자, 광자, 쿼크 등이 기본 입자의 목록에 없을 수도 있다. 이중 어느 하나만 있어도 우리의 존재를 없애기에 충분하다.

표준 모형의 모든 입자들이 존재하고 그 입자들이 적절한 질량과 힘을 가지고 있다고 해도, 화학이 성립하지 않을 수 있다. 전자가 파울리의 배타 원리를 따르는 페르미온이라는 한 가지 사실이 더 필요하다. 페르미온이 배타적이라는 것, 즉 하나의 양자 상태에 하나의 입자밖에 넣을 수 없다는 사실은 화학에서 결정적이다. 파울리의 배타 원리가 없다면, 하나의 원자에 속한 모든 전자들은 에너지 준위가 가장 낮은 궤도로 내려갈 것이며 떼어 내기 훨씬 어려울 것이다. 우리가 살고 있는 세계의 통상적인 화학은 완전히 파울리의 배타 원리에 의존하고 있다. 만약 전자들이 갑자기 좀 더 사교성이 있는 보손으로 바뀐다면, 탄소의 화학에 기반한 생명은 휙 하고 사라질 것이다. 따라서 당신은 보통 화학이 전혀 일반적인 것이 아님을 알 수 있을 것이다.

물리학자들은 종종 단어들을 통상적인 의미와 다른 방식으로 사용한다. 어떤 것이 존재한다고 할 때, 당신은 그 말이 아마도 우주의 어딘가에서 그것을 정말 찾아낼 수 있음을 의미한다고 생각할 것이다. 예를 들어, 만약 내가 당신에게 블랙홀이 존재한다고 말하면, 당신은 나에게 그것이 어디 있냐고 물어볼 것이다. 블랙홀은 보통의 의미로 정말 존재한다. 예를 들어 그것들은 은하의 중심에서 발견될 수도 있는 실제 천체이다. 하지만 내가 당신에게 먼지보다도 별로 크지 않은 아주 작은 블랙홀이 존재한다고 이야기했다고 상상해 보라. 당신은 다시 그것이 어디 있냐고 물을 것이다. 이번에 나는 그것은 어디에도 없다고 이야기할 것이다. 엄청난 양의 질량을 응축해야 블랙홀을 만들 수 있으니 말이다. 당신은 분명히 짜증을 내며 "놀리지 마시오. 그것들이 분명히 존재한다고 했지 않소!"라고 말할 것이다.

물리학자들, 특히 이론적인 이들이 **존재**한다고 말할 때, 그것은 문제의 물체가 **이론적으로** 존재한다는 것을 의미한다. 즉 그 물체는 이론의 방정식을 만족하는 풀이(해)로서 존재한다. 그 기준으로 따지면 지름이 100킬로미터로 완벽하게 커팅된 다이아몬드도 존재한다. 순금으로 이루어진 행성도 마찬가지이다. 그런 것이 어디엔가 실제로 있을 수도, 없을 수도 있지만, 물리 법칙에 어긋나지 않는, 존재 가능한 물체라는 것은 분명하다.

원거리에 작용하는 약한 힘과 근거리에 작용하는 강한 힘들이 페르미온들 사이에서 작용해 탄소, 산소, 그리고 철과 같은 복잡한 원자들이 **존재**할 수 있게 한다. 그것은 훌륭한 일이지만, 나는 그것을 이론적인 의미에서 사용했다. 당신은 "보통 의미로 복잡한 원자들이 분명히 존재하게 하기 위해서 무엇이 더 필요한가? 그런 원자들을 실제로 만들고 우주에 풍부하게 있도록 하는 데 무엇이 필요한가?"라고 물을 것이다. 그 답은 그리 간단하지 않다. 입자들의 무작위 충돌을 통해서는 초기의 뜨거운 우주에서도 복잡한 원자핵들을 만들 수 없기 때문이다.

대폭발 이후의 몇 분 동안에는 원자도 원자핵도 없었다. 양성자, 중성자, 그리고 전자로 이루어진 뜨거운 플라스마가 모든 공간을 채웠다. 높은 온도 때문에 핵자들이 달라붙지 못했고 원자핵을 만들 수 없었다. 우주가 식으면서, 양성자와 중성자가 달라붙어 원시 원소들을 만들었다.[4] 하지만 아주 희미한 다른 원소들의 흔적을 제외하면, 가장 간단한

4. 원소라고 할 때 나는 보통 원자핵을 의미한다. 전자가 원자핵에 결합되는 것은 대폭발이 일

원자핵들, 즉 수소와 헬륨만이 만들어졌다.

게다가 중세의 연금술사들이 알아냈던 것처럼 한 원소를 다른 것으로 전환하는 것은 쉽지 않다. 그렇다면 탄소, 산소, 질소, 규소, 황, 철, 그리고 다른 잘 알려진 화학 원소들은 도대체 어디서 온 것일까? 그 해답은 어떤 연금술사도 해 낼 수 없었던 일, 즉 원소를 다른 것으로 변환시키는 일을 엄청나게 뜨거운 별의 용광로가 해 냈다는 것이다. 그 요리 과정이 핵융합이며, 바로 수소 폭탄의 원리와 같다. 핵융합은 수소 원자핵을 온갖 종류의 순서와 배합으로 결합시킨다. 이런 핵반응의 결과가 익숙한 원소들이다.

가장 가벼운 원소에서 시작해서 철까지 만들어 내는, 별에서 일어나는 연쇄 핵반응은 복잡하다. 몇 가지 예를 들어 설명해 보자. 가장 익숙한 예는 수소에서 헬륨을 만드는 핵융합 반응이다. 약력(W, Z 보손이 있는 파인만 도형)이 등장하는 것이 바로 여기이다. 첫 단계는 두 양성자의 충돌이다.[5] 양성자 2개가 충돌하면 많은 일들이 일어날 수 있지만, 표준 모형의 파인만 도형들을 안다면, 그 결과가 양성자, 중성자, 양전자, 그리고 중성미자로 이루어진다는 것을 알아낼 수 있을 것이다.

양전자는 별 내부에서 방황하는 전자를 찾아내, 쌍소멸해 빛으로 변하고 결국 별의 열에너지로 바뀐다. 중성미자는 그냥 퓽 하고 날아가 거의 빛의 속도로 사라진다. 남은 것은 끈끈한 양성자 하나와 끈끈한 중성자 하나이다. 이것들이 달라붙어 수소의 동위 원소인 중수소를 만든다.

그다음으로, 세 번째의 양성자가 중수소에 충돌해 달라붙는다. 양성자 2개와 중성자 1개로 이루어진 원자핵은 헬륨의 일종으로서 헬륨

어나고 훨씬 뒤에 일어난 일이다.

5. 수소는 모든 원소들 중 가장 가볍다. 그 원자핵은 양성자 하나로 되어 있다.

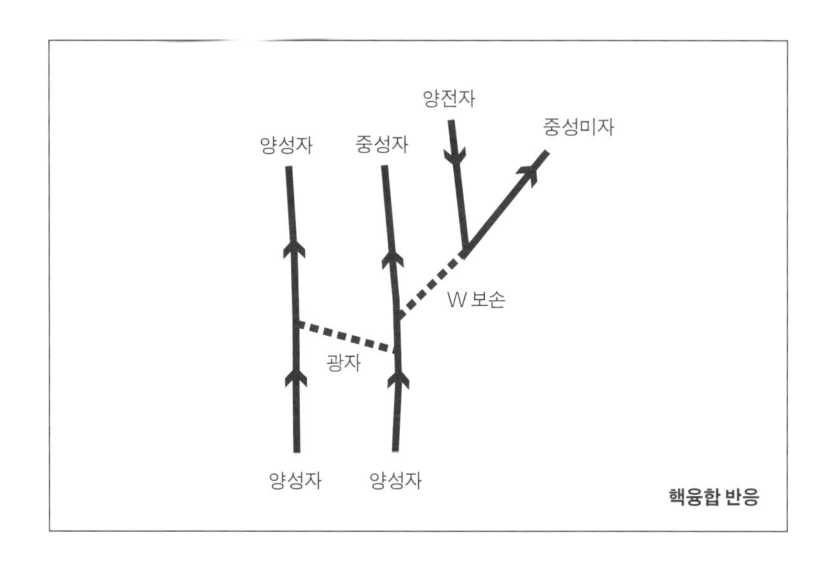

3(^{3}He)이라고 하는데, 그것은 풍선에 넣는 것과 같이 안정한 종류가 아니다. 그쪽은 헬륨 4(^{4}He)라고 부른다.

이야기는 계속된다. 2개의 헬륨 3 원자핵이 충돌한다. 합치면 양성자 4개, 중성자 2개이다. 하지만 이들 모두는 서로 달라붙어 있을 수 없다. 양성자 2개는 날아가고 2개의 양성자와 2개의 중성자로 이루어진 원자핵이 남는다. 그것이 보통의 헬륨 4 원자핵이다. 당신이 이 모든 것을 기억할 필요는 없다. 사실 물리학자 중에도 그런 사람은 얼마 없다.

별에서 일어나는 대부분의 핵반응은 하나의 양성자가 이미 존재하는 다른 원자핵에 충돌해서 원자량을 하나씩 늘리면서 일어난다. 어떤 때에는 양성자가 중성자로 바뀌며 양전자와 중성미자를 내놓는다. 또 어떤 때에는 중성자가 양성자, 전자, 그리고 반중성미자로 바뀐다. 어떤 경우든, 별의 내부에서는 수소와 헬륨 원자핵이 점차 더 무거운 원소들로 바뀐다.

하지만 복잡한 원소들이 만들어졌다고 해도, 별의 내부에 갇혀 있으면 무슨 소용이 있는가? 공상 과학 소설 작가들은 아마 소용돌이치는 뜨거운 플라스마로 만들어진, 수백만 도의 환경에서 번성하는 이상한 종류의 생명체를 상상할 수도 있을 것이다. 그러나 현실 세계의 생명은 더 차가운 환경을 필요로 한다. 불행하게도 별이 살아 있는 동안 탄소와 산소는 별의 내부에 갇혀 지내게 된다.

그러나 별도 영원히 사는 것은 아니다.

결국 우리의 태양을 포함해서 모든 별들은 그 연료가 바닥나는 시점에 이르게 된다. 그 시점에 별은 스스로의 무게 때문에 붕괴한다. 연료를 다 써 버리기 전까지 별들은 핵반응에서 발생한 열과 압력으로 균형을 맞춘다. 별에는 경쟁하는 두 가지 경향이 있다. 하나는 핵폭탄처럼 폭발하려는 경향이고, 다른 하나는 중력 때문에 붕괴하려는 경향이다. 폭발과 붕괴라는 이 두 가지 경향은 태울 수 있는 연료가 남아 있는 한 균형을 이룬다. 하지만 연료가 다하면 중력의 인력에 저항할 것이 없어져 별은 붕괴하고 만다.

별의 붕괴에는 가능한 종점이 세 가지 있다. 우리의 태양처럼 비교적 가벼운 별은 붕괴해 백색 왜성(white dwarf)이 된다. 백색 왜성은 양성자, 중성자, 전자 같은 어느 정도 통상적인 물질들로 이루어져 있지만 전자들은 보통의 물질에 비해 훨씬 더 큰 정도로 압착되어 있다. 전자들이 더 가까이 밀착하지 못하도록 하는 것은 파울리의 배타 원리이다. 만약 모든 별들이 백색 왜성으로 끝난다면, 별의 핵융합로에서 새로 만들어진 원소들은 그 안에 갇혀 있게 될 것이다.

만약 별이 태양보다 여러 배 더 무겁다면, 그 별의 중력은 저항할 수 없을 정도가 된다. 이 경우 파국적인 붕괴는 불가피하며 상상할 수 있는 가장 격렬한 과정인 블랙홀의 형성으로 끝날 것이다. 블랙홀 내부에 갇힌 원소들은 백색 왜성보다도 더 쓸모가 없다.

그러나 중간 지대가 있다. 질량이 특정 영역에 있는 별들은 백색 왜성 단계를 지나 블랙홀이 되기 전 단계까지만 붕괴한다. 이런 별들에서 전자는 극도로 압착되어 양성자를 중성자로 바꾼다. 결국 엄청나게 밀도가 높은 중성자 물질로 만들어진 단단한 구가 된다. 그것이 바로 중성자별(neutron star)이다. 여기에서 놀라운 사실은 중성자별의 형성에서 약력이 아주 중요한 역할을 한다는 것이다. 각각의 양성자는 중성자가 되면서 2개의 입자, 즉 양전자와 중성미자를 내놓는다. 그리고 양전자는 재빨리 별 내부의 전자와 결합해서 사라진다. 바로 여기에서 초신성이라고 불리는 현상이 일어난다.

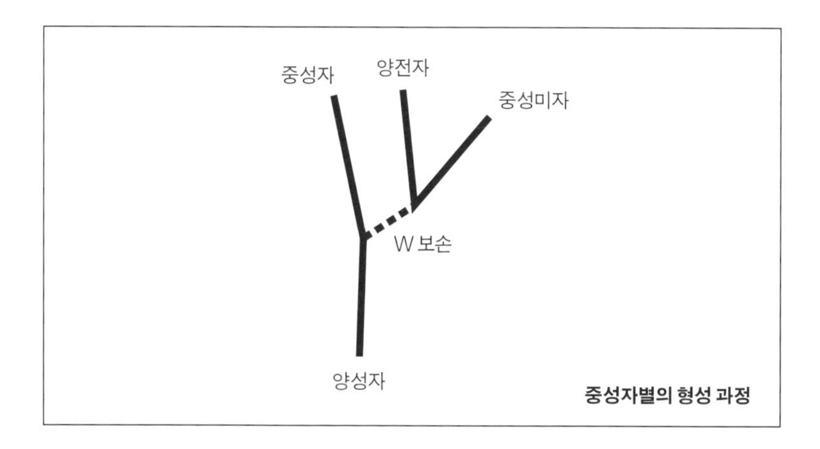

중성자별의 형성 과정

초신성 폭발이라는 사건은 평온하게 일어나지 않는다. 초신성은 1000억 개의 별이 있는 은하보다도 밝게 빛난다!

일상적인 물리학과 화학에서 중성미자는 전혀 중요하지 않다. 그것들은 수억 광년 두께의 납을 아무런 방해도 받지 않고 통과할 수 있다. 태양에서 방출된 중성미자들은 지금도 우리가 사는 대지, 우리가 먹고 마시는 것들, 심지어 우리의 몸을 통과하고 있지만 아무런 영향도 주지 않는다. 하지만 중성미자가 없었다면 우리는 존재할 수 없었다. 초신성 폭발에서는 엄청나게 많은 중성미자가 방출되기 때문에, 각각은 미약하

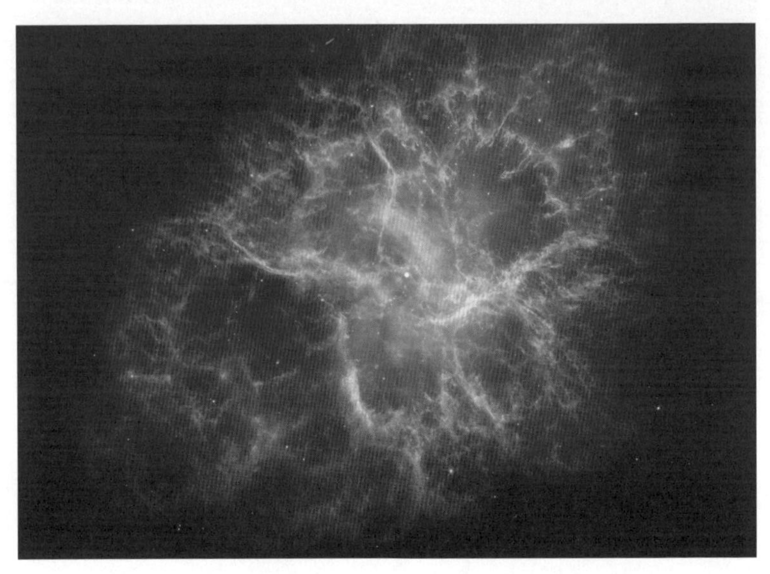

게자리 성운은 초신성 폭발의 잔해물이다. 그 폭발은 1054년 지구에서 관측되었다.

지만 압력을 만들어서 그 앞에 있는 물질들을 밀어 낸다. 중성미자가 만드는 압력은 붕괴하는 별의 바깥층을 날려 버리고, 그 과정을 통해 별이 붕괴하기 전에 만든 복잡한 원자핵들을 우주 공간에 흩뿌린다. 죽음의 고통을 겪는 별은 자신에게 남겨진 마지막 시간을 자신이 만든 복잡한 원자핵들을 우주에 공급하는 데 바친다.

우리의 태양은 젊다. 우주는 140억 살 정도 되었는데, 태양은 그 역사의 후기인 약 50억 년 전에 태어났다. 당시에는 이미 여러 세대의 별들이 만들어지고 죽어서 우주 공간에는 태양계를 형성하기에 충분한 무거운 원소들이 있었다. 유령 같은 중성미자가 보통의 의미로 존재한다는 사실은 우리에게 정말 행운이다.

원자핵을 만들 때 잘못될 가능성은 여러 가지이다. 만약 약력이 없거나 중성미자가 너무 무거우면 양성자가 중성자로 바뀔 수 없다. 탄소가 만들어지는 과정은 탄소 원자핵의 세부적인 성질에 민감하다. 20세기의 가장 중요한 과학적 사건들 중 하나는 우주론 학자인 프레드 호일이 우리가 여기에 존재한다는 사실만으로 원자핵 세부 사항들을 예측한 것이다. 1950년대 초반에 호일은 태양과 같은 별에서 원소들이 요리되는 데 '장벽'이 있다고 주장했다. 질량수가 4인 원소, 즉 헬륨 다음으로 진행하는 것이 불가능해 보였다. 원자핵의 합성은 보통 한 번에 양성자 1개가 추가되는 식으로, 더 무거운 원소를 만드는 것인데, 질량수 5인 안정한 원자핵이 없기 때문에, 헬륨을 넘어서는 것은 간단하지 않은 문제였다.

헬륨이라는 장벽을 넘어설 수 있는 방법이 하나 있기는 하다. 2개의 헬륨 원자핵이 충돌해 질량수 8의 원자핵을 만들 수 있다. 그 원자핵은 질량수 8인 베릴륨 동위 원소일 것이다. 그다음 다른 헬륨 원자핵이 베릴륨에 충돌해 질량수 12의 원자핵을 만들 수 있다. 이것이 바로 유기화학의 재료인 탄소이다. 그러나 이 논리에는 이 모든 것을 허사로 돌릴 결점이 있다.

베릴륨 8은 매우 불안정한 동위 원소이다. 그것은 너무 빨리 붕괴하기 때문에 사라지기 전에 다른 원자핵과 충돌할 충분한 시간이 없다. 실현될 가능성이 아주 낮은 우연이 없다면 말이다. 만약 탄소 원자핵의 들뜬상태 중 하나가 우연히 적절한 성질을 가지면(일종의 공명 상태라고 할 수 있을 것이다.) 베릴륨이 헬륨 원자핵을 붙잡아 결합할 확률은 원래 예상보다 훨씬 높아진다. 그러한 우연의 가능성은 매우 낮지만, 호일이 그러한 우연이 중원소 합성 문제에 대한 해답이 될 수 있음을 지적했을 때, 실험 핵물리학자들은 곧바로 연구에 들어갔다. 그리고 빙고! 호일이 예상했던 그대로의 성질을 가지는 적절한 들뜬상태가 발견되었다. 탄소 원자핵의 들뜬상태가 약간만 크거나 작았더라도 은하와 별을 만드는 과정은 결코 생명을 탄생시키는 과정으로 이어지지 못했을 것이다. 그러나 그렇지 않았기에 탄소 원자들이 합성되었고, 우리 같은 탄소 생명도 존재할 수 있게 되었다.

호일의 예측대로 발견된 탄소 원자핵 공명 상태의 성질은 가장 중요한 미세 구조 상수를 포함한 여러 자연 상수의 값에 따라 민감하게 달라진다. 그 값이 몇 퍼센트만 달랐어도 탄소도 없고 생명도 없는 세상이 되었을 것이다.[6] 이것이 바로 호일이 "어떤 초월적 지성을 가진 존재가 화학과 생물학뿐만 아니라 물리학을 가지고도 장난친 것만 같다."라고 했던 배경이다.

그러나 애초에 우주에 별들이 없었다면 탄소 원자핵의 성질이 예측되었던 값과 정확하게 일치한다는 사실도 핵물리학에는 아무런 도움도 주지 못했을 것이다. 완벽하게 균질적인 우주는 절대로 이런 물체들, 즉 별들을 낳지 못했을 것이라는 사실을 기억하자. 별, 은하, 그리고 행성은 모두 태초에 생성되었던 아주 작은 덩어리의 결과물이다. 우주 탄생 직후의 밀도 차이, 즉 불균질함은 10^{-5} 정도였는데, 그것이 약간 크거나 작았다면 어떻게 되었을까? 만약 초기 우주의 불균질한 정도가 훨씬 작아서 10^{-6} 정도였다면, 우주에 생성된 은하는 매우 작았을 것이고 별들은 매우 드물게 존재했을 것이다. 그리고 그것들은 우리 우주의 초신성들이 토해 내는 복잡한 원자들을 만들기에 충분한 중력을 갖지 못했을 것이다. 그리고 별 내부에서 만들어진 원자핵이 다음 세대 별에서 사용되는 일도 없었을 것이다. 밀도 차이가 좀 더 작았다면, 은하와 별은 형성조차 될 수 없었을 것이다.

---

6. 탄소의 존재가 여러 상수들에 얼마나 민감한지는 논쟁거리이다. 어떤 이들은 2퍼센트 정도라고 말한다. 스티븐 와인버그처럼 10~15퍼센트라고 보는 이들도 있다. 그러나 탄소가 풍부하게 공급되기 위해서는 어떤 미세 조정이 꼭 필요했다는 것에 누구나 동의하고 있다.

불균질함이 10^{-5}보다 더 컸다면 어떻게 되었을까? 100배 정도 더 컸다면, 우주는 은하들이 채 형성되기도 전에 그것들을 삼켜 버리고 소화시키는 폭력적이고 탐욕스러운 괴물들로 가득 찼을 것이다. 걱정하지 마라, 나는 헛소리를 하는 게 아니다. '메가 괴물들'은 바로 거대한 블랙홀들이다. 중력이 질량 밀도가 약간 큰 영역에 작용해서 그것들을 뭉쳐 은하를 만드는 역할을 한다는 것을 기억하라. 그러나 밀도가 너무 높으면, 중력은 너무 강하게 작용할 것이다. 이 경우의 중력 붕괴는 은하 단계를 바로 지나쳐 블랙홀로 진화할 것이다. 모든 물질은 순식간에 블랙홀로 빨려 들어가 무한의 파괴력을 가진 특이점에서 파괴될 것이다. 밀도 차이, 즉 불균질함이 지금의 10배만 되어도 태양계 천체들 사이의 충돌이 너무 빈번해져 지구 생명을 위협할 것이다.

10^{-5} 정도의 불균질함은 우주에 생명이 탄생하는 데 꼭 필요하다. 하지만 이런 정도의 밀도 차이가 준비되는 것은 쉬운 일일까? 그 대답은 분명히 '아니오.'이다. 원하는 결과를 얻기 위해서는 급팽창하는 우주를 지배하는 여러 개의 변수들이 아주 조심스럽게 선택되어야만 한다. 호일이 말한 '우연의 장난'이 또 필요한 것일까?

그렇다. 기적에 가까운 우연의 일치가 이것 말고도 많이 필요하다. 입자 물리학의 기본 법칙 중 하나는 모든 입자에 반입자가 있어야 한다는 것이다. 그러나 우리 우주에는 물질이 반물질보다 많다. 그렇다면 어떻게 우주에는 물질이 반물질보다 압도적으로 많아진 것일까? 우리는 다음과 같이 생각한다.

우주가 매우 젊고 뜨거웠을 때 우주를 채운 플라스마는 물질과 반물질을 거의 정확히 같은 양만큼 포함하고 있었다. 그 불균형은 지극히 작았다. 100,000,000개의 반양성자에 대해서, 100,000,001개의 양성자가 있었다. 그 후 우주가 식어 감에 따라, 입자와 반입자는 짝을 지어 결합해서 빛으로 소멸했다. 1억 개의 반양성자는 1억 개의 짝을 찾아 동반 자살을 감행했고, 남은 것은 2억 개의 광자와 단 1개의 양성자였다. 우리는 이렇게 살아남은 입자들로 만들어졌다. 오늘날, 당신이 만약 1세제곱미터의 은하간 공간을 취한다면, 그곳에는 약 1개의 양성자와 2억 개의 광자가 있을 것이다. 아주 약간의 불균형이 처음부터 있지 않았다면, 이 이야기를 해 줄 나도, 그리고 그것을 읽을 당신도 이곳에 존재할 수 없다.

생명이 존재하기 위한 또 다른 중요한 요건은 중력이 지극히 약해야 한다는 것이다. 보통 생물은 중력을 약하다고 느끼지 않는다. 사실은 나이 들수록 중력에 대항하는 매일매일의 싸움은 점점 더 겁나는 일이 된다. 나는 아직도 할머니가 "아야야, 몸이 천근만근이야."라고 말씀하시던 것을 생생하게 기억한다. 하지만 나는 그녀가 전기력이나 핵력에 대해서 불평하는 것은 들어본 적이 없다. 그럼에도 불구하고 만약 당신이 원자핵과 전자 사이의 전기력을 그 사이의 중력과 비교한다면, 전기력이 10^{41}배나 더 크다는 것을 알게 될 것이다. 이렇게 거대한 차이는 도대체 어디에서 연유한 것인가? 물리학자들은 이것을 설명할 몇 가지 아이디어를 가지고 있다. 하지만 중력이 우리의 존재에 너무나도 중요함에도 불구하고 전기력과 중력 사이의 이런 엄청난 차이가 무엇에서 기인하는지 전혀 알지 못하고 있다.[7] 그러나 우리는 중력이 지금보다 약간 더 강해진다면 어떻게 될지 물어볼 수는 있다. 그 답은 이번에도 역시 그런 의문을 가질 만한 존재가 있을 수 없다는 것이다. 더 강한 중력은 별 내부의 압력을 증가시켜서 별들을 너무 빨리, 그래서 생명이 진화할 시간이

7. 이것을 '게이지 위계 문제(게이지 계층성 문제)'라고 하는데, 우리는 아직 이 문제에 대한 보편적인 해답을 얻지 못했다.

없을 정도로 빨리 타 버리게 한다. 더 나쁜 것은, 블랙홀들이 모든 것을 빨아들여, 생명이 태어나기도 전에 모든 것이 파멸되어 버린다는 것이다. 거대한 중력의 끌어당김은 허블 팽창마저도 중단시키고 대폭발이 일어나자마자 우주 대충돌을 일으킬 것이다.

우리가 존재하기 전에 이러한 행운의 연속이 있었다는 사실을 어떻게 이해해야 하는 것일까? 그것들은 정말로 모종의 인간 원리를 옹호하는 증거들일까? 나의 느낌은 그것들이 매우 인상적이기는 하지만 인간 원리를 받아들일 정도로 인상적이지는 않다는 것이다. 이 우연한 행운들 중에 중력이 놀랍도록 약하다는 것을 제외하면, 많은 자릿수를 맞추어야 하는, 비정상적으로 높은 정확도의 미세 조정을 요구하는 것은 없다. 그리고 중력이 약한 것조차도 초대칭성의 마법 등을 사용하면 설명할 수 있다. 이 모든 것을 다 고려하면, 이 우연들은 일어나지 않을 것 같았지만 결국 일어난 사건들의 집합으로 보인다.

그러나 우주 상수가 작다는 것은 다른 문제이다. 진공 에너지 값의 소수점 아래 119자리의 수를 0으로 만든다는 것은 분명 우연히 될 일이 아니다. 하지만 우주 상수가 그저 아주 작다고만 해서 될 일도 아니다. 그것이 지금보다 더 작았다면, 즉 현재의 정밀도로 보아서 0이라고 할 정도로 작았다면, 우리는 무엇인가 알 수 없는 수학 원리로 인해 그것이 사실은 정확히 0이라고 믿을 수도 있었을 것이다. 120번째 자리가 0이 아니라는 사실은 엄청난 충격이었다. 어떤 수학적 마법으로도 그것을 설명할 수 없었다.

인간 원리는 언제 의미를 가지는가?

당신과 내가 생명 친화적인 우주를 만드는 사업을 같이 한다고 생각해 보자. 당신의 업무는 필요한 모든 재료를 생각하고 설계하는 것이다. 나의 일은 풍경을 뒤져서 당신의 요구 사항에 맞는 위치를 찾아내는 것이다. 당신이 설계도를 하나 가져온다. 그러면 나는 달려가 풍경을 조사한다. 만약 풍경에 계곡이 많이 없다면, 나는 당신이 찾으라고 한 것을 발견하지 못할 것이다. 나는 당신에게 그 작업은 헛수고였으며 당신이 찾는 것은 있을 법하지 않다고 말할 것이다.

그러나 만약 당신이 끈 이론에 대해서 좀 알고 있다면, 당신은 내 판단에 의문을 품을 것이다. "당신은 정말 구석구석 모든 계곡을 찾아봤나요? 그것이 10^{500}개나 된다는 것을 알지 않습니까? 그 정도 수라면 우리가 추구하는 것을 분명히 발견할 수 있을 텐데. 아, 평균적인 계곡은 들여다볼 필요도 없습니다. 예외적인 것들을 찾아봅시다."

이것은 받아들일 수 있는 인간 원리적 설명에 대한 두 번째 기준을 제시한다. 수학적으로 모순이 없는 가능성의 수가 아주 많기 때문에 아무리 실현되기 어려운 조건이라고 해도 적어도 몇몇 계곡에서는 충족되지는 않겠냐는 것이다. 이것은 풍경에 대한 올바른 이론의 맥락 안에서만 의미를 가질 것이다. 예를 들어, 코드몰로지스트들이 뉴턴의 중력 이론을 보면 그 방정식이 별에서 아무리 멀리 떨어진 행성의 공전 궤도에도 적용될 것이라고 주장할 것이다. 별에서 아주 멀리 떨어진 궤도를 도는 행성에서는 물은 물론 메탄까지도 얼어 버린다. 별 근처의 궤도에는 뜨거운 행성들이 있는데, 그곳의 물은 항상 끓고 있다. 하지만 그 사이 어디엔가 기온이 액체의 물을 허용하는 딱 적당한 곳이 있다. 뉴턴의 중력 이론에는 아주 많은 해가 있으므로 그 해들 중 어떤 것은 생명에 호의적인 조건을 허용할 것이다.

엄밀히 말하면 행성의 궤도 반지름이 아무 값이나 가지는 것은 불가능하다. 태양계는 원자와 비슷하다고 생각할 수 있다. 태양과 행성은 각각 원자핵과 전자에 해당한다. 닐스 보어의 이야기대로, 전자는 특정한 **양자화된** 궤도에서만 돌 수 있다. 같은 논리가 행성에도 적용된다. 하지만 다행히도 가능한 궤도들이 아주 많고 조밀하게 위치해 있기 때문에 실질적으로는 어느 거리든지 가능하다.

코드몰로지스트들은 생물이 존재하기 위한 요건이 수학적으로 모순이 없다는 것을 아는 것만으로는 부족하다. 그들은 충분히 거대하고 다양하며 존재할 수 있는 모든 것을 실제로 포함하는 우주를 필요로 하기 때문이다. 관측 가능한 우주는 10^{11}개의 은하계를 포함하고 있고, 그 각각은 10^{11}개의 행성이 있어, 액체 상태의 물이 존재한다는 특별한 조건을 만족시킬 수 있는 가능성은 총 10^{22}개가 있다. 그토록 많은 행성이 있으면 거주 가능한 곳도 많으리라는 것은 거의 확실하다.

인간 원리가 의미를 가지기 위한 요건은 다음과 같다.

가설 X를 인간 원리적으로 설명하기 위해, 우리는 우선 X의 역이 우리와 같은 종류의 생명에 치명적인 영향을 줄 것이라고 믿을 만한 이유가 있어야 한다. 우주 상수의 경우, 이것이 바로 와인버그가 발견한 것이다.

가설 X가 매우 가능성이 낮아 보이더라도 충분히 많은 수의 계곡이 있는 다양한 풍경이라면 그것을 보완할 수 있을 것이다. 이것이 바로 끈 이론의 성질이 나름의 역할을 하기 시작하는 부분이다. 미국과 유럽의 몇몇 대학에서 풍경에 대한 연구가 시작되었다. 곧 알게 되겠지만, 모든 징후는 풍경이 상상할 수 없을 정도로 다양하다는 것을 가리키고 있다. 아마도 10^{500}개가 넘는 계곡이 있을 것이다.

그리고 마지막이지만 중요한 요건은, 끈 이론이 시사하는 우주론이 자연스럽게 슈퍼메가버스(supermegaverse)로 귀결된다는 것이다. 그 광활한 슈퍼메가버스 안에서 풍경의 모든 영역 중 적어도 하나는 하나의 호주머니 우주에서는 실현된다. 다시 한번 이야기하지만 끈 이론을 급팽창의 아이디어와 결합하면 이 모든 요건을 만족시킬 수 있다. 하지만 그것은 다음 장들에서 이야기할 것이다.

인간 원리는 이론 물리학자들의 금기였다. 많은 물리학자들은 인간 원리에 거의 폭력적이라고 할 만한 거부 반응을 보인다. 그 이유를 상상하기는 어렵지 않다. 그것은 그들의 사고 체계, 즉 자연의 모든 것을 수학**만**으로 설명할 수 있다는 패러다임을 위협한다. 그러나 그들의 논리는 정당한 것일까? 이치에 맞기는 한 것일까?

큰 머리를 가진 물고기의 관점에서 본 반대 의견을 생각해 보자. 인간 원리가 일종의 종교이며 과학이 아니라는 주장은 분명히 초점을 벗어난 것이다. 물고기 안드레이와 알렉산더의 관점에서 보면, 신의 손이 그의 자녀들에게 은혜를 베풀기 위해서 우주를 미세 조정해야 할 필요가 없다. 어느 편이냐 하면, 대부분의 우주는 피시시스트들이 상상할 수도 없을 정도로 아주 황량하다. 사실 물고기 안드레이와 알렉산더가 제안했던 형태의 어류 원리는 피시시스트들이 맞부닥친 수수께끼에서 불가사의한 부분을 완전히 제거한다.

좀 더 실질적인 비판은 인간 원리를 받아들이면 물리학이 그 예측 능력을 잃어버린다는 것이다. 실제로 물리학이 우리 행성의 온도, 우리 행성이 받는 태양 빛의 양, 정확한 공전 주기, 조수간만의 높이, 대양에 포함된 염분의 양, 기타 환경에 관한 사실들을 예측하지 못한다는 것은 상당 부분 사실이다. 하지만 예측할 수 없다는 것을 근거로 몇몇 환경 변수에 대한 어류 원리적 설명, 아니 인간 원리적 설명을 거부하는 것은 분명 불합리한 일이다. 완전한 예측 능력에 대한 집착은 행성 과학이 포함해야 하는 사실들과는 아무런 관계도 없는 감정적인 이유에서 기인한 것이다.

큰 머리 물고기들이 과학적 설명에 대한 전통적인 탐색을 포기하고 있다는 비난 또한 심리적인 실망감의 표현일 뿐이며 과학적으로는 분명히 아무런 쓸모도 없다. 어떤 시점에서 피시시스트들의 희망이 교조적인 종교로 변한 것이다.

인간 원리에 대한 모든 비판 중에 진지한 과학적인 관점에 기반했다고 생각되는 것은 단 하나이다. 그것은 나의 절친한 친구들이지만 내 아이디어를 마음에 들어 하지 않았던, 톰 뱅크스(Tom Banks)와 마이크 다인(Mike Dine)이 제시한 것이다.[8]

자연에 있는 미세 조정 중 인간 원리와 관계가 없는 것이 있다고 가정해 보자. 예를 하나 들겠다. 태양과 달은 하늘에서 거의 같은 크기로 보인다. 실은 개기 일식 때 달이 태양을 거의 정확히 가릴 수 있는 것은 달이 태양과 거의 같아 보이기 때문이다. 그것은 태양을 연구하는 천문학자들에게는 매우 다행스러운 일이었다. 왜냐하면 태양 관측 중에는 일식 때만 할 수 있는 것이 있기 때문이다. 예를 들어, 지상에서는 일식이 일어날 때에만 태양의 코로나를 연구할 수 있다. 태양의 중력으로 인해 빛이 휘는 정도를 정확히 측정하는 것도 개기 일식 때가 아니면 어렵다. 그러나 이렇게 유별난 미세 조정은 지구가 생명이 서식할 수 있는 환경이라는 사실과는 아무런 상관이 없다. 게다가 거주 가능 행성의 대부분은 그들의 태양을 가릴 수 있는 위성을 가지고 있지 않을 것 같다. 거주 가능 행성을 무작위로 선택했을 때 그 행성의 태양과 달이 그렇게 미세하게 조정되어 있을 확률은 매우 낮다. 따라서 우리가 가능성이 낮은 우연의 일치를 믿지 않는다면, 세계에 대한 우리의 설명은 인간 원리만을

8. 내가 『우주의 풍경』의 집필을 마쳤을 때, 다인은 자연의 어떤 특징은 환경적인 것이며 인간 원리를 통해서만 이해될 수 있다는 관점의 주된 지지자 중 한 사람이 되었다. 뱅크스는 여전히 회의적이다.

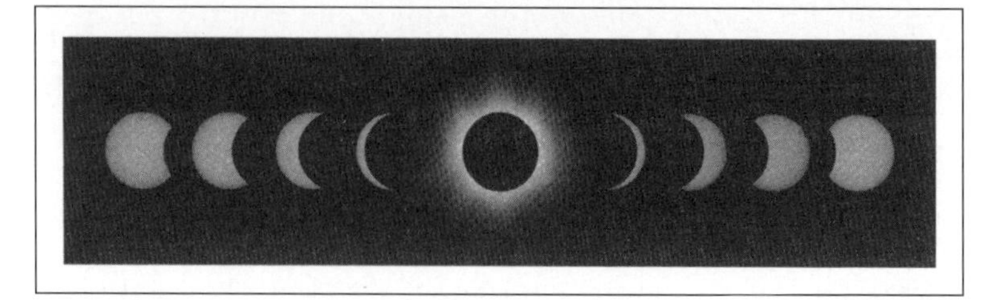

따르는 무작위적 선택 말고는 남지 않게 된다.

달과 태양 사이의 우연의 일치는 그다지 큰 문제가 아니다. 태양과 달의 겉보기 크기 차이는 1퍼센트 정도이다. 1퍼센트라는 것은 100번에 한 번 정도는 일어날 수 있는 일이다. 그것은 그저 운 좋은 일일 뿐이다. 하지만 달과 태양의 겉보기 크기가 1조×1조×1조분의 1의 정확도로 일치한다면 어떨까? 그것은 너무나 이상해서 설명을 필요로 할 것이다. 인간 원리 이상의 어떤 것이 작동했을 것이라고 느낄 것이다. 그것은 우주의 설명할 수 없는 특별함이 생명의 존재와 관련되어 있다는 생각을 가지게 할 것이다.

물리 법칙의 특성 중 적어도 하나는 인간 원리적 설명의 가능성이 없어 보이는데도 매우 미세하게 조정되어 있는 것처럼 보인다. 그것은 양성자와 관련이 있지만, 우선 양성자의 쌍둥이인 중성자의 성질부터 알아보기로 하자. 중성자는 불안정한 입자의 한 예이다. 중성자는 원자핵 내부에 묶여 있지 않을 경우, 약 12분 만 존재하다가 사라져 버린다. 물론 중성자는 질량, 즉 에너지를 가지고 있으므로, 그냥 사라지지는 않는다. 에너지는 물리학자들이 **보존된다**고 이야기하는 양 중 하나이다. 이것은 그 전체 양이 절대 변할 수 없음을 의미한다. 정확히 보존되는 양의 다른 예는 전하량이다. 중성자가 사라질 때, 그것과 정확히 같은 에너지와 전하를 가지고 있는 어떤 것 또는 어떤 것들이 중성자를 대신해야 한다. 중성자는 실제로 양성자, 전자, 그리고 반중성미자로 붕괴한다. 반응 전과 후의 에너지와 전하량은 동일하다.

중성자는 왜 붕괴하는가? 만약 그렇지 않다면, 질문은 왜 그것은 붕괴하지 않는가가 될 것이다. 머리 겔만(Murray Gell-Mann, 1929년~)이 테런스 핸버리 화이트(Terence Hanbury White, 1906~1964년. 아서 왕 소설 연작으로 유명한 영국 작가. — 옮긴이)를 인용해서 이야기했듯이, "금지되지 않은 모든 것은 의무이다." 이것은 양자 역학과 관련된 사실 하나를 표현하고 있는 것이다. 양자 요동, 즉 양자 떨림은 어떤 특별한 자연 법칙이 그것을 분명히 금지하지 않는 한 결국은 일어나게 된다.

양성자는 어떨까? 그것은 붕괴하는가? 만약 그렇다면 그것은 무엇이 되는가? 간단한 가능성 하나는 양성자가 광자 하나와 양전자 하나로 분해되는 것이다. 광자는 전하를 띠지 않고, 양성자와 양전자는 정확히 동일한 전하량을 가지고 있다. 양성자는 광자와 양전자로 붕괴할 수 있어야 한다. 그것을 금지하는 물리학 원리는 없다. 대부분의 물리학자들은 시간이 충분히 주어지면 양성자는 붕괴할 것이라고 예상한다.

하지만 만약 양성자가 붕괴할 수 있다면, 그것은 모든 원자핵이 붕괴될 수 있음을 의미한다. 우리는 수소 원자핵 같은 원자핵이 매우 안정하다는 것을 알고 있다. 양성자의 수명은 아마 우주의 나이보다도 훨씬 길 것이다.

양성자가 그렇게 오래 사는 데에는 분명히 이유가 있을 것이다. 인간 원리가 그 이유일까? 우리의 존재는 분명히 양성자의 수명에 제한을 준다. 양성자의 수명이 너무 짧으면 안 된다는 것은 명백하다. 양성자가 100만 년 살 수 있다고 가정해 보자. 그렇다면 나는 내 양성자가 내가 사는 동안 없어져 버리지는 않을까 걱정할 필요는 없을 것이다. 하지만 우주가 약 100억 년 정도 되었기 때문에, 만약 양성자가 100만 년 정도만 산다면, 그것들은 내가 태어나기 훨씬 전에 모두 사라졌을 것이다. 따라서 인간 원리는 양성자 수명이 인간의 수명보다 훨씬 길 것을 요구한다. 양성자는 적어도 140억 년을 지탱할 수 있어야 한다.

인간 원리적으로 양성자의 수명은 우주의 나이보다도 훨씬 더 길어야 할 수도 있다. 왜 그런지 보기 위해, 양성자의 수명이 200억 년이라고 가정해 보자. 불안정한 입자의 붕괴는 어느 때고 일어날 수 있는 예측 불가능한 사건이다. 양성자의 수명이 200억 년이라고 할 때, 그것의 통계학적 의미는 양성자가 **평균적으로** 그만큼 산다는 것이다. 어떤 것은 1년을 살 것이고, 어떤 것은 400억 년을 살 수도 있다.

당신의 몸에는 약 10^{28}개의 양성자가 있다. 만약 양성자 수명이 200억 년이라면, 약 10^{18}개의 양성자가 매년 붕괴할 것이다.[9] 이것은 당신의 몸을 이루는 양성자의 수에 비하면 무시할 만한 비율이어서, 당신이 사라져 버리지 않을까 걱정할 필요는 없다. 하지만 당신의 몸에서 붕괴하는 각 양성자는 에너지를 방출한다. 그것은 광자, 양전자, 그리고 파이온 같은 입자들이다. 당신의 몸을 이런 입자들이 관통하는 것은 방사선에 노출되는 것과 같은 효과, 즉 세포 파괴와 암을 불러일으킨다. 만약 당신 몸에 있는 10^{18}개의 양성자가 붕괴한다면, 당신은 죽을 것이다. 따라서 양성자 붕괴에 대한 인간 원리적 한계는 단순하게 생각하는 것보다 더 강할 수 있다. 우리가 아는 한, 우주 나이의 100만 배라는 수명, 즉 10^{16}년은 생명을 위협하지 않을 만큼 길다. 인간 원리에 근거해 우리는 양성자의 수명이 이것보다 적은 계곡들을 제외할 수 있다.

---

9. 200억 개와 100억 개의 차이는 이 논의에서 중요하지 않다. 양성자의 수명이 100억(10^{10})년이라면, 그것은 100억 개의 양성자 중에서 1개가 매년 붕괴한다는 것을 의미한다. 그것을 당신의 몸에 있는 10^{28}개의 양성자에 곱하면, 1년에 붕괴하는 숫자는 $10^{28} \div 10^{10} = 10^{18}$이다.

그러나 우리는 양성자가 10^{16}년보다 훨씬 더 오래 산다는 것을 알고 있다. 양성자의 수명이 10^{33}년이라면, 우리는 약 10^{33}개의 양성자가 있는 물탱크에서 매년 약 1개의 양성자가 붕괴하는 것을 볼 것이라고 예상할 수 있다. 고작 몇 개의 양성자가 붕괴하는 것을 보려고 물리학자들은 지하에 거대한 방을 만들어 물로 채우고 빛을 검출하는 기계(광전자 검출기)를 설치했다. 정교한 현대식 검출기는 단 하나의 붕괴에서 나오는 빛도 검출할 수 있다. 하지만 아직까지 아무런 낌새도 없다. 단 하나의 양성자 붕괴도 관측되지 않았다. 양성자의 수명은 분명히 10^{33}년보다 훨씬 길며, 그 이유는 알려져 있지 않다.

문제를 더 어렵게 만드는 것은, 물리 법칙은 생명 친화적인데 양성자의 수명은 10^{16}년 또는 10^{17}년인 계곡을 끈 이론의 풍경이 허용하지 않는 이유를 알 수 없다는 것이다. 그러한 계곡의 수가 훨씬 긴 수명을 가진 것들보다 훨씬 많을 텐데도 말이다.

이것은 심각한 문제이지만 치명적인 것은 아니다. 불행히도 우리는 거주 가능한 계곡들 중 양성자 수명이 그렇게 긴 계곡이 어느 정도 있는지 알 만큼 풍경에 대한 정보를 충분히 가지고 있지 않다. 하지만 낙관적으로 생각할 이유가 좀 있다. 수정되지 않은 표준 모형은 양성자의 붕괴를 전혀 허용하지 않는다! 이것은 인간 원리와는 아무 상관이 없으며, 양성자의 붕괴를 허용하지 않는 것은 단순히 표준 모형의 수학적 성질 때문이다. 만약 거주 가능한 환경이 전형적으로 표준 모형과 비슷한 것을 요구한다면, 양성자의 안정성은 그저 따라올 것이다.

그러나 우리는 표준 모형이 최종 이론이 아님을 알고 있다. 그것은 중력을 포함하지 않는다. 표준 모형이 통상적인 물리학을 매우 잘 기술하기는 하지만, 그럼에도 불구하고 그것은 무너질 수밖에 없다. 표준 모형의 몰락은 여러 가지 방식으로 이루어질 수 있다. 이름은 좀 고약하지만 매우 매력적인 대통일 이론(Grand Unified Theory, GUT)이라는 이론이 있다. 표준 모형을 대통일 이론에 따라 조금만 일반화해도 양성자의 수명은 10^{33}~10^{34}년으로 바뀐다.

그러나 표준 모형의 다른 확장은 그리 안전하지 않다. 그중 하나로 초대칭성에 기반한 것이 있는데, 적절하게 조절하지 않으면 양성자의 수명을 상당히 짧게 만든다. 중대한 결론을 내리기에는 정보가 더 필요하다. 다행히도 곧 수행될 입자 물리학 실험이 표준 모형의 타당성, 그리고 양성자가 유달리 안정한 이유들을 설명해 줄지도 모른다. 앞으로 몇 년간을 주목할 필요가 있다.

철학적 비판

「인간 원리의 과학적 대안들(Scientific Alternatives to the Anthropic Principle)」이라는 제목의 논문 초록에서 물리학자 리 스몰린(Lee Smolin, 1955년~)은 "인간 원리가 오류를 확인할 수 있는 예측을 내놓을 수 없는 이유와, 따라서 그것은 과학이 될 수 없는 이유를 자세히 설명했다."라고 썼다.[10]

이어서 스몰린은 논문의 서론에서 다음과 같이 이야기했다.

> 나는 의도적으로 도발적인 제목을 택했는데, 그것은 내가 가장 존경하고 찬탄해 마지않는 과학자들을 포함해 원래는 양식 있던 사람들이, 우주론 문제만 나오면 비과학적임이 명백한 접근 방법을 신봉하는 모습을 보고 오랫동

10. 리 스몰린과 내가 적대 관계라는 생각을 갖지 않기 바란다. 그것은 사실이 아니며, 나는 스몰린을 무척 존경하고 좋은 친구이기도 하다. 그럼에도 불구하고 이 특정 주제에 대한 우리의 의견은 강하게 엇갈리고 있다.

안 내가 느껴 온 절망감을 전달하기 위해서이다. 물론 나는 인간 원리에 대해서 말하고 있다. 내가 그것을 비과학적이라고 하는 이유는 명백하다. 즉 그것은 과학적 가설로서 간주되기 위해 필요한 성질을 가지고 있지 않다. 과학적 가설로 간주되기 위해 필요한 성질은 반증이 가능해야 한다는 것이다. (철학자) 포퍼에 따르면, 이론은 수행 가능한 실험들에 대한 모호하지 않은 예측을 유도할 수 있어야 하며, 만약 반대의 결과가 나타난다면, 그 이론의 가설 중 적어도 하나는 자연에 적합하지 않다는 것을 증명할 수 있을 때, 반증 가능하다고 할 수 있다.

리처드 파인만은 "철학자들은 과학에 절대적으로 필요한 것이 무엇인지에 대해서 이러쿵저러쿵 이야기들을 하는데, 내가 아는 한 그것은 언제나 좀 유치하며, 대개 틀렸다."라고 이야기한 적이 있다. 파인만은 다른 누구가 아니라, 카를 포퍼(Karl Popper, 1902~1994년)를 언급한 것이었다. 대부분의 물리학자들은 파인만처럼 철학에 대해 그리 깊이 생각하지 않는다. 철학을 이용해서 다른 어떤 사람의 이론이 비과학적이라고 증명하려고 할 때가 아니라면 말이다.

솔직히 나는 인간 원리에서 야기된 철학적인 대화는 되도록 피하고 싶었다. 그러나 '포퍼라치(Popperazzi, 유명인의 사생활을 몰래 사진으로 찍어 신문이나 방송사에 거액으로 팔아넘기는 사람들을 일컫는 '파파라치'에 빗대어, 저자는 포퍼의 맹목적 추종자들을 경멸적으로 그렇게 부르고 있다. — 옮긴이)'들이 마치 교황이라도 된 듯 거만하게 무엇이 과학이며 무엇이 과학이 아닌지에 대해서 뉴스나 인터넷 블로그에서 이야기하는 것이 너무 소란스러워졌기에 나는 이 문제를 다루어야 한다고 생각하게 되었다. 과학에서 엄격한 철학적 규칙이 가지는 가치에 대한 나의 의견은 파인만과 같다. 인터넷 사이트 edge.org에 올라왔던 논쟁을 하나 인용하겠다. 이것은 스몰린의 논문에 대한 응답으로 내가 썼던 에세이의 일부이다. 스몰린의 주장도 들어 있다. 그것은 사려 깊고 흥미롭다.

과학자로서의 긴 경험을 통해서 아주 중요한 아이디어들이 반증 불가능하다는 공격을 받는 것을 보았기에, 나는 도리어 이 비판을 받지 않는 아이디어는 대단한 것이 아니라고 생각하게 되었다. 몇 가지 예를 들어보자.

심리학의 예를 살펴보자. 당신은 인간에게는 숨겨진 정서적 삶이 있다는 사실에 누구나 동의한다고 생각할 것이다. 버러스 프레더릭 스키너(Burrhus Frederic Skinner, 1904~1990년)는 그렇지 않았다. 그는 행동주의라는 과학 운동의 지도자였는데 직접 관찰할 수 없는 것은 모두 비과학적이라고 배격했다. 행동주의에 따르면 심리학에서 유일하게 확실한 주제는 외적 행동이다. 환자의 정서나 정신 상태에 대한 진술들은 반증이 불가능하며 따라서 비과학적인 것으로 간주되었다. 오늘날 대부분의 사람들은 이것이 어리석은 극단주의라고 말할 것이다. 현재의 심리학자들은 감정, 그리고 그것이 어떻게 발달하는지에 깊은 흥미를 가지고 있다.

물리학에도 좋은 사례가 있다. 쿼크 이론의 초기에 많은 반대자들은 그것이 반증이 불가능하다고 배격했다. 쿼크들은 양성자, 중성자 그리고 메손 안에 영원히 함께 묶여 있다. 그것들은 절대로 분리되거나 개별적으로 조사할 수 없다. 그것들은 말하자면 일종의 베일에 가려져 있다. 이런 주장을 한 물리학자들의 대부분은 자신만의 연구 주제가 있었고, 쿼크는 거기에 맞지 않았다. 하지만 지금은 분리된 쿼크가 발견된 적이 한 번도 없는데도 불구하고, 쿼크 이론이 옳다는 것을 진지하게 의심하는 사람은 아무도 없다. 그것은 현대 물리학의 가장 기초적인 토대 중 하나이다.

다른 예는 앨런 구스의 급팽창 이론이다. 1980년에는 급팽창 시기를 되돌아보고 그 현상의 직접적인 증거를 밝힌다는 것은 불가능해 보였다. 투시할 수 없는 또 다른 베일인 '최후 산란면'이 급팽창 과정을 관측할 수 없게 하기 때문이다. 사람들은 급팽창을 검증할 좋은 방법은 없을 것이라고 크게 걱정했다. 몇몇 사람들(주로 경쟁하는 다른 아이디어를 가진 사람들)은 급팽창은 반증이 불가능하므로 과학이 아니라고 주장했다.

나는 라마르크의 열렬한 지지자들이 다윈을 비판하며 다음과 같이 말하는 것을 상상할 수 있다. "당신의 이론은 반증이 불가능하오, 찰스. 당신은 자연 선택이 작동했던 수백만 년의 시간을 거슬러 올라갈 수 없소. 당신이 가질 수 있는 것은 오로지 정황 증거와 반증이 불가능한 가설뿐이오. 그것과 달리, 우리의 라마르크 이론은 틀렸음을 확인할 방법이 있으므로 **과학적**이오. 우리에게는 그저 매일 몇 시간 동안 체육관에서 역기를 드는 사람들만 있으면 되오. 몇 세대가 지나면, 그들의 자손들은 태어날 때부터 근육이 울퉁불퉁할 것이오." 라마르크주의자들은 옳았다. 그들의 이론을 반증하는 것은 너무나도 쉽다. 하지만 그렇다고 라마르크의 이론이 다윈의 이론보다 더 우수한 것은 아니다.

세상이 6,000년 전에 모든 지질 구조, 동위 원소 존재 비율, 공룡 뼈가 그대로 준비된 채로 창조되었다고 주장하는 이들이 있다. 거의 모든 과학자들은 이 주장을 손가락질하며 "반증이 불가능하다."라고 비난할 것이다. 나도 거기에 동의한다. 하지만 그 역(우주가 그런 식으로 창조되지 않았다는 것)도 역시 반증이 불가능하기는 마찬가지이다. 사실 그것이 바로 창조론자들의 주장이기도 하다. 반증 가능성이라는 기준을 엄격하게 적용하면 '창조 과학'과 진정한 과학 모두 비과학적이다. 이런 입장의 불합리성이 독자에게 제대로 전달되었기를 바란다.

건전한 과학의 방법론은 철학자들이 정한 추상적인 규칙들의 집합이 아니다. 그것은 과학 그 자체와, 그 과학을 만들어 내는 과학자들에 의해서 규정되고 결정되는 것이다. 1960년대의 입자 물리학자에게 과학적인 증명에 해당하는 것(말하자면 분리된 입자를 검출하는 것)이, 쿼크를 떼어내고 격리시키는 것을 기대할 수 없는 현대의 쿼크 물리학자에게는 부적절할 수도 있다. 본말을 전도하지 말자. 철학이라는 짐마차를 끌고 가는 말은 과학이다.

내가 묘사한 각각의 경우(쿼크 이론, 급팽창 이론, 다윈의 진화론)를 비난하는 사람들은 인간의 능력을 과소 평가하는 잘못을 범하고 있었다. 쿼크 이론을 간접적이지만 높은 정밀도로 검증하는 데에는 몇 년 걸리지 않았다. 급팽창을 확인하는 실험을 수행하는 데에는 20년이 걸렸다. 그리고 다윈의 주장을 검증하는 데에는(어떤 이들은 그것이 아직 검증되지 않았다고 주장하겠지만) 100년이 걸렸다. 1세기 후의 생물학자들이 발견한 강력한 방법들은 다윈과 그의 동시대 사람들에게는 상상할 수 없는 것이었다. 영원한 급팽창과 풍경을 검증할 수 있을까? 나는 분명히 그럴 수 있으리라고 생각하지만, 쿼크의 경우처럼 그 검증은 직접적이지는 않을 것이며 기대보다는 좀 더 이론적일 것이다.

이 부분을 쓴 후, 나는 과도하게 열성적인 포퍼주의에 대한 예를 두세 가지 더 생각해 냈다. 알기 쉬운 것 하나는 1960년대의 S-행렬 이론[11]으로서, 그것에 따르면 기본 입자들은 너무 작기 때문에 그것들의 내부 구조를 논의하려는 모든 이론은 반증이 불가능하며, 따라서 과학이 아니다. 이 이론을 진지하게 받아들이는 사람은 오늘날 아무도 없다.

19세기 말의 유명한 예는 아인슈타인이 우러러 보았던 이들 중 하나인 에른스트 마흐(Ernst Mach, 1838~1916년)이다. 마흐는 물리학자이자 철학자였다. 그는 루트비히 요제프 요한 비트겐슈타인(Ludwig Josef Johann Wittgenstein, 1889~1951년)과 논리 실증주의자들에게 영감을 주었다. 그가 활동하던 시기에는 물질이 원자들로 이루어져 있다는 가설은 아직 증

11. 7장을 보라.

명되지 않은 추측이었으며, 그것은 아인슈타인이 브라운 운동을 다룬 그의 유명한 1905년 논문에서 물질이 원자 구조를 가지고 있음을 명백히 실증하고 나서야 받아들여졌다.

볼츠만이 원자 가설로 기체의 성질을 설명할 수 있음을 증명했음에도 불구하고, 마흐는 원자의 실재성을 증명하는 것은 불가능하다고 고집했다. 그는 원자들이 유용한 부호(符號)가 될 수 있다는 것은 인정했지만, 그는 그 이론이 반증 불가능하기 때문에 진정한 과학이 될 수 없다고 맹렬히 주장했다.

반증은, 내 의견으로는 본질과 관련이 없는 것이지만, 확증은 다른 이야기이다. (스몰린이 의미한 것은 아마 이것일 수도 있다.) 내가 의미하는 확증이란 가설에 대한 부정적 증거가 없다는 것이 아니라, 직접적이며 긍정적인 증거를 찾는 것을 말한다. 9장에서 설명할 영구 급팽창과 다양한 호주머니 우주의 존재를 큰 머리 물고기들이 그들의 어류 원리를 확증하는 것과 같은 방식으로 확증할 수 없다는 것은 사실이다. 자연 법칙 중 어느 것도 위배하지 않고, 코드몰로지스트들은 수압을 유지할 수 있도록 물을 채운 잠수함을 타고 수면으로 올라가 행성, 별, 그리고 은하의 존재를 관측할 수 있다. 그들은 심지어 우주 여행으로 엄청나게 다양한 환경을 체험할 수도 있을 것이다. 불행히도 극복할 수 없는 이유들 때문에 우리는 비슷한 방식을 이용할 수 없다. (그렇지만 12장을 읽어 주기 바란다.) 중요한 개념은 우리를 다른 호주머니 우주들과 분리하는 우주론적 지평선의 존재이다. 나는 11장과 12장에서 지평선과, 그것들이 정보를 수집하는 데 있어 정말로 궁극적인 장애물인지 논의할 것이다. 그러나 분명히 **현실적으로는**, 예측 가능한 미래에 우리가 우리의 호주머니 우주에서 다른 호주머니 우주들을 직접 관측할 가능성은 없다. 이런 면에서 비판자들은 옳다. 쿼크 이론과 마찬가지로 확증은 직접적일 수 없으며 상당 부분 이론에 의존해야 한다.

엄밀한 철학적 규칙에 따라 말한다고 해도, 어떤 철학자가 반증 가능성이 중요하다고 주장했다고 해서, 어떤 가능성을 제쳐놓는 것만큼 어리석은 일은 없을 것이다. 만일 그것이 정답이었다면 어떻게 할 것인가? 우리가 말할 수 있는 것은 오직 하나, 우리는 우주에서 발견되는 규칙성에 대한 설명을 찾기 위해 최선을 다한다는 것뿐이라고 생각한다. 시간은 나쁜 아이디어들에서 좋은 아이디어들을 골라낼 것이고, 그것들은 과학의 일부가 될 것이다. 나쁜 것들은 쓰레기장으로 보내질 것이다. 와인버그가 강조했다시피, 우리는 모종의 인간 원리를 사용하지 않고는 우주 상수를 설명할 수 없다. 그것은 과학이 될 좋은 아이디어일까, 아니면 결국 쓰레기가 될 것인가? 철학자들이나 심지어 과학자들의 엄밀한 규칙이란 것들은 별 도움이 되지 않는다. 장군들이 마지막 전쟁을 수행하듯이, 철학자들은 언제나 과학 혁명의 맨 마지막을 분석한다.

이 장을 끝맺기 전에 나는 인간 원리에 대한 또 하나의 반대 의견에 대해서 이야기하려고 한다. 그것은 인간 원리란 틀린 것이 아니라, 그저 어리석은 동어반복일 뿐이라는 주장이다. 우주가 생명을 부양할 수 있어야 하는 것은 당연하다. 생명이란 관측되는 사실이다. 그리고 생명체가 없었다면 우주를 관측하고 우리가 묻는 것과 같은 질문을 할 존재가 하나도 없을 것이다. 하지만 그래서 어떻다는 말인가? 그 원리는 생명이 형성되었다는 사실 이상의 어떤 것도 이야기해 주지 않는다.

이것은 일종의 고의적 논점 회피이다. 언제나처럼 나는 비유에 의존하는 것이 유용하다고 생각한다. 나는 그것을 '대뇌 원리(Cerebrothropic Principle)'라고 부르겠다. 대뇌 원리란 '우리는 어떻게 그토록 크고 강력한 뇌를 갖게 되었는가?'라는 질문에 답하려는 의도에서 만들어졌다. 그 내용은 다음과 같다. "생물학 법칙들은 1,400세제곱센티미터 정도의 특별한 뇌를 가진 생명체의 존재를 요구하는데 그것은 그런 뇌가 없다면 생물학 법칙들이 무엇인지 물어볼 사람이 아무도 없을 것이기 때문이다."

진실은 때로 어리석은 생각처럼 보이기도 한다. 그러나 대뇌 원리는 사실 더 길고, 훨씬 더 흥미로운 이야기를 줄인 것이다. 두 가지 이야기가 가능하다. 첫 번째는 창조론자들이 하는 이야기이다. 신은 신을 이해하고 경배할 수 있는 인간의 능력과 연관해서 어떤 목적을 가지고 인간을 만들었다. 이 이야기는 잊기로 하자. 과학을 하는 이유 자체가 모두 그런 이야기를 피하기 위해서이다. 다른 이야기는 훨씬 더 복잡하고, 내 생각에는, 흥미롭다. 그것은 눈을 끄는 특징이 몇 가지 있다. 우선 그것은 물리학과 화학의 법칙들이 지능을 가진 컴퓨터와 흡사한 신경계의 존재를 허용한다고 이야기한다. 다른 말로 하면 생물학적 설계의 풍경은 우리가 지능이라고 부르는 것을 허용하는, 적은 수의 매우 특별한 설계들을 포함하고 있다. 이것은 간단한 문제가 아니다.

하지만 그 이야기에는 그 이상의 것, 즉 이런 설계도들을 실제로 작동하는 모형으로 바꿀 수 있는 메커니즘이 필요하다. 다윈이 등장하는 것이 바로 이 지점이다. 복제 과정에서 마구잡이로 나타나는 오류와 자연선택이 얼키고설켜 생명의 나무 또는 덤불(진화 계통수)을 자라게 하고 가지를 치게 한다. 이 가지는 모든 곳을 뒤덮을 것이고 그 가지들 중 한쪽 구석에 있는 가지에서 지능의 힘으로 살아가는 생명체가 탄생할 것이다. 이 모든 것이 이해되고 나면, '왜 내가 오늘 큰 뇌를 가진 채로 아침에 일어났는가?'라는 질문에 곧바로 대뇌 원리로 답할 수 있다. 큰 뇌만이 그 질문을 할 수 있다.

인간 원리도 마찬가지로 어리석은 이야기일 수 있다. "물리 법칙들은 생명을 허용해야 하는데, 그것은 만약 그렇지 않다면 물리 법칙에 대해서 물어볼 사람이 아무도 없을 것이기 때문이다." 비판자들은 실로 옳다. 그 자체로 그것은 어리석은 이야기이다. 그것은 그저 명백한 사실, 즉 우리가 여기에 있으므로 자연 법칙들이 우리의 존재를 허용했음이 틀림없다는 것을, 우리의 존재가 법칙의 선택에 어떻게 영향을 미쳤는지는 설명하지 않고, 단순히 진술할 뿐이다. 하지만 인간 원리를 환상적으로 다양한 풍경의 존재와, 호주머니 우주들로 풍경을 채우는 메커니즘(11장)의 존재를 요약한 것으로 받아들인다면, 그것은 전혀 다른 이야기가 된다. 다음 몇 개의 장에서 나는 우리가 가지고 있는 최고의 수학 이론이 그러한 풍경을 제공한다는 사실을 설명할 것이다.

7장

고무줄놀이 우주

믿을 수 없을 만큼 미세하게 조정된 우주 상수를 포함해서, 내가 지금까지 설명했던 수많은 행운들은, 인간 원리를 적어도 열린 마음을 가지고 대해야 한다고 강력하게 웅변한다. 그러나 이 우연들만으로는 내가 이 문제에 대해서 확실한 지지 입장을 갖도록 설득할 수 없었을 것이다. 광대무변한 우주를 암시하는 급팽창 우주론의 성공과 아주 작은 진공 에너지의 발견은 인간 원리를 매력적인 것으로 만들었지만, 나의 마음속에 있던 인간 원리에 대한 의심을 최종적으로 무너뜨린 것은 끈 이론이 잘못된 방향으로 가고 있는 것 같다는 인식이었다. 끈 이론은 유일무이한 물리 법칙에 다가가는 것이 아니라, 무한정 복잡하기만 한 루브 골드버그 기계를 닮아 가고 있었다. 나는 유일무이한 끈 우주라는 목표는 영원히 멀어지는 신기루이며, 그러한 유일한 우주를 찾는 이론가들은 불운한 임무를 띠고 있다는 느낌을 받았다.

동시에 나는 다가오는 파멸 속에 흔치 않은 기회가 있음을 느꼈다. 바로 끈 이론이 인간 원리적 사고를 합리적인 것으로 만들어 주는 기술적 틀이 될 수도 있다는 생각이었다. 유일한 문제는 끈 이론이, 수많은 가능성을 가지고 있지만, 그 정도로는 충분해 보이지 않는다는 것이었다. 나는 친구들에게 "칼라비-야우 공간이 단지 수백만 개밖에 없다는 것이 사실이야?"라고 계속 질문했다. 수학 전문 용어를 쓰지 않고 말하자면, 내가 그들에게 물어본 것은 "끈 이론의 진공(다른 말로는 풍경의 계곡들)이 수백만 개밖에 안 된다는 것이 확실한가?"였다. 소수점 아래 120자리까지의 수를 상쇄하려면 수백만의 가능성이란 그리 큰 도움이 되지 못한다.

그러나 그 모든 것이 2000년에 바뀌었다. 당시 스탠퍼드 대학교의 젊은 연구원이었던 라파엘 부소는, 내 오랜 친구 중 하나인 캘리포니아 대학교 샌타바버라 캠퍼스의 조지프 폴친스키와 함께, 어떻게 가능한 진공의 수가 소수점 아래 120번째 자리의 수를 조정하는 문제를 극복하기에 충분할 만큼 클 수 있는가를 설명하는 논문을 썼다. 그 후 곧 스탠퍼드 대학교에 있는 내 동료들인 샤미트 카치루, 레나타 캘로시, 안드레이 린데는 인도인 물리학자 산디프 트리베디(Sandip Trivedi, 1963년~)와 함께 그 결론을 확증했다. 그것은 나에게 충분했다. 나는 자연의 미세 조정에 대한 유일하고 합리적인 설명은 끈 이론과 모종의 인간 원리적 추론을 필요로 한다고 결론내렸다. 나는 「끈 이론의 인간 원리적 풍경」이라는 논문을 썼는데, 그것은 상당한 소동을 일으켰고 아직까지 가라앉지 않았다. 이 장은 이 책에서 끈 이론을 설명하는 데 바쳐진 세 장(7, 8, 10장) 중 첫 번째 장이다.

강입자

제임스 조이스(James Joyce, 1882~1941년)는 "머스터 마크를 위해 3개의 쿼크를!"(머리 겔만이 쿼크라는 이름을 지을 때 빌려 왔다는, 제임스 조이스의 소설 『피네건의 경야(*Finnegans Wake*)』의 한 구절. — 옮긴이)이라고 말했다. 머리 겔만은 "양성자에 3개의 쿼크, 중성자에 3개의 쿼크, 그리고 메손에 쿼크-반쿼크 쌍을."이라고 말했다. 겔만은 단어에 집착하는 성향이 있어, 고에너지 물리학 분야에서 **쿼크, 기묘도, 양자 색역학, 흐름 대수, 팔정도** 등의 많은 어휘들을 만들었다. 이상한 단어인 **강입자(hadron, 하드론)**도 겔만이 만든 단어 중 하나인지는 확실하지 않다. 강입자는 원래 좀 부정확하게 핵자, 즉 양성자 및 중성자와 어떤 성질들을 공유하는 입자를 가리키는 것이었다. 오늘날 우리는 매우 간단하고 분명한 정의를 가지고 있다. 강입자란 쿼크, 반쿼크[1], 그리고 글루온으로 만들어진 입자이다. 다른 말로 하면 그것들은 양자 색역학(1장 참조)으로 기술되는 입자이다.

강입자란 말은 어떤 뜻인가? **hadr**-라는 접두어는 그리스 어로 '강하다.'는 뜻이다. 여기서 강한 것은 입자들 자신이 아니라(양성자를 부수는 것은 전자를 부수는 것보다 훨씬 쉽다.) 그 입자들 사이의 힘이다. 입자 물리학의 초기 성취 중 하나는 기본 입자들 사이에 서로 다른 네 종류의 힘이 있음을 이해한 것이다. 이 힘들을 구분하는 것은 그 세기이다. 즉 당기거나 미는 힘이 작용하는 정도이다. 그중 가장 약한 것이 입자들 사이의 중력이다. 그다음이 약력, 좀 더 강한 것이 잘 알려진 전자기력, 그리고 마지막으로 가장 강한 힘이 원자핵의 상호 작용인 강력이다. 가장 익숙한 힘

---

1. 반쿼크들은 물론 쿼크의 반입자 쌍둥이들이다. 그것들은 그 자체를 입자로 생각할 수도 있고, 쿼크가 시간을 거슬러 움직이는 것으로 볼 수도 있다.

인 중력이 가장 약하다는 것이 이상할 것이다. 하지만 잠시 생각해 보자. 지구가 우리를 지표면에 붙잡아 두기 위해서는 지구 전체의 질량이 필요하다. 지상에 서 있는 보통 사람과 지구 사이에 작용하는 힘은 고작 70킬로그램중 정도이다. 그 힘을 인체에 있는 원자의 수로 나누면, 각 원자에 작용하는 중력은 아주 약하다는 것이 분명해진다.

하지만 만약 전기력이 중력보다 훨씬 강하다면, 전기력이 우리를 지표면에서 날려 버리거나, 아니면 지표면에 납작하게 짓누르지 않는 이유는 무엇인가? 두 물체 사이의 중력은 언제나 인력이다. (우주 상수의 영향을 무시한다면 말이다.) 우리 몸 안에 있는 모든 전자와 모든 원자핵은 지구에 있는 모든 전자와 모든 원자핵을 중력으로 끌어당긴다. 미시적 입자들 사이의 개별적인 힘은 무시해도 아무런 상관이 없지만 그것들이 다 더해지면 큰 인력이 된다. 대조적으로 전기력은 척력이 될 수도 있고 인력이 될 수도 있다. 반대 전하를 띤 입자들(예를 들어 전자와 양성자)끼리는 끌어당기고, 같은 종류의 전하를 띤 전자 한 쌍이나 양성자 한 쌍은 서로 밀친다. 전기적 인력과 척력은 상쇄된다! 하지만 우리가 잠시 우리 몸과 지구에서 모든 전자들을 없앴다고 해 보자. 남아 있는 양전하들은 중력과는 비교도 안 될 정도로 강한 힘으로 당신을 밀쳐 낼 것이다. 몇 배나 강할까? 대략 그것은 1 다음에 0이 40개 오는 수, 10^{40}배나 강하다. 당신은 너무나 강한 힘으로 지구에서 튕겨 나가 순식간에 거의 빛의 속도로 가속되어 날아갈 것이다. 사실 이런 일은 절대로 일어나지 않는다. 몸속의 양전하들도 서로 너무나 강하게 밀치기 때문에 튕겨 날아가기도 전에 몸이 산산조각 날 것이기 때문이다. 지구도 마찬가지이다.

전기력은 중력을 제외한 힘들 중에서 가장 약한 것도, 가장 강한 것도 아니다. 익숙한 입자들 대부분은 약력을 통해서 상호 작용한다. 중성미자는 중력을 제외하면 약력으로만 상호 작용을 하기 때문에 좋은 예라고 할 수 있다. 앞에서 설명한 것처럼 약력은 그렇게 약한 것은 아니지만, 매우 짧은 영역에서만 작용한다. 두 중성미자가 서로 느낄 만한 힘을 미치기 위해서는 엄청나게 가까이, 양성자 지름의 1,000분의 1 정도의 거리만큼 접근해야 한다. 만약 그것들이 그 정도 가깝다면 그 힘은 전자들 사이의 전기력과 비슷한 정도가 된다. 보통 조건에서라면 약력은 전기력에 비해서 아주 약하다.

마지막으로 가장 강한 힘, 즉 원자핵들을 묶어 놓는 강력에 대해서 알아보자. 원자핵은 전기적으로 중성인 중성자와 양전하를 가진 양성자로 이루어져 있다. 원자핵 안에 음전하는 없다. 그런데 왜 그것은 터져버리지 않는 것일까? 그것은 양성자들과 중성자들이 전기력의 척력보다 50배 정도 강한 비전기적 힘으로 서로 끌어당기기 때문이다. 양성자를 이루는 쿼크들은 더 강한 힘으로 묶여 있다. 그렇게 강력한 힘이 있음에도 불구하고 우리의 양성자와 중성자가 땅에 있는 양성자와 중성자를 끌어당기지 않는 것은 무엇 때문일까? 그 답은 핵력이 강하기는 하지만 근거리에서만 작용한다는 것이다. 그것은 양성자의 전기적 척력을 극복할 정도로 강하지만, 입자들이 매우 가까이 있을 때만 그렇다. 그것들이 일단 양성자 지름의 2배 이상의 거리로 분리되고 나면, 그 힘은 무시해도 될 만한 정도로 약해진다. 강력의 근원은 강입자들을 만드는 기본 입자인 쿼크들 사이의 강력한 힘이다.

나는 입자 물리학을 일반인들에게 설명할 때 종종 불편함과 일종의 당혹감을 느낀다. 기본 입자들의 우스꽝스러운 집합, 그 입자들의 질량이 보이는 불규칙성, 그리고 너무나도 다른 네 가지 힘들의 차이를 설명할 수 없을 때 특히 그렇다. 우주는 브라이언 그린이 이야기한 것처럼 '우아한' 것일까? 내가 보기에는 입자 물리학의 보통 법칙들은 적어도 그렇지 않다. 하지만 엄청난 다양성을 품은 메가버스라는 맥락에서는 다음과 같은 한 가지 패턴을 찾을 수 있다. 모든 힘과 대부분의 기본 입자는 필수불가결한 존재이다. 그것을 약간만이라도 변화시켜도 생명의 탄생과 존속은 불가능해진다.

끈 이론의 기원

기묘한 이데올로기 하나가 1960년대의 고에너지 이론 물리학자들 사이에 스며든 적이 있다. 그것은 심리학에서의 유행과 거의 정확히 일치한다. 당시 행동주의 심리학자들의 지도자는 스키너였는데, 그는 인간의 외적 행동만이 정신 과학의 정당한 대상이 될 수 있다고 주장했다. 스키너에 따르면, 심리학자들은 대상의 내적 정신 상태를 들여다볼 수 없다. 심리학자들은 대상의 내적 감정, 사고, 또는 정서에 대해서 질문해서는 절대 안 되며, 단지 대상의 외적 행동을 관찰하고 측정하고 기록해야 한다. 행동주의 심리학자들에게 인간이란 감각의 입력을 행동이라는 출력으로 변환하는 블랙박스와 같다. 프로이트주의자들이 그 반대 방향으로 너무 멀리 가기는 했지만, 행동주의자들 역시 그들의 이데올로기를 극단까지 몰고 갔다.

물리학에서 행동주의에 해당하는 것이 **S-행렬 이론**이다. 1960년대 초기, 내가 대학원생이었을 때 버클리 주변에 있던 일부 매우 영향력 있는 이론 물리학자들이, 물리학자들은 강입자의 내부 구조를 설명하려고 해서는 안 된다고 결정했다. 대신 물리학자들은 물리 법칙들을 블랙박스로, 즉 산란(scattering) 행렬, 또는 S-행렬이라는 블랙박스로 간주하자고 주장했다. 행동주의자들과 마찬가지로, S-행렬을 지지하는 사람들은 이론 물리학자들이 실험 데이터와 친숙해야 하며, 양성자 같은 입자들의 특성처럼 당시에는 터무니없이 작다고 생각되던 영역에서 발생하는 관찰 불가능한 사건들에 대해서 괜한 억측을 해서는 안 된다고 생각했다.

블랙박스에 입력되는 것은 서로를 향해 달려들며 막 충돌하려는 한 무리의 입자들이다. 그것은 양성자, 중성자, 메손, 또는 원자핵 들일 수 있다. 각각의 입자는 특정한 운동량뿐만 아니라 스핀, 전하량 같은 여러 가지 특징들을 가지고 있다. 그것들은 은유적인 블랙박스 속으로 사라진다. 그리고 그 블랙박스에서 나오는 것은 일군의 입자들, 즉 충돌의 산물인 또 다른 특징들을 가진 입자들이다. 버클리 학파는 그 상자 내부를 들여다보고 배후에 있는 메커니즘을 해명하는 연구를 금지했다. 처음과 나중의 입자들이 전부이다. 이것은 실험 물리학자들이 가속기를 이용해 충돌시킬 입자를 만들고, 충돌에서 출현한 입자를 검출기로 검출하는 것과 매우 유사하다.

S-행렬은 기본적으로 양자 역학적 확률의 표라고 할 수 있다. 입력값을 넣으면, S-행렬은 특정 결과에 대한 확률을 알려 준다. 확률들의 표는 들어오고 나가는 모든 입자의 방향과 에너지에 따라서 결정된다. 1960년대의 지배적인 이데올로기에 따르면, 기본 입자 이론은 S-행렬이 그런 변수들에 따라서 어떻게 결정되는가를 연구하는 데에만 국한되어야 했다. 이런 사상의 지지자들은 무엇이 좋은 과학인지를 결정했으며 과학적 순수성의 수호자를 자처했다. S-행렬 이론은 물리학이 경험 과학이라는 것을 상기시키려는 건전한 의도가 있었지만, 행동주의와 마찬가지로, S-행렬의 철학은 도가 지나쳤다. 나는 그것이 우주의 모든 경이를 회계사의 장부 같은 우울하고 무미건조한 세계로 밀어 넣은 것처럼 느껴졌다. 나는 반항했다. 그러나 나에게는 이론이 없었다.

1968년에 가브리엘레 베네치아노(Gabriele Veneziano, 1942년~)는 이스라엘의 와이즈먼 연구소에 거주하며 연구하던 젊은 이탈리아 물리학자였다. 그는 S-행렬의 이데올로기에 특별히 구애받지는 않았지만 S-행렬을 알아내는 수학적 시도는 마음에 들어 했다. S-행렬은 어떤 기술적 요건을 충족시키는 수식이 필요했지만, 당시에는 어느 누구도 그 규칙을 만족시키는 특정한 수식을 찾아내지 못하고 있었다. 베네치아노는 그것을 찾으려고 했다. 그의 해법은 훌륭했다. 오늘날 '베네치아노 진폭(Veneziano amplitude)'이라고 알려진 그 결과는 아주 간결했다. 하지만 그것은 입자들이 무엇으로 이루어졌는지, 또는 충돌 과정을 어떻게 그릴 수 있는지에 대한 설명이 아니었다. 베네치아노 진폭은 우아한 수학적 표현, 즉 확률들의 우아한 수학적 표였다.

끈 이론의 발견은 어떤 의미로는 아직도 진행 중이지만, 그 발견의 역사는 운명의 장난과 행운과 불운이 겹치는 반전으로 가득했다. 나는 1968년인가 1969년 초부터 끈 이론과 관련되기 시작했다. 나는 기본 입자들, 특히 심오하고 새로운 원리의 발견이라는 측면에서 아무것도 제공하지 않는 것처럼 보이는 강입자들에 싫증이 나기 시작했다. 나는 S-행렬의 접근법이 따분하게 느껴졌고 양자 역학과 중력의 관계에 대해서 생각하기 시작했다. 당시 만들어지던 실험 데이터는 모두 강입자에 대한 것이었지만, 내게는 일반 상대성 이론을 양자 역학의 원리들과 합치는 문제가 훨씬 더 흥미로워 보였다. 바로 그 무렵 이스라엘에서 한 친구가 뉴욕에 있는 나를 방문했다. 그 친구의 이름은 헥터 루빈스타인(Hector Rubinstein)으로 베네치아노의 연구에 아주 흥분해 있었다. 처음에 나는 그다지 관심이 없었다. 강입자들은 정확히 내가 잊어버리고 싶어 하던 것이었다. 나는 예의상 그의 이야기를 끝까지 들었다.

이탈리아 인의 아이디어를 설명하면서 헥터가 너무 흥분해 있었으므로 나는 세부 사항을 거의 좇아갈 수 없었다. 내가 이해했던 바로는, 베네치아노는 두 강입자가 충돌할 때 일어나는 일을 기술하는 공식을 찾아낸 것이었다. 헥터는 결국 내 연구실에 있는 칠판에 베네치아노의 공식을 썼다. 그것은 지극히 단순했으며, 그 공식의 특성들은 낯익은 듯 보였다. 나는 헥터에게 "이 공식은 일종의 단순한 양자 역학적 계를 나타내는 것이 아닐까? 조화 진동자와 관련이 있는 것처럼 보이는 걸."이라고 질문했던 것을 기억한다. 헥터는 그 공식과 어울리는 물리적 설명을 알고 있지 못했으므로, 나는 기억하기 위해 그것을 종이에 적었다.

$$A = g\,\frac{\Gamma(1-\alpha(s))\,\Gamma(1-\alpha(t))}{\Gamma(2-\alpha(s)-\alpha(t))}$$

나는 흥미를 느끼고 양자 중력에 대해 생각하는 것을 일단 미루고 강입자에게 기회를 한번 더 주기로 했다. 나중 일이지만 내가 중력에 대해서 다시 진지하게 생각하게 된 것은 10년도 더 후의 일이다. 나는 몇 달 동안 그 공식에 대해서 숙고했는데 그제서야 그 의미가 무엇인지 이해하게 되었다.

조화 진동자라는 단어는 주기적인 운동, 즉 반복 운동을 하며 진동하는 것을 가리키는 물리학 용어이다. 놀이터의 그네를 타는 아이, 또는 용수철 끝에 매달려 있는 추 등이 조화 진동자의 잘 알려진 예라고 할

수 있다. 바이올린 줄 또는 음파가 지나갈 때의 공기의 진동도 좋은 예들이다. 만약 그 진동하는 계가 충분히 작다면(분자 안에서 진동하는 원자들이 예가 될 수 있다.) 양자 역학이 중요해지며, 진동자의 에너지는 오로지 불연속적인 값만큼만 더해질 수 있다. 내가 헥터에게 조화 진동자를 언급했던 것은 베네치아노 공식의 어떤 측면들이 양자 역학적 조화 진동자의 수학적 성질들을 연상시켰기 때문이었다. 나는 강입자를 용수철 끝에 무거운 두 물체가 매달려서 주기적으로 진동하는 것으로, 즉 다가왔다가 물러나기를 반복하는 것으로 상상했다. 나는 기본 입자의 내부적 메커니즘을 그리는 일이 명백하게 금단의 과일을 가지고 노는 것에 해당한다는 사실을 알고 있었다.

답에 가까이 가기는 했지만 완전한 경지에 이르지 못한다는 것은 미칠 정도로 조바심 나는 일이다. 나는 모든 종류의 양자 역학적 진동계를 베네치아노의 공식과 맞추어 보려고 했다. 간단한 추와 용수철 모형으로 베네치아노의 것과 매우 흡사한 공식을 만들어 낼 수 있었지만, 딱 들어맞지는 않았다. 그 기간에 나는 많은 시간을 집의 다락방에서 홀로 지냈다. 외출도 거의 하지 않았는데, 밖에 나가면 예민해지고는 했다. 나는 아내에게 고함을 쳤고 아이들도 돌보지 않았다. 심지어 밥 먹는 동안에도 그 공식을 잊어버릴 수 없었다. 그러던 어느 날 저녁 다락방에 있을 때 '유레카'의 순간이 찾아왔다. 어떻게 그 생각이 들었는지 알 수 없다. 한순간 나는 용수철을 보았고, 그다음에 탄성이 있는 끈이 두 쿼크 사이에서 잡아당겨져 여러 가지 다른 패턴으로 진동하는 것을 그려 보았다. 나는 즉각 수학적인 용수철 대신 진동하는 끈이라는 연속적인 물질을 생각하면 된다는 것을 깨달았다. 사실 처음 떠오른 것은 **끈**(string)이라는 단어가 아니었다. **고무줄**(rubber band)이 내가 생각한 것에 더 가까웠다. 고무줄을 자르면 두 끝이 있는 탄성 있는 끈이 된다. 나는 각 끝점마다 쿼크, 더 정확히는 한쪽에는 쿼크, 다른 쪽에는 반쿼크를 그렸다.

그 생각을 확인해 보기 위해 공책에 약간의 계산을 했다. 계산이 끝나지 않았는데도 잘될 것을 확신하고 있었다. 그 단순성은 놀라웠다. 베네치아노의 S-행렬 공식은 정확히 2개의 충돌하는 '고무줄'로 기술되었다. 왜 그것을 더 일찍 생각해 내지 못했는지 알 수 없을 정도였다.

새로운 발견의 흥분에 비견할 만한 것은 없다. 그것은 가장 위대한 물리학자에게도 자주 일어나지 않는다. 당신은 자신에게 "내가 이 행성에서 이것에 대해서 알고 있는 유일한 존재이다. 곧 다른 사람들도 알게 되겠지만, 당분간은 내가 **유일한 사람이다**."라고 말할 수 있다. 나는 젊고 무명이었지만, 영광을 꿈꿨다.

그러나 내가 그 **유일한 사람**이 아니었다. 거의 같은 시기, 시카고의 물리학자 한 사람이 같은 계산을 하고 있었다. 난부 요이치로(南部陽一郎, 1921년~)는 나보다 훨씬 나이가 많았으며, 오래전부터 세계적으로 명성을 떨친 이론 물리학자였다. 일본에서 태어났으며, 제2차 세계 대전 후 그가 젊은 물리학자였을 때 시카고 대학교로 왔다. 난부는 다른 어떤 사람보다 훨씬 먼저 사물의 본질을 간파하는 것으로 명성이 높은 스타 과학자였다. 그 후 나는 덴마크의 또 다른 물리학자, 홀게르 베흐 닐센(Holger Bech Nielsen, 1941년~)이 매우 흡사한 아이디어를 가지고 있었음을 나중에 알게 되었다. '고무줄 이론'을 생각하고 있던 것이 나 혼자만이 아니라는 사실을 알고 실망했음을 부인하지는 않겠다. 하지만 위대한 난부와 같은 생각을 했다는 것은 나름 뿌듯했다.

오늘날의 끈 이론은 모두 양자 역학과 중력의 통합을 꿈꾼다. 이 난해한 문제를 해결하기 위해 물리학자들은 20세기의 상당 기간을 함께 머리를 맞대고 고민해 왔다. 양자 역학과 중력을 통합하는 이론이라는 것은 극도로 미세한 규모인 플랑크 길이의 세계, 즉 10^{-33}센티미터에서 우주는 어떻게 생겼는가를 설명하는 이론이다. 내가 앞에서 이야기했던 것처럼 끈 이론은 강입자의 이론이라는 훨씬 소박한 목표를 가지고 시작되었다. 우리는 다음 장에서 어떻게 그것이 훨씬 더 심오한 근본 이론으로 변신하는가를 보게 될 것이다. 우선은 초기의 역사를 따라가 보자.

강입자는 아주 작은 물체로, 전형적인 것들은 원자보다 10만 배 작으며, 지름이 10^{-13}센티미터 정도이다. 쿼크들을 그렇게 짧은 간격 안에 묶어 두는 데에는 엄청난 힘이 필요하다. 강입자의 끈, 즉 내가 상상해 낸 고무줄은 엄청나게 작지만 또한 터무니없을 정도로 강력하다. 만약 당신이 강입자의 한 종류인 메손을 가지고 그 한쪽 끝을 자동차에 붙이고 반대쪽을 크레인에 고정시킬 수만 있다면, 자동차도 쉽게 들어 올릴 수 있을 정도이다. 강입자 끈은 오늘날 실험의 기준에서 보자면 특별히 작은 것은 아니다. 현대의 가속기들은 그것보다도 100배에서 1,000배가량 작은 규모에서 자연을 탐사한다. 나중에 나올 이야기지만, 비교를 위해서 현재의 이론에서 생각하는 끈의 강도를 알려 주겠다. 플랑크 길이에서 입자들을 붙이려면, 끈은 강입자의 끈보다 10^{40}배나 더 강력해야 한다. 그것 하나만 있어도 은하 전체의 질량을 지구 표면에 붙들어 맬 수 있다.

모든 강입자들은 중입자, 메손, 글루볼의 세 종류로 나눌 수 있다. 핵물리학에서 보통 핵자라고 불리는 양성자와 중성자는 가장 친숙한 강입자들이다. 그것들이 첫 번째 종류인 중입자(重粒子, baryon)들이다.[2] 모든 중입자들은 3개의 쿼크로 이루어져 있다. 마치 가우초 카우보이가 쓰는 볼라(bola) 올가미처럼, 3개의 쿼크가 끝에 붙은 세 끈이 중앙에서

---

2. 접두어 *bary-*는 그리스 어로 '무겁다'는 뜻이다. 입자의 이름이 처음 지어졌을 때, 핵자와 그 사촌격인 입자들이 알려진 것들 중에 가장 무거운 입자들이었다. 메손(meson, 중간자)은 무엇인가 중간에 오는 것을 가리킨다. 메손들은 핵자들보다 가볍지만 전자보다는 훨씬 더 무겁다.

연결되어 있다. (가우초는 남아메리카의 카우보이들로, 줄 끝에 쇠구슬을 매단 올가미를 던져 동물들을 잡는다. '볼라' 또는 '볼레아도라'는 쇠구슬이 3개 달린 종류이다. — 옮긴이) 볼라와 다른 것은 오로지 강입자의 끈들에 탄성이 있다는 것으로, 번지 점프에 쓰이는 늘어나는 고무줄과 비슷하다. 보통의 양성자와 중성자는 에너지가 가장 낮은 상태로, 쿼크들이 늘어나지 않아 매우 짧은 끈들의 끝 점에 가만히 놓여 있는 것에 해당한다.

끈의 끝에 있는 쿼크들은 여러 방식으로 운동할 수 있다. 볼라의 가운데를 잡고 빙빙 돌린다고 생각해 보자. 원심력이 끈들을 잡아 늘이고 쿼크들은 중심에서 밖으로 밀려 나갈 것이다. 이런 회전 운동은 에너지가 필요하며, $E=mc^2$에 따라 회전하는 강입자들은 더 무거워진다. 앞에서 언급했지만, 에너지가 추가된 입자에 대해서 '들뜬상태'라는 전문 용어를 쓴다. 쿼크들은 회전하지 않고도 들뜰 수 있다. 한 가지는 진동으로 인한 것으로, 중심을 향한 운동과 중심으로부터 멀어지는 운동을 반복하는 것이다. 그것 말고도 끈들 자신이 휘어져서 마치 기타 줄을 퉁겼을 때처럼 진동할 수 있다. 이러한 모든 운동들, 또는 적어도 그것들의 간접적인 증거가 핵자들에 대한 실험에서 일상적으로 관측된다. 중입자들은 정말로 탄성 있는 양자 볼라처럼 행동한다.

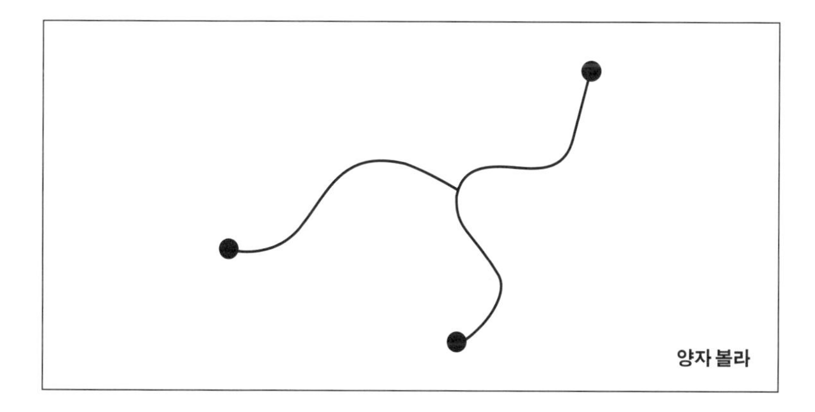
양자 볼라

중입자들이 양자 볼라처럼 행동한다는 것은 무엇을 의미할까? 양자 역학에 따르면 진동계의 에너지(질량)는 더 나눌 수 없는 불연속적인 양만큼만 더해질 수 있다. 강입자 실험 물리학의 초기에 물리학자들은 중입자들이 진동계의 불연속적인 양자 상태들과 같은 것임을 알아채지 못했다. 그들은 각 에너지 준위에 다른 이름을 붙였고 모두 다른 입자들로 간주했다. 양성자와 중성자는 가장 작은 에너지를 가지는 중입자들이다. 더 무거운 것들은 오늘날의 젊은 물리학자들은 전혀 알 수 없는 이상한 이름들을 가지고 있었다. 이런 입자들은 다른 것이 아니라 양성자나 중성자가 회전하거나 진동하는 들뜬상태들이다. 이것을 알아냈을 때 매우 복잡한 입자들의 동물원에 질서와 통합이 찾아온 것은 물론이다.

그다음은 메손들로서 바로 내가 1969년에 다락방에서 연구했던 것들이다. 메손은 중입자보다 간단하다. 메손은 쿼크가 한쪽 끝에, 반쿼크가 다른 쪽 끝에 달린 끈 하나로 이루어져 있다. 메손들도 중입자처럼 불연속적인 양자 단계에 따라 회전하고 진동한다. 다락방에서 했던 계산은 두 메손 끈 사이에 일어나는 근본적인 상호 작용을 나타낸 것이었다.

두 메손이 충돌하면 여러 가지 일이 생긴다. 양자 역학이 확률 이론이므로, 충돌의 전개 과정을 확실히 예측하는 것은 불가능하다. 한 가지 가능성은, 실은 가장 확률이 높은 것인데, 끈이 그냥 서로를 스쳐가듯, 두 메손들이 그냥 지나치는 것이다. 하지만 더 흥미로운 두 번째 가능성은 그것들이 연결되어 하나의 더 긴 끈을 형성하는 것이다.

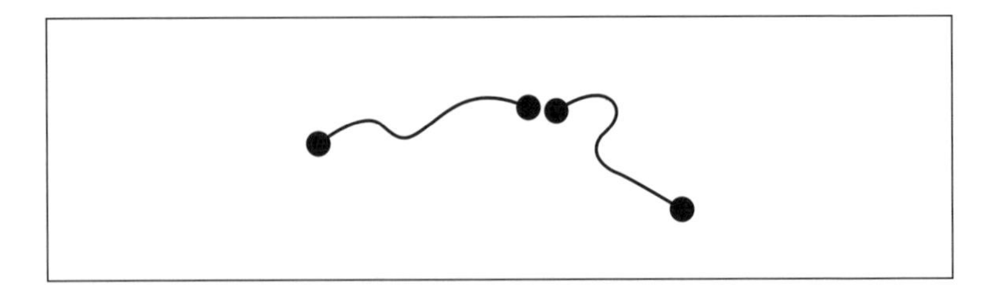

각 끈이 손을 잡고 한 줄로 춤추는 무용수들이라고 생각해 보자. 줄 양쪽 끝의 무용수는 한 손이 자유롭다. 이것이 쿼크 또는 반쿼크에 해당한다. 다른 모든 이들은 양손이 다 묶여 있다. 두 줄이 서로를 향해 달려드는 경우를 생각해 보자. 두 줄이 상호 작용할 수 있는 방법은 한 줄의 끝에 있는 무용수가 다른 줄의 자유로운 손 하나를 붙잡는 것이다. 그렇게 되면 이어진 하나의 사슬이 된다. 이 상태에서 그들은 누군가가 옆 사람의 손을 놓을 때까지 상대편 주위를 돌며 복잡한 춤을 출 수 있다. 그러다가 사슬이 끊어져 2개의 독립적인 사슬이 되어 새로운 방향으로 갈 수 있다. 더 정확하게, 하지만 덜 화려하게 말한다면, 한 끈의 끝에 있는 쿼크는 다른 끈의 끝에 있는 반쿼크에 다가간다. 그것들은 충돌해서, 입자와 반입자가 충돌하면 항상 그렇듯이, 쌍소멸한다. 그것들이 남기는 것은 하나의 쿼크와 하나의 반쿼크가 있는 더 길어진 끈이다.

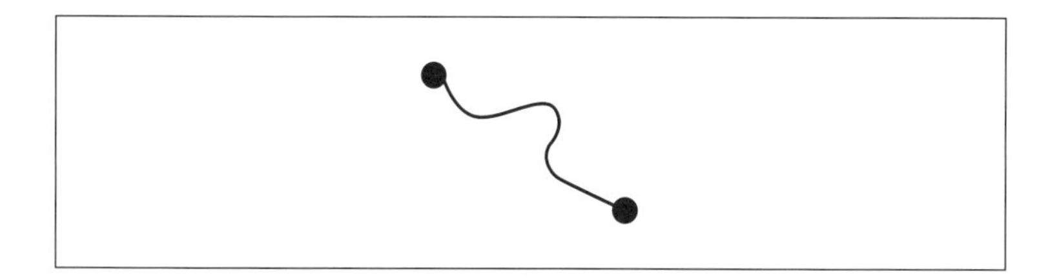

남은 하나의 끈은 보통 진동하고 회전하는 들뜬상태가 된다. 하지만 시간이 좀 지나면, 마치 무용수들의 줄처럼 끈은 원래 그것들을 묶었던 것과 반대의 과정을 거쳐 다시 둘로 나뉠 수 있다. 알짜 결과는 한 쌍의 끈이 서로 접근해 합성된 끈을 만들었다가, 다시 2개의 끈으로 쪼개지는 것이다.

다락방에서 내가 해결했던 문제는 다음과 같았다. 2개의 메손(끈)이 원래 특정한 에너지를 가지고 반대 방향으로 움직인다고 가정하자. 그것들이 충돌한 결과로 생긴 끈들의 쌍이 어떤 특정한 새로운 방향으로 움직일 양자 역학적 확률은 얼마인가? 그것은 끔찍하게 복잡한 문제처럼 들리는데, 그것이 해결될 수 있었던 것은 수학적 기적에 가까운 어떤 일이 일어났기 때문이다.

이상적인 탄성 끈을 기술하는 수학적인 문제는 이미 19세기 초에 해결되었다. 진동하는 끈은 각기 다른 종류의 진동 운동을 하는 조화 진동자들의 집합으로 생각할 수 있다. 조화 진동자는 고등학교 수준의 간단한 수학을 써서 완전히 분석할 수 있는 몇 안 되는 물리계 중 하나이다.

끈에 양자 역학을 더해서 양자적인 물체로 만드는 것 또한 간단하다. 진동하는 계의 에너지 준위는 항상 불연속적인 단위로 나타난다는 것만 기억하면 되기 때문이다. (1장 참조) 이런 간단한 관찰은 진동하는 끈 하나의 성질을 이해하기에는 충분하지만, 상호 작용하는 끈 2개는 훨씬 더 난해하다. 그것에 대해서 나는 규칙을 처음부터 새로 만들어야 했다. 그것이 가능했던 것은 두 끝점들이 만나고 결합하는 지극히 짧은 시간 동안만 복잡성이 유지되기 때문이었다. 그 일이 일어나면 두 끈들이 하나가 되고, 하나의 끈에 대한 단순한 수학이 성립한다. 잠시 후에 그 하나의 끈은 쪼개지지만, 복잡한 사건이 일어나는 것은 다시 한순간이다. 그리하여 높은 정확도로, 나는 두 끈들이 합쳐지고 분리되는 것을 따라갈 수 있었다. 수학적 계산의 결과들은 베네치아노의 공식과 비교할 수 있었고, 만족스럽게도 정확히 일치했다.

중입자들은 세 끈들이 가운데에서 결합된 것이고, 메손은 두 끝점이 있는 끈 하나라면, 글루볼은 무엇일까? 무용수들이 사슬처럼 인간 띠 하나를 이룬다고 생각해 보자. 무용수들이 복잡한 스텝을 밟는 동안,

가끔 양쪽 끝의 무용수들이 마주친다. 하나의 인간 띠를 이루게 된다고 생각하지 않고도 그들은 손을 맞잡을 수 있다. 그 결과는 자유로운 끝이 없는 닫힌 동그라미이다. 같은 일이 진동하는 메손에도 일어날 수 있다. 이동하고 진동하고 회전하는 중에 두 끝들이 서로 가까이 다가갈 수 있다. 한쪽 끝의 쿼크는 다른 쪽 끝의 반쿼크를 보는데, 그것이 같은 끈에 속해 있다는 것은 신경 쓰지 않는다. 어느 하나가 마치 자신의 꼬리를 잘못 삼키는 뱀처럼 그 끝을 붙잡는다. 그 결과가 글루볼, 즉 쿼크도 끝점도 없는 끈의 닫힌 고리이다. 여러 메손과 중입자는 끈 이론이 등장하기 전에도 그 존재가 알려져 있었지만, 글루볼은 끈 이론을 통해서 처음 예측되었다. 오늘날 알려진 입자들의 목록에 글루볼들과 그 질량은 중입자와 메손과 함께 올라 있다.

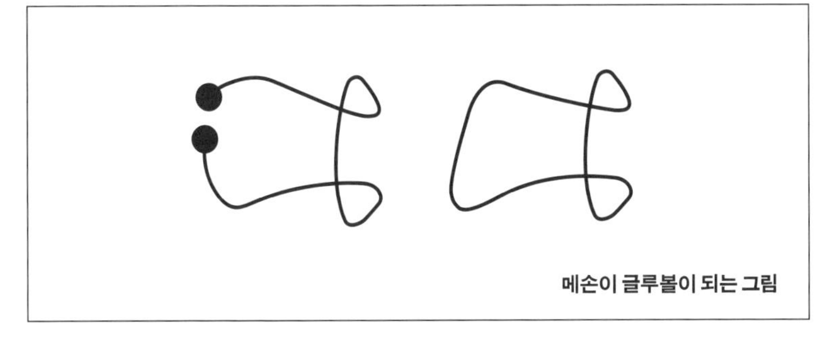
메손이 글루볼이 되는 그림

메손, 중입자, 그리고 글루볼은 모든 종류의 패턴으로 진동할 수 있는 복잡한 물체들이다. 예를 들어, 메손의 끝점들을 잇는 끈은 용수철이나 바이올린 줄처럼 진동할 수 있다. 그것은 한 축을 따라 돌 수도 있으며, 원심력 때문에 늘어나 프로펠러처럼 빙글빙글 도는 강입자가 된다. 이런 강입자 '들뜬상태'들도 잘 알려진 물체들이며, 그것들 중 일부는 1960년대 초의 실험에서 발견되었다.

강입자의 끈 이론과 이 책에서 '물리 법칙'이라고 불러 온 것의 관계,

즉 파인만 도형을 통한 표현 사이의 관계는 명백하게 밝혀지지 않았다. 그것을 이해하는 한 가지 방법은 끈 이론을 파인만 도형을 일반화한 것으로 보는 것이다. 이 경우 파인만 도형에서 점으로 취급되던 입자를 끈으로 대체해야 한다. 파인만 도형은 1장에서 논의했던 기본 단위들, 즉 전파 인자와 정점 도형으로 이루어져 있다. 전파 인자와 정점 도형은 양자장의 아주 작은 **점입자**에서는 잘 통한다. 예를 들어, 정점 자체는 점입자의 궤적이 만나는 점이다. 만약 입자 자체가 점이 아니라면 그것들이 만나는 점이 무엇을 뜻하는지 불분명해진다. 전파 인자와 정점 도형이 끈에서 어떻게 의미가 통할 수 있는지 설명해 보자. 가령 점입자가 시공간을 가로지르며 움직이는 것을 상상해 보자. 그 궤적은 곡선을 그릴 것이다. 각 순간에 그것은 점이지만, 시간이 흐름에 따라, 그 점들은 곡선을 그린다. 위대한 민코프스키는 그런 시공간 경로를 **세계선**(worldline)이라고 불렀는데, 이 용어는 지금도 사용되고 있다.

이번에는 끈의 역사를 상상해 보자. 먼저 끝 점이 없는 닫힌 끈의 경우를 생각한다. 어떤 순간에 끈은 공간에 있는 닫힌 곡선(폐곡선), 즉 고리이다. 끈을 스트로보스코프(stroboscope, 회전 또는 진동 운동의 주기를 재고, 회전

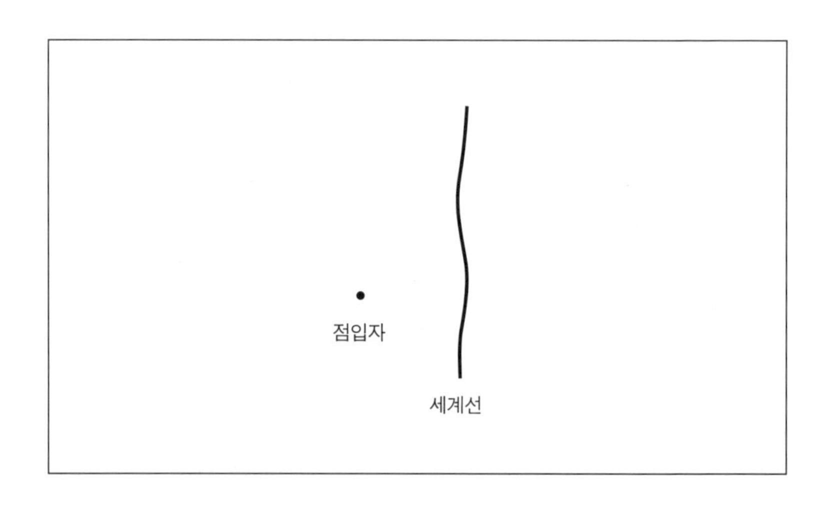

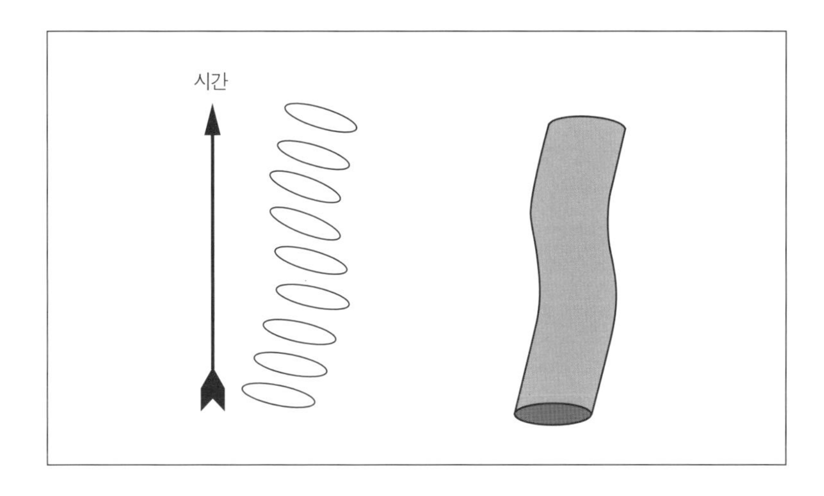

중 운동 상태를 재는 장치. —옮긴이)로 비춘다고 상상해 보자. 첫 순간에 우리는 고리를 볼 수 있다. 그다음 순간에 우리는 똑같은 고리를 보지만, 그것은 공간에서 약간 다른 위치로 움직였을 것이다. 이런 패턴이 시간이 흐르면서 반복되어 우리는 시공간에 일련의 고리들이 차곡차곡 쌓이는 것을 볼 수 있다.

하지만 시간의 흐름은 연속적이다. 스트로보스코프처럼 주기적으로 간격을 두고 깜빡거리는 것이 아니다. 끈의 역사를 나타내기 위해서 우리는 섬광 사이의 공간을 채울 필요가 있다. 그 결과는 공간을 통과하는 관(管), 즉 2차원 원통이다.

끈 고리의 크기는 순간순간 달라질 수 있다. 끈은 결국 탄성적이고 늘어날 수 있는 고무줄 같은 것이기 때문이다. 그것들은 8자나 더 복잡한 모양으로 꼬일 수 있다. 그런 경우 말쑥하던 원통은 변형되겠지만 여전히 알아볼 수는 있을 것이다.

이런 방식으로 휩쓸고 지나간 곡면을 점입자의 세계선과 유사하게 **세계관**(world tube)이라고 부를 것이다. 원래 만든 용어는 이것이 아니었다. 대신에 나는 **세계면**(world sheet)이라는 단어를 썼는데, 그것 역시 용어로 정착되었다. 용어야 어쨌든 끈의 원통 같은 세계면이 점입자의 전파 인자를 대체한다.

쿼크가 끝에 붙은 메손 역시 세계면으로 설명할 수 있다. 원통이 아니라 두 가장자리가 있는 리본(띠 모양의 물체를 뜻한다. — 옮긴이)이지만 말이다. 다시 스트로보스코프로 끈의 역사를 추적해 보자. 이번에 우리는 순간순간 쿼크와 반쿼크를 끝에 가진 일련의 열린 끈들을 보게 된다. 그 사이를 채우면 리본 같은 세계면이 된다.

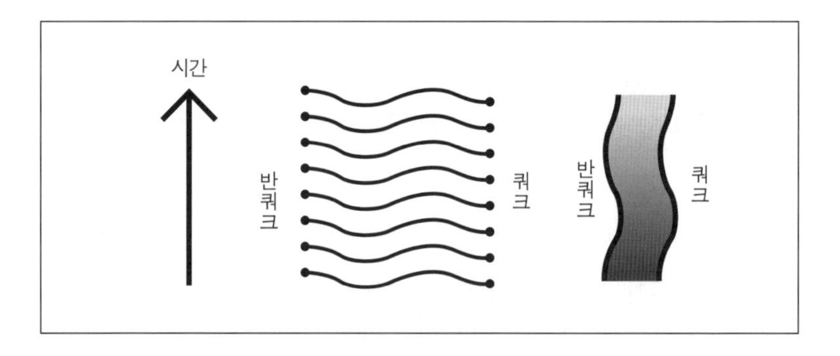

그러나 충돌해 상호 작용하는 입자들의 복잡성을 모두 기술할 수 있는 흥미로운 이론은 전파 인자 이상의 것을 필요로 한다. 그것은 정점 도형, 즉 입자들이 다른 입자들을 내놓거나 흡수할 수 있게 하는 갈림길도 필요로 한다. 끈 이론도 다르지 않다.

열린 끈의 경우 정점 도형은 리본을 길이 방향에 따라 둘로 나누는 그림으로 바뀐다. 하나의 끈이 둘로 찢어지며 새로 생긴 끝점들에 새로운 쿼크, 반쿼크 쌍이 생성된다. 닫힌 끈의 경우 역시 일종의 배관(配管) 그림으로 대체된다. 하나의 파이프가 둘로 나뉘는 그림으로 대체되는 것이다. 그것을 'Y-접합(Y-joint)'이라고 부르자.

당신이 만약 아래에서 위로 (과거에서 미래로) 끈의 움직임을 따라가 본다면, 하나의 닫힌 끈이 찢어져서 2개의 분리된 끈이 되어 각각 날아가

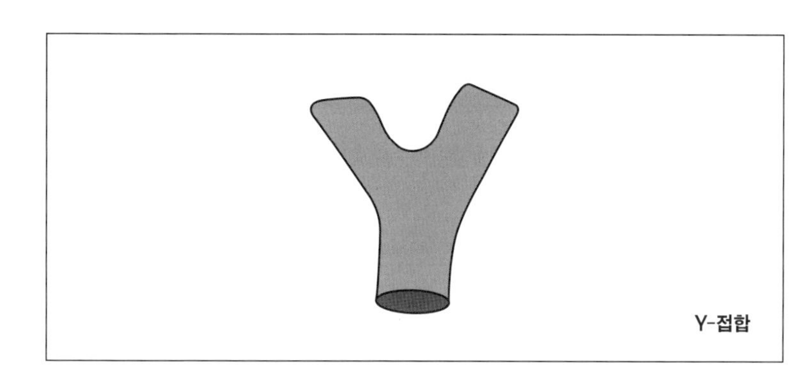

는 것을 보게 될 것이다. 그림을 거꾸로 돌려 두 끈들이 다가와 녹아 붙어 하나의 끈이 되는 것을 볼 수도 있다.

내 아이디어의 핵심은 바로 끈의 전파 인자와 Y-접합으로 이루어진 배관 네트워크가 보통의 파인만 도형을 대신한다는 것이었다. 하나의 도형을 원통형의 전파 인자와 Y-접합으로 분할한다는 것은 상당히 인위적인 것이며, 그 이론은 사실 온갖 모양과 위상을 가진 세계면들에 대한 것이라는 사실은 일찍부터 알려졌다. 그 도형들에는 들락거리는 끈 같은 글루볼을 나타내는 열린 구멍들이 있다. 그리고 아무리 복잡한 모양이라도 가능하다.

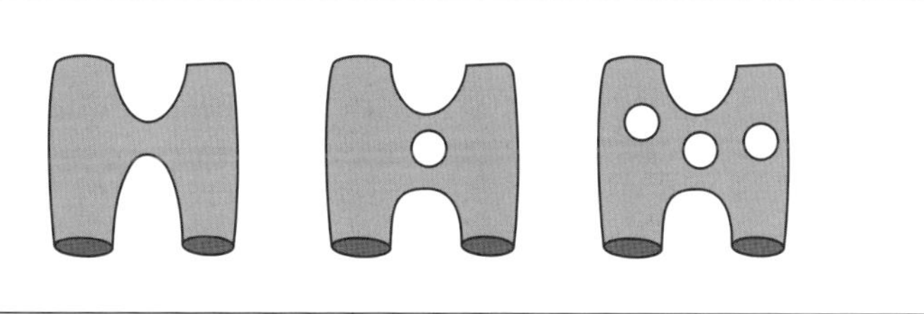

강입자에 대한 이런 아이디어를 통상적인 파인만 도형(즉 점입자들)에 기반한 표준 모형과 연결짓는 것은 어렵다. 현대의 표준 모형은 강입자에 대해서 언뜻 보기에는 완전히 다른 이론인 양자 색역학(QCD)을 포함

하고 있다.

양자 색역학에 따르면, 강입자들은 쿼크와 반쿼크로 이루어져 있다. 여기까지는 양자 색역학과 난부 요이치로와 내가 발견한 끈 이론 사이에 공통점이 있다. 그러나 쿼크들을 한데 묶는 결합력이 끈과 상관이 있는지는 불분명하다. 전자가 광자를 내놓는 것과 같은 방식으로 쿼크도 글루온을 내놓거나 흡수할 수 있다. 쿼크들 사이에 교환되는 글루온들이 만드는 힘이 쿼크를 묶어 강입자로 만든다.

글루온에는 그것을 광자보다 더 복잡하게 만드는 특징이 하나 있다. 전하를 띤 입자들은 광자를 내놓거나 흡수할 수 있는데, 빛 자체는 광자를 내놓을 수 없다. 다시 말해 하나의 광자가 2개의 광자로 나뉘는 정점이 없다고 할 수 있다. 그런데 글루온들은 이 능력을 가지고 있다. 3개의 글루온이 만나는 정점이 있다. 결국 이것 때문에 글루온과 쿼크는 전자와 양전자보다 훨씬 더 끈끈하게 달라붙게 된다.

여기까지의 설명만 들으면, 양자 색역학과 끈 이론이라는 서로 다른 강입자 이론이 있는 것처럼 들릴 것이다. 하지만 끈 이론의 초기부터 이 두 가지 이론이 실제는 같은 이론의 양면일 것이라고 이해되었다. 사실 중요한 통찰은 양자 색역학이 발견되기 몇 년 전에 이루어졌다.

보통의 파인만 도형들과 끈 이론 사이의 연관성이 분명해진 것은 내가 1970년에 덴마크에서 편지를 하나 받았을 때였다. 홀거 베흐 닐센은 고무줄 이론에 대한 내 논문에 매우 열광했으며, 그의 아이디어를 나와 공유하고 싶어 했다. 그는 편지에서 그가 어떻게 탄성적 끈과 매우 비슷한 어떤 것을 다른 각도에서 생각하게 되었는지 설명했다.

거의 같은 시기 리처드 파인만은 강입자와 관련된 사실들이, 강입자들이 더 작고 더 근본적인 어떤 종류의 물체들로 이루어졌음을 암시하는 것이라고 주장하고 있었다. 그는 이런 물체들이 무엇인지에 대해서는

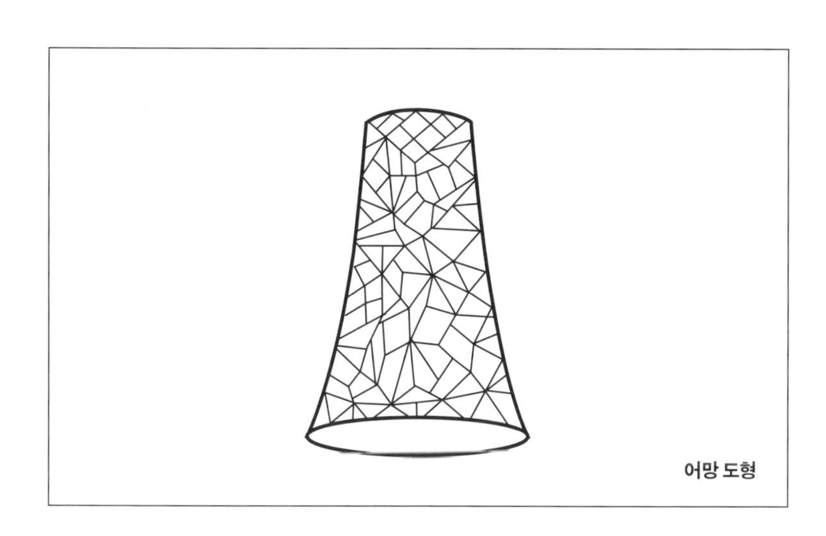
어망 도형

구체적으로 밝히지 않고, 그것들이 강입자들의 일부임을 나타내기 위해서 단순히 **쪽입자**(parton, 파톤)라고 불렀다. 끈 이론을 파인만의 쪽입자 아이디어와 결합시키는 것이 내가 오랫동안 생각해 오던 것이었다. 닐센은 이것을 깊이 숙고했고 매우 흥미로운 관점을 갖게 되었다. 닐센은 매끈하고 연속적인 세계면이 사실은 선과 정점이 빽빽하게 배치된 그물망이라는 가설을 제안했다. 다시 말해 매우 복잡하다는 것만 빼면 아주 많은 전파 인자와 정점을 가진 통상적인 파인만 도형일 뿐이라는 것이다. 전파 인자와 정점을 점점 더해 가면 그물망은 점점 더 조밀해진다. 그리고 조밀하면 할수록 매끈한 면으로 더 잘 기술된다. 세계면, 세계관, 그리고 Y-접합 들은 실제로는 쿼크와 수많은 글루온으로 이루어진 매우 복잡한 파인만 도형인 것이다. 당신이 멀리에서 세계면을 본다면, 그것은 매끈하게 보일 것이다. 하지만 현미경으로 보면 그것은 '어망(魚網)' 또는 '농구 골네트'처럼 보일 것이다.[3] 어망의 줄들은 점입자, 즉 파인만

3. 닐센은 '어망 도형(Fishnet diagram)'이라는 용어를 사용했다.

의 쪽입자 또는 겔만의 쿼크와 글루온의 전파 인자를 나타낸다. 하지만 이런 미시적 세계선으로 직조된 '직물'은 매끈해 거의 연속적인 세계면을 형성한다.

앞에서 이야기했듯이, 끈을 한 묶음의 쪽입자들이 마치 진주 목걸이처럼 꿰어진 것으로 생각할 수 있다. 파인만의 쪽입자 이론, 겔만의 쿼크 이론, 그리고 고무줄 이론은 모두 양자 색역학의 다른 측면을 나타낸다.

강입자의 끈 이론 또는 고무줄 이론은 즉시 성공을 거두지는 못했다. 1960년대에 강입자 물리학을 연구하던 많은 이론 물리학자들은 그 현상을 도식화하려는 모든 이론에 매우 부정적인 태도를 취하고 있었다. 앞에서 언급했지만, S-행렬 이론을 열렬히 옹호하는 이들은 충돌이란 알 수 없는 블랙박스라고 계속 주장했는데, 그것은 거의 광신적인 고집에 가까웠다. 그들은 오로지 하나의 계명, 즉 '질량의 껍질을 떠나지 말지어다.'를 따랐다. 그것은 어떤 현상의 메커니즘을 알아보기 위해서 충돌의 내부를 들여다봐서는 안 된다는 것이었다. 베네치아노 공식이 두 고무줄의 진동을 나타낸다는 아이디어에 대한 적대감은 머리 겔만이 끈 모형에 승인 도장을 찍을 때까지 계속되었다.

내가 플로리다의 코럴 게이블스에서 1970년에 머리 겔만을 처음 만났을 때, 그는 물리학의 제왕이었다. 그때 이론 물리학자들의 학회들 중 가장 중요한 것은 코럴 게이블스 학회였다. 그리고 그 학회의 절정은 머리 겔만의 강연이었다. 1970년의 행사는 내가 최초로 초청받은 대형 학회였다. 물론 강연자가 아니라 청중으로서 참가하는 학회였다. 겔만은 **자발적으로 깨진 확장 대칭성**이라는 주제에 대해서 발표했는데, 그것은 그로서는 큰 성공을 거두지 못한 연구 중 하나였다. 나는 그 강연 내용을 거의 기억할 수 없지만, 그 후 일어난 일은 매우 정확하게 기억하고 있다. 겔만과 나 둘만 엘리베이터에 함께 타게 되었다.

나는 그때 완전히 무명의 물리학자였으며, 겔만은 물리학계 전체가 경외의 눈으로 우러러보는 유명 물리학자였다. 말할 것도 없이, 그와 단둘이 있다는 것만으로 나는 아주 불편해졌다.

대화를 트기 위해서 겔만은 내가 무엇을 연구하는지 물어보았다. 나는 겁먹은 채로 "강입자들을 일종의 탄성 있는 끈, 다시 말해 고무줄처럼 나타낼 수 있는 강입자 이론을 연구하고 있습니다."라고 대답했다. 잊을 수 없는 끔찍한 순간이 지나간 뒤, 그는 웃기 시작했다. 작은 낄낄거림이 아니라 큰 너털웃음이었다. 나는 내가 벌레가 된 것 같았다. 그때 엘리베이터의 문이 열렸고 나는 귀가 벌개진 채로 살금살금 걸어 나왔다.

나는 그 후 약 2년 동안 겔만을 다시 보지 못했다. 그를 다시 만난 것은 일리노이 주에 있는 대형 입자 가속기 연구소인 페르미 연구소에서 열린 다른 학회에서였다. 페르미 연구소 학회는 정말 대단했다. 세계에서 가장 영향력 있는 이론·실험 고에너지 물리학자들을 포함해서 약 1,000명의 사람들이 참가했다. 그때에도 나는 그저 관객이었다.

학회 첫 강연이 시작되기 전에 몇 명의 친구들과 함께 서 있는 나에게 겔만이 천천히 다가왔다. 모든 사람들 앞에서 그는 "전에 엘리베이터에서 자네를 비웃어서 미안했네. 자네가 연구하는 것은 아주 훌륭해. 나는 내 긴 강연 대부분에서 그것에 대해 이야기하려고 하네. 기회가 되면 언제 같이 앉아서 그것에 대해서 이야기해 보았으면 하네."라고 이야기했다. 나는 벌레에서 왕자가 된 것 같았다. 왕이 나에게 왕실의 일원으로 받아 준다는 이야기 아닌가!

그 후 며칠 동안, 나는 "겔만 선생님, 지금 괜찮으십니까?"라고 물으며 그를 쫓아다녔다. 그의 대답은 언제나 "아니, 지금은 중요한 사람과 이야기해야 하네."였다.

학회의 마지막 날, 여행사 직원과 이야기하려는 사람들의 긴 줄이 생겼다. 항공권을 바꾸어야 했던 나는 그 줄에서 거의 1시간이나 기다리고 있었다. 마침내 앞에 두세 명만 남았을 때, 겔만이 다가와 나를 잡아당기며, "지금이야! 지금 이야기하지. 내게 15분이 생겼어."라고 말했다. 나는 속으로 '좋았어.'라고 말했다. '제대로 하면 너는 이제 왕자가 되는 거야. 잘못 하면 물고기 미끼 신세라고.'

우리는 빈 탁자를 찾아 앉았고, 나는 새로운 고무줄 이론이 어떻게 그와 파인만의 아이디어와 연관되어 있는지 설명했다. 나는 어망 도형 아이디어를 설명하고자 했다. 나는 "쪽입자를 가지고 설명해 보겠습니다."라고 말했다.

"쪽입자? 쪽입자라고? 쪽입자가 대체 뭐야? 쪽이라고? 자네 지금 나를 놀리자는 건가?" 나는 내가 엄청난 실수를 했다는 것은 알았지만, 정확히 어떤 실수인지는 깨닫지 못했다. 나는 설명하려고 했지만, 되돌아온 것은 오로지, "쪽이라고? 그게 뭐야?"였다. 소중한 나의 15분 중 14분이 지나갔을 무렵, 그는 "그 쪼가리들이라는 게, 전하가 있나?"라고 물었다. 나는 그렇다고 대답했다. "그것들이 SU(3)를 가지고 있나?" 나는 다시 그렇다고 했다. 그때 모든 것이 분명해졌다. 그는 천천히 "오, 쿼크 말이지!"라고 말했다. 나는 그 기본 구성 요소들을 겔만의 용어가 아닌, 파인만의 용어로 부르는 용서할 수 없는 죄를 범했던 것이다. 세상에서 그 위대한 칼텍(캘리포니아 공과 대학. — 옮긴이) 물리학자들의 숙명적인 경쟁 관계에 대해서 모르는 것은 나뿐인 것 같았다.

어쨌든 나는 1~2분 동안 내 생각을 모두 털어놓았고, 겔만은 시계를 보고는 "좋아, 고맙네. 이제 나는 내 발표 전에 **중요한** 누군가를 만나러

가야겠네."라고 말했다.

조금만 더 이야기하면 될 것 같았는데, 결국 다 말하지 못했다. 나는 결국 왕실에 받아들여지지 못한 것이다. 씁쓸했다. 그때 겔만의 목소리가 들렸다. 그는 그의 측근들에게 내가 그에게 말해 준 것에 대해 이야기하고 있었다. "서스킨드가 이렇게 저렇게 말하더군. 우리는 서스킨드의 끈 이론을 공부해야만 해." 그리고 그는 대규모 강연을 했다. 내 기억이 정확하다면 그것은 그 학회의 마지막 발표였다. 그의 강연에서 작은 일부분이기는 했지만, 겔만은 끈 이론을 축복했다. 이 모든 일이 마치 롤러코스터에 탄 것처럼 정신없이 이루어졌다.

겔만은 끈 이론에 대해서 연구하지는 않았지만, 그의 정신은 새로운 아이디어에 열려 있었고, 다른 이들을 격려하는 데 중요한 역할을 했다. 의문의 여지없이, 그는 강입자의 이론이자 추후 플랑크 규모 현상의 이론으로 기능하게 될 끈 이론의 잠재적 중요성을 인식한 최초의 인물들 중 하나였다.

끈 이론에는 여러 형식이 있다. 우리가 1970년대에 알고 있었던 형식은 수학적으로 매우 정확, 아니 너무 정확했다. 비록 현재의 관점에서 볼 때 강입자들이 끈이라는 것은 절대적으로 분명하지만, 현실의 중입자와 메손을 기술하기 위해서는 여러 가지로 변형되어야만 하는 이론이었다.

원래의 끈 이론에는 세 가지 큰 문제가 있었다. 하나는 너무 이상했기에 보수적인 물리학자들, 특히 S-행렬 이론의 열렬한 추종자들은 그것을 농담거리로 삼았을 정도였다. 그것은 차원의 수가 너무 많다는 문제였다. 끈 이론은 다른 모든 물리학 이론과 마찬가지로 공간과 시간에서 일어난 일을 다룬다. 아인슈타인 이전까지만 해도 공간과 시간은 두 가지 별개의 실재였다. 그러나 민코프스키의 영향으로 그 두 가지는 시공간, 즉 모든 사건이 공간에서의 한 위치와 시간에서의 한 순간을 차지하는 4차원 세계로 통합되었다. 아인슈타인과 민코프스키는 시간을 '네 번째 차원'으로 바꾸어 놓았다. 하지만 시간과 공간은 완전히 비슷하지는 않다. 상대성 이론이 가끔 시간과 공간을 여러 가지 수학적인 변환을 통해 뒤섞기는 하지만 시간과 공간은 다르다. 우리는 그것들을 다르게 '느낀다'. 이런 까닭에 시공간을 단순하게 4차원이라고 설명하는 대신, 공간 3차원이 있고 시간이 하나 있다는 것을 표시하기 위해서 3+1차원이라고 말한다. 공간 차원이 하나 더 있는 것이 가능할까? 가능하다. 그것은 현대 물리학에서는 사실 흔한 일이다. 3차원보다 더 많은, 또는 원한다면 더 적은 차원의 공간에서 사물이 움직이는 것을 생각하는 것을 그리 어려운 일이 아니다. 영국 소설가 에드윈 애벗 애벗(Edwin Abbott Abbott, 1838~1926년)의 유명한 19세기 풍자 소설인 『플랫랜드(*Flatland*)』는 공간이 오로지 2차원으로 된 세계에 사는 생물들을 묘사한다. 하지만 시간 차원이 더 많거나 더 적은 시간 차원을 가진 우주란 가능하지 않다. 그것은 전혀 말이 안 될 것이라고 본다. 따라서 대부분의 경우, 물리학자가 시공간의 차원을 조작하고 싶을 때, 그들은 3+1, 4+1, 5+1, 또는 n+1차원을 사용한다. 그러나 공간의 경우에는 차원의 수가 임의의 값을 가져도 되지만, 시간 차원은 단 하나인 경우만 생각한다.

물리학자들은 항상 언젠가 그들이 공간이 왜 3차원이며, 2 또는 7 또는 84가 아닌지 설명할 수 있게 되기를 희망해 왔다. 따라서 끈 이론가들이 그들의 수학이 매우 특별한 차원에서만 성립된다는 것을 알아냈을 때 기뻐한 것은 너무나도 당연한 일이었다. 문제는 그 숫자가 3+1이 아니라 9+1차원이었다는 것이다. 무엇인가 매우 미묘한 것이 공간 차원의 수가 9가 아니면 잘못되도록 한다. 9는 우리가 실제로 살고 있는 우주보다 3배나 차원이 많다! 끈 이론가들은 놀림감이 된 것만 같았다.

물리학을 가르치는 입장에서, 나는 학생들에게 무엇인가 중요한 것을 이야기하면서 그것을 설명할 수는 없다고 말하는 것을 정말 싫어한다. 그것은 너무 상급의 내용이다, 또는 그것은 너무 기술적이다 하고 마는 것이다. 나는 기초 용어만으로 어려운 것들을 설명할 방법을 알아내기 위해 많은 시간을 투자한다. 내가 가장 심하게 좌절한 것 중 하나는, 끈 이론이 왜 오로지 9+1차원에서만 성립될 수 있는지에 대한 기초적인 설명을 찾아낼 수 없었다는 것이다. 성공한 이는 아무도 없다. 내가 당신에게 할 이야기는 그것이 격렬하게 떨리는 끈의 양자적 운동과 관련 있다는 것이다. 어떤 매우 미묘한 조건들이 만족되지 않는다면, 이런 양자 떨림이 쌓여 완전히 통제 불능 상태에 이르게 된다.

우주론에서 3배 정도 어긋나는 것은 그 시절 그다지 심각한 문제는 아니었지만, 입자 물리학에서는 상당히 심각한 문제였다. 입자 물리학자들은 그들의 수치가 높은 정확도를 보이는 것에 익숙해져 있었다. 게다가 공간 차원의 수보다 그들이 더 강하게 확신할 수 있는 것은 없었다. 여분 차원 6개가 사라진 것을 실험의 불확실성 때문이라고 할 수도 없었다. 그것은 끈 이론의 와해를 의미했다. 시공간은 그때나 지금이나 3+1차원이며 거기에는 어떤 불확실함도 없다.

공간 차원의 수가 틀렸다는 것도 충분히 심각한데, 강입자들 사이의 핵력을 완전히 엉뚱하게 설명한다는 것도 문제를 악화시켰다. 원자핵 안에 있는 입자들 사이에 실제로 존재하는 근거리 힘을, 끈 이론은 원거리 힘으로 기술했다. 그것은 무엇보다도 전기력이나 중력과 비슷했다. 원자핵의 근거리 힘을 정확하게 예측했다 싶었는데, 전기력은 실제보다 100배 정도 너무 강하게 나왔으며, 중력은 무지막지하게 강한 것으로,

즉 10^{40}배만큼이나 강한 것으로 예측했다. 이런 원거리 힘들을 실제의 중력이나 전기력과 동일시하는 것은 말도 안 되는 일이었다. 그러나 강입자를 기술하는 것과 똑같은 끈을 사용하면 이 문제를 피할 수 없었다.

자연의 모든 힘, 중력, 전기력, 핵력은 모두 같은 근원을 가지고 있다. 원자핵 주위를 도는 전자를 생각해 보자. 가끔 그것은 광자를 내놓을 텐데, 그러면 그 빛은 어디로 갈까? 만약 원자가 들뜬상태였다면, 광자는 전자가 더 낮은 에너지 궤도로 점프할 때 원자를 탈출한다. 그러나 원자가 이미 가장 낮은 에너지 상태에 있다면, 광자는 에너지를 가지고 달아날 수 없다. 광자의 유일한 대안은 다른 전자나 전하를 띤 원자핵에 흡수되는 것이다. 그리하여 실제의 원자에서 전자들과 원자핵들은 저글링을 하는 것처럼 지속적으로 광자를 주고받게 된다. 입자의 이런 '교환'이 자연에 있는 모든 힘들의 원천이 된다. 힘들은 (그것이 전기력이든, 자기력이든, 중력, 또는 다른 무엇이든) 궁극적으로 파인만의 '교환 도형'에서 유래하며, 교환 도형에서 양자는 한 입자에서 다른 입자로 옮겨 다닌다. 전자기력의 경우 교환되는 매개(힘 전달) 양자는 광자이다. 중력에서는 중력자가 그 역할을 한다. 당신과 내가 지구에 붙들려 있는 것은 중력자들이 지구와 우리 몸 사이를 오가기 때문이다. 하지만 양성자와 중성자를 원자핵에 묶어 놓는 힘에서는 파이온이 교환된다. 만약 양성자와 중성자 깊숙이 들어가면, 쿼크들이 서로 글루온들을 던지고 있을 것이다. 힘과 교환되는 '전령' 입자들 사이의 이런 연관성은 20세기 물리학의 가장 위대한 주제 중 하나이다.

핵력, 전자기력, 그리고 중력의 근원이 그토록 유사하다면, 그 결과는

왜 그렇게 다른 것일까? 전자기력과 중력은 행성 궤도를 유지할 수 있을 만큼 원거리에서 작용하는 힘인데, 핵력은 핵자 구성 입자들이 양성자 하나의 지름 정도로만 서로 떨어져도 무시할 수 있을 만큼 약해진다. 당신이 만약 그 차이점이 전달자, 즉 중력자, 광자, 파이온, 그리고 글루온의 어떤 성질과 관련 있다고 생각한다면, 당신은 전적으로 옳다. 특정한 힘이 미치는 범위를 결정하는 것은 전령 입자의 질량이다. 전령 입자가 가벼울수록, 범위가 더 커진다. 중력과 전기력이 원거리 작용인 것은 중력자와 광자가 질량이 없기 때문이다. 그러나 파이온은 질량이 있다. 그것은 전자보다 300배 정도 무겁다. 전령 입자가 이렇게 무거우면, 마치 몸무게가 너무 많이 나가 어떤 짧은 거리 이상은 점프할 수 없는 운동선수처럼 멀리 있는 입자들 사이에서 힘을 전달할 수 없게 된다.

끈 이론은 힘들에 대한 이론이기도 하다. 끈들의 춤으로 돌아가 보자. 앞에서 이야기한 것처럼 두 줄의 무용수들이 서로에게 다가간다. 이번에는 임시로 결합되어 하나의 끈을 형성하는 대신, 그들은 다른 춤을 춘다. 그들이 만나기 전에 끈들 중 하나가 구성원 중 몇몇을 떨어뜨려 짧은 세 번째 끈을 만든다. 세 번째 끈은 다른 줄로 달려가 결합한다. 결국 초기의 무용수 두 줄은 짧은 끈을 교환하고, 그 와중에 두 줄 사이에 힘이 생긴다.

멀리서 보면 이런 교환 무용을 기술하는 세계면은 마치 H자처럼 보이지만, 현미경으로 보면 그것을 형성하는 선들은 굵기가 있는 배관처럼 보일 것이다. H자의 가운데에 있는 가로대가 바로 교환되는 끈의 세계면이며, 그것은 수직으로 뻗은 다리들 사이의 공간을 뛰어넘어 힘을 만들어 낸다. 끈 이론의 초기에 끈 이론으로 강입자의 모든 것을 설명하고자 했던 사람들은 양성자와 중성자를 결합해 원자핵을 만드는 핵력을 설명할 수 있을지도 모른다는 가능성에 매우 기뻐했다.

불행히도 우리의 희망은 곧 산산이 부서졌다. 계산을 끝냈을 때, 끈들 사이의 힘은 원자핵을 붙들어 놓고 있는 실제 힘처럼 보이지 않았다. 핵물리학의 근거리 힘 대신, 전기력과 중력에 더 가까운 원거리 힘을 발견했다는 것은 이미 내가 언급한 대로이다. 그 이유를 찾기는 어렵지 않았다. 입자와 비슷한 진동하는 끈들 중에는 매우 특별한 성질을 특정한 물체가 두 종류 있었다. 하나는 메손을 기술했던 열린 끈이고, 다른 하나는 닫힌 글루볼이었다. 둘 다 질량이 전혀 없다는 예외적인 특성을 가지고 있었는데, 그것은 마치 광자나 중력자와 같았다! 그것들이 다른 입자들 사이에서 저글링처럼 교환되면 전하를 띤 입자 사이의 전기력과 질량 사이의 중력과 정확히 같은 힘을 만든다. 열린 끈은 광자와 흡사했고 닫힌 글루볼은 중력자와 유사했다. 닫힌 글루볼이 검출하기가 힘든 신비로운 중력자와 유사하다는 것은 나에게 충격을 주었다. 우리의 목적이 중력과 전기력에 대한 새로운 이론을 만들어 내는 것이었다면 이것은 한없는 기쁨의 근원이 되었을 테이지만, 우리의 목적은 그것이 아니었다. 우리는 핵력을 설명하려고 했었고 의심할 여지없이 그것은 실패했다. 막다른 골목에 다다른 셈이었다.

끈 이론에는 난점이 하나 더 있었다. 그것은 '모든 것의 이론'이거나 '어떤 것도 설명하지 못하는 이론' 둘 중 하나였다. 끈 이론의 원래 목적은 강입자를 기술하는 것이었으며, 그 이상도 그 이하도 아니었다. 전자, 광자, 그리고 중력자는 점입자로 남았다. 수년간의 실험은 전자와 광자는 크기를 가지고 있지만, 강입자에 비하면 엄청나게 작다는 것을 분명하게 가르쳐 주었다. 반면에 강입자들이 점입자가 아닌 것은 분명해졌다. 점은 어떤 축에 따라 회전시킬 수 없다. 빙글빙글 도는 물체를 생각할 때, 나는 반죽 덩어리를 돌리는 피자 요리사나 공을 손가락 위에서 빙빙 돌리는 농구 선수를 생각한다. 하지만 당신은 무한히 작은 점을 회전시킬 수는 없다. 강입자들은 쉽게 회전시킬 수 있다. 회전하는 들뜬 강입자들은 많은 가속기 실험에서 아주 흔하게 발견되다. 강입자들은 수학적인 점이라기보다는 반죽 덩어리 같다. 하지만 그 누구도 광자나 전자를 회전시키지 못했다.[4]

실제의 강입자들은 점입자와 상호 작용할 수 있다. 양성자는 전자와 마찬가지로 광자를 흡수하고 방출할 수 있다. 하지만 우리가 끈 같은 강입자가 광자와 상호 작용할 수 있는 이론을 개발하려고 했을 때, 지옥의 문이 열리고 말았다. 수학적 모순이 꼬리를 물고 나타나 우리의 모든 시도를 막아 버렸다.

여러 사람들이 몇 가지 아이디어를 생각해 냈다. 진동하는 끈들은 분명 점이 아니지만, 우리는 언제나 끈의 끝 점이 점 같은 쿼크들이라고 가정했다. 전하가 쿼크 위에 존재하도록 하면 어떨까? 결국 점전하가 점 같은 광자와 상호 작용하게 만드는 것은 쉬운 일이니까 말이다. 하지만 우리가 알기로, 가장 훌륭한 계획도 가끔은 잘못될 수 있다. 그 수학은 전혀 들어맞지 않았다.

문제는 끈 이론의 끈에 양자 요동이 예외적으로 격렬한 상태가 존재한다는 것이었다. 매우 높은 진동수의 양자 요동들이 마구잡이로 나타

---

4. 전자와 광자가 스핀(spin)이라는 성질을 가지고 있기 때문에 이 설명은 혼란을 야기할 수 있다. 하지만 기본 입자의 스핀은 농구공이나 반죽 덩어리, 또는 강입자 등의 회전 운동 때문에 생기는 것이 아니다. 특히 전자의 스핀은 절대로 변화시킬 수 없다. 그것은 언제나 플랑크 상수의 절반이다. 그러나 농구공이나 강입자는 더 빨리 돌려 그 각운동량을 증가시킬 수 있다.

났다. 얼마나 통제 불능이었는지 끈 끝의 쿼크들은 **우주의 가장자리에서** 발견될 확률이 가장 높았다. 터무니없이 들리겠지만 끈의 떨림이 너무 격렬해 아주 빨리 관측하려고 하면 한없이 멀어졌다!

끈의 비직관적인 행동을 한번 설명해 보자. 가장 간단한 방법은 기타 줄을 상상하는 것이다. 기타 줄은 우리가 끈 이론에서 다루는 끈들과는 약간 다르다. 우선 그것들의 끝은 기타의 양쪽 끝에 고정되어 있다. 하지만 그것은 지금 그리 중요한 사항은 아니다. 중요한 점은 두 종류의 끈들 모두 아주 다양한 패턴으로 진동할 수 있다는 것이다. 기타 줄은 전체가 마치 긴 활 같은 모양을 그리며 진동할 수 있다. 그 상태에서 기타 줄은 기본음을 낸다.

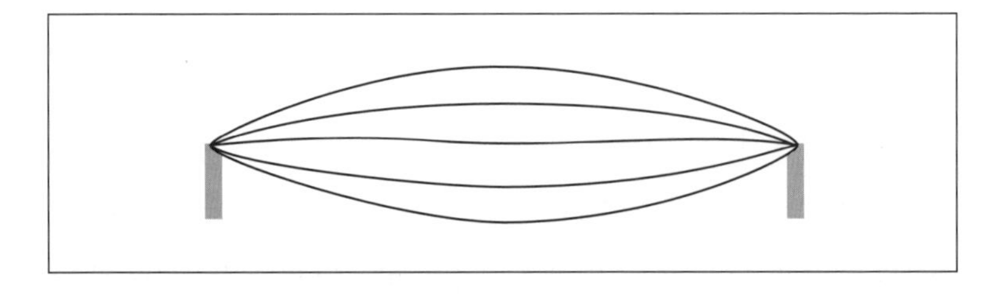

하지만 기타 연주자라면 누구나 알듯이, 기타줄은 더 높은 음정의 **배음**(倍音, harmonics) 또는 **진동 모드**에서 진동할 수 있다. 이 경우 기타 줄은 마치 여러 개의 더 짧은 줄로 이루어진 것처럼 부분으로 나뉘어 진동한다. 예를 들어, 첫 번째 배음에서 끈의 반쪽들은 독립적으로 움직인다.

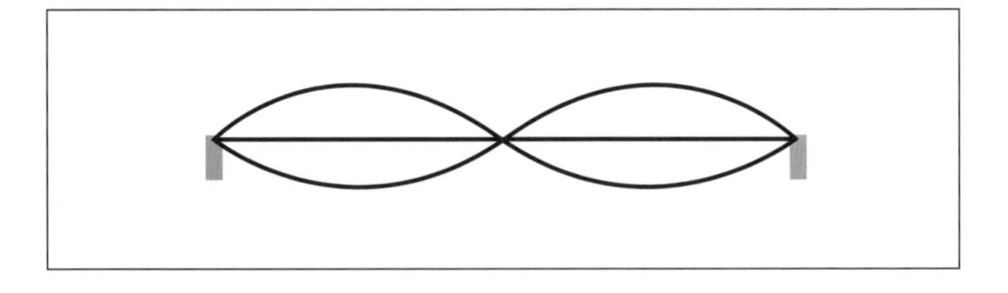

원리적으로는 이상적으로 무한히 가는 끈의 경우 무한히 많은 배음

으로 진동할 수 있다. 그 진동수는 아주 높을 것이다. 그러나 실제로는 마찰과 기타 영향 때문에 이렇게 작은 진동들은 시작도 하기 전에 약해져서 사라진다.

이제 1장의 양자 역학 수업을 떠올려 보자. 모든 진동은 절대로 제거할 수 없는 떨림에서 기인한 영점 에너지를 가진다. 이것은 완벽하게 이상적인 끈의 경우에 극적인 결과를 낳는다. 가능한 모든 진동, 무한히 많은 진동 모드가 한꺼번에 진동해 순수한 잡음으로 이루어진 광적인 심포니를 만든다. 다종다양한 진동들이 끈의 작은 영역에서 쌓이고 쌓여 영향을 증폭시키고, 결국 끈의 떨림을 한없이 키운다.

현실의 기타 줄에서 이런 미친 진동이 일어나지 않는 이유는 무엇일까? 그 이유는 보통의 끈은 끈을 따라 놓인 원자들로 이루어져 있기 때문이다. 끈이 포함되어 있는 원자들의 개수 이상의 조각으로 진동한다는 것은 있을 수 없는 일이다. 하지만 수학적으로 이상적인 끈이나 원자로 이루어지지 않아 그 길이 방향으로 연속적인 끈은 통제할 수 없는 방식으로 진동할 수 있다.

시공간의 차원이 10개라는 사실을 포함해 끈 이론에서 가장 놀라운 수학적인 기적은 만약 모든 것이 정확히 준비된다면, 다른 끈들의 난폭한 진동들이 정확히 상쇄되어 아무런 해도 끼치지 않을 것이라는 사실이다. 당신의 끈들과 내 끈들은 우주의 끝에 닿을 정도로 거칠게 진동할지도 모르지만, 우주가 만약 10차원이라면 이런 진동들을 탐지할 수 없는 기적이 일어나게 된다.

하지만 끈들의 이런 기적은 우주의 모든 것이 끈들로 이루어졌을 때에만 효력이 있다. 만약 광자가 점입자이고 양성자가 끈이라면, 지독한 논리적 충돌이 일어날 것이다. 이런 이유로 끈들이 상호 작용할 수 있는 것은 오로지 다른 끈들뿐이다. 이것이 끈 이론이 모든 것의 이론이거나 아니면 아무것도 설명할 수 없는 쓰레기라고 했던 말의 의미이다.

우주의 경계까지 요동치며 격렬하게 떨리는 끈들이란 너무나 우울한 전망이었기에 나는 끈 이론의 엄밀한 수학에 대해 생각하는 것을 10년 넘게 포기했다. 하지만 결국 격렬한 끈의 춤은 현대 이론 물리학의 가장 흥미롭고 기묘한 발전 중 하나의 토대가 되었다. 10장에서 우리는 홀로그래피 원리를 만나게 될 텐데, 그 원리에 따르면 우주란 공간의 경계에 위치한 일종의 양자 홀로그램이다. 부분적으로 그것은 끈들의 극단적 떨림에서 촉발된 아이디어이다. 하지만 홀로그래피 원리는 핵물리학이 아니라 중력의 양자 역학이 가진 특성이다.

어떤 이론들은 수학적으로 너무 엄밀하기에 융통성이 없다. 그것은 그 이론이 성공적이라면 좋은 것일 수 있다. 하지만 그것이 딱 맞지 않는다면, 그 엄밀함은 불리함으로 작용한다. 1970년대, 1980년대, 그리고 1990년대에 존재했던 대개의 끈 이론은 끈들 말고는 다른 물체들과 상호 작용할 수 없었다. 강입자들을 기술하는 것이 목적이라면, 그 이론에는 전망이 없었다. 그 이론에는 차원이 너무 많았고, 질량이 없는 중력자와 광자가 있었으며, 작은 물체들과의 상호 작용을 설명할 수 있는 능력이 없었기 때문이다. 끈 이론은 곤경에 처했는데, 적어도 강입자의 이론으로서는 그랬다. 그럼에도 불구하고, 강입자가 끝에 쿼크가 달린 신

축적인 끈처럼 행동한다는 것은 부인할 수 없었다. 끈 이론의 발견 이후 35년 동안, 강입자의 끈 같은 성질은 확고부동한 실험적 사실이 되었다. 하지만 그동안 끈 이론은 다른 활로를 찾았다. 끈 이론은 양자 역학과 중력을 통합하는 근본적인 이론으로 다시 태어났다. 다음 장의 주제가 바로 이것이다.

8장

끈 이론의 부활

비록 강입자의 끈 이론이 엄밀한 수학적 형식을 가지는 데에는 실패했지만, 몇몇 용감한 이들은 이 잔해에서 기회를 보았다. "산이 무함마드에게 오지 않는다면, 무함마드가 산으로 가리라." 기껏 만들어 놓은 강입자의 끈 이론이 마치 중력 이론처럼 보인다면, 아예 끈 이론으로 중력을 기술하면 어떻까? 그리고 더 나아가 그것을 이용해서 중력, 전자기력, 쿼크, 기타 모든 것들을 기술하면 어떨까? 이렇게 하면 7장에서 거론된 두 번째와 세 번째 문제는 사라진다. 즉 힘들의 작용 범위에 대한 예측은 실제 세계와 일치하게 되고, 모든 것들이 끈으로 이루어져 있으므로 점입자와의 상호 작용에 대한 문제도 없어진다. 경직성에 가까운 이론의 엄밀함은 이제 자산이 된다. 우주는 1차원적 에너지 섬유로 이루어져 있으며, 그것은 우주의 끝에 이르기까지 거칠게 요동치고 있다는 근본적으로 새로운 관점이, 물질이 점입자들로 이루어져 있다는 옛 관점을 대체할 것이다.

끈 이론의 이러한 변화가 무엇을 의미하는지를 보여 주기 위해서, 크기에 대해 이야기해 보자. 강입자들은 10^{-13}~10^{-14}센티미터의 크기를 가지고 있다. 차이가 좀 있지만, 메손, 중입자, 그리고 글루볼의 크기 역시 모두 이 범위 안에 있다. 원자 하나보다 10만 배나 작은 10^{-13}센티미터가 엄청나게 작게 느껴지겠지만, 현대 입자 물리학의 기준에서 보면 이것은 상당히 큰 것이다. 가속기들은 오래전부터 이것들의 1,000분의 1밖에 안 되는 작은 물체들을 조사해 왔고 이제는 10만분의 1까지 내려갈 참이다.

자연에서 중력자의 크기는 훨씬 더 작다. 중력자는 결국 중력과 물질의 양자적 특성을 결합한 것이다. 그리고 양자 수준에서 연구할 때에는 언제나, 정확히 1900년에 플랑크가 발견했던 것을 발견하게 된다. 플랑크가 발견한 길이의 자연 단위는 플랑크 길이, 즉 10^{-33}센티미터이다. 물리학자들은 중력자의 크기가 이 정도일 것이라고 예상한다.

중력자는 양성자보다 도대체 얼마나 더 작은 것일까? 중력자를 지구만큼 크게 확대하면, 양성자는 지금까지 알려진 우주 전체보다 100배 더 커질 것이다! 강입자의 이론으로서 실패했던 것과 정확히 같은 끈 이론을 사용해서, 존 헨리 슈워츠(John Henry Schwarz, 1941년~)와 조엘 셔크(Joël Sherk, 1946~1980년) 같은 끈 이론가들은 이렇게나 광대한 규모 차이를 완전히 뛰어넘고자 했다. 태평양 전쟁 당시 일본군을 궁지로 몬 더글러스 맥아더(Douglas MacArthur, 1880~1964년) 장군의 '개구리 점프' 작전처럼, 그것은 매우 대담하고 용감한 행동이거나 매우 어리석은 것 둘 중 하나였다.

힘의 도달 범위가 해결되더라도, 공간 차원의 수는 아직 문제였다. 수학적 정합성은 아직 공간 차원 9개와 시간 차원 1개를 요구했다. 하지만 새로운 맥락에서 이것은 축복으로 판명되었다. 표준 모형의 기본 입자 목록(점과 같다고 가정하는 입자들)은 상당히 길다. 그 목록에는 36개의 다른 쿼크, 8개의 글루온, 전자, 뮤온, 타우 렙톤[1], 그리고 그 반입자들, 두 종류의 W 보손과 Z 보손, 힉스 입자, 광자, 그리고 3개의 중성미자가 포함된다. 각각의 입자는 다른 것들과 분명히 다르다. 각각 고유한 특성을 가지고 있다. 고유한 개성을 가지고 있다고도 할 수 있을 것이다. 그러나 입자들이 단순히 점들이라면, 어떻게 개성을 가질 수 있을까? 어떻게 해야 그 입자들의 성질, 다시 말해 스핀, 아이소스핀, 기묘, 맵시, 바리온 수, 렙톤 수, 색 같은 **양자수**를 설명할 수 있을까?[2] 입자들은 분명히 멀리서는 볼 수 없는 많은 내적 구조를 가지고 있다. 겉보기에 그 입자들이 구조가 없고 점처럼 보이는 것은, 분명 우리의 가장 좋은 현미경, 즉 입자 가속기들의 분해능이 제한되어 있기 때문에 생기는 한시적인 결과이다. 실제로 가속기의 해상력은 가속되는 입자들의 에너지를 늘림으로써만 향상될 수 있는데, 그렇게 할 유일한 방법은 가속기를 더 크게 만드는 것뿐이다. 만약 대부분의 물리학자들이 믿는 대로, 기본 입자들의 내적 구조들을 플랑크 규모에서만 밝힐 수 있다면, 실험 물리학자들은 적어도 우리 은하 전체만큼이나 거대한 가속기를 제작해야 할 것이다! 따라서 우리는 입자들이 이렇게 많은 성질들을 가지고 있음을 잘 알고 있음에

1. 전자, 뮤온, 타우온, 그리고 중성미자 등은 모두 물리학자들이 렙톤(lepton, 경입자)이라고 부르는 입자들의 예이다. 렙톤은 쿼크와 달리 강한 상호 작용을 하지 않는 페르미온을 일컫는다.

2. 이것은 입자 물리학자들이 1970년대 초까지 40년 동안 발견된 입자들의 여러 성질들에 즉흥적으로 붙인 이름들이다.

도 불구하고 그것들을 계속 점으로 생각할 것이다.

그러나 끈 이론은 점입자들의 이론이 아니다. 이론가의 관점에서 보면, 끈 이론은 입자들이 여러 성질을 가질 수 있는 가능성을 많이 제공한다. 무엇보다도 끈들은 여러 가지 양자화된 패턴으로 진동할 수 있다. 기타를 연주한 경험이 있다면 누구나 기타 줄이 여러 배음으로 진동할 수 있음을 알고 있을 것이다. 끈은 전체가 하나로 진동하기도 하고, 중간에 마디가 있어서 두 부분으로 진동하기도 한다. 셋 또는 그 이상의 분리된 부분으로 진동할 수도 있기 때문에 일련의 배음을 만든다. 끈 이론의 끈도 마찬가지이다. 다른 진동 패턴은 다른 유형의 입자를 만든다. 그러나 그것만으로는 전자와 중성미자의 차이, 광자와 글루온의 차이, 또는 업 쿼크와 참 쿼크의 차이를 설명하기에 충분하지 않다.

끈 이론가들이 과거에 그들 자신을 괴롭혔던 가장 곤혹스러웠던 문제를 이용하려고 한 이유가 바로 여기에 있다. 차원이 너무 많다는 것을 역으로 쓸모 있게 이용한 것이다. 전하, 색깔, 기묘도, 아이소스핀 등 기본 입자들의 설명되지 않은 다양성을 이해하는 열쇠는, 이전에 강입자들을 설명하려는 우리의 노력을 끊임없이 따라다니며 방해했던 6개의 여분 차원일 가능성이 매우 높다!

겉보기에 분명한 연관성은 없어 보인다. 6개의 여분 차원에서 일어나는 운동이 어떻게 전하량 또는 쿼크 종류 사이의 차이점을 설명할 수 있을까? 그 답은 아인슈타인이 그의 일반 상대성 이론으로 설명했던 공간의 본질과 관련이 있다. 아인슈타인에 따르면 공간은 변할 수 있다. 심지어 공간 전체 또는 일부가 **조밀화**(compactification)될 수도 있다.

조밀화

조밀화의 가장 쉬운 예는 2차원에 있다. 다시 한번 공간이 평평한 종이와 같다고 상상해 보자. 그 종이는 무한해서 모든 방향으로 끝없이 펼쳐져 있을지도 모른다. 하지만 다른 가능성들이 있다. 아인슈타인과 프리드만의 우주에 대해 논할 때, 구면(제한되고 닫힌 공간) 모양의 2차원 공간을 상정해야 했다. 이 구면에서는 어느 방향으로 이동하더라도, 당신은 결국 출발점으로 돌아오게 된다.

아인슈타인과 프리드만은 공간이 거대한 구면과 같다고 상상했는데, 그것은 같은 은하나 별을 다시 만나지 않고 수십억 년을 돌아다닐 수 있을 만큼 충분히 큰 것이다. 하지만 이제 그 구면을 점점 작게 줄여서 결국에는 사람이나 심지어 분자, 원자, 양성자 하나조차 품고 있지 못할 만큼 수축시킨다고 상상해 보자. 구면이 미시적 크기로 줄어들면, 그것과 점 하나(이동할 **차원이 없는 공간**)를 구별하기가 어려워진다. 이것이 **조밀화**, 또는 압축을 통해서 차원들을 감추는 가장 간단한 예이다.

우리가 고른 2차원 공간을 1차원 공간처럼 보이게 하는 방법은 무엇일까? 실질적으로 종이의 2차원 중 하나를 숨기는 것은 가능할까? 그것

띠를 말아 원통을 만든다.

은 가능하다. 그 방법은 다음과 같다. 무한한 종이를 상상해 보자. 이 종이에서 몇 센티미터 정도의 폭을 가진 무한하게 긴 띠를 잘라 낸다. 그 띠가 x축을 향해 있다고 해 보자. 당신은 연필로 x축을 따라 영원히 움직일 수 있는데, y축 방향으로 가면 금방 가장자리에 다다르게 된다. 이제 그 띠를 원통 모양으로 구부려 위와 아래 가장자리가 매끈하게 이어지도록 한다. 그 결과 y축 방향으로는 **조밀한**, 즉 유한하지만 x축 방향으로는 무한한 원통이 만들어진다.

이번에는 앞에서 이야기한 것과 같은 공간을 상상하되, y축 방향의 둘레를 몇 센티미터 대신 1마이크로미터(1센티미터의 1만분의 1)이 되게 해 보자. 그 원통을 현미경을 쓰지 않고 보면, 1차원 공간, 즉 무한히 가는 '머리카락'처럼 보일 것이다. 현미경으로 봐야만 그것이 2차원이라는 것이 드러날 것이다. 이런 방식으로 2차원 공간을 1차원 공간으로 위장할 수 있다.

조밀화된 방향의 크기를 계속 줄여 플랑크 길이까지 줄인다고 해 보자. 그러면 현존하는 어떤 현미경도 두 번째 차원을 알아낼 수 없다. 사실상 그 공간은 1차원인 것이다. 몇몇 차원들을 유한하게 만들고 나머지는 무한하게 하는 이런 과정을 조밀화라고 한다.

이제 좀 더 어렵게 가 보자. x, y, z 3개의 축을 가진 3차원 공간을 생각한다. x축과 y축 방향은 무한하게 놔두지만 z축 방향은 돌돌 만다. 그리기는 어렵지만 원리는 동일하다. 만약 당신이 x축 또는 y축 방향으로 움직인다면 무한히 이동할 수 있지만, z축 방향으로 어느 정도 가면 제자리로 돌아오게 된다. 그 거리가 미시적이라면, 공간은 2차원처럼 보일 것이다.

좀 더 나아가 z축 방향과 y축 방향 모두를 조밀화할 수 있다. 당분간 x축 방향은 완전히 무시하고 나머지 방향에 집중하자. 두 방향들에 대해서 당신이 할 수 있는 한 가지 일은 그것들을 구면으로 돌돌 마는 것이다. 이 경우 당신은 x축 방향으로 영원히 움직일 수 있지만, y축과 z축 방향으로 움직이는 것은 지구의 표면 위에서 움직이는 것과 비슷하다. 2차원 구면이 만약 미시적이라면, 실제로는 3차원 공간이 1차원 공간처럼 보일 것이다. 이제 당신은 몇 개의 차원이든지 그것들을 말아 작은 조밀한 공간으로 만들어 숨길 수 있다는 것을 알게 되었을 것이다.

2차원 구면은 2개의 차원을 조밀화하는 방법 중 하나일 뿐이다. 매우 간단한 다른 방법은 토러스(torus, 원환체)를 이용하는 것이나. 2차원 구면이 공의 표면인 것처럼, 토러스는 베이글 빵의 표면이다. 사용할 수 있는 다른 많은 방법들도 많지만, 토러스가 가장 흔하다.

원통으로 돌아가 그 위를 움직이는 입자를 생각해 보자. 그 입자는 마치 그 공간이 1차원밖에 없는 것처럼 무한한 x축을 따라 왔다 갔다 할 수 있다. 그것은 x축 방향으로의 속도를 가진다. 그러나 x축 방향으로 움직이는 것이 그 입자가 할 수 있는 일의 전부는 아니다. 그것은 조밀한 y축 방향으로도 움직여, y축 방향을 따라 끝없이 돌 수 있다. 이 새로운 운동에서 입자는 숨겨진 미시 방향으로의 속도를 가지고 있다. 그것은 x축 방향, y축 방향으로 움직일 수 있으며, 양쪽 운동을 동시에 해서 나선 모양 계단을 따라가는 것처럼 x축 방향을 따라 이동하면서 y축 방향으로도 돌 수 있다. y축 방향을 알아볼 수 없는 관찰자에게 그 부가적인 운동은 입자의 기묘한 성질로 보일 것이다. y축 방향으로 어떤 속도를 가지고 움직이는 입자는 그런 운동을 하지 않는 입자와 다를 것이다. 이 차이점의 원인은 y축 방향의 공간이 작기 때문에 숨겨져 있다. 입자의 이런 새로운 성질을 어떻게 생각해야 할까?

공간에 관찰되지 않은 여분의 방향이 있다는 생각은 새로운 것이 아니다. 그것은 20세기 초까지 거슬러 올라가는데, 아인슈타인이 일반 상대성 이론을 완성한 직후였다. 아인슈타인과 같은 시대 사람인 테오도르 프란츠 에두아르트 칼루자(Theodor Franz Eduard Kaluza, 1885~1954년)는 바로 이 질문에 대해 생각하기 시작했다. 공간에 여분 차원이 있다면 물리학은 어떤 영향을 받을 것인가? 당시 자연의 두 가지 중요한 힘은 전자기력과 중력이었다. 어떤 면에서 그것들은 비슷했지만, 아인슈타인의 중력 이론은 맥스웰의 전자기 이론보다 훨씬 심오한 근원을 가진 것처럼 보였다. 시공간의 기하, 즉 공간의 탄성적이고 휠 수 있는 성질 자체가 바로 중력이었다. 맥스웰의 이론은 사물의 체계에 대해 아무런 근거도 갖지 않은, 그저 자의적인 추가 항목처럼 보였다. 만약 전자기력이 무슨 이유에선가 중력과 통합되어야 한다면, 공간의 기본적 기하학적 성질은 아인슈타인이 상상했던 것보다 더 복잡해야 한다.

칼루자가 발견한 것은 놀라웠다. 만약 3+1차원 시공간에 하나의 방향이 새로 추가되면, 공간의 기하학은 아인슈타인의 중력장뿐만 아니라 맥스웰의 전자기장도 포함하게 된다. 잘하면 중력과 전기력과 자기력이 모든 것을 포함하는 하나의 이론으로 통일될 것처럼 보였다. 칼루자의 아이디어는 훌륭했고 아인슈타인의 주의를 끌었는데, 그는 매우 마음에 들어 했다. 칼루자에 따르면, 입자들은 보통의 3차원 공간뿐만 아니라 네 번째의 숨겨진 차원에서도 운동할 수 있다. 그러나 그 이론에는 명백하고도 심각한 문제가 있었다. 공간에 여분 차원이 하나 있다면, 우리가 그것을 인지하지 못하는 이유는 무엇일까? 여분의 네 번째 차원이 어떻게 우리의 감각으로부터 감추어질 수 있을까? 칼루자도 아인슈타인도 답할 수 없었다. 그러나 1926년에 스웨덴의 물리학자 오스카르 클라인(Oscar Klein, 1894~1977년)이 그 답을 찾아냈다. 그는 새로운 요소를 추가해 칼루자의 아이디어를 보강했다. 여분 차원이 아주 작은 조밀한 공간으로 말려 있다는 것이다. 오늘날 여분의 조밀한 차원을 다루는 이론들을 칼루자-클라인 이론이라고 부른다.

칼루자와 클라인은 두 입자가 모두 여분 차원의 방향으로 움직이면, 두 입자 사이의 중력이 변한다는 것을 알아냈다. 놀라운 사실은 여분의 힘이 전하를 띤 입자들 사이의 전기력과 동일하다는 것이었다. 게다가 각 입자의 전하량은 바로 여분 차원에서의 운동량 성분이었다. 또 두 입자들이 조밀화된 공간에서 같은 방향으로 돌면 서로를 밀쳐 냈고, 서로 반대 방향으로 움직이면 서로를 끌어당겼다. 하지만 둘 중 하나라도 조밀화된 방향에서 움직이지 않으면, 보통의 중력만이 입자에 영향을 미쳤다. 이것은 어떤 입자(예를 들어 전자)는 전하를 띠고, 비슷한 다른 입자(중성미자)는 전기적으로 중성인 이유를 설명할 수 있을 것처럼 보였다. 공간이 조밀화된 방향으로 움직이는 입자는 전하를 띠고, 이 방향으로 움직이지 않는 입자는 전하를 띠지 않는 것이다. 이 아이디어에 따르면 심지어 전자와 그 반입자인 양전자 사이의 차이점도 이해할 수 있다. 전자는 조밀화된 차원에서, 예를 들어 시계 방향으로 도는데, 양전자는 반시계 방향으로 도는 것이다.

양자 역학이 또 다른 통찰을 더해 주었다. 다른 모든 순환, 또는 진동하는 운동과 마찬가지로, 조밀한 y축 주위의 운동은 양자화되어 있다. 그 입자는 y축을 따라 임의의 y축 방향 운동량을 가지고 돌 수 없다. 그 운동량은 보어의 이론의 조화 진동자나 원자와 마찬가지로 불연속적인 단위로 양자화되어 있다. 이것은 y축 방향 운동이, 따라서 전하량이 아무 값이나 가능하지는 않음을 의미한다. 칼루자 이론에서 전하량은 양자화되어 있다. 즉 그것은 전자가 가진 전하량의 정수배로 나타난다. 전자의 2배나 3배의 전하를 가진 입자는 가능하지만, 1/2배나 0.067배 등의 전하는 가질 수 없다. 이것은 매우 바람직한 상황이었다. 현실 세계에서 전하량이 분숫값을 가진 물체는 발견되지 않았기 때문이다. 모든 전하량은 전자의 전하에 대해서 정수배로 측정된다.

이것은 굉장한 발견이었지만, 칼루자가 세상을 떠날 때까지 거의 활용되지 않았다. 하지만 우리의 이야기에서는 이 발견이 핵심이다. 칼루자 이론은 입자들의 성질을 공간의 여분 차원에서 발생시키는 방법을 잘 보여 주는 모범 사례이다. 실제로 자신들이 생각한 이론이 6개의 여분 차원을 필요로 한다는 것을 알게 된 끈 이론가들은 칼루자의 아이디어를 받아들였다. 단순히 여분의 여섯 방향들을 조밀하게 말고 끈들이 그 새로운 방향들로 운동한다고 하면 기본 입자들의 내부 구조를 설명할 수 있기 때문이었다.

끈 이론은 점입자들의 이론보다 가능성이 더 풍부하다. 원통으로 돌아가, 작은 닫힌 끈이 원통 위에서 움직인다고 가정해 보자. 육안으로도 볼 수 있을 만큼 원둘레가 충분히 큰 원통에서 시작하자. 아주 작은 닫힌 끈은 점입자와 거의 같은 방식으로 원통 위에서 움직인다. 그것은 원통의 길이 방향으로도, 원통의 둘레 방향으로도 움직일 수 있다. 이런 면에서 닫힌 끈은 점입자와 전혀 다르지 않다. 그러나 끈은 점이 할 수 없는 일을 할 수 있다. 끈은 고무줄로 돌돌 만 마분지를 감을 수 있듯이 원통 둘레를 감을 수 있다. 감긴 끈은 감기지 않은 끈과 다르다. 사실 끊어지지만 않는다면 1개의 고무줄로 마분지 원통을 몇 번이고 감을 수 있다. 이것은 입자들에 새로운 성질을 부여한다. 이 성질은 차원이 조밀하다는 것

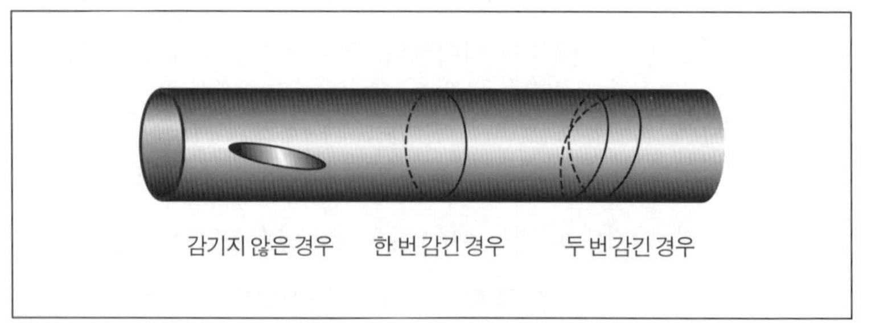

뿐만 아니라 입자들이 끈 또는 고무줄이라는 사실에도 의존한다. 그 새로운 성질은 **감김수**(winding number)라고 하는데, 끈이 조밀화된 방향 주위로 감긴 횟수를 나타낸다.

감김수라는 입자의 성질은 우리의 현미경이 아주 작게 조밀화된 방향을 확대해 볼 수 있을 정도로 강력하지 않다면 이해할 수 없는 것이다. 따라서 끈 이론에서 요구되는 여분 차원들은 축복이지 저주가 아니다. 그것들은 기본 입자들의 복잡한 성질들을 이해하는 데 꼭 필요한 요소이다.

2차원 원통은 그리기 쉽지만, 9차원 공간에서 여섯 차원이 말린 6차원의 아주 작은 공간을 그리는 것은 그 누구의 능력도 초월하는 것이다. 그러나 머릿속이나 종이에 그려 보는 것만이 끈 이론의 난해한 6차원 공간을 이해할 수 있는 방법은 아니다. 당신이 고등학교에서 방정식을 이용해 직선 또는 원을 나타냈던 것처럼 기하학은 종종 대수학으로 바꿀 수 있다. 그러나 수학의 가장 강력한 방법들을 사용한다고 해도 6차원 기하는 겉핥기식으로만 겨우 알 수 있다.

예를 들어, 끈 이론에서 여섯 차원들을 마는 방법의 수는 수백만 개에 이른다. 나는 이런 공간들을 가리키는 특별한 수학적 이름만 언급하고 말 작정이다. 그것들은 그것을 처음으로 연구했던 두 수학자들의 이름을 따서 **칼라비-야우 공간**(Calabi-Yau Space)이라고 부른다. 수학자들이 왜 이런 공간에 관심을 갖게 되었는지 모르지만, 그들이 만든 연구 결과는 끈 이론가들에게 꽤나 유용한 것이었다. 다행히도 우리는 칼라비-야우 공간이 수백 개의 '도넛 구멍들'과 기타 특성들을 가진 지극히 복잡한 존재라는 것만 알면 된다.

2차원의 원통으로 돌아가 보자. 원통 둘레의 길이를 **조밀화 규모**(compactification scale)라고 부른다. 마분지 원통에서는 몇 센티미터이지만, 끈 이론에서는 거의 확실히 몇 플랑크 길이일 것이다. 당신은 이 길이가 너무 작기 때문에 우리와 전혀 상관없을 것이라고 생각할지도 모르지만, 사실은 그렇지 않다. 실제로 볼 수는 없지만, 그것은 보통의 물리학에 영향을 미친다. 칼루자 이론에서 조밀화된 차원의 크기는 전자 같은 입자의 전하량을 결정한다. 그것은 또한 많은 입자들의 질량도 결정한다. 다른 말로 하면 조밀화 규모가 보통 물리 법칙들에 나타나는 여러 상수들을 결정하는 것이다. 원통의 크기를 변화시키면, 물리 법칙들이 변화한다. 1장에서 우리는 스칼라장의 값들을 바꾸면, 물리 법칙들이 바뀐다는 것을 배웠다. 여기에는 어떤 연관성이 있을까? 물론이다! 여기에 대해서는 나중에 다시 이야기할 것이다.

원통의 특징을 나타낼 때에는 단 하나의 변수, 즉 조밀화 규모를 알려 주면 된다. 그러나 다른 형태의 경우에는 여러 변수가 필요하다. 예를 들어, 토러스는 3개의 변수로 결정된다. 그것들을 어떻게 그릴지 생각해 보라. 첫째로 토러스의 전체 크기가 있다. 모양은 바꾸지 않고, 토러스를 확대하거나 축소할 수 있다. 게다가 토러스는 가는 반지처럼 '가늘거나' 두꺼운 베이글 빵처럼 '뚱뚱할' 수 있다. 뚱뚱한 정도를 결정하는 변수는 구멍의 크기와 전체 크기 사이의 비율이다. 가는 반지에서 토러스 전체의 크기와 구멍의 크기는 거의 같아서, 그 비율은 거의 1이다. 뚱뚱

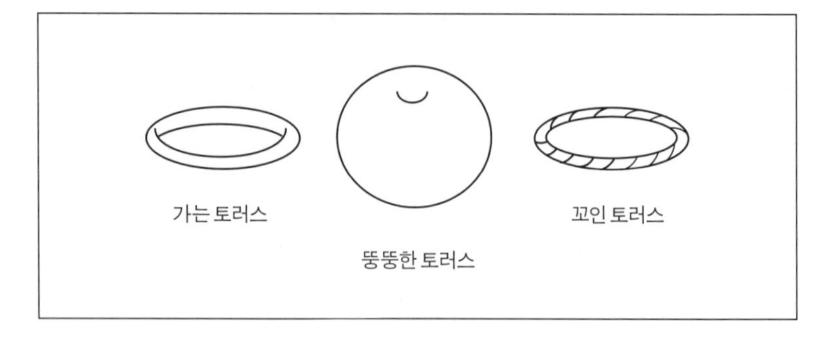

한 토러스에서 구멍은 전체보다 훨씬 작기 때문에 그 비율도 따라서 작아진다. 그리기 힘든 양이 하나 더 있다. 칼로 반지를 자르는데 전체를 반으로 자르는 것이 아니라 한 쪽만 끊어 원통 모양이 되도록 한다. 이제 원통의 한쪽 끝을 뒤틀고 다른 쪽은 그대로 놔둔다. 마지막으로 원통의 끝을 다시 연결하되 한 번 뒤틀린 반지가 되도록 한다. 뒤틀림의 각도가 바로 변수가 된다. 그릴 수 없다고 해도 상관없다. 꼭 그럴 필요는 없다.

수학자들은 토러스의 크기와 모양을 결정하는 이런 변수들을 모듈라이(moduli, 단수형은 모듈러스(modulus), '계수'라고도 한다. — 옮긴이) 라고 한다. 토러스는 3개의 모듈라이를 가지고 있다. 원통 또는 더 정확히 말해서 원통의 단면들은 모듈라이가 하나이다. 그러나 전형적인 칼라비-야우 공간은 수백 개의 모듈라이를 가지고 있다. 이쯤 되면 대략 짐작할 수 있을 텐데, 그렇지 않다면 풀어서 설명해 보겠다. 칼라비-야우 공간의 모듈라이에 대해서 생각하는 것은 우리를 믿을 수 없을 정도로 복잡한 풍경으로 이끈다.

아주 중요한 문제 중 하나는 공간의 조밀화된 차원 방향으로 크기와 모양이 점마다 변하는가, 아닌가 하는 것이다. 약간 이상하게 생긴 원통을 상상해 보자. 이 원통 단면의 크기가 바뀐다고 해 보자. 다시 말해 원통이 굵어졌다 가늘어졌다 한다고 말이다. 원통이 극히 가늘어서 그 조밀화된 차원을 검출해 낼 수 없다고 하더라도, 그 차원의 크기가 여러 결합 상수들과 질량들을 결정한다는 것을 기억하기 바란다. 우리가 상상한 것은 말할 필요도 없이 위치에 따라 물리 법칙이 달라지는 세계이다. 작은 차원을 볼 수 없는 보통 물리학자는 이 모든 것을 어떻게 생각할까? 그 또는 그녀는 "조건이 위치에 따라 변화한다. 일종의 스칼라장이 입자들의 전하와 질량을 좌우하는 것으로 보이며, 그것이 위치에 따라 달라진다."라고 말할 것이다. 다시 말해 모듈라이들은 모종의 풍경을,

차원이 수백 개인 풍경을 형성한다.

칼라비-야우 공간은 원통의 단면보다는 훨씬 더 복잡하지만 원리는 같다. 조밀화된 공간의 크기와 모양은 마치 수백 개의 스칼라장들이 물리 법칙을 제어하는 것처럼 위치에 따라 변화한다. 이제 우리는 끈 이론의 풍경이 왜 그렇게 복잡한지 이해하기 시작했다.

우아한 초대칭 우주?

끈 이론이 실제로 기반하고 있는 원리들은 신비에 싸여 있다. 그 이론에 대해서 우리가 알고 있는 거의 모든 것은 풍경의 매우 특별한 부분에 대한 것으로, 2장에서 언급했듯이 그곳의 수학적 성질은 초대칭성이라는 성질로 인해 놀랍도록 단순화되어 있다. 풍경의 초대칭 영역들은 완벽하게 평평한 평원을 고도가 정확히 0인 곳에 만들며, 그곳에서는 성질들이 너무나 대칭적이어서 전체 풍경을 완전히 알지 못하더라도 많은 것들을 알아낼 수 있다. 만약 단순함과 우아함을 추구하는 이가 있다면, 초대칭 끈 이론, 즉 초끈 이론의 밋밋한 평원을 찾아가면 될 것이다. 사실 몇 년 전까지만 해도 끈 이론가들은 그곳만을 바라보았다. 하지만 몇몇 이론 물리학자들은 마침내 잠에서 깨어나 초대칭 세계의 우아한 단순함에서 벗어나려 하고 있다. 그 이유는 간단하다. 실제 우주에는 초대칭성이 없기 때문이다.

표준 모형과 작은 우주 상수를 포함하는 실제 우주는 고도가 0인 이 평원에 위치하고 있지 않다. 실제 우주는 언덕, 계곡, 고원, 그리고 가파른 경사가 있는 풍경 어딘가, 기복이 심하고 요철이 있는 영역 중 어딘가에 위치하고 있다. 하지만 우리의 계곡이 풍경 중에서 초대칭성을 가진 영역 근처에 있으며, 따라서 우리가 경험할 수 있는 세계의 특성을 이해하는 데 도움을 줄 수 있는 엄청난 수학적 기적의 단편을 발견할 수 있을지도 모른다. 그렇게 생각할 수 있는 이유가 몇 가지 있기는 하다. 한 가지 사례가 힉스 입자의 질량이다. 실제로 이 책 역시, 초대칭 평원이라는 안전한 장소에서 마지못해 떠난 초기의 탐험에서 이루어진 발견이 없었다면 씌어질 수 없었을 것이다.

초대칭성은 모두 보손과 페르미온 사이의 차이점과 유사성에 대한 것이다. 현대 물리학의 다른 주제처럼 이 원리들도 아인슈타인까지 거슬러 올라간다. 2005년은 현대 물리학의 **기적의 해**(*anno mirabilis*) 이후 100주년이 되는 해였다. 현대 물리학의 기적의 해인 1905년에 아인슈타인은 두 혁명적 아이디어를 궤도에 올렸고 하나는 완성했다.[3] 그것은 물론 특수 상대성 이론의 해이기도 했다. 하지만 1905년이 '상대성 이론의 해' 이상의 의미를 가진다는 것을 아는 사람은 많지 않다. 1905년은 광자가 탄생한 해이기도 하며, 광자의 탄생은 현대 양자 역학의 시작을 뜻한다.

아인슈타인은 노벨 물리학상을 한 번만 받았지만, 나는 1905년 이후의 거의 모든 수상자들이 어떤 식으로든 그의 발견에 빚을 지고 있다고 본다. 아인슈타인은 결국 상대성 이론이 아니라 광전 효과에 대한 공로로 노벨상을 받았다. 광전 효과는 아인슈타인의 기여 중에서도 가장 급진적인 것으로서 빛이 불연속적인 에너지 양자로 이루어져 있다는 아이디어를 처음으로 제시한 것이었다. 하지만 광자 이론은 청천벽력과도 같았다. 앞에서 지적했던 대로, 아인슈타인은 보통 순수한 파동 현상이라고 생각되는 광선이 실은 불연속적인 구조, 다시 말해 알갱이 같은 구조

---

3. 아인슈타인이 1905년에 완성했던 혁명은 물질의 분자 이론이었다. 브라운 운동에 대한 논문에서 그는 분자들이 존재한다는 것을 의심의 여지없이 확립했으며, 그것들의 크기와 개수를 결정하는 방법을 제시했다.

를 가지고 있다고 주장했다. 만약 그 빛이 특정한 빛깔(파장)을 가지고 있다면, 광자들은 모두 밀집 행진을 하는 것처럼 함께 움직일 것이며, 각 광자는 다른 광자와 동일할 것이다. 모두 같은 상태에 존재할 수 있는 입자들을 **보손**이라고 하는데, 그 이름은 인도 출신의 물리학자인 사티엔드라 나스 보스(Satyendra Nath Bose, 1894~1974년)를 따라 붙여졌다.

거의 20년 후에 아인슈타인의 업적을 바탕으로 루이 드 브로이(Louis de Broglie, 1892~1987년)가 가장 전형적인 입자들인 전자들이 파동과 비슷한 면을 가지고 있음을 보임으로써 아인슈타인이 촉발한 논의를 완성했다. 다른 파동과 마찬가지로, 전자도 반사, 굴절, 회절, 그리고 간섭 작용을 한다. 그러나 전자와 광자 사이에는 근본적인 차이가 있다. 광자와 달리, 어떤 두 전자도 같은 양자 상태를 차지할 수 없다. 파울리의 배타 원리에 따르면 원자의 각 전자는 다른 전자가 점유하고 있는 상태에 비집고 들어갈 수 없다. 원자 밖에서도 2개의 전자들이라면 같은 위치 또는 같은 운동량을 가질 수 없다. 이런 종류의 입자들을 **페르미온**이라고 하는데, 이탈리아 출신의 물리학자인 엔리코 페르미에서 따온 이름이다. 사실 그 입자들을 파울리의 배타 원리를 따르니 파울리온(paulion)이라고 하는 것이 더 적합할지도 모른다. 표준 모형의 모든 입자들 중에서 절반가량(전자, 중성미자, 그리고 쿼크)이 페르미온이고, 다른 절반(광자, Z 보손, W 보손, 글루온, 그리고 힉스 입자)이 보손이다.

페르미온과 보손은 근본적으로 매우 다른 역할을 수행한다. 보통 우리는 물질이 원자로 이루어져 있다고 생각하는데, 원자는 전자와 원자핵으로 이루어져 있고, 원자핵은 어떤 단계에서는 양성자와 중성자 무더기가 핵력으로 달라붙어 있는 것이지만, 더 깊은 수준에서는 양성자와 중성자를 이루는 더 작은 구성 요소인 쿼크로 이루어져 있다. 이런 입자(전자, 양성자, 중성자, 그리고 쿼크)는 모두 페르미온이다. 물질은 페르미온들로 이루어져 있는 것이다. 하지만 보손이 없다면 양성자와 중성자는 물론이고 원자핵과 원자도 그저 부서져 버릴 것이다. 모든 것이 함께 붙어 있도록 하는 인력을 만드는 것은 페르미온들 사이를 왔다 갔다 뛰어다니는 보손들, 특히 광자와 글루온이다. 페르미온과 보손 모두 세상을 지금처럼 만드는 데 결정적으로 중요하지만 그것은 언제나 매우 다른 종류의 창조물로 생각된다.

그러나 1970년대 초, 끈 이론가들의 발견이 알려지면서 물리학자들은 새로운 수학적 아이디어를 고려하게 되었다. 그것은 페르미온과 보손이 실제로는 그다지 다르지 않다는 생각이었다. 물리학자들은 모든 입자들이 정확히 짝을 이루고 있으며, 그것들은 하나는 페르미온이고 하나는 보손이라는 것 외에는 모든 면에서 똑같은 쌍둥이라고 주장하기 시작했다. 이것은 대담한 가설이었다. 만약 이것이 실제 세계에서 참이라면, 물리학자들이 자연의 입자들 중 절반을 완전히 놓쳤다는, 다시 말해 그것들을 실험실에서 발견하는 데 실패했다는 이야기가 된다. 예를 들어, 이 새로운 원리는 전자와 정확히 유사한 입자(같은 질량과 전하를 가진 입자)를 필요로 한다. 그렇다면 왜 스탠퍼드 선형 가속기 연구소(SLAC)와 유럽 입자 물리학 연구소(CERN) 같은 입자 물리학 연구소에서는 그것을 검출하지 못했을까? 초대칭성은 광자의 초대칭 쌍둥이, 질량이 없고 전하량도 없는 페르미온의 존재를 수반한다. 마찬가지로 전자와 쿼크에 대한 보손 짝도 필요하다. 만약 이 새로운 아이디어가 옳다면, 초대칭 쌍둥이 입자들로 이루어진 하나의 완전한 세계가 불가사의한 방식으로 사라진 셈이 된다. 사실 이 모든 연구는 단순한 수학적 게임이라고 할 수 있다. 우주(우리 우주와는 다른 어떤 우주)가 가지고 있을지도 모르는, 새로운 종류의 대칭성에 대한 순수하게 이론적인 탐구였기 때문이다.

초대칭 짝에 해당하는 입자는 존재하지 않는다. 물리학자들이 실수를 범해서 완전한 평행 우주를 놓친 것은 아니다. 그렇다면 그런 무의미한 수학적 억측에 관심을 가지는 이유는 무엇일까? 그것도 최근 30년 동안 특히 관심이 늘어난 이유는 무엇일까? 물리학자들은 언제나 수학적인 대칭성에 관심을 가지는데, 대칭성과 관련된 문제가, 왜 그 대칭성이 자연에 없을까 하는 것만 있을 때라도 그렇다. 대칭성은 이론 물리학의 무기고에서 적용 범위가 가장 넓으면서 가장 강력한 무기 중 하나이다. 그것은 현대 물리학의 모든 부문에서 두루 사용되는데, 특히 양자역학과 관련해서 그렇다. 많은 경우 물리계에 대해서 우리가 아는 것이 그 계의 대칭성뿐일 때가 많다. 대칭성은 강력하게 기능해 우리가 알고 싶어 하는 모든 것을 알려 주기도 한다. 대칭성은 물리학자들이 자신들의 이론에서 느끼는 미학적 만족감의 핵심을 이루기도 한다. 그러면 그것은 도대체 무엇인가?

눈송이부터 시작해 보자. 어린아이들도 완전히 같은 모양을 가진 눈송이는 없다는 것을 알고 있지만, 그럼에도 불구하고 눈송이들은 모두 어떤 특성을 공유한다. 바로 대칭성이다. 눈송이에서는 대칭성을 쉽게 볼 수 있다. 눈송이를 회전시켜 보자. 조금 기울이면 달라 보인다. 그러나 정확히 60도만큼 회전시키면, 변화가 없는 것처럼 보인다. 물리학자라면 눈송이는 60도만큼 회전시키는 것에 대해 대칭성을 가지고 있다고 말할 것이다.

대칭성은 실험의 결과를 바꾸지 않고 어떤 물리계에 행할 수 있는 조작과 관련되어 있다. 눈송이의 경우, 그 조작은 60도 회전이다. 다른 예로, 지구 표면에서 중력 가속도를 결정하는 실험을 한다고 가정해 보자. 가장 간단한 것은 정해진 높이에서 바위를 떨어뜨려 낙하하는 데 걸리는 시간을 재는 것이다. 그 답은 1초마다 초속 10미터이다. 내가 어디에서 그 바위를 떨어뜨렸는지, 그것이 캘리포니아였는지 캘커타였는지 당

신에게 굳이 말하지 않았다는 것에 주의하기 바란다. 아주 가까운 근삿값으로 그 값은 지구 표면 어디에서나 같다. 그 실험의 결과는 당신이 전체 실험 기기를 지구 표면의 한 점에서 다른 점으로 옮기더라도 변하지 않을 것이다. 물리학 용어로 어떤 것을 한 점에서 다른 점으로 움직이는 것을 '이동'이라고 한다. 이것은 지구의 중력장이 '이동에 대해서' 대칭임을 의미한다. 물론 어떤 귀찮은 효과가 그 대칭성을 훼손할 수도 있다. 예를 들어, 만약 그 실험을 매우 무거운 광석이 대량으로 매장된 곳 바로 위에서 한다면, 약간 더 큰 중력 가속도를 얻을 것이다. 그 경우 우리는 대칭성이 근사적이라고 이야기할 것이다. 근사적 대칭성은 **깨진 대칭성**이라고도 한다. 매장된 광물의 존재가 '이동 대칭성을 깬' 것이다.

눈송이의 대칭성도 깨질 수 있을까? 완벽하지 않은 눈송이들이 있다는 것은 당연한 일이다. 눈송이가 이상적인 조건에서 만들어지지 않았다면, 한쪽 모양이 다른 쪽과 약간 다를 수 있을 것이다. 당신은 여전히 육각형 결정 모양을 알아볼 수 있겠지만, 그것은 불완전한, 즉 깨진 대칭성을 가질 것이다.

모든 오염의 영향에서 벗어난 외계에서 우리는 두 질량 사이의 중력을 측정해 뉴턴의 중력 법칙을 추론할 수 있다. 그 실험을 어디에서 하든, 우리는 같은 답을 얻을 것이다. 따라서 뉴턴의 중력 법칙은 이동에 대한 불변성을 가지고 있다.

두 물체 사이의 힘을 측정하려면, 당신은 그것들을 공간에서 어떤 방향으로 떼어 놓아야 한다. 예를 들어, 당신은 그 물체들을 x축이나 y축, 또는 어떤 다른 방향으로 떨어뜨려 놓음으로써 힘을 측정할 수 있다. 두 물체 사이의 힘이 그것들을 어느 방향으로 떨어뜨려 놓았는가에 따라 달라질까? 원리적으로는 그렇지만, 그것은 자연 법칙이 지금과 다를 때만 그럴 것이다. 뉴턴의 중력 법칙이 (질량의 곱에 비례하고 거리의 제곱에 반비례할 뿐만 아니라) 모든 방향에서 같다는 것은 대자연의 성질 중 하나이다. 만약 실험 전체를 공간에서 회전시켜 물체를 분리시키는 방향을 바꿔도, 그 결과는 변하지 않을 것이다. 이렇게 방향에 무관한 성질을 **회전 대칭성**이라고 한다. 이동 대칭성과 회전 대칭성은 우리가 살고 있는 세상의 가장 기본적 성질이다.

옷을 입으면서 거울 속의 당신을 바라보라. 거울 속 당신은 당신과 정확히 똑같이 생겼다. 당신 바지의 거울상은 당신의 진짜 바지와 똑같이 생겼다. 당신의 왼쪽 장갑의 거울상도 당신의 왼쪽 장갑과 똑같이 생겼다.

잠깐, 그것은 잘못되었다. 다시 바라보라. 왼쪽 장갑의 거울상은 진짜 왼손 장갑과 전혀 같지 않다. 그것은 현실의 오른쪽 장갑과 같다! 그리고 오른쪽 장갑의 거울상은 사실 왼쪽 장갑이다.

당신 자신의 거울상을 좀 더 유심히 살펴보라. 그것은 당신이 아니다. 당신 왼쪽 뺨에 있는 주근깨는 거울 속 상에서는 오른쪽 뺨에 있다. 만약 당신의 흉곽을 열어 본다면, 그 거울상에서 무엇인가 정말 이상한 것을 발견하게 될 것이다. 거울상의 심장은 오른쪽에서 뛰고 있다. 그것은 현실의 인간과는 다르다. 그것을 인간이라고 부르자.

초현대적인 기술로 우리가 원자들을 하나하나 조립해서 어떤 물체라도 만들 수 있게 되었다고 상상해 보자. 흥미로운 프로젝트를 하나 할

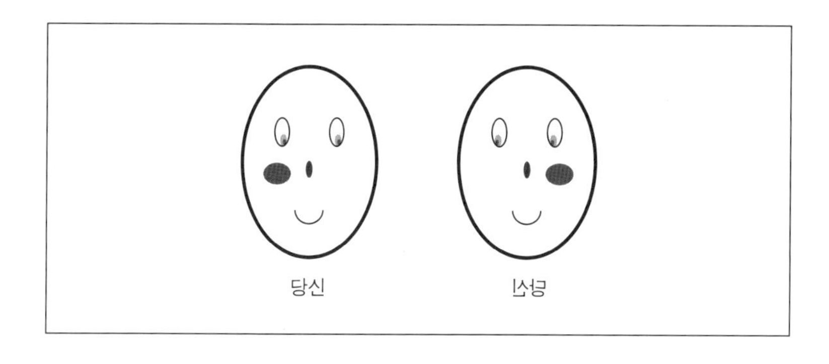

수가 있다. 사람을 만들되 그 거울상이 정확히 당신과 같게 하는 것이다. 즉 그 사람의 거울상에서 심장은 왼쪽, 주근깨는 왼쪽에 있을 것이다. 그가 바로 인간이다.

인간이 살아 움직일 수 있을까? 그는 숨을 쉴 수 있을까? 심장은 작동할까? 음식을 먹이면 우리가 주는 설탕을 대사할 수 있을까? 대부분 긍정적 답을 얻을 것이다. 당신의 몸이 작동하는 것처럼 그의 몸도 작동할 것이다. 하지만 우리는 그 신진대사에 문제가 하나 있는 것을 알게 된다. 그의 몸은 보통의 설탕을 처리하지 못한다.

그 이유는 마치 장갑처럼 설탕에도 두 가지, 왼손잡이와 오른손잡이가 있기 때문이다. 인간은 설탕만 대사할 수 있다. 인간은 오직 설탕만 대사할 수 있다. 보통의 설탕 분자에는 두 가지, 당신이 먹는 것과 그 거울상인 당신이 먹을 수 없는 것이 있다. 설탕과 설탕에 대한 전문 용어는 물론 좌선당(左旋糖, 왼손잡이 당으로 우리가 먹는 것이다.)과 우선당(右旋糖, 오른손잡이 당으로 우리가 대사하지 못하는 것이다.)이다. (좌선당(levulose)은 광학적으로 편광 방향을 왼쪽으로 회전시키는 성질이 있는 당류로, 과일에 단맛을 내는 성분이다. 반대로 우선당(dextrose)은 편광 방향을 오른쪽으로 회전시키며 바로 대사할 수 없는 당류이다. — 옮긴이) 인간이 작동하듯 인간도 똑같이 작동할 수 있지만 그러려면 음식을 포함해서 환경의 모든 것들을 거울에 반사된 대응물로 대신해야 한다.

모든 것을 그 거울상으로 대신해도 되는 것을 **반사 대칭성**(reflection symmetry) 또는 **홀짝 대칭성**(parity symmetry, 패리티 대칭성이라고도 한다. ─ 옮긴이)이라고 한다. 이 대칭성이 함축하는 것을 조목조목 설명해 보겠다. 만약 세상의 모든 것이 그 거울상으로 대체된다면, 우주는 완전히 원래와 같이 행동할 것이다.

사실 반사 대칭성은 엄밀하게 성립하는 대칭성이 아니다. 그것은 깨진 대칭성의 한 예이다. 무엇인가가 중성미자의 거울상에 해당하는 것을 실체보다 훨씬 더 무겁게 만들었다. 이것은 다른 입자들에도 아주 작지만 영향을 미친다. 그것은 마치 자연의 거울이 유원지의 도깨비집에 있는, 모습을 왜곡시켜 보여 주는 거울처럼 약간 일그러진 것과 같다. 그 왜곡은 보통 물질의 경우에는 너무 작기 때문에 사람들은 그것을 거의 알아채지 못한다. 하지만 고에너지 입자들은 그 왜곡을 인지하고, 그것들의 거울상과 다른 방식으로 행동한다. 그러나 당분간 그 왜곡은 무시하고 반사 대칭성이 자연의 정확한 대칭성이라고 가정해 보자.

'대칭성이 입자들을 연관시킨다.'라는 말은 무슨 뜻일까? 간단히 말하면, 그것은 각 유형의 입자에 대해 그것과 긴밀하게 연관된 성질을 가진 짝 입자가 있음을 의미한다. 반사 대칭성의 경우 그것은 만약 왼손 장갑이 존재한다면 오른손 장갑도 존재한다는 것, 즉 좌선당이 존재한다면 우선당도 존재한다는 것을 뜻한다. 그리고 만약 반사 대칭성이 깨지지 않는다면, 이것은 모든 기본 입자에도 적용될 것이다. 모든 입자들에는 동일하지만 반사된 거울상과 같은 쌍둥이가 있을 것이다. 인간을 반사시켜 간인을 만들려면, 기본 입자들도 그 쌍둥이로 교체해야 한다.

반물질은 전하 **켤레 대칭성**(conjugation symmetry)이라는 다른 대칭성의 구현이다. 이 경우에도 대칭성은 모든 것을 다른 어떤 것으로 바꾸는 것에 해당한다. 켤레 대칭성은 모든 입자를 그 반입자로 대체할 수 있게 해 준다. 그러면 양전하를 띤 것, 예를 들어 양성자는 음전하를 띤 입자, 즉 반양성자로 바뀐다. 비슷하게 양전자가 보통의 음전하를 띤 전자를 대신한다. 수소 원자들은 양전자와 반양성자로 이루어진 반수소 원자로 대체된다. 그러한 반원자들은 사실은 실험실에서 만들어진 적이 있다. 아주 약간, 반분자를 만들기에는 모자랐지만 말이다. 하지만 반분자들이 가능하다는 것을 의심하는 사람은 아무도 없다. 반인간도 가능하지만 그들에게 '반음식'을 주어야 한다는 것만 잊지 않으면 된다. 사실 당신은 반인간들을 멀리하는 것이 좋을 것이다. 물질이 반물질을 만나면 광자를 방출하며 폭발해 소멸할 것이다. 당신이 무심코 반인간과 악수를 할 때 생기는 폭발은 핵폭탄의 폭발에 맞먹는다.

전하 켤레 대칭성도 약간 깨진 대칭성으로 밝혀졌다. 하지만 반사 대칭성과 마찬가지로 그 효과는 에너지가 매우 높은 입자들에 대해서가 아니면 완전히 무시할 만한 수준이다.

이제 페르미온과 보손으로 돌아가 보자. 원래의 끈 이론, 즉 난부 요이치로와 내가 발견했던 것은, 그것이 기술하는 입자들이 모두 보손이었기 때문에 '보손 끈 이론'이라고 불렸다. 양성자는 페르미온이므로, 우리의 이론은 강입자를 기술하기에 그다지 좋은 것이 아니었다. 끈 이론의 목적이 모든 것을 설명하는 이론이라고 해도 부적절하기는 마찬가지였다. 전자, 중성미자, 쿼크 모두가 페르미온이기 때문이다. 하지만 보손뿐만 아니라 페르미온도 포함하는 새로운 끈 이론이 발견되는 데는 얼마 걸리지 않았다. 그리고 이러한 초끈 이론들이 가지는 놀라운 수학적 성질들 중 하나는 초대칭성이다. 초대칭성은 보손과 페르미온 사이의 대칭성으로서 입자들이 정확히 쌍을 이루고 있을 것을, 즉 페르미온 각각에 보손 짝이 있고, 그 역도 성립할 것을 요구한다.

초대칭성은 또한 끈 이론가들에게 없어서는 안 되는 매우 강력한 수학적 도구이기도 하다. 초대칭성이 없으면 끈 이론의 수학이 너무 어려워져서 그 이론의 정합성을 확신하기가 매우 어려워진다. 이 주제에 대한 믿을 만한 연구 대부분이 초대칭성을 가정하고 있다. 하지만 내가 앞에서 강조했던 대로, 초대칭성이 자연에 존재하지 않는 것은 분명하다. 기껏해야 그것은 상당히 심하게 깨진 대칭성, 즉 도깨비집의 심하게 뒤틀린 거울이 보여 주는 왜곡된 상만큼이나 심하게 비틀린 대칭성일 것이다. 사실은 알려진 기본 입자들 중 어떤 것에 대해서도 초대칭 짝이 발견된 적이 없다. 전자와 같은 질량과 전하를 가지는 보손이 존재한다면, 그것은 오래전에 발견되었을 것이다. 그럼에도 불구하고 웹 브라우저를 작동시켜 입자 물리학의 연구 논문들을 찾아보면, 당신은 1970년대 중반 이후 논문들의 대부분이 초대칭성과 관련이 있음을 발견할 것이다. 이것은 무엇 때문일까? 왜 이론 물리학자들은 초대칭성과 초끈 이론을 쓰레기통에 던져 버리지 않았던 것일까? 그 이유는 여러 가지이다.

한때 고에너지 물리학 또는 이론 입자 물리학이라고 불렸던 분야는 오래전에 **현상론**(phenomenolgy)과 **이론**(theory)이라는 2개의 독립적 학문 분야로 나뉘었다. 웹 브라우저에 **http://arXiv.org**라는 URL을 입력하면, 물리학자들이 그들의 연구 논문을 발표하는 웹사이트를 찾을 수 있을 것이다. 연구 주제에 따라 독립적 세부 분야들의 목록이 만들어져 있다. 원자핵 이론, 응집 물질 물리학 등이다. 고에너지 물리학(hep)을 찾으면, 4개의 독립적인 자료실이 있음을 볼 수 있는데, 그중 2개가 고에너지 물리학의 이론적 측면을 다룬 자료들을 보관하기 위한 것이다. 다른 2개는 실험 물리학과 컴퓨터 시뮬레이션에 대한 것이다. 이론 분야의 두 논문 자료실 중 하나(hep-ph)는 현상론에 대한 것이다. (그 뜻은 곧 분명해질 것이다.) 다른 하나(hep-th)는 좀 더 이론적이고 수학적인 논문들을 위한 것이다. 둘 다 열어 보라. 당신은 hep-ph의 논문들이 모두 통상적 입자물리학의 문제들에 대한 것임을 알게 될 것이다. 그것들은 때로는 과거와 미래의 실험을 언급하기도 하며, 논문들의 결과는 종종 숫자와 그래프로 주어진다. 그것과 대조적으로 hep-th의 논문들은 대체로 끈 이론과 중력에 대한 것이다. 그것들은 좀 더 수학적이고, 따라서 대부분의 경우 실험과 별 관계가 없다. 그러나 지난 몇 년간, 이런 세부 분야의 경계가 상당히 희미해졌는데, 나는 그것을 좋은 징조라고 생각한다.

하지만 두 자료실 다 초대칭성과 관련된 논문을 많이 보관하고 있음을 발견할 수 있을 것이다. 양쪽 진영 모두 그럴 만한 이유가 있다. 현상론자들에게 그 이유는 수학적인 것이다. 초대칭성은, 그것이 없을 경우 훨씬 더 어려워지는 문제들을 놀라울 정도로 단순하게 만들어 준다. 2장에서 내가 입자들이 초대칭 짝짓기를 한다면 우주 상수가 자동적으로 0이 된다고 설명했던 것을 기억하기 바란다. 이것은 초대칭 이론들에서 이루어지는 많은 수학적 기적들 중 하나이다. 그것들을 자세히 설명하지는 않겠지만, 요점은 초대칭성이 양자장 이론과 끈 이론의 수학을 단순화시켜, 그렇지 않았다면 계산이 완전히 불가능한 것들을 이해할 수 있게 해 준다는 것이다. 실제 우주는 초대칭성이 없을지도 모르지만, 초대칭성의 도움을 받아 연구할 수 있는 흥미로운 현상이 있을 수도 있다. 그 현상들은 보통은 너무 어려워서 우리가 이해할 수 없는 것들이다. 한 예가 블랙홀이다. 중력을 포함하는 모든 이론은 블랙홀을 다룰 수 있어야 한다. 블랙홀은 이 책에서 나중에 다루겠지만 매우 신비롭고 역설적인 여러 성질들을 가지고 있다. 이런 역설들에 대한 추측들은 너무 복잡해서 보통 이론에서는 확인할 수 없었다. 하지만 초대칭성은 마치 마법처럼 블랙홀을 쉽게 연구할 수 있게 해 준다. 끈 이론가들에게 이론의 단순화는 필수적이다. 오늘날 끈 이론의 수학은 거의 전적으로 초대칭성에 의지하고 있다. 쿼크와 글루온의 양자 역학에 대한 오래된 질문들조차도 초대칭 짝들을 추가하면 쉬워진다. (적어도 우리의 호주머니 우주에서) 우리 우주는 초대칭적 우주가 아니지만, 기본 입자들과 중력에 대한 여러 가르침을 얻을 수 있을 만큼은 충분히 비슷하다.

hep-ph에 논문을 발표하는 이들과 hep-th에 발표하는 이들의 궁극적인 목표는 같을지 모르지만, 현상론자들은 끈 이론가들과 당장은 다른 과제를 가지고 있다. 그들의 목표는 오래된 방법들에 끈 이론의 새로운 아이디어를 적용해서 물리 법칙을 20세기 대부분의 시기에 이해되었을 법한 방식으로 설명하는 것이다. 그들은 제1원리에서 출발해 수학적으로 완전한 이론을 세우려고 하거나, 궁극적인 이론의 발견을 기대하지 않는다. 그들이 초대칭성에 흥미를 가지는 것은 초대칭성이 자연에 실제로 존재하는 대칭성의 근사적인 것이거나 깨진 대칭성일 것이기 때문이다. 그들은 미래의 실험에서 자연에 실제로 존재하는 대칭성을 발견할 수 있으리라 기대하고 있다. 그들에게 가장 중요한 발견은 새로운 입자들의 가족, 즉 사라진 초대칭 짝들이다.

깨진 대칭성들은 완전하지 않다. 완전한 거울을 통해 보면 물체와 그 거울상은 왼쪽과 오른쪽이 바뀌었다는 것만 제외하면 동일하다. 그러나 도깨비집의 뒤틀린 거울에서 그 대칭성은 불완전하다. 물체의 거울상을 알아볼 수는 있지만, 물체와 그 거울상은 각각 서로의 뒤틀린 복사본에 해당한다. 마른 사람의 거울상이 뚱보일지도 모르고, 뚱보가 현실이고 마른 쪽이 거울상일 수도 있다. 뚱보가 실체라면 마른 쪽의 2배나 무거울 수도 있다.

우리 우주라고 부르는 도깨비집에서 입자를 그 초대칭 짝으로 바꾸는 수학적 초대칭성 '거울'은 심하게 뒤틀려 있어 그 초대칭 짝들이 매우 뚱뚱하게 보인다. 만약 그것들이 존재한다고 해도, 그것들은 알려진 입자들보다 훨씬 더 무거울 것이다. 어떤 초대칭 짝도, 전자의 짝, 광자의 짝, 또는 쿼크의 짝도 발견된 적이 없다. 이 사실은 초대칭 짝이 존재하지 않으며 초대칭성은 아무런 의미 없는 수학적 유희에 불과하다는 것을 의미할까? 그럴지도 모르지만, 그것은 초대칭 짝들이 너무 무거워서 현재의 입자 가속기가 연구할 수 있는 영역 밖에 있을 정도로 왜곡이 심하다는 것을 뜻할 수도 있다. 만약 어떤 이유로 초대칭 짝들이 양성자 질량의 수백 배 정도로 심하게 무겁다면 그것들은 다음 세대의 가속기가 건설되기 전까지는 발견되지 않을을 것이다.

초대칭 짝들은 그것들의 보통 쌍둥이들과 비슷한 이름을 가지고 있다. 규칙만 안다면 그 이름들을 기억하는 것은 그리 어렵지 않다. 보통 입자가 광자 또는 힉스 입자같이 보손이라면, 그 페르미온 쌍둥이의 이름에는 **-이노**(-ino)가 붙는다. 그래서 포티노(photino), 힉시노(Higgsino), 지노(Zino), 그리고 글루이노(gluino)가 된다. 반면에 만약 원래 입자가 페르미온이라면 앞에 **s-**를 붙이기만 하면 된다. 셀렉트론(selectron), 스뮤온(smuon), 스뉴트리노(sneutrino), 스쿼크(squark) 등이다. 이 마지막 규칙은 물리학자들의 사전에서 가장 흉한 단어들을 만들어 냈다.

어느 때나 새로운 발견이 '아주 가까운 곳에' 있을 것이라고 희망하는 경향이 있다. 만약 초대칭 짝들이 양성자의 100배 질량을 가지고 있지 않다면 어림짐작은 정정될 것이고, 그것들을 양성자 질량의 1,000배에서 발견하기 위한 가속기가 건설되어야 할 것이다. 또는 양성자 질량의 1만 배 질량을 가진 입자를 발견할 수 있는 가속기가 필요할지도 모른다. 하지만 이 모든 것이 그저 희망 사항일 뿐 그 이상도 그 이하도 아닐 수 있다. 그러나 나는 그렇게 생각하지 않는다. 힉스 입자와 관련된 깊은 수수께끼는 초대칭성이 열쇠를 쥐고 있을지도 모른다. 그 문제는 중력이 놀랄 만큼 약하다는 것뿐만 아니라 '물리학 문제 중의 문제'와 긴밀히 연결되어 있다.

거대한 진공 에너지를 만들어 내는 양자 떨림이 기본 입자들의 질량에도 영향을 줄 수 있다. 그 이유는 다음과 같다. 한 입자가 요동치는 진공 안에 놓여 있다고 가정해 보자. 그 입자는 양자 떨림과 상호 작용해 입자의 근처에서 진공이 요동하는 방식을 교란할 것이다. 어떤 입자들은 그 요동을 약하게 하고, 어떤 것들은 증폭할 것이다. 전체 효과는 요동에 따른 에너지를 바꿀 것이다. 입자의 존재로 인해 생기는 이런 요동 에너지의 변화는 그 입자가 가진 질량의 일부분으로 해석되어야 한다. ($E=mc^2$을 기억하라.) 특히 다루기 힘든 예는 힉스 입자의 질량에 대한 것이다. 물리학자들은 힉스 입자의 이 추가적인 여분 질량을 어떻게 어림셈하는지 알고 있는데, 그 결과는 진공 에너지 자체에 대한 어림셈만큼이나 어처구니없다. 힉스 입자 주위에서의 진공 요동은 플랑크 질량만큼이나 무거운 질량을 힉스 입자의 질량에 추가한다!

이것이 왜 그렇게 큰 문제가 될까? 비록 이론가들이 보통 힉스 입자에 주안점을 두기는 하지만, 그 문제는 실제로는 광자와 중력자를 제외한 모든 기본 입자들에 영향을 미친다. 요동하는 진공 안에 놓인 어떤 입자는 그것이 무엇이든 간에 그 질량이 엄청나게 늘어나게 된다. 만약 모든 입자들의 질량이 늘어난다면, 모든 물질이 무거워질 것이고, 그것은 물질들 사이의 중력이 더 강해진다는 것을 의미한다. 우주의 중력이 약간만 늘어나도 생명은 사라진다. 이 딜레마를 보통 **힉스 질량 문제**라고 하며, 물리 법칙을 이해하려는 이론가들의 시도를 상당히 어렵게 한다. 2개의 문제(우주 상수 문제와 힉스 질량 문제)는 많은 면에서 유사하다. 하지만 그것들이 초대칭성과 어떤 관련이 있을까?

2장에서 내가 페르미온과 보손이 정확히 짝을 이룬다면 진공 에너지의 요동을 상쇄시킬 수 있다고 설명했던 것을 기억하기 바란다. 입자의 바람직하지 않은 추가적 여분 질량에 대해서도 정확히 같은 성질이 성립한다. 초대칭 우주에서 양자 요동의 격렬한 효과는 길들여져서 입자의 질량들은 교란되지 않을 것이다. 게다가 일그러진 초대칭성도 그 정도가 너무 심하지 않다면 그 문제를 상당히 완화시킬 것이다. 이것이 입자 물리학자들이 '바로 근처에' 초대칭성이 있다고 믿는 주된 이유이다. 하지만 일그러진 초대칭성이 어처구니없이 작은 우주 상수의 값을 설명할 수는 없다는 데에 주의해야 한다. 그것은 정말 너무 작다.

힉스 질량 문제는 다른 방식으로 진공 에너지 문제와 유사하다. 와인버그가 진공 에너지가 너무 큰 우주에서는 생명이 존재할 수 없음을 보였던 것과 마찬가지로, 무거운 기본 입자들 또한 파괴적인 힘을 가진다. 힉스 질량 문제에 대한 설명은 어쩌면 초대칭성에 있는 것이 아니라 엄청나게 다양한 풍경과, 질량이 작아야 한다는 인간 원리에 있을지도 모른다. 몇 년 안에 우리는 초대칭성이 정말로 바로 근처에 있는지, 아니면 우리가 다가가면 갈수록 멀어지는 신기루인지 알게 될 것이다.

이론 물리학자들이 궁금하게 여겨 온 질문은 다음과 같다. '만약 초대칭성이 그렇게 놀랍고 우아한 수학적 대칭성이라면, 우주는 왜 초대칭성을 가지지 않을까? 우리는 왜 끈 이론가들이 가장 잘 알고 좋아하는 우아한 우주에 살고 있지 않을까?' 그 답은 인간 원리일까?

정확히 초대칭적인 우주에서 생명을 위협하는 것은 우주론이 아니라 화학이다. 초대칭적 우주에서 모든 페르미온은 정확히 질량이 같은 보손 짝을 가지는데, 거기에 문제가 있다. 범인은 전자와 광자의 초대칭 짝들이다. 이 두 입자들, 셀렉트론(어휴!)과 포티노(정말!)가 공모해, 모든 보통 원자들을 파괴한다.

탄소 원자를 예로 들어 보자. 탄소의 화학적 성질은 주로 그 최외각 전자들, 즉 가장 바깥쪽 궤도에 가장 느슨하게 묶인 전자들에 따라 결정된다. 하지만 초대칭 우주에서 최외각 전자들은 포티노를 방출하고 셀렉트론으로 바뀔 수 있다. 질량이 없는 포티노는 빛의 속도로 날아가 원자 밖으로 사라지고, 셀렉트론이 전자를 대신한다. 이것은 큰 문제다. 셀렉트론은 보손이기 때문에 파울리의 배타 원리가 셀렉트론이 원자핵 근처의 낮은 에너지 궤도로 떨어지는 것을 막을 수 없다. 매우 짧은 시간 안에 모든 전자들은 셀렉트론이 되어 가장 안쪽에 있는 궤도로 이동할 것이다. 탄소와 기타 생명에 필요한 다른 모든 분자들의 화학적 성질은 이제 안녕이다. 초대칭적 우주는 매우 우아할지는 몰라도, 우리와 같은 종류의 생명을 살려두지 않는다.

물리학 문서를 보관하는 웹 사이트로 돌아가 보자. 다른 자료실, 즉 일반 상대성 이론과 양자 우주론, 그리고 천체 물리학의 자료실들을 발견할 수 있다. 이 자료실들에서 초대칭성은 그리 중요하지 않다. 우주론 학자가 우리 우주가 초대칭적이 아닌데도 초대칭성에 관심을 가져야 할 이유가 있을까? 빌 클린턴의 말을 빌리자면, "중요한 것은 풍경이야, 바보야."이다. 특정 대칭성이 우리의 작은 보금자리 계곡에서는 크거나 작게 깨져 있을 수 있지만, 그것이 풍경의 모든 구석에서 그 대칭성이 깨져 있음을 뜻하지는 않는다. 실제로 끈 이론의 풍경에서 우리가 가장 잘 아는 부분은 초대칭성이 정확하게 존재하며 깨지지 않은 영역이다. **초대칭 모듈라이 공간**(supersymmetric moduli space, 또는 초모듈라이 공간(supermoduli space)이라고 한다.)이라고 불리는 이것은 모든 페르미온이 보손 짝을 가지며 모든 보손이 페르미온 짝을 가지는 풍경의 한 부분이다. 그 결과로 진공 에너지는 초모듈라이 공간의 어디에서든 정확히 0이다. 풍경의 지형학에서 그것은 정확히 고도가 0인 평원을 뜻한다. 끈 이론에 대해서 우리가 알고 있는 대부분은 바로 이 평원을 35년간 탐험한 결과이다. 물론 이것은 메가버스의 어떤 부분들은 초대칭적 세계임을 뜻한다. 하지만 이 초대칭적 세계를 향유할 수 있는 초끈 이론가는 아무도 없다.

M 이론의 M이 의미하는 것

1985년에 이르면 끈 이론(이제는 초끈 이론이라고 부른다.)에는 다섯 가지 서로 다른 형식이 생겨났다.[4] 그것들은 여러 가지 면에서 서로 달랐다. 2개는 닫힌 끈과 열린 끈, 즉 두 끝점이 있는 끈을 가지고 있었다. 나머지 3개는 그렇지 않았다. 그 다섯 가지의 이름은 그다지 명쾌하지 않지만, 다음과 같다. 열린 끈도 포함한 2개의 이론은 Ia형 끈 이론과 Ib형 끈 이론이라고 불렸다. 닫힌 끈만 있는 나머지 3개는 IIa형, IIb형, 그리고 이형(Heterotic) 끈 이론이라고 불렸다. 그러나 그 이론들 사이에는 차이점보다 훨씬 더 흥미로운 공통점이 있다. 비록 어떤 것들은 열린 끈이 있고 다른 것들은 그렇지 않지만, 다섯 가지 모두 닫힌 끈을 포함하고 있다.

이것이 왜 그렇게 흥미로운지 제대로 인식하기 위해서, 우리는 이전의 모든 이론들이 보였던 실망스러운 실패를 이해할 필요가 있다. 보통의 이론들(양자 전기 역학 또는 표준 모형 같은 이론)에서 중력은 임의의 '부가물'이다. 당신은 중력을 무시할 수도, 또는 더할 수도 있다. 요리법은 매우 간단하다. 표준 모형을 택하고 중력자라는 입자를 하나 더한다. 중력자의 질량이 없는 것으로 한다. 또한 몇 가지 새로운 정점 도형들을 더한다. 모든 입자가 중력자를 내놓을 수 있다. 그것뿐이다. 하지만 이것은

4. '초-(super-)'라는 말은 이 이론들 모두 페르미온-보손 짝을 가지고 있어서 초대칭적임을 의미한다.

그다지 잘 작동하지 않는다. 그 수학은 복잡하고 미묘해서 중력자를 포함하는 새로운 파인만 도형들은 결국 예전 계산들을 완전히 망쳐 놓는다. 모든 결과가 무한대가 되어 버린다. 그 이론을 이치에 맞도록 만들 방법은 없다.

어떤 면에서 나는 이렇게 단순한 방법이 실패한 것은 좋은 일이라고 생각한다. 그것은 입자들의 성질에 대한 어떤 설명이나 힌트도 주지 않고, 왜 표준 모형이 특별한지 설명하지도 않으며, 우주 상수나 힉스 질량의 미세 조정에 대해서도 전혀 설명하지 않는다. 솔직히 말해서 만약 그 방법이 성공을 거두었다면, 매우 실망스러웠을 것이다.

하지만 5개의 끈 이론들은 이 점에서 매우 분명하다. 그것들은 중력 없이는 전혀 체계화될 수 없다. 중력은 임의의 선택 사항이 아니라, 필연적 결과물이다. 끈 이론은 모순이 없으려면 중력자와 그것이 교환됨으로써 매개되는 힘을 포함해야만 한다. 그 이유는 간단하다. 중력자는 닫힌 끈으로서 가장 가벼운 것이다. 열린 끈들은 이론 속에 있을 수도 있고 없을 수도 있지만, 닫힌 끈은 언제나 포함되어 있다. 열린 끈만 가진 이론을 만들려고 한다고 가정해 보자. 만약 우리가 성공한다면 우리는 중력이 없는 끈 이론을 갖게 될 것이다. 하지만 우리는 언제나 실패할 것이다. 열린 끈의 두 끝 점은 언제나 다른 끝점과 결합해 닫힌 끈이 될 수 있기 때문이다. 보통의 이론들은 중력을 생략할 때에만 모순이 없다. 끈 이론은 중력을 포함할 때에만 모순이 없다. 다른 무엇보다도 그 사실이 끈 이론가들에게 자신들이 올바른 방향으로 가고 있다는 확신을 준다.

I형과 II형라고 분류된 네 가지 이론들은 1970년대에 처음 발견되었다. 그 각각은 치명적인 단점을 가지고 있었는데, 그것은 내부적으로 수학적 모순이 있다는 것이 아니라, 입자 물리학 실험에서 나온 사실들과 일치하지 않는다는 것이었다. 각각은 가능한 우주를 기술하고 있었다.

문제는 그것들이 우리 우주를 기술하지 않는다는 것이었다. 그리하여 1985년에 프린스턴에서 다섯 번째 끈 이론이 발견되었을 때 엄청난 야단법석이 뒤따랐다. 이형 끈 이론은 끈 이론가들의 꿈을 이룬 것처럼 보였다. 그것은 실제 우주와 충분히 비슷하게 보였기 때문에 아마도 진짜 이론일 것이라고 여겨졌다. 성공이 임박했다고 선언되었다.

그때에도 그 이론의 강한 주장을 의심할 만한 이유는 있었다. 하나는 너무 많은 차원의 문제, 즉 9개의 공간과 1개의 시간을 포함한다는 문제가 그대로 있었다. 하지만 이론가들은 이미 여분의 여섯 차원들을 어떻게 다루어야 하는지 알고 있었다. 그들은 "조밀화!"라고 외쳤다. 하지만 칼라비-야우 공간에는 수백만 가지의 선택지가 있었다. 게다가 그것들은 모두 모순이 없는 이론을 만들어 냈다. 설상가상으로 일단 하나의 칼라비-야우 공간을 선택하더라도, 그것의 모양과 크기와 연관되어 있는 수백 개의 모듈라이들이 있었다. 이것들 또한 하나하나 적당히 만져 조정해야만 했다. 게다가 알려진 모든 이론들은 초대칭적이었다. 즉 모든 입자들은 초대칭 짝을 가지고 있었다. 그러나 그것은 우리가 알기로 실제 세계와 일치하지 않았다.

그럼에도 불구하고 끈 이론가들은 유일성의 신화에 눈이 먼 나머지 1980년대부터 1990년대 초까지 끈 이론에는 다섯 가지만 있다는 주장을 계속했다. 그들의 상상 속에서 풍경은 매우 성긴 것이었다. 5개의 점밖에 없으니 말이다! 이것은 물론 말도 안 되는 주장이었다. 왜냐하면 조밀화 하나만 해도 수많은 변화를 일으키는 모듈라이들을 수반하기 때문이다. 그럼에도 물리학자들은 오로지 다섯 이론 중에서 하나를 골라야 한다는 허구에 매달렸다. 오로지 5개의 가능성들만 있다고 해도, 어떤 원리가 있어 그중에서 실제 우주를 기술할 수 있는 것 하나를 골라주는 것일까? 아무런 아이디어도 제시되지 않았다. 그러던 중 1995년에 획기적인 발전이 이루어졌는데, 그것은 우주를 기술하는 올바른 끈 이론이 어떤 형식을 가져야 하는가가 아니라, 여러 유형의 끈 이론들 사이에 어떤 관계가 있는가 하는 문제를 연구하면서 이루어졌다.

서던 캘리포니아 대학교, 1995년

매년 늦봄에서 초여름이 되면, 세계의 끈 이론가들이 그들의 연례 행사에 모여든다. 미국인, 유럽 인, 일본인, 한국인, 인도인, 파키스탄 인, 이스라엘 인, 남아메리카 인, 중국인, 이슬람교도, 유대인, 기독교인, 힌두교도. 신을 믿는 사람이건 무신론자이건 상관없이, 모두가 다른 사람들이 최근에 생각해 낸 것을 듣기 위해 일주일간의 만남을 가진다. 400~500명의 참석자는 거의 모두 서로 아는 사람들이다. 연장자들은 보통 오래된 친구들이다. 만나면 우리는 물리학자들이 항상 하는 일을 한다. 그것은 바로 최근 주목을 받고 있는 주제에 대한 강연을 듣는 일이다. 연회도 빼놓을 수 없다.

1995년은 적어도 나에게는 두 가지 이유로 잊지 못할 해였다. 첫 번째로 나는 연회에서 만찬 연설을 맡았다. 두 번째는 사실 그곳에 모인 모든 사람들에게 아주 중요한 사건이었다. 에드워드 위튼이 놀라운 진보에 대해 보고하는 강연을 했는데, 그것이 이 분야를 완전히 새로운 방향으로 전환시키는 계기가 되었던 것이다. 불행히도 위튼의 강연을 나는 그저 스쳐 지나가고 말았는데, 그것은 내가 그곳에 없었던 것이 아니라 내가 만찬 연설에서 무엇을 이야기할까에 대해 행복한 꿈을 꾸느라 다른 생각을 하고 있었던 탓이었다.

내가 그날 저녁에 이야기하고 싶었던 것은 좀 엉뚱한 가설에 대한 것이었다. 그것은 물리학자들이 19세기 이후 어떤 실험도 하지 못했다고 했을 때, 매우 영리한 이론가들이 오늘날의 물리학을 어떻게 발견할 수 있었을까 하는 것이었다. 그것은 한편으로는 여흥을 위한 것이었고, 또 한편으로는 우리 끈 이론가들의 시도에 약간의 전망을 제공하려는 것이기도 했다. 나는 9장에서 이것에 대해 다시 이야기할 것이다.

어쨌든 백일몽에 취해 있느라, 나의 풍경 개념에서 중추적인 역할을 할 새로운 아이디어를 흘려듣고 만 것이다. 에드워드 위튼은 위대한 수리 물리학자일 뿐만 아니라 순수 수학자들 중에서도 지도자격인 인물인데, 끈 이론의 수학적 발전을 지탱하는 역할을 오랫동안 맡아 왔다. 그는 최고 지성을 가진 인재들로 가득 찬 프린스턴 고등 연구소의 교수이자 중심 인물 중 하나이다. 게다가 위튼은 이 분야를 발전시킨다는 목표에 누구보다 매진해 왔다.

1995년쯤 되자 끈 이론이 기술하는 진공이 하나가 아니라는 사실은 점점 분명해지고 있었다. 그 이론에는 많은 변형들이 있으며, 그 각각은 다른 물리 법칙으로 이어진다. 이것은 장점이라기보다는 당혹스러운 단점으로 생각되었다. 그 10년 전에 프린스턴의 끈 이론가들은 유일무이한 끈 이론이 분명 존재할 것이고, 자연을 기술하는 하나의 진실된 형태를 곧 찾을 것이라고 호언한 바 있었다. 위튼의 주된 목적은 하나를 제외하면 다른 모든 변형들은 수학적으로 모순이라는 것을 증명하는 것이었다. 하지만 그 대신에 그는 풍경을 찾아냈다. 더 정확히 말한다면 풍경에서 고도가 0인 부분, 즉 초대칭적인 부분을 찾아냈던 것이다. 일어났던 일은 다음과 같다.

물리학자들이 전자와 광자에 대한 두 가지 이론을 발견했다고 상상해 보자. 보통의 전기 역학과 다른 또 하나의 이론을 말이다. 두 번째 이론에서 전자와 양전자는 3차원 공간에서 자유롭게 운동하는 것이 아니라, 오로지 하나의 방향, 예를 들어 x축 방향으로만 움직일 수 있다. 그것들은 다른 방향으로는 전혀 움직일 수 없다. 그것과 달리 광자는 보통 전기 역학에서처럼 자유롭게 움직인다. 두 번째 이론은 당혹스러운 것이었다. 물리학자들이 이해하기로는, 그것은 실제 세계의 원자와 광자를 지배하는 양자 전기 역학과 마찬가지로 수학적으로는 정합적이지만, 실제 세계와는 아무런 관련도 없다. 동등하게 정합적인 2개의 이론이 있는데 하나는 자연을 기술하지만 다른 것은 그러지 못한다. 이렇게 설명할 수 없는 일이 어떻게 일어날 수 있을까? 그들은 누군가가 두 번째 이론의 어떤 결점, 즉 수학적 모순을 발견해서, 바람직하지 않은 이론을 제거해 주고, 우주가 지금과 같은 모양을 하는 것은 다른 우주란 가능하지 않기 때문이라고 믿게 만들어 주기를 간절히 바랐다.

두 번째 이론에 모순이 있다는 것을 증명하려고 하는 동안, 그들은 몇 가지 흥미로운 사실들을 알게 되었다. 두 가지 이론이 모두 모순이 없음을 알게 되었을 뿐만 아니라, 그 두 이론들이 사실은 같은 이론의 일부분임을 이해하기 시작한 것이다. 두 번째 이론은 아주 강한 자기장이 걸려 있는 영역, 즉 초강력 MRI 기기 내부 공간 같은 영역에서 보통 이론이 취하게 되는 한정적인 형식에 불과하다는 것을 깨달았다. 어떤 물리학자라도 잘 알고 있듯이, 매우 강한 자기장은 전하를 띤 입자들을 한 방향, 즉 자기장의 방향으로만 움직이게 제한한다. 그러나 전하를 띠지 않은 입자, 예를 들어 광자는 그 장의 영향을 받지 않는다.[5] 다시 말해 이론은 하나이고 방정식 집합도 하나이지만, 해는 2개인 것이다. 더욱 좋은 것은, 자기장을 연속적으로 변화시키면, 두 종류의 이론 사이에 하나의 족(族)으로 묶을 수 있는 일련의 수많은 이론들이 나타난다는 것이다. 허구적인 이론을 연구하던 물리학자들은 연속적인 풍경을 발견했고

---

5. 종이 아래 자석을 하나 놓고 종이 위에 쇳가루를 뿌리면 힘의 선들을 쉽게 볼 수 있다. 쇳가루들은 장의 선들을 따라 늘어서서 가는 실 모양을 이룬다.

그것을 탐사하기 시작했다. 물론 그들은 연속된 해들 중에서 하나를 골라내는 메커니즘이 무엇인지, 즉 실제 우주에 배경 자기장이 없는 이유가 무엇인지 이해할 수 없었다. 그들은 나중에라도 그것을 설명할 수 있기를 바랐다.

이것이 바로 정확히 위튼이 그의 1995년 강연 후에 우리에게 남겨준 상황이었다. 그는 다섯 가지 끈 이론이 사실은 단일한 이론의 해들이라는 것을, 즉 많은 이론이 아니라 많은 해라는 것을 발견했다. 그것들은 사실 위튼이 **M 이론**이라고 부른 하나의 이론을 더 포함하는 가족에 속하는 것이었다. 게다가 그 여섯 가지 이론들 각각은 모듈라이의 어떤 극한값, 즉 풍경의 어떤 먼 극한의 구석에 해당하는 것이었다. 자기장의 예와 마찬가지로, 모듈라이들을 연속적으로 변화시키면 하나의 이론을 다른 이론으로 변형시킬 수 있다. '하나의 이론에 많은 해들' 이것이 길을 안내하는 표어가 되었다.

M의 의미에 대해서 사람들은 이러쿵저러쿵 여러 가지 추측을 했다. 이런 것들이 나왔다. 어머니(mother), 기적(miracle), 막(membrane), 마법(magic), 신비로운(mysterious), 최상의(master). 나중에 행렬(matrix)이 추가되었다. 위튼이 **M 이론**이라는 용어를 만들었을 때 정확히 무엇을 염두에 두고 있었는지는 아무도 모른다. 이미 알려진 다섯 가지 이론들과는 달리, 그 새로운 사촌은 9개의 공간과 1개의 시간을 가진 이론이 아니었다. 대신에 그것은 10개의 공간 차원과 1개의 시간을 가진 이론이었다. 더욱 심상치 않은 것은 M 이론이 끈들의 이론이 아니라는 것이었다. M 이론의 기본 대상은 1차원의 고무줄이 아니라 탄성적인 고무판 같은 2차원적 에너지 판이었다. 다행스럽게도 M 이론의 10개 차원 중 하나 이상의 차원이 조밀화되면, M 이론을 통해 여러 가지 끈 이론들이 나타나는 통합적인 틀이 마련될 것처럼 보였다. 이것은 끈 이론의 기초를 통일하

는 가능성을 가진 진정한 발전이었다. 하지만 단점도 있었다. 그 이론은 일반 상대성 이론과 양자 역학을 11차원에서 어떻게 융합하는지에 대해서는 거의 아무것도 알려 주지 않았다. 게다가 막에 대한 수학은 끈의 경우보다도 훨씬 더 끔찍하게 복잡했다. M 이론은 끈 이론이 등장하기 전에 존재했던 온갖 중력의 양자 이론들처럼 애매모호했다. 그것은 마치 우리가 한 발짝 앞으로 내딛고 나서 두 걸음 뒤로 물러선 것처럼 보였다.

하지만 그러한 상태는 오래가지 않았다. 1996년에 열린 그다음 봄 학회에서 나는 기쁘게도 내가 세 친구들과 함께 M 이론의 비밀을 밝혀냈음을 발표할 수 있었다. 우리는 그 이론의 기저에 있는 것을 찾았는데, 그것들을 지배하는 방정식들은 굉장히 간단했다. 톰 뱅크스, 윌리 피슐러, 스티브 셴커(Steve Shenker), 그리고 나는 M 이론의 기본 존재는 막이 아니라 그것보다 간단한 대상, 즉 새로운 종류의 '쪽입자'임을 발견했다. 어떤 의미로는 파인만의 쪽입자와 비슷한 이 새로운 기본 요소들은 조립해서 모든 종류의 대상을 만들 수 있는 놀라운 능력을 가지고 있었다. 한때 가장 기본적인 입자라고 생각되었던 중력자 역시 수많은 쪽입자들의 합성물이었다. 같은 쪽입자들을 다른 형태로 조립하면, 막이 나타난다. 다른 형태로 조립하면 블랙홀이 된다. 그 이론의 구체적인 방정식들은 끈 이론의 방정식들보다 훨씬 간단했으며, 심지어 일반 상대성 이론의 방정식들보다도 더 간단했다. 이 새로운 이론은 행렬 이론, 또는 M 이론과의 연관성을 강조하기 위해 **M(atrix) 이론**이라고 부른다.

11차원 이론과 끈 이론 사이의 연관성에 대해서 생각해 본 것은 위튼이 처음은 아니었다. 여러 해 동안 많은 수의 물리학자들은 막을 포함하는 11차원 이론에 사람들의 주의를 돌리려고 애썼다. 텍사스 A&M 대학교의 마이클 더프(Michael Duff, 현재는 런던의 임페리얼 대학에 있다.)는 여러 해 전에 이것과 관련된 아이디어를 대부분 가지고 있었지만, 끈 이론가들은 그것을 받아들이려고 하지 않았다. 막들은 너무 복잡하고, 그 수학에 대한 이해가 너무 빈약했기 때문에, 더프의 독창적인 아이디어는 진지하게 받아들여지지 않았다. 하지만 위튼은 위튼이었기에, 끈 이론가들은 M 이론을 받아들였고 그 뒤 손을 놓지 않게 되었다.

M 이론이 이론 물리학자들의 상상력을 자극한 것은 무엇 때문일까? 그것은 끈 이론이 아니다. 11차원을 가진 이 세상에 살고 있는 것은 1차원의 에너지 섬유가 아니다. 그렇다면 왜, 갑자기 끈 이론가들이 2차원의 에너지 판, 또는 막에 관심을 갖게 되었을까? 이런 수수께끼들에 대한 해답은 조밀화의 불가사의하고 미묘한 성질에 있다.

앞에서 설명했던 무한히 긴 원통으로 돌아가 보자. 우리가 그것을 어떻게 얻었는지 기억해 보자. 먼저 무한히 넓은 종이에서 폭이 몇 센티미터인 무한히 긴 띠를 잘라 낸다. 두 가장자리를 2차원적 방의 천장과 바닥이라고 생각해 보자. 그 방은 엄청나게 크다. 그것은 x축 방향으로는 무한히 계속되지만, y축 방향으로는 천장과 바닥에 막혀 위와 아래에 끝이 있다. 그리고 이 천장과 바닥을 연결하면 원통이 된다.

무한한 방에서 운동하는 입자를 상상해 보자. 어느 순간 그것은 천장에 도달할 것이다. 어떤 일이 일어날까? 만약 그 끈이 원통으로 말려 있다면, 아무 문제가 없다. 그 입자는 그저 계속 진행해서, 천장을 지나 바닥에서 다시 나타날 것이다. 사실 종이를 꼭 말아서 원통을 만들 필요는 없다. 천장의 모든 점이 바닥의 점과 일정한 짝을 이루어서, 입자가 가장자리를 지나면 갑자기 다른 쪽 가장자리로 점프한다고 가정하면 된다. 우리는 그것을 말 수도 있고 그대로 평평하게 놔둘 수도 있다. 우리는 천장의 각 점을 수직으로 그 아래에 있는 바닥의 점과 동일하게 간주한다는 규칙만 따르면 된다.

이제 좀 더 어려운 것을 해 보자. 이번 방은 실제 세계의 방처럼 3차원인데, x축 방향과 z축 방향으로만 무한히 크다. 하지만 수직 방향, y축 방향으로는 천장과 바닥에 막혀 위와 아래에 경계가 있다. 앞의 경우와 마찬가지로, 입자가 천장을 지나가면, 즉각 바닥에 있는 해당 지점에서 다시 나타난다. 3차원적 공간이 2차원으로 조밀화된 것이다. 만약 그 방의 높이(다른 말로 하면 y축 방향으로의 거리)가 미시적 크기로 줄어들면, 그 공간은 실질적으로 2차원일 것이다.

앞에서 이야기한 대로, M 이론에는 끈이 없으며 오로지 막만 있다. 그렇다면 끈 이론과는 어떻게 연관될까? 폭이 방의 높이와 정확히 같은 리본을 바닥에서 천장까지 펼쳤다고 상상해 보자. 리본은 그 방의 길이 방향으로 바닥에 어떤 곡선을 그리며 구불구불 나아갈 것이다. 유일한 규칙은 리본의 위쪽 가장자리가 정확히 아래 가장자리 위에 있어야 한다는 것이다. 사실 그 리본은 종이를 말아 만든 원통처럼 천정의 점과 바닥의 점을 동일시할 수 있기 때문에 위아래로 끝, 즉 가장자리가 없다고도 할 수 있다. 하지만 긴 리본이 한없이 넓은 방에서 그 위아래 가장자리를 천장과 바닥에 붙인 채로 구불구불 놓여 있다고 생각하는 것은 시각화하기 더 편리하다.

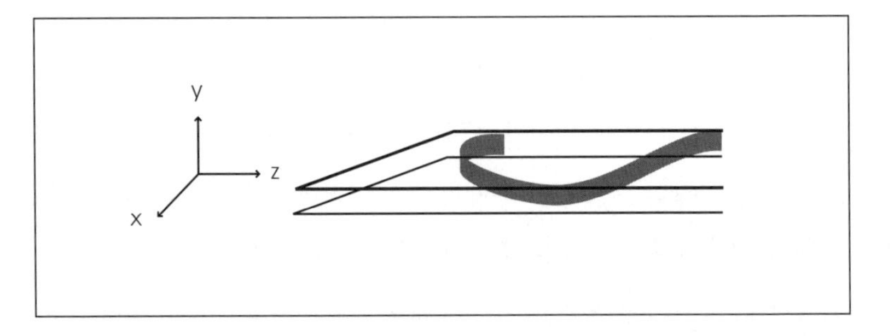

이제 당신은 리본이 실제로는 2차원의 막이지만 어떻게 1차원의 끈 흉내를 내는지 짐작할 수 있을 것이다. 만약 조밀화된 방향이 너무 작아서 현미경을 써야 볼 수 있을 정도라면, 그 리본은 실질적으로 끈과 마

찬가지라고 할 수 있다. 만약 그 리본의 양끝이 서로 연결된다면, 그것은 닫힌 끈과 구분할 수 없을 것이다. 더 정확히 말하자면 IIa형의 끈이다. 이것이 M 이론과 끈 이론 사이의 관계이다. 끈들은 사실은 매우 가는 리본이나 막으로서 *y*축 방향의 길이가 짧아 끈처럼 보이는 것뿐이다. 이것은 그리 어렵지 않다.

하지만 상황은 더 이상해질 수 있다. 이제 한 단계 더 나아가 두 차원, 예를 들어 *z*축 방향과 *y*축 방향을 조밀화시켜 보자. 이것을 그리려면, 무한히 큰 방 대신 무한히 긴 복도를 생각하면 된다. 왼쪽과 오른쪽에 벽이 있고 위와 아래에는 천장과 바닥이 있다. 하지만 만약 당신이 복도를 따라 쭉 보면 한없이 먼 곳까지 볼 수 있다. 어떤 물체가 천장에 닿는다면 그것은 바닥에서 다시 나타난다. 그런데 만약 그것이 *z*축 방향에 있는 양쪽 벽 중 하나에 닿는다면 어떻게 될까? 당신은 아마 그 답을 이미 알고 있을 것이다. 그것은 첫 번째 벽에 닿은 지점에 정확히 대응하는 반대쪽 벽의 마주보는 지점에서 다시 나타난다.

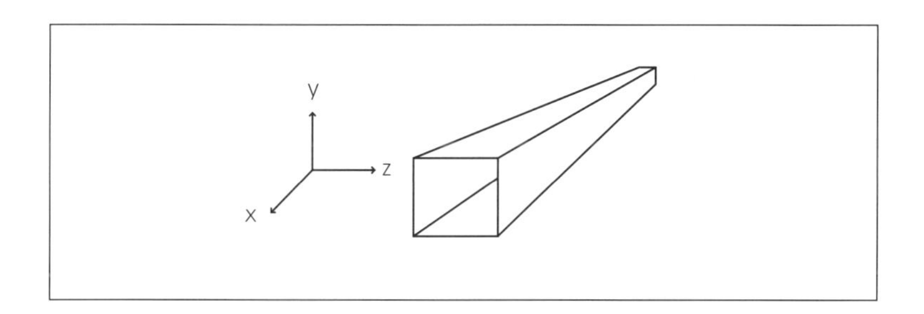

M 이론의 10차원 공간에도 정확히 같은 트릭을 사용할 수 있다. 이번에는 그 '복도'가 10개의 공간 방향들 중 8개 방향으로만 한없이 뻗어 있다는 것만 다르다. 예측했겠지만, 복도의 폭과 높이가 매우 작아지면, 큰 규모에서만 볼 수 있는 서투른 관찰자는 그가 8개의 공간 차원과 1개의 시간 차원을 가진 세계에 살고 있다고 생각할 것이다.

여기에서 끈 이론의 충격적이고 기묘한 결론이 등장한다. 만약 그 복도의 폭과 높이가 어떤 크기보다 작아진다면, 아무것도 없던 데서 새로운 차원이 나타난다. 이 새로운 공간 방향은 우리가 처음 가지고 시작했던 방향들 중 하나가 아니다. 우리는 그것에 대해서 오로지 끈 이론의 수학을 통해서 간접적으로만 알 수 있다. 우리가 원래의 조밀화된 공간을 더 **작게** 할수록, 새로 만들어진 조밀화된 방향은 더 **커진다**. 결국 복도의 높이와 폭이 0으로 줄어들면, 새로운 방향은 무한히 커지게 된다. 놀랍게도 공간 차원 2개를 줄이면, 우리는 8이 아니라 9개의 차원이 남는다는 것을 발견하게 된다. 이런 특이한 사실, '10-2=9'라는 것은 끈 이론의 가장 괴상한 결과 중 하나이다. 공간의 기하학이 항상 에우클레이데스 또는 심지어 아인슈타인이 생각한 것과 일치하지 않는다는 것이다. 거리가 아주 짧아지면, 공간은 물리학자나 수학자가 꿈에도 상상하지 못했던 성질을 가지게 된다.

지금쯤 당신은 끈 이론과 M 이론 사이의 정확한 차이에 대해서 약간 혼란스러울 수도 있다. 끈 이론가들 역시 그들의 전문 용어에 대해서 혼동하고는 한다. 예를 들어, 끈이 아니라 막을 포함한다는 11차원 이론 역시 끈 이론의 일부로 보아야 할까? M 이론이 조밀화되어 끈 이론이 된다면 그것은 여전히 M 이론일까? 이 분야의 전문가들도 이런 사안들에 대해서는 약간 불명확한 것 같다. 따라서 나는 원래의 끈 이론에서 도출되는 모든 것을 끈 이론이라고 부르려고 한다. 여기에는 현재 M 이론이라고 불리는 것도 모두 포함된다. 나는 **M 이론**이라는 용어는 그것이 11차원이라는 것을 강조할 때 쓸 것이다.

끈 이론 이야기는 10장에서 계속되지만, 그 전에 잠시 모든 물리학자들의 관심사를 다루려고 한다. 사실 그것은 자연을 가장 깊은 단계에서 이해하려는 모든 이들의 관심사이기도 하다.

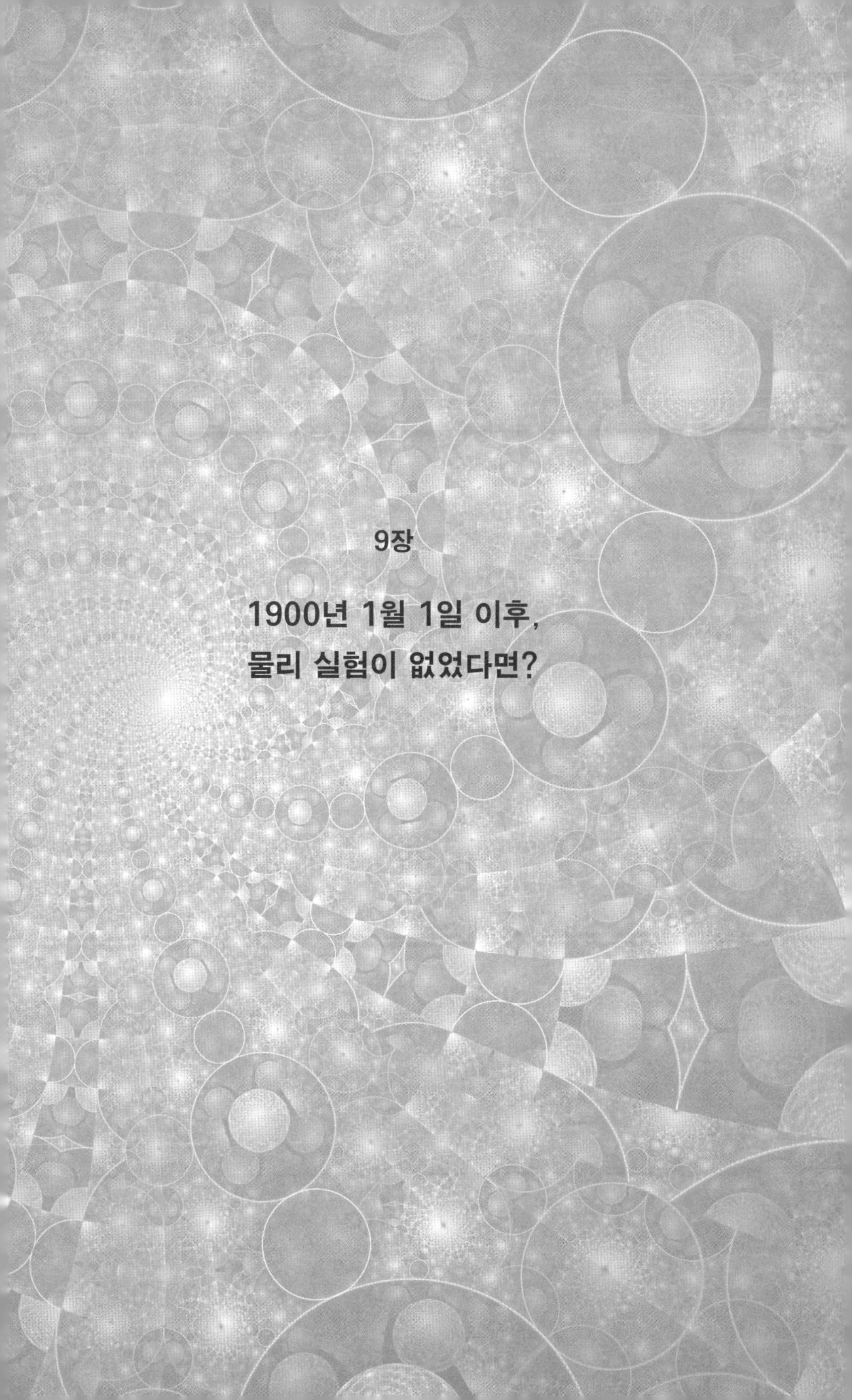

9장

1900년 1월 1일 이후, 물리 실험이 없었다면?

물리학의 근본 원리에 대한 탐색은 미지의 세계를 깊숙하게 파고 들어가는 다른 모든 탐험과 마찬가지로 매우 모험적인 일이다. 성공하리라는 보장은 없으며, 오히려 가망 없이 길을 잃을 가능성이 높다. 물리학자들의 길잡이는 언제나 실험 데이터이지만, 이런 측면에서 상황은 그 어느 때보다도 열악하다. 모든 물리학자들은 물질의 구조를 더 깊이 탐사하기 위해서는 더 크고, 더 어렵고, 돈이 더 많이 드는 실험을 설계해야 한다는 사실을 매우 잘 알고 있다. 전 세계의 모든 재원을 100년간 쏟아붓는다고 해도 플랑크 길이, 즉 10^{-33}센티미터까지 꿰뚫어 볼 수 있는 가속기를 만들기에 충분하지 않다. 오늘날의 가속기 기술에 기반한다면, 우리는 적어도 은하계 전체만 한 가속기가 필요하다! 미래의 기술이 그것을 좀 더 다루기 쉽도록 축소할 수 있다고 하더라도, 여전히 1초당 1조 배럴의 석유에 해당하는 동력이 필요하다.

그렇다면 어떻게 우리는 성공을 희망할 수 있을까? 우리를 올바른 방향으로 이끌어 줄 실험적 검증과 새로운 발견 없이는, 그것은 헛된 사업이 되고 말 것이다. 반면에 끈 이론과 관련된 어떤 웅대한 진보가 실험적 난점을 무시하고, 그 정확성에 대한 의심을 말끔히 해소할 정도로 물리 법칙을 정확하게 기술하는 이론을 창조할지도 모른다. 이것이 가능할지 우리는 사실 알지 못한다. 우리의 시도는 너무나 대담하기에 역사적인 선례조차 없다. 어떤 이들은 우리의 시도가 비현실적이라고, 헛수고라고 여긴다. 심지어 그 일을 하는 사람들조차 궁극적인 성공에 대한 확신이 없다. 어떤 현미경이 볼 수 있는 것보다도 열여섯 자리나 작은 세계를 지배하는, 자연의 기본 법칙을 예지하는 것은 매우 어려운 일이다. 그것에는 교묘함과 인내심은 물론, 뻔뻔스러울 정도의 고집도 있어야 한다.

인류는 과연 충분히 영리한가? 개인적으로서가 아니라, 집단으로서 말이다. 인류의 지혜를 모으면 존재의 위대한 수수께끼를 풀기에 충분할까? 인간의 마음과 정신이 우주를 이해하기에 적합하게 만들어져 있을까? 세계의 가장 위대한 물리학자들과 수학자들의 빛나는 지성이 연합해 한계가 너무나 많은 실험에서 최종 이론을 찾아낼 확률은 얼마나 될까?

1995년 저녁, 물리학자들의 연회에서 내가 동료들과 함께 알아보고 싶었던 것은 이런 질문들이었다. 21세기 물리학자들이 마주하고 있는 어려움이 어떤 것인지 알리려는 목적만이 아니더라도, 나는 이 책에서 그것들을 논의하는 것이 중요하다고 생각한다. 문제를 좀 넓게 보기 위해서, 나는 약간은 기발한 사고 실험을 제안했다. 만약 20세기 물리학자들이 1899년 12월 31일 이후의 모든 실험 결과를 이용할 수 없었다고 할 때, 물리학이 어떻게 발전했을지, 그 최상의 시나리오를 상상해 보자고 한 것이다. 대부분의 사람들은 물리학, 또는 모든 과학이 금방 수렁에 빠져 정체되었을 것이라고 할 것이다. 어쩌면 그들이 맞다. 하지만 어쩌면 그들은 상상력이 부족한 것일 수도 있다.

내가 그 연회에서 탐구하고자 했던 정확한 질문은, 실험의 안내가 전혀 없는 상황에서 영리한 이론 물리학자들이 20세기 물리학의 성과 중 얼마만큼을 발견할 수 있었을까 하는 것이다. 그들은 우리가 오늘날 아는 것의 전부, 또는 대부분을 발견할 수 있었을까? 나는 그들이 성공했을 것이라고 말하려는 것이 아니라, 단지 그들에게는 현대 물리학의 대부분을 유도해 낼 수 있는 일련의 논의가 있었음을 주장하려는 것이다. 이 장에서 나는 내 생각을 설명할 것이다.

20세기 물리학의 두 기둥은 상대성 이론과 양자 역학이며, 둘 다 20세기 첫 몇 해 동안에 태어났다. 플랑크는 그의 상수를 1900년에 발견했으며, 아인슈타인이 플랑크의 연구를 광자 개념으로 해석한 것은 1905년이었다. 플랑크의 발견은 열적 복사의 성질, 즉 뜨거운 물체가 전자기 복사로 빛을 방출하는 현상에 대한 것이었다. 물리학자들은 이것을 **흑체 복사**(black body radiation)라고 하는데, 그것은 완전히 검은 물체라도 뜨거워지면 빛을 내는 현상이다. 아무리 검은 주전자라도 수천 도까지 가열되면 빨갛게 달궈지는 것이 좋은 예이다. 1900년 당시의 물리학자들은 흑체 복사에 대해서 잘 알고 있었고, 그것이 모순적이라는 것 때문에 고민하고 있었다. 수학적 이론에 따르면 흑체 복사 에너지의 전체 양은 무한대가 되어야만 했다. 특정한 파장을 가지는 빛 각각의 에너지는 유한하지만, 19세기 물리학에 따르면 그것을 모두 합했을 때 매우 짧은 파장 값에서는 무한대의 에너지가 나와야 했다. 그래서 그 문제를 **자외선 파탄**(ultraviolet catastrophe)이라고 불렀다. 어떤 의미로 그것은 '모든 물리 문제 중의 문제'와 같은 종류의 문제이다. 너무 많은 에너지가 매우 짧은 파장 쪽에 저장되어 있는 것이다. 아인슈타인은 열복사의 문제를 급진적이지만 매우 정당한 동기가 있는 가설, 즉 빛이 개별적 양자로 이루어져 있다는 가설을 이용해서 해결했다. 아인슈타인이 이 문제를 해결하는 데에 20세기의 실험은 아무런 역할도 하지 않았다.

광자의 해는 또한 특수 상대성 이론의 해이기도 했다. 지구가 에테르(ether) 속을 움직이는 것을 검출하는 데 실패한 마이컬슨과 몰리의 실험은 세기가 바뀌기 13년 전에 행해졌다.[1] 사실 아인슈타인이 마이컬슨과 몰리의 연구에 대해서 알고 있었는지조차도 확실하지 않다. 아인슈타인의 회상에 따르면, 특수 상대성 이론을 생각해 낸 주된 실마리는 빛에 대한 맥스웰의 이론으로 그것은 1860년에 나왔다. 사고 실험의 대가인 아인슈타인은 16세 때(1895년) 어떤 사람이 빛의 속도로 움직인다면 그에게 빛은 어떻게 보일지에 의문을 품었다. 어린 나이에도 불구하고, 그는 모순이 생긴다는 것을 간파했다. 새로운 실험이 아니라 바로 사고 실험에서 그의 위대한 발견이 싹튼 것이다.

19세기 말에 이르러 물리학자들은 전자의 미시 세계와 물질의 구조를 탐구하기 시작했다. 네덜란드의 위대한 이론 물리학자인 헨드리크 안톤 로렌츠(Hendrik Antoon Lorentz, 1853~1928년)는 전자의 존재를 주장했으며, 1897년에는 영국의 물리학자인 조지프 존 톰슨이 그것을 발견하고 그 성질들을 연구했다. 빌헬름 콘라트 뢴트겐(Wilhelm Konrad Röntgen,

1. 19세기 물리학에 따르면, 에테르는 모든 공간을 채우는 가상적인 탄성 물체이다. 나는 보통 그것을 색깔 없는 젤리라고 설명하고는 한다. 빛은 에테르 속에서 진동하며 운동하는 작은 자국인 것이다. 19세기에는 에테르에 대해서 움직이는 관찰자에게는 빛의 속도가 관찰자의 운동 속도에 따라 변화할 것이라고 생각되었다.

1845~1923년)이 그의 극적인 엑스선 발견의 업적을 이룬 것은 1895년이었다. 뢴트겐의 업적을 따라서 앙투안 앙리 베크렐(Antoine Henri Becquerel, 1852~1908년)은 1년 뒤 방사능을 발견했다.

하지만 어떤 것들은 몇 년이 지나도 알려지지 않았다. 1911년이 되어서야 로버트 밀리컨(Robert Millikan, 1868~1953년)은 전자의 전하량을 정확히 결정할 수 있었다. 그리고 어니스트 러더퍼드(Ernest Rutherford, 1871~1937년)가 원자를 탐사할 수 있는 교묘한 실험을 고안하기까지, 원자가 작은 원자핵 주위를 도는 전자들이라는 설명은 비슷한 추측이 이미 19세기에 있었음에도 불구하고 알려지지 않았다.[2] 그리고 물론 원자의 현대적 아이디어는 19세기 초 존 돌턴(John Dalton, 1766~1844년)까지 거슬러 올라간다.

가벼운 전자들이 무겁지만 작은 원자핵 주위를 돈다는 원자의 '행성' 모형에 대한 러더퍼드의 발견이 열쇠였다. 그것은 단 2년 만에 양자화된 궤도에 대한 보어의 이론을 이끌어 냈다. 하지만 러더퍼드의 발견이 절대적으로 필요한 것이었을까? 나는 그렇지 않다고 생각한다. 나는 최근 하이젠베르크가 만든 최초의 양자 역학이 원자와는 전혀 관련이 없었다는 것을 알고 깜짝 놀랐다.[3] 하이젠베르크가 급진적인 '행렬 역학'을 최초로 적용한 것은 간단한 진동계였다. 그의 이론은 조화 진동자의 이론이었던 것이다. 사실 플랑크-아인슈타인의 이론도 복사장의 조화 진동 이론으로 이해할 수 있다. 진동자의 에너지가 불연속적인 값을

---

2. 러더퍼드는 금 원자에 알파 입자(헬륨 원자핵)를 충돌시켜 알파 입자가 빗나가는 정도로부터 원자는 작고 무거운 원자핵과 그 주위를 도는 가벼운 전자로 되어 있다고 추론했다. 이것은 최초의 현대적 입자 물리학 실험이라고 할 수 있다.

3. Abraham Pais, *Niels Bohr's Times: In Physics, Philosophy, and Polity* (Oxford: Oxford University Press, 1991).

가진다는 것은 보어의 불연속적인 궤도와 유사하다. 러더퍼드의 원자가 양자 역학의 발견에 꼭 필요했던 것 같지는 않다.

그렇다고 해도 원자의 문제가 다 해결되는 것은 아니다. 감히 누가 원자가 태양계와 비슷한 구조를 이루고 있다고 추측할 수 있었겠느냐는 말이다. 여기서 나는 그 열쇠가, 허블이 은하의 속도를 결정하기 위해서 사용했던 것과 같은 스펙트럼선의 연구, 즉 분광학(分光學)이었을 것이라고 생각한다. 19세기에 이미 어마어마한 양의 분광학 데이터가 존재했다. 수소 스펙트럼은 자세히 알려져 있었다. 원자가 전자와 양전하를 띤 무엇인가로 이루어졌다는 생각도 1900년쯤에는 상당히 넓게 퍼져 있었다. 나는 최근 한 일본인 친구로부터 원자의 행성 모형(전자들이 원자핵 주위를 돈다는 것)을 최초로 추측한 것이 일본인 물리학자 나가오카 한타로(長岡半太郎, 1865~1950년)였음을 알게 되었다. 심지어 나가오카의 사진과 그의 원자 모형이 그려져 있는 일본 우표도 있다.

나가오카의 논문은 인터넷에서 찾을 수 있으며, 러더퍼드의 실험보다 8년 전인 1903년에 발표되었다. 양자 이론에 대해서 더 많은 것이 알려진 몇 년 뒤에 그 아이디어가 나왔다면, 역사는 달라졌을 수도 있다. 분광학 데이터가 풍부했다는 것을 감안하면, 진동의 양자적 성질, 그리고 나가오카의 아이디어는 뛰어난 젊은 학자였던 하이젠베르크나 디랙에게 '유레카'의 순간을 주지 않았을까? "아하, 알았다. 양전하는 가운데에 있고, 전자들은 양자화된 궤도를 따라 그 주위를 도는 거야." 어쩌면 보어가 해 냈을 수도 있다. 물리학자들은 이것보다 큰 도약을 감행한 적도 있다. 일반 상대성 이론, 또는 강입자 분광학으로부터 끈 이론을 발견한 것을 상기해 보라.

그러면 일반 상대성 이론은 어떨까? 그것은 20세기의 실험 없이 유도될 수 있었을까? 당연하다! 필요한 것은 오로지 등가 원리를 이끌어 낸

아인슈타인의 사고 실험뿐이었다. 등가 원리를 특수 상대성 이론과 조화롭게 만드는 것이 아인슈타인이 택한 길이었다.

오늘날 진지한 이론 물리학자 중에 서로 명백히 대립되는 두 이론에 만족하는 사람은 없다. 양자 역학과 일반 상대성 이론 말이다. 1920년 말에도 이것과 매우 비슷한 문제가 있었다. 바로 양자 역학과 특수 상대성 이론을 조화시키는 방법을 알아내는 것이었다. 디랙, 파울리, 그리고 하이젠베르크 같은 우수한 물리학자들이 특수 상대성 이론이 양자 역학과 조화를 이루는 것을 보기 위해 쉬지 않고 노력했다. 여기에는 전자기장과 상호 작용하는 전자의 상대론적 양자 이론이 필요했다. 이 부분에서는 추측할 필요도 없다. 양자 전기 역학의 초기 발전을 이끈 주된 원동력은 바로 양자 역학과 특수 상대성 이론을 통일하고자 하는 디랙의 열정이었다. 그러나 디랙은 자신의 디랙 방정식이 옳다는 것을 어떻게 알 수 있었을까?

여기에서 파울리가 배타 원리를 가지고 극적으로 등장한다. 파울리에게 동기를 부여한 것은 화학이었다. 즉 주기율표와 원자 궤도에 전자를 차곡차곡 쌓아 가는 그 구성 방식에 대한 의문이었다. 전자들이 어떻게 원자 궤도를 채우고 다른 전자들이 이미 채워진 궤도에 들어오는 것을 막는가를 이해하기 위해서 파울리는 스핀이라는, 전자의 새로운 성질을 가져와야 했다. 그리고 스핀이라는 아이디어는 어디에서 왔는가? 20세기에 이루어진 새로운 실험에서가 아니라, 19세기의 분광학과 화학에서 왔다. 스핀이라는 새로운 자유도를 추가함으로써, 파울리는 전자 2개, 즉 하나는 스핀이 아래쪽을 향하고 다른 하나는 위쪽을 향하는 전자 2개를 각 원자 궤도에 집어 넣을 수 있게 되었다. 이 이론에 따르면 헬륨의 경우 2개의 전자가 가장 낮은 보어 궤도를 채운다. 이것이 멘델레예프의 주기율표를 해명하는 열쇠였다. 파울리의 아이디어는 19세기 화학에 기반한 추측이었지만, 디랙이 내놓은 상대론적 전자 이론은 스핀의 신비로운 성질을 정확하게 설명했다.

그러나 디랙의 이론은 심각한 문제를 하나 가지고 있었다. 현실 세계에서 모든 입자는 양의 에너지를 가진다. 처음에 디랙의 이론은 모순적인 것으로 여겨졌는데, 왜냐하면 음의 에너지를 가진 전자를 포함하기 때문이었다. 음의 에너지를 가지는 입자들은 매우 나쁜 조짐이다. 원자에서 높은 에너지를 가지는 전자는 결국 빛을 내놓으면서 낮은 에너지 궤도로 '떨어진다'는 것을 기억하자. 전자들은 파울리의 배타 원리가 막지 않는 한 가장 낮은 에너지 궤도를 찾아간다. 그러나 만약 전자에 대해서 음의 에너지를 가지는 궤도가 무한정 있다면 어떻게 될까? 세상의 모든 전자들이 광자의 형태로 엄청난 양의 에너지를 내놓으며 모두 음의 에너지를 가진 궤도로 떨어지지 않을까? 정말로 그럴 것이다. 디랙의 아이디어가 가지는 이 치명적인 특징은, 전자들이 음의 에너지 상태에 있지 못하도록 하는 무엇인가가 없다면, 그의 이론 전체의 신빙성을 위협할 터였다. 다시 파울리의 배타 원리가 디랙을 재앙으로부터 구해 냈다. 우리가 보통 진공이라고 부르는 것이 사실은 각 음수 에너지 궤도가 음의 에너지를 가진 전자들로 가득 차 있는 상태라고 가정해 보자. 세상은 어떻게 보일까? 그러면 보통의 양수 에너지 궤도에 전자들을 놓을 수 있게 된다. 전자가 가장 낮은 양수 에너지 궤도에 이르면, 더 이상 아래로 떨어질 수 없다. 음의 에너지를 가지는 전자로 막혀 있기 때문이다. 어떤 면에서 보면, 사실상 음수 에너지 궤도는 없는 것이나 마찬가지이다. 그것은 음수 에너지 전자들로 이루어진, 이른바 '디랙 바다'가 전자가 이런 궤도로 떨어지는 것을 실질적으로는 금지하고 있기 때문이다. 디랙은 문제가 해결되었다고 선언했으며, 그것은 사실이었다.

이 아이디어는 곧 새롭고 전혀 예기치 못했던 어떤 것을 이끌어 냈다. 보통의 원자에서 전자는 주위에 있는 광자들을 흡수해서 에너지가 더 높은 상태로 '들뜰' 수 있다.[4] 디랙이 진정한 탁월성을 보인 것이 이 대목이다. 그는 똑같은 일이 진공을 채우는 음수 에너지 전자들에서도 일어날 수 있다고 추론했다. 광자들이 음수 에너지 전자들을 들뜨게 해서 양수 에너지 상태로 보낼 수 있다는 것이다. 남는 것은 양수 에너지를 가지는 전자 하나와 없어진 음수 에너지 전자, 즉 디랙 바다의 구멍이다. 전자가 없어진 구멍이므로, 구멍은 전자의 반대 전하량을 가질 것이며, 따라서 그저 양전하를 띤 입자처럼 보일 것이다. 이것이 바로 양전자로서, 나중에 파인만은 이것을 시간을 거슬러 가는 전자로 해석했다. 디랙은 진공에 난 구멍으로 설명했다. 게다가 그것은 광자들이 충분한 에너지를 가지고 충돌할 때, 보통의 전자들과 함께 만들어져야 한다.

반물질에 대한 디랙의 예측은 물리학 역사에서 위대한 순간들 중 하나이다. 그것은 이후 양전자의 발견에 이르게 했을 뿐만 아니라, 양자장 이론이라는 새 분야를 열었다. 그것은 파인만의 파인만 도형 발견을 이

---

4. 이것은 원자의 흡수선 스펙트럼에 대한 연구를 통해 알려져 있었다. 이것 또한 19세기 물리학의 성과 중 하나이다.

끌어냈을 뿐만 아니라 나중에 표준 모형의 발견으로 이어졌다. 하지만 이야기를 너무 앞서가지는 말도록 하자.

디랙이 전자의 상대론적 양자 역학에 대한 그의 놀라운 방정식을 발견했을 때 어떤 실험을 염두에 둔 것은 아니었다. 그는 단지 어떻게 해야 비상대론적인 슈뢰딩거 방정식과 아인슈타인의 특수 상대성 이론을 조화시킬 수 있는지 생각했다. 그가 일단 디랙 방정식을 얻자, 양자 전기 역학 전체에 새로운 길이 열렸다. 양자 전기 역학을 연구하는 이론가들은 재규격화 이론으로 임시 처방한, 양자 전기 역학의 모순을 분명히 발견했을 것이다.[5] 현대 양자장 이론의 발견을 가로막을 장애물은 없었을 것이다. 그리고 곧 물리학자들은 엄청나게 큰 진공 에너지를 발견했을 것이고, 왜 그것이 중력으로서 작용하지 않는지를 끊임없이 고민했을 것이다. 이 시점에서 이론가들이 그들의 아이디어에 대한 실험적 검증 없이 기꺼이 이론적 연구만 계속해 나갔을지 의문을 품을 수 있다. 또 젊은이들이 그렇게 이론만 파고 싶어 했을지 의문을 품을 수 있다. 하지만 나는 물리학이 지금까지 발전해 왔을 가능성을 의심하지 않는다. 게다가 끈 이론의 35년 역사는, 먹고살 수 있는 한 이론 물리학자들이 영원히 수학적 한계를 계속해서 확장해 나갈 것임을 잘 보여 주고 있다.

아주 작은 원자 태양계의 중심에 있는 양전하를 띤 '태양'인 원자핵은 어떨까? 양성자와 중성자는 어떻게 추론될 수 있었을까? 양성자는 그리 어렵지 않았을 것이다. 1808년에 돌턴은 첫 번째 발걸음을 내딛었

5. 초기의 양자 전기 역학은 심각한 수학적 모순을 안고 있었다. 당신의 계산은 의미가 통하지 않는 무한대의 답을 낳았다. '재규격화'라는 임시 방편의 해결책이 1950년대에 만들어졌다. 하지만 케네스 게디스 윌슨(Kenneth Geddes Wilson, 1936년~)이 1970년대 초에 더 심오한 이론을 개발하기까지 그 모순들은 해결되지 않았다.

다. 모든 원자의 질량은 어떤 숫자의 정수배가 된다. 그것은 분명히 원자핵 내부에 있는 기본 요소가 불연속적으로 존재함을 암시한다. 게다가 원자핵의 전하량은 일반적으로 원자량보다 작기 때문에, 그 기본 요소들이 모두 같은 전하를 가질 수는 없다. 가장 간단한 가능성은 한 종류의 양전하를 띤 입자와 질량이 같은 한 종류의 중성 입자이다. 영리한 이론가들이라면 이것을 즉시 생각해 냈을 것이다.

물론 그렇지 않았을 수도 있다. 어떤 문제 하나가 그들의 발목을 잡아 한동안(얼마나 오래 걸렸을지는 알 수 없다.) 방향을 못 잡고 헤매게 했을 수도 있다. 예를 들어, 중성자를 가정하지 않아도 원자핵의 구조를 설명할 수도 있기 때문이다. 원자핵을 다수의 양성자들과 소수의 전자들이 뭉쳐 있는 것으로 이해할 수도 있다. 예를 들어, 탄소 원자핵에는 양성자 6개와 중성자 6개가 있는데 그것을 12개의 양성자에 6개의 전자가 달라붙어 있는 것으로 해석할 수도 있다. 사실 중성자의 질량은 양성자와 전자의 질량을 합친 것과 비슷하다. 물론 전자와 양성자 사이의 통상적인 정전기력은 여분의 전자들을 양성자에 단단히 묶어 두기에는 충분히 강하지 않기 때문에, 새로운 힘을 도입해야 했을 것이다. 그리고 새로운 힘에는 새로운 전달 입자가 필요하다. 결국 그들은 중성자가 그렇게 나쁜 아이디어는 아니라는 결론에 도달했을 것이다.

그동안 아인슈타인은 그의 중력 이론을 개발했고, 호기심 많은 물리학자들은 그 방정식들을 탐구하고 있었다. 여기서 다시 우리는 추측할 필요가 없다. 카를 슈바르츠실트(Karl Schwarzschild, 1873~1916년)는 아인슈타인이 그의 이론을 완성하기도 전에, 우리가 지금 '슈바르츠실트 블랙홀'이라고 부르는 아인슈타인 방정식의 해를 알아냈다. 아인슈타인은 결국 중력자의 아이디어를 낳게 되는 중력파의 존재를 유도해 냈다. 여기에 실험이나 관측이 필요 없었다는 것은 아주 확실하다. 일반 상대성 이론의 결과들은 그 이론이 정확하다는 어떤 경험적 증거 없이도 알아낸 것이다. 10장에서 만나게 될, 블랙홀의 현대적 이론마저도 단지 슈바르츠실트의 해와 양자장 이론의 기본적 아이디어들을 결합한 것뿐이다.

그럼 표준 모형은 어떤가? 이론가들이 표준 모형의 전체 구조를 추측할 수 있었을까? 양성자와 중성자라면 그럴 수 있어도, 쿼크, 중성미자, 뮤온, 그리고 나머지 모든 것들까지? 나는 이런 것들을 이론만으로 추측해 낼 방법을 전혀 알지 못한다. 하지만 표준 모형의 이론적 토대인 양-밀스 이론이라면 어떨까? 이 점에 대해서 나는 확고한 근거를 갖고 이야기할 수 있다. 그 의문에 답을 줄 수 있는 실험이 이미 행해졌고, 데이터를 얻었기 때문이다. 1953년에 하나의 여분 차원을 가지는 칼루자의 이론을 일반화한다는 단 하나의 동기만으로, 역사상 가장 위대한 이론 물리학자들 중 한 사람인 파울리가 오늘날 비가환 게이지 이론(non-Abelian gauge theory)이라고 부르는 수학적 이론을 확립한 것이다. 칼루자가 3차원 공간에 여분 차원을 하나 더해서 중력과 전기 역학을 통합해서 기술했음을 기억하기 바란다. 파울리는 차원을 하나 더 더해서 전체 5+1차원으로 만들었다. 그는 2개의 여분 차원들을 말아 작은 2차원 구면을 만들었다. 그래서 그가 알아낸 것은 무엇일까? 그는 2개의 여분 차원들이 전기 역학과 유사하지만 약간 다른, 새로운 종류의 이론을 내놓는다는 것을 알게 되었다. 그 이론의 입자 목록은 단 한 종류의 광자 대신, 이제 세 종류의 광자들을 포함하고 있었다. 그리고 이상하게도, 각각의 빛은 전하를 가지고 있었으며, 하나가 나머지 2개 중 어떤 것이라도 방출할 수 있었다. 이것이 비가환 게이지 이론, 또는 양-밀스 게이지 이론의 최초 구성이었다.[6] 오늘날 우리는 비가환 게이지 이론이 표준 모형

---

6. 양전닝(揚振寧, 1922년~)과 로버트 밀스(Robert Mills, 1927~1999년)는 파울리의 연구 1년 후

전체의 토대가 되었음을 알고 있다. 글루온, 광자, Z 보손, 그리고 W 보손은 파울리가 이야기했던 3개의 광자와 흡사한 입자들을 간단하게 일반화한 것이다.

내가 이야기했던 대로, 이론가들이 쿼크, 중성미자, 뮤온, 그리고 힉스 입자를 포함한 표준 모형을 유추해 냈을 가능성은 거의 없다. 그리고 만약 그들이 그랬다고 하더라도, 그것은 수십 가지 다른 아이디어들 중 하나였을 가능성이 높다. 하지만 나는 그들이 분명 그 이론을 구성하는 기본 요소들은 찾아냈을 것이라고 생각한다.

그들이 끈 이론을 발견할 수 있었을까? 끈 이론의 발견은 수색하고 조사하기를 좋아하는 이론가들의 정신이 어떻게 작동하는가를 보여 주는 좋은 예이다. 끈 이론가들은 실험적 기반이 전혀 없는 상태에서 기념비적인 수학적 구조물을 만들어 냈다. 끈 이론의 역사적 전개는 약간 우연적이었다. 그러나 끈 이론은 다른 종류의 우연에서 태어났을 수도 있다. 비가환 게이지 이론들에서는 끈과 비슷한 물체들이 중요한 역할을 한다. 다른 그럴듯한 가능성은 끈 이론이 유체 역학, 즉 유체의 흐름에 대한 이론을 통해 개발되었을 수도 있다는 것이다. 싱크대에서 물이 빠져나갈 때 만들어지는 소용돌이를 생각해 보자. 소용돌이의 가운데에는 긴 1차원의 중심부가 형성되는데 그것은 여러 면에서 끈과 비슷한 성질을 가진다. 그런 소용돌이는 토네이도(회오리 바람)에서 볼 수 있듯이 공기 중에도 형성될 수 있다. 담배 연기의 고리는 더 흥미로운 예로, 닫힌 끈처럼 생긴 소용돌이의 고리이다. 이상적인 소용돌이의 이론을 만들기

에 각각 독립적으로 비가환 게이지 이론을 고안했다. 내가 역사에 그것을 포함시키지 않은 이유는 오로지 양전닝과 밀스가 내가 기한으로 잡은 1900년 1월 1일 훨씬 후에야 알려진 원자핵에 대한 어떤 경험적 사실에서 부분적으로 동기를 부여받았기 때문이다.

위해 노력한 유체 역학의 전문가들이 끈 이론을 발명할 수도 있었을까? 알 수 없지만, 전혀 불가능했을 것 같지도 않다. 유체를 연구하는 사람들이 닫힌 끈이 중력자처럼 행동한다는 것을 알아냈을 때, 중력의 양자 이론을 탐구하려는 물리학자들이 그 기회를 포착할 수 있었을까? 나는 그들이 그럴 수 있었을 것이라고 생각한다.

반면에 회의적인 사람은 좋은 아이디어가 하나 발견될 동안 100개의 상관없고 잘못된 방향을 탐구하게 마련이라고 설득력 있게 주장할 것이다. 안내를 해 주고 규율을 잡아 줄 실험이 없다면, 이론가들은 상상할 수 있는 모든 방향으로 떠나 지적 혼돈에 빠지고 말 것이다. 좋은 아이디어와 나쁜 아이디어는 어떻게 구분할 수 있을까? 모든 아이디어가 있다는 것은 아이디어가 없는 것만큼이나 나쁜 일이다.

비판자들의 지적은 일리가 있다. 그들은 아마 옳을 것이다. 하지만 좋은 아이디어들에는 나쁜 아이디어들에는 없는 다윈주의적 적응도 같은 것이 있을 수도 있다. 좋은 아이디어들은 더 많은 좋은 아이디어들을 만드는 경향이 있고, 나쁜 아이디어들은 보통 도움이 안 된다. 그리고 수학적 정합성이라는 기준에는 용서가 없다. 그 기준은 실험과는 다른 방식으로 규율을 줄 수도 있을 것이다.

실험이 없는 세기에 물리학은 내가 생각한 것처럼 발전할 수 있었을까? 누가 알겠는가? 나는 그랬을 것이라고 주장하는 것이 아니라, 그랬을 수도 있다고 말하는 것이다. 우리는 보통 인간 재능의 한계를 가늠할 때 그것을 과대 평가하기보다 과소 평가하는 경우가 훨씬 많기 때문에 내 생각에도 일리는 있을 것이다.

뒤돌아볼 때 내가 1995년에 이론가들의 재능만을 이야기했던 것은 심각한 상상력의 결여 때문이었음을 깨닫게 된다. 미래의 실험 데이터에 대해 너무나도 어둡게 전망한 나머지 스스로와 그 연회에 참석한 다른 물리학자들을 위로하고자, 나는 실험 물리학자들의 재능, 상상력, 그리고 창의성을 심하게 과소 평가했던 것이다. 5장에서 설명했던 대로, 1995년 이후 실험 물리학자들은 계속 혁명적인 우주론 데이터를 무서운 기세로 쌓아 왔다. 이 책의 마지막 장에서 나는 머지않은 장래에 수행될 또 다른 흥미로운 실험들에 대해서 논의할 것이다. 그러나 지금은 끈 이론으로 돌아가 그것이 어떻게 가능성의 거대한 풍경을 만들어 내는지 알아보도록 하자.

10장

끈 이론의 부품들

우리는 드디어 문제의 핵심에 도달했다. 누군가 우주를 설계했다는 것은 비합리적이며, 모종의 인간 원리에 호소하는 것도 낡은 생각이다. 진정 새로우며, 이론 물리학자들 사이에 엄청난 경악과 논쟁을 불러일으킨 대격변이자 내가 이 책을 쓰게 된 동기는 끈 이론의 풍경이 엄청나게 많은 수의 다양한 계곡들을 가지고 있다는 인식이다. 양자 전기 역학(광자와 전자의 이론)이나 양자 색역학(쿼크와 글루온의 이론) 같은, 20세기에 널리 유행한 초기의 이론들은 매우 따분한 풍경을 가지고 있다. 표준 모형은 복잡해 보이지만, 단 하나의 진공만을 가지고 있다. 우리가 사는 풍경이 어떤 것인지 선택할 여지도, 필요도 없었던 것이다.

옛 이론들에 진공이 얼마 없는 이유는 이해하기 어렵지 않다. 그것은 다양한 풍경을 낳는 양자장 이론이 수학적으로 불가능하기 때문이 아니다. 표준 모형에 힉스장과 흡사한 수백 개의 관측되지 않은 장을 추가하면, 거대한 풍경을 만들 수 있다. 표준 모형의 진공이 유일한 이유는 내가 4장에서 설명했던 것과 같은 어떤 놀라운 수학적 우아함과 관련이 없다. 그것은 표준 모형이 우리 우주에 한정된 몇 가지 사실들을 기술한다는 특별한 목적을 위해 만들어졌다는 사실과 더 관련이 있다. 그것들은 실험 데이터로부터 우리 자신의 진공을 기술(설명이 아니라)한다는 특별한 목적을 가지고 조금씩 따로따로 만들어졌다. 이 이론들은 그 목적을 훌륭히 수행했지만 그 이상을 하도록 설계되지는 않았다. 이런 제한된 목적을 가지고 있었기 때문에, 이론가들은 풍경을 만들기 위해서 새로운 구조들을 많이 추가할 이유가 없었다. 사실 20세기에 대부분의 물리학자들(안드레이 린데나 알렉스 빌렌킨 같은 선견지명이 있던 예언자들을 제외하면)은 다양한 풍경을 장점이라기보다는 오점으로 생각했을 것이다.

최근까지도 끈 이론가들은 단일한 진공을 가진 이론이라는 오래된 패러다임에 눈이 멀어 있었다. 적어도 100만 개의 다른 칼라비-야우 공간을 사용해서 여분 차원을 조밀화할 수 있음에도 불구하고, 이 끈 이론 분야의 지도자들은 단 하나만을 남기고 모든 가능성을 제거할 수 있는 모종의 수학 원리가 발견될 것이라는 희망을 계속 품었다. 하지만 그들이 그런 진공 선택의 원리를 찾는 데 갖은 노력을 쏟았음에도 불구하고 아무것도 발견되지 않았다. 그들은 "희망은 영원히 샘솟는다."라고 했다. (영국의 시인 알렉산더 포프의 시 「인간론」의 한 구절 "희망은 인간의 가슴에서 영원히 샘솟는다."에서 인용한 것이다. — 옮긴이) 그러나 지금 대부분의 끈 이론가들은 이론은 정확할지 몰라도 그들의 염원은 잘못된 것이었음을 깨달았다. 그 이론 스스로가 유일성이 아니라 다양성의 이론으로 간주되기를 요구하고 있는 것이다.

끈 이론의 어떤 것이 그 풍경을 그토록 풍부하고 다양하게 만드는 것일까? 그 답은 여분의 여섯 차원이나 일곱 차원 공간에 숨겨진, 작고 말린 기하의 엄청난 복잡성에 있다. 그러나 이 복잡성에 대해 이야기하기 전에, 나는 좀 더 간단하고 친근하며 비슷한 복잡성의 예를 하나 설명하려고 한다. 사실 나는 이 예에서 **풍경**이라는 용어에 대한 영감을 처음 얻었다.

풍경이라는 용어는 끈 이론가들이나 우주론 학자들이 처음 사용한 것이 아니다. 내가 수많은 끈 이론의 진공들을 기술하기 위해서 그 단어를 2003년에 처음 사용했을 때, 나는 그것을 훨씬 더 오래된 과학 분야, 즉 거대 분자의 물리학과 화학에서 빌어 왔다. 수백 또는 수천 개의 원자로 이루어진 고분자의 가능한 형태들은 오래전부터 풍경, 또는 에너지 풍경이라고 일컬어졌다. 끈 이론의 풍경은 양자장 이론의 빈약한 풍경보다는 거대 분자들의 '배위 공간'과 더 많은 공통점이 있다. 끈 이론의 탐구로 돌아가기 전에 이 문제를 좀 더 논의해 보자.

하나의 원자에서 시작해 보자. 원자의 위치를 나타내려면 3개의 숫자, 예를 들어 x, y, z축 위에서의 원자의 좌표가 필요하다. 만약 당신이 x, y, z가 마음에 들지 않는다면 경도, 위도, 그리고 고도를 사용할 수도 있다. 그리하여 원자 하나의 가능한 상태란 보통 3차원 공간의 점으로 나타낸다.

원자로 이루어진, 그다음으로 간단한 시스템은 이원자 분자, 즉 2개의 원자로 이루어진 분자이다. 두 원자의 위치를 나타내는 데에는 6개의 좌표, 즉 각 원자에 대해서 3개씩의 좌표가 필요하다. 그 여섯 좌표를 x_1,

y_1, z_1 그리고 x_2, y_2, z_2라고 부르는 것은 자연스러운 일이다. 여기에서 첨자 1과 2는 두 원자를 나타낸다. 이 6개의 숫자들은 3차원 공간의 두 점을 기술하는데, 여섯 좌표들을 묶어서 추상적으로 6차원 공간을 구성할 수도 있다. 그 6차원 공간이 이원자 분자를 기술하는 풍경이 된다.

이제 1,000개의 원자로 비약해 보자. 무기 화학에서는 이쯤이면 매우 큰 분자이지만, 유기 생체 분자에서는 그저 평범한 정도이다. 그 1,000개의 원자들이 배열될 수 있는 모든 방법을 우리는 어떻게 기술할 수 있을까? 이것은 학구적인 질문만은 아니다. 단백질 분자들이 어떻게 접히고 풀릴 수 있는지 이해하고자 하는 생화학자들과 생물 물리학자들은 분자의 풍경을 통해서 생각한다.

명백하게 원자 1,000개의 상태를 나타내기 위해서 우리는 3,000개의 숫자가 필요하며, 그것은 3,000차원 풍경의 좌표들로 생각할 수 있다. 이것이 가능한 분자 '설계'의 풍경이다.

원자의 모임은 원자들의 위치가 달라짐에 따라 변화하는 위치 에너지를 가지고 있다. 예를 들어, 이원자 분자의 경우, 만약 두 원자들이 눌려 더 가까워지면 위치 에너지가 증가한다. 원자들이 멀리 떨어지면 그것들은 결국은 최소 에너지를 가진 지점에 도달하게 된다. 1,000개의 원자들이 가지는 에너지를 도식화하는 것은, 물론 훨씬 더 어려운 일이겠지만, 원리는 같다. 분자의 위치 에너지는 우리가 풍경을 누비며 움직이는 것에 따라 변화한다. 3장에서와 마찬가지로, 우리가 위치 에너지를 고도처럼 생각한다면, 풍경은 산, 계곡, 산등성이, 그리고 평원이 풍부한 지형이 될 것이다. 분자의 안정한 상태가 계곡의 바닥에 해당한다는 것은 놀라운 일이 아니다.

놀라운 것은 이런 계곡의 수가 엄청나게 많다는 것이다. 그것은 원자들의 수에 대해 지수 함수적으로 증가한다. 거대한 분자의 경우 격리된 계곡의 수는 수백만 개 또는 수십억 개를 훨씬 넘어선다. 1,000개의 원자들로 이루어진 분자 하나의 풍경이 10^{100}개의 계곡을 가지는 것은 쉬운 일이다. 이 모든 것이 끈 이론의 진공들이 이루는 풍경과 어떤 관계가 있을까? 그 답은, 마치 하나의 분자처럼, 끈 이론의 조밀화에는 엄청나게 많은 '가동 부품'들이 있다는 것이다. 우리는 이미 그 부품들의 일부분을 접했다. 조밀화를 설명할 때 나왔던 모듈라이는 칼라비-야우 다양체의 여러 기하학적 성질을 이루는 크기와 모양을 결정하는 양들이다. 이 장에서 우리는 그밖의 가동 부품들을 조사해 보고, 풍경이 왜 그렇게 복잡하고 엄청나게 풍부한지 알아볼 것이다.

D-막

8장에서 나는 에드워드 위튼이 1995년에 내놓은 아이디어가 어떻게 다수의 끈 이론을 하나의 큰 M 이론, 또는 마스터 이론으로 통일했는지 설명했다. 하지만 그 이론에는 심각한 문제가 하나 있었다. M 이론은 새로운 물체, 즉 끈 이론이 그때까지 예상하지 못했던 물체들을 필요로 했다. 그 이론은 다음과 같이 작동하는 것이어야 했다. 각각의 끈 이론들은 그 수학 안에 깊이 숨겨진, 그때까지 그 존재조차 짐작할 수 없었던 대상들을 포함해야만 한다. 끈 이론의 한 형식에 나오는 기본 끈들은 다른 형식에 나오는 기본 끈들과는 다른 물체들이다. 하지만 모듈라이가 변화하면, 즉 끈이 풍경을 따라 이동하면 끈 이론 A 버전의 새로운 물체들은 B 버전의 옛 물체들로 형태가 바뀐다. M 이론의 막(membrane)이 어떻게 IIa 이론의 끈으로 바뀌는가는 이미 살펴보았다. 위튼의 아이디어는 매력적이며 흡인력이 있었다. 하지만 새로운 물체들의 성질과 그것들이 끈 이론에서 차지하는 수학적 위치는 완전한 불가사의였다. 조지프 폴친스키가 그의 막을 발견하기까지는 말이다.

조지프 폴친스키는 매력적인 외모에 소년 같은 밝은 성격을 가졌다. 그는 "음식에는 두 가지가 있을 뿐이다. 초콜릿 소스를 친 것과 케첩을 친 것."이라고 말한 적이 있다. 하지만 그의 쾌활한 외모 뒤에는 지난 50년간 물리학의 문제들에 도전해 온 가장 심오하고 뛰어난 지성이 숨어 있다. 위튼이 M 이론을 도입하기 전에 폴친스키는 끈 이론의 새로운 아이디어 하나를 시험하고 있었다. 어느 정도는 수학적인 유희였는데, 그는 공간에 끈의 종점이 될 수 있는 특별한 장소들이 있을지도 모른다는 가설을 세웠다. 줄넘기 줄의 끝을 쥐고 그것을 흔들어 파동을 만드는 어린아이를 생각해 보자. 파동은 줄의 다른 쪽 끝까지 이동하는데, 그다음에 일어나는 일은 그 줄이 움직일 수 있는지, 아니면 고정되어 있는지에 따라 달라진다. 폴친스키의 연구 전까지 열린 끈은 언제나 끝이 자유롭게 움직일 수 있다고 생각되었다. 하지만 폴친스키의 새로운 아이디어는 끈의 끝을 움직이지 못하게 하는 닻 같은 것이 공간에 존재한다는 것이었다. 그 닻은 공간의 평범한 한 점일 수 있다. 그것은 말하자면 끝이 움직이지 못하도록 단단히 잡고 있는 손 같은 것이다. 로프의 끝이 막대를 따라 위아래로 움직일 수 있는 고리에 묶여 있다고 가정해 보자. 그 끝은 부분적으로는 고정되었지만 또한 부분적으로는 자유로이 움직일 수 있다. 막대에 묶이기는 했지만, 그 끝은 직선, 즉 그 막대를 따라 자유롭게 움직일 수 있다. 막대에 묶인 로프가 할 수 있는 것은 끈도 할 수 있을 것이라고 폴친스키는 추론했다. 공간에 끈의 끝자락이 붙을 수 있는 특별한 선이 있다면 어떻게 될까? 로프와 막대처럼 끈의 끝은 직선의 길이 방향으로 자유롭게 움직일 것이다. 그 선이 직선이 아니라 곡선이어도 상관없다. 하지만 점과 선만이 가능성의 전부가 아니다. 끈의 끝은 면, 즉 일종의 막에 붙을 수도 있다. 그 끈은 막의 곡면을 따라 어느 방향으

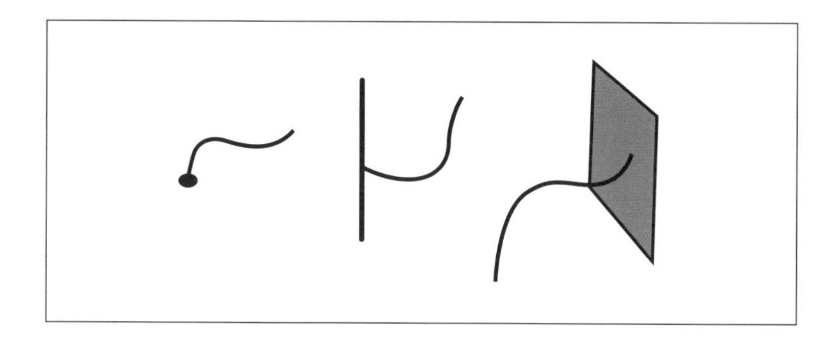

로든 자유롭게 움직일 수 있지만, 막에서 벗어날 수는 없다.

끈의 끝이 올 수 있는 이런 점, 선, 그리고 면에 대한 이름이 필요했다. 조지프 폴친스키는 그것들을 **디리클레 막**(Dirichlet brane), 또는 단순히 **D-막**(D-brane)이라고 불렀다. 페터 구스타프 레예우네 디리클레(Peter Gustav Lejeune Dirichlet, 1805~1859년)는 끈 이론과는 아무 관계가 없는 19세기의 독일 수학자이다. 하지만 그는 벌써 150년 전에 파동의 수학과 파동이 어떻게 고정된 물체에서 반사되어 나오는지를 연구했다. 저작권으로 보면 그 새로운 물체는 '폴친스키 막'이라고 부르는 것이 마땅하지만 **P-막**이라는 용어는 이미 끈 이론가들이 다른 종류의 물체에 사용하고 있었다.

폴친스키는 나의 절친한 친구이다. 25년 넘게 우리는 많은 물리학 프로젝트에 함께 참여해 왔다. 내가 D-막에 대해서 처음 들은 것은 텍사스 주 오스틴에 있는 쿼켄부시 은하 탐험 카페, 에스프레소 바에서 커피를 놓고 마주 앉았을 때였다. 나는 그것이 1994년이었다고 기억한다. 나는 그 아이디어는 재미있지만 혁명적이라고 할 것까지는 아니라고 보았다. 그 중요성을 과소 평가한 것은 나만이 아니었다. 당시에는 어떤 사람도 D-막을 연구 우선 순위에서 가장 위에 놓지 않았다. 아마 심지어 폴친스키도 그랬을 것이다. D-막에 대한 이론 물리학자들의 인식이 획기적으로 바뀐 것은 위튼의 1995년 강연 이후였다.

위튼의 강연과는 어떤 연관성이 있는가? 몇 달 후인 11월에 조지프 폴친스키는 이론 물리학의 모든 영역에 엄청난 반향을 일으킬 논문을 쓰게 된다. 위튼이 필요로 했던 새로운 물체들이 바로 그의 D-막이었다. D-막으로 무장한 물리학자들은 몇 개의 분명히 다른 이론들을 많은 해가 있는 단일한 이론으로 대체하자는 위튼의 프로젝트를 수행하는 데 성공했다.

다차원 세계와 막

왜 특별히 끈일까? 1차원의 에너지 섬유가 무엇이기에 끈 이론가들은 그것이 모든 물질의 구성 요소라고 확신하는 것일까? 그 이론에 대해서 더 많이 알게 될수록, 우리는 그것이 꼭 특별해야 할 이유따위는 없음을 확신하게 된다. 앞에서 우리는 마법적이고, 신비롭고, 놀라운 11차원의 M 이론에 대해서 알아보았다. 그 이론에는 끈이 전혀 없다. 그것은 막과 중력자는 가지고 있지만 끈은 없다. 우리가 보았던 것처럼 끈들은 우리가 M 이론을 조밀화할 때에만 나타나며, 그때에도 끈들은 조밀화된 차원이 아주 작은 크기로 수축할 때에만 끈처럼 되는 리본과 흡사한 막의 극한일 뿐이다. 다시 말해 끈 이론이 끈의 이론이 되는 것은 풍경의 어떤 극한 영역에서뿐이다.

3개의 공간 차원을 가진 세계에는 끈 이론가들이 '막'이라고 부르는 세 종류의 물체가 있다. 가장 간단한 것은 점입자이다. 점이란 어떤 방향으로도 확장되어 있지 않으므로, 흔히 점을 **0차원의 공간**이라고 생각한다. 점 위에서의 삶이란 돌아다닐 수 있는 방향이 없으므로, 매우 따분할 것이다. 끈 이론가들은 점입자들을 0-막이라고 부르는데, 0은 바로 입자의 차원을 나타낸다. 끈 이론의 전문 용어로, 0-막이 끈의 끝점 역할을 하는 경우, D0-막이라고 부른다.

0-막 다음이 1-막, 즉 끈이다. 끈은 오로지 한 방향으로만 뻗어 있다. 끈 위에서 산다는 것도 매우 단조롭겠지만, 적어도 움직일 수 있는 하나의 차원이 있다. 끈 이론에는 두 종류의 1-막들이 있는데, 하나는 원래의 끈이고 다른 것은 D1-끈, 즉 보통 끈의 끝 점이 되는 1차원적 물체이다.

마지막으로 2-막이 있는데, 이것은 탄성 있는 시트 같은 것이다. 삶은 2-막 위에서는 훨씬 더 다양하겠지만 3차원만큼 흥미롭지는 않다. 사실 우리는 우리의 3차원 세계를 3-막이라고 부를 수 있는데, 0-막, 1-막, 2-막과는 달리 3-막을 공간 안에서 이동할 수는 없다. 그것 자체가 바로 공간이기 때문이다. 하지만 우리가 4개의 공간 차원을 가진 세계에 살고 있다고 가정해 보자. 공간의 여분 방향은 3-막에 움직일 수 있는 자유를 부여할 것이다. 4+1차원 세계는 0-막, 1-막, 2-막, 그리고 3-막을 가지는 것이 가능하다.

끈 이론의 9+1차원 세계에서는 어떨까? 0-막부터 8-막까지의 모든 막들이 존재할 수 있다. 이것은 주어진 이론에 실제로 그런 물체가 있음을 의미하는 것은 아니다. 그것은 물질의 기본 요소와 그것들이 어떻게 조립되는지에 따라 달라진다. 하지만 그러한 막들을 포함할 수 있는 충분한 차원들이 있다는 것은 맞다. M 이론의 10개의 공간 방향에는 9-막이라는 또 한 종류의 막이 포함될 수 있다.

열 가지 다른 종류의 막들이 10차원 공간에 들어갈 자리가 있다는 것과, M 이론에 그 모든 것들이 실제로 구현된다는 것은 다른 문제이다. M 이론은 실제로는 중력자, 막, 그리고 5-막들의 이론이다. 다른 막들은 존재하지 않는다. 그 이유를 설명하려면 초대칭적 일반 상대성 이론의 추상적인 수학 속으로 깊이 들어가야 하는데, 우리가 꼭 그렇게까지 해야 할 필요는 없을 것이다. 지금으로서는 11차원, 즉 10+1차원의 초대칭 중력 이론이 중력자를 주고받음으로써 상호 작용하는 막과 5-막들의 이론이라는 것을 아는 것으로 충분하다.

10차원의 끈 이론들은 각각 나름대로의 다양한 D-막들을 가지고 있다. 그중 하나인 IIa형 끈 이론은 짝수 차원의 막들을 가지고 있다. 즉 D0, D2, D4, D6, D8-막이다. IIb형의 끈 이론은 홀수 차원, 즉 D1, D3, D5, D7, D9-막을 가지고 있다.

하나의 막대에 로프를 여러 개 묶을 수 있는 것처럼, D-막에는 끈들의 끝이 몇 개고 붙을 수 있다. 줄넘기 줄 하나의 양쪽 끝을 같은 막대에 묶은 것과 흡사하게, 하나의 끈의 양쪽 끝 모두가 같은 D-막에 붙는 것도 가능하다. 이런 끈 조각은 막을 따라 자유롭게 이동할 수 있지만, 그것으로부터 벗어날 수는 없다. 그것들은 D-막 위에서만 살 수 있도록 제한된 동물들이다.

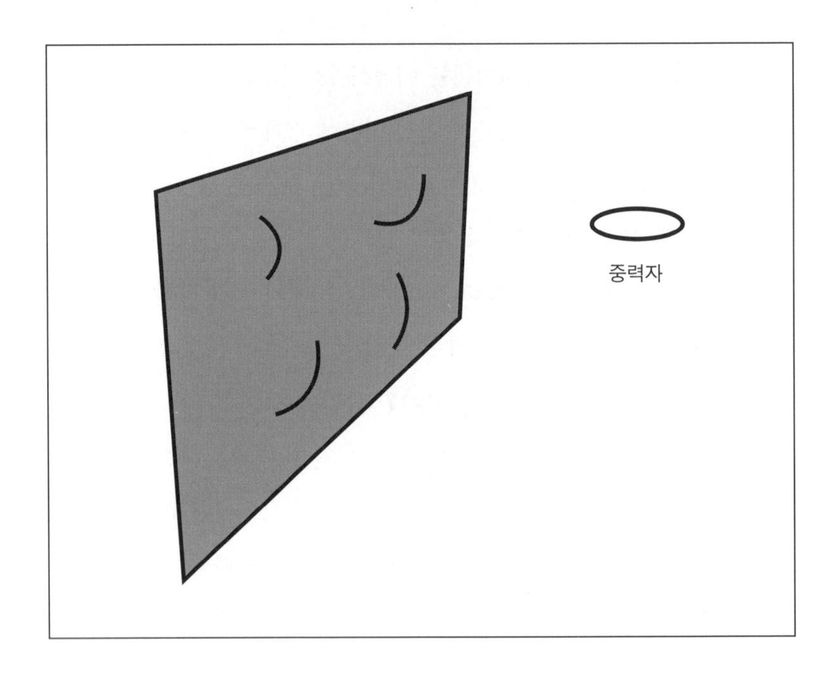

이런 작은 끈 조각들이 아주 흥미로운 이유는 그것들이 마치 기본 입자들처럼 행동하기 때문이다. D3-막을 예로 들어 보자. 양쪽 끝이 그 막에 붙은 짧은 끈들은 D3-막의 3차원 공간을 따라서 자유롭게 이동할 수 있다. 그것들은 가까이 접근해서, 하나의 조각을 이루고, 진동하고, 분리하는 등의 일을 할 수 있다. 그것들은 끈 이론이 원래 설명하고자 했던 입자들과 똑같이 움직이고 상호 작용한다. 하지만 그것들은 막 위에서만 살 수 있다.

D-막은 현실의 기본 입자들과 상당히 흡사하게 행동하는 기본 입자들을 포함한 하나의 모형이다. D-막에서 빠진 것은 오로지 중력뿐이다. 그것은 중력자가 닫힌 끈, 즉 끝점이 없는 끈이기 때문이다. 끝점이 없는 끈은 막에 고정될 수 없다.

중력자를 예외로 할 때, 전자, 광자, 다른 모든 기본 입자들은 물론, 원자, 분자, 사람, 별, 심지어 은하로 이루어진 실제 세계가 과연 막 위에서 실현될 수 있을까? 이런 문제들에 대해서 연구하는 대부분의 이론가들은 그렇다고 생각한다. 그리고 더 나아가 가장 그럴듯한 가능성이라고 여긴다.

막과 조밀화

막으로 온갖 종류의 조작을 할 수 있다. D2-막, 즉 막을 취해서 2차원 구면으로 구부려 보자. 당신은 풍선을 하나 만들었다. 문제는 막의 장력 때문에 그것은 마치 바람 빠진 풍선처럼 급히 찌부러진다는 것이다. 당신은 D2-막을 토러스의 표면처럼 만들 수도 있지만, 이것 역시 찌부러질 것이다.

이제 우주의 한쪽 끝에서 다른 쪽 끝까지 잡아 늘인 막을 생각해 보

자. 가장 간단한 예로 무한히 긴 케이블처럼 우주를 가로질러 뻗어 있는 D1-막을 그릴 수 있다. 무한히 큰 D-막은 줄어들거나 내려앉을 방법이 없다. 두 명의 거인이 양쪽 끝을 잡고 있다고 상상할 수 있는데, D-막이 무한히 길기 때문에 그 거인들은 무한히 멀리 떨어져 있다.

D1-막에서 멈출 이유는 전혀 없다. 우주를 가로질러 펼쳐진 무한한 시트 역시 안정하다. 이번에는 거인들이 많이 있어야 가장자리를 붙잡을 수 있겠지만, 이 경우에도 그들은 무한히 멀리 떨어져 있다. 무한한 막은 기본 입자를 가지고 있으며 우리 우주를 '플랫랜드'로 바꾼 것과 비슷한 우주가 될 것이다. 당신은 막 위의 생물들이 추가적인 차원이 존재한다는 것을 알아낼 방법이 없을 것이라고 생각하겠지만, 그것은 그리 정확하지 않다. 그 결정적인 증거는 중력의 성질이다. 중력이 물체 사이를 점프해 다니는 중력자들에서 기인한다는 것을 기억하자. 하지만 중력자들은 끝점이 없는 닫힌 끈들이다. 그것들은 막에 접착되어 있을 이유가 없다. 그것들은 공간 어디나 자유롭게 여행할 수 있다. 그것들은 막 위에 있는 물체들 사이에서 교환될 수도 있지만, 그것은 여분 차원으로 여행했다가 다시 돌아옴으로써만 가능하다. 중력은 플랫랜드의 생물들에게 다른 차원들이 있으며, 그들이 단지 2차원의 면에 갇혀 있을 뿐임을 알려 주는 공상 과학 소설에서나 나올 법한 '메시지' 같은 것일 수 있다.

중력이 흘러 들어오는 '관측되지 않은' 차원은 사실은 검출하기 쉽다. 물체들이 충돌하면 중력자를 방출하는데, 그것은 전자들이 충돌할 때 빛을 내는 것과 마찬가지이다. 그러나 튀어나온 전형적인 중력자들은 허공으로 흩어져 막으로 다시 돌아오지 않는다. 에너지는 이런 식으로 막에서 사라진다. 플랫랜드의 생물들에게는 그 에너지가 열 에너지, 위치 에너지, 또는 화학 에너지로 전환되지 않고 그저 사라져 버린 것처럼 보일 것이다.

이제 공간에 보통의 셋 이상의 차원이 있다고 상상해 보자. 이제까지와 마찬가지로 D3-막들은 공간을 따라 한없이 펼쳐질 수 있고, 이 막 위에는 우리 우주의 통상적인 것들이 모두 존재할 수 있다. 단, 중력만 빼고. 중력 법칙은 중력자가 더 많은 차원을 통해서 운동한다는 사실을 반영할 것이다. 중력은 여분 차원으로 퍼져 나가 '희석'되어 약해진다. 그 결과는 큰 재난이다. 중력이 훨씬 약해져서, 은하, 별, 행성들은 약하게 묶이게 된다. 중력이 너무 약해지면 지구는 이럭저럭 유지된다고 해도 우리는 지구에 붙어 있을 수 없게 될 것이다.

그런데 중력자가 이동할 수 있는 여분 차원이 우리가 알아볼 수는 없지만 아주아주 작게 조밀화되어 있다고 생각해 보자. 보통 경험하는 3개의 차원들은 무한한 공간이 되겠지만, 다른 방향들은 벽과 천장과 바닥이 있을 것이다. 마주보는 벽이나 천장과 바닥의 점들은 8장에서 설명했던 것처럼 대응될 것이다.

마음속에 그리는 것을 돕기 위해서, 한 방향을 말아서 3차원 공간을 조밀화했던 예로 돌아가 보자. 우선 무한히 큰 방이 있다. 천장의 각 점은 바로 아래에 있는 바닥의 점과 대응한다. (천장으로 사라진 물체는 천장에서 물체가 사라진 점에 대응하는 바닥의 점에서 나타난다.) 그런데 이번에는 수평 방향으로 한없이 펼쳐진 카펫이 바닥에 깔려 있다고 하자. 이 카펫이 D-막이다. 카펫-막이 수직 방향으로 천천히 움직인다고 상상해 보자. 마치 『아라비안 나이트』에 나오는 마법 카펫처럼 바닥에서 천천히 떠오른다. 그것은 천장에 닿을 때까지 계속 떠오른다. 천장에 닿자마자 수리수리 마수리, 펑! 카펫은 즉시 바닥에 다시 나타난다.

중력자는 아직도 카펫-막에 묶여 있지 않지만, 이번에는 그리 멀리 가지 못한다. 그것이 여분 차원에서 움직일 여지도 거의 없다. 그리고 만

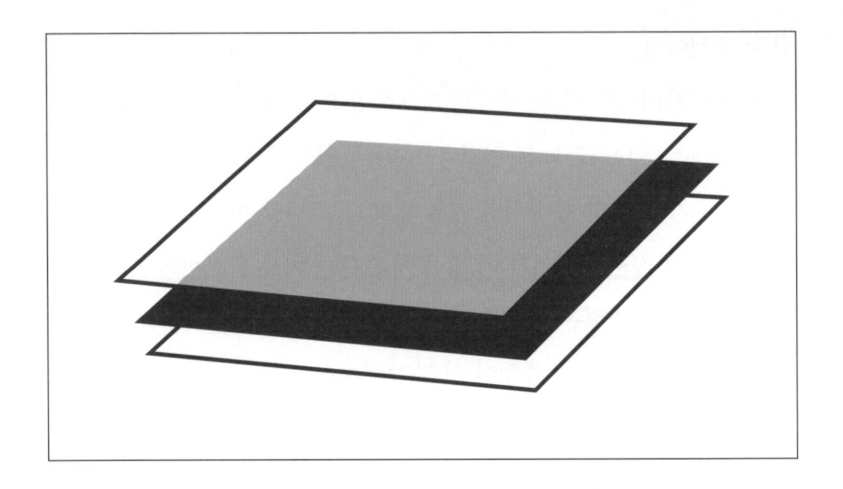

약 여분 차원이 미시적인 크기라면, 중력자가 막에서 떨어졌는지를 분간하기 어렵다. 결과적으로 중력에 대해서도 중력자가 마치 다른 모든 것들처럼 막 위에서만 움직이는 경우와 거의 같다. 그리고 물론 우리가 앞에서 막으로 생각했던 것을 더 큰 차원의 공간에 있는 D3-막으로 바꾸어도 달라지는 것은 없다. 6개의 여분 차원이 잘 말려 있다고 하면 끈 이론의 9차원 공간에 있는 D3-막은 우리의 세계와 매우 흡사할 것이다.

대부분의 끈 이론가들은 우리가 정말로 6개의 여분 차원이 있는 공간에 떠 있는 **막 우주**(brane universe)에서 살고 있다고 생각한다. 그리고 우리의 막 가까이에 다른 막들이 떠 있지만, 우리의 빛은 우리 자신의 막에 붙어 있고, 다른 막들의 빛은 그 막에 붙어 있어서, 그 거리는 아주 짧지만 우리에게는 보이지 않을 것이다. 눈에 보이지는 않지만, 이런 다른 막들을 검출하는 것이 완전히 불가능한 일은 아니다. 닫힌 끈으로 이루어진 중력이 간극을 메워 줄 것이기 때문이다. 보이지 않는 물질이 그 중력 상호 작용을 통해 우리의 별과 은하에 영향을 끼친다는 것은 바로 정확히 암흑 물질의 성질이 아닌가? 폴친스키의 D-막은 새로운 세계를 열었다. 우리의 관점에서, 많은 막 우주들이 평화적으로 공존하는 우주는 풍경에서 발견할 수 있는 또 하나의 가능성일 뿐이다. 엄청난 복잡성을 가진 칼라비-야우 공간, 수백 개의 모듈라이, 막 우주, 선속(flux, 앞으로 나올 것이다.) 들로 인해 우주는 루브 골드버그의 어머니나 좋아할 만한 것처럼 보이게 되었다. 유명한 실험 물리학자 이지도어 라비(Isidor Rabi, 1898~1988년)의 말을 빌리면, "누가 이걸 주문했나?"[1]

하지만 루브 골드버그가 장난칠 수 있는 장치나 도구를 모두 다 알아본 것은 전혀 아니다. 여기 다른 것이 하나 있다. 막이 조밀화한 공간에 떠 있는 것이 아니라, 조밀화한 방향들을 따라 공간을 감고 있을 수도 있다. 가장 간단한 예는 무한히 긴 원통을 D1-막이 둘러싸고 있는 것이다. 이것은 끈을 D1-막으로 대체했다는 것 말고는 원통에 보통의 끈을 감는 것과 같아 보인다. 이 물체는 멀리서 보면 1차원 직선 위에 있는 점입자처럼 보일 것이다. 한편 조밀화된 공간이 보통의 2차원 구면이라고 가정해 보자. 당신은 뚱뚱한 사람 허리 주위에 벨트를 감는 것처럼 끈 또는 D1-막을 그 적도에 감을 수 있다. 구면을 감은 끈 또는 D1-막은 안정하지 않다. 즉 그것은 오래 유지될 수 없다. 물리학자 시드니 콜먼(Sidney Coleman, 1937~2007년)의 말을 빌리면, "올가미 밧줄로 농구공을 잡을 수는 없다."

토러스, 즉 베이글 빵의 표면은 어떨까? D1-막이 토러스 위에 안정한 방식으로 감겨 있을 수 있을까? 그렇다가 답이며, 그것도 한 가지가 아니다. '베이글에 벨트를 채우는 것'에는 두 가지 방법이 있다. 한 방법은 벨트를 구멍을 통과해서 감는 것이다. 한번 해 보라. 베이글이나 도넛의

1. 라비는 새로 발견된 뮤온(전자와 비슷하지만 200배 무거운 입자)에 대해서, "누가 이걸 주문했나?"라고 말했다. 그가 언급한 것이 겉보기에 제멋대로인 것 같은 기본 입자들의 세계임은 분명하다.

구멍에 끈을 통과시켜 감아 묶어 보자. 끈은 빠지지 않을 것이다. 이제 토러스에 벨트를 채우는 다른 방법이 무엇인지 알 수 있겠는가?

결정적인 요소는 토러스의 '위상'이다. 위상 수학은 구면과 토러스, 그리고 더 복잡한 공간들을 구분하는 수학 분야이다. 토러스를 확장하면 2개의 구멍이 있는 흥미로운 표면을 만들 수 있다. 진흙 덩어리로 공을 만들어 보자. 표면은 구면이다. 이제 그 표면에 뾰족한 것으로 찔러 구멍을 내 도넛처럼 만들어 보자. 그 표면이 토러스이다. 그다음에는 두 번째 구멍을 낸다. 그 표면은 구멍이 둘인 일반화된 토러스가 된다. D1-막을 구멍 2개짜리 토러스에 감을 때에는 구멍이 하나 있는 토러스보다 더 많은 방법이 있다. 수학자는 구면을 **0종 면**, 토러스는 **1종 면**, 구멍이 둘인 토러스는 **2종 면**이라고 한다. 당연히 구멍을 더 내는 것도 가능하며 임의의 종에 해당하는 곡면을 만들 수 있다. 종의 숫자가 커질수록, 막을 감는 데에도 더 많은 방법이 있다.

9개의 공간 차원이 있으므로, 끈 이론에는 조밀화를 통해서 감추어야 할 여분 차원이 6개이다. 6차원 공간은 2차원 공간보다 훨씬 더 복잡하다. D1-막뿐만 아니라, 도넛 구멍과 유사하지만 높은 차원을 가진 것에 D2, D3, D4, D5, D6-막들을 수백 가지 방법으로 감을 수 있다.

지금까지 우리는 한 번에 하나만 생각했다. 하지만 사실은 여러 개가 있어도 상관 없다. 무한히 큰 방에 있는 카펫을 생각해 보자. 카펫 두 장이 겹쳐진 것은 어떨까? 실은 마치 페르시아의 시장에서 카펫을 겹쳐 쌓듯이 막들을 겹쳐 놓을 수 있다. 카펫이 다른 카펫과 상관없이 자유롭게 떠다닐 수 있듯이, 한 무더기의 D-막은 몇 개의 자유롭게 떠다니는 막들로 분리될 수 있다. 하지만 D-막들은 약간은 끈끈한 카펫이다. 만약 그것들을 가까이 접근시키면, 그것들은 붙어서 합성 막을 만들 것이다. 이것은 루브 골드버그가 기계를 만드는 데 더 많은 선택권을 부여한다. 그는 우주가 온갖 성질을 가지도록 융통성을 발휘할 수 있다. 실은 카펫 다섯 장이면, 두 장을 붙이고 또 세 장을 함께 붙여서, 표준 모형과 유사성이 많은 물리 법칙을 가진 세계를 만들 수 있는 것이다!

조밀화된 공간에서의 막들의 위치는 우주를 창조하는 가능성을 셀 때의 모듈라이에 더해질 수 있는 새로운 변수들이다. 조밀화된 방향이 너무 작아 감지할 수 없는 먼 거리에서 보면, 막의 위치란 풍경을 정의하는 추가적인 스칼라장들처럼 보일 것이다.

선속

선속은 풍경의 가장 중요한 재료 중 하나로 밝혀지고 있다. 선속은 다른 무엇보다도 풍경을 엄청나게 크게 만든다. 선속이란 막보다 약간 더 추상적이고, 구체화하기가 더 어렵다. 그것들은 흥미로운 새로운 재료이지만, 요점은 간단하다. 멀리서 보면 그것들은 그저 스칼라장처럼 보인다. 선속의 가장 잘 알려진 예는 패러데이와 맥스웰의 전기장과 자기장이다. 패러데이는 수학자는 아니었지만, 시각화에 재능이 있었다. 아마도 그는 그의 재능 덕분에 그가 고안한 실험 장치들에서 전자기장을 볼 수 있었음에 틀림없다. 그는 자석이 내는 장을 북극에서 나와 남극으로 들어가는 **힘의 선**(역선(力線))들로 묘사했다. 공간의 모든 점에서, 힘의 선들은 자기장의 방향을 나타내고, 선들의 밀도(그것들이 얼마나 가까이 있는가?)는 장의 세기를 결정한다.

패러데이는 전기장을 같은 방식으로, 즉 양전하에서 나와 음전하로 들어가는 선들로 묘사했다. 전기력선들이 나와서 무한히 먼 곳까지 나아가는, 전하를 띤 고립된 물체를 둘러싼 가상의 구면을 생각해 보자. 힘의 선들은 구면을 통과해 나가야만 한다. 구면을 통과하는 이 가상의 직선들이 곡면을 통과하는 전기 선속의 한 예이다.

곡면을 통과하는 선속의 총량을 측정하는 방법이 있다. 패러데이는 그것을 곡면을 지나가는 힘의 선의 수로 생각했다. 만약 그가 미적분학을 알았다면, 그는 그것을 전기장의 면 적분으로 기술했을 것이다. **선의 수**는 사실 패러데이가 그것을 생각했던 것보다 훨씬 좋은 아이디어였다. 곡면을 통과하는 선속은 바로 현대의 양자 역학이 불연속적이어야 한다고 알려 주는 증거 중 하나이다. 광자와 마찬가지로, 선속의 기본 단위는 분할될 수 없다. 실제로 선속은 연속적으로 변화할 수 없으며 어떤 곡면을 통과하든 그 선속은 정수의 값이 되도록 낱개의 선들을 통해 생각해야만 한다.

보통의 전기장들과 자기장들은 3차원 공간에 존재한다. 그런데 조밀화된 차원 6개를 가진 공간에서의 선속도 생각할 수도 있다. 6차원 공간에서의 선속 계산은 더 복잡하지만, 칼라비-야우 공간을 둘둘 감고 도넛 구멍을 통과하는 힘의 선속과 면을 생각할 수는 있다.

칼라비-야우 공간의 선속에 대해서 더 깊이 알아보기 위해서는 현대 기하학과 위상 수학을 잘 알아야만 한다. 하지만 중요한 결론들은 그리 어렵지 않다. 자기장의 경우처럼 다양한 도넛 구멍을 통과하는 선속들은 양자화되어 있다. 그것은 언제나 어떤 기본적인 선속 단위의 정수배이다. 이것은 선속을 완전히 구체적으로 표시하기 위해서는 몇 개의 정수들, 즉 공간의 각 구멍을 통해서 선속 기본 단위가 몇 개 지나가는지를 알려 주면 된다는 것을 의미한다.

칼라비-야우 공간 위의 선속을 기술하기 위해서 몇 개의 정수가 필요할까? 그 답은 그 곡면이 가진 구멍의 수에 따라 결정된다. 칼라비-야우 곡면은 단순한 토러스보다 훨씬 더 복잡하며 전형적인 것들에는 수백 개의 구멍이 있다. 따라서 풍경 위의 한 점에 관한 기술에는 수백 개의

'선속 정수(flux interger)'가 포함되는 것이다.

코니폴드 특이점

지금까지 풍경을 나타내기 위한 전형적인 부품으로서, 조밀화된 공간의 크기와 모양을 결정하는 수백 개의 모듈라이와, 공간의 여러 곳에 위치한 몇 개의 막들, 그리고 수백 개의 선속 정수들을 살펴봤다. 그렇다면 루브 골드버그에게 제공할 수 있는 것은 어떤 것이 더 있을까?

우리가 만지작거릴 수 있는 것은 그밖에도 많지만, 이 책이 너무 두꺼워지지 않도록 하기 위해서 딱 하나만 더 설명하겠다. 그것은 **코니폴드 특이점**(conifold singularity)이다. 축구공은 구면이다. 표면의 질감과 꿰맨 자국을 무시하면, 축구공은 매끄럽다. 미식 축구공은 그것과 달리 뾰족한 점인 양쪽 끝을 제외하면 매끈하다. 매끄러운 표면 위의 한 점에 무한히 날카로운 점이 있는 것이 **특이점**(singularity)의 한 예이다. 미식 축구공의 경우에 해당하는 특이점을 '원뿔 특이점'이라고 부른다. 끝의 뾰족한 모양이 마치 원뿔과 흡사하기 때문이다.

고차원 공간의 특이점들, 즉 공간이 매끄럽지 않은 곳들은 더 복잡하다. 그것들은 더 복잡한 위상을 가진다. '코니폴드'란 칼라비-야우 공간 위에 존재할 수 있는 특이점 중 하나이다. 복잡하기는 하지만 이름에서 짐작할 수 있듯이, 그것은 원뿔(cone)의 끝점과 비슷하다. 우리의 목적을 위해서는 코니폴드를 기하 구조 안에 있는 뾰족한 원뿔 같은 지점이라고 생각해도 무방하다.

같은 칼라비-야우 공간 위에서 코니폴드와 선속을 결합할 때 흥미로운 일이 일어난다. 선속은 원뿔의 끝점에 힘을 가해서 그것을 마치 개미핥기의 주둥이처럼 길고 가늘게 늘린다. 사실은 한 번에 여러 개의 코니폴드 특이점도 가능하며, 그때 공간은 마치 6차원의 성게처럼 뾰족한 점들이 튀어나온 것이 된다.

이제 루브 골드버그에게 필요한 부품들이 완비되었다. 어떤 종류의 별난 기계를 만들 수 있을까? 가능성은 엄청나게 많지만, 나는 발견자들의 이름을 따서 'KKLT 구성'이라고 불리는 기계에 대해서 설명하겠다.[2] KKL과 T는 칼라비-야우 공간 하나에서 시작했다. 수백 개의 선택지가 있으므로, 아무것이나 고르면 된다. 그 공간 어디엔가 긴 주둥이 같은 코니폴드 특이점이 있다. 그다음 KKLT는 여러 가지 구멍을 선속으로 채웠다. 각 구멍마다 정수가 하나 필요하다. 이 모든 것이 약 500개의 변수들, 즉 모듈라이와 선속을 지정한다는 것을 의미한다. 그 결과 풍경에 있는 한 계곡이 생기게 된다. 그런데 이것은 우리가 지금까지 이야기했던 것들과는 다르다. 이 세계는 풍경의 데스 밸리에 해당한다. 뜨거워서가 아니라 해수면보다 아래에 있기 때문이다. 풍경에서의 고도가 음수인 것이다. 이것은 물론 진공 에너지, 즉 우주 상수가 우리 우주와 반대로 음수라는 것을 의미한다. 이 우주에서 우주 상수는 만유척력을 만드는 대신에, 만유인력의 원인이 된다. 따라서 우주 팽창을 가속시키는 대신, 붕괴의 경향을 촉진할 것이다.

그러나 KKLT 구성은 루브 골드버그식 트릭을 하나 더 가지고 있었다. 그들은 반(反)막(anti-brane), 즉 반카펫-막을 추가했다. D-막은 입자들과 같다. 모든 입자들에 반입자가 있는 것처럼 모든 막에는 반막이 있다. 보통의 입자들과 마찬가지로, 만약 막과 반막이 가까워지면 쌍소멸

2. KKLT는 카치루(Kachru), 캘로시(Kallosh), 린데(Linde), 그리고 트리베디(Trivedi)를 나타낸다. 샤미트 카치루, 레나타 캘로시, 안드레이 린데는 스탠퍼드 대학교의 교수들이다. 산디브 트리베디는 인도에 있는 타타 연구소의 교수이다.

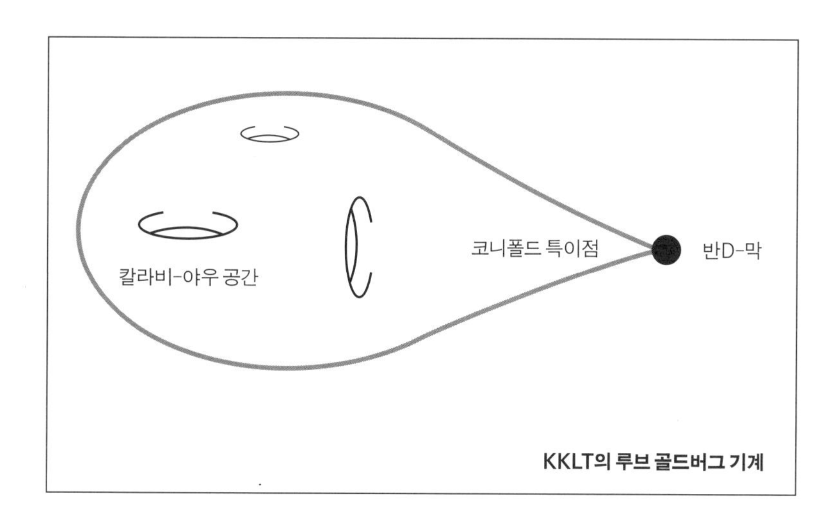

KKLT의 루브 골드버그 기계

해 에너지를 내고 폭발한다. 그러나 KKLT는 반막만을 그들의 구성에 포함시켰다.

그렇게 하자 반막들을 코니폴드 특이점의 끝으로 당기는 힘이 작용했다. 그곳이 반막이 존재할 수 있는 위치이다. 여분의 반막의 질량은 고도가 양수가 되기에 딱 적당한 에너지를 추가한다. 그리하여 모든 것을 약간씩 혼합해 KKLT는 양수의 작은 우주 상수를 가진 풍경 위의 한 점, 또는 계곡을 처음으로 발견했다.

KKLT가 발견한 계곡의 중요성은 그것이 우리의 계곡과 아주 닮았다는 것이 아니다. 그것은 입자 물리학의 표준 모형을 가지고 있지 않았으며, 최초의 형태에서는 급팽창을 기술할 수 있는 요소도 포함하고 있지 않았다. 그 중요성은 그것이 초대칭적 평원에서 출발해 '해수면 위'에 있는 계곡을 발견한 최초의 성공적인 시도라는 데에 있다. 그것은 끈 이론의 풍경에 양수의 작은 우주 상수를 가지는 계곡이 있음을 증명한 것이었다.

KKLT 구성은 루브 골드버그풍의 복잡성을 가지고 있었지만, 루브 골드버그라면 절대로 허용하지 않았을 특징도 하나 가지고 있었다. 즉 그것에는 두 가지 목적을 수행하는 하나의 부품이 있었다. 반막은 에너지를 늘려 우주 상수를 양수로 만들 뿐만 아니라 다른 중요한 임무도 수행한다. 우리가 살고 있는 우주는 초대칭적이지 않다. 광자의 짝이 되는 질량이 없는 페르미온이 없으며, 전자의 쌍둥이 형제인 보손도 없다. 반막을 코니폴드의 목구멍 깊숙한 곳에 놓기 전에는, KKLT 구성은 아직 초대칭적이었다. 하지만 반막은 도깨비집 거울을 뒤틀어 초대칭성을 깨뜨린다. 하나의 부품으로 하여금 두 가지 일을 하게 한다는 것은 매우 반골드버그적이다.

풍경의 KKLT 지점은 우리 우주가 아니다. 그러나 몇 개의 막을 추가해서 표준 모형을 짜맞추는 것은 그리 어렵지 않다. 반막에서 멀리 떨어진 곳 어딘가에서 5개의 부가적인 D-막이 그 특별한 재료를 공급할 수 있을지도 모른다.

불연속적 연속체와 생명의 창

KKLT가 찾은 것은 단일한 계곡이 아니라 계곡들의 집합이었다. 7장의 시작 부분에서 언급했듯이, 폴친스키와 당시 스탠퍼드 대학교의 박사 후 연구원이었던 라파엘 부소는 거의 무시되었던 논문에서 기본적인 아이디어를 이미 설명했다. 조밀화가 어떻게 엄청난 수의 진공과 관련되는지를 이해하기 위해, 부소와 폴친스키는 칼라비-야우 공간 1개의 기하 구조에 집중하기로 하고 그 공간에 있는 수백 개의 도넛 구멍을 선속으로 채우는 데 얼마나 많은 방법이 있는지를 연구했다.

선속으로 감을 수 있는 도넛 구멍이 500개 있을 정도로 그 칼라비-야우 공간의 위상이 풍부하고 복잡하다고 가정해 보자. 각 구멍을 통과

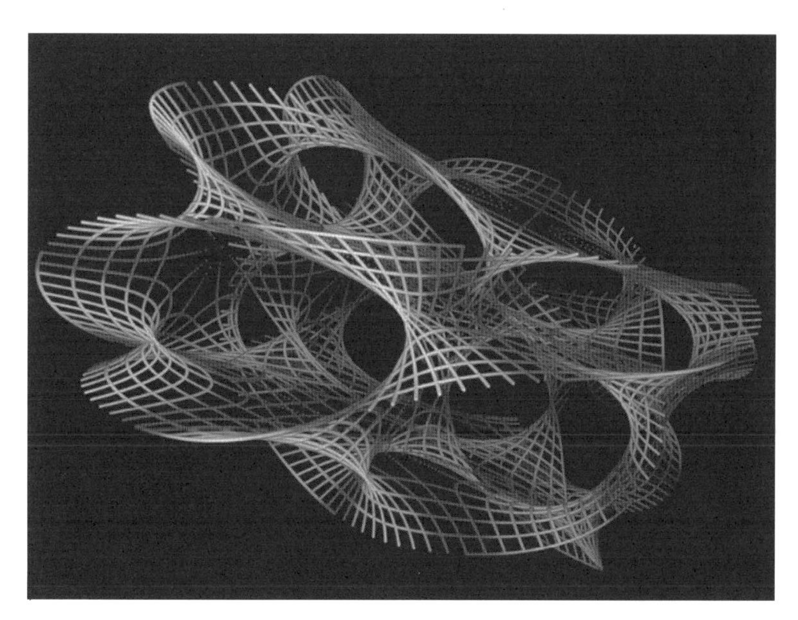

칼라비-야우 공간.

하는 선속은 정수여야 하므로, 500개의 정수로 이루어진 조합을 지정하지 않으면 안 된다.

이론적으로는 정수의 크기에 제한은 없지만, 실제로는 어떤 구멍을 지나는 선속이든 너무 많아지면 안 된다. 선속이 매우 크면 다양체를 위험할 정도로 너무 잡아 늘릴 수 있기 때문이다. 따라서 모종의 제한을 두기로 한다. 선속 정수의 값이 9보다 커서는 안 된다는 제한을 둔다. 그렇다면 각각의 선속은 0과 9 사이의 정수이다. 그렇다면 전체 가능성은 몇 가지가 될까?

조금 더 쉬운 예부터 시작해 보자. 500개 대신 단 하나의 구멍만 취급한다고 해 보자. 그 구멍을 통과하는 선속이 0과 9 사이의 임의의 정수라면, 0, 1, 2, 3, 4, 5, 6, 7, 8, 9, 즉 열 가지 가능성이 있다. 중요한 것은 이 가능성들이 각각 하나의 가능한 진공, 즉 그 나름의 법칙을 가진 환경이며, 이것이 가장 중요한데, 그 자신의 진공 에너지를 정의한다는 것이다. 진공이 10개라는 것은 보통의 20세기 양자장 이론의 관점에서는 아주 많은 것이지만, 119자리의 수를 상쇄시켜야 한다는 엄청난 비현실성을 극복하기에는 턱없이 부족해 보인다. 하지만 계속해 보자.

2개의 구멍이 있다고 가정하고, 각각 0부터 9까지의 선속을 가질 수 있다고 하자. 그렇다면 가능한 조합의 수는 10^2, 즉 100개이다. 이것은 약간 낫지만 너무 모자라는 것은 마찬가지이다. 그러나 구멍이 하나 더해질 때마다, 가능성이 10배로 늘어난다는 것에 주목하자. 500개의 구멍이 있다면 우리는 엄청나게 큰 수인 10^{500}개의 다른 상태를 얻게 된다. 게다가 이런 거대한 목록에 있는 각각의 계곡은 나름의 진공 에너지 값을 가지며 그 값들 중 어떤 것도 서로 같지 않을 것이다.

우주 상수의 모든 가능한 값을 보여 주는 표를 만들어 보자. 종이를 한 장 준비해서 수평축을 그린다. 그 직선의 중간쯤에 점을 찍고 0이라고 하자. 오른쪽에 점을 하나 찍고 1이라고 하자. 1이라는 값은 진공 에너지의 기준값, 즉 1기본 단위를 나타낸다. 이제 10^{500}개 계곡의 진공 에너지들에 해당하는 모든 점들을 찍어 보자. 매우 뾰족한 연필이 있다면 당신이 1,000개쯤의 점을 무작위로 찍을 때쯤 다른 점들과 겹치는 것을 피할 수 없게 될 것이고 연속된 직선이 만들어질 것이다.

좀 더 잘하고 싶다면 더 큰 종이를 준비하자. 엠파이어 스테이트 빌딩만큼 큰 종이가 있다면, 당신은 아마 점들이 서로 닿기 전까지 약 100만

개의 점을 찍을 수 있을 것이다. 은하만큼 큰 종이에는 아마 10^{24}개의 점을 표시할 수 있을 것이다. 이런 숫자들은 10^{500}의 근처에도 가지 못한다. 당신이 점들을 플랑크 길이만큼 떨어뜨려 놓고 종이가 우리가 아는 우주의 크기만큼 된다고 해도, 당신은 고작 10^{60}개의 점을 찍을 수 있을 뿐이다. 10^{500}이라는 숫자는 너무나도 압도적으로 커서 나는 그렇게 많은 점들을 나타낼 방법을 전혀 생각해 낼 수 없다.

일정 범위 내에 있는 **모든** 가능한 숫자들을 **연속체(continuum)**라고 한다. 우리의 진공 에너지 그림에 있는 점들은 사실은 연속체를 이루지 않지만, 너무나 빽빽하기에 실용적인 측면에서 모든 숫자가 나타난 것이라고 할 수 있다. 그렇게 엄청나게 크고 조밀한 집합에 있는 값들을 기술하기 위해서, 부소와 폴친스키 같은 끈 이론가들은 **불연속적 연속체(discretuum)**라는 단어를 만들었다.

하지만 정말 중요한 것은 우주 상수가 가질 수 있는 값이 무작위적으로 그토록 많다면, 와인버그가 계산했던 아주 작은 '생명의 창' 안에도 가능한 우주 상수의 값이 아주 많을 것이라는 사실이다. 여기에는 어떤 미세 조정도 필요하지 않다. 물론 인간에게 기회를 제공하는 창, 즉 인간원리적 선택의 범위 안에 들어오는 계곡은 풍경 속 전체 계곡 중 아주 적은 일부분일 것이다. 대략적으로 계산해도 약 10^{120}개 중 1개가 그 계곡에 해당할 것이다.

끈 이론이 발견된 이후 지속적으로 커져 온 풍경은 대부분의 끈 이론가에게는 고뇌의 근원이었다. 풍경이 단 하나 또는 기껏해야 한 손으로 셀 수 있을 정도의 점만을 가질 정도로 메말랐던 행복했던 지난날, 끈 이론가들은 단지 몇 개의 알려진 이론들이 사실은 단일한 이론의 다른 해에 불과하다는 사실을 발견하고 미칠 듯이 기뻐했다. 그러나 이런 통합이 이루어지는 동안, 많은 끈 이론가들에게 충격을 준 불길한 경향이 나타나기 시작했다. 다른 해들의 개수는 상상할 수 없을 정도로 늘어나 아주 큰 풍경으로 확장되었다. 하지만 나는 바로 이 끈 이론의 풍경이 그들의 이론에서 가장 중요하고 가장 강력한 특성이라고 생각한다. 누군가 "우리는 그저 1개의 불가능한 문제를 다른 문제로 치환한 것이 아닐까? 우주 상수가 왜 그토록 미세하게 조정되어 있는지 더 이상 궁금해할 필요는 없다. 풍경이 터무니없이 거대하기 때문에 찾고 싶은 것은 무엇이든 발견할 수 있다는 것이 사실일 수도 있다. 하지만 10^{500}개의 계곡 중에서 우리가 온화한 계곡 하나를 골라낸 물리학 원리는 무엇일까?" 다음 장에서 바로 소개될 이 문제의 해답은 그런 것은 없다는 것이다. 이제 알게 되겠지만, 그것은 잘못된 질문이다.

11장

거품 목욕탕 우주

이론적으로는 물리 법칙에 많은 가능성이 있다고 주장할 수 있지만, 자연이 실제로 그 모든 가능성들을 이용하는지는 별개의 문제이다. 가능한 많은 환경들 중에서 어떤 것이 실제 세계로 실현될까? 물리 방정식은 의심의 여지없이 순금으로 만들어진 천체의 주위를 도는 거대한 강철공 같은 해를 허용한다. 이론적인 관점에서 방정식의 그러한 해는 분명히 존재한다. 그러나 우주에 그런 물체가 실제로 있을까? 아마도 그렇지 않을 것이며, 그것은 역사적인 이유 때문이다. 우주 진화에 대한 이론 또는 대폭발 우주론의 어떤 부분도 왜 그런 물체가 형성될 수 있는지를 설명하지 못한다. 끈 이론이 10^{500}개의 해들을 가진다는 사실을 발견했다고 해도 그 해에 해당하는 환경들이 어떻게 출현하는지 이해하지 못하는 한, 우리 우주에 대해서 끈 이론이 가르쳐 줄 수 있는 것은 아무것도 없다.

어떤 물리학자들은 풍경의 독특한 한 점을 골라 줄 **진공 선택 원리**가 틀림없이 존재한다고 믿는다. 그 점은 아마도 실제 세계의 우리 우주에 해당할 것이다. 만약 그 원리가 존재한다면 수학적인 것이리라. 예를 들어 그것은 끈 이론의 수많은 해들 중 단 하나만이 논리적 일관성을 가진다는 것의 증명일 것이다. 그러나 끈 이론의 수학은 그 반대 방향, 즉 다양성이 점점 더 커지는 방향으로 나아갔다. 나는 어떤 이들이 진공 선택 원리는 우주론적인 것임에 틀림없다고 말하는 것을 들은 적이 있다. 말하자면 우주의 탄생은 유일한 방식으로만 일어날 수 있으며 유일한 환경에 이르는 것만이 가능하다는 것이다. 그러나 진공 선택 원리는 흡사 네스 호의 괴물 같은 것이다. 존재한다고들 이야기하지만 실제로 본 사람은 없다. 결과적으로 우리 중 많은 사람은 진공 선택 원리가 존재하지 않는 것이 아닐까 의심하기에 이르렀다. 그러한 메커니즘이 존재한다고 해도, 그 결과로 얻어지는 물리 법칙이 우리가 존재할 수 있도록 엄청난 정확도로 미세 조정되어 나타날 확률은 아직도 무시할 만하다. 내 생각에 진정한 진공 선택 원리가 있다는 생각은 오히려 실패로 끝나기 쉽다.

대안은 무엇인가? 그 대답은 자연은 어떤 방법을 통해서든 결국 모든 가능성을 이용한다는 것이다. 메가버스에는 그 모든 가능성을 다 활용하고, 그것들을 단순한 수학적 가능성에서 물리적 실재로 변화시킬 자연스러운 메커니즘이 존재할 것인가? 이것이 존재한다고 믿는 이론 물리학자들이 나를 포함해서 점점 더 늘어 가고 있다. 나는 이러한 아이디어를 **채워진 풍경**(populated landscape)이라고 부른다.[1]

---

1. 채워진 풍경은 린데, 빌렌킨, 구스 같은 우주론 학자들에게는 아주 친숙한 아이디어로, 그들은 오랫동안 그것과 비슷한 아이디어를 사용해 왔다.

이 장에서 나는 **채워진 풍경**의 주요 아이디어들을 설명할 것이다. 즉 잘 검증된 물리학 원리에 따른 메커니즘을 통해, 풍경의 모든 계곡들을 대표하는 무한히 많은 수의 호주머니 우주들이 나타나는 것을 말이다.

채워진 풍경의 기저에 있는 메커니즘을 설명하는 데에는 단지 아주 통상적인 일반 상대성 이론의 원리와 양자 역학이 필요할 뿐이다. 풍경이 어떻게 실현되는지 이해하기 위해, 우리는 두 가지 매우 기본적인 물리 개념을 조사할 것이다. 첫 번째는 **진공의 준안정성**이라는 것으로, 그것은 진공의 성질들이 아무 전조 없이 갑자기 변화할 수 있음을 뜻한다. 두 번째 개념은 **공간의 자기 복제**이다.

안정성과 준안정성

커트 보니것(Kurt Vonnegut, 1922년~)의 음침하고 재미있는 공상 과학 풍자 소설 『고양이의 요람(*Cat's Cradle*)』에서 물리학자 펠릭스 회니커는 얼음-9라고 부르는 새로운 형태의 고체화된 물을 발견한다. 얼음-9의 결정 구조는 보통의 얼음과는 다르다. 즉 새로운 결정 격자는 대포알을 쌓은 것처럼 아주 안정해서 섭씨 45도까지 녹지 않는다. 보니것의 소설에서 지구의 물이 지금까지 액체로 남아 있을 수 있었던 이유는 새로운 결정의 아주 작은 씨가 물 분자들에게 더욱 안정한 얼음-9처럼 재배열하는 방법을 '알려 주었기' 때문이다. 그러나 그런 아주 작은 '선생님 결정'이 한번 형성되면, 그 주위의 물은 그 결정 주위에 응고해 빠르게 팽창하는 얼음-9의 거품을 이루게 된다. 회니커의 장난스러운 소규모 실험이 있기까지 아무도 얼음-9의 결정을 만든 적이 없었으며, 지구상의 H_2O는 보통의 얼음에 비해서 훨씬 위험한 사촌뻘에 해당하는 얼음-9에 오염되지 않았다.

회니커의 새로운 물질 조각이 산 로렌조의 대통령이며 독재자인 파파 몬자노의 손에 들어가기 전까지 지구는 오염되지 않았다. 파파는 그것을 약간 삼키는 바람에 그의 삶을 마감했고, 그 자신의 체액을 불안정하게 했다. 그것들은 치명적인 얼음-9로 변화하고, 그의 모든 신체는 눈 깜짝할 사이에 얼어붙었다. 파파 몬자노의 요새가 붕괴되고 바다로 빠져듦에 따라, 얼음-9로 가득 찬 그의 시체도 같은 길을 걸으며 연쇄 반응을 일으킨다. 결정은 무서운 속력으로 팽창하며, 즉시 지구상의 모든 물을 얼리고, 모든 생명을 끝장낸다.

얼음-9의 이야기는 물론 허구이다. 섭씨 0도 이상에서 물은 고체로 존재할 수 없다. 『고양이의 요람』은 사실 핵무기로 가득 찬 세계의 광기와 불안정성을 경고하는 이야기이다. 그러나 비록 허구이지만, 얼음-9 이야기는 물리학과 화학의 중요한 원리, 즉 준안정성 개념에 기반하고 있다.

안정성은 예기치 못한 갑작스러운 변화에 대한 어느 정도의 저항을 의미한다. 수직으로 매달려 있는 진자는 매우 안정하다. 불안정성이란 그 반대이다. 연필을 뾰족한 끝을 바닥으로 해서 세우면 곧 예측할 수 없는 방향으로 넘어진다. 준안정성이란 그 중간의 개념이다. 어떤 계는 긴 시간 동안 안정한 것처럼 보이지만, 결국은 매우 갑작스럽고 예측하기 어려운 대변화를 겪는다. 이런 계들을 일컬어 준안정하다고 한다.

실제 세계에서 실온의 물을 용기에 담아 놓았다면 그것은 안정하다. 그러나 펠릭스 회니커와 파파 몬자노의 허구 세계에서라면, 그것은 단지 준안정할 뿐이다. 현실 세계의 물도 준안정한 경우가 있지만, 실온에서는 그렇지 않다. 만약 물을 조심스럽게 어는점 이하로 냉각하거나 끓는점 이상으로 가열하면, 놀랍게도 물은 꽤 오랫동안 액체로 있다가 갑자기 얼음이나 수증기로 변한다. 더욱 이상한 일로서 끈 이론의 진공은 종종 준안정하다. 그러나 준안정한 물이나 빈 공간에 대해 자세히 이야기하기 전에, 준안정성에 대한 더 간단한 예를 하나 살펴보도록 하자.

세상에는 절대로 일어나지 않는 일들이 있다. 아무리 오래 기다려도 그런 일들은 절대로 일어나지 않는다. 잘 일어나지 않을 법한 일도 충분히 오래 기다리면 결국은 일어난다. 그러나 고전 역학적으로는 절대 일어날 수 없는 사건들이 있다. 다시 한번 간단한 1차원의 풍경에서 굴러다니는 작은 공을 생각해 보자. 사실 그것은 굴러다니는 것이 아니다. 두 높은 산 사이에 있는 계곡 바닥에 있어 그곳을 벗어날 수 없다. 두 산 중 하나의 너머에 더 낮은 계곡이 있어도, 그 공은 지금 있는 곳에서 빠져나올 수 없다. 산을 넘어 더 낮은 계곡에 닿기 위해서는, 꼭대기의 위치 에너지를 상쇄할 만한 운동 에너지를 가져야만 한다. 멈추어 있다면 언덕을 따라 짧은 거리를 올라갈 에너지마저도 없는 것이다. 누가 슬쩍 밀지 않는 한, 다른 쪽으로 넘어가는 일은 일어나지 않을 법할 정도가 아니라, 절대로 일어나지 않는다. 이것이 완벽한 안정성의 한 예이다.

하지만 이제 약간의 열을 가해 보자. 그 공은 따뜻한 기체의 분자들과의 마구잡이 충돌에 노출되어 있다. 기체 분자들은 열로 인한 떨림을 가지고 있다. 만약 충분히 오래 기다린다면, 어떤 시점에서는 비정상적으로 큰 에너지를 가지는 분자와 충돌하거나 연쇄적인 마구잡이의 충돌로 인해서 충분한 에너지가 공급되어 공은 산 너머로 넘어가 더 낮은 계곡에 도달할 수 있다. 그러한 마구잡이 사건이 한 시간 안에 일어날 확률은 아주 낮다. 그러나 아무리 낮아도 확률이 0이 아닌 한, 충분히 오래 기다리면 공은 결국 장애물을 넘어서 낮은 계곡에 안착하게 된다.

잠깐! 우리는 양자 역학적 떨림을 무시했다. 열이 없더라도, 즉 심지어 절대 온도 0도에서도 공은 양자 떨림 때문에 진동한다. 어떤 이는 열에너지가 없어도 양자 떨림이 결국은 공을 언덕 너머로 내던져 버릴 것이라고 생각할 것이다. 그것은 옳은 생각이다. 에너지 계곡이라는 함정에 빠진 양자 역학적 공은 완벽하게 안정하지는 않으며, 산의 다른 쪽에 나타날 확률이 적지만 있다. 물리학자들은 이런 기괴하고도 예측할 수 없는 양자 역학적 점프를 **양자 터널링 현상**(quantum tunneling)이라고 부른다. 양자 터널링 현상은 원숭이가 타자기를 마음대로 두드리다가 셰익스피어의 희곡을 완성하기를 기다리는 것만큼이나 오래 걸리는, 일어날 법하지 않은 사건이다.

이런 유형, 즉 진정으로 안정하지는 않지만 아주 오랫동안 지속될 수 있는 계를 준안정하다고 한다. 물리학과 화학에는 준안정성에 대한 많은 예가 있다. 이런 계들은 안정해 보이지만 결국은 예고도 없이 새로운 모습으로 변신한다. 보니것의 풍자 소설에서 실온의 정상적인 물은 준안정하다. 머지않아 분자들의 무작위 운동의 결과만으로도 아주 작은 얼음-9가 생겨날 것이며 연쇄 반응으로 인해 준안정한 액체는 더 안정한 얼음-9로 변화될 것이다. 곧 알게 되겠지만, 정상적인 얼음과 물에서도 실제 예를 찾을 수 있다. 그러나 이 책에서 가장 중요한 것은 진공이 준안정할 수 있다는 것이다. 『고양이의 요람』에서 얼음-9가 그랬던 것처럼, 이상한 성질을 가진 공간의 거품이 저절로 생겨나서 커질 수 있다. 이것이 바로 풍경에 다양한 우주가 생기는 원리이다.

거품핵 형성의 메커니즘

물은 섭씨 0도에서 얼어 고체가 된다. 그러나 매우 순수한 물이라면 아주 천천히, 조심스럽게 냉각하는 경우 더 낮은 온도까지도 얼지 않을 수 있다. 어는점 이하의 액체 물을 일컬어 '과냉각'되었다고 한다.

통상적인 어는점 약간 아래로 과냉각된 물은 매우 오랫동안 그대로 있을 수 있다. 그러나 일단 아주 작은 조각의 보통 얼음이 생기면 물은 갑자기 그 주위에서 결정화되어 매우 급격히 성장하는 얼음 덩어리를 만든다. 얼음-9가 세상을 파괴했던 것처럼 물은 금방 얼음 덩어리로 뒤덮인다.

얼음 결정을 과냉각된 물에 넣는 것은 구르는 공을 근처에 있는 언덕 너머로 살짝 미는 것과 비슷하다. 그것이 바로 그 계를 '경계선 너머로' 가도록 하는 사건이다. 구르는 공의 경우에는 장애물을 충분히 넘을 수 있도록 세게 밀어야 하며, 아주 살짝 밀어서는 안 된다. 아주 살짝 민 경우에는 공은 그저 출발했던 지점으로 다시 굴러올 것이니 말이다. 과냉각된 물에서도 마찬가지이다. 만약 얼음 결정이 어떤 '임계 크기'보다 작다면, 그것은 물에 둘러싸여 녹아 버릴 것이다. 예를 들어, 얼음 결정이 몇 개의 분자로만 이루어졌다면 점점 자라나 전체를 뒤덮기는 어려울 것이다.

그러나 얼음의 덩어리를 넣지 않더라도, 과냉각된 물이 영원히 그대로 남아 있을 수는 없다. 그것은 액체 속의 분자들이 계속 요동하며 서로 부딪히고 재배열되기 때문이다. 이 운동은 열적 떨림과 양자 떨림 모두에 기인한다. 이따금은 우연히 일군의 분자들이 작은 결정으로 재배열될 수 있다. 대부분의 경우 그 결정은 너무 작아서 곧 주위로 녹아 들어갈 것이다.

그러나 매우 드문 일이지만 큰 결정이 우연히 저절로 생길 수 있다. 그러면 그 결정은 폭발적으로 자라나 모든 것을 얼린다. 이 현상은 '거품핵(포핵(泡核)이라고도 한다. — 옮긴이)의 형성'이라고 부르며 커지는 얼음 결정을 팽창하는 비누 거품처럼 생각할 수 있다. 매우 유사한 현상이 물이 끓는점 이상으로 가열되었을 때에도 일어날 수 있다. 유일한 차이는 이번에는 '수증기의 거품'이 저절로 생겨나 자라난다는 것뿐이다.

얼음과 물의 경계, 또는 수증기와 물의 경계를 '영역의 벽(domain wall)'이라고 부른다. 그것은 다른 두 상(phase) 사이의 막과 유사하다.[2] 실제로 영역의 벽은 그 자체의 성질을 가지고 있다. 예를 들어 표면 장력이 있어서 거품을 오그라들게 하는 경향이 있다. 영역의 벽에 대한 다른 예는 물과 공기의 경계면이다. 어렸을 때 나는 물 위에 철제 바늘을 띄우는 놀이를 즐겨 했다. 공기와 물을 분리하는 영역의 경계는 액체 위에 잡아당겨진 살가죽과 비슷하다. 영역의 벽은 표면 장력이 있기 때문에 구멍을 내지 않고서는 물체가 통과할 수 없다.

0보다 큰 우주 상수를 가진 진공은 과냉각된 액체, 또는 과가열된 액체와 매우 흡사하다. 그것은 준안정하며 거품핵의 형성으로 붕괴될 수 있다. 모든 진공은 특정한 고도, 다시 말해 특정한 에너지 밀도를 가진 풍경의 한 계곡에 해당한다. 우리의 조악한 감각에는 진공이 조용하고 특성 없는 것으로 느껴질지 몰라도, 양자 떨림은 아주 작은 공간의 거품들을 계속 만들고 있다. 그 공간의 거품들은 풍경상에서 서로 이웃한 계곡들에 해당하는 성질을 가지고 있다. 보통 그 거품들은 오그라들어 금새 사라진다. 그러나 이웃 계곡이 더 낮은 고도에 있다면, 자라기 시작할 수 있을 만큼 충분히 큰 거품이 더 자주 생긴다. 그 거품이 모든 것을 삼켜 버리게 될까? 곧 알게 될 것이다.

거품을 그 주위와 분리하는 영역의 벽은 막과 유사한 2차원 곡면이다. 우리는 앞에서 막에 대해 이미 살펴본 바 있다. 10장에서 우리는 폴친스키의 D-막이라는 것에 대해서 배웠다. 많은 경우 영역의 벽은 다른 게 아니라 바로 막과 같은 D2-막들이다.

2. 물리와 화학에서 얼음, 액체로서의 물, 수증기를 물의 세 가지 상(phase), 즉 고체상, 액체상, 기체상이라고 부른다.

자기 복제하는 공간

호주머니 우주의 우주적 거품 형성과 과냉각된 액체 속 얼음 결정 거품의 형성 사이의 유사성에는 무엇인가가 빠져 있다. 예를 들어 공간의 팽창하려는 경향이다. 풍경의 각 점은 우주 상수를 가지고 있다. 양의 우주 상수는 보편적으로 작용하는 척력을 의미한다. 이 만유척력에 따라 만물은 서로 멀어진다. 현대의 일반 상대성 이론 전문가라면 공간 자체가 팽창 또는 급팽창하는 것이며 물질들은 단지 그 팽창을 따라 운반되는 것뿐이라고 할 것이다.

오래전에 아인슈타인이 아직 우주 상수로 이런저런 시도를 하고 있을 때, 네덜란드의 천문학자 빌렘 드 지터(Willem de Sitter, 1872~1934년)는 급팽창하는 우주에 대한 연구를 시작했다. 그 공간, 더 정확하게 말해서 드 지터가 발견한 시공간에는 그의 이름이 붙여졌으며, 시공간 전역에 퍼져 있는 진공 에너지, 즉 우주 상수를 제외하고 다른 에너지나 중력을 발생시키는 물질이 없는 경우에 아인슈타인 방정식의 해가 된다. 아인슈타인과 마찬가지로 드 지터는 우주 상수가 양수라고 가정했다. 그가 발견한 것은 시간에 따라서 지수 함수적으로 급격히 커지는 공간이었다. 지수 함수적인 팽창은 어떤 특정한 시간이 지나면 공간이 2배가 되며, 그다음에 같은 시간이 흐르면 다시 2배, 그리고 다시 2배가 되는 것을 의미한다. 그것은 복리로 돈이 불어나는 것과 마찬가지로, 2배, 4배, 8배, 16배 등으로 커진다. 연리 5퍼센트라고 했을 때 복리 예금은 14년 만에 2배로 불어난다. 우주 상수는 이자율과 비슷하다. 우주 상수가 크면 클수록, 우주는 더 빨리 늘어난다. 팽창하는 모든 공간과 마찬가지로, 드 지터 공간은 허블의 법칙, 즉 후퇴 속도가 거리에 비례한다는 성질을 만족한다.

우리는 팽창하는 우주를 시각화하기 위해 풍선 비유를 사용해 왔다.

그러나 드 지터 공간은 지수 함수적으로 팽창하는 풍선과 중요한 점이 하나 다르다. 풍선의 경우 팽창할수록 그 소재인 고무는 점점 더 강하게 잡아당겨지고 더 많은 스트레스를 받으며 얇아진다. 결국 한계에 도달하면 터지고 만다. 그러나 드 지터 공간을 이루는 소재는 절대로 변하지 않는다. 그것은 흡사 고무 분자가 계속 새로운 고무 분자들을 만들어서 팽창으로 생긴 빈자리를 채우는 것과 비슷하다. 고무 분자들이 스스로를 복제해서 빈틈을 채우는 것을 상상해 보라.

물론 실제로 고무 분자가 만들어지는 것은 아니다. 공간 자체가 빈틈을 채우기 위해 재생산되는 것이다. 따라서 공간이 자기 복제한다고, 즉 각각의 작은 영역이 그 자손을 낳아서 지수 함수적으로 팽창한다고 말할 수 있다.

드 지터 공간의 관찰자가 공간의 팽창과 함께 움직이면서 그 주위를 돌아본다고 생각해 보자. 관찰자는 어떤 우주를 보게 될까? 당신은 그 관찰자가 시간에 따라 점점 더 커지며 변화하는 우주를 볼 것이라고 생각할 것이다. 놀랍게도 그렇지 않다. 관찰자는 주위의 공간이 허블의 법칙에 따라 흘러서 멀어지는 것을 보게 된다. 가까운 것은 천천히 후퇴하며 멀리 있는 것들은 더 빨리 후퇴한다. 어떤 거리에서는 공간의 흐름이 너무나 빠르게 흘러서 그 멀어지는 속도가 빛의 속도와 같아진다. 더 먼 거리에서는 멀어지는 점들은 더욱 빠른 속도로 멀어진다. 이러한 영역에서는 공간이 너무 빠르게 흘러서 관찰자에게 똑바로 빛을 쏜다고 해도 휩쓸려 가고 만다. 어떤 신호도 빛보다 빠르게 도달할 수 없기에, 이렇게 먼 영역과의 접촉은 완전히 단절되어 있다. 관측할 수 있는 가장 먼 지점, 즉 후퇴 속도가 광속과 같아지는 지점을 **지평선**(horizon), 또는 더 적절한 용어로 **사건의 지평선**(event horizon)이라고 한다.

우리가 관측할 수 있는 한계이자 귀환 불가능한 귀환 불능점을 의미하는 우주론적 사건의 지평선 개념은 가속 팽창하는 우주의 가장 놀라운 귀결 중 하나이다. 지구의 지평선과 마찬가지로, 그것은 절대로 공간 자체의 종점을 뜻하는 것이 아니다. 그것은 단지 우리가 볼 수 있는 영역의 끝을 뜻하는 것이다. 어떤 물체가 지평선을 통과하는 순간, 영원한 이별을 고한다. 어떤 물체는 심지어 처음부터 지평선 너머에서 생겨났을 수 있다. 지평선 안의 관찰자는 절대로 그것들의 존재를 알 수 없다. 하지만 만약 그러한 물체가 영원히 우리의 인지 가능한 영역 밖에 존재한다면, 우리가 상관할 필요조차 없는 것은 아닐까? 과학적인 이론에 지평선 밖의 영역을 포함시켜야 할 이유가 있기는 한 것일까? 어떤 철학자들은 그것들은 형이상학적인 개념들로서 천국, 지옥, 연옥 등과 마찬가지로 과학 이론에서 다룰 필요가 없는 것들이라고 말할지도 모른다. 그 존재를 이론에 포함시키는 것은 그 이론에 반증 불가능한 요소를 집어넣는, 따라서 비과학적인 요소를 집어넣는 일이라고 주장할 것이다.

이러한 관점은, 우리 우주의 인간 원리적 미세 조정을 설명할 수 있는, 광대하고 다양한 호주머니 우주들을 포함한 메가버스의 존재 같은 아이디어를 사용할 수 없게 한다는 문제점을 갖고 있다. 우리는 곧 다른 모든 호주머니 우주는 우리의 지평선 밖의 유령처럼 알 수 없는 우주에 존재한다는 것을 알게 될 것이다. 엄청나게 많은 수의 호주머니 우주들로 이루어진 메가버스라는 아이디어 말고는 인간 원리를 제대로 정식화할 수 없다. 이러한 딜레마에 대한 나의 관점은 다음 장에서 설명하겠지만, 간단하게 말하자면, 나는 이 모든 논의가 오류에 기초하고 있다고 확신한다. 양자 역학이 지배하는 우주에서 일견 궁극적이라고 생각되는 장애물들이란 그렇게 궁극적인 것이 아니다. 지평선 너머에 있는 물체들조차 원리적으로 이해할 수 있기 때문이다. 이 문제는 다음 장에서 더 자세히 설명하겠다.

흥미롭게도 우주 상수로 인해 가속 팽창하는 우주에서 사건의 지평선까지의 거리는 절대로 변하지 않는다. 그것은 우주 상수의 값으로 고정되어 있어서, 우주 상수가 크면 클수록 지평선까지의 거리는 가까워진다. 관찰자는 유한하고 변화하지 않는 지평선까지의 거리로 주어지는 반지름을 가진 영역에 살고 있는데, 지구의 지평선이 가까이 다가가려고 해도 계속 멀어지는 것처럼, 드 지터 공간의 우주론적 지평선에는 절대로 도달할 수 없다. 그것은 유한한 거리만큼 떨어져 있지만, 그곳에 도달하면 그것은 더 이상 그곳에 있지 않다! 그러나 만약 우리가 드 지터 공간 밖으로 나갈 수 있다면(드 지터 공간 밖에서 볼 수 있다면) 우리는 시간에 따라서 지수 함수적으로 팽창하는 우주 전체를 볼 수 있을 것이다.

준안정한 드 지터 공간

나는 이제 다시 새로운 요소를 추가해서 준안정한 물질이라는 주제로 돌아가려고 한다. 문제의 물질이 급팽창한다고 가정해 보자. 급팽창하는 준안정한 물질을 머릿속에 그리기 위해 과냉각된 물로 차 있는 얕고 무한히 넓은 호수를 상상해 보자. 공간의 자기 복제를 흉내 내기 위해서, 호수의 바닥에 작은 파이프가 연결되어 과냉각된 물이 계속 공급된다고 해 보자. 새로운 물이 계속 공급되기 때문에 호수의 물은 수평으로 퍼진다. 서로 멀어지는 두 물 분자 사이의 빈 공간을 새로운 물 분자가 들어와서 채운다. 만약 호수에 배가 떠 있다면, 서로 멀리 떨어져서 접촉할 길이 없을 것이다. 호수는 바로 드 지터 공간처럼 급팽창하고 있다.

급팽창하는 과냉각수에서는 얼음 결정이 무작위적으로 계속 만들어질 것이다. 만약 그것들은 충분히 크다면 자라서 팽창하는 얼음 섬이 될 수 있다. 그러나 그것들은 퍼져 가는 유체에 실려 움직이고 있으므로,

커지는 섬들은 서로에게서 너무 빨리 멀어져 다시 만날 수 없을 것이다. 섬들 사이의 영역도 급팽창해서 호수 전체가 얼음으로 덮이는 것을 막는다. 섬들 사이의 공간은 영원히 자라나며 섬들이 한없이 커지더라도 액체로 남아 있다. 그럼에도 불구하고, 흐름을 따라 떠 가는 관찰자는 얼음에 둘러싸이게 된다. 충분한 시간이 흐르면, 작은 얼음 결정이 결국 그 사람의 근처에 생겨 그를 집어삼킬 것이다. 좀 역설적으로 들리겠지만, 이것이 정확한 결론이다. 언제나 많은 물이 있지만 그중 특정한 부분을 생각하면 조만간 얼음에 집어삼켜지게 된다.

앞에서 내가 묘사한 것은 **영구 급팽창**(eternal inflation)이라고 부르는 현상, 즉 영원히 팽창하는 우주의 바다에 떠 있는 점점 커지는 다른 진공의 섬들에 대한 정확한 비유라고 할 수 있다. 이것은 전혀 새로운 아이디어가 아니다. 스탠퍼드 대학교의 동료인 안드레이 린데는 현대 우주론의 많은 아이디어를 내놓은 위대한 학자 중 한 사람이다. 내가 아는 한, 15년쯤 전에 그가 러시아에서 미국으로 온 이후, 그는 영원히 팽창하며 많은 종류의 거품을 뿜어내는 우주라는 학설을 설파해 왔다.[3] 알렉산더 빌렌킨은 엄청난 다양성을 가지고 급팽창하는 메가버스라는 방향으로 우주론을 추동하는 데 전념한 또 다른 러시아 출신 미국인 우주론 학자이다. 그러나 대부분의 물리학자들은 이러한 아이디어들을 적어도 최근까지는 무시해 왔다. 현재 이 분야를 뒤흔들고 있는 것은, 대자연에 대한 이론으로서 최상의 후보로 평가되는 끈 이론이 이러한 오래된 아이디어와 잘 부합하는 특징을 가지고 있다는 인식이다.

---

3. 린데는 원래 논문에서 "자기 재생산하는 우주(self-reproducing universe)"라는 용어를 사용했다. 나는 이 주제에 관한 최근의 논문들에서 흔히 사용되는 '영구 급팽창'이라는 용어를 사용했다.

일반 상대성 이론, 양자 역학, 그리고 태초의 고밀도 우주에 관한 이론을 끈 이론의 풍경이라는 특징과 조합하면 영구 급팽창하는 준안정한 우주라는 결론은 필연적인 것으로 생각된다.

영구 급팽창

우주가 어떻게 시작되었는지에 대한 궁극적 해답을 얻으리라는 희망에서 이 책을 샀다면 당신은 실망할지도 모르겠다. 그 답은 나는 물론이고 그 누구도 모른다. 어떤 사람은 우주가 특이점, 즉 무한의 에너지 밀도를 가지는 엄청나게 격렬한 상태에서 출발했다고 생각한다. 다른 사람들, 특히 스티븐 호킹과 그의 제자들은, 무(無)에서 양자 역학적 터널링 현상이 일어났다고 믿는다. 그러나 우주가 어떻게 시작되었든, 우리는 한 가지를 알고 있다. 언젠가 과거의 한 시점에 우주가 매우 큰 에너지 밀도를 가진 상태로, 급격한 팽창의 한가운데 존재했다는 사실이다. 거의 모든 우주론 학자들은 신속하게 일어난 지수 함수적 급팽창이 우주론의 많은 수수께끼들을 설명할 수 있다는 데에 동의한다. 5장에서 우리는 이런 믿음을 지지하는 관측 결과들에 대해서 살펴보았다. 우리 우주의 관측 가능한 역사가 약 140억 년 전에 풍경의 한 지점, 즉 우리가 속한 우주의 영역을 적어도 10^{20}배만큼이나 급팽창시키는 데 충분한 에너지를 가진 상태에서 출발했다는 것에는 의심의 여지가 거의 없다. 그것도 사실은 과소 평가한 것이라고 여겨진다. 이 기간 동안의 에너지 밀도는 아주 높아서, 어느 정도인지 짐작하기도 어렵지만 우리가 실험실에서 만들 수 있는 그 어떤 것, 즉 가장 큰 입자 가속기에서 가장 격렬한 충돌 시에 일어나는 현상과 비교해도 엄청난 차이가 있을 만큼 거대하다. 그 순간에 우주는 사실은 풍경의 한 계곡에 갇혀 있었던 것이 아니라, 약간의 경사가 있는 평원에 서 있던 것으로 생각된다. 우주가 급팽창하면서 우리의 호주머니 우주(우주에서 우리가 관측 가능한 부분의 우주)는 천천히 얕은 경사를 굴러 내려와, 마침내 갑자기 급격한 경사의 바위턱에 도달했다. 그리고 바로 그 순간 갑자기 낙하해 위치 에너지를 열과 입자들로 변환시켰다. 우주에 물질을 만들어 낸 이 사건을 **재가열**(reheating)이라고 부른다. 마침내 우주는 인간 원리에 맞는 아주 작은 우주 상수를 가진 우리의 현재 계곡으로 굴러 내려왔다. 이것이 전부이다. 우리가 알고 있는 우주론이란 진공 에너지가 한 값에서 다른 값으로 단시간에 변화한 사건이다. 모든 흥미로운 사건은 이 전환의 시기에 일어났다.

우리의 호주머니 우주가 어떻게 그 바위턱에 올라가게 되었을까? 그것은 알 수 없다. 하지만 우주가 그 지점에서 시작되었다는 것은 정말로 편리한 일이다. 바위턱에서의 에너지 밀도로 인해서 발생한 급팽창이 아니었다면 우주는 우리가 보는 것처럼 거대하고 물질로 차 있는 우주, 충분히 크고, 충분히 매끄러우며, 우리의 존재에 딱 알맞은 밀도를 가진 우주로 진화하지 못했을 것이다.

우리가 태초에 바위턱에 있었다고 생각하는 이론의 문제는 이것이 잠재적으로 가능했던 막대한 수의 출발점 중 하나에 불과하다는 것이다. 그 지점이 가진 특징이라면 생물이 진화할 가능성이 있는 우주로의

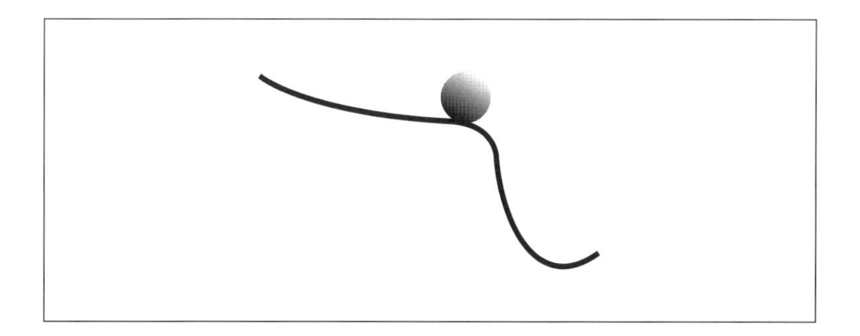

좋은 출발을 제공할 수 있었다는 것뿐이다. 풍경에서 임의로 우주를 찍어 운 좋게도 그런 지점을 선택하자면, 지적인 설계자를 상정하지 않고는 우리의 세계를 설명한다는 목적을 절대 달성할 수 없다. 그러나 앞으로 설명하겠지만, 거대한 풍경을 가진 이론에서 선택의 여지란 없다. 내가 생각하기에 우주의 어떤 부분들이 진화해 운 좋은 지점으로 나아간다는 것은 완전히 불가피한 것이며 수학적으로 확실하다. 하지만 모든 사람이 동의하지는 않는다.

프린스턴 대학교의 우주론 학자인 폴 스타인하트(Paul Steinhardt)는 인간 원리에 대해서 비판적이며, 다음과 같이 이야기한다. "인간 원리는 다중 우주(multiverse, 멀티버스)의 존재에 관한 많은 수의 가정을 도입한다. 우리가 우리 우주라는 단 하나의 대상을 설명하기 위해서 도대체 왜 각각 다른 성질을 가진 무한히 많은 수의 우주들을 가정해야 한단 말인가?" 그 답은 우리는 그 우주들을 가정할 필요가 없다는 것이다. 그것들은 많은 검증을 거친 일반 상대성 이론과 양자 역학의 전통적인 원리에 근거한 필연적인 결과이기 때문이다.

스타인하트의 연구에 내가 불가피하다는 주장들을 포함해 영구 급팽창 아이디어의 싹이 포함되어 있다는 것은 아이러니이다. 그의 아이디어에는 내가 필연적인 결론이라고 한 논의들이 포함되어 있기 때문이다. 무한히 많은 호주머니 우주가 부글거리며 생겨나는 것은 샴페인 병을 열었을 때 기포가 생기는 것만큼이나 확실한 사실이다. 여기에는 단지 두 가지 가정만이 필요하다. 풍경의 존재와 우주가 매우 높은 에너지 밀도를 가지고, 즉 매우 높은 고도에서 출발했다는 사실이다. 첫 번째는 우리가 가정해야 하는 것이 아닐지도 모른다. 끈 이론의 수학에 따르면 풍경의 존재는 필연적인 것으로 보인다. 그리고 두 번째, 즉 높은 에너지 밀도는 대폭발로부터 시작하는 모든 과학적 우주론이 공유하는 특성이다. 이제 내가 왜 다른 대부분의 우주론 학자들과 마찬가지로 영구 급팽창이 매력적인 아이디어라고 생각하는지 설명하려고 한다.

이제부터 내가 이야기하려는 아이디어는 나의 것은 아니다. 그것들은 앨런 구스, 안드레이 린데, 폴 스타인하트, 알렉산더 빌렌킨이 개척했으며, 우리 세대의 가장 위대한 물리학자 중 한 사람인 시드니 콜먼의 독창적인 업적에 빚지고 있다. 이제 풍경에서 에너지 밀도가 좀 높을 뿐 특별하지 않은 임의의 한 점에 있는 우주 또는 공간의 한 부분을 고려하는 것에서부터 시작해 보자. 모든 역학계가 그렇듯이 그것은 곧 낮은 위치 에너지를 가지는 영역으로 나아갈 것이다. 에베레스트 산 정상에서 볼링공을 하나 굴린다고 상상해 보자. 중간에 어디선가 걸리는 일 없이 해수면에 도달하기까지 모든 길을 한 번에 굴러갈 확률이 얼마나 될까? 별로 높지 않을 것이다. 산에서 별로 멀지 않은 어떤 조그만 계곡에서 멈출 확률이 훨씬 높다. 정확히 어디에서 어떤 속도로 시작했는지는 별로 상관이 없다.

우리가 그 운명을 따라가려는 우주의 부분도 볼링공과 마찬가지이다. 그것도 어떤 계곡으로 떨어져서 급팽창을 시작할 것이다. 엄청나게 큰 부피를 가진 공간이 복제될 것이며 모두 같은 계곡에 위치할 것이다. 물론 더 낮은 계곡도 있지만, 그곳에 닿기 위해서 우주는 출발점이었던 계곡보다 더 높은 산을 먼저 넘어가야 하는데 에너지가 충분하지 않기 때문에 그렇게는 할 수 없다. 따라서 우주는 그 지점에서 멈추고는 영원히 팽창한다.

하지만 한 가지 잊은 것이 있다. 진공은 양자 떨림을 가지고 있다. 과냉각된 물과 흡사하게, 양자 떨림으로 조그만 거품이 생겼다가 사라진다. 이러한 거품들의 내부는 더 낮은 고도에 있는 인접한 계곡에 존재할 수 있다. 이런 방식으로 거품들은 계속 생겨나지만 대부분은 너무 작아서 자라지 못한다. 거품을 다른 부분과 분리하는 영역의 벽에 있는 표면 장력이 이런 거품들을 짜부라트린다. 그러나 과포화된 상태와 마찬가지로, 가끔은 자랄 수 있을 만큼 큰 거품이 생긴다.

급팽창하는 우주에서 일어나는 이러한 거품 형성을 표현하는 수학은 오래전부터 알려져 있었다. 1977년에 시드니 콜먼과 프랭크 드 루치아(Frank De Luccia)는 이제는 잘 알려져 고전이 된 논문을 발표했다. 그 논문에서 그들은 팽창하는 우주에서 그런 거품이 출현하는 비율을 계산하고, 그것이 매우 작은 값이지만 분명히 0이 아니라는 점을 밝혔다. 그 계산은 가장 신뢰할 만하고 잘 검증된 양자장 이론의 방법만을 사용했다. 현대 물리학자들은 양자장 이론을 절대 흔들리지 않는 반석처럼 여긴다. 그리하여 무엇인가 엄청나게 잘못된 것이 없는 한, 급팽창하는 진공은 성장하는 거품들을 뿜어내게 되고, 그 거품은 주위 계곡에 자리잡을 것이다.

거품들이 충돌해 한 덩어리가 되면 결국 공간 전체가 어떤 새로운 계곡에 있게 될 것인가? 또는 거품들 사이의 공간이 너무 빨리 팽창해 섬들이 합체하는 것을 막을 것인가? 그 답은 거품의 형성 속도와 공간의 재생산 또는 복제 속도 중 어느 쪽이 더 큰가에 달려 있다. 만약 거품들이 너무 빨리 만들어지면, 그것들은 재빨리 충돌하고 합체해 전체 공간은 풍경의 어떤 새로운 지점으로 이동하게 된다. 그러나 만약 공간이 재생산되는 속도가 거품의 형성 속도보다 크다면, 복제의 효과가 다른 것을 압도해 거품은 다른 거품들을 영원히 따라잡지 못하고 만다. 팽창하는 과냉각된 호수 위에 떠 있는 얼음 섬들처럼, 거품들은 격리된 채로 각각 팽창하고, 결국은 다른 거품의 지평선 너머로 사라질 것이다. 대부분의 공간은 영구 급팽창을 지속하게 된다.

거품의 형성과 공간의 복제 중 어떤 것이 이길까? 일반적으로 여기에

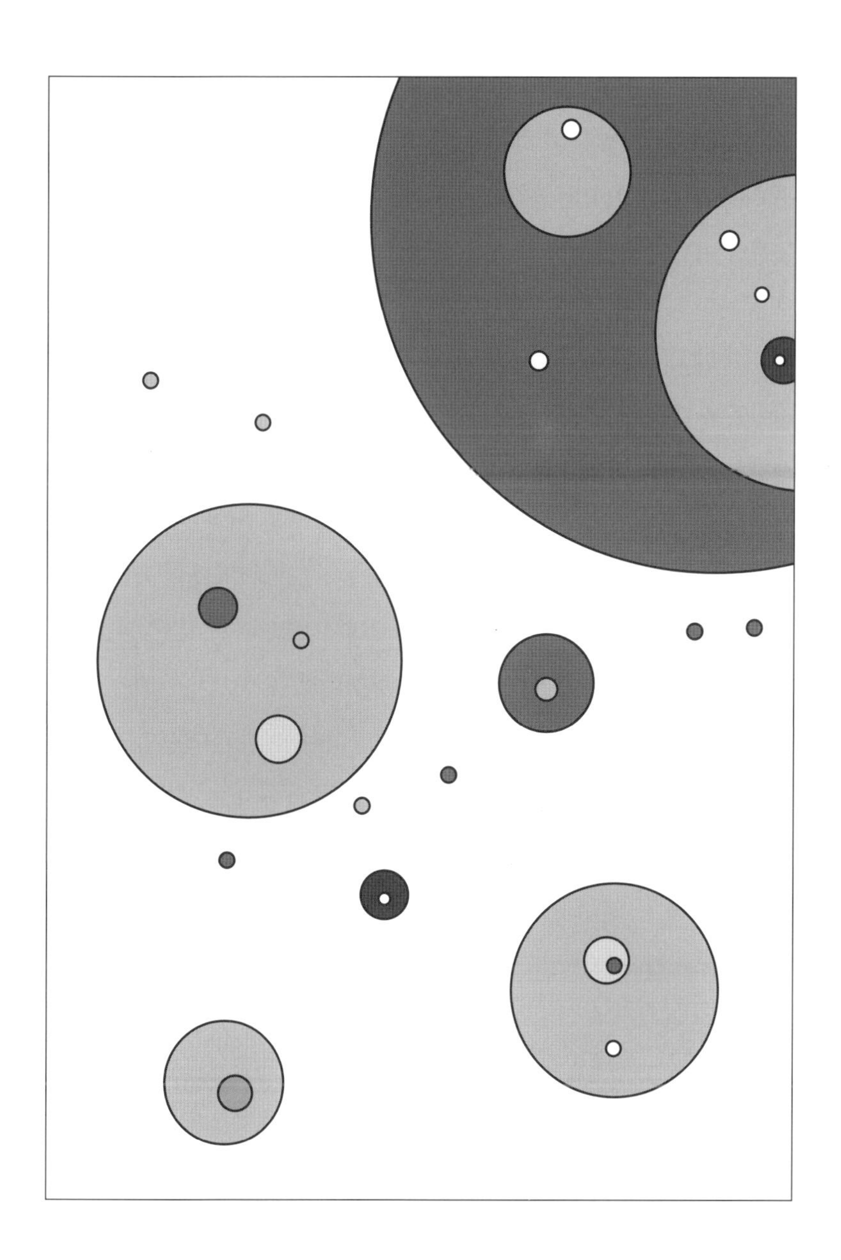

는 경쟁이고 뭐고 할 것도 없다. 거품의 형성은 다른 모든 양자 터널링 현상과 마찬가지로 드물게 일어날 뿐이다. 보통은 매우 오랜 시간이 지난 후에야 팽창할 수 있을 만큼 충분히 큰 거품이 생긴다. 반면에 공간의 복제, 즉 진공 에너지에 따른 지수 함수적인 성장은 우주 상수가 말도 안 되게 작지 않은 한 지극히 빠르게 이루어진다. 지극히 부자연스러운 사례를 제외한다면, 공간은 지수 함수적으로 자기 복제를 계속하고, 풍경의 이웃 계곡에서는 섬 또는 거품이 서서히 형성된다. 매우 큰 차이로 공간의 복제 쪽이 경주에서 이기게 된다.

거품의 내부를 들여다보자. 무엇을 알 수 있을까? 대개의 경우 출발점이었던 계곡보다 약간 낮은 곳에 있을 것이다. 거품 내부의 공간도 급팽창하고 있다. 거품의 통상적인 성장이 아니라 거품 내부 공간의 자기 복제를 말하는 것이다. 여기에서 똑같은 일이 반복된다. 공간의 새로운 일부는 지금 새로운 계곡에 자리를 잡았다. 그러나 더 낮은 계곡이 또 존재한다. 원래의 거품 내부에서 다음 세대의 거품이 생겨나 고도가 더 낮은 계곡에 자리 잡을 수 있다. 만약 어떤 특정 크기보다 크다면, 그 거품은 성장하기 시작한다. 거품 안에서 성장하는 또 다른 거품인 것이다.

나는 보통 물리학 설명에 생물학적 비유를 사용하는 것을 좋아하지 않는다. 사람들이 너무 곧이곧대로 받아들이기 때문이다. 그런데 나는 이제 생물학적 비유를 들 참이다. 제발이지 우주나 블랙홀 또는 전자가 살아 있다거나, 다윈주의적 종의 경쟁을 한다거나, 섹스를 한다고 상상하지 말기 바란다.

메가버스를 복제를 통해 번식하는 유기체들의 군락이라고 생각해 보자. 혼동을 피하기 위해 다시 한번 강조한다. 이 유기체들은 생물이 아니라 그저 재생산되는 공간의 일부분일 뿐이다. 복제물은 이전 세대와 동일하기 때문에 우리는 그들이 풍경에서 같은 계곡에 존재한다고 생각할 수 있다. 생물학적 설계들로 이루어진 풍경들, 즉 생물학적으로 다양한 종들이 제각각 다른 계곡에 대응되는 풍경을 생각해 보자. 유기체들이 서로의 생장을 방해할 가능성은 고려하지 않는다. 이 가공의 세계에

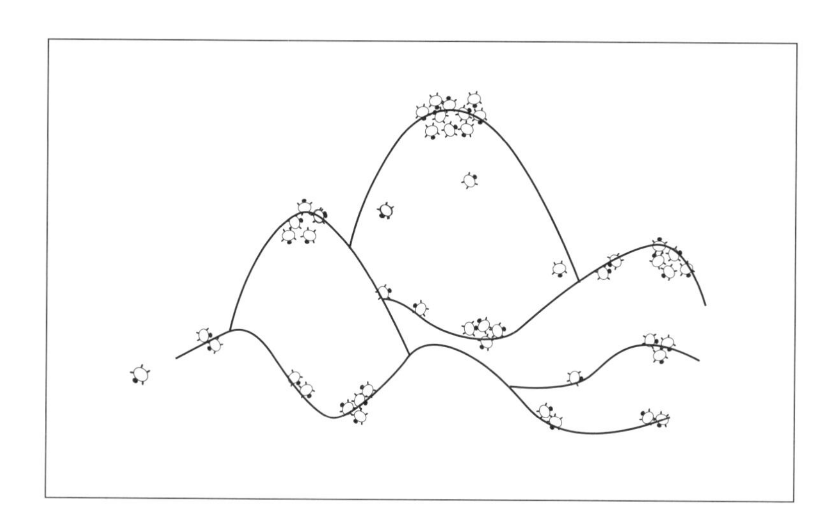

는 공간이 충분하다. 부모와 다른 성질을 가지는 거품이 형성되는 경우, 자손은 새로운 인접 계곡을 차지하게 된다. 거품 내부의 공간도 팽창하기 때문에, 자손은 복제 과정과 차세대 거품의 제조를 통한 새로운 계곡의 정복 과정을 동시에 진행하게 된다. 이러한 방식으로 이 은유적인 군락은 풍경에서 퍼져 나가기 시작한다. 가장 빠르게 재생산되는 것은 우주 상수가 가장 큰, 즉 가장 높은 고도에 위치한 공간이다. 풍경의 이러한 영역에서는, 복제가 특히 빨리 일어나서, 높은 고도의 개체수는 가장 빨리 늘어난다. 그러나 고지대의 유기체들은 또한 저지대에 공급자 역할을 하기 때문에 다른 지역의 개체수 역시 시간이 흐름에 따라 늘어난다.[4] 결국 풍경의 모든 틈새가 지수 함수적으로 증가하는 유기체들로 다

4. 중요하고 흥미로운 질문 하나는 풍경에서 고지대로의 이동이 있는가 하는 것이다. 다시 말해 이 가공의 유기체들이 더 높은 고도로 올라갈 수 있을까? 양자 역학의 표준 규칙대로라면 어떤 특정 사건이 일어날 수 있다면, 그 역 또한 발생할 수 있기 때문에 그 답은 가능하다는 것이다.

채워질 것이다. 이 비유에서 잘못된 점 하나는 이들이 실제 유기체라면 그들이 사는 계곡에 개체수가 너무 많아질 경우 경쟁하며 서로 죽이기 시작할 것이라는 점이다. 그러나 호주머니 우주 사이의 경쟁에서는 그런 메커니즘이 없기 때문에 모든 계곡에서 개체수는 무한정 늘어나기만 한다. 이 유기체들이 서로의 존재를 전혀 느끼거나 보지 못하는 것으로 생각하면 될 것이다.

거품들은 어떻게 사멸할까? 만약 거품의 우주 상수가 정확히 0이라면 팽창도 재생산도 할 수 없을 것이다. 풍경에서 그러한 성질을 가지는 진공들은 모두 초대칭인 것들뿐이다. 그리하여 풍경의 초대칭 영역은 두 가지 의미에서 우주의 공동 묘지라고 할 수 있다. 초대칭 환경에서는 첫째, 일반 생명도 존재할 수 없고, 둘째, 더 중요한 것으로, 거품의 재생산도 멈춘다.

비유란 어떤 진실을 쉽게 이해할 수 있게 해 주지만, 언제나 다른 방식으로 오해를 불러일으킨다. 영구 급팽창과 종의 진화 사이의 비유는 경쟁이 없다는 것 말고도 다른 점에서 문제가 있다. 다윈의 진화론은 세대 사이의 연속성에 바탕을 두고 있다. 자손은 그 부모를 빼닮는다. 만약 500만 년 전의 '잃어버린 고리(missing link, 미발견 화석)'에서 현재의 우리까지 유인원의 모든 세대에 대한 사진들을 가지고 있다면, 우리는 그것들을 한 줄로 배열해서 얼마나 빨리 진화가 이루어졌는지 알아볼 수 있을 것이다. 만약 한 시대의 개인 차이를 무시하면, 한 세대와 바로 다음 세대의 차이는 너무나 미미해서 알아볼 수 없을 것이다. 오직 수천 세대에 걸쳐 쌓인 변화만을 간신히 알아볼 수 있을 것이다. 다른 종류의 생명에서도 모두 마찬가지이다. 큰 해부학적인 변화는 매우 드물게 발생하며, 발생하더라도 거의 항상 진화의 막다른 골목에 이르게 된다. 머리가 둘이고, 다리가 셋인데다, 콩팥이 없다면 금새 죽고 말 것이다. (현대의 병원에서라면 다를 수도 있겠지만 말이다.) 어찌 되었건 그러한 생명체는 다윈주의적인 짝짓기 경쟁에서 성공하기가 극히 어려울 것이다.

우주론적 풍경과 진화의 차이는 이 점에서 가장 두드러진다. 공간의 급팽창이 일어나는 영역에서 거품핵이 생길 때 일어나는 변화는 생물학적 진화에서처럼 증식적인 것이 아니다. 지리학적으로 생각할 필요가 있다. 이웃하는 계곡들은 서로 다르다. 콜로라도 주 로키 산맥에 있는 아스펜 계곡은 2,400미터의 고도에 있는데, 고개 너머에 있는 트윈 호보다 600미터나 아래에 있다. 이 둘은 다른 점에서도 많이 다르다. 만약 아스펜과 차이점을 알아차리기 힘들 만큼 거의 유사한 계곡이 있다고 하더라도, 아마도 그것은 멀리 떨어져 있을 것이다.

우주론적 풍경은 이것과 비슷하다. 이웃한 계곡의 고도는 특별히 비슷하지 않다. 이웃들의 막이나 선속의 조성이 다르면, 그것은 기본 입자들의 목록, 자연 상수, 심지어는 시공간 차원의 차이로까지 이어질 것이다. 부모 진공이 거품을 자손으로 낳을 때, 결과는 작은 변화의 축적이 아니라 보통은 괴물 같은 돌연변이일 것이다.

이렇게 가능한 종류의 모든 거품, 즉 세계를 격렬하고 풍부하게 창조한다는 영구 급팽창은, 그저 빗나간 망상에 불과한 것일까? 나는 그렇게 생각하지 않는다. 공간의 지수 함수적인 팽창은 확고한 사실이라고 생각되며, 그것을 의심하는 우주론 학자는 단 한 명도 없다. 많은 계곡의 가능성도 전혀 색다른 것이 아니며, 급팽창이 일어나는 공간 영역에서 풍경상 그곳보다 더 고도가 낮은 거품이 만들어진다는 가정도 마찬가지이다. 모든 이가 동의하는 사항들이다.

새로운 사실은 끈 이론이 엄청나게 다양한 환경을 가지는 계곡들을 지수 함수적으로 많이 만들어 낸다는 것이다. 많은 물리학자들은 이 아이디어에 무척 놀랐다. 그럼에도 불구하고 대부분의 진지한 끈 이론가

들은 이러한 추론을 믿을 만한 것으로 받아들이고 있다.[5]

우리 우주는 재가열의 단계를 지나 그리 빠르지는 않은 급팽창 시대에 들어와 있다. 그리고 결국 생명이 탄생했다. 그러면 이 우주 진화의 각 단계를 거슬러 가 보자. 급팽창의 바위턱에 기적적으로 나타나기 전에 우리는 어디에 있었을까? 거의 확실히, 그 답은 더 높은 곳에 있는 이웃 계곡일 것이다. 그 계곡은 우리 자신의 계곡과 어떻게 다를까? 끈 이론이 제공하는 답은 선속들이 다른 값을 가졌으며, 막들은 다른 위치에 있었고, 조밀화의 모듈라이가 달랐다는 것이다. 아마도 산을 넘어 바위턱으로 향한 길에서, 막들은 쌍소멸하거나 재배치되고, 선속 정수의 값이 달라졌으며, 수백 개의 모듈라이에 따라 크기와 모양이 달라져서 새로운 루브 골드버그 기계를 만들었을 것이다. 그리고 새로운 배열과 더불어 새로운 물리 법칙이 출현했다.

천사와 악마의 우주

아인슈타인의 일반 상대성 이론은 사물의 기하학적 관계를 인식하는 우리의 통상적 능력을 벗어나는 결과를 낳을 수 있는데, 블랙홀이 가장 중요한 예라고 할 수 있다. 또 다른 지극히 흥미로운 경우는 팽창하는 공간 안에 형성되는 거품의 기하학적 성질에 관한 것이다. 밖에서 보면 거품이란 영역의 벽이나 막에 둘러싸인 팽창하는 구처럼 보인다. 거품 안에서 일어나는 변화로 인해 생기는 에너지는 빠르게 가속하는 영역의 벽의 운동 에너지로 바뀐다. 곧 거품은 빛에 가까운 속도로 팽창하

5. 나는 이것이 보편적으로 합의된 것이라고 주장하는 것은 아니다. 예를 들어 학식이 깊고 명성 높은 끈 이론가인 톰 뱅크스는 풍경에 대한 논증에는 의문점이 있다고 주장한다.

게 된다. 거품 안에 있는 관찰자는 매 순간 점점 커지지만 유한한 벽으로 둘러싸인 유한한 세계를 보게 될 것이라고 생각하기 쉽다. 그러나 그것은 그 관찰자가 보는 것과 다르다. 거품 내부에서의 관점은 매우 놀랍다.

5장에서 우리는 세 가지 기본적인 종류의 팽창하는 우주에 대해 살펴보았다. 알렉산더 프리드만의 닫히고 유한한 우주, 평평한 우주, 그리고 음의 곡률을 가진 무한한 열린 우주가 그것이다. 이 표준 우주들은 모두 균질하며 어떤 것도 가장자리나 벽을 가지고 있지 않다. 거품 내부의 거주자는 팽창하는 영역의 벽을 보고, 자신이 사는 곳은 이 표준 우주들 중 어떤 것에도 속하지 않는다고 결론내릴 것이라고 생각할 수도 있다. 놀랍게도 이것은 틀렸다. 거품에 사는 이는 사실은 **무한한** 열린 우주를 보게 된다! 팽창하는 유한한 거품이 어떻게 그 안에서는 무한한 우주처럼 보일 수 있는지는 비유클리드 기하학적인 아인슈타인 기하학의 불가사의한 역설 중 하나이다.

나는 이제 이 역설을 이해할 수 있도록 아이디어 하나를 제공하려고 한다. 지구의 지도에서 시작해 보자. 지구의 표면이 휘어 있기 때문에, 왜곡을 감수하지 않고는 평면에 그릴 수 없다. 예를 들어, 메르카토르 도

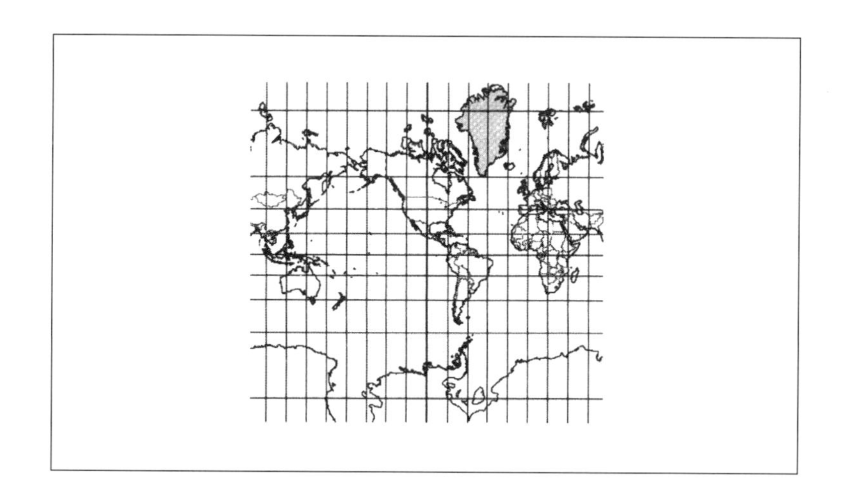

법에서는, 그린란드는 거의 북아메리카 대륙만큼 크며 남아메리카나 아프리카보다는 훨씬 더 큰 것처럼 보인다. 물론 그린란드는 이 대륙들에 비하면 훨씬 작다. 하지만 지구 표면을 평평하게 하려면 이러한 왜곡은 피할 수 없다.

음의 곡률을 가진 곡면을 평면에 그리는 경우도 마찬가지이다. 그러한 공간을 그리는 것은 쉬운 일은 아니지만, 다행스럽게도 유명한 화가가 이미 그 일을 해 놓았다. 모리츠 코르넬리스 에스헤르(Mauritz Cornelius Escher, 1898~1972년)의 유명한 목판화인 「원의 극한 IV: 천사와 악마(Circle Limit IV)」는 다른 것이 아니라 균일한 음의 곡률을 가진 공간을 평평한 종이 위에 그린 것이다. 우리 눈에 보이는 것과는 달리, 모든 천사들과 악마들은 크기가 같다. 우리는 그들을 은하로 생각할 수 있다. 그러나 공간을 평평하게 펴기 위해서는, 중앙은 잡아 늘려야 하며, 먼 부분은 압축되어야 한다.

사실 공간의 중앙에서 한계선까지의 거리는 무한하다. 무한히 많은 악마 또는 천사를 지나야만 가장자리에 도달할 수 있는데, 모든 악마가 동일한 크기이므로, 거리는 무한하다. 그럼에도 불구하고 무한한 공간 전체는 평면 위에 펼쳤을 때 원둘레의 내부에 들어가 있는 것처럼 보인다. 이것을 상기한다면 무한한 기하 구조가 유한한 거품 안에 들어가는 것을 상상하는 것은 그리 어렵지 않다.

특별히 기묘한 것은, 그 천문학자가 팽창하는 영역의 벽을 관측하면 그것은 언제나 무한히 멀리 떨어져 있다는 사실이다. 외부의 관측자에 따르면 거품은 언제나 유한한 구이지만, 내부에서는 무한한 공간이다. 이것은 거품 내부의 천문학자가 영역의 벽에서 오는 빛을 관측할 수 없다는 말은 아니다. 그 빛은 공간의 한계점에서 오는 것이 아니라, 시간의 한계, 즉 과거에 대폭발이 있었던 것으로 보이는 시점에서 오는 것으로

M. C. 에스헤르, 「원의 극한 IV: 천사와 악마」

관측된다. 팽창하는 유한한 거품 내부에 있는 무한히 큰 팽창하는 우주는 지극히 역설적인 상황이다.

우리가 음의 곡률을 가진 열린 우주에 산다는 것은 우리의 호주머니 우주가 역사상의 어느 한 시점에서 지수 함수적으로 팽창하는 공간의 거품으로서 진화했다고 믿을 만한 충분한 이유가 된다. 이것은 명백한 예측으로 생각되지만, 아마도 확인하기는 불가능할 것이다. 관측할 수 있는 우주는 너무나 거대하고, 우리가 지금까지 본 것은 일부분에 불과하다. 우리는 그것이 평평한지 휘었는지 판단할 수 있을 만큼 충분한 관측 결과를 가지고 있지 않다.

현재의 우리 우주는 어떨까? 무엇인가 다른 환경을 가진 팽창하는 거품이 생기고 자라서 우리의 호주머니 우주를 집어삼키는 것이 가능할까? 만약 우리를 그런 거품이 집어삼킨다면 어떤 일이 벌어질까? 끈 이론의 답에 따르면, 우리는 언젠가 모든 생명에 치명적으로 파괴적인 환경에 휩쓸려 들어갈 것이다. 모든 증거에 따르면 우리 우주에 우주 상수, 즉 약간의 진공 에너지가 있다는 것을 기억해야 한다. 더 작은 에너지를 가지는 거품이 생기지 않을 이유가 전혀 없다. 그리고 풍경 안에 그러한 장소, 즉 우주 상수가 정확히 0인 초대칭 영역인 우주의 공동 묘지가 있다는 것을 우리는 알고 있다. 충분히 오래 기다리면, 우리는 바로 그러한 진공에 존재하게 될 것이다. 불행히도 내가 7장에서 설명한 바와 같이, 초끈 이론가들 같은 이질적인 생명체조차도 초대칭 우주에서는 살아남지 못할 것이다. 초대칭 우주는 지극히 우아하지만, 그곳에서의 물리 법칙은 보통 우리가 알고 있는 화학적 다양성을 허용하지 않는다. 그것은 우주들의 공동 묘지일 뿐만 아니라, 화학에 기반한 모든 생명에 죽음이라는 마법을 건다.

우리가 결국은 적대적인 초대칭 환경에 삼켜질 것이 확실하다면, 그것은 얼마나 오래 걸릴까? 그것은 내일 또는 내년에라도 일어날 수 있는 일일까, 아니면 10억 년 쯤 후에? 예측이 어려운 모든 양자 요동과 마찬가지로, 언제라도 일어날 수 있다는 것이 답이다. 양자 역학이 우리에게 알려 줄 수 있는 것은 오로지 주어진 시점에서 그 사건이 발생할 확률이 얼마인가뿐이다. 그리고 결론은 가까운 미래에 발생할 확률은 지극히 낮다는 것이다. 사실은 10억 년, 1조 년, 또는 1000조 년이 지나도 그리 일어날 만한 사건은 아니다. 최선의 대략적인 추정에 따르면 우리 우주는 적어도 1구골플렉스 년 동안, 어쩌면 그보다도 훨씬 더 오래 지속될 것이다![6]

역사에 대한 두 가지 관점

채워진 풍경이라는 관점에서 오류를 찾기는 어렵다. 그것은 잘 검증된 원리에 기반을 두고 있다. 그럼에도 불구하고, 심각하게 고려해야만 하는 문제들이 있다. 가장 곤란한 문제점은 내가 들었던 몇 가지 비판을 종합한 다음의 반론으로 요약할 수 있을 것이다.

> 다른 모든 호주머니 우주들이 우리의 지평선 너머에 있다는 것은 사실이 아닌가? 정의에 따르면 지평선은 우주를 우리가 정보를 얻을 수 있는 영역과 관측이 절대적으로 불가능한 공간으로 분리한다. 이 사실은 다른 호주머니 우주들이, **원리적으로 관측 불가능**하다는 것을 의미하는 것이 아닌가? 만약 이것이 사실이라면, 그것들의 존재가 어떤 차이를 줄 수 있다는 말인가? 우리에게 어떤 현실적인 의미도 갖지 않는 우주의 존재를 가져와야 할 이유가 어디 있는가? 채워진 풍경이라는 것은 물리학이라기보다는 오히려 형이상학에 더 가까운 것 같다.

나는 이것이 지극히 중요한 논점이라고 생각하며, 따라서 다음 장 전체에서 이것을 다루려고 한다. 정말이지 나는 지평선이라는 주제에 대해 금방이라도 책 한 권을 쓸 수 있고, 아마도 언젠가는 그렇게 할 것이

---

6. 1구골(googol)은 10^{100}, 즉 1 다음에 0이 100개 붙은 수이다. 1구골플렉스(googolplex)는 1 다음에 0이 1구골 개만큼 붙은 $10^{10^{100}}$이다.

다. 그러나 일단은 우주의 역사를 기술하는 두 가지 방법을 대조해 보기로 하자. 첫 번째 방법은 우주를 관측하는 통상적인 방법과 더 긴밀하게 연관되어 있다. 우리는 우주를 그 내부에서, 다시 말해 지구 표면에서 여러 종류의 망원경을 사용해 관측한다. 관측 행위가 우주 공간에서, 즉 인공 위성에서 행해지는 경우라도 그 결과는 분석을 위해 지구로 다시 전송된다.

지구에서의 관측은 우리의 지평선 안에 있는 것들로 제한된다. 우리는 지평선 너머에 있는 어떤 것도 볼 수 없을 뿐만 아니라, 지평선 너머에 있는 것들은 우리의 관측에 어떤 영향도 끼칠 수 없다. 그러므로 인과 관계의 어느 한 영역만을 대상으로 하는 이론을 세우는 것이 당연하지 않을까? 이것은 훌륭한 실용적 자세로서 나는 진심으로 여기에 찬성한다.

어떤 전형적인 관찰자의 입장에서 본 우주의 역사란 무엇인가? 좋은 출발점은 고지대의 어떤 계곡에 빠진 공간 조각일 것이다. 엄청나게 큰 진공 에너지는 격렬한 척력을 발생시켜 양성자와 같은 입자들마저 순간적으로 찢겨 나가고 만다. 그러한 원시 세계는 지극히 황량하다. 또한 그것은 매우 작아서, 지평선은 양성자의 반지름보다도 작은 거리에 있고 관찰자가 접할 수 있는 거리는 플랑크 길이보다 그다지 크지 않을 것이다. 현실적인 관찰자가 이런 환경에서 살아남을 수 없으리라는 점은 명백하지만 그 점은 무시하기로 하자.

어느 정도 시간이 흐르면 거품이 형성되고 자라서 관찰자 주변의 전체 영역을 집어삼킨다. 관찰자는 이제 환경이 조금은 우호적이 되었음을 발견하게 된다. 우주 상수가 작아지고, 지평선은 늘어났으며, 몸을 뒤틀어 돌아다닐 수 있을 만한 여지가 조금은 생겼다. 하지만 새로운 계곡의 우주 상수도 편안하다고 느끼기에는 너무 크다. 다시 거품이 하나 생기고, 이번에는 좀 더 작은 우주 상수를 가진 환경이 생겼다. 그러한 급작스러운 변화는 몇 번이고 생길 수 있다. 관찰자는 생물에 적합하지 않은 일련의 환경들을 보게 된다. 마지막으로 정확히 0의 진공 에너지를 가진 거품, 즉 초대칭 거품이 생겨난다. 그 거품은 음의 곡률을 가진 열린 우주가 될 때까지 진화한다. 이 과정에서 지극히 희귀한, 생명체가 생존 가능한 환경을 만날 확률은 지극히 낮다.

하지만 초대칭 풍경에 이르기 전에 우리와 흡사한 거품이 형성되었다고 가정해 보자. 그러한 계곡이 얼마나 드문지를 생각하면 이것은 정말로 가망 없는 일이기는 하지만 일어날 수는 있다. 생명이 진화할 것인가? 이것은 정확히 어떻게 공간의 조각이 그 계곡에 이르렀는지에 달려 있다. 한 가지 가능성은 급팽창의 바위턱에 처음 다다른 경우이다. 그것은 좋은 상황이다. 급팽창의 결과는 우호적인 우주이다. 그러나 만약 그 조각이 풍경의 조금 다른 방향으로부터 우리의 계곡에 이르렀다면, 가능성은 없다. 만약 그것이 일정 기간 바위턱에 걸려 있지 않는다면, 우주는 아마도 이후 생명을 위한 재료가 될 충분한 열과 입자들을 절대로 생산해 낼 수 없을 것이다.

관찰자는 결국 공동 묘지에 이르는 일련의 환경을 볼 것이다. 이 관찰자의 입장에서 생명이 탄생할 가능성은 매우 낮다. 그러나 이제 우리가 우주 밖으로 나가서 그 전체를 보게 되었다고 상상해 보자. 전체 메가버스의 관점에서 보면, 역사는 일련의 사건들이 순서대로 연결된 것이 아니다. 메가버스의 설명은, 수많은 호주머니 우주들이 나란히 진화하고 있다는 좀 더 **평행적인** 것이다. 메가버스 전체가 진화하는 동안, 호주머니 우주들은 전체 풍경에 고루 퍼진다. 물론 아주 적은 비율이지만, 어떤 것들은 생명의 바위턱에 걸쳐 있게 되리라는 것은 절대적으로 확실하다. 나쁜 환경에 떨어진 다른 이들을 신경 쓸 필요가 무엇이랴? 생명은 자라날 수 있는 오직 그곳에서만 생겨날 것이다.

다시 한번 생물학적 비유가 이해에 도움을 줄 것이다. 각각의 가지가 다른 생물 종(種)에 해당하는 생명의 나무를 생각해 보라. 만약 당신이 나무의 둥치(세균)로부터 밖으로 각 갈림길에서 무작위로 길을 택해 나아간다면 머지않아 멸종에 이르게 된다. 모든 종은 결국은 멸종한다. 그러나 만약 새로운 종이 진화해 생겨나는 속도가 멸종 속도보다 크다면, 나무는 계속해서 뻗어 나갈 수 있다. 만약 당신이 멸종을 향한 특정 경로를 따라간다면, 지적 생물을 만날 확률은 0이다. 그러나 나무가 충분히 오래 자라면 결국은 지적인 가지를 내게 될 것임은 확실하다. 병렬적 관점은 훨씬 더 낙관적인 관점이다.

다세계 해석

독일이 제2차 세계 대전에서 이겼다면 어떻게 되었을까? 또는 만약 공룡들을 멸종시킨 6500만 년 전의 소행성들이 지구에 충돌하지 않았다면 어땠을까? 역사의 갈림길에서 다른 방향으로 나아간 '평행 우주'라는 아이디어는 공상 과학 소설의 인기 있는 주제 중 하나이다. 그러나 진정한 과학의 영역에서 나는 언제나 그런 생각들을 그저 말도 안 되는 것으로 치부해 왔다. 그러나 놀랍게도 나는 바로 그러한 일들에 대해서 말하고 생각하고 있음을 깨닫게 되었다. 사실 이 책 전체가 평행 우주에 관한 것이다. 메가버스란 서로의 지평선 너머로 멀어지면서 서로 연락이 끊겨 소통이 완전히 불가능한 호주머니 우주들로 이루어져 있다.

현실이란 우리의 경험으로 이루어진 세계뿐만 아니라 우리와 다른 역사를 가진 대체 우주들도 포함한다는 가능성을 진지하게 고려한 물리학자가 물론 내가 처음은 아니다. 그 주제는 양자 역학의 해석에 관한 논쟁의 일부분이다. 1950년대에 당시 젊은 대학원생이었던 휴 에버렛 3세(Hugh Everett III)는 그가 **다세계(多世界) 해석**(many-worlds interpretation)이라고 명명한, 양자 역학에 대한 급진적인 재해석을 내놓았다. 에버렛의 이론은 역사의 모든 갈림길에서 우주는 다른 역사를 가진 평행 우주들로 갈려져 나간다는 것이다. 이것은 과격한 억측처럼 들리기는 하지만 현대의 위대한 물리학자들 중 몇몇, 말하자면 리처드 파인만, 머리 겔만, 스티븐 와인버그, 존 휠러, 스티븐 호킹 등은 양자 역학의 불가사의한 특성 때문에 에버렛의 아이디어를 받아들이기에 이르렀다. 다세계 해석은 브랜든 카터(Brandon Carter, 1942년~)가 1974년에 최초로 인간 원리를 명확하게 주장하는 데 영감이 되었다.

에버렛의 다세계는 얼핏 보기에는 영원히 급팽창하는 메가버스와는 무척 다른 개념으로 생각된다. 그러나 나는 이 둘이 사실은 같은 것이라고 생각한다. 나는 양자 역학이란 과거로부터 미래를 예측하는 이론이 아니라, 관측 가능한 결과에 대한 확률을 결정할 뿐이라는 사실을 누차 강조한 바 있다. 이 확률들은 양자 역학의 기본 수학적 대상인 **파동 함수**로 요약된다.

만약 당신이 양자 역학에 대해 들은 적이 있어서 슈뢰딩거가 전자를 기술하는 파동 방정식을 발견했다는 사실을 알고 있다면, 당신은 파동 함수에 대해 들어 본 것이다. 나는 당신이 그 모든 것을 잊어버리기를 바란다. 슈뢰딩거의 파동 함수는 훨씬 더 큰 개념의 무척이나 특별한 경우일 뿐이기 때문이다. 나는 이처럼 일반성이 높은 개념에 주의를 기울이려고 한다. 어떤 주어진 시점에서, 예를 들어 바로 지금, 이 세계에는 관측할 수 있는 것이 많이 있다. 나는 내 책상 위에 있는 창문 밖을 내다보고 달이 떴는지 확인할 수 있다. 또 나는 이중 슬릿 실험을 행하고 스크린 위의 특정한 반점의 위치를 측정할 수도 있다. 또 다른 실험에서는 미리, 예를 들어 10분 전에 미리 준비한 중성자 하나를 대상으로 할 수 있다. 1장에서 원자핵에 속박되어 있지 않은 중성자는 불안정하다고 한 것을 상기해 보자. 평균적으로(어디까지나 평균이다.) 12분마다 중성자는 양성자와 전자와 반중성미자로 붕괴한다. 이 경우 10분 후에 중성자가 붕괴했는지 아니면 아직 원래대로 있는지를 관측으로 확정할 수 있다. 이 실험에서는 둘 이상의 결과를 얻을 수 있다. 가장 일반적인 의미에서 파동 함수는 고찰하는 계에 대한 모든 가능한 관측에 대해, 얻을 수 있는 모든 결과들의 목록이다.

붕괴하는 중성자는 설명을 시작하기에 좋은 예이다. 약간 단순화하면, 우리는 중성자를 관측할 때 오로지 두 가지 결과가 가능하다고 생각할 수 있다. 붕괴하는가 그렇지 않은가이다. 가능성의 목록은 짧으며, 파동 함수에는 오로지 2개의 기입 사항만이 있을 뿐이다. 우선 중성자가 붕괴되지 않은 경우부터 생각해 보자. 그때 파동 함수는 붕괴하지 않을 가능성에 대해 1이라는 값을 갖고, 붕괴할 가능성에 0이라는 값을 가진다. 다시 말해 초기에 중성자가 붕괴하지 않았을 확률은 1이고, 붕괴했을 확률은 0이다. 그러나 약간의 시간이 흐른 후에는, 중성자가 사라졌을 작은 확률이 생기게 된다. 파동 함수에 대한 두 가지 기입 사항은 1과 0에서 1보다 약간 작은 어떤 수와 0보다 약간 큰 어떤 수로 바뀌었다. 약 10분이 흐르면 두 숫자는 거의 같아진다. 다시 10분을 더 기다리면 확률은 역전된다. 중성자가 아직 그대로일 확률은 0에 가깝고, 중성자가 양성자/전자/반중성미자로 되었을 확률은 거의 1이다. 양자 역학은 시간이 흐름에 따라 파동 함수를 갱신시켜 주는 일련의 규칙을 포함하고 있다. 파동 함수의 가장 일반적인 형태는, 우리가 관심 있는 계 전체, 즉 관찰자를 포함해서 관측 가능한 우주 전체를 포함한다. 관찰자라고 부를 수 있을 만한 물질 덩어리가 여러 개 있을 수 있으므로, 그 이론은 서로 모순이 없는 관측 결과를 예측해야 한다. 파동 함수는 두 관찰자가 만나 그들의 발견을 비교할 때 서로 모순이 발생하지 않는 방식으로 이 모든 것을 포함하고 있다.

물리학에서 가장 잘 알려진 사고 실험을 고찰해 보자. 유명한(또는 악명 높다고 해야 할까?) 슈뢰딩거의 고양이 실험이다. 정오에 고양이 한 마리를 중성자 하나, 총 한 자루와 함께 상자에 넣고 밀봉한다고 하자. 중성자가 무작위로 붕괴하면 튀어나온 전자가 회로를 가동시켜 총이 발사되고 고양이는 죽는다.

양자 역학에 숙달된 S라는 사람이 여러 가지 결과에 대한 확률의 목록인 파동 함수를 구성함으로써 실험 결과를 분석할 것이다. S가 우주 전체를 고려하는 것은 이치상 어려우므로 그는 그의 계를 상자 안에 있는 것들로 제한할 것이다. 정오에는 오로지 하나의 기입 사항만 존재한다. "고양이는 상자 안에 장전된 총과 중성자와 함께 살아 있다." 그다음 이제 S는 예를 들어 12시 10분에 어떤 일이 벌어질지 알아내기 위해서 뉴턴의 방정식을 푸는 것과 유사한 수학을 조금 해야 한다. 하지만 그 결과는 그 고양이가 죽었을지 살았을지의 예측이 아니다. 그것은 이제 두 항목을 가진 파동 함수의 갱신이다. "중성자는 완전하다. / 총은 장전되어 있다. / 고양이는 살아 있다." 그리고 "중성자는 붕괴했다. / 총은 장전되어 있지 않다. / 고양이는 죽었다." 파동 함수는 살아 있는 경우와 죽은 경우의 가지로 나뉘었으며 그 각각의 수치를 제곱하면 두 가지 결과에 대한 확률을 얻는다.

S는 상자를 열고 고양이가 살았는지 죽었는지 알아볼 수 있다. 만약 고양이가 살아 있으면, S는 파동 함수의 죽은 가지 부분을 버릴 수 있다. 그 가지를 따라 시간이 흐르면 고양이가 총에 맞아 죽은 경우의 우주에 대한 모든 정보를 얻을 수 있겠지만, S가 이미 고양이가 살아 있는

것을 확인했으므로 그것은 S에게는 필요 없는 것이 되었다. 관측이 이루어졌을 때 파동 함수의 관측되지 않은 가지를 버리는 이러한 과정을 일컫는 용어가 있다. 그것은 '파동 함수의 붕괴'라고 부른다. 이것은 물리학자가 최종적으로 관심 있는 부분에만 주의를 집중할 수 있도록 하는 편리한 트릭이다. 예를 들어, 살아 있는 가지는 S가 관심을 가질 만한 정보를 담고 있다. 만약 그가 파동 함수의 이 가지를 따라서 미래로 나아간다면, 그는 총이 오발되어 (고소하게도) 그 자신을 맞히게 되는 경우의 확률을 결정할 수도 있다. 측정이 있을 때마다 파동 함수가 붕괴한다는 것은, 닐스 보어가 주창한 유명한 양자 역학의 코펜하겐 학파식 해석의 주된 구성 요소이다.

그러나 파동 함수의 붕괴는 양자 역학적 수학의 일부가 아니다. 이것은 수학적 규칙과 관계없이, 보어가 관측을 통해 실험을 종결시키기 위해 추가할 수밖에 없었던 것이다. 이 자의적인 규칙은 여러 세대에 걸쳐서 물리학자들을 괴롭혔다. 큰 문제는 S는 그의 계를 상자 내부로 제한했는데 실험의 마지막 부분에서는 S 자신이 측정이라는 행위를 통해 사건에 참여한다는 사실이다. 모순을 피하기 위해서는 S 또한 계의 일부분으로 기술해야 한다는 것이 현재는 잘 알려져 있다. 새로운 기술은 예를 들면 다음과 같을 것이다.

파동 함수는 이제 상자 내부뿐만 아니라 우리가 S라고 부르던 물질 덩어리도 포함한다. 초기의 파동 함수는 여전히 한 기입 사항만 가지고 있지만 이제는 다음과 같이 기술된다. "살아 있는 고양이는 장전된 총, 중성자와 함께 상자 속에 있고, S의 정신 상태는 공백이다." 시간은 흐르고 S가 상자를 연다. 이제 파동 함수는 두 가지 기입 사항을 가지고 있다. "중성자는 그대로이다. / 총은 장전되어 있다. / 고양이는 살아 있다. / S의 정신 상태는 고양이가 살아 있다는 것을 알고 있다." 그리고 두 번째 기입 사항은 "중성자는 붕괴했다. / 총은 장전되어 있지 않다. / 고양이는 죽었다. / S의 정신 상태는 죽은 고양이를 인식하고 있다." 우리는 파동 함수를 붕괴시키지 않고도 S의 지각 작용을 기술할 수 있었다.

하지만 이제 B라는 다른 관찰자가 있다고 가정해 보자. B는 S가 이 이상한 실험을 하는 동안 방 밖에 있었다. 그가 문을 열었을 때 보게 되는 것은 두 결과 중 하나이다. 파동 함수 중에서 관측자가 없는 가지를 따라가는 것은 의미가 없다. 따라서 B는 파동 함수를 붕괴시킨다. 이 역시 관계없는 이질적 조작을 집어넣은 것처럼 보인다. 우리는 분명 B도 파동 함수에 포함시켜야 한다. 시작은 상자 내부의 모든 것과 S, B라고 부르는 두 덩어리이다. 초기 상태는 "살아 있는 고양이는 상자 안에 장전된 총, 중성자와 함께 있고, S의 정신 상태는 공백이며, (방 바깥에 있는) B의 정신 상태도 공백이다." S가 상자를 열었을 때, 파동 함수는 두 가지로 나뉜다. "중성자는 그대로이다. / 총은 장전되어 있다. / 고양이는 살아 있다. / S는 고양이가 살아 있다는 것을 알고 있다. / B의 정신 상태는 아직 공백이다." 마침내 B가 문을 여는데, 첫 번째 가지는 "중성자는 그대로이다. / 총은 장전되어 있다. / 고양이는 살아 있다. / S의 정신 상태는 고양이가 살아 있다는 것을 알고 있다. / B의 정신 상태는 살아 있는 고양이와 S의 정신 상태를 알고 있다." 다른 가지에 대해서 생각해 보는 것은 독자의 몫으로 남기기로 하자. 중요한 것은 파동 함수의 붕괴 없이 이 실험을 기술했다는 사실이다.

하지만 이제 다른 관찰자 E가 있다고 가정해 보자. 걱정할 것 없다. 이제 당신은 어떤 패턴이 나타날지 짐작할 것이다. 명백한 것은 파동 함수의 붕괴를 막기 위해서는 양자 역학적 기술에 파동 함수의 모든 가지뿐만 아니라 관측 가능한 우주의 모든 영역을 포함시켜야 한다는 것이다. 이것이 바로 파동 함수를 붕괴시킴으로써 이야기를 맺는 보어의 실용적인 규칙에 대한 대안이다.

에버렛의 방식대로 생각하면, 파동 함수는 가능한 결과에 대해 무한히 가지치는 나무를 설명할 수 있다. 보어를 따르는 대부분의 물리학자들은, 관찰 후 자신이 서 있게 되는 실제의 가지를 제외한 가지를 단지 수학적 허구로만 생각하는 경향이 있다. 파동 함수를 붕괴시키는 것은 필요 없는 짐을 잘라 버리는 유용한 도구이지만, 많은 물리학자들에게 이 규칙은 관찰자에 의한 편의적인 외적 간섭으로 보인다. 양자 역학적 수학에 근거를 둔 것이 전혀 아닌 것이다. 단지 버려지기 위해서라면 수학이 다른 모든 가지들을 만들 이유가 도대체 무엇이란 말인가?

다세계 해석을 옹호하는 이들에 따르면, 파동 함수의 모든 가지들은 똑같이 현실적이다. 각각의 갈림길에서 세상은 둘 또는 그 이상의 서로 다른 우주로 나뉘는데, 그들은 결국 영원히 나란히 살아 나가게 된다. 에버렛의 관점은 끊임없이 갈라져 나가는 실재에 관한 것이지만, 한 가지 단서는 다른 가지들은 나뉜 후에 절대로 상호 작용하지 않는다는 것이다. 살아 있는 고양이의 가지에서는, 죽은 고양이 가지가 다시 돌아와 S를 괴롭히는 일은 생기지 않는다. 보어의 규칙은 실재이기는 하지만 관찰자에게 더 이상의 아무런 효력을 미치지 않는 다른 모든 가지들을 단순히 잘라 내버리는 트릭일 뿐이다.

주목할 만한 사항이 하나 더 있다. 우리가 역사의 현재 시점에 도달할 때까지 파동 함수는 수없이 갈라졌다. 따라서 가능한 결말의 수는 엄청날 것이다. 불쌍하게도 방 밖에 서 있었던 B를 생각해 보자. 파동 함수는 S가 상자를 열었을 때 갈라져서, B를 포함한 모든 것들을 두 가지로 나누었다. 자리에 앉아서 이 책을 읽고 있는 당신을 포함하는 가지의 수는 실질적으로 무한하다. 이런 상황에서는 서로 다른 결말의 비율일 확률은 충분히 의미가 있다. 더 많은 가지를 가진 결말이 더 개연적인 것이다.

다세계 해석과 전통적인 코펜하겐 해석을 실험적으로 구별하는 것은 불가능하다. 코펜하겐 규칙이 실험 결과를 정확히 예측한다는 것을 부정하는 사람은 없다. 그러나 두 이론은 이 확률의 철학적 의미에 대해 크게 다르게 생각하고 있다. 코펜하겐 학파는 확률은 수없이 많이 반복된 실험의 통계 결과를 의미한다는 보수적인 관점을 취한다. 동전 던지기를 생각해 보자. 만약 그 동전이 '공정'한 것이라면, 앞면과 뒷면이 나올 확률은 각각 절반이다. 이것은 만약 우리가 동전을 여러 번 던진다면 앞면과 뒷면이 나오는 비율이 절반 정도라는 것을 의미한다. 주사위를 던지는 경우도 비슷하다. 주사위를 여러 번 던지면 오차 범위 내에서 가능한 결과가 각각 6분의 1 정도로 나타날 것이다. 보통은 동전을 한 번 던지거나 주사위를 한 번 굴리는 경우에는 통계학을 동원하지 않는다. 그러나 **다세계** 해석은 그렇게 한다. 단 한 번 일어나고 말 사건도 통계학을 동원한다. 동전을 던질 때 그런다면 우스꽝스러울 것이다. 동전을 던질 때, 세상이 두 평행 우주, 즉 앞면 우주와 뒷면 우주로 갈라진다고 생각하는 것은 그다지 유용한 아이디어로 생각되지 않을 것이다.

그렇다면 물리학자들은 도대체 왜 양자 역학에서 나타나는 확률에 집착해 다세계 해석처럼 이상한 생각을 하는 것일까? 아인슈타인이 "신은 주사위 놀이를 하지 않는다."라고 강력하게 주장했던 이유는 무엇일까? 양자 역학에 수반되는 당혹감을 이해하기 위해서는, 절대적 확실성을 가진 뉴턴의 세계에서도 왜 확률을 생각하게 될까 질문해 보는 것이 도움이 된다. 그 답은 단순하다. 뉴턴의 세계에서 확률이 나타나는 이유는 우리가 실험의 초기 조건을 정확하게 알고 있는 경우가 없기 때문이다. 동전 던지기 실험에서 동전을 던지는 손의 정확한 동작, 실내 공기의 흐름, 기타 모든 사항을 자세히 알고 있다면 확률은 필요하지 않다. 각각의 실험은 확실한 결과를 줄 것이다. 확률은 우리가 자세한 사항을 알 수 없을 때 사용하는 방편일 뿐이다. 그것은 뉴턴 법칙에서 기본적인 위치를 차지하지 않는다.

그러나 양자 역학은 다르다. 불확정성 원리 때문에, 실험의 결과를 예측할 방법이란 원칙적으로 존재하지 않는다. 이론의 기본 방정식은 오로지 파동 함수만을 결정할 뿐이다. 확률은 처음부터 이론에 등장하며, 우리가 가진 정보의 부재를 보상하기 위한 방편이 아닌 것이다. 게다가 시간에 따라서 파동 함수가 어떻게 변화하는지 결정하는 방정식은 돌연히 붕괴하는 관측되지 않은 가지를 기술할 여지가 없다. 파동 함수의 붕괴는 여기에서 유용한 트릭이다.

문제는 우주론에 대해 생각할 때 특히 심각해진다. 1장에서 설명한 이중 슬릿 실험과 같은 통상적인 실험들은 동전 던지기처럼 몇 번이고 반복해서 행할 수 있다. 사실은 실험 기계를 통과하는 각각의 광자들을 별개의 실험이라고 생각해도 무방하다. 엄청나게 많은 양의 실험 결과를 축적하는 데 아무런 문제가 없다. 그러나 양자 역학의 이러한 개념이 가진 문제점은 거대한 우주적 실험에는 적용할 수 없다는 것이다. 우리가 대폭발을 몇 번이고 반복해서 그 결과의 통계를 낸다는 것은 거의 불가능하다. 이러한 이유로 많은 사려 깊은 우주론 학자들은 다세계 해석이라는 철학적 토대를 받아들였다.

일찍이 카터가 내놓은 선구적인 아이디어에 따르면 인간 원리를 다세계 해석과 다음과 같이 결합할 수 있다. 파동 함수의 가지가 전자의 위치, 중성자의 붕괴 여부, 또는 고양이가 살아 있는가 죽었는가 하는 통상적인 것 외에 다른 물리 법칙들도 포함한다고 가정하는 것이다. 만약 모든 가지들이 동등하게 실재적이라고 가정한다면, 많은 대체 환경을 가진 우주가 있다는 것이다. 현대적인 표현으로 하자면 풍경의 모든 지점마다 실제 우주는 물론 가지들이 있다고 말할 수 있다. 메가버스의 다른 영역에 대해 이야기하는 대신에 실제의 다른 가지들에 대해 이야기한다는 점을 제외하면, 나머지 이야기는 이 책에서 이미 설명한 것과 크게 다르지 않다. 이 주장을 위해 1장의 내용을 약간 바꿔 인용하기로 하자. 원래 문장은 "메가버스의 어딘가에서는 상수는 이 값을 가진다. 다른 어디에서는 저 값을 가진다. 우리가 살고 있는 것은 상수의 값이 우리 같은 생명에 적절한 값을 가지는 하나의 호주머니 우주이다." 변경된 인용문은 다음과 같다. "파동 함수의 어디에서는 상수는 이 값을 가진다. 다른 어디에서는 저 값을 가진다. 우리가 살고 있는 것은 상수의 값이 우리 같은 생명에 적절한 값을 가진 하나의 작은 가지이다." 두 문장은 매우 비슷해 보이지만 또 다른 하나의 우주에 관해 명백하게 완전히 다른 생각을 언급하고 있다. 인간 원리적 논증을 가능하게 하는 다양성을 확보하는 데에는 한 가지 이상의 방법이 있는 것으로 생각된다. 인간 원리의 지지자들은 각자 평행 우주에 관해 어떤 이야기가 참인지에 관한 다른 의견을 가지고 있음을 말해야 할 것 같다. 나의 의견을 묻는다면, 나는 두 해석이 완전히 같은 것에 대한 상보적인 설명을 제공한다고 믿는다.

상황을 좀 더 자세히 들여다보자. 앞에서 나는 영구 급팽창을 계속하는 우주의 역사에 관한 두 가지 관점, 즉 평행적 관점과 계열적인 관점에 대해 기술했다. 평행적인 관점에서는 메가버스 전체를, 한번 분리되면 더 이상 연락이 불가능한 많은 호주머니 우주를 가진 것으로 인식한다. 이것은 에버렛의 다세계 해석과 상당히 유사해 보인다. 그러나 계열적 관점은 어떠한가?

예를 하나 들어 보자. 풍경의 어떤 계곡에 해당하는 성질을 가진 공간의 거품이 생겨났다고 가정해 보자. 그 계곡과 그 주변에 대한 이름이 있는 것이 좋을 것 같으니, 그것을 **중앙 계곡**이라고 부르기로 하자. 중앙 계곡의 동쪽과 서쪽에는 각각 약간 낮은 고도를 가진 동쪽 계곡과 서쪽 계곡이 있다. 서쪽 계곡에서는 2개의 다른 근처 계곡으로 갈 수 있는데, 하나는 **샹그리라** 계곡, 다른 하나는 **죽음의 계곡**이라고 한다. 죽음의 계곡은 계곡이라기보다는 사실은 고도가 정확히 0인 평원이다. 동쪽 계곡에서도 몇몇 이웃 계곡으로 쉽게 옮겨 갈 수 있는데, 그 이름까지는 붙이지 않기로 하자.

당신의 호주머니 우주가 급팽창하는 동안 중앙 계곡에 있는 당신을 상상해 보라. 근처에 더 낮은 계곡들이 있기 때문에, 당신의 진공은 준안정하다. 거품이 생겨 당신을 삼켜 버릴 수 있다. 일정 시간이 지나면 당신은 주위를 둘러보고 주위 환경의 성질을 관측할 수 있다. 아직 중앙 계곡에 있을 수도 있고, 또는 동쪽 계곡이나 서쪽 계곡으로 전이가 일어났음을 깨달을 수도 있다. 당신이 이제 어느 계곡에 거주하고 있는가는 양자 역학에 따라 무작위로 결정되며 그것은 양자 역학이 S의 고양이의 운명을 결정하는 방식과 마찬가지이다.

이제 당신이 서쪽 계곡에 있다고 하자. 당신의 파동 함수에서 동쪽 계곡에 해당하는 부분을 잘라낼 수 있다. 그것은 이제 당신의 미래와 무관하니 말이다. 다시 약간 기다리면, 운이 좋은 경우, 즐겁게 생명을 유지할 수 있는 샹그리라 계곡의 거품이 당신을 삼켜 버릴 수도 있다. 그러나 죽음의 계곡에 떨어져 버릴 수도 있다. 각 갈림길에서 보어와 그의 친구들은 각각의 결과에 대한 확률을 계산할 방법을 일러 줄 것이다. 그리고 그들은 당신의 경험에 해당하지 않는 다른 가지들이라는 여분의 짐을 벗기 위해서는 파동 함수를 붕괴시켜야 한다고 일러 줄 것이다. 이것이 역사에 관한 계열적 관점이다.

내 자신의 관점이 무엇인지는 이제 분명하리라고 생각한다. 당신 자신의 호주머니 우주와 그 지평선 내부에 머무르며 사물을 관찰하고 관측되지 않은 짐을 제거하는 계열적 관점이 바로 보어의 양자 역학 해석이다. 더 확장적인 평행적 관점, 다른 말로 해서 메가버스적 관점이 에버렛의 해석이다. 나는 이 대응 관계에서 만족스러운 일관성을 본다. 어쩌면 결국 양자 역학은 가지 치기를 계속하는 메가버스의 맥락에서만 의미가 통하는 것이며, 메가버스는 에버렛의 해석대로 가지 치기를 계속하는 실재로서만 의미가 있다는 것이 밝혀질지도 모른다.

우리가 메가버스라는 용어를 사용하든 또는 다세계 해석이라는 용어를 차용하든, 평행적 관점과 끈 이론의 무한히 큰 풍경이라는 개념을 결합하면, 인간 원리를 어리석은 동어 반복에서 강력한 자기 조직화의 원리로 변화시킬 두 가지 요소를 얻을 수 있다. 그러나 평행적 관점은 상상할 수 있는 어떤 관측으로도 영원히 알아챌 수 없는 공간과 시간의 영역이 실재한다는 데 바탕을 두고 있다. 이것은 어떤 사람들에게는 고민거리가 된다. 나도 문제라고 생각한다. 만약 호주머니 우주들의 광대한 바다가 진정으로 궁극적인 지평선 너머에 있는 것이라면, 평행적 관점은 과학이라기보다는 형이상학에 가까운 것이다. 다음 장에서는 지평선에 관해, 그리고 과연 그것이 궁극적인 장벽인지에 대해 생각해 볼 것이다.

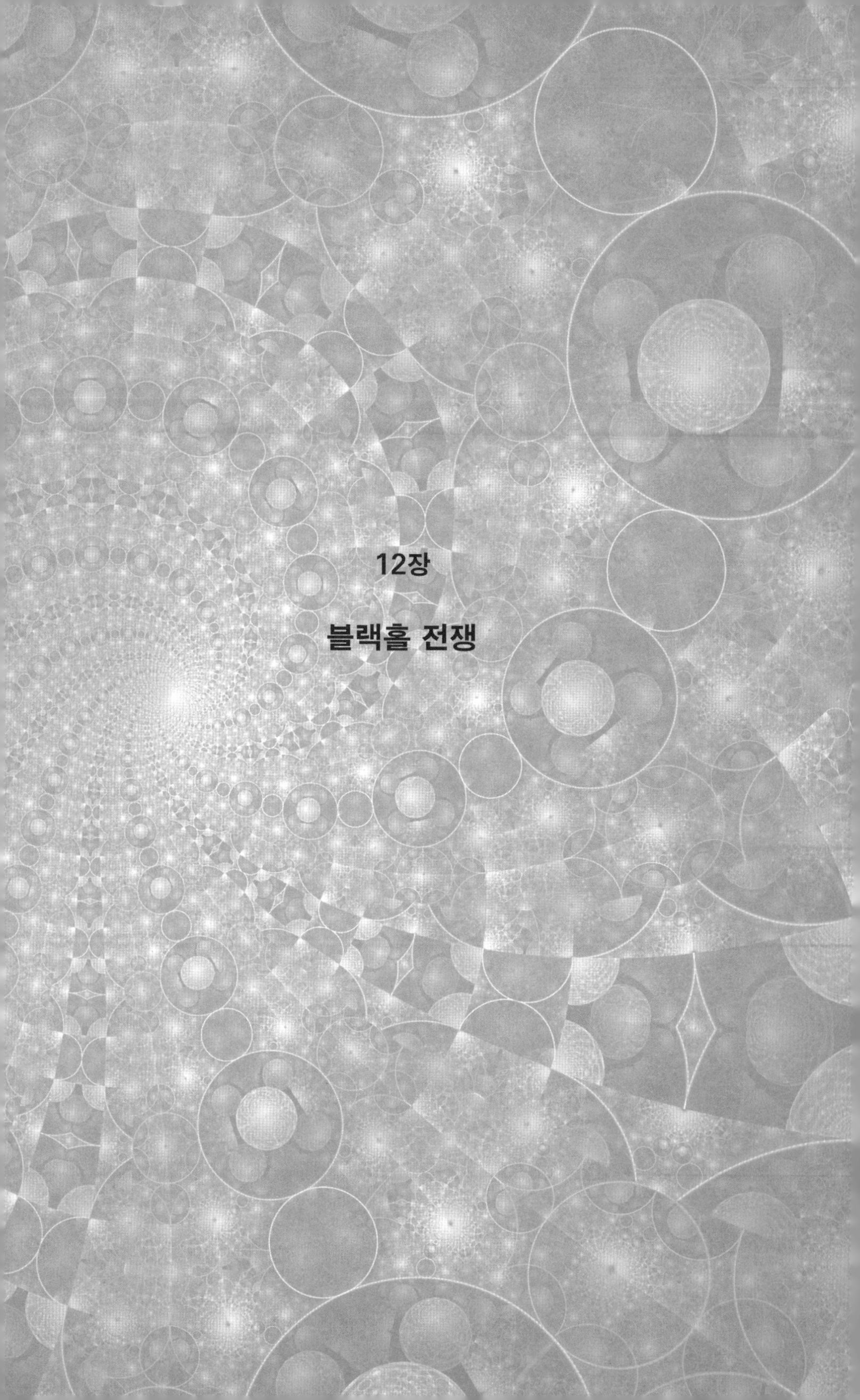

12장

블랙홀 전쟁

가끔 나는 아침 식사 전에 6개나 되는 불가능한 것들을 믿고는 했다.

— 루이스 캐럴

우리는 열기가 당신을 삼켜 버리는 동안 그저 무기력하게 바라볼 수밖에 없을 것이다. 곧 당신의 소중한 체액은 끓어오르고 증발하기 시작할 것이다. 그것은 너무나 뜨겁기 때문에 당신을 구성하는 원자들 자체가 찢겨져 나갈 것이다. 그러나 당신은 순수한 빛과 복사의 형태로 결국 우리에게 돌아올 것이다.

하지만 두려워할 것은 없다. 당신은 저 건너편으로 고통 없이 안전하게 넘어갈 것이다. 현재 형태의 당신은 우리 앞에서 영원히 사라지고, 우리가 그 경계를 넘지 않는 한 다시는 연락할 수 없을 것이다. 그러나 친구여, 당신이 있는 자리에서 우리가 당신 없이 어떻게 살아가는지 보는 데는 아무런 문제가 없을 것이다. 행운을 빈다.

순교와 부활의 이야기일까? 성직자가 화형식 전에 순교자를 위로하는 이야기일까? 산 자와 죽은 자를 가르는 경계를 건너는 이야기일까? 모두 아니다. 상상의 산물이기는 하지만 전적으로 가능한 이 이야기는 호기심 많고 용감한 미래의 우주 여행자가 거대한 블랙홀로 들어가 그 지평선을 건너는 장면을 간단히 그린 것이다. 목사가 아니라 우주선에 타고 있는 이론 물리학자의 설명이다.

또는 이 책의 주제와 연관시킨다면 이것은 영구 급팽창하는 우주의 우주론적 지평선을 넘어서는 경우라고 할 수도 있다. 하지만 우주론적 지평선은 조금 뒤에 다루도록 하자.

심령술사들은 죽은 이들과 의사 소통이 가능하다고 믿는다. 어둠의 과학에 정통한 영매(靈媒)만 있으면 된다는 것이다. 독자들은 내가 그런 주장에 대해서 어떻게 생각할지 짐작할 수 있을 것이다. 하지만 역설적으로 내가 지평선 너머에 있는 이, 즉 죽지도 살지도 않은 이와 교신할 수 있는 가능성에 대한 논쟁에서 주요 전투원이 되었던 적이 있다. 그 다툼은 25년이나 계속되었지만, 지금은 끝났다.

스티븐 호킹과 그를 따르는 일단의 일반 상대성 이론 전문가들이 이 논쟁의 한편이었다.[1] 그리고 첫 15년 동안은 주로 헤라르뒤스 토프트와 내가 그 반대편에 있었다. 나중에는 여러 끈 이론가들이 우리를 도와주었다.

1. 일반 상대성 이론 전문가를 General relativist라고도 한다.

헤라르뒤스 토프트는 네덜란드 인이다. 위대한 물리학적 업적의 수를 물리학자의 수로 나눈다면, 네덜란드 인들은 분명히 세상에서 가장 훌륭한 물리학자들일 것이다. 크리스티안 하위헌스(Christiaan Huygens, 1629~1695년), 헨드리크 안톤 로렌츠, 빌렘 드 지터, 하이케 카메를링 오네스(Heike Kamerlingh Onnes, 1853~1926년), 게오르게 윌렌베크(George Uhlenbeck, 1900~1988년), 요한네스 디데리크 반 데르 발스(Johannes Diderik Van der Waals, 1837~1923년), 마르티뉘스 펠트만, 헤라르뒤스 토프트 등은 위대한 인물들의 일부일 뿐이다. 로렌츠와 토프트는 물리학의 역사에서 가장 위대한 인물들 중 하나로 꼽히는 사람들이다. 내가 보기에 토프트는 현재 살아 있는 물리학자들 중 그 누구보다도 아인슈타인, 로렌츠, 그리고 보어의 정신을 표상한다. 비록 그가 나보다 여섯 살이나 어리지만, 나는 언제나 그를 경외해 마지않았다.

토프트가 나의 영웅일 뿐만 아니라 절친한 친구라고 말할 수 있다는 것은 아주 기쁜 일이다. 수학에서는 그가 나보다 훨씬 더 뛰어나지만, 내 동료들 중 누구보다도 그가 나와 비슷한 관점을 가지고 있다고 생각한다. 지난 세월 동안 종종 우리는 같은 수수께끼에 관심을 가지고, 같은 역설을 두고 고민하며, 그 문제들의 해결 방법에 대해 유사한 추측을 하고는 했다. 나는 토프트가 나와 유사하게 아주 보수적인 물리학자이며 다른 모든 방법이 무익하다는 것을 알게 되기 전까지는 어떤 문제에 대한 과격한 해결책을 받아들이지 않는 사람이라고 생각한다. 하지만 일단 받아들이고 나면 거침이 없다.

토프트를 보수적이라고 한다면 스티븐 호킹은 물리학의 이블 크니블(Evel Knievel, 오토바이 장애물 점프로 유명한 미국의 전설적인 스턴트맨이다. — 옮긴이)이라고 할 수 있다. 용감한 정도를 넘어 거의 무모하다고 할 정도로, 호킹은 케임브리지의 교통 사정을 위협하는 것으로 잘 알려져 있다. 그의 휠체어가 종종 안전 속도를 넘어 흔들리며 달리는 것이 목격되고는 한다. 그의 물리학은 많은 점에서 그의 휠체어 운전과 닮았다. 용감하고 모험적이며 극단적으로 대담하다. 이블 크리블처럼. 그도 그래서 사고를 당한 적이 있다.

몇 년 전에 호킹은 60세가 되었다. (이것은 2002년을 가리킨다. 호킹은 1942년생으로 2002년에 만 60세가 되었고 그의 60회 생일을 기념해서 케임브리지 대학교에서 개최된 학회에서 다음에 나올 사건들이 벌어졌다. 자세한 것은 http://www.damtp.cam.ac.uk/user/hawking60/을 참조하기 바란다. — 옮긴이) 그의 생일 파티는 보통 물리학자의 60회 생일과는 전혀 다른 식으로 치러졌다. 세미나와 물리학 강의 같은 것들도 물론 많이 열렸지만, 음악, 캉캉춤, U2 등의 유명 록 스타, 마릴린 먼로를 닮은 사람이 출몰했을 뿐만 아니라, 물리학자들의 합창에 방송까지 낀 굉장한 이벤트였다.

호킹과 나의 사이를 이해하는 데 도움을 주기 위해, 내가 축하 파티에서 했던 강연의 일부를 아래에 인용하려고 한다.

> 우리 모두 알다시피 호킹은 지금까지 이 세상에서 가장 고집 세고 신경질적인 사람입니다. 그와의 과학적인 관계에 대해 말한다면 적대적이라고 해야겠지요. 우리는 블랙홀, 정보, 기타 유사한 것들과 관련된 심오한 논제들에 대해서 근본적으로 다른 의견을 보였습니다. 몇 번은 그 때문에 제가 절망에 빠져 머리카락을 쥐어뜯은 적도 있었지요. 모두들 그 결과가 어떤 것인지 잘 보실 수 있을 겁니다. 분명히 말씀드리지만 20년 전에 우리가 처음 논쟁을 시작했을 때, 제 머리는 전혀 벗겨지지 않았거든요.

이 대목에서 나는 호킹이 강의실 뒷자리에서 장난기 가득한 웃음을 짓는 것을 보았다. 나는 계속해서 다음과 같이 이야기했다.

저는 또한 제가 아는 모든 물리학자들 중에서 저와 저의 생각에 가장 큰 영향을 미친 이가 그임을 고백해야 하겠습니다. 1980년 이후 제 생각의 거의 대부분은, 블랙홀로 떨어지는 정보의 운명에 대한 그의 심오하고 통찰력 있는 질문들에 이런저런 방식으로 대응한 결과라고 할 수 있습니다. 그가 내놓은 답이 잘못된 것이라는 확신이 있었지만, 질문과 그것에 대한 호킹의 일관되고 설득력 있는 답은 물리학의 근본에 대해 다시 생각하도록 했습니다. 그 결과는 이제 형태를 갖추어 나가고 있는 완전히 새로운 패러다임입니다. 저는 이곳에서 호킹의 기념비적인 공헌과 특히 그의 장엄한 완고함을 축하할 수 있게 된 것을 가슴 깊이 영광으로 생각하는 바입니다.

그것은 3년 전의 일이었다. 그때까지도 호킹은 그가 옳으며 토프트와 내가 틀렸다고 믿고 있었다.

논쟁의 초기에는 어느 쪽이 유리한가에 따라서 쉽게 입장을 바꾸는 사람들도 있었다. 그러나 호킹은 참으로 명예롭게도, 더 이상의 저항이 불가능할 때까지 무기를 내려놓지 않고 끝까지 싸웠다. 그런 후에야 그는 명예롭게 아무런 조건 없이 항복했다. 호킹이 그만큼의 확신을 가지고 싸우지 않았다면 우리는 지금보다 훨씬 적은 것만 알고 있을 것이다.

호킹의 관점은 간단하고 분명했다. 블랙홀의 지평선은 **귀환 불능점**, 즉 돌아오는 것이 불가능한 지점이다. 지평선을 넘어서는 어떤 것이든 갇혀서 빠져 나오지 못한다. 되돌아오기 위해서는 빛의 속도를 넘어서야 하는데, 아인슈타인에 따르면 그것은 불가능하다. 사람, 원자, 광자, 기타 어떤 형태의 신호도 아인슈타인의 제한 속도를 지켜야 한다. 어떤 물체 또는 신호도 지평선의 너머에 있는 바깥세상으로 탈출할 수 없다. 블랙홀의 지평선은 완벽한 감옥의 벽이라고 할 수 있다. 감옥 밖에 있는 관찰자는 무한히 긴 시간 동안 기다려도 블랙홀 내부로부터의 정보를 단 한줌도 얻을 수 없다. 적어도 이것이 호킹의 관점이다.

일반 상대성 이론의 복잡한 수학을 쓰지 않고 블랙홀이 어떻게 작동하는지 잘 이해하려면 비유를 사용하는 것이 좋을 것이다. 다행히도 우리는 익숙하고 이해하기 쉬운 예를 알고 있다. 누가 그것을 처음 사용했는지는 잘 모르겠지만 나는 그 비슷한 것을 캐나다 출신의 물리학자 빌 조지 운루(Bill George Unruh, 1945년~)에게서 배웠다. 앞 장에서 급팽창하는 우주를 설명하기 위해서 사용했던, 무한히 크고 얕은 호수의 비유를 다시 생각해 보자. 하지만 이번에는 물을 공급하는 관이 필요 없다. 대신 호수의 중앙에 물이 빠져나가는 배수관이 있다고 해 보자. 호수의 바닥에 있는 배수관으로 물이 빠져나간다. 호수 위에는 관찰자가 탄 배들이 있다고 해 보자. 관찰자들은 두 가지 규칙을 따라야 한다. 첫 번째 규칙은 그들이 오로지 표면파, 즉 호수 표면의 물결을 통해서만 신호를 교환할 수 있다는 것이다. 그들은 손가락을 물에 넣고 휘저어서 파동을 만들 수 있다. 두 번째 규칙은 호수 위에 속도의 제한이 존재한다는 것이다. 어떤 배도 어떤 상황에서건 물결보다 빨리 항해할 수 없다.

호수의 중앙에서 멀리 떨어져 있는 관찰자부터 고려해 보자. 그는 배수관이 주는 영향을 거의 받지 않는다. 그렇다고 영향이 전혀 없는 것은 아니어서 배는 거의 느낄 수 없을 정도로 매우 천천히 안쪽으로 이동한다. 하지만 배수관 쪽으로 이동하는 동안 그 흐름은 점점 더 빨라지고 배수관과 아주 가까운 위치에서는 중앙으로 향하는 속도가 물결의 속도보다 더 커지게 된다. 이 부근에서 만들어진 물결은 바깥쪽으로 향하는 것조차 배수관 쪽으로 휩쓸려 들어간다. 분명히 자신도 모르게 배수관 근처로 가게 된 배는 결국 휩쓸려 들어가 파괴될 수밖에 없다. 실제로 물이 흘러가는 속도가 표면파의 속도와 정확하게 일치하는 경계가 존재할 것이다. 그 위치가 바로 돌아오는 것이 불가능한 곳, 즉 귀환 불능점이다. 한번 지나가면 돌아오는 것은 불가능하다. 바깥쪽으로는 어떤 메시지도 전달될 수 없다. 블랙홀의 지평선은 공간이 빛의 속도로 휩쓸려 들어간다는 것을 제외하면 귀환 불능점과 같은 성질을 가진다. 아인슈타인의 궁극적인 제한 속도를 넘어서지 않고서는 어떤 신호도 지평선의 뒤에서 빠져나올 수 없다. 이제 호킹이 블랙홀 속으로 들어간 정보가 바깥쪽에 있는 사람에게는 회복할 수 없도록 사라진다고 확신한 이유가 분명히 이해되었을 것이다.

내가 스티븐 호킹의 생각을 공격하는 데 사용한 무기는 사실 호킹 자신이 개발한 것이다. 1970년대에 발표된 제이콥 베켄슈타인(Jacob Bekenstein, 1947년~)의 위대한 연구 결과에 기초해, 호킹은 블랙홀이 열에너지를 가지고 있음을 입증했다. 블랙홀은 물리학자들이 가정했던 것과는 달리 완전히 차갑지 않다. 블랙홀이 클수록 그 온도는 더 낮지만 아무리 크더라도 항상 남아 있는 열량이 있다. 별의 붕괴로 만들어지는 블랙홀의 경우 호킹 온도는 절대 온도로 수천분의 1도밖에 되지 않는다. 하지만 정확히 0은 아니다.

호킹은 블랙홀도 열을 가진 다른 물체와 마찬가지로 에너지를 방출한다고 추론했다. 불 속에 놓아둔 쇠꼬챙이는 빨갛게 빛난다. 그것보다 덜 뜨거운 물체는 육안으로는 볼 수 없는 적외선을 낸다. 아무리 차갑더라도 물체의 온도가 절대 영도가 아닌 이상 항상 전자기 복사의 형태로 에너지를 내놓는다. 블랙홀의 경우에 그것은 '호킹 복사(Hawking radiation)'라고 부르며 호킹의 위대한 발견이었다.

빛을 내놓는 것은 무엇이든 에너지를 잃게 된다. 그런데 아인슈타인에 따르면 질량과 에너지는 동전의 양면이다. 따라서 블랙홀들도 에너지를 방출하면 시간이 흐르면서 질량을 잃게 된다. 결국 완전히 증발해서 호킹 복사의 광자만 남을 때까지 수축을 계속한다. 그렇다면 블랙홀에 빠져 들어갔던 물체들의 질량도 모두 호킹 복사의 형태로 다시 방출되어야만 한다. 용감하게 지평선을 넘어갔던 우주 여행자의 에너지도 결국은 '순수한 빛과 복사'로서 다시 나타나게 될 것이다.

그러나 호킹은 어떤 신호도 빛의 속도를 넘어설 수 없으므로 블랙홀 내부의 정보는 그 어떤 것도 지평선을 넘어 호킹 복사와 함께 빠져나올 수 없다고 이야기했다. 그러한 정보는 수축하는 공 내부에 갇혀 있으며 블랙홀이 없어질 때 퐁 하고 함께 사라져 버릴 것이라고 생각했다.

내가 이 이야기를 처음 들은 것은 1980년으로, 그때 나는 호킹과 토프트와 함께 샌프란시스코에서 열린 작은 학회에 참석 중이었다. 토프트와 나는 모두 호킹의 결론이 마음에 들지 않았고 그것이 잘못되었다는 것을 확신했다. 하지만 우리 중 누구도 그 추론에서 정확히 어떤 부분이 잘못된 것인지는 알 수 없었다. 나는 마음 깊이 불편함을 느꼈다. 호킹은 정도가 매우 심각한 역설을 제시했다. 이런 종류의 역설은 결국 중력과 양자 역학 사이의 불가사의한 연관성에 관한 더 깊은 이해를 향한 문을 열어 줄 만한 것이었다.

문제는 호킹의 결론이 물리학의 가장 중심적인 교의 중 하나를 위배했다는 것이다. 호킹은 물론 그것을 잘 알고 있었다. 그래서 블랙홀 증발 시의 **정보의 소실** 문제에 호킹이 흥미를 느꼈던 것이다. 하지만 토프트와 나는 **정보의 보존**이 물리학의 기본 원리에 너무나 깊숙이 새겨져 있기 때문에 블랙홀과 같은 기묘한 물체를 다룰 때에도 버릴 수 없다고 보았다. 만약 우리가 옳다면, 블랙홀의 지평선 너머로 떨어진 정보의 조각들은 어떤 방식으로든가 호킹 복사와 함께 다시 방출될 것이고, 갇혔던 정보가 신호의 형태로 바깥세상으로 되돌아올 수 있는 길을 열어 줄 것이다.

정보가 블랙홀 밖으로 나올 때 우리가 쉽게 이용할 수 있는 방식으로 나오지는 않을 것이다. 정보는 너무나도 왜곡되어 있어서 실질적으로는 그 암호를 해독하기가 불가능할 것이다. 하지만 이 논쟁은 실용적인 것에 관한 것이 아니었다. 그것은 자연 법칙과 물리학의 기본 원리에 대한 것이었다.

그 정보는 정확히 무엇으로 구성되어 있을까? 특히 그것이 해독할 수 없을 정도로 엉크러져 있을 경우에 말이다. 이 문제를 이해하기 위해서 블랙홀을 감옥에 비유해 보자. '큰 집(감옥)'에 갇혀 있는 마피아 두목은 바깥에 있는 그의 부하에게 메시지를 전달하고 싶어 한다. 그는 먼저 "피라냐 형제들에게 키드에게 1만 달러를 걸라고 해라."라고 쓴다. 검열을 피하기 위해 그는 마지막에 훨씬 긴 가짜 메시지를 덧붙인다. 예를 들어 『브리태니커 백과 사전』에 있을 법한 문장을 적는다. 그다음 두목은 메시지를 여러 장의 카드에 한 장에 한 글자씩 적는다. 카드들에는 원래 메시지의 의미 있는 부분과 덧붙여진 가짜가 모두 담겨 있다. 이제 그는 메시지가 담긴 카드들을 뒤섞는다. 이 두목은 뒤섞는 데 필요한 암호표를 가지고 있다. 그는 글자들을 완전히 무작위적으로 뒤섞는 것이 아니라 어떤 규칙에 따라서 한다. 그다음에 그는 그 결과를 같은 규칙으로 다시 섞는다. 그는 이것을 1000만 번 반복한다. 메시지는 이제 부하에게 전달된다. 이 카드들은 블랙홀에서 방출되는 호킹의 광자와 유사하다.

바깥세상에 있는 부하가 그 메시지를 가지고 어떤 일을 할 수 있을까? 만약 그가 카드를 섞는 규칙을 모른다면 그는 아무런 정보도 의미도 없는 무작위적인 글자의 배열을 받은 것이 된다. 그럼에도 불구하고 정보는 존재한다. 섞음의 규칙을 안다면 부하는 1000만 번 역으로 뒤섞음으로써 암호를 해독할 수 있다. 메시지는 카드 뭉치의 맨 위에 다시 나타날 것이며 부하는 두목의 명령을 찾아낼 수 있다. 암호화되기는 했지만 그곳에 정보가 있었던 것이다. 부하가 잊어버리거나 섞음의 규칙을 몰랐다고 해도 정보가 카드에 담겨 있었다는 사실에는 변함이 없다.

이것을 다른 상황과 비교해 보자. 이번에는 감옥의 검열관이 메시지를 가로채서 어떤 무작위성을 가진 규칙에 따라 섞는다. 한 번, 두 번, 1000만 번 섞는다. 이번에는 부하가 카드에 메시지가 담겨 있고 섞음의 규칙을 알고 있다고 해도, 메시지를 복원할 방법이 없다. 정보는 진실로 사라졌다. 카드를 섞을 때의 무작위성은 메시지를 뒤섞을 뿐만 아니라 그것이 담고 있는 정보도 파괴했다.

호킹과 토프트, 그리고 내가 벌였던 진짜 논쟁은 블랙홀에서 빠져나오는 메시지를 실제로 재구성할 수 있는가 같은 실용적인 문제와는 관계가 없었다. 그것은 규칙의 존재 유무와 자연이 사용하는 규칙의 종류에 관한 것이었다. 토프트와 나는 자연이 정보를 뒤섞을 뿐 파괴하지는 않는다고 주장했다. 호킹은 블랙홀이 만드는 어떤 형태의 무작위성, 즉 물리계에 생기는 일종의 잡음이 호킹 복사가 블랙홀에서 탈출하기 전에 그것이 가진 정보를 없애 버린다고 주장했다. 다시 한번 말하지만 이 문제는 기술적인 문제가 아니라 양자 역학과 중력이 모두 중요해지는 미래의 물리 법칙의 성질에 관한 것이다.

독자는 아마 혼란스러울지도 모른다. 양자 역학은 원래 자연 법칙에 무작위성을 도입하지 않는가? 양자 떨림이 정보를 파괴하는 것이 아닐까? 이유는 간단하게 설명하기 어렵지만, 그렇지 않다. 양자 정보는 배열된 부호에 담긴 것처럼 구체적인 정보가 아니다. 하지만 양자 역학의 무작위성은 매우 특별하고 통제된 종류의 것이다. 호킹은 그것을 넘어서는 무작위성, 양자 역학의 표준 규칙에서 허용되는 것을 넘어서는 종류의 무작위성을 주장했다. 블랙홀의 존재로 인해 촉발되는 새로운 종류의 무작위성인 것이다.

감옥의 비유를 다시 사용해 보자. 이번에는 부하가 어떤 중요한 메시지를 감옥으로 보낸다고 생각해 보자. 사실 우리는 정보가 안으로 지속적으로 흘러 들어간다고 상상할 수도 있다. 감옥에는 한계가 있다. 그것은 종이조각들을 무제한적으로 저장할 수는 없다. 어떤 시점이 되면 감옥은 종이를 쓰레기로 내버려야만 한다. 호킹은 메시지는 들어가고 쓰레기는 나오는데 감옥 안에서 나오는 메시지에 담긴 정보는 새로운 종류의 무작위성으로 인해 파괴된다. 그러나 토프트와 나는 아니라고 주장했다. 메시지는 쓰레기에 담겨 있다. 그것은 파괴할 수 없는 것이다. 우리는 블랙홀로 빨려 들어가는 양자 비트는 암호를 알기만 하면 언제나 복구할 수 있다고 주장했다.[2]

토프트와 내가 취했던 입장에 문제가 없었던 것은 아니다. 우리는 정보가 지평선을 넘을 수 있다고 고집했다. 그런데 그것이 가능하려면 빛의 속도를 넘어서야 한다. 그것은 도대체 어떻게 가능한가? 또 그 메커니즘은 무엇인가? 답은 정보가 사라지는 일 자체가 일어나서는 안 된다는 것이어야 했다.

우주 여행자에게 부탁해 블랙홀에 메시지를 보내 보자. 일반 상대성 이론의 통상적 규칙에 따르면, 여행자와 함께 있는 메시지는 지평선을 손쉽게 넘어간다. 반면에 토프트와 나는 양자 역학의 기본 원리들을 지키기 위해 이렇게 주장했다. 메시지에 담긴 정보는 지평선을 넘기 직전에 밖으로 향하는 호킹 복사로 전송되어 되돌아온다. 그것은 흡사 메시지가 전달자의 손에서 찢겨져서 귀환 불능점을 지나기 직전에 밖으로 보내지는 쓰레기통에 넣어진 것과 마찬가지이다.

이러한 원리적인 충돌은 매우 심각한 딜레마를 야기했다. 일반 상대성 이론은 정보의 비트가 지평선을 넘어 계속해서 블랙홀의 중심부로

2. '비트(bit)'란 정보의 최소 단위를 일컫는 용어이다. 하나의 질문에 대한 '예/아니오'의 답을 뜻한다.

나아간다고 이야기한다. 하지만 양자 역학의 규칙은 정보가 바깥세상에서 소실되는 것을 금지하고 있다. 딜레마를 해결할 수 있는 방법이 하나 있다. 감옥의 비유로 돌아가 보자. 감옥 입구에 간수가 복사기를 가지고 있다고 해 보자. 그는 들어가는 모든 메시지를 복사해서 하나는 안으로 보내고 다른 하나는 무작위가 아닌 방식으로 섞어서 다시 내보낸다. 이것은 모든 사람을 만족시킬 수 있다. 감옥 내부에서는 방해받지 않고 메시지가 계속 들어오는 것처럼 보인다. 바깥쪽에 있는 관찰자는 정보를 잃어버리지 않은 것으로 보인다. 모든 것이 옳다.

이제 문제는 좀 더 흥미로워진다. 양자 역학의 매우 기초적인 원리에 따르면 양자 역학적 복사기는 불가능하다. 양자 정보는 곧이곧대로 복사될 수 없다. 그 복사기가 어떤 종류의 정보는 잘 복사한다고 해도 다른 종류의 정보는 제대로 복사할 수 없기 때문이다. 나는 이것을 **양자 복사 불가능 원리**라고 부른다. 그것은 어떤 물리계도 양자 세계에서의 정보를 완벽하게 복제할 수 없다는 것이다.

양자 복사 불가능 원리는 이런 식으로 이해할 수 있다. 하나의 전자가 있다고 생각해 보자. 하이젠베르크의 불확정성 원리에 따르면 전자의 위치와 속도 모두를 정확하게 아는 것은 불가능하다. 하지만 이제 양자 복사기로 전자를 그 원래 상태대로 완벽하게 복제했다고 해 보자. 그러면 우리는 한 전자의 위치를 재고 그 복제본에서는 속도를 측정해서 함께 얻는 것이 금지된 정보를 얻을 수 있다.

그렇다면 새로운 딜레마가 생긴다. 일반 상대성 이론은 정보가 지평선을 통과해서 블랙홀 중심부 깊은 곳으로 들어간다고 이야기한다. 반면에 양자 역학의 원리는 같은 정보가 블랙홀 외부에 남아 있어야 한다고 이야기한다. 그리고 양자 복사 불가능 원리는 어떤 비트도 복사가 불가능하다고 한다. 이것이 바로 호킹, 토프트와 내가 처했던 혼란스러운 상황이었다. 1990년대 초에 이르자 상황은 위기가 되었다. 누가 옳은가? 양자 역학의 원리를 기대하고 있는 외부의 관찰자가 존중되어야 하는가? 그가 옳다면 정보의 비트들은 지평선 바로 앞에서 뒤섞여 호킹 복사의 형태로 다시 되돌아와야 한다. 아니면 정보가 지평선을 아주 쉽게 넘어갈 것이라고 기대하는 관찰자가 옳은가?

역설에 대한 해답은 결국 토프트와 내가 1990년대 초에 제시한 두 가지 새로운 물리 법칙을 통해 발견되었다. 그것은 둘 다 매우 강력하며, 정보가 사라질 수 있다는 호킹의 아이디어보다도 훨씬 이상하게 보였다. 너무 이상해서 사실 처음에는 토프트와 나를 제외하고는 아무도 믿지 않았다. 그러나 셜록 홈스가 왓슨에게 한 말처럼, "불가능한 것들을 모두 제거하고 나면, 남은 것이 아무리 그럴 법하지 않더라도 사실일 수밖에 없다."

블랙홀 상보성

아인슈타인을 제외하면 닐스 보어는 현대 물리학의 아버지들 중에서 가장 철학적인 사람이다. 보어가 양자 역학의 발견에 뒤이어 이룩한 철학적인 혁명은 모두 **상보성**(complemetarity)에 대한 것이었다. 양자 역학의 상보성은 많은 방식으로 분명히 볼 수 있지만 보어가 가장 선호했던 예는 아인슈타인의 광자로 인해 물리학에 강제된 입자와 파동의 이중성이다. 빛은 입자인가, 아니면 파동인가? 그 두 성질은 너무나 달라서 전혀 양립할 수 없는 것으로 생각된다.

그럼에도 불구하고 빛은 파동인 동시에 입자이다. 좀 더 정확하게 이야기하자면 어떤 종류의 실험에서 빛은 입자처럼 행동한다. 매우 희미한 빛이 사진 건판에 떨어지면 아주 작은 검은 반점을 남긴다. 광자가 나뉠 수 없는 입자로서의 성질을 가지고 있다는 증거이다. 반면에 이 점들을 더하면 간섭 무늬가 생기는데, 이것은 파동에서만 가능한 현상이다. 그것은 모두 어떤 방식으로 빛을 관찰하고 어떤 실험을 하는가에 따라 달라진다. 두 가지 기술 방법은 상보적이며 서로 모순되지 않는다.

상보성의 다른 예는 하이젠베르크의 불확정성 원리와 관련이 있다. 고전 물리학에서는 입자의 운동 상태를 기술할 때 위치와 운동량을 모두 기술할 수 있다. 그러나 양자 역학에서는 입자를 기술할 때 위치 또는 운동량 중 하나로만 기술할 수 있고 둘 다 정확하게 알 수는 없다. "입자는 위치'와' 운동량을 가지고 있다."라는 문장은 "입자는 위치 '또는' 운동량을 가지고 있다."로 바뀌어야 한다. 마찬가지로 빛은 입자 '또는' 파동이다. 당신이 어떤 식으로 기술하느냐는 실험에 따라서 달라진다.

블랙홀 상보성은 양자 역학과 중력 이론을 결합하는 데서 나타나는 새로운 종류의 상보성이다. "누가 옳은가? 블랙홀 외부에 있는 관찰자가 지평선 바로 앞에서 방출되는 모든 정보를 다 볼 수 있다는 것이 옳은가? 아니면 정보와 함께 추락해서 블랙홀의 중심으로 들어가는 관찰자가 옳은가?"라는 질문에는 유일한 해답이 없다. 각각이 그 자신의 맥락에서는 옳다. 둘 다 각각 두 가지 상이한 실험의 상보적인 설명을 제공한다. 첫 번째 실험에서 실험자는 블랙홀의 바깥에 있다. 그는 물건들을 던져 넣고, 방출되는 광자를 모으고, 탐침을 지평선 바로 위까지 내려서 블랙홀 근처를 지나가는 입자들의 경로에 미치는 영향을 관측할 수 있다.

그러나 두 번째 실험에서 물리학자는 자신의 실험실에서 실험을 준비한다. 그러고 나서 연구실 전체와 함께 블랙홀로 뛰어들어 지평선을 지나면서 실험을 계속한다.

서로 상보적 관계에 있는 이 두 실험에 대한 설명이 이렇게 극단적으로 다르면, 둘 다 틀린 것은 아닌가 하는 의심을 하게 된다. 외부의 관찰자는 물질이 지평선으로 떨어지고, 느려지며, 바로 그 위에서 떠다니는 것을 목격하게 된다.[3] 지평선 바로 위의 온도는 아주 높아서 모든 물질이 입자들로 분해된다. 결국은 복사로 방출되어 돌아온다. 사실 블랙홀로 떨어지는 물리학자를 바라보는 외부의 관찰자는 그 물리학자가 증발했다가 호킹 복사로 다시 방출되는 것을 보게 된다.

그러나 이것은 자유 낙하하는 물리학자가 경험하는 것과는 전혀 다르다. 그 또는 그녀는 알지 못하는 사이에 안전하게 지평선을 통과한다. 어떤 덜컹거림이나 충격 없이, 높은 온도도 겪지 않으며, 그 또는 그녀가 귀환 불능점을 통과했다는 사실을 알려 주는 어떤 징후도 없다. 만약 블랙홀의 반지름이 수백만 광년에 달할 정도로 충분히 크다면 그 또는 그녀는 수백만 년 동안 아무런 불편함 없이 여행을 계속할 수 있을 것이다. 그러나 편안한 여행은 그 또는 그녀가 블랙홀의 중심부에 도달하면 끝난다. 블랙홀의 중심부에서는 조수력, 즉 중력의 비트는 힘이 너무 강력

---

3. '목격'이라는 말은 여기서 물리학적인 의미로 사용되었다. 그것은 방출되는 것, 즉 이 경우 호킹 복사로부터 사건을 재구성한다는 의미이다. 그러한 재구성은 엄청나게 복잡하지만, 물체에서 반사된 빛을 통해서 보통 세상을 보는 것만큼이나 원리적으로는 아무 문제없이 가능한 일이다.

해져서……. 너무 끔찍하니 그만 이야기하자.

서로 다른 두 가지 기술은 모순적으로 보인다. 그러나 우리가 보어, 하이젠베르크 등으로부터 배운 것은 이런 종류의 역설은 단일한 실험에 대해 배치되는 예측을 내놓을 때에만 진정한 모순이라는 것이다. 이 경우 블랙홀로 자유 낙하하는 물리학자는 자신이 안전하게 통과했다는 사실을 바깥쪽에 알릴 수 없으므로 실험 결과가 양립하지 못할 위험성이 없다. 그녀가 안전하게 지평선을 통과하고 난 후, 블랙홀 외부에 남아 있는 관찰자들과 그녀는 영원히 접촉할 수 없게 된다. 상보성은 기묘하지만 참이다.

20세기 초의 다른 큰 혁명은 아인슈타인의 상대성 이론이다. 어떤 것들은 관찰자의 운동 상태에 따라 달라진다. 빠른 속도로 지나치는 두 다른 관찰자는 어떤 두 사건이 동시에 일어났는가에 대해서 다른 결론을 내린다. 한 관찰자는 두 전구가 정확히 같은 시간에 번쩍였다고 보았을 수 있다. 반면에 다른 관찰자는 한 전구가 다른 것보다 먼저 번쩍였다고 보았을 것이다.

블랙홀 상보성의 원리는 새로울 뿐만 아니라 보다 강한 상대성 원리라고 할 수 있다. 다시 한번 말하지만 사건의 기술은 관찰자의 운동 상태에 따라 달라진다. 블랙홀의 바깥에 정지하고 있는 경우, 어떤 사건을 경험한다. 그러나 블랙홀의 내부로 자유 낙하하는 경우, 당신은 같은 사건을 완전히 다른 방식으로 보게 된다.

20세기 초 위대한 정신의 산물인 상보성과 상대성은 이제 공간, 시간, 정보에 관한, 근본적으로 새로운 관점 안에서 통합되고 있다.

홀로그래피 원리

아마도 호킹이 범한 오류는 정보가 공간에서 특정한 위치에 있어야 한다고 생각한 것일지 모른다. 양자 비트의 간단한 예는 광자의 편광이다. 모든 광자는 일종의 회전을 한다. 광자의 이동과 그 전기장을 생각해 보자. 전기장의 끝은 나선 운동, 또는 코르크 마개뽑이처럼 운동한다. 당신이 광선의 뒤를 따라가고 있다고 생각해 보라. 코르크 마개뽑이의 움직임은 시계 방향 또는 시계 반대 방향일 수 있다. 첫 번째 경우에 광자를 오른나사라고 하고, 두 번째 경우를 왼나사라고 해 보자. 이것은 나사못을 벽에 박기 위해 드라이버를 돌려야 하는 방향과 같다. 보통 나사못은 오른쪽으로 돌게 되어 있지만, 대자연의 법칙이 왼쪽으로 도는 것을 금지하는 것은 아니다. 광자는 두 가지 유형 모두 가능하다. 그것을 빛의 '원형 편광'이라고 한다.

광자 하나의 편광은 1양자 비트로 이루어져 있다. 예를 들어 모르스 부호를 점과 선 대신에 일련의 광자의 편광에 실어서 보내는 것이 가능하다.

그 정보들은 어디에 위치한 것일까? 양자 역학에서 광자의 위치를 결정하는 것은 불가능하다. 결국 광자의 위치와 운동량을 모두 결정할 수는 없다. 이것이 바로 정보가 특정 위치에 있을 수 없음을 뜻하는 것이 아닐까? 당신은 광자가 어디에 있는지 정확히 알 수는 없지만 원하면 그 위치는 측정할 수 있다. 위치와 운동량을 모두 측정할 수 없는 것뿐이다. 그리고 일단 광자의 위치를 측정하고 나면 당신은 그 정보가 어디에 위치하는지 정확히 알 수 있다. 게다가 전통적 양자 역학과 상대성 이론에서는 다른 모든 관찰자가 당신에게 동의할 것이다. 양자 비트가 특정 위치에 있다는 것은 이런 의미에서이다. 적어도 그렇게 계속 믿어져 왔다.

하지만 블랙홀 상보성의 원리에 따르면 정보의 위치를 이런 의미로서도 확정할 수 없다. 한 관찰자가 그의 신체를 이루는 정보가 지평선의 뒤에 있는 것을 알게 되었다고 해 보자. 다른 관찰자는 같은 정보가 지평선의 바로 앞에서 다시 방출되어 나오는 것으로 본다. 따라서 정보가 공간에서 특정한 위치를 차지한다는 생각은 잘못된 것처럼 보인다.

이것에 대해서 다른 방식으로 생각해 볼 수 있다. 이 관점에서 정보는 위치를 가지고 있지만 당신이 생각하는 것과는 다른 위치에 있다. 이것은 블랙홀을 연구하던 중에 발전된 자연에 대한 관점으로, 홀로그래피적인 관점이라고 한다. 우선 홀로그램(입체 영상)이 무엇인지 알아보자.

그림이나 사진은 그것이 묘사하는 실제 세계 자체는 아니다. 그것들은 평평하며 실제의 물체처럼 3차원의 깊이를 가지고 있지 않다. 그것을 측면에서, 즉 거의 가장자리에서 바라본다고 해 보자. 그것은 실제 풍경에 있는 어떤 것을 옆에서 바라본 것과는 전혀 다르다. 단적으로 말해서 그림은 2차원이고, 세상은 3차원인 것이다. 화가가 능란한 솜씨로 당신의 뇌에 3차원의 이미지가 생기도록 속일 수는 있어도, 그림이나 사진에 3차원의 원형을 재구성할 수 있는 정보를 온전히 담을 수는 없다. 그림이 멀리 있는 거인의 것인지 가까이 있는 난쟁이의 것인지 구분할 방법은 없다. 그림의 인물이 석고로 만든 것인지 또는 피와 살로 이루어진 것인지 구분할 방법도 없다. 캔버스 위의 붓질이나 필름 위에 있는 검게 변한 은가루 이상의 정보를 주는 것은 바로 우리의 뇌이다.

컴퓨터의 스크린은 화소로 이루어진 2차원의 평면이다. 하나의 이미지에 저장된 실제 데이터는 색과 그 강렬한 정도에 대한 디지털 정보가 각 화소당 여러 비트로 주어진 것이다. 그림이나 사진과 마찬가지로 그것도 3차원 공간에 대한 아주 조악한 표현에 불과하다.

3차원의 데이터, 즉 깊이는 물론이고 물체의 내부에 대한, '혈액과 내장'까지 포함한 전체 정보를 충실히 저장하기 위해서는 어떻게 해야 할까? 그 대답은 분명하다. 2차원을 채우는 화소(그림낱), 즉 픽셀(pixel) 대신에 공간을 채우는 작은 단위들, 즉 **복셀(voxel)**이 필요하다. 복셀은 공간의 부피(volume)를 작은 기본 단위로 쪼갠 것이라고 생각하면 된다. (우리말 순화 용어로 하자면 '부피낱'이라고도 할 수 있을 것이다. — 옮긴이)

공간을 복셀로 채우는 것은 화소로 표면을 채우는 것보다 훨씬 더 비용이 많이 드는 일이다. 예를 들어, 만약 당신의 컴퓨터 화면이 각 변당 1,000개의 화소를 가지고 있다면, 전체 화소 수는 1,000의 제곱, 즉 100만 개다. 하지만 만약 우리가 같은 크기를 복셀로 채우려고 한다면 1,000의 세제곱, 즉 10억 개의 복셀이 필요하다.

그렇기 때문에 홀로그램은 더욱더 놀라운 것이다. 홀로그램이란 필름 위의 이미지 같은 2차원의 영상으로 완전한 3차원의 이미지를 재구성할 수 있도록 해 준다. 당신은 재생된 입체 영상 주위를 걸으면서 그것의 모든 측면을 감상할 수 있다. 깊이를 인지할 수 있는 당신의 능력은 홀로그램에 있는 어떤 물체가 가까운지 또는 멀리 있는 것인지 알 수 있게 한다. 실제로 당신이 움직이는 동안 멀리 있던 물체가 가까워질 수도 있다. 홀로그램은 2차원의 이미지이지만 3차원의 완전한 정보를 담고 있다. 그러나 만약 당신이 홀로그램의 정보를 담고 있는 2차원 필름을 실제로 가까이에서 바라본다면 아무것도 알아볼 수 없을 것이다. 영상은 완전히 뒤섞여 있다.

홀로그램 위의 정보는 비록 뒤섞여 있지만 화소 위의 위치를 알 수 있다. 물론 공짜는 없다. 각 변당 1,000개의 화소를 가진 입체를 묘사하기 위해서는 홀로그램은 100만 개가 아니라 10억 개의 복셀로 이루어져야만 한다.

현대 물리학의 가장 기묘한 발견 중 하나는 세상이 일종의 홀로그램

이미지와 같다는 것이다. 하지만 더 이상한 일은 홀로그램을 이루는 화소의 수가, 묘사하려는 영역의 부피가 아니라 표면적에 비례한다는 것이다. 그것은 어떤 영역의 3차원적 내용, 즉 10억 개의 복셀로 이루어진 입체가 오로지 100만 개의 화소를 가진 컴퓨터 화면 위에 기술될 수 있는 것과 마찬가지이다. 당신이 벽과, 천장과 바닥으로 둘러싸인 거대한 방 안에 있다고 생각해 보라. 좀 더 좋은 방법은 당신이 거대한 구형 공간 내부에 있다고 생각하는 것이다. 홀로그래피 원리에 따르면 당신의 코 앞에 있는 파리는 방의 2차원적 경계면 위에 저장된 데이터로 만들어진 입체 영상과도 같다. 사실은 당신과 방 안에 있는 다른 모든 것들도 경계면 위에 있는 **양자 홀로그램**(quantum hologram) 위에 저장된 데이터의 이미지이다. 홀로그램은 작은 픽셀들(복셀이 아니라)이 각각 플랑크 길이만큼의 크기를 가지고 2차원에 배열된 것이다. 물론 양자 홀로그램의 본질과 그것이 3차원의 데이터를 암호화하는 방식은 통상적인 홀로그램의 작동 방식과 아주 다르다. 하지만 둘 다 3차원의 세계가 완전히 암호화된다는 공통점을 가지고 있다.

이것은 블랙홀과 어떤 관계가 있는가? 블랙홀을 우리의 큰 구형 방에 놓아 보자. 블랙홀, 우주 여행자, 모선 등 모든 것이 공간의 홀로그램 벽에 정보로서 저장된다. 블랙홀 상보성이 융화시키려는 두 가지 묘사는 다름이 아니라 하나의 홀로그램이 두 가지 다른 재구성 알고리듬에 의해서 다르게 재생되는 것들이다.

홀로그래피 원리는 토프트와 내가 1990년대 초에 그것을 제시했을 때만 해도 널리 받아들여지지 않았다. 나는 그것은 분명히 옳은 것이지만 우리가 양자 역학과 중력에 대해서 충분히 알게 되어 그것을 확인하게 되기까지는 수십 년은 걸릴 것이라고 보았다. 하지만 불과 3년 뒤, 1997년에 후안 마르틴 말다세나(Juan Martín Maldacena, 1968년~)라는 한 젊은 이론 물리학자가 「초대칭 등각장론에서 N이 큰 극한과 초대칭 중력(The Large N Limit of Superconformal Field Theories and Supergravity)」이라는 제목의 논문을 통해 물리학계를 전율시키면서 모든 것이 바뀌었다. 단어들이 무엇을 의미하는지는 신경 쓰지 않아도 좋다. 말다세나는 끈 이론과 폴친스키와 D-막들을 교묘하게 이용함으로써, 우리 우주는 아니지만 홀로그래피 원리에 확신을 줄 수 있을 만큼은 충분히 유사한 우주에 대해서 완벽하게 구체적인 형태의 홀로그래피 기술법을 발견했다. 조금 후에 에드워드 위튼은 말다세나의 논문에 대한 후속 연구로서 「반(反)드 지터 공간과 홀로그래피(Anti De Sitter Space and Holography)」라는 제목의 논문을 발표해 홀로그래피 원리에 대한 인정의 도장을 찍었다. 그 후 홀로그래피 원리는 현대 이론 물리학의 주춧돌 중 하나로서 더욱더 완결된 형태를 갖게 되었다. 그것은 여러 방식으로 표면적으로는 블랙홀과 아무 관계가 없는 문제들에 대해서도 해결 방법을 제시하는 데 사용되었다.

홀로그래피 원리는 블랙홀 상보성과 어떤 관계가 있는가? 그 답은 **모든 것**이다. 홀로그램은 데이터를 믿을 수 없을 만큼 뒤죽박죽으로 뒤섞어 놓는데, 그것은 수학적인 알고리듬 또는 홀로그램에 레이저 광선을 비춤으로써 해독할 수 있다. 레이저 광선이 수학적 알고리듬의 역할을 수행하는 것이다.

큰 블랙홀과 그곳에 빠져 들어가는 다른 물건들, 그리고 블랙홀에서 방출되는 빛을 포함하는 장면을 생각해 보자. 이 장면 전체를 멀리 떨어져 있는 공간의 어떤 경계면에 있는 양자 홀로그램으로 설명할 수 있다. 하지만 이제는 홀로그램을 해독할 두 가지 다른 방법, 즉 홀로그램을 만드는 알고리듬이 두 가지 존재하는 것이다. 첫 번째는 블랙홀의 외부에서 바라본 장면을 만든다. 이 경우 블랙홀에 떨어지는 모든 양자 비트는 호킹 복사가 가지고 가 버린다. 두 번째 경우, 블랙홀에 떨어지는 사람이 바라본 장면이 만들어진다. 홀로그램은 하나이지만 그 내용을 재구성하는 데에는 두 가지 방법이 존재하는 것이다.

우리를 둘러싼 거품들

3차원의 세계가 완전히 환상이라고 하는 것은 아무래도 무리일 것이다. 하지만 정보가 꼭 당신이 예상하는 곳에 위치하는 것이 아님은 이제 널리 받아들여지는 사실이다. 그것이 11장에서 소개한 거품 목욕탕 우주에 대해서 의미하는 바는 무엇일까? 그 장의 마지막에서 어디까지 이야기했는가를 다시 기억해 보자.

앞 장에서 나는 역사에는 두 가지 관점, 계열적 관점과 평행적 관점이 있음을 설명했다. 계열적 관점에 따르면 모든 관찰자는 전체 메가버스 중에서 기껏해야 작은 일부분만을 볼 수 있다. 나머지는 너무나 빨리 멀어져서 빛조차도 그 간극을 메울 수 없으므로 절대로 볼 수 없다. 볼 수 있는 것과 볼 수 없는 것들 사이의 경계면을 지평선이라고 부른다. 불행히도 다른 호주머니 우주로 이루어진 메가버스의 나머지 부분은 모두 지평선 너머, 절대로, 절대로 닿을 수 없는 영역에 있다. 일반 상대성이론의 전통적 원리에 따르면, 우리는 이 다른 세계들의 존재 유무와 실재 유무를 아무리 알고 싶어도 절대로 알 수 없다. 그 세계들은 우리와 상관이 없다. 그 세계들은 과학적인 견지에서 아무런 의미가 없다. 그 세계들은 형이상학의 영역이지 물리학의 영역이 아닌 것이다.

하지만 정확히 같은 결론이 블랙홀의 지평선에 대해서 도출된 적이 있다. 실제로 영구 급팽창하는 우주의 우주론적 지평선은 수학적으로 블랙홀과 매우 유사하다. 보트와 그것에 탄 관찰자가 있는 얕지만 무한히 큰 호수를 다시 생각해 보자. 물이 빠지는 위험한 배수관, 즉 귀환 불능점인 지평선과 블랙홀은 똑같다. 그 상황을 영구 급팽창하는 호수, 즉 급수관에서 물이 공급되어 허블의 법칙에 따라 모든 관찰자가 분리되는 경우와 비교해 보자. 만약 호수에 일정한 비율로 물이 공급된다면 영구 급팽창과 정확히 같다고 할 수 있다.

그 호수에 떠 있는 보트는 배수관을 둘러싼 귀환 불능점과 비슷한 경계로 둘러싸이게 된다. 모선 주위를 빙빙 도는 소형 보트를 생각해 보자. 우연히 또는 의도적으로 그것이 귀환 불능점을 넘어선다면, 그것은 되돌아오는 것도, 모선과 교신하는 것도 불가능해진다. 블랙홀의 지평선과 급팽창하는 공간의 우주론적 지평선 사이에 있는 차이점은 하나는 우리가 지평선 바깥쪽에 있지만 다른 하나는 우리가 지평선 안쪽에 있다는 것이다. 하지만 그밖에 모든 점에서 블랙홀의 지평선과 우주론적 지평선은 동일하다.

블랙홀의 바깥에 있는 사람에게 지평선을 넘어선 탐험가에게 일어나는 일은 지평선 너머의 사건이다. 하지만 그 사건들은 물리학이며 형이상학이 아니다. 그것들은 호킹 복사 속에 홀로그램 암호의 형태로 담겨 바깥으로 전송된다. 죄수의 메시지와 마찬가지로, 암호를 풀 복호 규칙을 잃어 버렸다거나 심지어 우리가 그것을 가진 적이 없어도 상관없다. 메시지는 분명히 카드에 적혀 있기 때문이다.

우주론적 지평선 뒤에는 수십억 개의 호주머니 우주에서 발송된 **엽서**들이 있을지도 모른다. 우주론적 지평선은 블랙홀보다도 덜 이해되어 있다. 하지만 만약 그 둘 사이의 분명한 유사점을 고려한다면, 우주론적 지평선도 분명 그러한 엽서를 내놓는다고 봐야 한다. 그것은 호킹 복사를 이루는 광자와 아주 비슷할 것이다. 이제는 당신도 그 엽서가 항상 모든 방향에서 날아와 우리를 내리쬐는 마이크로파 우주 배경 복사라는 것을 짐작할 수 있을 것이다. 우주 배경 복사는 우주론적 지평선에서 온

전령이다. 그들은 메가버스에서 날아온 암호화된 메시지를 가지고 있을 것이다.

우주 배경 복사 검출 연구의 지도자 중 한 사람인 조지 스무트(George Smoot, 1945년~)는 좀 과하게 열정적이었던 순간에 우주 배경 복사의 지도를 "신의 얼굴"에 비유했다. 그러나 나는 우주에 대해서 알고 싶어 하는 호기심 많은 이들에게는 우주 배경 복사를 무한히 많은 호주머니 우주들이 뒤엉켜 만든 홀로그램이라고 하는 것이 훨씬 더 흥미롭고 정확한 그림이 될 것이라고 생각한다.

13장

메가버스로 채워진 가능성의 풍경

슬로건

파인만 도형에서 거품 우주에 이르기까지 우리의 길고 복잡한 여행을 관통한 하나의 주제가 있었다. 그것은 우리 자신의 우주가 우리 자신의 존재를 위해 환상적으로 잘 고안된 것처럼 보이는 별난 공간이라는 것이다. 이런 특별함은 너무 가능성이 낮기 때문에, 운좋은 우연으로 치부할 것이 아니다. 겉으로 보이는 우연들은 설명을 절실하게 요구하고 있다.

일반 대중뿐만 아니라 많은 과학자들 사이에서도 엄청나게 인기 있는 이야기는 '초월적 설계자'가 어떤 선한 목적에서 우주를 설계했다는 것이다.[1] 이런 관점, 즉 지적 설계론을 옹호하는 이들은, 그것이 아주 과학적이며 생물학뿐만 아니라 우주론의 여러 사실에도 완벽하게 들어맞는다고 이야기한다. 지적 설계자는 그 목적을 위해 탁월한 물리 법칙을 선택했을 뿐만 아니라, 가능성이 낮은 사슬을 통해 세균에서 호모 사피엔스에 이르기까지 생물학적 진화도 이끌었다. 그러나 이것은 감정적 위안을 줄지는 몰라도 지적으로는 불만스러운 설명이다. 답할 수 없는 것은 누가 설계자를 만들었는가, 어떤 메커니즘을 통해 그 설계자는 진화의 방향을 이끄는 데 개입하는가, 그 설계자는 그 목적을 이루기 위해 물리 법칙을 위배했는가, 그리고 그 설계자도 양자 역학의 법칙에 종속되는가 등이다.

150년 전에 찰스 다윈은 설계자도 목적도 필요로 하지 않는 메커니즘을 생명 과학에 대한 해답으로 내놓았다. 그의 자연 선택 원리는 현대 생물학의 중추가 되었다. 번식 경쟁과 결합된 무작위적인 돌연변이가, 지능을 가지고 살아가는 생물들을 포함한 온갖 생물 종들이 생태적 지위의 구석구석을 채우는 확산과 그들의 갖가지 생존 패턴을 설명한다. 그러나 물리학, 천문학, 그리고 우주론은 뒤처졌다. 다윈주의는 인간의 뇌를 설명했을지 모르지만, 물리 법칙의 특별함은 수수께끼로 남았다. 그 수수께끼는 다윈의 생물학 이론에 필적하는 물리학 이론이 나와야만 해명될지도 모른다.

내가 이 책에서 설명했던 물리학 메커니즘은 다윈의 이론과 두 가지 중요한 요소를 공유한다. 첫 번째 요소는 가능성의 거대한 풍경, 즉 가

1. 예를 들어 1983년에 나온 폴 데이비스(Paul Davies)의 책 *God and the New Physics* (New York: Simon and Schuster, 1983)(한국어판 『현대 물리학이 발견한 창조주』(류시화 옮김, 정신세계사, 1988년) — 옮긴이)를 보라.

능한 설계가 아주 풍부하게 존재하는 공간이다.[2] 1만 종이 넘는 새, 30만 종이 넘는 딱정벌레, 그리고 수백만 종의 세균이 있다. **가능한** 종의 총수는 의심의 여지없이 측정할 수 없을 정도로 더 크다.

생물학적 설계의 수가 우주 설계의 수만큼이나 많을까? 그것은 생물학적 설계의 뜻이 정확히 무엇인가에 따라 달라진다. 생물학적 가능성들의 목록을 만드는 한 가지 방법은 거대한 DNA 분자에서 염기쌍들을 배열하는 방식이 몇 개나 가능한지를 세는 것이다. 인간의 DNA에는 약 10억 개의 염기쌍이 있는데, 각 염기쌍에는 네 가지 가능성들이 있다. 가능성들의 총수는 어처구니없이 큰 $4^{1000000000}$(또는 $10^{600000000}$)이다. 이것은 끈 이론가들이 풍경의 가능한 계곡의 수라고 예측하는 10^{500}(선속 정수들을 할당하는 방법들의 수를 세는 것과 유사한 방법으로 얻는다.)에 비해서 훨씬 크지만, 물론 이것들 중 거의 대부분은 살아갈 수 있는 생물의 형태에 해당하지 않는다. 한편 10^{500}개의 진공 대부분 역시 막다른 골목이다. 어쨌든 두 수 모두 우리가 시각화하기에는 너무 크다.

두 번째의 중요한 요소는 설계도를 엄청난 수의 실체로 전환시키는 메커니즘이 아주 풍부하다는 것이다. 다윈의 메커니즘에는 복제와 경쟁을 포함하는 메커니즘이 아주 많은 탄소, 산소, 그리고 수소에 작용

2. 내가 이 장을 쓴 한참 후에, 이 책이 편집되는 마지막 과정에 있을 때, 나는 우연히 리처드 도킨스(Richard Dawkins)가 쓴 「의기양양한 다윈」(*A Devil's Chaplain* (New York: Houghton Mifflin, 2003)이라는 글을 읽게 되었다. (한국어판 『악마의 사도』(이한음 옮김, 바다출판사, 2005년))에도 게재되었다. — 옮긴이) 그 글에서 도킨스는 '풍경'이라는 용어를 정확히 내가 여기에서 쓰는 것과 같은 방식으로 사용했다. 몇몇 개념들은 이 책과 너무나 유사하기에 처음에 나는 도킨스가 내 컴퓨터에 있는 파일들을 읽은 것이 아닌가 생각했을 정도였다. 그러나 그가 내 글을 표절했다면 그는 시간 여행의 문제를 해결했음에 틀림없다. 「의기양양한 다윈」은 1991년에 씌어졌고 그해 *Man and Beasts Revisited*, ed. M. H. Robinson and L. Tiger (Washington, D.C.: Smithsonian Institution Press)에 발표되었다.

한다. 영구 급팽창에도 지수 함수적으로 증가하는 복제가 있다. 물론 여기서 복제되는 것은 공간이다.

11장에서 논의했던 대로, 풍경을 채우는 과정은 생물학적 진화와 유사한 점이 있지만, 적어도 두 가지 큰 차이점이 있다. 첫 번째는 11장에서 논의했다. 주어진 하나의 계통을 따르는 생물학적 진화는 세대에서 세대로 이어지는 미세하고 알아차리기 어려운 변화를 통해 이루어진다. 그러나 일련의 거품핵 형성이 일어나 풍경에서 고도가 낮은 곳으로 이동하는 변화의 경우 각 단계에서 진공 에너지, 입자의 질량, 그리고 다른 물리 법칙들이 크게 변화한다. 생물학에서 그러한 큰 변화들만이 가능하다면, 다윈주의적인 진화는 불가능했을 것이다. 돌연변이의 괴물들은 정상 자손에 비해 너무나도 불리하기 때문에 격렬한 경쟁의 세계에서 생존하기 힘들기 때문이다.

큰 변화들만이 일어난다는 조건에서 생물학적 진화는 정체되는데 메가버스의 다양성은 확대될 수 있는 이유는 무엇일까? 그 해답은 두 종류의 진화 사이에 있는 두 번째 큰 차이점에 있다. 호주머니 우주 사이에는 자원을 둘러싼 경쟁이 없는 것이다. 자원이 무한해서 경쟁할 필요가 없는 환경에서 생물학적 진화가 일어나는 세계를 상상해 보자. 그러한 세계에서 지적 생명체가 진화할 수 있을까? 다윈주의적 진화 설명에서 경쟁은 중요한 요소이다. 경쟁이 없다면 어떤 일이 일어날까? 우리 종, 즉 인류의 진화에서 마지막 단계를 예로 들어 살펴보자. 약 10만 년 전에 크로마뇽인들은 네안데르탈인과 생존을 위해 투쟁하고 있었다. 크로마뇽인은 더 영리하고, 크고, 강하고, 또는 섹시하기 때문에 승리했다. 크로마뇽인의 승리로 인류의 평균적인 유전자 자원도 개선되었다. 그러나 자원이 무한정이고 번식에 성(性)이 필요 없었다고 가정해 보자. 크로마뇽인은 줄어들었을까? 전혀 그렇지 않다. 살아남은 이들은 모두 경쟁이 없으니까 더 잘 살아남았을 것이다. 그리고 살아남지 못했던 많은 이들도 마찬가지로 살아남았을 것이다. 그러나 네안데르탈인도 늘어났을 것이다. 사실은 모든 것이 더 있었을 것이다. 모든 인구는 지수 함수적으로 늘어났을 것이다. 무제한의 자원이 있는 세계에서 경쟁이 없다는 것은 가장 영리한 생물의 진화를 느리게 하지는 않았겠지만, 멍청한 생물도 훨씬 더 많이 만들었을 것이다.

물리학과 생물학 이외의 맥락에서도 우리의 존재에 필수 불가결인 풍경과 메가버스에 해당하는 요소를 발견할 수 있다. 행성들과 기타 천체들은 가능한 설계가 무수히 많다. 뜨거운 별, 차가운 소행성, 거대한 먼지 구름은 그중 일부일 뿐이다. 여기서도 가능성의 풍경을 확인할 수 있다. 별로부터의 거리 차이만 해도 행성들에 큰 다양성을 부여한다. 가능성을 실재로 전환하는 메커니즘에는 대폭발, 그리고 그 후에 발생한 중력 응축은 우리 우주의 관측 가능한 영역에만 10^{22}개의 행성들을 만들어 냈다.

이러한 예들을 통해, 우리 자신이 존재하게 되었다는 수수께끼에 대해 같은 대답을 할 수 있음을 알게 되었을 것이다. 생물, 행성, 호주머니 우주도 많으며 가능한 설계도 많이 있다. 그 수가 워낙 많아서 통계적으로 생물 중에는 지능을 가진 것도 출현하게 되고, 호주머니 우주 중에는 지적 생명체가 탄생하도록 돕는 것도 생기게 된다. 이런 관점에서 볼 때 대부분의 생물, 우주, 천체는 막다른 골목이다. 우리는 그저 운이 좋았던 소수파일 뿐이다. 그것이 인간 원리의 의미이다. 마법은 없으며 초자연적 설계자도 없다. 단지 매우 큰 수의 법칙만이 있을 뿐이다.

내 친구인 스티브 셍커는 내가 아는 가장 현명한 물리학자 중 한 사람인데, 슬로건 만드는 것을 좋아한다. 그는 거대하고 중요한 아이디어가 짧은 문구로 요약될 수 없다면, 그 정수가 진정으로 파악된 것이 아니라고 생각한다. 나는 그의 의견에 찬성한다. 과거에 있었던 몇 예들은 다음과 같다.

뉴턴 역학의 슬로건.

공간과 시간은 절대적이다.

아인슈타인과 특수 상대성 이론의 슬로건.

공간과 시간은 상대적이다.

그리고

빛의 속도는 절대 상수이다.

아인슈타인과 일반 상대성 이론의 슬로건.

등가 원리: 중력과 가속도는 구별할 수 없다.

양자 역학의 슬로건.

하이젠베르크의 불확정성 원리: 위치와 속도는 동시에 결정될 수 없다.

우주론의 슬로건.

대폭발

내가 아는 최고의 과학 슬로건은 물리학 또는 우주론이 아니라 진화론에서 왔다.

적자생존

자연 선택

이기적 유전자

만약 이 책을 하나의 사상으로 줄일 수 있다면 그것은 생물학과 우주론 양쪽에서 다 통하는 거대한 조직화 원리가 다음과 같다는 것이다.

실재하는 메가버스로 채워진 가능성의 풍경

풍경을 채우고 있다고는 해도, 생물학적 메커니즘 또는 행성의 메커니즘과 영구 급팽창 사이에는 실망스러운 차이점이 하나 있다. 전자의 경우, 우리는 다산(多産) 메커니즘의 다양한 결과물들을 직접 관측할 수 있다. 우리는 우리를 둘러싼 온갖 형태의 생물들이 이루는 다양성을 볼 수 있다. 천체들은 관찰하기가 약간 더 어렵지만, 망원경 없이도 우리는 행성, 달, 그리고 별을 볼 수 있다. 그러나 영구 급팽창으로 만들어진 호주머니 우주의 거대한 바다는 우리 우주의 우주론적 지평선 뒤에 숨겨져 있다. 물론 문제는 아인슈타인의 속도 제한이다. 만약 우리가 빛의 속도를 넘어설 수 있다면, 멀리 있는 호주머니 우주까지 여행하고 돌아오는 데 아무런 문제가 없을 것이다. 우리는 메가버스 전체를 항해할 수도 있을 것이다. 그러나 애석하게도 웜홀(wormhole)을 뚫고 공간을 관통해서 먼 호주머니 우주로 가는 것은 물리학의 기본 원리를 위배하는 환상일 뿐이다. 다른 호주머니 우주들의 존재는 지금뿐만 아니라 앞으로도 추측으로 남겠지만, 그것은 설명의 힘이 있는 추측이다.

의견 일치?

만약 내가 설명했던 아이디어가 옳은 것으로 판명된다면, 우주에 대한 우리의 관점은 현재의 편협한 한계를 벗어나 무엇인가 더욱 거대한 것, 공간에서 거대하고, 시간에서 거대하며, 가능성에서 거대한 것으로 확장될 것이다. 만약 내 아이디어가 옳다면, 패러다임의 전환에는 얼마나 오랜 시간이 걸릴 것인가? 패러다임의 전환은 숲을 볼 때처럼 멀리에서 보는 것이 제일 낫다. 토대는 바뀌고 있지만, 세부 사항은 너무 혼란스럽고 탐구의 길은 진창이라 심지어 몇 년 앞조차도 분명히 예측할 수 없다. 그런 시기에는 누구의 아이디어가 진지한 것이며 누구의 것이 피상적 공론인지 외부인은 거의 알 수 없다. 심지어 내부인도 알기 어렵다. 내가 이 책을 쓴 주된 목적은 독자들에게 나의 관점을 확신시키는 것이 아니었다. 과학적 논의는 기술적 학술지와 세미나실의 칠판에서 행해지는 것이 최선이다. 나의 목적은 과학계 중심부에서 중요한 문제로 부각되기 시작한 아이디어들의 투쟁을 설명함으로써, 독자들로 하여금 아이디어들이 태어나고 자라는 과정을 따라가면서 내가 느낀 것과 같은 드라마와 흥분을 경험할 수 있게 하자는 것이었다.

과학적 아이디어들의 역사는 언제나 나를 매혹시킨다. 나는 그 아이디어들 자체만큼이나, 위대한 대가들이 그들의 직관에 이르게 된 과정에도 흥미가 있다. 그러나 위대한 대가들이 모두 죽은 것은 아니다. 와인버그, 위튼, 토프트, 폴친스키, 말다세나, 린데, 빌렌킨 같은 대가들은 아직 살아 있다. 현재는 그들이 새로운 패러다임을 향해 싸워 나가는 것을 옆에서 목격할 수 있는 놀라운 시대이다. 나는 이제, 내가 이해할 수 있는 범위 안에서 나의 가장 뛰어난 동료들이 생각하는 바를 설명하고자 한다. 먼저 물리학자들의 생각에 대해서 이야기하고 다음에 우주론 학자들의 생각에 대해서 이야기하겠다.

스티븐 와인버그는 다른 어떤 물리학자보다도 입자 물리학의 표준 모형의 발견에 큰 공헌을 한 사람이다. 와인버그는 경솔하지 않으며 그 누구보다도 증거를 조심스럽게 따져보는 사람이다. 그의 글들과 강연들은 그가 어떤 증거를 분명하게 검토하고(그 증거를 확실하다고 결론내릴 수는 없지만) 어떤 종류의 인간 원리가 물리 법칙들을 결정하는 데 일정 역할을 할 것이라고 생각하게 되었음을 분명히 보여 준다. 그러나 그의 글들은 후회, 즉 "잃어버린 패러다임"에 대한 유감을 표명하고 있다. 1992년에 출간된 『최종 이론의 꿈(*Dreams of a Final Theory*)』에서 그는 다음과 같이 썼다.

> 그리하여 만약 그러한 우주 상수가 관측을 통해 확인된다면, 우리 자신의 존재가 왜 우주가 지금과 같은 형태인지를 설명하는 데 중요한 역할을 하리라 추측하는 것이 사리에 맞을 것이다.
>
> 사실 여부는 모르지만, 나는 이것이 사실이 아니기를 희망한다. 이론 물리학자로서, 나는 어떤 상수들이 생명에 호의적이도록 어떤 영역에 있어야 한다는 불명확한 진술이 아니라 정확한 예측을 할 수 있기를 바란다. 나는 끈 이론이 진정으로 최종 이론에 대한 토대를 제공해서, 이 이론이 우주 상수를 포함해서 모든 자연 상수들에 대한 값들을 기술할 수 있는 충분한 예측력을 가진 것으로 판명되기를 바란다. 우리는 알게 될 것이다.

와인버그는 이형 끈 이론과 칼라비-야우 조밀화 발견의 여운이 아직 가시지 않았을 때 이 글을 썼다. 그러나 그는 이제 끈 이론이 자신이 희망했던 대로 인간 원리를 대신하지 않는다는 것을 알고 있다.

에드워드 위튼은 세상에서 가장 위대한 수학자들 중 한 사람이며 진정으로 피타고라스적이다. 그는 그의 경력을 끈 이론에서 발현되는 우아하고 아름다운 수학을 통해 쌓아 왔다. 그 주제의 수학적 깊이를 발견해 나가는 그의 능력은 놀랍다. 그가 내 동료들 중 수학적인 마법의 탄환, 기본 입자들의 유일하고 모순 없는 물리 법칙들을 골라낼 수 있는 탄환에 대한 수색을 쉬지 않고 계속하고 있다는 것은 그리 놀라운 일이 아니다. 만약 그러한 탄환이 존재한다면, 위튼은 그것을 찾을 통찰력과 재능을 가지고 있다. 그러나 그는 오랫동안 찾았지만 성공하지 못했다. 그는 그 누구보다도 풍경 탐험에 필요한 도구를 만드는 데 많은 공헌을 했지만, 나는 그가 그 이론이 지금 가고 있는 방향을 탐탁지 않아 할 것이라고 생각한다.

위튼이 끈 이론의 수학적 도구 뒤에 있는 견인차라면, 조지프 폴친스키는 위대한 기계에 들어갈 '부품'의 제작자였다. 폴친스키는 스탠퍼드의 명석한 젊은 물리학자였던 라파엘 부소[3]와 함께, 이런 부품들을 사용해 진공들의 거대한 '불연속적 연속체'가 있는 풍경의 모형을 최초로 만들어 냈다. 많은 대화에서 폴친스키는 메가버스로 채워진 풍경이라는 관점을 대신할 수 있는 것은 없다는 믿음을 표명해 왔다.

내 오랜 전우인 헤라르뒤스 토프트는 끈 이론이 모든 것의 이론에 근접하다는 주장에 언제나 회의적이었고 최근 이메일을 통해 다음과 같이 이야기하기도 했다.

끈 이론에 10^{100}개의 진공 상태가 있다는 것이 어떤 의미인지 제게 제대로 설명한 사람은 아무도 없었습니다. 그런 것에 대해서 이야기하기 전에 당신

3. 현재 부소는 캘리포니아 대학교 버클리 캠퍼스의 물리학과 교수이다.

은 끈 이론의 엄밀한 정의가 무엇인지 우선 말해 주어야 하는데, 우리는 그런 정의를 가지고 있지 않습니다. 또는 그것은 10^{500}개의 진공일까요, 아니면 $10^{10000000000}$개? 그러한 '세부 사항'이 아직 확실하지 않은 한, 저는 인간 원리가 매우 거북합니다.

하지만 저도 어떤 형태의 인간 원리는 배제할 수 없습니다. 결국 우리는 화성, 금성, 또는 목성이 아니라 지구에 사는데, 그것은 인간 원리적 이유 때문입니다. 그러나 이것은 저로 하여금 불연속적 인간 원리와 연속적 인간 원리를 구분하게 만듭니다. 불연속적이란 미세 구조 상수가 정수의 역수라는, 즉 고차항의 보정을 포함해서 우연히 1/137이 된다는 주장 같은 것입니다. 연속적이라는 것은, 이 상수가 1/137.018945693459823497634978634913498724082734 등이라는, 그리고 이 모든 자릿수가 인간 원리에 따라서 결정된다는 것과 비슷한 것입니다. 저는 이것은 받아들일 수 없습니다. 끈 이론은 처음 500자리는 인간 원리적이며, 나머지는 수학적이라고 말하고 있는 것처럼 보입니다. 저는 그런 추론을 하기에는 너무 이르다고 생각합니다.

간단히 말해 토프트가 "불연속적 인간 원리"라고 할 때 의미하는 것은 풍경에서 자연 상수가 아무 값이나 자유롭게 가질 수 있을 정도로 진공의 수가 많아서는 안 된다는 것이다. 다시 말해 만약 상이한 가능성들이 무한하지 않고 유한하다면 토프트는 인간 원리적 논증에 덜 불만스러울 것이다.

회의적이든 아니든 토프트가 인간 원리적 설명을 배제하지 않으며 우주 상수의 엄청난 미세 조정에 대한 대안적 설명을 내놓지도 않는다는 점에 주목해야 한다고 생각한다. 하지만 모든 것을 설명하는 최종 이론에 대한 그의 회의적 태도에 대해서는 나도 공감하는 면이 없지 않다.

톰 뱅크스는 또 한 사람의 회의론자이다. 뱅크스는 물리학계에서 가장 심오한 사색가 중 한 사람이며 또한 가장 열린 마음을 가진 사람 중 하나이기도 하다. 토프트와 마찬가지로 그의 회의론은 인간 원리적 논증에 대한 것이라기보다는 끈 이론이 결정하는 풍경에 대한 것이다. 뱅크스 자신은 끈 이론에 중요한 기여를 많이 했다. 그러나 그 자신의 관점은 준안정한 진공들의 풍경은 환상일지도 모른다는 것이다. 그는 끈 이론과 영구 급팽창이 아직 제대로 이해되지 않았으므로 풍경이 수학적인 실체인지 확신할 수 없다고 주장한다. 만약 확실성이 기준이라면, 나는 그에게 동의한다. 하지만 뱅크스는 수학이 불완전할 뿐만 아니라 사실은 틀렸을 수도 있다고 생각한다. 현재로서 그의 주장은 그다지 설득력 있지 않지만, 심각한 우려를 불러일으키는 것은 사실이다.

현재의 젊은 물리학자들은 어떻게 생각할까? 대체로 그들은 편견이 없다. 30대 초반의 말다세나는 그 세대의 어느 누구보다도 이론 물리학에 많은 영향을 남긴 인물이다. 홀로그래피 원리를 유용한 과학으로 전환시킨 것은 대부분 그의 업적이다. 위튼과 마찬가지로, 그는 중요하고 새로운 수학적 직관에 기여했으며, 폴친스키처럼 수학의 물리학적 해석에 깊은 영향을 미쳤다. 풍경에 대해서 그는 "저는 그것이 사실이 아니기를 바랍니다."라고 말했다. 위튼과 마찬가지로 그는 물리 법칙과 우주의 역사에 유일성이 있기를 희망했다. 그럼에도 불구하고 풍경이 존재하지 않을 희망을 보았느냐고 내가 물었을 때, 그는 "아니오, 유감이지만 보지 못했습니다."라고 대답했다.

내가 재직 중인 스탠퍼드 대학교에서는, 적어도 이론 물리학자들 사이에서는 풍경이 존재한다는 것으로 거의 완전한 의견 일치가 이루어졌다. 우리는 탐험가가 되어 그곳을 항해하고 지도를 만들 필요가 있다. 샤미트 카치루와 에바 실버스타인(Eva Silverstein)은 모두 30대 초반이지만 세계적 젊은 리더에 속한다. 그들 모두 풍경의 산, 계곡, 그리고 절벽을 만드느라 바쁘다. 만약 현대의 루브 골드버그를 찾아야 한다면, 나는 샤미트를 고르겠다. 그가 나쁜 기계들을 만든다는 뜻이 아니니 오해하지 말기 바란다. 반대로 샤미트는 끈 이론의 복잡한 부품들을 그 누구보다도 훌륭하게 사용해서 풍경의 모형들을 설계해 냈다. 인간 원리? 그것 역시 일상적인 연구 주제이다. 젊든 나이가 많든 스탠퍼드에 있는 나의 동료들은 그것을 작업 가설의 일부로 사용하고 있다.

미국의 반대편 끝에 있는 뉴저지 주는 세계에서 가장 우수한 이론 물리학 거점 중 둘이 있는 곳이다. 물리학과와 고등 연구소가 있는 프린스턴을 첫째로 꼽지만, 북쪽으로 32킬로미터 떨어진 뉴브런즈윅에는 또 하나의 강력한 그룹인 럿거스 대학이 있다. 마이클 더글러스(Michael Douglas)는 럿거스의 스타 과학자 중 한 사람이다. 위튼과 마찬가지로, 그는 뛰어난 물리학자이며 동시에 대단한 수학자이기도 하다. 하지만 이 이야기에서 더 중요한 것은 그가 풍경의 대담한 탐험가라는 것이다. 더글러스는 풍경 내 각 계곡의 자세한 성질들보다 그 통계학을 연구하는 과업을 스스로에게 부여했다. 그는 큰 수의 법칙, 즉 통계학을 이용해서 어떤 성질들이 가장 흔한지, 어떤 비율의 계곡들이 다른 고도에 있는지, 그리고 생명을 허용하는 계곡이 근사적인 초대칭성을 보일 가능성은 얼마나 되는지 어림 계산한다. 그는 인간 원리 대신 **통계적 접근(statistical approach)**이라는 용어를 선호하지만, 양 진영 중 인간 원리 쪽에 있다고 말해도 될 것이다.

우주론 학자들도 이 문제에 대해서 똑같이 의견이 갈라져 있다. 프린스턴 대학교의 짐 피블스(Jim Peebles, 1935년~)는 미국 우주론의 '나이

많은 거인'이다. 피블스는 그 주제의 모든 측면에서 개척자였다. 사실 1980년대 말에 그는 우주론의 데이터가 우주 상수와 비슷한 어떤 것의 존재를 보여 준다고 처음 생각한 몇 사람 중 하나이다. 우주론의 문제를 가지고 그와 토론하면서, 나는 그가 우주의 많은 성질들을 오로지 어떤 종류의 인간 원리로만 설명할 수 있다고 당연히 받아들이는 것에 놀랐다.

영국의 왕립 천문대 대장인 마틴 리스 경은 풍경, 메가버스, 그리고 인간 원리에 대한 독실한 광신자이다. 마틴 리스는 유럽의 선도적인 우주론 학자이자 천체 물리학자이다. 인간 원리를 설명하기 위해서 내가 사용한 여러 자세한 논증들은 그와 미국의 우주론 학자인 맥스 테그마크(Max Tegmark, 1967년~)로부터 배운 것이다.

안드레이 린데와 알렉세이 빌렌킨에 대해서는 이미 이야기했다. 리스와 테그마크와 마찬가지로, 그들도 확실히 인간 원리적 풍경 진영에 있다. 린데는 그의 의견을 다음과 같이 표현했다. "인간 원리를 싫어하는 이들은 그저 부정할 뿐입니다. 어디에나 통하는 것은 아니지만, 인간 원리는 만능의 무기가 아니라 유용한 도구일 뿐입니다. 인간 원리는 물리학의 근본 문제들을 인간 원리적 해답이 있을지도 모르는 순전히 환경적인 문제와 분리함으로써 근본적인 문제에 집중할 수 있게 해 주는 유용한 도구입니다. 인간 원리란 좋아하지 않으면 싫어할 수밖에 없지만, 나는 결국에는 모든 사람이 그것을 사용하게 될 것이라고 확신합니다."

스티븐 호킹은 케임브리지 대학교에 있는 마틴 리스의 동료이지만, 인간 원리에 대해 그만의 관점을 가지고 있다. 스티븐 호킹이 1999년에 행한 강연에서 인용해 보자. "저는 M 이론을 바탕으로 제가 양자 우주론의 토대라고 보는 것에 대해 설명하려고 합니다. 저는 무경계 제안을 받아들일 것이며, M 이론이 허용하는 해의 전체 동물원에서 우리 우주를 나타내는 해를 선택하기 위해서는 인간 원리가 필수적이라고 주장할 것입니다." 따라서 호킹과 나는 결국 어떤 합의에 도달할 수 있을 것이라고 생각한다.

그러나 모든 우주론 학자들이 동의하는 것은 아니다. 우주론 분야에서 가장 잘 알려진 미국인인 폴 스타인하트와 데이비드 스퍼겔(David Spergel, 1961년~)은 희미하게라도 인간 원리의 냄새가 나는 모든 것에 격렬하게 반대한다. 스타인하트의 의견이 대표적이라고 할 수 있는데, 그는 풍경을 싫어하며 그것이 사라져 버렸으면 좋겠다고 이야기한다. 그러나 말다세나와 마찬가지로 그도 그것을 제거할 방법을 찾을 수 없었다. 스타인하트의 글에 이런 구절이 있다. (www.edge.org의 꼭지 중 하나인 「엣지의 2005년 올해의 질문(The Edge Annual Question-2005)」에 게재되어 있다.) "지금으로부터 수십 년 후, 나는 물리학자들이 다시 한번 진실로 과학적인 '최종 이론'에 대한 그들의 꿈을 추구하며 현재의 인간 원리에 대한 열광을 세기말의 광기였다고 보게 되기 바란다."

급팽창 우주론의 아버지 앨런 구스는 두 진영 사이의 경계 위에 앉아 있다. 구스는 채워진 풍경을 확고하게 믿고 있다. 실제로 **호주머니 우주**라는 용어를 만든 것도 바로 그였다. 하지만 끈 이론가가 아니다 보니, 그는 불연속적 연속체에 대해서는 두고보자는 태도를 취하고 있다. 다시 말해서 그는 가능한 진공 환경의 수가 지수 함수적으로 크다는 가설에 대해서는 유보적인 입장이다. 인간 원리로 말하면, 나는 앨런 구스가 은밀한 신자가 아닌가 생각한다. 그를 만날 때마다 나는 "어이 앨런, 아직 '커밍아웃'하지 않았나?"라고 말하는데, 그는 언제나 "아직이야."라고 대답한다.[4]

---

4. 속보: 내가 이 책을 탈고할 즈음, 구스는 그가 쓴 한 논문에서 "우리가 관측하는 물리 법칙이 기본 법칙이 아니라, 그것을 관측할 수 있는 지적 생명체가 존재할 수 있어야 한다는 요

나는 오랜 친구인 데이비드 그로스(David Gross, 1940년~)를 마지막으로 남겨 놓았다. 그와 나는 40년 동안 좋은 친구로 지내 왔다. 그동안 우리는 때로 격렬하게, 끊임없이 싸우고 논쟁했지만, 언제나 상대방의 의견을 존중했다. 나는 우리가 결국 심술궂고 까탈스러운 두 늙은이가 되어 끝까지 싸우게 되지 않을까 생각한다. 어쩌면 우리는 이미 그렇게 되었는지도 모르겠다.

그로스는 의심의 여지없이 생존해 있는 물리학자들 중 세계에서 가장 위대한 사람이다. 그는 양자 색역학, 즉 강입자의 역학에 대한 중요한 설계자들 중 한 사람으로 가장 잘 알려져 있다.[5] 그러나 이 이야기에서 더 중요한 것은, 그가 오랫동안 끈 이론가 집단의 지도자 중 한 사람이었다는 것이다. 1980년대 중반에, 프린스턴의 교수였을 때, 그로스와 그의 공동 연구자들인 제프 하비(Jeff Harvey), 에밀 마티넥(Emil Martinec), 그리고 라이언 롬(Ryan Rohm)은 '잡종 끈 이론(Heterotic String Theory)'을 발견해서 센세이션을 일으켰다. 이 새로운 형식의 끈 이론은 그때까지의 어떤 것보다도 기본 입자의 실제 세계와 더 흡사했다. 게다가 거의 같은 시기에 역시 프린스턴에 있던 에드워드 위튼은 앤디 스트로민저(Andy Strominger), 개리 호로위츠(Gary Horowitz), 그리고 필립 칸델라스(Philip

---

구 조건에 따라서 결정된다는 이 아이디어는 종종 인간 원리라고 일컬어진다. 비록 어떤 맥락에서는 이 원리가 명백하게 종교적인 것처럼 들리지만, 급팽창 우주론과 끈 이론의 풍경을 결합하면 인간 원리는 가능한 체제가 될 수 있다."라고 썼다. (Alan Guth and David I. Kaiser, "Inflationary Cosmology: Exploring the Universe from the Smallest to the Largest Scales," *Science* 307 (2005):884~890) 앨런 구스가 마침내 본심을 이야기한 것일까?

5. 이 책을 쓰던 중에 그로스와 다른 두 사람이 양자 색역학에 대한 그들의 연구로 노벨상을 수상하게 되었음을 말할 수 있게 되어 기쁘기 그지없다. (휴 데이비드 폴리처(Hugh David Politzer, 1949년~)와 프랭크 윌첵(Frank Wilczek, 1951년~)과 함께 2004년 노벨 문학상을 수상했다. — 옮긴이)

Candelas) 등과 함께 칼라비-야우 조밀화를 개발하느라 분주했다. 두 가지가 소개되었을 때, 물리학계는 깜짝 놀랐다. 그 결과들은 너무 현실적으로 보였기에 기본 입자들의 최종적이고 결정적이며 유일한 이론을 몇 달 안에 손에 쥘 수 있을 것이라고 여겼다. 세계는 숨을 죽였다. 아니, 숨을 멈추고 파랗게 질려 있었다.

그러나 운명은 친절하지 않았다. 시간이 흐를수록, 프린스턴의 열광은 좋게 말해서 시기상조였음이 확실해졌다. 하지만 그로스는 마법의 변환이 발견되어 초기의 열광이 정당화될 것이라는 희망을 절대 포기하지 않았다. 나는? 나는 결국에는 잡종 끈 이론이 루브 골드버그의 위대한 기계의 아주 중요한 부품으로 판명될 것이라고 생각한다. 그것과 표준 모형과의 유사성은 놀라운 것이다. 하지만 나는 또한 그것이 유일한 부품은 아닐 것이라고 생각한다. 선속, 막, 특이점, 그리고 다른 성질들이 아마도 잡종 끈의 풍경을 그 원래 저자들이 생각했던 것보다 훨씬 더 확장하게 될 것이다.

그로스는 내가 이야기했던 대로 매우 강력한 지성을 가진 적수이다. 그는 인간 원리에 매우 강하게 반대한다. 그가 내세우는 반대 이유들은 과학적이라기보다는 이데올로기적이지만, 논의해 볼 필요가 있다. 그가 신경 쓰는 것은 종교와의 유사성이다. 누가 알겠는가? 신이 진정 세상을 창조했는지도 모른다. 그러나 과학자들, 진정한 과학자들은 창조를 포함해서, 자연 현상을 신적 간섭을 통해 설명하려는 유혹에 저항한다. 왜 그럴까? 그것은 믿으려고 하는, 또는 위안받으려고 하는 억누르기 힘든 인간의 욕구가 사람들의 판단력을 쉽게 흐린다는 것을 과학자들은 잘 알기 때문이다. 따라서 우리는 죽을 때까지 물리 법칙, 수학, 그리고 확률이 아닌 다른 어떤 것에 기반한 우주에 대한 설명을 모두 배격한다.

다른 사람들과 마찬가지로 데이비드 그로스도 인간 원리가 종교처럼 너무 편안하고 너무 쉽다는 우려를 표명한다. 그는 문을 조금만 열어도 인간 원리가 우리를 잘못된 믿음으로 유혹해서 미래의 젊은 물리학자들이 수학적으로 아름다운 마법의 탄환을 더 이상 추구하지 않게 되지나 않을까 두려워하고 있다. 그로스는 윈스턴 처칠의 1941년 연설을 그를 따르는 학생들에게 들려주고는 한다. "절대로, 절대로, 절대로, 절대로, 절대로, 절대로, 절대로, 포기하지 마라. 절대로 포기하지 마라. 절대로 포기하지 마라. 절대로 포기하지 마라." 그러나 물리학의 전장에는 언제 포기해야 하는지 알지 못했던 고집 센 늙은이들의 시체들이 어지럽게 흩어져 있다.

그로스의 우려는 매우 현실적이며, 나는 그것을 과소 평가할 생각은 없다. 그러나 그가 이야기하는 정도로 심각한 것은 아니라고 생각한다. 나는 단 한순간도 젊은 세대의 지적 성실성을 의심해 본 적이 없다. 만약 채워진 풍경이 잘못된 생각이라면, 우리는(또는 그들이라고 말해야 할지도 모르겠다.) 그것을 밝혀낼 것이다. 만약 10^{500}개의 진공이 존재한다는 주장을 담은 논증이 잘못되었다면, 끈 이론가들과 수학자들이 알아낼 것이다. 만약 끈 이론 자체가 잘못되었다면, 아마도 수학적 모순이 드러날 것이고 도중에서 버려질 것이다. 끈 이론의 풍경도 같은 운명을 밟을 것이다. 그러나 만일 그런 일이 실제로 일어난다면, 지금의 상황과 마찬가지로, 우리는 설계된 우주라는 환상을 대신할 다른 합리적인 설명을 가지고 있지 못할 것이다.

반면에 만약 끈 이론과 풍경이 옳다면, 새로 개선된 도구를 이용해서 우리는 우리의 계곡을 찾아낼 수 있을 것이다. 우리는 급팽창의 암붕과 가파른 내리막길을 따라가 이웃 계곡의 모습을 알게 될 것이다. 그리고 최종적으로 우리는 엄밀한 수학을 사용해 황폐한 환경을 제외하면 우리의 계곡과 특별한 차이가 없는 다른 많은 계곡들을 확인할 수 있을 것이다. 그로스의 우려는 진솔한 것이지만, 우리의 처음 희망과 어긋난다고 해서 가능한 설명을 꺼린다면 그 자체가 일종의 종교일 것이다.

그로스에게는 또 다른 비판 논리가 있다. 그는 "모든 생명이 단순히 우리와 비슷하다고, 즉 탄소에 기반하며 물이 필요하다고 가정하는 것은 엄청난 지적 오만이 아닐까?"라고 묻는다. 또한 "근본적으로 다른 환경에서 생명이 존재할 수 없다는 것을 어떻게 알 수 있는가?"라고도 묻는다. 어떤 기묘한 형태의 생명이 별들의 내부에서, 별과 별 사이의 차가운 먼지 구름에서, 그리고 목성과 같은 거대한 기체 행성을 둘러싼 독성 기체에서 진화할 수 있었다고 가정해 보자. 그 경우 피시시스트들의 어류 원리는 그 설명의 힘을 잃을 것이다. 생명이 액체 상태의 물을 요구한다는 논증이 온도의 미세 조정을 설명할 힘을 잃을 테니 말이다. 비슷하게 만약 생명이 은하 없이 생겨날 수 있다면, 우주 상수가 작다는 것에 대한 와인버그의 설명도 마찬가지로 효력을 잃을 것이다.

나는 이 비판에 대한 바른 대응은, 인간 원리에는 긴요한 부분이 되는 숨겨진 가정, 이른바 **생명의 존재는 지극히 미묘해서 매우 예외적인 조건들을 필요로 한다**는 가정이 있다고 보는 것이라고 생각한다. 이것은 내가 증명할 수 있는 성질의 것이 아니다. 이것이 바로 인간 원리에 설명의 효력을 주는 가정의 일부분인 것이다. 어쩌면 그 논증을 거꾸로 해서, 지적 생명체는 은하들, 또는 적어도 별들과 행성들을 필요로 한다는 가설은 와인버그가 한 예측이 성공을 거둠으로써 강화되었다고 이야기해야 할지도 모른다.

채워진 풍경 패러다임의 대안은 무엇일까? 나의 의견은, 일단 초자연

적 존재를 제외하면, 자연의 놀라운 미세 조정을 설명할 수 있는 대안적인 설명이 하나도 없다는 것이다. 따라서 채워진 풍경은 다윈의 진화론이 생명 과학에서 하는 것과 같은 역할을 물리학과 우주론에서 한다. 무작위적 복제의 오류와 자연 선택의 결합이, 보통의 물질에서 눈과 같은 미세하게 조정된 기관이 생기는 과정을 설명할 수 있는 유일한 자연주의적 방법이다. 우리가 아는 한 끈 이론이 예측하는 풍부한 다양성과 채워진 풍경의 결합만이 우리 자신의 존재를 허용하는 우리 우주의 극히 특별한 성질들을 설명할 수 있는 유일한 방법이다.

여기에서 잠시 멈추고 이 책에 쏟아질지도 모르는, 균형을 잃었다는 비판에 대해서 이야기하는 것이 좋을 것 같다. 우주 상수의 값에 대한 대안적인 설명은 어디에 있는가? 거대한 풍경의 존재에 어긋나는 기술적인 논증은 없는가? 끈 이론 말고 다른 이론들은 어떤가?

나는 이야기의 다른 측면을 숨기고 있지 않다는 것을 확실하게 말할 수 있다. 오랫동안 물리학계의 가장 걸출한 몇몇 인사들을 포함해서 많은 이들이 우주 상수가 작거나 0인 이유를 설명하려고 시도해 왔다. 그러나 이런 시도들은 성공적이지 못했다. 이것에 대해서는 대다수의 물리학자들이 동의할 것이다. 그 시도들에 대해서는 더 이야기할 것이 없다.

풍경의 실체를 밝히려는 수학적인 시도는 내가 아는 한 단 하나뿐이다. 그 시도의 저자는 훌륭한 수리 물리학자인데, 내가 아는 한, 그는 KKLT 구성(10장을 보라.)에 대한 그의 비판을 아직 믿고 있다. 그 반대는 특별한 칼라비-야우 공간들에 대한 지극히 전문적이고 수학적인 사항과 관련되어 있다. 몇몇 저자들이 그 비판을 비판했지만, 지금은 그것이 중요한 것이 아닐 것이다. 마이클 더글러스와 그의 공동 연구자들은 그 문제를 피할 수 있는 많은 예들을 찾아냈다. 그럼에도 불구하고, 상황을 정직하게 평가한다면 풍경이 수학적인 신기루일 가능성도 포함해야 할 것이다.

마지막으로 끈 이론의 대안에 대해서 이야기해 보자. 잘 알려진 것으로 고리 중력(Loop Gravity)이 있다. 고리 중력은 흥미로운 제안이지만, 끈 이론만큼 잘 개발되어 있지 않다. 어쨌든 그것에 대한 가장 유명한 옹호자인 리 스몰린조차 고리 중력이 진정 끈 이론의 대안이라고 믿지 않으며 그것은 끈 이론의 대안적 형식 중 하나일 수도 있다고 이야기한다.

반대 의견에 대해서 설명함으로써 균형을 맞추고 싶은 마음이 간절하지만 나는 그 반대 의견을 도저히 찾을 수 없다. 반대 주장은 결국 인간 원리에 대한 본능적인 혐오(나는 그것이 싫어.), 또는 그에 대한 이데올로기적 불만(그것은 포기하는 것이다.)이다.

두 가지 반대 주장이 유명 물리학자들이 최근에 쓴 대중 서적의 주제가 되었지만, 내 관점으로는 모두 실패이다. 나는 잠시 그 이유를 설명하려고 한다.

자연 법칙들은 창발적일까?

이것은 보통의 원자와 분자로 이루어진 물질들의 성질을 연구하는 응집 물질 물리학자들이 좋아하는 생각이다. 이 생각의 중요한 지지자는 노벨상 수상자인 로버트 베츠 로플린(Robert Betts Laughlin, 1950년~)인데, 그는 자신의 생각을 『새로운 우주(*A Different Universe*)』[6]에서 설명하고

6. Robert Laughlin, *A Different Universe: Reinventing Physics from the Bottom Down* (New

있다. 그의 중심 아이디어는 진공이 특별한 물질이라고 주장하는 오래된 '에테르 이론'이다. 에테르 이론의 핵심 아이디어는 19세기에 유행했는데, 그것은 패러데이와 맥스웰이 전자기장을 에테르에서 일어나는 요동으로 생각하던 때 생겼다. 하지만 아인슈타인 이후로 에테르는 평판이 나빠졌다. 로플린은 우주를 초유체 상태에 있는 헬륨과 흡사한 성질을 가진 물질로 그림으로써 그 오래된 아이디어를 되살리려 하고 있다. 초유체 헬륨은 특별한 '창발성'을 가진 물질의 한 예인데, 그것은 많은 수의 원자들이 대규모로 모여 있을 때에만 나타나는(창발하는) 성질을 가지고 있다. 실제로 액체 헬륨은 초유체적 성질을 가지고 있다. 예를 들어, 액체 헬륨의 유체는 마찰 없이 흐른다. 많은 측면에서 초유체는 공간을 채우고 입자에 관성 등을 부여하는 힉스 유체와 흡사하다. 로플린의 관점을 요약하자면 우리가 공간을 채우고 있는, 초유체 비슷한 물질 속에서 살고 있다는 것이다. 더 나아가 공간 자체가 그러한 창발적 물질이라고 말하려고 하는 것일지도 모른다. 게다가 그는 중력이 창발적 현상이라고 믿는다.

현대 물리학의 주요 주제 중 하나는 창발적 현상이 일종의 위계적 구조를 가진다는 것이다. 분자들 또는 원자들의 소규모 모임은 함께 모여 더 큰 존재가 된다. 일단 이런 새로운 실제 물체들의 성질들을 알게 되면, 그것들의 기원에 대해서는 잊어버려도 무방하다. 이 새로운 존재들이 결합해 더 큰 새로운 그룹들을 형성한다. 그것이 무엇으로 이루어져 있는지는 중요한 문제가 아니다. 이렇게 새로운 그룹을 만드는 일은 계속할 수 있으며 마지막에는 거시적인 물질을 설명할 수 있게 된다. 이런 계들의 가장 흥미로운 성질 중 하나는 어디에서 시작하든지 별 상관이

York: Basic Books, 2005)(한국어판 『새로운 우주』(이덕환 옮김, 까치글방, 2005) — 옮긴이).

없다는 것이다. 원래의 미시적 물체들은 창발적 행동에 아무런 차이를 만들지 않는다. 즉 물질은 일정한 한도 이내에서 항상 동일한 큰 규모의 행동을 가지는 것으로 나타난다.[7] 이런 이유로 기본 물체들이 달라도 거시 규모의 세계에서는 같은 물리 법칙, 즉 중력, 표준 모형 등을 만들어낼 것이기 때문에, 로플린은 자연의 근본 요소를 찾는 것은 의미가 없다고 믿는다. 실제로 물질 중에는 기본 입자와 흡사하지만 실제로는 그 물질을 이루고 있는 원자들의 집단 운동에 해당하는 온갖 종류의 '들뜬상태'들이 존재한다. 예를 들어 음파는 일종의 양자로 이루어진 것처럼 행동한다. 음파가 공기 분자의 진동이라는 사실을 모른다면 그것을 포논(phonon) 또는 음자(音子)라고 부를 수 있을 것이다. 게다가 이 '음자'는 이상하게도 광자 또는 다른 입자들처럼 행동한다.

자연 법칙이 물질의 창발적 법칙과 닮았다는 것을 의심할 만한 두 가지 중요한 이유가 있다. 첫 번째 이유는 중력의 특별한 성질과 관련이 있다. 다른 어떤 물질도 상관없지만, 알기 쉽게 초유체 헬륨의 성질을 살펴보자. 초유체에서는 온갖 종류의 흥미로운 현상이 일어난다. 스칼라장과 흡사한 행동을 보이는 파동이 있는가 하면, 회오리바람처럼 유체 속에서 움직이는 와류(渦流, vortex) 같은 것들도 있다. 그러나 블랙홀을 닮은 독립적 물체가 유체 속을 돌아다니지는 않는다. 이것은 우연이 아니다. 블랙홀의 존재는 아인슈타인의 일반 상대성 이론으로 기술되는 중력에서 기인한다. 그러나 일반 상대성 이론에서 시공간이 가진 것과 같은 특성을 가진 물질은 우리가 아는 한 존재하지 않는다. 여기에는 그럴 만한 충분한 이유가 있다. 10장에서 블랙홀을 다루면서 우리는 양자 역학과

---

7. 물론 미시적 출발점에 너무 큰 차이가 있다면 완전히 다른 거시적 결과를 얻을 것이다. 예를 들어 초유체 대신에 결정이라는 식으로 말이다.

중력을 모두 가진 세계는 보통의 물질만으로 이루어진 세계와 근본적으로 다르다는 것을 보았다. 특히 최근 물리학 연구 흐름의 핵심인 홀로그래피 원리는 알려진 그 어떤 응집 물질계에서도 관측된 적이 없는 완전히 새로운 종류의 작용을 요구하는 것으로 보인다. 사실은 로플린 스스로 자신의 이론에서는 블랙홀들이 호킹 복사처럼 실질적으로 모든 사람이 믿고 있는 성질을 가질 수 없다고 주장함으로써 그의 이론이 가진 문제를 명확하게 보여 주었다.

하지만 우리가 원하는 특성 중 일부를 가진 창발적 계를 누군가 발견했다고 가정해 보자. 창발적 계의 성질들은 그다지 유연하지 않다. 원자들의 미시적 성질이라는 출발점에는 엄청난 다양성이 있을지 몰라도, 내가 앞에서 이야기했던 대로 그것들은 큰 규모로 올라가면 매우 적은 수의 결과에만 귀결되는 경향이 있다. 예를 들어, 초유체 헬륨의 거시적 성질을 바꾸지 않으면서도 헬륨 원자들의 세부적 성질들을 다양하게 바꿀 수는 있다. 중요한 것은 오로지 헬륨 원자들이 서로 충돌했다가 멀어지는 당구공처럼 상호 작용한다는 것이다. 미시적 출발점에 대한 이러한 둔감성이 바로 응집 물질 물리학자들이 창발적 계에서 가장 좋아하는 특성이다. 그러나 최후의 결과, 즉 소수의 가능한 고정점 중에서 엄청나게 미세 조정된 성질을 가지는 우리의 인간 원리적 세계에 대응하는 것을 찾을 수 있는 확률은 무시할 수 있을 정도로 낮다. 특히 작지만 0이 아닌 우주 상수라는, 미세 조정 중에서도 가장 극적인 것에 대한 설명은 없다. 통상적 응집 물질의 창발에 기반한 우주라는 아이디어는 가망 없는 것으로 생각된다.

자연 선택과 우주

리 스몰린은 우주의 매우 특별한 성질들인 인간 원리적 성질들을, 다윈주의적 진화론과의 직접적 유비를 통해서(내가 앞에서 설명했던 일반적 확률의 의미가 아니라 훨씬 특별한 의미로) 설명하려고 한다.[8] 스몰린은 일찍부터 끈 이론이 가능한 우주들의 엄청난 다양성을 기술할 수 있음을 꿰뚫어보았다. 그는 그 사실을 재치 있는 방식으로 사용하려고 했다. 나는 스몰린의 아이디어가 결국은 실패할 것이라고 생각하지만 그것은 진지하게 생각해 볼 가치가 있는 훌륭한 시도이다. 그 요점은 다음과 같다.

중력이 있는 우주라면 블랙홀이 형성될 수 있다. 스몰린은 블랙홀의 내부, 특히 그 격렬한 특이점에서 어떤 일이 발생할 것인지 고찰했다. 그는, 내 생각에는 그럴듯한 증거도 없이, 공간이 특이점으로 붕괴하는 대신, 우주의 부활이 발생한다고 믿는다. 새로운 아기 우주가 블랙홀 내부에서 태어난다는 것이다. 다시 말해 우주들은 블랙홀 내부에 자신의 복제를 낳는 **복제자**들이라고 할 수 있다. 만약 그렇다면 끝없이 반복되는 복제 과정(우주 안에 블랙홀이 있고, 그 블랙홀 안에 다시 우주가 있고, 다시 그 우주 안에 블랙홀이 있고…….)을 통해 최대한으로 적합한 우주들을 향해 나아가는 진화가 일어날 것이라고 스몰린은 주장한다. '적합하다.'는 말은, 스몰린에 따르면, 많은 수의 블랙홀을 만들어 낼 능력이 있다는 것이며, 따라서 많은 수의 자손을 낳는다는 것이다. 그다음에 스몰린은 우리 우주가 가장 적합한 우주라고 추측한다. 우리 호주머니 우주의 자연 법칙은 가능한 최대한의 블랙홀을 만들어 내도록 되어 있다는 것이다. 그는 인간 원리는 전혀 불필요하다고 주장한다. 우주는 생명을 탄생시키기 위해 조

---

8. Lee Smolin, *The Life of the Cosmos*, (Oxford: Oxford University Press, 1997).

정되어 있는 것이 아니다. 그것은 블랙홀을 만들도록 조정되어 있다.

이 아이디어는 독창적이고 흥미롭지만 나는 그것이 사실을 설명한다고 생각하지 않는다. 그것은 두 가지 심각한 문제를 안고 있다. 첫 번째 문제는, 우주론적 진화에 대한 스몰린의 아이디어가 다윈의 것과 너무 비슷하다는 것이며, 세대 간의 변화가 작고 점진적일 것을 요구한다는 것이다. 앞에서 이야기한 대로 끈 이론의 풍경이 제안하는 변화의 패턴은 정반대이다. 스몰린을 변호하기 위해 나는 풍경에 대한 우리의 거의 모든 지식이 그의 이론이 발표된 이후에 얻어졌다는 것을 지적해야겠다. 스몰린이 그의 아이디어들을 정식화하고 있을 때, 끈 이론가들이 작업에 적용하던 패러다임은 풍경의 평평한 초대칭적 부분이었다. 그곳에서 일어나는 변화는 실제로 점진적이다.

두 번째 문제는 우주론적이며 끈 이론과 그다지 상관이 없다. 우리가 블랙홀을 가장 효율적으로 만들어 내는 우주에 살고 있다고 믿을 이유가 전혀 없다. 스몰린은 일련의 억지스러운 논증을 통해 우리 우주가 변화하면 그 변화가 어떤 것이든 더 적은 블랙홀을 낳는 우주로 귀결된다고 주장하지만, 나는 그 논증을 그다지 납득할 수 없다. 우리는 5장에서 우주가 블랙홀로 가득 차 있지 **않은** 것이 행운의 '기적'이라는 것을 알게 되었다. 우주 초기에 생긴 균질하지 않은 밀도 차이가 조금만 더 컸어도 거의 모든 물질들은 생명을 길러 낼 수 있는 은하와 별이 아니라 블랙홀로 붕괴해 버렸을 것이다. 또한 기본 입자들의 질량을 증가시키면 그것들에 작용하는 중력이 커지므로 더 많은 블랙홀이 만들어질 것이다. 수수께끼는 오히려 왜 우주에 블랙홀이 별로 없는가이다. 내가 생각하기에 가장 그럴듯한 답은 많은, 아마도 거의 대부분의 호주머니 우주들이 우리 우주보다 훨씬 더 많은 블랙홀을 가지고 있겠지만, 그곳의 환경은 생명이 유지될 수 없을 정도로 극단적일 것이다.

우리가 재생산에 적합한 우주에 살고 있다는 논증 전체 또한 내 생각에는 근본적으로 잘못되어 있다. 공간은 실제로 재생산하지만(잘 이해되어 있는 재생산 메커니즘이 급팽창이다.) 최대한으로 재생산하는 우주는 우리 우주와 전혀 비슷하지 않다. 스몰린의 의미로 가장 적합한 것, 즉 가장 빠르게 복제하는 우주는 우주 상수가 가장 큰 우주일 것이다. 하지만 재생산에 적합하다는 것과 지적 생명체를 낳기에 적합하다는 것 사이에는 필연적 연결 고리가 없다. 우주 상수가 엄청나게 작다는 것과 블랙홀이 아주 적다는 것을 생각하면, 우리 우주는 특별히 적응적인 복제자가 아니다.

생명의 나무에 대한 비유로 돌아가면, 생물학에서도 왕성한 번식력과 지적 능력 사이에는 연결 고리가 없다. 번식에 가장 적합한 생물은 인간이 아니라 세균이다. 세균은 너무 빠르게 복제되기 때문에 24시간 안에 한 개체가 10조 마리의 후손을 낳을 수 있다! 어떤 이는 지구에 있는 세균의 수가 1조×1조×100만 마리 정도일 것이라고 한다. 인간은 여러 면에서 특별한지 모르지만 적어도 번식 능력에서는 아니다. 생명을 지탱할 수 있는 우주는 매우 특별하지만, 다시 강조하건대 복제 능력이 그리 유별난 것은 아니다.

프란츠 카프카(Frantz Kafka, 1883~1924년)의 『변신』에 나오는 주인공 그레고르 잠자를 생각해 보자. 잠에서 깨 보니 거대한 벌레가 되어 있는 자신을 보고 그는 아직 잠에 취해, "나는 어떤 종류의 생물일까?"라고 자신에게 묻지 않았을까? 스몰린의 논리에 따르면, 그 답은 "압도적인 확률로, 나는 번식에 가장 적합한 부류, 따라서 가장 수가 많은 생물군에 속할 것임에 틀림없다. 다시 말해 나는 분명 세균이야."가 될 것이다.

그러나 몇 초 만 생각해 보면 그는 다르게 생각하게 될 것이다. 데카르트를 잘못 인용해서, 그는 다음과 같이 결론내릴 것이다. "나는 생각한다. 고로 나는 세균이 아니다. 나는 무엇인가 매우 특별한 존재이다. 즉 비범한 두뇌를 가진 놀라운 생물이다. 나는 평범하지 않다. 나는 평균에서 엄청나게 크게 벗어나 있다." 우리 또한 인류가 평범한 생물이 아님을 잘 알고 있다. 우리는 번식에 가장 적합한 메가버스 가지에 속하지 않는다. 우리는 "나는 생각한다, 그러므로 우주 상수는 매우 작은 것이 분명하다."라고 말할 수 있는 가지에 속한다.

스몰린의 아이디어에 대한 나의 반응은 가혹한 것이었다. 그러나 그 가혹함은 특정한 전문적인 사항에 대한 것이지, 스몰린의 철학 전체에 대한 것이 아니다. 나는 스몰린이 가장 중요한 문제들을 제대로 지적한 것은 상찬을 받아야 한다고 생각한다. 끈 이론 진공의 다양성이, 왜 우주가 지금과 같은 성질을 가지는가 하는 수수께끼를 푸는 데 중요한 역할을 할 수 있음을 처음 인식한 것이 바로 스몰린이었다. 그는 또한 그 다양성을 창조적으로 사용해서 우리의 특별한 환경을 설명하려고 시도한 첫 번째 물리학자이기도 했다. 그리고 가장 중요한 것은, 그가 "현대 물리학의 심오하고 강력한 아이디어들이 어떻게, '지적 설계'의 산물처럼 보이는 우리를 둘러싼 세계에 대해 진실로 과학적인 설명을 제공할 수 있는가?"라는 문제가 다급한 과제임을 이해했다는 것이다. 이 모든 경우에 그는 끈 이론가들의 강한 선입견에 반대 의견을 냈으며, 나는 그가 더 옳았다고 생각한다.

내가 반복해서 강조했던 대로, 우리의 호주머니 우주가 가지는 특별한 성질들을 초자연적 힘을 빌리지 않고 설명할 수 있는 것은 채워진 풍경뿐이다. 하지만 채워진 풍경에 대한 우리의 현재 이해에는 문제가 있는데, 그중 어떤 것은 잠재적으로 매우 심각하다. 내가 보기에 가장 중대한 문제는 영구 급팽창, 즉 풍경을 채우는 메커니즘과 관련이 있다. 공간의 복제에는 그 누구도 진지하게 의문을 품지 않았는데, 준안정한 진공이 거품을 내놓는다는 아이디어도 마찬가지이다. 두 아이디어 모두 일반 상대성 이론과 양자 역학에서 가장 신뢰할 만한 원리들에 기반하고 있다. 하지만 그 누구도 우리 우주가 공간을 자기 복제하고 진공이 거품을 형성하는 것을 어떻게 예측할 수 있는지, 심지어 통계적으로 어떻게 추측할 수 있는지조차 확실히 이해하지 못하고 있다.

무한히 많은 호주머니 우주로 가득 찬 메가버스가 있을 때, 인간 원리는 그 대부분을 우리 우주 후보에서 제거해 버릴 수 있는 효율적인 도구이다. 우리와 흡사한 생명체를 살려두지 못하는 우주들은 휴지통으로 던져 버리면 된다. 그것은 왜 우주 상수가 작은가 같은 질문들에 놀랍도록 설득력 있는 답을 제공한다. 하지만 인간 원리에 대한 대부분의 논란은 좀 더 야심적인 과제와 관련이 있다. 인간 원리가 자연 현상을 예측하는 데에서 수학적으로 아름다운 방법이라는 물리학자들의 마법의 탄환을 대체할 수 있다는 희망을 가지는 이들이 있기 때문이다.

이것은 불합리한 희망이다. 자연의 모든 특성이 생명의 존재에 따라서 결정되어야 할 이유는 없다. 어떤 특성들은 전통적인 수학적 논증을 통해서 결정되며, 어떤 것은 인간 원리적 고찰을 통해서, 그리고 어떤 것은 단지 환경에서 기인한 우연한 사실에 따라서 결정될 것이다.

언제나 그랬듯이 큰 머리를 가진 물고기들의 세상(6장 참조)은 균형 잡힌 관점을 얻기에 좋은 비유이다. 물고기들이 그들의 세상에 대해 알아나가는 과정을 따라가 보자.

> 시간이 지남에 따라 코드몰로지스트들의 도움으로, 물고기들은 뜨겁고 빛나는 핵 반응로, 즉 별 주위를 도는 행성에 살고 있으며 그 별이 그들이 사는 물을 데운다는 사실을 알게 되었다. 그들 중의 가장 위대한 지성들을 괴롭힌 질문은 완전히 새로운 양상을 띠게 되었다. 그 별에서 얼마나 멀리 떨

어져 있는가에 따라 온도가 결정된다는 것을 알게 되었으므로, 수수께끼는 다음과 같이 다시 표현할 수 있다. '열원에서 우리 행성까지의 공전 반지름이 그토록 미세하게 조정된 것은 무엇 때문일까?' 그러나 코드몰로지스트들의 대답은 여전히 같다. 우주는 거대하다. 거기에는 많은 별과 행성이 있으며, 그중 아주 적은 일부만이 액체 상태의 물과 물고기에 적절한 거리를 가지고 있다.

그러나 어떤 일부 피시시스트들은 그 답을 그리 좋아하지 않았다. 그들은 온도는 궤도 반지름 외에도 다른 어떤 요인에 따라 결정된다는 주장을 폈다. 별의 밝기, 즉 그것이 에너지를 내놓는 정도 역시 방정식에 포함된다. '우리 행성은 작고 흐린 별 근처에 있을 수도 있으며 또는 밝고 거대한 별에서 멀리 떨어져 있을 수도 있다. 가능성은 무한하다. 어류 원리는 실패했다. 우리의 별까지의 거리를 설명할 수 있는 방법은 없다.'

그러나 자연의 모든 특징을 다 설명하는 것은 코드몰로지스트들의 의도가 전혀 아니었다. 우주가 거대하며 엄청나게 다양한 환경을 포함하고 있다는 것은 언제나 유효하다. 어류 원리가 모든 것을 설명하지 못한다는 비판은 그것을 폄하하기 위해서 피시시스트들이 만들어 낸 허깨비일 뿐이다.

이 이야기와 인간 원리는 매우 밀접한 유사성이 있다. 한 예는 우주 상수와 우주의 초기 질량 밀도의 불균질성 모두와 관련이 있다. 2장에서 나는 우주 상수가 왜 그렇게 엄청나게 작은지에 대해 와인버그가 어떻게 설명했는지 이야기했다. 만약 그것이 훨씬 더 크다면, 우주의 매우 작은 밀도 차이가 은하로 자라나지 못했을 것이다. 하지만 초기의 밀도 차이가 훨씬 더 컸다고 가정해 보자. 그렇다면 약간 더 큰 우주 상수도 허용될 수 있었을 것이다. 별의 밝기와 거리처럼 생명의 탄생을 허용하는, 다시 말해 은하 형성을 허용하는 우주 상수와 밀도의 불균질성에는 일정한 범위가 있다. 인간 원리만으로는 그 범위 안에서 어떤 값을 고를 수 없다. 어떤 물리학자들은 이것을 인간 원리가 틀렸다는 증거로 간주한다. 그러나 이것은 허깨비를 공격하는 것에 불과하다.

그러나 추가적인 정보가 있다면 피시시스트들과 우리 모두 더 잘할 수도 있다. 어류 천체 물리학자, 천체 피시시스트들을 불러 보자. 그들은 별들이 어떻게 생겨나고 진화하는지에 대한 전문가들이다. 이 물고기 과학자들은 별들이 거대한 기체 구름으로부터 형성되는 것을 연구했는데, 그들이 예상했던 대로 다양한 밝기가 가능하다는 것을 밝혀냈다. 별의 밝기를 확실히 알기 위해서는 수면 위로 올라가 그 별을 관측할 수밖에 없는데, 특정한 값의 밝기가 다른 값들보다 더 가능성이 높은 것으로 생각되었다. 실제로 천체 피시시스트들은 오래 사는 별들의 대부분이 10^{26}와트와 10^{27}와트 사이의 밝기를 가진다는 것을 알아냈다. 그들의 별은 아마도 이 범위 안에 있을 것이다.

이제는 코드몰로지스트들이 일할 차례이다. 그런 밝기에서 행성은 액체 상태의 물이 존재할 기후를 만들기 위해 별에서 1억 6000만 킬로미터 정도 떨어져 있어야 할 것이었다. 그 예상은 그들의 희망만큼 절대적인 것은 아니었다. 다른 모든 확률적 주장과 마찬가지로, 그것도 잘못되었을 수 있다. 그렇다고는 해도, 그것은 예측이 없는 것보다는 낫다.

액체로서의 물과 은하의 형성이라는 두 가지 상황의 공통점은 인간 원리적인(또는 어류 원리적인) 사고가 모든 것을 결정하거나 예측하기에 충분하지 않다는 것이다. 이것은 풍경에 우리와 같은 종류의 생명을 허용

하는 다른 계곡이 하나 이상 있다면 피할 수 없는 필연적인 일이다. 계곡이 10^{500}개나 있다면 그런 계곡은 상당히 많을 것이다. 그런 계곡의 진공을 **인간 원리적으로 허용 가능한 진공**이라고 하자. 이런 진공들 사이에서 보통의 물리학과 화학은 매우 비슷할 것이다. 전자, 원자핵, 중력, 은하, 별, 그리고 행성은 우리 우주의 것들과 매우 흡사할 것이다. 이런 물체들과 우리 우주의 물체들과의 차이는 아마도 고에너지 물리학자들이나 흥미 있어 할 정도로 작을 것이다. 예를 들어, 자연에는 톱 쿼크, 타우 렙톤, 보텀 쿼크 같은 여러 종류의 입자들이 있는데 그것들의 세부적인 성질은 보통 세상에는 거의 영향을 미치지 않는다. 게다가 그 입자들은 너무 무겁기 때문에 아주 거대한 가속기에서 수행되는 고에너지 충돌 실험 말고는 어떤 것에도 영향을 미치지 않는다. 우리 우주를 포함해 이런 진공들 중 일부는 보통의 물리학에는 거의 영향을 미치지 않는, 새로운 형태의 입자들을 많이 가지고 있을 수도 있다. 인간 원리적으로 허용 가능한 진공들 중 우리가 살고 있는 진공이 어떤 것인지 골라내고 설명할 수 있는 방법이 있을까? 인간 원리는 우리가 어디에 사는지 설명할 수 없다. 그 진공들은 모두 다 인간 원리적으로 허용 가능한 것이기 때문이다.

이 결론은 실망스럽다. 이 결론은 인간 원리에 아무런 예측력이 없다는, 과학자들이 매우 예민하게 생각하는 심각한 비판의 가능성을 열어 놓는다. 이 결점을 해결하기 위해 많은 우주론 학자들은 인간 원리에 추가적인 확률적 가정을 더해 보려고 했다. 예를 들어, 톱 쿼크의 질량이 정확히 얼마인지 묻는 대신, 우리는 톱 쿼크의 질량이 특정 범위 안에 있을 확률이 얼마인지 물어볼 수 있다.

그런 제안 중 하나는 이런 것이다. 결국 우리는 톱 쿼크의 질량 범위 각각에 해당하는 계곡이 몇 개인지 알 수 있을 정도로 풍경에 대해서 잘 알게 될 것이다. 질량값 중에는 해당하는 계곡의 수가 많은 것도 있고 그렇지 않은 것도 있을 것이다. 이 제안은 매우 간단하며, 해당하는 계곡이 많은 톱 쿼크의 질량값이 해당하는 계곡이 적은 질량값들보다 더 가능성이 높다는 것이다. 이런 종류의 프로그램을 추진하려면, 우리는 풍경에 대해서 지금 아는 것보다 훨씬 더 많이 알아야 한다. 그러나 우리가 미래에 있다고 생각하고, 끈 이론을 통해 풍경의 자세한 부분이 다 알려져서 가능한 모든 진공의 집합을 알고 있다고 해 보자. 그런 경우에 두 값 중 어떤 것을 상수의 값으로 고를지 결정하기 위해 해당 진공의 수가 얼마나 되는지를 나타내는 비율을 쓰자는 것은 자연스러운 제안일 것이다. 그 진공의 개수의 비율은 상대적 확률로서 의미를 가질 것이다. 예를 들어, 질량값 M_1을 가지는 진공이 질량값 M_2를 가지는 진공보다 2배 많다면, M_1의 가능성이 M_2의 가능성보다 2배 높을 것이다. 만약 운이 따른다면 우리는 톱 쿼크 질량의 어떤 값에 예외적으로 많은 수의 계곡이 대응된다는 것을 발견할지도 모른다. 그렇다면 우리는 이 값이 우리 우주에 대해서 참이라고 가정하고 다음 단계로 나아갈 수 있을 것이다.

이런 종류의 어떤 예측은 확률에 기초하고 있기 때문에 한 번 들어맞았다고 이론을 확립하거나 폐기할 수 없지만, 성공적인 통계적 예측들을 많이 축적해 가다 보면 우리는 우리가 가진 이론의 올바름에 큰 자신감을 가지게 될 것이다.

내가 앞에서 요약한 아이디어는 매력적이지만, 그 논리를 의심할 만한 심각한 이유가 있다. 풍경이란 단순히 가능성의 공간이라는 것을 기억하자. 만약 우리가 가능한 행성들의 풍경에 대해서 생각하는 피시시

스트라면, 행성 내부가 순금으로 되어 있는 것을 포함해서, 물리학 방정식의 해가 되기만 하면 그것이 아무리 기괴한 가능성이라고 해도 모두 셀 것이다. 물리학 방정식은 행성의 핵이 쇠이거나 금인 경우에 해당하는 해도 가지고 있다.[9] 가능성을 세기만 한다면 철로 된 핵을 가진 행성이 금으로 된 핵을 가진 행성에 비해서 피시시스트들의 고향이 될 가능성이 더 높을 이유가 없는데, 이것은 분명 잘못된 것이다.[10]

우리가 진정 알고 싶은 것은 **가능성**의 수가 아니라, **행성**의 개수이다. 이것을 위해 우리는 추상적인 가능성의 수를 세는 것 이상의 작업이 필요하다. 우리는 별 내부에서 핵연료가 천천히 연소될 때 철과 금이 어떻게 만들어지는지 알 필요가 있다.

철은 모든 원소들 중에서 가장 안정하다. 철의 원자핵에서 양성자나 중성자를 떼어 내는 것은 가장 어렵다. 결과적으로 핵물리학적 연소는 수소에서 시작해 주기율표를 따라 아래로 내려가며 헬륨, 리튬을 거쳐 철에서 끝난다. 그 결과로 철은 원자 번호가 자신보다 더 큰, 예를 들어 금 같은 원소보다도 훨씬 더 흔하다. 그것이 철은 싸지만 금이 1킬로그램당 5000만 원이나 하는 이유이다. 철은 우주의 어디에나 있다. 금은 대조적으로 매우 희귀하다. 거의 모든 고체 행성은 그 중심에 금보다 훨씬 더 많은 철을 가지고 있을 것이다. 핵이 철로 된 행성과 비교하면, 핵이 순금으로 된 행성의 수는 매우 적어서 거의 0일 것이다. 우리는 가능성보다 **실재**의 수를 세기 바란다.

---

9. 잡아 늘인 타원체 모양을 한 행성, 정육면체, 또는 심지어 성게 모양을 한 행성도 물리학 방정식의 해가 될 수 있다고 생각할지도 모른다. 하지만 그렇지 않다. 행성이 대기를 유지할 만큼 충분히 크다면, 중력은 재빨리 물질을 잡아당겨 공의 형태로 만든다. 모든 것이 가능하지는 않다.

10. 지구의 핵은 대부분 철로 되어 있다.

행성에 적용되는 것과 같은 논리가 호주머니 우주에도 적용된다. 그러나 이제 우리는 영구 급팽창이라는 골치 아픈 문제와 마주치게 된다. 영구 급팽창은 영원히 계속되기 때문에 무한개의 호주머니 우주를 만들어 낼 것이다. (그것이 현재 이해되는 대로라면 말이다.) 실제로는 무한히 많은 종류의 호주머니 우주를 만들어 낼 것이다. 그리하여 우리는 무한대를 비교한다는 오래된 수학 문제와 만나게 된다. 어떤 무한대가 어떤 무한대보다 얼마나 큰가?

무한대를 비교하는 문제는 게오르크 칸토어(Georg Cantor, 1845~1918년)에게로 거슬러 올라가는데, 그는 19세기 후반에 각각 무한히 많은 원소를 가진 두 집합의 크기를 어떻게 비교하는가 하는 질문을 던졌다. 먼저 그는 보통의 숫자들을 어떻게 비교하는지 묻는 것부터 시작했다. 예를 들어, 우리에게 사과 한 바구니와 오렌지 한 바구니가 있다고 해 보자. 가장 정확한 답은 각각을 세는 것이지만, 우리가 알고 싶은 것이 어느 쪽이 많은가라고 하면, 좀 더 근본적인 방법, 수에 대한 어떤 지식도 필요하지 않은 방법이 있다. 사과를 늘어놓고 그 옆에 오렌지를 늘어놓아 오렌지와 사과의 짝을 맞춘다. 사과가 남으면 사과가 더 많은 것이다. 오렌지가 남으면 오렌지가 더 많은 것이다. 오렌지와 사과의 짝이 맞으면, 사과와 오렌지의 수는 같은 것이다.

칸토어는 무한한(또는 그의 용어로 초한적인) 집합에도 같은 일을 할 수 있다고 이야기했다. 짝수와 홀수를 예로 들어 보자. 각각 무한히 많이 있

지만, 그 무한대는 같을까? 그것들을 줄 세우고 각각의 홀수의 짝수가 하나 있도록 짝지을 수 있는지 보면 된다. 수학자들은 이것을 **일대일 대응**이라고 부른다.

1 3 5 7 9 11 13 …

2 4 6 8 10 12 14 …

두 목록이 결국은 모든 짝수와 홀수를 어떤 것도 빼놓지 않고 다 포함한다는 것에 주목하기 바란다. 게다가 그것들은 정확히 일대일 대응을 한다. 따라서 칸토어는 짝수의 개수와 홀수의 개수는 모두 무한대이기는 해도 똑같다고 결론내렸다.

짝수와 홀수 모두를 포함하는 자연수의 총수는 어떨까? 그것은 분명히 짝수의 개수보다 많을 텐데, 사실은 2배 더 클 것이다. 그러나 칸토어는 여기에 동의하지 않았다. 짝수는 모든 자연수에 정확히 일대일 대응될 수 있다.

1 2 3 4 5 6 7 …

2 4 6 8 10 12 14 …

칸토어가 만든 무한히 큰 수에 대한 유일한 수학 이론에 따르면 짝수의 개수는 자연수의 개수와 같다! 게다가 10으로 나누어지는 수의 집합 역시 정확히 같은 무한대의 크기를 가진다. 이것은 10으로 나누어지는 수의 집합이든, 20으로, 30으로, 40으로 나누어지는 수의 집합이든 마찬가지이다. 자연수, 짝수 또는 홀수, 10으로 나누어지는 정수는 모두 수학자들이 **가산 무한 집합**이라고 부르는 것의 예이며, 그것들은 모두 크

기가 같다.[11]

무한개의 숫자들로 사고 실험을 해 보자. 종이 쪽지에 모든 정수들을 써서 무한히 큰 주머니에 넣었다고 생각해 보자. 실험은 다음과 같다. 먼저 주머니를 흔들어서 종이 쪽지를 완전히 섞는다. 이제 손을 넣어 쪽지를 하나 꺼낸다. 이때 당신이 짝수를 꺼낼 확률은 얼마나 될까?

단순하게 생각하면 답은 쉽다. 정수의 절반이 짝수이므로, 그 확률은 2분의 1, 즉 50퍼센트임에 틀림없다. 그러나 정수들로 채워진 무한히 큰 가방을 만들 수 없으므로 이 실험을 실제로 할 수는 없다. 따라서 이 이론을 검증하기 위해서는 약간의 트릭을 써야 한다. 예를 들어 1부터 1,000까지의 정수가 든 유한한 가방을 쓰기로 하자. 그 실험을 계속 반복하면 실제로 짝수를 꺼낼 확률은 2분의 1이 될 것이 분명하다. 다음에 같은 실험을 정수 1만 개가 든 가방으로 행한다. 다시 쪽지들의 절반은 짝수이고 절반은 홀수이므로, 짝수에 대한 확률은 절반이 된다. 그것을 10만 개의 정수로 다시 행하고, 다음은 100만 개, 10억 개 등으로 반복한다. 각각의 경우 확률은 2분의 1이다. 이것으로부터 가방에 무한히 많은 숫자가 있어도 그 확률은 아마도 계속 2분의 1이라고 추론하는 것이 합리적이다.

잠깐만. 우리는 가방의 내용물을 이렇게 바꿀 수 있다. 짝수 1,000개와 홀수 2,000개를 가지고 시작한다. 이제는 홀수가 짝수보다 2배 더 많으므로, 짝수를 꺼낼 확률은 3분의 1밖에 안 된다. 다음에는 짝수 1만

11. 칸토어에 따르면 무한대가 모두 같은 것은 아니다. 짝수와 홀수를 모두 포함하는 정수들은 수학자들이 가산 무한 집합이라고 부르는 것이다. 실수 전체는 훨씬 더 큰 집합으로서 정수와 일대일 대응 관계를 이룰 수 없다. 하지만 모든 가산 무한 집합들은 크기가 같다! 호주머니 우주들은 마치 정수들과 같아서 셀 수 있다.

개와 홀수 2만 개로 실험을 반복한다. 확률은 다시 3분의 1이다. 앞의 실험과 마찬가지로 무한히 큰 주머니로의 극한을 취할 수 있는데, 그 결과는 3분의 1이다. 사실은 무한대의 극한에 접근시키는 방법을 바꾸면 우리가 원하는 결과를 어떤 것이든 얻을 수 있다.

영구 급팽창하는 우주라는 무한히 큰 가방에는 숫자가 적힌 종이 쪽지가 아니라 호주머니 우주가 들어 있다. 그 가방에서는 실제로 가능한 종류의 우주가 어떤 것이든 무한 번 꺼낼 수 있다. 그러나 이때의 무한은 가산 무한이다. 가능한 호주머니 우주 각각은 풍경의 계곡 하나하나에 대응된다. 여기 어디에도 한 종류의 호주머니 우주를 다른 종류와 비교해서 어느 쪽이 더 가능성이 높은지 알아낼 명백한 수학적 방법은 없다. 이것이 함축하는 바는 매우 우려스럽다. 서로 다른, 인간 원리적으로 허용되는 진공들의 상대적 가능성을 정하는 방법이 없는 것처럼 보이는 것이다.

척도 문제(**measure problem, 척도(measure)라는 용어는 다른 진공들의 상대적 확률을 의미한다. '측정 문제'라고도 한다.**)는 가장 위대한 우주론 학자들, 특히 빌렌킨과 린데를 괴롭혔다. 그것은 급팽창 우주론의 아킬레스건일지도 모른다. 반면 어떤 종류든 흥미로운 풍경을 가진 이론이라면 영구 급팽창을 어떻게든 배제할 수 없다. 동시에 영구 급팽창을 과학적 예측에 어떻게 사용해야 할지도 잘 모른다. 과학적 예측에 사용할 수 없다는 이 단점은 영구 급팽창을 전통적 의미의 과학으로 받아들일 수 없게 만든다.

과거에도 물리학은 무한대와 관련된 문제들에 부딪쳤다. 플랑크가 마주해야 했던 자외선 파탄이나 초기 양자장 이론을 파멸시켰던 기묘한 무한대의 문제가 그것이다. 호킹, 토프트, 그리고 내가 논쟁했던 블랙홀 문제도 결국 무한대의 문제이다. 호킹의 계산에 따르면, 블랙홀의 지평선은 정보를 그 주위에 다시 내놓지 않고 무한정 저장할 수 있다. 이것들 모두 초한수 또는 무한대의 수에 관한 심오한 문제들이다. 이 문제를 해결하기 위해서는 언제나 새로운 물리학 원리가 발견되어야 했다. 플랑크의 경우에는 양자 역학 그 자체였으며, 빛이 양자로 이루어져 있다는 아인슈타인의 인식이 필요했다. 양자장 이론에서 문제를 일으킨 무한대의 숫자들은 **재규격화**라는 새로운 원리가 발견되고, 케네스 윌슨이 깊이 이해하고 나서야 제거될 수 있었다. 블랙홀 문제는 아직 이해되지 않았지만, 홀로그래피 원리를 통해 해결의 개요는 마련되어 있다. 앞의 경우 모두 물리학의 고전적 규칙들이 우주를 기술하는 자유도의 개수를 과대 평가했다는 것이 판명되었다.

나는 풍경에 대한 예측 방법을 이해하기 전에 척도 문제에서 새로운 아이디어를 필요로 한다고 믿는다. 추측하건대 나는 그것이 홀로그래피 원리와, 지평선 너머의 정보가 우리의 호주머니 우주 안의 우주 복사에 포함되어 있는 방식과 관련이 있다고 본다. 그러나 만약 내가 채워진 풍경에 적대적이라면, 나는 급팽창 이론의 이런 개념적 문제를 겨냥해서 공격했을 것이다. 척도 문제를 제외하면, 실험이나 관측과 비교할 수 있는 검증 가능한 예측이 현실적으로 어렵다는 것은 심각한 문제이다. 하지만 나는 전혀 가망 없는 상황은 아니라고 생각한다. 머지않은 미래에 우리는 몇 가지 실험적 증거들을 얻을 수 있을 것이기 때문이다.

거품핵 형성의 증거들

4장에서 나는 초기 우주의 아주 작은 밀도 차이(이 불균질성은 마이크로파 우주 배경 복사를 통해 관측된다.)가 우리의 계곡을 내려다보는 바위턱에서 일어난 최후의 급팽창을 통해 어떻게 생겨날 수 있는지 설명했다. 이것들이 은하로 진화하는 씨앗이 되었다. 이 불균질성의 규모는 제각각이었다. 하늘의 작은 부분을 차지하거나 하늘 전체를 가로지르는 훨씬 더 큰 덩어리들도 있었다. 우리가 현재 관측하는 밀도 덩어리들은 우주 진화사의 화석들이다. 여기서 기억해 둬야 할 것은 가장 큰 덩어리들이 가장 이른 시기에 만들어진 화석이라는 사실이다.

만약 우리가 매우매우 운이 좋다면, 우주 배경 복사의 가장 큰 덩어리들을 보통의 급팽창이 시작하기 바로 전, 다시 말해 우주가 막 급팽창의 바위턱에 정지했을 때와 연결지을 수 있을 것이다. 만약 그것이 사실이라면, 가장 큰 덩어리들은 급팽창이 상당 기간 진행된 후에 생긴 작은 덩어리들보다 약간 적을 것이다. 실제로 가장 큰 덩어리들이 다른 작은 것들보다 좀 더 균질하다는 약간의 증거들이 있다. 가능성이 낮지만 그런 대규모 밀도 차이는 큰 우주 상수를 가졌던 앞 시대의 우주에서 우리 우주가 된 거품이 어떻게 형성되었는가에 대한 정보를 담고 있을 수도 있다.

만약 우리가 그 정도로 운이 좋다면, 급팽창은 공간이 곡률을 가지고 있었을지도 모른다는 증거를 말끔하게 씻어 낼 정도로 충분히 오래 계속되지 않았을지도 모른다. 여기에도 거품핵 형성의 표지가 명확하게 남을 것이다. 만약 우리의 호주머니 우주가 거품핵 형성 사건에서 태어났다면, 우주는 틀림없이 **음의 곡률**을 가질 것이다. 우주적 삼각형의 내각의 총합은 180도가 안 될 것이다.

현재까지 공간의 곡률을 측정한 결과 우리 우주가 음의 곡률을 가진다는 증거를 발견하지는 못했다. 관측되는 가장 큰 덩어리들이 형성되었을 때 이미 표준적인 급팽창이 상당 기간 지속되었을지도 모르므로 이 아이디어는 성립되지 않을지도 모른다. 하지만 만약 우리가 정말로 음의 곡률을 검출한다면, 그것은 우리 우주가 정말로 큰 우주 상수를 가진 진공에서 작은 거품으로 태어났음을 말해 주는 결정적 증거가 될 것이다.

하늘의 초끈

우리가 우주를 관측할 수 있는 방법들을 모두 다 사용한 것은 아니다. 만약 새로운 방법을 사용하면 실제로 초끈을 관측하는 것이 가능하지 않을까? 뻔한 답은 초끈이 너무 작아서 볼 수 없다는 것이다. 그러나 급팽창 도중에 분명히 발생했던 미세한 양자 떨림에 대해서도 같은 이야기를 했었다. 5장에서 우리는 우주의 팽창과 중력의 효과가 이런 양자 떨림을 어떤 식으로든 팽창시켜 우선 마이크로파 우주 배경 복사의 밀도 차이를 만들었고, 결국 오늘날 하늘에서 분명히 볼 수 있는 은하들이 되도록 했음을 알게 되었다. 마치 점묘법으로 하늘에 그린 추상화가 팽창한 것처럼 미시적 양자 현상의 효과가 하늘에 화석처럼 얼어붙은 것을 우리가 볼 수 있다는 것은 놀라운 일이다. 그것은 양자 세계가 미시적이라고만 생각하던 대부분의 물리학자에게 엄청난 충격을 주었다. 따라서 우리는 끈과 같은 작은 크기의 물체들에게는 이 양자 떨림의 팽창과 비슷한 어떤 일이 일어나지 않는다고 너무 빨리 가정해서는 안 되는지도 모른다. 끈이 하늘을 마치 폴 잭슨 폴록(Paul Jackson Pollock, 1912~1956년)의 거대한 그림처럼 수놓은 것을 우리가 발견하게 될지도 모르기 때문이다.

티보 다무르(Thibault Damour, 1951년~), 알렉스 빌렌킨, 조지프 폴친스키, 그리고 다른 이들은 동료들의 연구 성과에 기초해서 또다시 급팽창과 연결된 현상에서 생긴 엄청나게 흥미로운 새로운 기회를 탐구하기 시작했다. 급팽창의 원인은 오래전에 존재했던 진공 에너지이다. 우주가 현재의 매우 낮은 고도까지 풍경을 미끄러져 내려오면서 그 진공 에너지는 사라졌지만, 그것은 아무것도 남기지 않고 떠난 것은 아니다. 그것은 좀 더 통상적인 형태의 에너지, 말하자면 열과 입자들, 즉 현재 우주를 구성하는 것들로 전환되었다.

그러나 그 에너지는 다른 형태를 취할 수도 있다. 그것의 일부는 엄청나게 얽힌 낚싯줄이나 고양이가 가지고 논 실타래 같은, 끈들이 얽힌 것이 될 수 있다. 그 얽힌 끈은 끈 이론의 보통 끈뿐만 아니라 폴친스키가 고안한 1차원의 D1-막도 포함할 수 있다.

만약 그런 얽힌 끈이 초기 우주에서 만들어졌다면, 이후의 팽창은 그 실타래를 엄청난 크기로 확대할 것이다. 아주 작은 고리들과 소용돌

이들이 수억 광년의 크기로 자라날 수 있다. 또는 끈들의 일부가 오늘날까지 남아서 광대한 크기의 시공간에서 펄럭거릴 수도 있다. 그 끈들은 빛 또는 다른 어떤 전자기 복사를 통해서도 볼 수 없지만, 다행히 다른 방식으로 검출할 수 있다. 다무르와 빌렌킨은 그런 우주적 끈들이 중력파(중력장의 파동)를 방출하기 때문에 10년 안에 검출될 수 있음을 보였다. 하늘에서 그런 끈들을 관측하는 것은 끈 이론의 특별한 성공이 될 것이다.

이런 우주적 초끈들이 정말로 존재한다면, 이것들에 대한 연구는 풍경 전체는 아니라도, 적어도 우리 근처에 대해서는 많은 것을 알려 줄 것이다. 폴친스키와 동료들은 끈의 실타래가 생기는 자세한 조건과 그것들이 형성하는 네트워크의 성질을 연구했다. 그 세부 사항들은 풍경의 차원, 조밀한 공간에 존재하는 막과 선속 같은 것들에 따라 매우 민감하게 변화한다. 끈 이론의 결정적 증거를 찾아볼 장소는 입자 가속기가 아니라, 하늘일지도 모른다.

고에너지 물리학

아마도 앞으로는 천문학적 관측과 우주론적 관측이 대세를 이루겠지만, 실험실 과학이 한계에 다다른 것이 아니다. 가까운 미래에 물리 법칙에 대한 혁신적인 정보를 얻을 수 있는 가능성이 가장 높은 곳은 언제나 그랬듯이 가속기 연구소에서 행해지는 입자 물리학 실험, 즉 고에너지 물리학이다. 이런 종류의 과학이 거의 한계에 도달했다는 것이 진실일지 모르지만, 우리가 앞으로 적어도 한 단계 더 나아갈 것이라는 데에는 의심의 여지가 없다. 세계에서 가장 거대하며 아마도 우리에게 엄청난 양의 새로운 정보를 알려 줄 수 있을 만큼 충분히 큰 가속기가 현재 거의 완성 단계에 있으며 2007년에는 작동하게 될 것이다. 유럽 입자 물리학 연구소 CERN이 위치한 스위스의 제네바에는 대형 강입자 충돌기(Large Hadron Collider, LHC)라는 입자 가속기가 건설되고 있다. 원래는 힉스 입자를 연구하려는 목적으로 계획되었지만, 그것은 또한 기본 입자들의 초대칭 짝들을 발견할 수 있는 이상적인 기계이기도 하다. (대형 강입자 충돌기인 LHC 건설은 계획보다 늦어져 실제로는 2008년 가을에 첫 시험 가동이 이루어졌고, 본격 가동은 2009년에 시작되었다. 2011년 현재 여러 실험 결과를 내놓으며 가동되고 있다. — 옮긴이)

7장에서 나는 왜 많은 물리학자들이 초대칭성이 '바로 다음 골목길에서' 발견될 것이라고 생각하는지 설명했다. 초대칭성이 있으면 진공의 격렬한 양자 떨림이 힉스 입자에 엄청난 질량을 만들지 않고, 따라서 표준 모형을 망치지 않도록 할 수 있다는 주장이 처음 나온 것은 25년 전이었다. 초대칭성이 정말로 곧 발견될지도 모른다. 그 주제에 대해 발표되는 논문의 수만 놓고 본다면, 대부분의 이론 물리학자들이 그렇게 예상한다는 것은 확실하다.

그러나 다른 가능성도 있다. 진공 에너지(또는 우주 상수)처럼 힉스 입자의 질량이 너무 크다면 우리의 호주머니 우주에서 생명이 진화할 가능성을 망칠 수 있다. 따라서 아마도 그 답은 초대칭성보다는 인간 원리적 고찰에서 나올지도 모른다. 만약 우주가 충분히 크고 풍경이 충분히 다양하다면, 메가버스 중 일부는 생명이 번성할 수 있을 만큼 충분히 작은 힉스 입자의 질량값을 가질 수 있고, 그렇다면 이야기는 끝이다. 우주 상수처럼 초대칭성은 상관없고 불필요할 수도 있다.

두 가지 설명이 꼭 서로 상충하는 것은 아니다. 힉스 입자의 질량이 충분히 작은 계곡을 발견할 가능성을 가장 높이는 것은 아마도 초대칭성을 가진 계곡을 찾는 일이 될지도 모른다. 힉스 입자의 질량이 작은 계곡이 모두 이런 종류라는 것도 충분히 가능하다.

또는 그 반대가 사실일 수도 있다. 힉스 입자의 질량이 작은 대부분의 진공들은 초대칭성을 전혀 가지고 있지 않을 수도 있다. 풍경을 탐험하는 것이 아직도 초기 단계이기 때문에 우리는 이 질문에 대한 답을 알지 못한다. 나의 원래 초대칭성을 선호하지 않는 추측을 내놓았으며, 그것은 이미 다른 매체를 통해 활자화되었다. 하지만 그 후 마음을 두 번 바꿨고 앞으로 다시 바뀔 가능성도 있다.

초대칭성 존재 유무의 상대적 확률을 예측하기 위해, 우리는 척도 문제에 정면으로 맞부딪혀야 한다. 우리는 그곳에서 멈추어야 하는지도 모른다. 하지만 미묘함을 무시하고 전진해야 한다는 강한 유혹이 있다. 마이클 더글러스, 샤미트 카치루, 그리고 다른 많은 연구자들이 풍경에서 다른 성질들을 가지는 장소들을 셀 방법을 개발하고 있다. 실제 호주머니 우주의 수가 아니라 가능성의 수를 세는 방법 말이다. 그다음에 인간 원리적으로 허용된 진공들 중에서 근사적 초대칭성을 갖춘 것이 그렇지 않은 것보다 훨씬 더 많음을 알게 된다면, 다른 정보가 없는 상황에서는 근사적 초대칭성이 존재할 가능성이 높다고 추측할 수 있을 것이다. 하지만 척도 문제는 우리를 보고 조용히 웃는, 방 안에 있는 또 다른 거대한 코끼리인지도 모른다.

어쨌든 풍경, 영구 급팽창, 그리고 인간 원리를 검증하는 것은 분명히 어렵다. 그러나 이론을 검증하는 데에는 많은 방법이 있다. 수학적 정합성 검증만으로는 대부분의 깐깐한 실험 물리학자들을 만족시키지 못하겠지만, 그것을 과소 평가해서도 안 된다. 양자 역학과 일반 상대성 이론을 결합하는 무모순의 정합적인 이론은 절대로 흔하지 않다. 실제로 이것이 바로 끈 이론의 경쟁자가 거의 없는 이유이다. 대안이 나오지 않고 끈 이론이 예상처럼 다양한 풍경을 가지고 있는 것으로 판명된다면, 채워진 풍경이 '우세한' 이론이 될 것이다.

그러나 더 직접적인 검증의 가능성을 포기하는 것은 분명히 너무 이르다. 이론과 실험이 보통 '손에 손 잡고' 발전한다는 것은 사실이지만, 언제나 그런 것은 아니다. 앨런 구스의 급팽창 우주론이 관측으로 검증되는 데에만 20년 넘게 걸렸다. 초기에는 거의 모든 사람이 그 아이디어는 흥미롭지만 절대로 검증될 수 없으리라고 생각했다. 나는 앨런 구스조차도 그 진실이 확인될 것이라는 데에 회의적이었으리라 생각한다.

더 극단적인 것은 다윈의 이론이다. 그것은 세계에 대한 폭넓은 관찰과 매우 예리한 직관에 기반하고 있다. 다윈의 이론이 처음 등장했을 때 직접적이고 통제된 실험적 검증은 완전히 불가능해 보였다. 다윈 이론을 검증하려면 타임머신을 타고 수십억 년은 아니더라도 수백만 년 전으로 돌아가야 했기 때문이다. 그러나 영리한 생물학자들과 화학자들은 그 이론을 엄밀한 실험적 검증 아래 놓으려면 어떻게 해야 하는지 결국 알아냈다. 그러나 약 100년이 걸렸다. 때때로 이론은 길을 밝히기 위해 먼저 전진해야 하는 법이다.

에필로그

우리를 칠레의 남극 기지에서 푼타아레나스로 데려갈 거대한 허큘리스 비행기에 타기 바로 전에 나는 친구인 빅터와 작별의 포옹을 했다. 다정다감한 러시아 사람 빅터는 작별을 아쉬워했다. 눈보라 속으로 나아가기 전에 나는 그에게 말했다. "빅터, 남극은 정말 아름답지 않소?" 그는 잠시 깊은 생각에 잠겼다가 조용히 미소를 지으며 말했다. "그렇지요, 마치 어떤 여자들 같지요. 아름답지만 잔혹한." 만약 빅터가 나에게 우리 우주와 물리 법칙들이 아름답다고 생각하는지 물었다면, 나는 "아니, 아름답지는 않아요. 하지만 좀 친절하지."라고 대답했을 것이다.

이 책에서 나는 아름다움, 유일성, 그리고 우아함을 잘못된 망상으로 간주해 폐기했다. 물리 법칙(내가 1장에서 정의한 의미로)들은 유일하지도 우아하지도 않다. 우주, 또는 그중 우리가 속한 부분은, 루브 골드버그의 기계처럼 괴상해 보인다. 그러나 나 역시 유일성과 우아함의 유혹에 약하다. 나 또한 특수한 호주머니 우주들을 초월하는 가장 중요한 원리들은 유일하고 우아하며 놀랍도록 간단하기를 바란다. 그러나 그 규칙들의 결과는 절대로 우아할 필요가 없다. 원자들의 미시 세계를 지배하는 양자 역학은 매우 우아하지만 원자들로 만들어진 모든 것들이 그렇지는 않다. 엄청나게 복잡한 분자, 액체, 고체, 그리고 기체를 만드는 간단한 법칙들은 장미뿐만 아니라 악취 나는 풀도 만든다. 나는 끈 이론의 일반 원리들은 아주 우아할 것이라고 생각하지만 그것이 무엇인지는 알지 못한다.

만일 최고의 이론이 최소한의 방정식과 원리를 가진 것이라고 한다면, 끈 이론이야말로 최고의 이론이라고 장난삼아 말하고는 한다. 끈 이론을 정의하는 방정식이나 원리를 단 하나도 찾아내지 못했기 때문이다. 그러나 끈 이론은 다른 어떤 물리학 이론보다도 훨씬 우아한 무모순의 수학적 구조를 가지고 있다는 많은 징후가 있다. 하지만 누구도 그것을 정의하는 규칙이 무엇인지, 또는 기초적인 기본 요소가 무엇인지 알지 못한다.

기본 요소란 다른 모든 것들을 만드는 간단한 물체라는 것을 기억하기 바란다. 주택 건설업자에게 기본 요소란 바로 벽과 기초를 만드는 석재와 벽돌이다. 기본 요소와 그것으로 이루어진 물체들의 관계는 매우 비대칭적이다. 집은 벽돌로 만든다. 벽돌은 집으로 만들 수 없다. 심각한 인지 장애를 가진 사람, 말하자면 올리버 울프 색스(Oliver Wolf Sacks, 1933년~) 박사의 환자인 "그의 집을 벽돌로 착각한 사나이" 정도나 이 관계를 혼동할 것이다. (올리버 색스는 영국 출신의 미국 신경 정신과 의사이다. 그의 환자들에 대해 쓴 책들이 베스트셀러가 되었다. 그중 『아내를 모자로 착각한 사나이』라는 책이 있는데,

여기에서 글쓴이는 그 제목을 패러디하고 있다. — 옮긴이)

과학의 기본 요소들은 그 시대의 역사적 상황과 지식 수준에 따라 결정된다. 19세기에 물질의 기본 요소는 주기율표의 원자들이었다. 92개의 원소들이 분자라는 한없이 다양한 화합물로 결합할 수 있다. 이후 원자들도 합성물이라는 것이 밝혀졌으며, 전자, 양성자, 중성자에게 그 자리를 내주었다. 우리가 배운 예측 패턴은 큰 것들은 작은 것들로 만들어진다는 것이다. 자연 법칙을 깊이 탐구하는 물리학자에게 이것은 보통 더 작은 기본 요소들의 세부 구조를 발견한다는 것을 의미한다. 물리학의 현재 단계에서 통상적인 물질은 전자와 쿼크로 이루어져 있다고 믿어진다. 비전문가들과 과학자들이 공통적으로 묻는 질문은 "더 작은 것을 찾는 일은 무한히 계속될 것인가, 아니면 가장 작은 기본 요소가 발견될 것인가?"이다. 오늘날 그 질문은 보통 "플랑크 길이보다 작은 것이 존재하는가?" 또는 "끈이 가장 기본적인 물체인가, 또는 그것도 더 작은 것들로 이루어졌는가?"로 표현된다.

이것들은 잘못된 질문인지도 모른다. 끈 이론이 작동하는 방식은 이것보다 미묘하다. 우리가 알게 된 것은 만약 우리가 풍경의 어떤 특정 영역에 국한한다면, 모든 것은 한 가지 특정한 기본 요소로 만들어진다는 것이다. 어떤 영역에서 그것은 특정한 종류의 닫히거나 열린 끈이다. 풍경의 또 다른 영역에서 물질은 D-막으로 이루어져 있을지도 모른다. 또 어떤 영역에서는 끈, 막, 블랙홀 등조차 어떤 양자장의 양자 같은 입자로 이루어져 있을지도 모른다. '가장 근본적인 것'이 무엇이든, 그 이론의 다른 물체들은 합성물처럼 된다. 원자와 분자가 전자, 양성자, 중성자의 합성물인 것처럼 말이다.

하지만 우리가 풍경의 한 위치에서 다른 위치로 움직임에 따라, 기묘한 일들이 발생한다. 기본 요소들이 합성물들과 역할을 바꾼다. 어떤 특정한 합성물들은 축소되어 마치 그것이 기본 요소인 것처럼 행동한다. 그와 동시에 원래의 기본 요소들은 점점 커지기 시작해 합성물들의 구조를 가질 기미를 보인다. 풍경을 따라 움직이는 동안 우리는 벽돌과 집이 그 역할을 바꾸는 환상적인 풍경을 보게 될 것이다. **모든 것이 근본적이며, 어떤 것도 근본적이지 않다.**

그 이론의 기본 방정식은 무엇일까? 물론 기초적인 기본 요소들의 운동을 지배하는 방정식 말이다. 그러나 그 기본 요소는 열린 끈, 닫힌 끈, 막, D0-막 중 어떤 것일까? 그 답은 풍경에서 우리가 흥미를 가진 영역이 어디인가에 따라 달라진다. 한 설명과 다른 설명 사이의 중간 영역에서는 어떨까? 그 중간 영역에서는 기본 요소를 고르는 방법도 방정식의 정의도 애매해질 것이다. 그 영역에서 우리는 '기초 개념과 파생 개념'이라는, 전통적인 구별법으로는 전혀 종잡을 수 없는 새로운 종류의 수학 이론을 다루어야 할 것이다. 아니면 진정한 기본 요소들은 좀 더 깊이 숨어 있을 것이라는 토프트의 생각이 옳은 것일지도 모른다. 요점은 끈 이론의 전체 수학 구조를 어떻게 표현할지, 또는 그런 것이 있다고 해도 어떤 기본 요소가 '가장 근본적인 것'이라는 지위를 획득할지 전혀 모른다는 것이다.

그럼에도 불구하고 나는 끈 이론의 원리나 그것이 바탕으로 하고 있는 어떤 것이든 이론가들이 갈망하는 우아함, 단순성, 그리고 아름다움을 가지고 있기를 희망한다. 하지만 그 방정식들이 물리학자가 희망하는 모든 미학적 기준을 충족한다고 해도, 그 방정식들의 특정한 해가 단순하거나 우아하지만은 않을 것이다. 표준 모형은 아주 복잡하다. 30여 개의 독립적인 변수들을 가지고 있고, 비슷한 입자의 유형이 반복해서 나타나는 것을 설명할 수 없으며, 힘의 세기가 종류마다 아주 크게 다르다. 이 복잡한 표준 모형에 해당하는 끈 이론의 형식이 있다고 해도 분명 루브 골드버그 기계의 복잡성과 과잉성을 가지고 있을 것이다.

내가 볼때 우아함과 단순함은 종종 방정식으로 나타낼 수 없는 원리들에서 찾아볼 수 있다. 나는 다윈의 이론을 구성하는 두 가지 원리, 즉 무작위의 돌연변이와 경쟁보다 더 우아한 방정식을 알지 못한다. 이 책은 다윈의 진화론처럼 강력하고도 단순한 조직화 원리에 대한 것이다. 나는 그것을 우아하다고 부를 수 있다고 생각하지만 여기에서도 역시 그것을 묘사하는 것은 방정식이 아니라 슬로건이다. "실재하는 메가버스로 채워진 가능성의 풍경."

누가 또는 어떤 것은 우주를 무엇을 위해 만들었는가? 우주의 목적은 있는가? 하는 식의 가장 오래되고 가장 큰 질문들은 어떻게 될까? 나는 답을 아는 척할 수 없다. 인간 원리를 자애로운 창조자의 징후로 보려는 사람들은 이 책에서 위안을 얻지 못했을 것이다. 우리가 살고 있는 우주의 한 구석이 우리에게 호의적인 이유를 설명하는 데에는 중력 법칙, 양자 역학, 그리고 큰 수의 법칙(통계학)과 결합된 풍요로운 풍경만 있으면 된다.

그렇다고 해서 이 책이 어떤 지적 행위자가 어떤 목적에서 우주를 창조했을 가능성을 감소시킨 것은 아니다. 궁극적으로 실존적인 질문인 "왜 무(無)가 아니라 유(有)인가?"에 대한 답은 끈 이론이 발견되기 전과 지금도 전혀 달라지지 않았다. 만약 창조의 순간이 있었다고 해도, 그것은 대폭발의 초기 역사에서 발생한 폭발적 급팽창의 장막으로 우리의 눈과 망원경으로부터 감춰졌을 것이다. 만약 신이 있다면, 그는 스스로 무의미해지기 위해 많은 노력을 기울였을 것이다.

나는 이제 피에르 시몽 드 라플라스의 말을 인용하며 이 책을 마치려고 한다. "저는 그 가설이 필요하지 않습니다."

풍경과 메가버스의 구분에 대해

풍경과 **메가버스**라는 두 가지 개념은 혼동되어서는 안 된다. 풍경은 실제 장소가 아니다. 그것은 가상 우주들의 가능한 설계를 모두 모은 목록으로 생각해야 한다. 각각의 계곡은 하나의 설계를 나타낸다. 그 설계들을 마치 전화번호부의 이름처럼 하나하나 보여 주는 것으로는 설계들 전체가 이루는 공간이 다차원적이라는 사실을 제대로 파악할 수 없다.

그것과 대조적으로 메가버스는 실제적이다. 그것을 채우는 호주머니 우주들은 상상의 가능성이 아니라 실제로 존재하는 장소들이다.

용어에 대한 메모

처음 이 책을 쓰기 시작했을 때, 나는 아직도 해결하지 못한 용어 문제에 부딪쳤다. 나는 우주에 대한 옛 개념을 대체하는, 새로운 광대함을 어떻게 불러야 할지 알 수 없었다. 가장 많이 사용되던(지금도 그렇지만) 용어는 **멀티버스**(multiverse, 다중 우주)였다. **멀티버스**에 특히 반대할 것은 없었지만, 그 발음이 그다지 마음에 들지 않았다. 꼭 멀티플렉스 영화관처럼 들려 그것을 피하기로 했다. 나는 여러 가지 다른 가능성들을 시험해 보았는데, 그것들은 **폴리버스**(polyverse), **구글플렉서스**(googolplexus), **폴리플렉서스**(polyplexus), 그리고 **구골버스**(googolverse) 등이었지만 그리 마음에 들지 않았다. 나는 결국 **메가버스**(Megaverse)를 쓰기로 결정했는데, 물론 그리스 어의 접두어인 **메가**(Mega-)를 라틴 어인 **버스**(-verse)와 결합한다는 언어학적 범죄를 저지르고 있음을 잘 안다.

메가버스를 사용하기로 결정한 후, 나는 구글을 검색해 보고 내가 그 말을 처음 사용한 사람이 아님을 알게 되었다. 나는 **메가버스**에 대해서 8,700개의 결과를 찾을 수 있었다. **멀티버스**는 26만 5000개의 결과를 내놓았다.

마지막으로 나는 나의 가장 친한 친구들 중 몇몇이 **멀티버스**를 사용한다는 것을, 그리고 지금까지는 우리가 그것 때문에 다툰 일은 없었다는 것을 덧붙여야겠다.

용어 해설

가상 입자(virtural particle) 파인만 도형 내부의 입자. 그 과정의 처음 또는 끝에서 들어오거나 나가는 입자를 제외한 것.

결합 상수(Coupling Constant) 기본적인 사건의 확률을 결정하는 자연의 상수.

과냉각수(supercooled water) 어는점 이하로 냉각되었지만 액체로 남아 있는 물.

광자(photon) 전자기장의 양자. 아인슈타인의 빛 입자설의 기초.

교환 도형(exchange diagram) 예를 들어 한 입자에서 빛과 같은 입자가 방출되고 다른 입자에 흡수되는 것과 같은 파인만 도형. 그런 그림들은 물체 사이의 힘을 설명하는 데 사용된다.

균질적(homogeneous) 어디나 똑같음. 완전히 매끄러우며 점과 점 사이에 차이가 전혀 없음.

근거리 작용(short range) 원거리까지 미치지 못하는 힘을 뜻하는 말. 다시 말해, 물체들이 접촉해 있거나 거의 맞닿아 있는 경우에만 작용하는 힘.

글루볼(glueball) 글루온들의 모임으로 이루어진 합성 입자로, 닫힌 끈의 구조를 가지고 있다.

글루온(gluon) 그 교환으로 쿼크 사이의 힘을 설명하는 입자.

급팽창(inflation) 모든 주름을 평평하게 했으며 거대하고 매끄러운 우주를 만들어 낸, 공간의 급격한 지수 함수적 팽창. 급팽창은 초기 우주에 대한 표준 이론이 되었다.

깨진 대칭성(broken symmetry) 어떤 이유로 정확하지 않고 근사적인 자연의 대칭성.

대칭성(symmetry) 자연 법칙을 변화시키지 않는 조작.

W 보손(W boson) 그 교환에서 약력이 생겨나는 입자들 중 하나.

도플러 이동(Doppler shift) 파동의 근원과 그 검출기 사이의 상대적 운동으로 인한 파동의 진동수 변화.

드 지터 공간(De Sitter space) 양의 우주 상수를 가진 아인슈타인 방정식의 해. 드 지터 공간은 공간이 지수 함수적으로 스스로 복제하는 팽창하는 우주를 기술한다.

등방적(isotropic) 모든 방향에 대해 똑같다.

D-막(D-brane) 끈 이론의 끈들이 끝날 수 있는 점 또는 곡면.

루브 골드버그 기계(Rube Goldberg machine) 공학 문제에 대한 과도하게 복잡하고 볼썽사나운 해결책. 만화가 루브 골드버그의 이름을 붙였는데, 그의 만화에는 기상 천외하고도 바보 같은 루브 골드버그 기계들이 등장한다.

마이크로파 우주 배경 복사(Cosmic microwave background, CMB) 대폭발 이후에 남은 전자기 복사.

메가버스(magaverse) 호주머니 우주들의 거대한 집합.

모듈라이(moduli) 특히 끈 이론에서, 공간의 조밀화된 방향들의 크기와 모양을 결정하는 인수. 계수라고도 한다.

미세 구조 상수(fine structure constant) 전자가 광자를 방출하는 것을 결정하는 결합 상수. 그 값은 0.007297351이다.

밀도 차이(density contrast) 초기 우주의 에너지 밀도 변동량으로 결국 은하들로 진화했다.

반입자(anti-particle) 전하가 반대라는 점을 제외하면 입자와 모든 것이 동일한 입자의 쌍둥이.

배음(harmonics) 기타줄과 같은 끈의 진동 패턴.

벡터장(vector field) 크기뿐만 아니라 공간에서의 방향도 가지고 있는 장. 전기장과 자기장은 벡터다.

보손(boson) 파울리 배타 원리의 제한을 받지 않는 종류의 입자. 보스 입자라고도 한다. 동일 입자가 몇 개든 같은 양자 상태에 존재할 수 있다.

블랙홀 상보성의 원리(principle of Black Hole complementarity) 블랙홀로 떨어지는 물질에 대한 2개의 분명히 모순적인 묘사를 허용하는 원리.

비가환 게이지 이론(non-abelian gauge theory) 양자장 이론의 한 종류로서 입자 물리학의 표준 모형의 토대가 된다.

선속(flux) 끈 이론 조밀화의 많은 요소 중 하나. 선속은 공간의 조밀화된 방향을 향해 있다는 것을 제외하면 자기장과 유사하다.

스칼라장(scalar field) 크기(세기)는 가지고 있지만 방향은 없는 장. 힉스장은 스칼라이고, 전기와 자기장은 아니다.

스펙트럼선(spectral line) 전자가 한 에너지 레벨에서 다른 레벨로 양자 점프할 때 내놓는 빛이 만드는 스펙트럼의 불연속적인 가는 선.

시공간(space-time) 모든 현상이 일어나는, 시간을 포함한 4차원 세계.

약한 상호 작용(weak interation) 중성자의 붕괴와 유사한 현상.

양-밀스 이론(Yang-Mills theory) 비가환 게이지 이론과 같음.

양성자 양의 전하를 띤 핵자.

양자 색역학(Quantum Chromodynamics) 쿼크와 글루온의 이론으로서 핵자와 핵의 존재와 성질들을 설명한다. 현대 핵물리학.

양자 요동(quantum jitter) 입자와 장들의 예측할 수 없는 요동치는 운동으로서 양자 역학의 원리에서 유도된다.

양자장 이론(quantum field theory) 양자 역학과 특수 상대성 이론이 결합해서 생긴 기본 입자의 수학적 이론.

양자 전기 역학(Quantum Electrodynamics) 전자와 광자의 이론. 모든 원자 물리학과 화학의 기초가 된다.

양전자(positron) 전자의 반입자.

영구 급팽창(eternal inflation) 공간의 지수 함수적 증식. 거품을 대량으로 발생시키고 그 거품이 풍경을 채운다.

영역의 벽(domain wall) 물과 얼음처럼 한 물질의 두 가지 상을 분리하는 경계.

M 이론(M-theory) 여러 가지 다양한 끈 이론들을 통합하는 11차원의 이론. M 이론은 끈이 아니라 막을 가지고 있다.

MRI 기기(MRI machine) 큰 자기장이 걸린 공간을 이용하는 의학 영상 기기.

와인버그의 한계(Weinberg's bound) 초기 우주에서 은하들이 형성될 수 있어야 한다는 조건으로 유도되는 우주 상수의 크기에 대한 한계.

우주 상수(cosmological constant) 아인슈타인이 중력의 효과를 상쇄하기 위해 그의 방정식에 도입한 항.

원거리 작용(long range) 먼 거리까지 물체를 밀거나 잡아당길 수 있는 힘을 일컫는 말. 중력, 전기, 자기력 등이 원거리 작용이다.

인간 원리(Anthropic principle) 자연 법칙이 지적 생명체의 존재와 모순이 없어야 한다는 원리. 인류 원리.

자기장(magnetic field) 전기력의 친척뻘로 움직이는 전하(전류)에 의해 만들어진다.

장(field) 물체들의 운동에 영향을 주는 공간의 눈에 보이지 않는 효과.

전기장(electronic field) 정지한 하전 입자를 둘러싼 장. 자기장과 함께, 전기장은 빛과 같은 전자기 복사를 구성한다.

전자(electron) 전류 그리고 원자의 바깥쪽 부분을 구성하는 기본 하전 입자.

전파 인자(propagator) 시공간의 한 점에서 다른 점으로 움직이는 입자를 나타내는 파인만 도형의 성분. 그러한 과정의 확률을 제어하는 수학 표현을 나타내기도 한다.

전하 짝바꿈 대칭성(charge conjugation symmetry) 모든 입자들이 그 반입자로 바뀌는 (깨진) 대칭성.

정점 도형(vertex diagram) 한 입자가 다른 입자로부터 방출되는 기본 사건을 기술하는 파인만 도형.

Z 보손(Z boson) W 보손의 가까운 친척으로서, W 보손과 마찬가지로 약력에 관련된다.

조밀화(compactification) 끈 이론의 여분 차원들이 미시적 공간으로 말리는 일.

줄(Joule) 에너지에 대한 통상적인 단위(J). 1그램의 물의 온도를 섭씨 1도 올리는데 드는 에너지는 4.2줄이다.

중력자(graviton) 중력장의 양자. 그 교환으로 중력을 설명한다.

중력파(gravitational wave) 중력장의 요동으로 공간 속을 빛의 속도로 퍼져 나간다.

중성미자(neutrino) 중성자가 붕괴해서 양성자가 될 때 전자와 함께 내놓는 '유령 같은' 입자.

중성자(neutron) 핵을 이루는 두 입자 중 하나. 중성자는 전기적으로 중성이다.

지평선(horizon) 관찰자가 빛의 속도로 멀어지는 귀환 불가능점. 블랙홀 그리고 빠르게 급팽창하는 우주론 공간에 모두 적용된다.

진공(vacuum) 물리 법칙이 특정 형태를 취하는 배경이나 환경.

진공 선택 원리(vaccum selection principle) 끈 이론이 기술하는 모든 다양한 진공들 중에서 유일한 진공을 하나 선택하는 수학적 원리. 지금까지는 그런 원리는 발견되지 않았다.

진공 에너지(vaccum energy) 빈 공간의 양자 요동에 저장된 에너지.

진공 요동(vaccum fluctuation) 빈 공간에서의 양자장의 요동.

진동 모드(mode of oscillation) 배음과 같음.

창발(emergent) 많은 수의 원자들이 협동적 또는 공동적으로 행동할 때에만 나타나는 물질의 성질을 일컫는 말.

초대칭성(supersymmetry) 페르미온과 보손을 연관짓는 수학적 대칭성.

초신성(supernova) 어떤 별들의 최후 사건으로 붕괴해서 중성자 별이 된다. 그와 동시에 폭발이 주위의 공간에 화학 원소들을 흩뿌린다.

칼라비-야우 공간(Calabi-Yau space) 칼라비-야우 다양체와 같음.

칼라비-야우 다양체(Calabi-Yau manifold) 끈 이론이 여분 차원의 공간을 조밀화하는 데 사용하는 특별한 6차원 기하.

쿼크(quark) 3개가 결합해서 핵자들을 만드는 기본 입자들.

파울리 배타 원리(Pauli exdusion principle) 2개의 페르미온들이 같은 양자 상태에 있을 수 없다는 원리.

파인만 도형(Feynnman diagram) 도형들을 사용해서 기본 입자들 사이의 상호 작용을 설명하는 파인만의 방법.

페르미온(fermion) 파울리 배타 원리의 지배를 받는 입자. 전자, 양성자, 중성자, 쿼크, 중성미자가 포함된다. 페르미 입자라고도 한다.

표준 모형(Standard Model) 기본 입자들의 기술 방법으로 현재 받아들여지고 있는 양자장 이론. 힉스 입자와 연관된 현상뿐만 아니라 양자 전기 역학, 양자 색역학, 그리고 약력을 포함한다.

풍경(Landscape) 가능한 진공들(환경들)의 공간. 현실적으로는 끈 이론 진공들의 공간.

플라스마(plasma) 기체가 가열되어 모든 전자들이 원자에서 떨어져 나와 물질 속에서 자유롭게 운동할 수 있는 상태. 플라스마는 우수한 전기 전도체이며 빛을 통과시키지 않는다.

플랑크 길이 또는 플랑크 거리(Planck length of planck distance) 플랑크 상수, 뉴턴 중력 상수, 빛의 속도에 의해서 결정되는 거리 단위. 약 10^{-33}센티미터이다.

플랑크 상수(Plank constant) 매우 작은 숫자로 위치와 운동량이 동시에 결정될 수 있는 한계를 결정한다(하이젠베르크의 불확정성 원리).

플랑크 시간(Planck time) 플랑크 상수, 뉴턴의 중력 상수, 그리고 빛의 속도에 의해서 결정되는 시간의 자연스러운 단위. 약 10^{-42}초이다.

플랑크 질량(Planck mass) 플랑크 상수, 뉴턴의 중력 상수, 그리고 빛의 속도로 결정되는 질량의 자연스러운 단위. 약 10^{-5}그램이다.

하이젠베르크의 불확정성 원리(Heisenberg uncertainty principle) 어떤 물체의 위치

와 운동량 모두를 결정하는 것은 불가능하다는 원리.

핵자(nucleon) 양성자 또는 중성자.

행렬 이론(matrix theory) M 이론의 기반이 되는 수학적 틀.

허블 상수(Hubble constant) 허블의 법칙에 나타나는 상수.

허블의 법칙(Hubble's law) 은하들의 후퇴 속도가 그것들까지의 거리에 비례한다는 법칙. V=HD라는 방정식으로 표현할 수 있는데, 여기에서 V는 속도, D는 거리, H는 허블 상수이다.

호주머니 우주(pocket universe) 물리 법칙이 하나의 특정한 형태를 취하는 우주의 일부분.

홀로그래피 원리(holographic principle) 공간의 어떤 영역이 그 경계에 1플랑크 넓이, 즉 1플랑크 길이 제곱당 하나의 자유도로 완벽하게 기술될 수 있다고 하는 원리. 입체 영상 원리.

환원주의(reductionism) 자연이 모든 현상들을 궁극적으로 단순한 미시적 사건들로 환원함으로써 이해할 수 있다는 철학.

흡수선(absorption lines) 무지개와 흡사한, 색깔의 스펙트럼에 겹쳐지는 어두운 선들. 어두운 선들은 기체가 특정 색깔을 흡수하기 때문에 생긴다.

힉스 보손(Higgs boson) 힉스장의 양자. 힉스 입자.

힉스장(Higgs field) 표준 모형에 있는 장으로 전자와 쿼크 같은 기본 입자들의 질량을 결정한다.

옮긴이의 글

카리스마 넘치는 노교수의 우주론과 끈 이론 강의

끈 이론의 아버지, 레너드 서스킨드

이 책은 미국 스탠퍼드 대학교의 물리학 교수인 레너드 서스킨드의 『우주의 풍경: 끈 이론, 그리고 지적 설계의 환상(*The Cosmic Landscape: String theory and the illusion of intelligent design*)』(2005년)을 옮긴 것이다. 서스킨드는 1940년생으로, 2011년이면 71세가 된다. 우리 기준으로는 정년을 훨씬 넘긴 나이지만, 아직 현역으로서 정력적으로 일하며 교육, 연구뿐만 아니라 과학의 대중화라는 측면에서도 특출한 업적을 보이고 있다.

이 책에서도 언급되지만, 그는 그다지 유복한 환경에서 자라지 못했다. 그의 부친은 배관공이었는데, 레너드가 16세가 되었을 때 병에 걸렸다. 때문에 서스킨드는 이른 나이에 직업 전선에 뛰어들 수밖에 없었다. 그 후 엔지니어가 되겠다는 소박한 목표를 가지고 들어간 대학에서 뜻하지 않게 물리학의 매력에 빠져 이론 물리학자의 길을 걷게 되었고, 결국 세계적인 석학의 위치까지 올랐다. 말 그대로 입지전적인 인물이라고 할 수 있다.

그는 45년 이상 이론 물리학 연구를 해 오면서 탁월한 업적을 많이 남겼다. 특히 1970년경 시카고 대학교의 난부 요이치로, 코펜하겐 대학교의 닐센 등과 비슷한 시기에 끈 이론을 이용해서 강한 핵력에 대한 설명을 최초로 시도했다. 이때 발표한 논문 덕분에 서스킨드는 끈 이론의 아버지 중 한 사람이라는 명예로운 호칭을 얻게 된다. (앞의 세 사람 중 난부 요이치로는 이 연구 말고 '자발적 대칭성 깨짐'에 대한 연구로 2008년에 노벨 물리학상을 받았다.)

서스킨드가 내놓은 끈 이론은 처음에는 강한 핵력을 설명하는 수학적 모형이었다. 양전하를 띠는 양성자와 전하가 없는 중성자들이 묶어 원자핵을 이루는 힘을 '강한 핵력(또는 강력)'이라고 하는데, 입자 물리학에서 다루는 현상 중 수학적으로 정확히 규명하기 가장 힘든 부분이라고 할 수 있다. 실제로도 우주를 지배하는 네 가지 힘 — 중력, 전자기력, 약한 핵력(또는 약력), 그리고 강한 핵력 — 중 가장 마지막으로 발견되었고, 가장 늦게 설명되었다.

입자 물리학자들은 힘에서 물질까지 우주가 아주 작은 알갱이, 즉 기본 입자로 이루어져 있다고 보고, 이 입자들의 상호 작용으로 자연 현상을 설명한다. 입자 물리학자들이 관심을 가지고 실험을 통해 측정하거나 이론적으로 계산하는 가장 기본적인 양은 이른바 '산란 확률'이다. 비유적으로 이야기하자면 당구대 위의 당구공 2개가 굴러가다가 만나서 충돌한 후에 어느 방향으로 튕겨져 나갈지에 대한 확률을 표시한 것과 비슷하다고 할 수 있다.

1960년대에 입자 물리학이 실험적으로 크게 발전하면서 강한 상호작용에 의한 산란 확률이 기묘하게도 충돌 전 한 입자의 상태와 충돌 후의 한 입자의 상태를 맞바꾸었을 때 그 값이 변하지 않는다는 것을 발견했다. 따라서 이런 특별한 수학적 성질을 기술할 수 있는 이론을 찾기 위한 노력이 시작되었다. 결국 이탈리아 출신의 물리학자 베네치아노가 1968년에 '오일러 베타 함수'가 이것에 부합하는 수학적 성질을 가지고 있음을 보여 주었고, 바로 이 책의 저자인 서스킨드와 난부 요이치로 등이 이 수학적 함수와 관련된 물리학적 모형이 1차원의 끈이라는 것을 밝혀내는 데 성공했다.

이로써 끈의 이론이 입자 물리학의 세계에 들어오게 되었다. 하지만 끈 이론은 내재된 불안정성을 없애기 힘들었기 때문에, 1980년대에는 원래 목적이었던 강한 핵력을 설명하는 것보다 양자 역학과 일반 상대성 이론의 중력 이론을 한데 엮을 양자 중력 이론을 설명하는 데 주로 사용되었다. 그러나 1990년대 중반 이후 열린 끈 이론에 대한 새로운 이해를 토대로 강한 핵력에 대한 유효한 결과들이 도출되기 시작했다. 현재는 끈 이론을 통해 강한 핵력을 이해한다는 1970년의 목표로 되돌아가는 과정에 있다.

끈 이론의 출발점을 마련한 것 말고도 서스킨드는 여러 이론 물리학 분야에서 탁월한 업적을 남겼다. 1996년 말, 뱅크스, 피슐러, 솅커 등과 함께 제시한, M 이론(현대 끈 이론의 중심 이론)이 행렬 이론으로 설명될 수 있다는 탁월한 견해를 담은 행렬 이론의 연구를 꼽을 수 있다. 그 외에도 그는 양자장 이론, 입자 물리학, 우주론, 블랙홀의 물리학 등 폭넓은 분야에 창의적이고 심오한 업적을 남겼다. 그는 1979년부터 지금까지 미국 서부의 명문이자 세계적인 입자 가속기 연구소가 위치한 스탠퍼드 대학교에 재직하며 이론 입자 물리학 분야의 연구 경향을 선도하는 역할에서 벗어난 적이 없는 초일류 학자라고 하겠다.

끈 이론 대 고리 양자 중력 이론

이 책은 서스킨드가 2003년 발표해 이론 물리학 분야에서 많은 논쟁을 불러일으킨 연구 논문 「끈 이론의 인간 원리적 풍경(The anthropic landscape of string theory)」, 그 배경, 그리고 그 후속 연구 등을 대중적으로 알기 쉽게 풀이한 것이라고 할 수 있다. 서스킨드가 전문 학술지에 논문을 발표하는 데 머무르지 않고 대중 과학서를 준비하게 된 중요한 계기 중 하나는, 2004년 캐나다 워털루 대학교 및 페리미터 연구소에 재직 중인 리 스몰린과의 사이에 벌어졌던 공개적 논쟁이었다. 스몰린은 어떤 사람이며, 그는 왜 서스킨드와 날선 논쟁을 벌이게 되었을까?

1910년대에 아인슈타인이 제시한 일반 상대성 이론은 현대 중력 이론의 기초이다. 아인슈타인의 일반 상대성 이론은 태양이나 은하 같은 무거운 천체 근처에서 일어나는 현상들을 정확히 설명한다. 이것은 수많은 관측을 통해 잘 증명되었다. 하지만 중력과 양자 역학의 결합, 즉 별의 운동 같은 거시적 현상이 아닌 기본 입자들 사이의 미시적 현상에서 작용하는 중력을 기술할 수 있는 '양자 중력' 이론은 아직 만족할 만큼의 수학적인 완성을 보지 못한 상태이다.

양자 중력에는 크게 두 가지 접근 방법이 있는데, 끈 이론과 고리 양자 중력 이론이다. 중력의 양자화를 연구하는 학자는 대부분 두 가지 접근법 중 하나를 택해 자신의 연구를 발전시키고, 연구자로서의 경력을 쌓아 가게 된다. 이론 물리학계에서 이 두 진영은 어느 접근 방법이 최종적인 성공, 즉 양자 중력 이론의 완성을 가져올 수 있을 것인가 하는 순수한 학문적 문제에서부터 학계의 주도권, 사회적 인정 문제 등까지 다양한 방면에서 은근한 경쟁 관계에 있다. 서스킨드는 당연히 끈 이론계의 저명한 원로이며, 리 스몰린은 고리 양자 중력 이론 진영의 대표자 중 한 사람이라고 할 수 있다. (옮긴이 개인에게는 공교롭게도 한국어로 번역한 첫 번째 책이 리 스몰린의 『양자 중력의 세 가지 길(*Three Roads to Quantum Gravity*)』이었는데, 두 번째 번역 프로젝트가 스몰린과 논쟁을 벌였던 서스킨드의 책이 되었다.)

리 스몰린이 주목한 문제는 사실 여러 끈 이론 연구자들도 이미 우려를 표명하던 것으로, 2000년 이후 집중적으로 탐구된 "끈 이론에서의 입자물리학 모델 구축" 연구가 결국 정합적인 자연 법칙이 수많이 존재한다는 결론을 유도하는 것과 관련되어 있다.

이론 물리학자들의 꿈이란 역시, 수학적 정합성과 아름다움을 동시에 갖춘 단 하나의 이론을 만들고, 그 이론에 따라 유일하게 결정되는 물리 법칙이 실험 및 관측과 정확히 들어맞는 것을 목격하는 것이다. 끈 이론은 양자 중력뿐 아니라 기타 입자 물리학적인 상호 작용도 포함할 수 있는 것처럼 보였기 때문에, 끈 이론 연구자들은 물론이고 수많은 이론 물리학자들이 끈 이론으로부터 우리 우주와 일치하는 단 하나의 물리 법칙을 논리적으로 유도해 낼 수 있을 것이라고 기대했고, 더러는 믿었다. 이 가능성은 1980년대부터 끈 이론 학자들이 추구해 온 성배와도 같은 것이었다.

그러나 단 하나의 끈 이론을 도출하려는 시도는 1990년대 중반까지 모두 실패하고 말았다. 본래 끈 이론의 불안정성을 해결하려면 끈 이론을 10차원에서 정의해야만 한다. 10차원에서만 잘 정의되는 끈 이론을 우리가 살고 있는 현실 세계, 즉 4차원의 물리학과 연결하려면 그중 6개 차원이 실제로는 존재하지만 우리가 사는 현실 세계에는 영향을 주지는 않는 어떤 메커니즘을 설명해야만 한다. 여기에서, 본문에서 설명된 것처럼, 공간 3차원과 시간 1차원을 제외한 6개의 차원이 아주 작게 말려 있다는 이른바 '조밀화'의 아이디어가 아주 중요한 역할을 한다. 1980년대 중반 마이클 그린과 존 슈워츠가 수학적 모순성을 제거할 수 있다는 중요한 발견을 한 이후로 많은 끈 이론 연구자들은 우리의 입자 물리학을 포함하는 단 하나의 끈 이론 모형, 그중에서도 특히 6차원이 어떻게 말려 있는가를 설명해 주는 이론을 밝혀내는 데에 큰 노력을 기울였다.

그러나 그러한 노력도 1990년대 초가 되자 실패로 판명되었다. 그것은 끈 이론이 선택할 수 있는 6차원 공간들의 목록이 너무 방대해, 끈 이론에서 도출될 수 있는 입자 물리학이 단 하나가 아니라 무한히 많은 것처럼 보였기 때문이다. 따라서 1990년대 초반부터 중반까지 끈 이론은 상대적으로 침체된 시기를 보내게 된다.

이 상황은 1990년대 중반에 들어서 큰 반전을 맞게 된다. 에드워드 위튼, 네이선 시버그, 조지프 폴친스키, 폴 타운젠트 등의 학자들은 '끈 이론의 상보성(string duality)' 개념을 제시했다. 그들의 이론에 따르면 전혀 다르게 보이던 끈 이론들은 사실 유일한 한 이론의 다른 수학적 양상에 해당할 수도 있다는 것이다. 이 개념이 옳다면 서로 다른 수많은 끈 이론들은 하나로 통합될 것이고, 끈 이론 연구자들을 절망의 늪으로 몰아넣은 '너무 많은 끈 이론들의 문제'는 해결될 것이라고 여겨졌다.

그러나 이 희망적인 상황도 그리 오래 가지 못했다. 관측과 이론 양면에서 뜻하지 않던 문제에 부닥쳤기 때문이다. 우선 이론적인 문제를 살펴보자. 끈 이론의 상보성 덕분에 서로 다른 것으로 생각되었던 끈 이론들을 통합할 수 있었지만, 동시에 이전에 생각해 내지 못했던 새로운 끈 이론 해들도 수없이 많이 존재한다는 것이 명백해졌다. 이 문제에 대해서 이 책의 저자인 서스킨드는 "끈 이론에는 가동 부품이 너무 많아서 그렇다."라고 표현하고 있다.

관측적인 문제도 빼놓을 수 없다. 1990년대 후반, 우주론적인 대상에 여분의 척력을 주는 '음의 우주 상수'가 천문 관측을 통해 확인되었다. 그 전까지, 특히 이론의 간명함을 사랑하는 이론 물리학자들은 우리 우주의 우주 상수가 정확히 0이 될 것이라 생각했다. 만약 그것이 참이라면 모종의 대칭성을 도입해 우주 상수가 0이 되는 끈 이론들만 찾으면 된다. 물론 우주 상수가 0인 끈 이론도 상당히 많을지도 모른다. 그러나 그 이론들은 끈 이론의 상보성을 이용하면 통합이 가능할 것이다. 0의 우주 상수는 궁극적인 끈 이론을 찾는 우리에게 좋은 이정표가 될 수 있었다.

그러나 실제로 우주를 관측해 본 결과 우주 상수가 0이 아니라는 사실이 확인되었다. 이렇게 되자 이론적으로 상정할 수 있는 끈 이론 해의 부류가 엄청나게 늘어났다. '직교하는 브레인들'이라든지 '선속을 이용한 조밀화'라는 전문 용어로 표현되는 방법을 동원해 보면, 끈 이론적으로 가능한 해의 수가 쉽게 10의 500제곱 개, 즉 1 뒤에 0이 수백 개가 붙어야 할 정도로 많은 우주가 가능하다는 결론을 얻을 수 있다. 우리가 관측할 수 있는 우주 전체가 포함하는 원자의 수가 10^{80}개 정도라는 것을 생각하면, 끈 이론의 예상하는 다른 우주의 수가 얼마나 터무니없이 많은지 짐작할 수 있을 것이다. 물론 '너무 많은 끈 이론'이라는 문제는 1980년대 말에도 이미 부닥쳤던 문제지만, 당시에는 고작해야 수만에서 수십만 개 정도를 생각했기 때문에, 비교가 되지 않는다.

바로 여기에서 이 책의 핵심 개념인 '풍경'이라는 개념이 도입된다. 이 '풍경'이라는 것을 우리 우주 안에 있는 많은 은하, 별자리, 별들 그리고 행성들이 만들어 내는 하나의 복잡한 그림을 마치 산과 골짜기, 강과 호수, 그리고 나무와 꽃들로 이루어진 풍경화에 비유하는 것이라고 이해한다면 약간 곤란하다. 서스킨드가 의미하는 풍경이란 그보다 한 차원 높은 개념이며, 풍경의 한 점은 그 각각이 '끈 이론이 수학적으로 허용하는 우주 중 하나'에 해당한다.

왜 우리 우주의 우주 상수는 이처럼 특별한가?

끈 이론 학자들은 물론이고, 고리 양자 중력을 연구하는 학자들 또는 천문 관측을 통해 우주론을 연구하는 학자들도 '우주론적 풍경' 자체에 대해서 의문을 표시하는 이들은 사실 거의 없다. 문제는 그야말로 수도 없이 많은 가능성 중에서, 왜 우리 우주가 아주 특별한 성질을 가지고 있는가이다.

우주를 '설계하는' 입장에서 보면, 우리 우주는 정말로 아주 특별하다. 우주의 성질을 결정하는 데는 수십 개 정도의 기본적인 물리 상수가 필요하다. 이중에는 뉴턴의 중력 상수, 우주 상수, 전자기력의 세기, 핵력의 세기 등이 필수적이며 여러 가지 기본 입자의 질량을 결정하게 되는 힉스 입자의 성질도 결정해야 한다. 중요한 점은 이러한 양들이 마치 인간과 같은 생물이 존재할 수 있도록 극히 미세하게 조절되어 있는 것처럼 보인다는 것이다.

우주 상수가 조금만 달라져도 우주는 대폭발 후 은하나 성운이 생기기에 충분할 정도로 오래 존재할 수 없다. 대폭발 후 금방 다시 쪼그라들어 버리거나, 반대로 물질들이 모일 사이도 없이 너무 빨리 팽창해 버린다. 또한, 핵물리학의 성질을 결정하는 상수들의 값이 조금만 달라져도, 별들은 그저 수소를 헬륨으로 바꾸는 핵융합 반응만 할 뿐 지구 같은 행성을 이루는 더 무거운 원소들을 만들어 낼 수 없다. '과학'이라는 큰 그림에서 생물학은 물론, 화학의 전체, 그리고 물리학의 절반 정도가 사라져버리는 참으로 따분한 우주가 되어 버리고 만다.

이 문제에 대해 어떤 태도를 보이는가에 따라 학자들은 두 부류로 나뉘기 시작했다. 한 부류는, 무엇인가 우리가 아직 알아내지 못한 다른 이유 때문에 수많은 가능성 중에 우리 우주가 유일하게 선택되어야만 할 과학적인 이유가 있다고 믿고 그것들 부단히 찾는다. 다른 부류는, 우리 우주에서 이렇게 극히 드문 가능성이 실현된 것은 바로 우리가 존재하기 때문이라고 생각해 버린다. 인류가 수성이나 목성에 있지 않은 것은, 당연히 그 행성들이 생명이 존재하기에는 너무 척박한 환경을 가지고 있기 때문이 아닌가! 이런 태도를 '인간 원리'적 설명이라고 한다.

인간 원리를 받아들이는 데 대해서 "더 이상 과학자이기를 포기한 행동"이라며 비공개적으로 혹은 공개적으로 불만을 표시하는 학자들이 여럿 있었다. 2003년경 서스킨드 등이 이런 태도를 옹호하기 시작했을 때에는 인간 원리적 설명에 대해서 당혹해하면서 유일한 이론을 찾는 노력을 그만두어서는 안 된다고 주장하던 학자들이 끈 이론 내부에도, 외부에도 많았다. 끈 이론 학자들 중에서는 2004년 노벨 물리학상 수상자인 데이비드 그로스가 대표적인 인물이다. 그중 어떤 이들은 학계의 전통적인 방식 뿐 아니라 대중 매체에 직접 호소하는 방식도 마다하지 않았는데, 고리 양자 중력 이론의 강력한 옹호자이기도 한 리 스몰린이 바로 대표적인 경우라고 할 수 있다.

이론 물리학자들이 논문 초고를 발표하는 인터넷 사이트인 아카이브(http://arxiv.org)에서의 공개적 서한 교환으로 시작된 스몰린과 서스킨드의 논쟁은 결국 두 사람이 제기된 문제에 대해 같은 날, 중재자 역할을 맡은 엣지(Edge.org)라는 웹사이트에 동시에 자신의 최종 주장과 답변을 담은 글을 발표하는 것으로 일단락이 지어졌다. (http://www.edge.org/3rd_culture/smolin_susskind04/smolin_susskind.html 참조)이 편지에서 서스킨드가 주장한 내용들의 일부가 바로 이 책에 실렸고, 그리고 스몰린의 주장은 그가 2006년에 발표한 책 『물리학의 문제(*The Trouble with Physic*)』의 일부가 되었다.

인간 원리적 설명이 가지는 결함으로 보통 지적되는 것은 그것이 '반증 불가'하다는 것이다. 과학 철학자인 카를 포퍼에 따르면 반증이 가능한 것만이 제대로 된 과학 이론이다. 스몰린은 포퍼를 따라 인간 원리의 반증 불가능성을 강조함과 동시에, 블랙홀을 이용해서 이론적으로 확인이 가능한 가설을 내놓았다.

고리 양자 중력 이론에 따르면 블랙홀을 만들 정도로 큰 밀도를 가지는 물체 근방에서는 중력이 오히려 척력으로 작용하는 성질을 보이게 된다. 따라서 무거운 별이 자체 중력 때문에 수축하더라도 결국은 도로 튀어 올라오게 된다. 이것은 끈 이론에서는 예상할 수 없는 성질인데, 이것이 사실이라면 물질들이 한곳에 모이게 되어 공간이 수축하더라도 결국은 그곳에서 새로운 우주가 다시 탄생하게 된다.

스몰린의 주장은 블랙홀의 반동이 우주의 진화에서 중요한 역할을 하므로, 결국은 블랙홀을 가능한 한 많이 만들어 낼 수 있는 우주가 오랫동안 살아남는다는 것이다. 그는 또한 고리 양자 중력 이론의 계산에 따르면 블랙홀이 많이 생겨나는 우주가 탄소 등의 무거운 원소들을 많이 생산해 낼 수 있는 우주와 일치한다는 것을 보일 수 있으리라고 내다보았다.

서스킨드는 이러한 주장에 대해 여러 가지로 반박했다. 우선 블랙홀의 반동이 과연 고리 양자 중력 이론의 예측대로 실제로 일어날 것인가부터 따졌다. 또 천문학적 관측 결과로 볼 때 우리 우주가 실제로 블랙홀을 그렇게 많이 가지고 있는 편인가에 대해서도 회의적이라고 주장했다. 인간 원리의 반증 불가능성에 대한 비판에 대해서는, 현재 과학 수준으로 검증이 어렵다고 해서 꼭 진실이 아닌 것은 아니라는 역사적 사례를 몇 가지 들어 반박했다.

스몰린과 서스킨드가 가장 극명하게 충돌한 부분은 블랙홀의 반동 후에 나타나는 새로운 우주와 원래 우주의 유사성에 대한 것이었다. '우주론적 자연 선택(cosmic natural selection)'이라고 이름붙인 스몰린의 가설에서는, 블랙홀의 반동 후에 나타나는 새로운 우주가 이전 우주와 성질이 대동소이해야 한다. 마치, 생물학에서의 유전 법칙과 유사하게 말이다. 그러려면 블랙홀이 형성되기 이전의 우주에 대한 정보가 블랙홀의 지평선 너머에 있는 새로운 우주로 전달되어야만 한다. 이것은 원래 우주에서는 정보가 블랙홀에 집어삼켜지는, 즉 사라지는 것으로 보일 것이다.

이 문제는 바로 스티븐 호킹이 1970년대에 주장한 '블랙홀의 정보 소멸' 현상과 관련되어 있다. 하지만 정보가 소실된다는 것은 현대 물리학을 떠받치고 있는 다른 큰 기둥인 양자 역학의 기본 가정에 어긋나기 때문에, 많은 이론 물리학자들을 괴롭힌, 논쟁의 여지가 많은 문제였다. 여기에 대해서 서스킨드는 일찍부터 분명한 반대 의견을 표명했으며, 끈 이론을 이용하면 정보는 블랙홀이 있더라도 없어지지 않는다고 주장한다. 그렇다면, 블랙홀의 반동 이후 다시 태어나는 우주는 원래의 우주의 정보를 물려받지 못하므로 전혀 다른 양상을 띨 것이다. 이래서는 스몰린의 우주론적 자연 선택 가설은 성립할 수 없게 된다.

두 주장이 첨예하게 부딪히는 부분이 끈 이론 혹은 고리 양자 중력 이론에서만 구체적으로 드러나는 현상에 바탕을 두고 있기 때문에, 사실 이 논쟁이 쉽게 한쪽의 승리로 결론나기는 어렵다. 블랙홀의 정보 소멸 문제에 대해 서스킨드의 입장은 굳이 끈 이론을 동원하지 않더라도 확고하며, 더 자세한 사항은 그의 2009년 저작인 『블랙홀 전쟁(*The Black Hole War*)』을 참고하면 좋을 것이다. (이 책 역시 곧 한국어판으로 출간될 예정이다.)

인류 최고의 지성들이 벌이는 논쟁을 목격할 수 있는 기회

이 책의 큰 장점이라면 논쟁이 진행되고 있는 최첨단의 과학적 문제를 다루면서도 논리가 전개되는 단계에 따라 다양한 비유와 화법을 구사한다는 것이다. 책의 첫 부분에서 극지방을 여행했던 자신의 경험을 우주 저 멀리 존재하지만 쉽게 그 실체를 규명할 수 없는 블랙홀, 혹은 목격할 수 있는 어떤 지적 존재도 없었던 먼 과거의 우주론적 사건에 비유한 것은 교양 과학책에서 쉽게 보기 힘든 멋진 도입부라고 할 것이다.

자신이 처음 교수가 되어 부임했던 날의 놀랍고도 생생한 추억, 새내기 학자로서 당시 막강한 영향력을 가지고 있던 겔만, 파인만 등 대학자들과 조우했던 일들을 서른 살로 돌아간 듯 생생하게 묘사해 내고 있다. 교과서에서나 보던 위대한 연구자들을 만났을 때 패기 어린 젊은 연구자가 가졌을 도발의 욕망과 조마조마함이 어우러진 행복한 긴장 상태를 이론 물리학의 발전사와 함께 엿볼 수 있는 게 이 책의 장점이다. 미국 대중 문화에 대한 지식이 어우러져 유머와 위트가 넘치는 서스킨드의 문장을 옮긴이의 부족한 역량 탓에 부분부분 제대로 번역하지 못한 것도 같다. 독자들이 너그럽게 양해해 주기를 바란다.

이제, 서스킨드 교수에 대한 개인적인 기억을 소개하면서 옮긴이의 글을 마무리하려 한다. 옮긴이에게는 대학원생 시절 첫 번째 연구 논문, 또한 결국 박사 학위 논문의 주제가 된 것이 바로 서스킨드가 주도한 1996년의 빅 히트 논문인 「M 이론에 대한 행렬 이론 추측」이었다. 따라서 서스킨드를 사숙(私淑)했다고 해도 지나침이 없을 듯싶다.

2005년부터 2007년까지 서스킨드는 한국 고등 과학원(KIAS)의 석좌 교수직을 맡아 매년 몇 달씩 한국을 장기간 방문하기도 했다. (아직도 한국 고등 과학원의 석좌 교수로 재직하고 있기는 하지만 최근에는 지병 때문에 방한하지 못하고 있다.) 서스킨드를 실제로 보면 하얀 턱수염을 멋지게 기른, 카리스마 넘치는 노교수의 전형을 볼 수 있다. 2007년 그의 주도로 한국의 고등 과학원과 일본 교토에 위치한 유카와 연구소가 공동 개최한 학회가 교토에서 열렸다. 학회 내내 맨 앞줄에 앉아 날카로운 질문을 던지며 학회의 분위기를 주도하고, 현란한 논리의 향연을 보여 주던 서스킨드의 세미나 발표 솜씨는 잊기 어렵다. 학회의 만찬 도중에 한국 지폐에 나온 어떤 인물과 자신이 똑같이 생겼다는 이야기를 어떤 한국인에게 들었다며 농담을 하기도 했는데, 관심 있는 독자는 그의 외모가 한국의 어떤 위인과 비슷한 것이었을까 추측해 보기 바란다.

2011년 봄

캐나다에서

김낙우

찾아보기

나

다

라

마

바

사

아

차

카

타

파

도판 저작권

107쪽 아인슈타인 사진 California Institute of Technology Archives; **165쪽** 루브 골드버그 기계 ® & © Rube Goldberg Inc.; **176쪽** J. Kepler, *Mysterium Cosmographicum*(1596); **260쪽** 게성운 ESO-European Southern Observatory; **270쪽** 개기 일식 Fred Esperak; **343쪽** 눈의 결정 구조 Kenneth G. Libbrecht, Professor of Physics, Cal Tech; **409쪽** 칼라비-야우 다양체 Jean-François Colonna, CMAP(Center de Mathématiques Appliquées); **439쪽** 메르카토르 도법을 이용한 지도 *An Album of Map Projections*, USGS Professional Paper 1453, by John P. Snyder and Philip M. Voxland(USGPO, 1989); **441쪽** 에스헤르의 「천사와 악마 IV」 M. C. Escher's Limit Circle IV, © 2005 The M. C. Escher Company-Holland. All rights reserved. www.mceescher.com.

김낙우
서울 대학교를 졸업하고 같은 대학교 대학원에서 입자 물리학으로 석사 학위와 박사 학위를 받았다. 영국 런던 대학 퀸 메리 칼리지 연구원, 독일 막스 플랑크 중력 연구소 연구원을 거쳐 현재 경희 대학교 물리학과 교수로 재직하고 있다. 중력파, 초중력, 초끈 이론 등에 대한 논문을 여럿 발표했다. 번역서로는 『양자 중력의 세 가지 길』이 있다.

사이언스 클래식 18
우주의 풍경

1판 1쇄 펴냄 2011년 5월 15일
1판 7쇄 펴냄 2021년 12월 31일

지은이 레너드 서스킨드
옮긴이 김낙우
펴낸이 박상준
펴낸곳 (주)사이언스북스

출판등록 1997. 3. 24.(제16-1444호)
(06027) 서울특별시 강남구 도산대로1길 62
대표전화 515-2000, 팩시밀리 515-2007
편집부 517-4263, 팩시밀리 514-2329
www.sciencebooks.co.kr

ISBN 978-89-8371-248-6 03400